施工和节能质量控制与疑难处理

王宗昌　编著

中国建筑工业出版社

图书在版编目(CIP)数据

施工和节能质量控制与疑难处理/王宗昌编著. —北京：中国建筑工业出版社，2011.10

ISBN 978-7-112-13603-2

Ⅰ. ①施… Ⅱ. ①王… Ⅲ. ①建筑工程-工程施工-质量控制 Ⅳ. ①TU71

中国版本图书馆 CIP 数据核字(2011)第 194328 号

施工和节能质量控制与疑难处理

王宗昌 编著

*

中国建筑工业出版社出版、发行(北京西郊百万庄)

各地新华书店、建筑书店经销

北 京 天 成 排 版 公 司 制 版

北京市密东印刷有限公司印刷

*

开本：850×1168 毫米 1/32 印张：18⅞ 字数：524 千字

2011 年 12 月第一版 2011 年 12 月第一次印刷

定价：**42.00** 元

ISBN 978-7-112-13603-2

(21364)

本书详细介绍了建筑工程施工和节能质量控制以及疑难问题处理的经验与技巧。全书共分四大方面的内容，包括：建筑工程质量控制措施；建筑节能保温质量控制；建筑门窗及幕墙质量控制；建筑给水排水渗漏控制。书中介绍的操作工艺成熟，符合规范和标准，控制到位，内容全面、实用，通俗易懂。

本书可供建筑设计和施工、监理人员使用，并可供大中专院校师生参考。

* * *

责任编辑：尹珺祥　郭　栋
责任设计：赵明霞
责任校对：党　蕾　赵　颖

前　言

随着国家对基础设施建设的投入和城市化进程的加快，建设规模和速度也得到极大提高，节省能源、减少排放已成为建筑工程的重中之重。由于建筑工程施工周期长，使用材料数以千计，施工过程中的协调配合极为关键。作为一种特殊商品，其质量历来受到人们的特别关注，随着社会的发展和时代的进步，人们对建筑工程的需求和期望更高。为此，国家加大了制定和修改现行的从设计到施工，质量监理、监督的规范、规程和应用标准，各地方和行业也制定了相应的规程和规范，对规范市场行为，控制工程质量提供了可靠的保证。

经历了数十年各类不同建设工程的现场实践，深切感受到由于参与人员素质的差别，应用规范和标准的力度和理解也存在较大差异，一些基层施工单位甚至连最必要的一些资料也没有，一些人员未经任何培训不具备上岗条件，仍然在进行施工操作，可见工程质量控制的难度很大。现代工程使用量最多最广泛的钢筋混凝土及钢结构、混凝土已发展到高性能和高强度，其组合成分中外加剂和外掺合料的普遍采用，商品化和泵送技术的普及，从实际效果看结构裂缝的产生则更加严重；一些中小型工程由于条件所限仍在现场搅拌混凝土，从原材料拌合到入模过程控制不严；国家加大了对节能保温建筑材料的应用力度，并制定了相应的强制性措施，而围护结构的节能保温材料，如膨胀聚苯乙烯板（EPS板）和聚苯颗粒保温材料的应用还存在一些不规范的方面，确保建筑节能达到50%～65%目标的实现还须不断努力。各种轻质材料制作的保温砌块的使用在一些地区并不普及，还需要加大推广力度；建筑防腐、防水、装饰材料，保温材料的成品、半成品、劣质材料仍有一定市场，需要更进一步加大监督力度来规范建筑市场行为，使建筑产品质量符合现行质量标准的相应要求。

现在建筑现场的管理及技术人员，由于工作繁重，没有时间和条件来学习现行规范和相关规定，为了便于现场工程技术人员系统学习和掌握，作者在认真总结多年工程实践经验的基础上，深入学习和理解现行各种规范、规程和标准，拟写成相对独立性较强的章节供读者参考，文中介绍操作工艺成熟，符合规范标准，质量控制到位，达到验收标准。

本书内容主要包括：建筑工程质量控制措施，建筑节能保温质量控制，建筑门窗及玻璃幕墙质量控制及建筑给水排水及防渗漏控制等 4 大方面质控论述。写作力求文字精练，通俗易懂，符合规范及工艺标准，可供建筑及结构设计人员、施工技术人员及现场管理人员、材料设备供应、工程监理、质量监督、工程经济人员及建筑专业院校师生学习参考。

在本书出版发行之际，作者衷心感谢住房和城乡建设部原总工程师许溶烈、姚兵、金德钧三位教授，同时感谢长期关心和支持的同事和朋友，感谢中国建筑工业出版社多年来的合作及帮助，正是出版社的关心和支持加快了本书的出版。同时，由于作者在实践工作中受到地区建筑的局限性和学识的浅薄，还会存在一些不足或问题，恳请广大读者同行热情批评指正；如果有机会再版时一并改正。此外，作者在写作中参考了大量的技术文献和资料，在此深表感谢。

目　录

一、建筑工程质量控制措施

(一) 设计的构造控制措施

1 工程设计规范与施工放样图的应用协调

由于多年养成的习惯和传统原因，建筑设计与施工脱节现象比较突出。设计人员深入施工现场比较少与设计部门的重视不够，造成了一些设计人员不了解施工工艺和实际需求，引起一定量的设计变更及修改浪费。设计对项目的主导作用得不到有效发挥，也使得建筑最终产品质量长时期内难以提高。此问题将会影响到建筑行业的健康可持续发展。解决的关键在于加强设计与施工协作。

现在国内多数研究重点放在如何用工程总承包的新型项目实施模型，来实现设计施工一体化；而国际上工程总承包的模式已进入常态化，更多关注的是建设项目参与各方的伙伴关系，通过设计、施工快速跟进的微观过程来改进设计施工协作的问题。但时至今日大多数建筑项目依然采取设计与施工相分离的“设计—招标—建造”模式(即传统模式)。从理论上分析，任何最终建筑产品都应当是设计与施工协作的成果，问题是如何提高协作的效率及成果。传统模式下设计与施工协作是否存在已有的内在处理机制，如何使这些内在处理机制发挥作用是非常重要的问题。在深入了解国际上“设计—招标—建造”模式下，有关施工技术规范和放样图的实践中，关注设计施工有效协作问题浅作分析。

1. 施工技术规范及放样图

（1）施工技术规范是国际工程实践中施工图设计阶段交付的一部分成果，其与施工图纸一起构成施工合同文件的技术条款。施工技术规范就是对施工合同、材料及工艺的定性规定，同时还详细规定了设计图纸和施工技术规范的程序要求。而在具体的管理程序规定中，明确要求施工企业在施工工艺过程中要向设计单位提交审查文件、图纸、样品及检查报告等要求。

在国际工程师咨询联合会的红皮书中，施工技术规范级别高于图纸，从中可以看出施工技术规范的重要性。正由于此，美国成立了跨设计、施工和材料供应的施工技术规范学会来加强和推广施工技术规范标准的编写工作。

（2）放样图是施工方(其包括分包商和材料供品商)根据施工图所表达的业主要求，结合施工现场的实际情况，自己采取的工艺和工序特点，根据建成最终产品的过程安排、材料准备要求及实施管理控制中的要求绘制的图纸，经过设计方确认后，被用于一线工人照图施工或制作。设计者可能有能力绘制放样图，但是对于相同的建筑产品有不同的实现过程的现象，设计者在不了解施工方工艺特点及技术水平的状况下，很难代替办理。这是国际上放样图一般不由设计方绘制的一个重要原因。放样图绘制和设计认可是国际工程实践中核心服务之后的一个重大变化，是一个双方协作控制的内容，更是目前国内相关工作中存在非常明显的不足之处。

2. 施工技术规范和放样图协作问题

2.1 施工技术规范的作用

施工技术规范作为施工图设计阶段的交付成果之一，是设计人员充分表达设计意图，以确保施工方能正确理解和落实设计意图的工具。施工技术规范可以对施工图进行补充说明，内容包括：项目概况、设计依据、安全等级、设计荷载及使用年限，使用的主要建筑材料、标准图集、习惯通用做法及一些施工中必须遵循的施工规范和注意问题的说明。所有在施工图纸中表达不清楚或在图纸中需要统一规定的项目做法，都可以在施工技术规范中用说明的方式表述。

施工技术规范对于施工图纸和施工技术规范的管理程序进行说明，此管理程序是确保施工过程受控的重要条件，主要包括3个方面问题：

(1) 对于施工方给设计方提交和更新施工计划的要求，施工计划能使设计方始终较清楚地了解施工进度，并以此作出施工计划是否有利于设计意图实现的表达判断，设计人员可以及时对施工计划提出修改建议和不同意见，从而更好地使设计图真实地反映在现实工程中。

(2) 说明是更加明白、准确地对施工方提交放样图和相关资料的具体表述。放样图经设计方认可后，才能进行施工。由于施工技术规范预留了以放样图方式补充了细部设计，并保留了对保证放样图满足相关强制性技术标准的控制性管理要求，使政府监管者可能接受一个对设计深度有保留看法、存在一定弹性的施工设计文件，也给市场留下让设计方和施工方依据各自优势，进一步合理分工的操作空间。也存在设计方会把一些对设计构思无关重要的细部构造交给施工方自行处理，因此不在交给施工方的设计成果中提前确定。但出于对设计有效控制的目的，则要求施工方将自己相应的工作成果，交设计方认可后才能正式进行施工。同时，对于施工方应进一步完成的工作以及相应的认可要求，需要在提交给施工方的设计成果中作为设计要求予以明确表现出来。此做法可达到使施工过程全部受控，同时又能使承包商有机会在很大程度上发挥专业的特长。

(3) 说明需要设计方确认后，才能开展后续工作的环节。也有的设计决定在施工进行到一定程度时才能作出，这时需要取得设计方认可，才能开展后续施工的过程环节，也必须在设计成果中明确规定。

在“设计—招标—建造”模式(DBB模式)下，由于施工承包商的选择往往处于施工图设计成果以招标方式进行。而在招标投标阶段设计方同属于投标方，同施工方之间不会有过多的直接交流机会，施工图和施工技术规范作为招标投标文件重要组成部分，也就成为施工方全面了解设计意图，合理评估投标风险和确定投标报价，以及正确制定包括施工组织设计在内的投标文件的关键依据。因此，施工技术规范也是施工合同文件的主要组成部分，具有重要的法律地位，并成为今后设计方或监理对施工过程进行监督、干预和检查验收的重要依据。施工技术规范的内容中也会与工程量清单项目相对应，成为工程量清单项目和计价方式的说明。对此，施工技术规范的应用能有效地提升国内招标投标整体质量。

2.2 放样图的作用及应用

放样图在施工过程中是落实设计施工协作的重要环节。保证放样图质量，同时也是避免和减少因施工失误带来浪费的最后控制手段。从国外工程承包市场分析，放样图主要有以下几点作用。

(1) 放样图体现了承包商对设计意图的理解，可以实现设计与施工之间很好的沟通，避免承包商根据自己对设计可能产生的误解而盲目实施，造成损失和返工。

(2) 放样图允许承包商将设计意图与承包商自己的施工工艺有效的结合，是承包商发挥自身工艺特色的重要实践机会。

(3) 放样图允许承包商结合现场的实际情况，在正式施工前对设计构造细节进行修改，并对同一部位不同专业工种的施工交叉作业协调配合，从而减少工种之间及设计之间可能出现的问题。

(4) 放样图也是作为现场合理安排施工工序或进行制作的依据；同时，放样图可以用作承包商检查、控制工序过程质量的根据。

放样图的这些作用大多数都涉及施工与设计单位之间的协调

合作，这些过程中的协调会对工程的顺利开展、质量和进度、费用控制产生很大影响。

2.3 施工技术规范与放样图对各方的影响

施工技术规范与放样图之间存在的关系从根本上分析，是一个信息发送者与信息接受者之间的信息沟通文件的处理过程问题。施工技术规范是设计方对设计要求的说明，同时介绍了图纸和施工技术规范的管理程序，并作为信息由设计方发给施工方。而放样图则是施工方对设计意图的理解和翻样。允许施工单位对设计构造节点和施工要求进行修改。放样图的实施必须得到设计方的确认，这也是了解施工单位是否正确理解、掌握设计设想，此时的信息过程是由施工到设计的反馈。

这种由设计方提供施工图及施工技术规范文件，再由施工单位提供放样图反馈给设计单位确认的做法，事实上是建立一个设计、施工双方有效沟通，从信息发送到反馈的循环，符合有效沟通模式揭示的原理。

3. 施工技术规范的应用

目前，我国习惯的施工图设计文件及说明与国外实践中的施工技术规范类似，但比较之后看出有两个不足方面。

3.1 深度及过程控制风险存在

现在国内施工图设计文件中的说明只是简单介绍设计工程概况，包括设计依据、安全防火等级、结构类别、使用年限、抗震等级等。所使用的建筑材料简单提出，通用做法和采用的标准及图集、施工中应遵循的检验标准与注意事项。但是对于最重要的实施过程中图纸及技术规范的管理程序没有具体说明，如定期向设计方提交最终的实施计划，需要提交放样图的部位在经过设计允许后才能施工，需要设计方确认后才能开展后续工作的环节等。

虽然国内实行了工程建设监理制，但在设计阶段监理并无介入项目，其监督施工的依据比较齐全，如相关的法律法规、技术标准规范、施工合同及设计文件等。我们使用的设计文件主要是对建筑产品最终的质量要求进行详细要求，而进行工序过程中的管理程序、控制程序并不是很明确、具体。施工过程控制所依据的施工技术规范只是代表国家对工程质量最低的控制要求，并保证不了设计意图所规定的过程质量控制，从这一点看，施工过程存在一定的失控和风险。

3.2 系统及相关标准不完善

现在施工图设计文件的说明书并不系统规范，要求格式不一致，完全是由设计人员凭借自己的经验而写，这样也带来一些问题：

(1) 查找不便利。会造成施工人员对设计意图的了解掌握不全。施工人员很难预计到哪些信息会写在设计说明中，哪些会反映在施工图上，哪些信息又会重复出现在不同的图纸和设计文件中作补充用。因此，查阅时会顾此失彼，使用者对设计构想并不全面了解，会产生失误。

(2) 设计注释的重复工作量大。既加重了设计人员负担，也给后续工程变更带来一定困难。在现在使用的图纸上，一些构造大样会重复出现在多份图上，如果统一在施工技术文件上详细说明，就会减少设计图上注释的重复出现。而此种做法的好处是：涉及相应部件的变更时，只要求一次性修改技术规范中相应段落即可。在现实中会常常反映在多份图纸上标注，既增加了工作量也会有差错，有时不同图上的表述有误，给后续施工带来困难。

4. 放样图应用中应注意的问题

放样图的应用在工程实践中走过的路比较曲折，从开始自发产生的基建模式基本与西方发达国家相似，在当时施工单位有专门的翻样人员作为专业技术工种。但自改革开放以来，建筑市场进入以承包商为主体的模式下，为了经济利益最大化，而减少对专业技术人员的使用。在现行工程承包合同中也未涉及对放样图的条文约定，一般认为施工企业只要照图施工即可；若无法按图施工则是设计图纸画的细部不详，而施工方无问题。于是，翻样工作在很多施工企业基本绝迹。这样带来了一系列的问题，应得到重新认识。

（1）除了很特殊的一些工程，现阶段放样工作在国内工程建设中几乎见不到。但在实际工程中又确实需要放样，这当然会产生矛盾。尤其是装饰工程及涉外工程的施工，设计单位会按照国际惯例，并不提供可直接用于施工的图纸，承包商中标后要绘制大量的施工用放样图，对施工单位提出了严格要求。

（2）纵观国内外各种工程，均需要对放样图的现实需求，但是绝大多数承包单位并不具备绘制放样图的能力和条件。面对国际上工程对放样图的规定做法，当工程到手，承包商只有回过头来自行再委托设计单位协调绘制放样图。当设计单位反过来为承包商画图时，他们的业主成了承包商而不是业主了。设计单位本应该从业主利益考虑问题，为承包商绘制放样图却是从承包商角度考虑问题，可能会放弃对业主要求的支持，产生设计单位立场的冲突可能性。在实际工作中，之所以设计与施工双方会持截然相反的看法，正是由于国内工程实践中普遍缺少放样图的要求，承包商根据施工需要对设计进行放样工作。

5. 实行施工技术规范及放样图对策

为了走出去适应国际建筑业的大环境，施工技术规范及放样图对促进设计与施工的协作极其重要，同时针对国内现阶段在这两个方面的问题，可以采取一些应对措施。

（1）将施工技术规范作为施工图设计阶段的主要内容收入到法规中，并修改、充实与其相关的条文。只有从主导思想上得到重视，像施工技术规范这样的要求才能得到较快普及推广。

（2）完善施工技术规范，制定相关的写作标准，可以参照发达国家并根据中国国情，编制适合自己的施工技术规范文件，在建筑行业逐渐使用。

（3）把施工技术规范的相关概念纳入注册师执业考试的内容

中，可以在短时间内尽快提升我国施工技术规范的应用水平。

(4) 完善招标投标合同文件，增加对承包商绘制放样图的要求；并建立竣工图管理制度，以此推动承包商开展放样图的绘制工作。

政府加大管理力度，将其看作工程竣工后的项目档案资料，也要纳入施工控制文件管理范围。要求施工企业要确保施工过程与竣工图的绘制同步，随时抽查，如同现在工程进度与工程技术资料的同步要求。目的是推动承包商尽快适应放样图的绘制及施工中问题的处理。

综上浅要分析可知，国际上通用的施工技术规范和放样图模式，在设计与施工企业之间搭建了一条互相沟通的渠道。对于设计与施工的协作，应具有非常重要的实际意义。现阶段在国内尚未引起足够的重视，成为设计与施工脱节的一个重要因素。对此应当引起主管部门的特别关注，急需采用有针对性的措施，提高建筑业对施工技术规范和放样图重要性的了解和认识，从法律和政策层面推动施工技术规范和放样图在建筑工程应用中落实并得到提升，从而全面提升设计与施工企业的整体沟通与协作水平，使国内建筑水平与世界模式相协调。

2 住宅建筑要重视结构细部适用性要求

住宅建筑工程是当今建筑量最大、结构节点细部最多的设计构造工程。设计师根据现行规范但不限于已往经验方式解决细部构造处理。现在人们对生活环境舒适度、安全及效率、健康都有了新的要求，住宅作为一个系统也变得更加复杂多变，功能性和专业化更高，这就要求设计者以人为本，将住宅设计细致化、科学化，通过创新的外观，合理、精致的空间布局，让生活在其中的人有舒适感、安全感、归属感，使人们处处方便、愉快。但是住宅设计一般在大空间布局上非常认真仔细，反而在细节的处理上容易忽略，而正是在这些容易被忽略的地方对建筑产品的使用品质产生重要的影响。

1. 建筑外立面细部构造

设计人员在做住宅外立面时，往往更注重建筑风格，虚实对比，光影效果和色彩的处理，而对于外立部与内部空间的互动关系、使用过程中的维护和清洗尚未进行细致考虑。

1.1 封闭与开敞式阳台

在北方地区由于冬季寒冷，春季风沙大，采用开敞式阳台是不利于节省能源的。因此，设计时必须先考虑封闭阳台，如果是景观或者夏季通风等要求，必须采用开敞式阳台时，可设置局部半开敞式的空间，如设置玻璃墙面小间，结合立面的半墙隔断等。

开敞式阳台光影强烈，虚实对比明显，在立面上可作更多构想。但北方风沙大，不同于南方地区，北方广大地区春秋季经常有浮尘、扬沙的天气，开敞式阳台面积比较大，储藏、室外活动、晾晒衣服都会受到一定限制，开敞式大面积在利用上有一定的浪费。

1.2 窗户位置设置及滴水槽

住宅使用时经常会遇到雨水沿窗台板向室内倒灌的现象，影响了窗台及下部墙面装饰质量。调查其原因，一是窗楣、窗台没有做出滴水槽和适当的流水坡度，造成雨水向室内倒灌。另外，窗框外表面距窗台板结构外侧不应小于50mm，否则安装窗框时很容易损伤结构保护层，且更容易导致窗下槛雨水渗漏。针对现在比较多见的凸窗设计，根据实际应将凸窗顶板比窗台板长出50mm，可以在一定程度上改善外窗台倒灌水现象，也不会影响外立面效果。

1.3 开启窗扇位置要顺畅

因温室效应使气候温度升高，影响人们的正常生活秩序，尤其是炎热的夏季，对于住宅内部通风是十分重要的。只有开启窗扇，才能加快空气的流动。所以，科学地设置开启扇的位置才能获得有效的通风换气。两种相同住宅窗户开启扇的位置，一个在起居室开启扇，而另一个则开启扇在侧室，不能直接通风而是有些偏，由于开启扇位置较隐蔽，通风路线迂回，风速慢；而开启扇的位置正对着门窗，空气流动顺畅，通风效果自然就好。

在卫生间及厨房面积小的房间开启扇的设置更需要重视，窗扇开启后是否和喷头、浴缸或橱柜相碰。窗台的高度过低，不好安排浴缸、橱柜，而窗台过高，超越吊顶的实际高度，要求尽量避开。还有的是窗洞口尺寸较小，就不宜设置平开窗，只有留设保温性差的推拉窗户。

1.4 空调外机位置的布置

无论是夏热冬冷还是冷暖的广大过渡地区，安装空调制冷还是制暖几乎成为建筑工程必不可少的电器设备。建筑外墙出于美观考虑，空调室外机被要求规范、整齐布置，一般选择在阳台或者外飘窗的周围，但最后确定安排在何处、朝向在哪儿更合理、外装饰的有效通风率多少，都是需要认真考虑的问题。

在卧室内的空调机要避免正对着床头位置安装。面积大的客厅空调制冷管预留洞应选择在踢脚线下隐蔽位置，通过认真构思，尽量避免空调室外主机正对阳台吹热风。如果在外飘窗上下位置安装空调机时，要考虑到减噪及振动问题，同时还要使预留洞口正对室外主机，减少线路外露过长而影响美观。

1.5 材料隔声问题

使用传统的建筑及装饰材料，墙体、门窗的隔声一般能达到使用要求；若是隔声效果不好，一个重要的原因是户型与户型、房间与房间之间产生了“声桥”作用。怎样避免“声桥”的影响，如电表箱尽量不要安装在分户墙上，在同一面墙上插座和开关安装位置要错开，以免墙体被打穿或主体变薄弱，造成声音容易穿越。同时，通过合理构想，在主卧室应绝对避免毗邻电梯，远离噪声，创造居住环境。

2. 室内细部构造处理

现在住宅产品舒适度和个性化的要求也在提升，住宅内部空间越来越新颖、合理，许多细节也要考虑得当，这是顺应人性化，达到提升整个建筑水平及舒适性的需要。

2.1 门垛留置宽度

门垛宽度根据实际使用分析，宽度不宜过宽，以免造成面积浪费，也影响家具的布置。如果完全不设，一旦安装了门和做了踢脚，门扇就不能完全打开，也影响了搬运大件东西及正常使用。所以，有120mm宽的门垛比较适宜，既不浪费，门也可以正常开启。

对于门的把手，市场出售的成品都太过于凸出，多数凸出门表面6mm左右，小孩容易碰头，而成年人有时也会撞腰部，存在一些安全隐患。对此，中国古代的门环构思不错，几乎与门表面相平，用时拉起也无安全问题。

2.2 安全门开启方向

许多住户入住后防盗门内开改外开的不少，住宅不同于公共建筑，防盗门开启次数及时间有限，因此外开门对公共走廊占用时间极有限，采用了入户门外开的形式，不仅方便住户进出，而且由于开启方向与防盗方向向外一致，防盗门向外开启更加合理。

如果购买的是内开防盗门，首先会占用室内开启扇的面积，另外使用时也不合理，人员进出多时感到拥挤，也容易造成意外损伤。因此，除了空间占用室内面积，同外开门又产生碰撞，住户防盗门应向外开。

2.3 卫生间功能分区

现在住宅面积大的已采取功能分区的处理，即干湿分开布置。隔开单独设置前室，放置洗衣机和面盆等，但并不是所有卫生间都会这样布置。实际是只有单卫生间的居室，尤其同时布置洗衣机的卫生间，淋浴时产生大量水蒸气，在墙面上形成大量水珠，地面上排水不顺畅而积水，长期潮湿会对洗衣机表面造成腐蚀，降低外壳及电线插座的寿命，因而应该有隔离分区。如果有两间以上卫生间设施，没有淋浴设备或者淋浴很少使用的居室卫生间，可以不要分区。

2.4 厨房功能应齐全

随着居住质量的不断提升，与厨房使用相关的电器产品越来越多，如家庭常用的电冰箱、电烤箱、微波炉、消毒柜、电磁炉及洗碗机等，都应该在厨房占有合适位置。习惯上厨房的面积一般较小，但电器用品的大量增加，厨房的面积要跟上需要。现在设计时不但要给这些设备在空间上留有合理位置，而且在管线布置及工艺流程上更科学、合理、有效，预留好电气开关及插座，为住户在厨房中增加电气设备的正常使用提供条件。在习惯性设计中，厨房地面一般不做地漏，在服务阳台可以配置地漏，方便用户冲洗地面，也可以将洗衣机放在阳台处便利排水。

2.5 要设置储藏空间部位

居住家庭需要整洁、舒适的环境，暂时不用物品的收藏是必不可少的，有些户型没有专门的储藏空间，需要设计时合理布置，恰当利用入口凹进处、转角处、户内走道、操作面以下及卫生间和卧室里一些不常用的边角地点设置壁柜、吊柜作储藏间。面积虽然较小，却能解决室内空间利用的大问题，使得居住环境整洁，并提高了利用率和生活质量。

在设计时还要注意室内各机电点位的安排，包括平面及高度的确定。如水表尽量在浴室柜内，各种电器电话、网络线的入户位置合理，宁可预留多些，也不要在装饰时再砸墙凿洞布线。

3. 预留可装饰余地

现在的经济适用房或者商品房，交出的都是毛坯房，设计的细部在交工时也许无任何问题，但是自装饰起问题会发生。建设部在2005年发布了《商品住宅装修一次到位实施细则》中提出装修一次到位或菜单式装修模式，减少或避免因二次装修造成的结构破坏、扰民及材料的损失浪费。采取精细装修是今后住宅发展的方向。从设计的角度出发，即使交付使用的是精细装修房，如果没有做到细部节点到位，使用中也不会完美，设计中必须重视细节构思。

3.1 水管线及天然气入户开关位置

水管线及天然气开关距墙的间距很关键，要考虑到墙面贴墙砖后的厚度是否影响开关的顺利开启。因此，对入户隔墙处应预留足够的装修材料的空间，水管线及天然气管开关距完成后的墙面以60～80mm为宜，可以保证开关使用方便。

3.2 卧室及卫生间的门形式

各间卧室门应以普通木门或装饰面板门为主，室内不需要安装其他特制门，门下槛距地面不要太低，保证有30mm间距即可。门扇不要太紧，防止开关门发出声音。

在以前卫生间的门几乎会选择下部是百叶的形式，尤其是南方这种百叶通风效果很好，也适用。现在出于对美观的考虑，卫生间的门存在式样更多的选择，以迎合业主的审美要求。事实上，卫生间密闭的门不利于水蒸气的散发，时间长了门容易掉皮、开裂，反而更不美观。如果在安装时将上下门扇锯小，使每边缝在20～30mm，利于空气流动，下部缝留40mm，一旦管线跑水也不会浸渍门扇，起到保护作用。

住宅工程并不是投入多才高品质，更不是表面好看才舒适，而应该从使用者的需求出发，要注重每一个细节，处理好空间和环境的关系，在适用的基础上打造更理想的使用效果。

3 建筑结构设计对裂缝的控制做法

在建筑工程中对于结构设计，主要考虑承载力极限状态的控制，但是在正常使用状态下的变形，如裂缝、挠度及移位现象，尤其是裂缝起控制作用。由于现在结构用量最多的钢筋混凝土因其自身特性决定了裂缝的产生是难以避免的，而大量建筑混凝土是带裂缝工作的，这是在缝宽允许条件下的存在。但是当裂缝的宽度和数量超过允许范围，会产生渗漏，保护层脱落，混凝土碳化，钢筋锈蚀，影响到结构耐久性及安全使用和观感。所以，当设计大体积及超长混凝土结构，要求采取预防措施，控制裂缝宽度，不能使有害裂缝产生。对有害裂缝在构造上的控制，是一个重要的技术问题。

所谓的超长混凝土结构，也就是体量长度超过规范值，需要设缝或者后浇带。设缝是控制裂缝的一个方面，并不能解决大量的问题。只有全面、系统地了解裂缝的产生原因、影响因素及发展特点，采取行之有效的应对措施，才能够在设计构造中采取技术措施加以正确控制。

1. 裂缝产生的原因分析

裂缝的产生从现象来看，一般分为两类：即自然变形及荷载作用。荷载包括恒载和活载，也就是这些荷载大于材料强度时引起的裂缝，称为荷载的结构性裂缝；而变形裂缝主要是温度、收缩和不均匀沉降等引起的裂缝，属于非结构性裂缝，常见裂缝中80%以上是这类裂缝。这类裂缝作用下结构自身首先要进行变形。但却受到一定约束，变形受到约束则产生较大应力。其特点是结构刚度越大则应力也越大。当应力达到一定值时，即超过材料自身强度时裂缝就出现了。随着裂缝产生、发展和变形得到满足时，结构件刚度降低，应力松弛。剩余的部分应力仍然不停地传递，如此反复循环，直到变形得到完全满足，应力不超过抗拉强度时为止。如果材料的抗拉强度很高，韧性好，可以大幅提高抗裂能力。

2. 现行设计规范对裂缝的规定

现行的《混凝土结构设计规范》GB 50010—2010 规定，构件正截面裂缝控制等级为一、二级的构件，要求不得出现裂缝，控制等级为三级的构件允许出现裂缝，但是最大裂缝宽度不应超过最大裂缝宽度限定值。环境类别为二、三类的构件裂缝限定值为 0.2mm，一类环境下裂缝限定值为 0.3mm；年均相对湿度小于 60％时的受弯构件裂缝限定值为 0.4mm。限制裂缝宽度是因为缝太宽会引起渗漏，进而造成钢筋锈蚀，降低结构整体刚度而耐久性受到影响，不能正常使用且影响外观感。当混凝土结构裂缝宽度小于 0.05mm 时，人眼是看不到的，这属于微观裂缝，可认为是无裂缝，难以避免的。当裂缝宽度大于 0.05mm 时，则变为宏观裂缝，这就需要处理。我们通常所说的对裂缝控制，是针对裂缝宽度大于 0.05mm 的缝。

裂缝宽度限值大小根据混凝土结构件裂缝的自身特点和发展规律来确定，裂缝的特征可分为不稳定、稳定、运动、闭合和自行愈合几个类型。如果裂缝是在不稳定状态下扩展，则必须进行加固处理。裂缝在周期性的温差应力或荷载作用下，周期性地扩展、闭合，即裂缝的运动，这种运动应当是稳定的。地下建筑物平时正常，低温时出现渗漏就是此类。裂缝在后期荷载作用下不能闭合，一直存在也是属于稳定裂缝。地下防水工程混凝土产生 0.1～0.2mm 裂缝不会造成钢筋锈蚀，一方面有防水材料的保护，即使防水层失败，渗漏处也会不断生成 $Ca(OH)_2$ 胶凝物质粘结裂缝，碳化后形成白色物质 $CaCO_3$ 结晶封闭裂缝，阻止渗漏也称为自愈现象。这是防水结构允许出现小于 0.2mm 的裂缝的原因。

3. 对裂缝的预控措施

3.1 影响结构收缩开裂的原因

1）混凝土的收缩：收缩的原因是多方面的。①硬化收缩：

通常是普通硅酸盐水泥混凝土硬化过程中的共性，都会产生收缩变形，即硬化收缩，但是也有例外，如矿渣水泥和掺粉煤灰的混凝土硬化变形既比较稳定又具有微膨胀性，对抗裂是有利的。②塑性收缩：在混凝土初凝过程中失水收缩及骨料与胶合料之间发生不均匀沉降变形，由于此时混凝土处在塑性阶段，通常称为塑性收缩。如果水灰比过大，水泥用量也高，粗骨料偏少，振捣不及时且环境气温高凝结过快，养护用水补充不足，表面失水过快等，都会造成塑性收缩，表面不规则开裂。大面积混凝土的塑性收缩裂缝是可以处理的，采取在终凝前二次振捣及二次抹压来消除裂缝，实践证明效果相当不错。③碳化及干缩：干湿交替部位、湿度适宜的环境也会产生碳化收缩问题。在干燥的环境中也会发生干缩变形，当两者共同作用时会引起表面开裂和面层碳化。

2）混凝土的极限拉伸：混凝土具有极好的极限拉伸性，可以适应温度收缩变形的要求，不会很容易开裂。要求配筋率在0.15％～0.30％以及细而密的构造筋，也有在混凝土中掺入钢丝纤维或玻璃纤维，都可以提高混凝土的极限拉伸，有效控制温度裂缝的产生。

3）外加剂及矿物掺合料的影响：外加剂基本是化学产品，本身都会有增加收缩的作用，当掺量过大时更明显。按要求掺入会减小水灰比及水泥用量，对减少收缩有好处。如膨胀剂，可以减小收缩甚至补偿收缩，减小收缩应力。减水剂对拌合料减水十分明显，而且和易性更好。常用的矿物掺合料(如粉煤灰)可以大幅降低水泥用量，降低水化热，但对早期抗裂不利。

3.2 对裂缝的控制方法

针对混凝土裂缝的原因及影响因素，设计中可根据工程特点采取相应的预防控制措施。

（1）结构混凝土强度等级不宜设计过高，在满足承载力及安全使用耐久性要求下，宜选择使用C25～C35的混凝土。水泥使用水化热低、干缩量小的水泥品种，掺入适量外加剂及掺合料，掺合料如粉煤灰的用量以水泥用量的15％～25％为宜，减少单位水泥用量和降低水灰比。严格控制骨料自然级配及含泥量，控制混凝土内部水化热升温过高及表面降温速度，及早覆盖保温及补充养护用水等。

(2) 在合适位置留置沉降缝，它的作用不但是沉降，还可以起到伸缩及防震缝的作用。当沉降缝仍满足不了要求时，必须留置后浇带。后浇带的宽度为 0.8～1.0m，间距在 40m 左右，在后浇带施工后的 42d 以后可以补浇该部位。其混凝土强度宜提高一个等级，即 5～10MPa，用微膨胀混凝土浇灌，浇灌前缝口必须清理干净，并按要求补绑好加强钢筋。

(3) 基础部分的筏板及底板等大体积混凝土应采取分层浇筑振捣，阶梯形推进施工，但必须防止出现冷缝。对于大体积混凝土、超长混凝土结构，在混凝土中应掺入微膨胀剂，起补偿收缩作用。如浇筑较长混凝土墙体，尤其是有防水要求的地下剪力墙，应适当提高水平构造钢筋的配筋率，达到 0.5%左右为宜。采用细而密的配筋构造，间距≤150mm，墙顶及中部设水平暗梁；墙与柱交接处要增加水平附加筋，扩大配筋率，伸入墙内 1.5m 以上，达到减小应力的作用。同时，地下混凝土结构施工完后要及早防腐处理，并尽快检查验收回填，防止温差应力产生更多的裂缝。

(4) 对于露天的地下一层外墙及屋面要加强保温隔热，减少温差应力，其措施是提高配筋率。外露边梁要提高腰筋配置量，梁侧面也作要保温处理。对外露挑檐及阳台，女儿墙处每隔 10m 左右设伸缩缝一道，水平分布筋要适当加大一些。

(5) 设计中考虑地下室顶板及屋面采用部分预应力，使混凝土预压应力达到 0.5MPa 以上。对于超长混凝土结构，可采取无缝设计，由于温度应力只是在一定长度范围内逐渐影响的，超过一定长度后温度应力趋于不变的定值。根据这一特性，超长混凝土结构是可以实现无缝设计的，其具体做法是：在应力集中部位设膨胀加强带，间距在 40～60m 之间，宽度为 2m，在两侧铺设密孔钢丝网，并用立筋 ϕ8@100 加固，防止浇筑时混凝土流入加强带。加强带外侧用微膨胀混凝土浇灌，而加强带内则用较大膨胀混凝土浇筑，加强带内比带外高出5～10MPa。混凝土浇灌可以连续进行，也可以采取间歇式无缝施工法，在加强带一侧留台阶式临时施工缝。如果地下水位低，无防水要求时，楼板加强带两侧可以使用无收缩混凝土，即在水中养护14d的限制膨胀率为0.01%～0.02%。墙体应采取后浇加强带，先分段浇筑微膨胀混凝土，养护14d后再浇筑较大膨胀混凝土加强带。这样做可以有效释放收缩应力，避免出现质量裂缝。采用掺膨胀剂的补偿收缩混凝土在施工图上要提出具体要求，并明确相应强度等级、抗渗等级及养护时间的要求。对膨胀剂的品牌、用量及膨胀率的限制，要通过试验室经过试配确定。

如果是特殊需要的建筑物，当不宜设置留缝时，可以通过计算得到混凝土结构的最大温度变形量，计算是否可以开裂及裂缝的宽度，根据建筑物特点采取相应的裂缝预防控制措施。

4. 对裂缝的处理

按照地下建筑工程渗漏程度，可以分为无渗水、润水、渗水、漏水几种。无渗水，即无任何渗水及潮湿痕迹；润水，即有潮湿痕迹，但无渗水现象；渗水，即有滴水现象存在；漏水，即以连续缓慢流水及喷水，即带压力形式向外涌水。在水头压力小于15m时，宽度0.1～0.2mm的裂缝可以自行愈合，一般不需要进行处理。当裂缝宽度超过0.2mm以上时，压力水会对裂缝侧壁不停冲刷，$Ca(OH)_2$和$CaCO_3$不断流失而无法稳定沉淀，漏水现象加重，必须采取化学灌浆方法堵漏，才能保证使用安全。对裂缝处理的一般做法是：

1）对表面宽度小于0.3mm非结构性裂缝的处理。表面处理包括涂刷法、环氧树脂液粘贴玻璃纤维布法及表面抹灰几种。

①表面涂刷方法：表面裂缝很细小且数量也较少时，可采取在开裂表面涂刷水泥素浆、油漆、沥青、环氧树脂浆液等，阻塞微小裂缝，减少渗漏，防止长期对钢筋造成腐蚀。②环氧树脂浆

液粘贴玻璃纤维布：对于像屋面板这类有防水要求高的结构件，采用环氧树脂浆液或环氧煤焦油胶料粘贴两层玻璃纤维布的做法；③表面抹灰法：对于表面裂缝较多且也有蜂窝麻面现象存在时，用钢丝刷和压力水冲洗表面基层，保持无明水时再用1∶2水泥砂浆抹压密实并覆盖养护。

对于蓄水池或污水池产生的裂缝，用填充密封法处理。当池壁或底部有肉眼可见裂缝时，将裂缝处凿成V形槽，上口30～50mm宽，深度至主筋表面或更深，冲洗干净，无松散颗粒，浇水湿润，再用环氧水泥浆或环氧砂浆塞填紧密，表面抹平或略高于表面，覆盖养护不少于3d。

2）钢筋混凝土梁板柱裂缝处理。混凝土墙、板、梁的竖向或斜向裂缝处理，当裂缝宽度小于0.3mm时，混凝土表面用钢丝刷清理干净，采用环氧水泥浆进行表面封闭，沿着裂缝骑在缝上抹30mm宽、3mm左右厚的全长封闭带。当裂缝宽度大于0.3mm或者0.2mm以上的贯穿裂缝时，必须采取压力灌浆方法补缝，材料是用环氧树脂浆液粘合补强处理。

3）钢筋锈蚀产生的沿筋走向裂缝。对这种裂缝应剔除混凝土并凿出锈蚀钢筋，如果是混凝土中氯盐引起的氯离子锈蚀，将钢筋周围混凝土剔除干净，换掉钢筋周围混凝土，然后用喷砂、钢丝刷或机械除锈，再用喷细石混凝土或环氧砂浆修补平整，养护不可忽视。

综上浅要分析可知，混凝土作为一种应用最多的结构材料，由于其自身的特殊性，裂缝难以避免。但使用者必须根据混凝土结构收缩开裂的原因，尤其是现代混凝土体积更大、结构体更长的实际，在设计中根据不同的工程特点，在各方面采取切实有效的具体措施，从源头即设计开始，在材料选择、施工控制、质量监督及使用各环节进行预防控制。并对已经出现的裂缝科学分析，采取行之有效的方法进行处理，使混凝土结构耐久性更好，达到安全使用年限。

4 建筑住宅室内设计的应用

建筑住宅室内设计是满足人们生活的基本要素，人类住宅从最原始发展到今天的高楼大厦，伴随着全球一体化、城市化和工业化的大趋势，使人类的生活环境更加恶化，也越来越关注自己居住的环境质量，开始追求生态的、绿色的自然环境带给人们的安静和舒适，设计质量的好坏成为判断生活质量的依据。现今的建筑住宅室内设计必须适应时代发展的需要，这就要求设计师对此有前瞻性和战略性目光，通过优秀的设计为人们营造良好的居住环境，引导和控制室内环境朝着有利的方向发展，并且在不同的空间环境文化背景中，构造不同的居住文化，使其满足人们对生活质量的追求。

1. 室内设计的发展与延伸

建筑住宅室内设计主要是考虑室内空间环境和人的关系，其设计目标可以分为以下几个方面：

(1) 室内设计需要满足室内功能的需要，满足居住者的生活、工作和学习的多功能需要，这是室内设计的根本宗旨所在，要综合考虑涉及室内环境功能的所有方面及相互关系，提出合理解决各功能之间的设计方案。

(2) 室内设计应满足社会经济效益与社会环境效益，要充分利用现有资源，使室内环境具有较大程度的经济实用性。

(3) 室内设计也是创造性的艺术品，它是一种体现精神和物质的有效组合。作为建筑居住室内的设计，始终存在特定区域的自然环境和社会环境的制约，各地区和各个阶段都有很大的差异性。住宅室内设计的风格、水平从侧面反映出当时人们的生活习惯、社会文明程度和审美观念。同时，室内设计也是一门很形象的艺术形式，它对人的日常生活有重要影响。

(4) 设计的过程就是塑造空间的过程，而人是这个空间的主体，所有的设计都是围绕着人活动的，住宅室内设计不仅要注意现代人们生活的秩序，实现精神、物质，满足心理、生理需求，有意识地反映时代特征、地域特征和民族传统。

不同的历史时期产生社会经济结构与文化传统有较大差异，其建筑室内设计的风貌也表现出不同历史痕迹和文化烙印。而同一个时期不同民族和地区的设计也各不相同，作品都有其独到之处，从中可以清晰看出人们对居住空间布局、色彩、材质以及整体环境品质追求，从侧面反映出当时人们的价值取向和审美观。

2. 室内环境的构建

现今的建筑住宅室内设计是面对社会经济国际化的趋势，面对中国悠久的历史文化传统，在居住建筑中的有限空间中继承和发扬传统，创造一个具有时代气息、民族文化特征、充满艺术和谐的居住环境。

（1）空间组织与变化：空间组织与变化是住宅室内设计的本质，与不同家庭的生活习惯、行为模式有着密切的联系，与不同工作性质、年龄层次、文化背景的家庭空间布局方式有着直接的联系。例如，有大量社交活动的家庭就要有很大的起居室及相应的娱乐空间；以学习和工作为主的家庭需要有一个相对独立，安静尽可能不受干扰的私密空间，而起居室的大小并不是十分重要的；休闲型的家庭则更注重家人相互的沟通与交流，将起居室、餐厅和厨房等相对集中的空间有机地联系起来，为家人提供完整的家庭生活场所。

在空间组织与变化上，需认真注重家庭人员中的行为模式和实质需求，针对其特性提出最合理的适应性组织方式。对于基本功能的满足只是空间组织的开始，重要的是推敲组织的变化，这一点我国传统的室内设计有独到的精髓，如室内外空间的有序过渡、交替所产生的虚实、明暗节奏，有序组织，分隔所产生的空间流动美，大开间中灵活布置的隔断，屏风及家具所形成的多重小空间，隔开但未断、通而不达的空间变化不仅形成美的空间效果，更是使人舒适的心理感受。再者，门前入口因地形的变化、高低错落的有序构思，也会给人一种想像。

(2) 环境塑造的品位：建筑住宅室内设计的核心是对居住环境的塑造，是一种创造性的艺术行为，其本质是空间气质与品位的塑造。设计者在构思中通过运用合适的材料搭配，造型风格，材质色彩表达空间整体艺术性，也是居住者视觉上的享受和心理的安慰，从而使空间显示独特的魅力，使人产生对环境的亲切感。建筑居室设计不是对空间和实体设计，更是设计者整体感的应用，采取不同的构成要素形成一个有机统一体的室内环境。当室内空间塑造成功后，灯具、家具的陈设都是对整体空间氛围的一个延伸，风格统一，尺度宜人，色彩温馨，位置恰好，灯光诱人的彼此呼应，勾画出浓厚的生活气息和艺术品位，满足人们对家庭的期待。

3. 继承和重塑传统

当前我国正处在快速发展阶段，社会文化及文明、审美观和价值观的判断都在经历巨大的变化，而传统文明也在以极快的速度被遗忘或者消失。但是有文字记载至今的传统文明是祖先经过历代不懈的努力和传承下来，逐渐形成的经验创造和演变的结晶，传达着强烈的民族个性、独特的审美视点和丰富的生活哲理。不应该在经济全球化的今天被遗忘或者抛弃掉，而是在现代文明发展中得到发扬和提升，赋予传统文明以新时代生命和更大活力。一个时代应该有一个时代的风格，对于传统的继承不仅是对传统本身的重视，更重要的是结合现代文明提高和重塑，并不是简单的仿制和移植，需要对传统文脉详细的追溯和切实的探索，采用其中最有代表性的体现民族审美的精髓，结合现代文明特点融合为一体。

在这个问题上，日本在室内设计中做得较好，在他们的设计作品中，一些具有代表传统文化的符号已经看不到了，而是被提炼、转变、渗透到设计之中，空间组合及灯光布置，家具造型及材料应用，甚至连门上的一个拉手都是精心选择的。其空间的尺度都是通过严谨推敲才定，整个空间给居住者一个既现代又重民族特色的感觉。在对传统进行继承和演变提升时，由于室内空间一般较小，所以尺度是一个极其关键的环节。在漫长的历史时期，室内装饰设计是以不同的特征及严格比例，用尺度来表达独具个性的审美观。这就要求设计者深入了解社会文化背景、审美观念，研究其中的特别之处，才能在此基础上加以创新和提高。

但对传统的借鉴与创作也具有很大的难度，创作不到位可能起到反面作用。借鉴提升并不是对某一传统形式或符号的简单复制及照搬，必须有明确的改造或创新。现在的室内装饰设计中，仍然有部分把重点放在对传统符号本身的变化中，并没有真正理解传统的实质。例如，在一个起居室的设计中，设计者力图打造一个具有传统气息的室内空间，墙面上运用了一些书法、雕刻、纺织品的传统要素，可是其结果并没有使人感受到传统文化的真实和魅力，而是明显感觉到的是拼凑和做作。所以，对待传统之作必须谨慎且理解透才能应用得当。可以这样认为：只有你对传统中看不见的东西真正理解了，才能把其中最有特色的部分作为符号分解、抽象出来，要把这些符号运用到新的符号系统中形成风格，则需要深厚的功力。

综上浅述，在现代居室装饰设计中，需要更多地关注现代手法和发展趋向，事实上越是民族的，也越是世界的，这个问题已经得到了共识。对建筑住宅室内设计而言，若是在设计中对中国传统的居住文化给予时代的诠释和应用，肯定给居住者带来清新、舒适的优美环境，忘记外界的纷繁杂声，得到精神上的放松和享受。住宅室内装饰设计不是静止的而是动态的，更是发展创新的，最终还是要通过设计师的深入探索和不断实践总结来提升的，要体现过去、现在和未来的室内设计水平的提高。

5　住宅工程采用剪力墙结构的设计形式

建筑工程设计控制的目标是安全、经济和适用性。住宅作为建设工程中的一个重要内容，对安全、经济和适用的三个要素有更高的要求。安居工程与广大群众安全密不可分，随着城镇化进程的加快及节省能源的需要，对于住宅工程的设计构造提出了更高的要求。如何在确保安全的前提下，尽量满足住宅的经济适用性，成为住宅工程结构设计最关键的问题。

我国土地资源缺乏，为了节约用地，还要保证建筑物具有更好的抗震安全性，以往的多层砌体住宅被多层钢筋混凝土住宅所取代，其中具有较好安全性和适用性的钢筋混凝土剪力墙结构，已经成为住宅设计中采用最多的结构形式。结合钢筋混凝土剪力墙结构在设计中注意的重点问题，对住宅结构实现安全与经济方面进行分析，提出一些供结构设计和优化的实用措施。

1. 剪力墙结构的安全问题处理

1.1　对单元的划分

由于剪力墙结构本身具有结构刚度大、变形小及整体性好的优点，从表面上看，剪力墙结构的安全储备高，设计并不复杂，也因剪力墙结构的整体计算中通常需要对墙体进行有限单元的划分，工程实际计算表明，不同墙的单元划分结果，对墙肢与连梁计算精度影响较大。当单元划分出现狭长或尖角等极不规则形状时，局部计算结果会有较大差别，尤其是该部位处在整个受力体系的重要传力部位时，局部单元划分不合理则可能使整个计算结果误差过大或失去参考意义。理论分析和工程实际计算表明，对剪力墙划分单元时，要尽量使单元形状规则，节点上下对齐。针对设计中常见问题，提出以下改进措施：

（1）对墙体的开洞周边的处理。门窗洞口及结构处预留洞周围墙肢、连梁的网格划分过于粗放时，会出现较大计算误差，划分网格时要把程序认可的网格边长尺寸适宜调整，按照墙肢、连梁的形状及大小划分，使形成的单元网格尽量规则。例如，按连梁的形状和计算精度要求，将连梁处的单元按习惯划分为如图 1 所示的情况。

(2) 当连梁跨高比接近 1 且计算的精度要求不高时，为简化计算可采用图 1 中方案 a；当连梁跨高比较小时，可采用方案 b；当连梁跨高比较大时，可采用方案 c；当连梁立面尺寸较大，未得到更详细、精确的计算结果时，可采用方案 d 的方式划分单元网格。

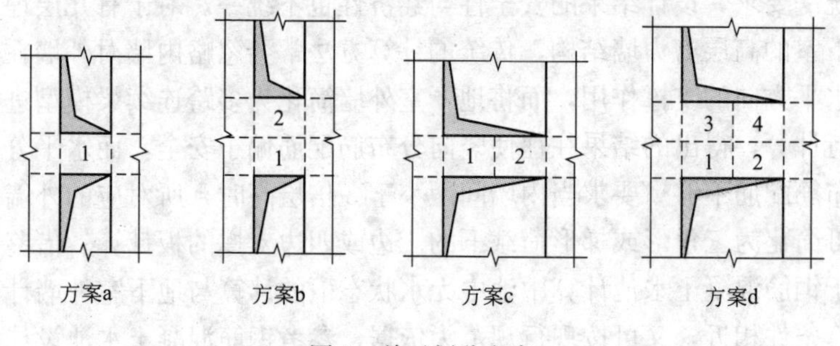

图 1　单元划分方案

(3) 预留洞边墙垛较小时，划分网格时该处往往会出现竖向窄高的狭长单元，这会导致该部位及相邻处计算结果出现较大的误差，要采用实际的处理方法。当墙垛净宽度接近 300mm 时，建模时可近似将墙垛宽度取为 300mm；当墙垛净宽度远小于 300mm 时，可取消墙垛进行计算。现在洞口连梁在建模时生成的方式，对结构整体刚度、移位及连梁的内力影响较大，一般情况下剪力墙连梁的生成方式有两种：

一种是直接在剪力墙上安排洞口，上下之间洞口形成连梁；另一种是在剪力墙端部加设支点后，两节点之间按普通梁输入形成连梁。资料介绍：连梁的生成方式应取决于它的变形条件，当连梁中的剪切变形位移不能忽视时，应以开设洞口方式形成连梁；当其剪切位移在连梁相对位移中所占比重较小，可忽略不计时则应以普通梁输入。由于连梁的剪切变形在其全部变形中所占比重与连梁的跨高比大小密切相关，在此可采取实用方法处理：当跨高比＜2.5时，连梁应按墙单元输入，即墙体开设洞口方式形成连梁；当跨高比≥5时，连梁可按普通梁单元输入；当2.5≤跨高比≤5时，连梁应按墙单元输入，但网格需适当细分。

1.2 地下室剪力墙的计算

对于地下室外墙的结构计算，现行的建筑地基基础设计规范中并没有针对性的计算方法，因此，结构计算在工程设计中缺乏统一要求，设计结果的安全性与经济性也不统一。对于有几层地下室的高层剪力墙结构，传统的计算方法常会忽略内墙对外墙在水平方向的支撑作用，而将地下室外墙简化为多跨连续梁模型进行计算，得出的结果往往使竖向分布筋配筋偏于安全，而水平分布筋配筋不够。要求当内墙间距小于3倍层高时，所对应的外墙可简化为三角形或梯形荷载下的三边或四边支撑的板计算。借鉴于钢筋混凝土水池计算中池中无水状态下的计算与地下室外墙计算条件相近，又可按现行规范为依据，参考钢筋混凝土水池设计规范的相应内容，对外墙进行荷载和模型的选取。

1.3 剪力墙分布配筋的选择

地上剪力墙分布筋的配筋率是影响配筋的参数，依据混凝土结构设计规范的相关计算公式及剪力墙结构计算经验，墙体分布筋作为墙体受力筋的一部分，它的取值大小直接影响墙体边缘构件的纵筋计算结果，以及墙体水平分布筋的计算结果。当输入(PKPM软件参数)的分布筋配筋率大于实际配筋时，会导致墙体纵筋和水平分布筋计算配筋比结构实际需求配筋率偏小，其计算结果是不安全的。为避免此种结果的发生，应根据实配分布筋强度等级和配筋率，依据此数值写入该参数，在绘制施工图过程中对分布筋进行调整，及时对应修改该模型参数，后进行墙体配筋率的重算，并参照新的计算结果对施工图原墙体配筋进行核对调整。

1.4 对异形板的计算

在剪力墙结构住宅设计中，为了实现建筑空间的完整，满足净空要求，时常要求结构专业尽量减少布置结构梁，这样相邻板跨之间没有梁的分隔，容易形成较大的带阴角的异形板。异形板与普通的矩形单向板或双向板的受力特点存在较大差异，在阴角处还有很大的应力集中出现，当采用计算普通矩形板软件近似计算此类异形板时，计算结果往往误差很大，甚至不能反映板的实际受力状态。应当对此类异形板采用专门软件进行有限元分析，对近似计算结果认真核对修正。对角部应力集中部位依据有限元近似计算结果，采取在角部附加放射状钢筋等构造措施来减少板面开裂。

2. 剪力墙结构设计中费用节约处理

2.1 地下剪力墙计算高度确定

计算地下室外墙承受水压力时，要选择合适的设计水位进行计算。而现行建筑地基基础设计规范对设计水位的选取并没有明确规定。在工程具体应用中的结构计算选取上不同理解会存在一些差异，同时也造成在安全、经济上缺乏控制标准。一些结构师采取抗浮设计水位对外墙进行计算，由于抗浮水位重现期很长且偶然性较大，而外墙构件计算相对整体建筑抗浮计算，其重要程度和安全储备要求应该更低，因此，取抗浮水位计算外墙显得有点保守。在考虑计算地下室外墙承载力时，水位高度可以参考近5年最高水位，该水位通常会低于抗浮水位，在保证外墙构件具备适当的安全可靠性的前提下，合理选择设计水位能有效减小外墙的计算配筋率，尽量降低地下室结构用钢量。

2.2 基础底板计算问题

基础底板中钢筋的实际应力较计算值要小一些。当采用筏形基础的高层建筑，在基底较大压力下，筏板板底与垫层之间产生较大摩阻力，此摩阻力在很大程度上延缓了板底混凝土受拉的开裂。除此之外，基底反力一般会在结构刚度较大的墙下或柱外分布比较集中，而在基础反梁和基础底板的跨中数值较小，与简化计算时把基底反力简化成均布荷载相比，多数情况下梁板的实际受力比简化计算结果要小，计算还是安全的。同时，高大的基础梁或者很厚的基础底板都会形成一定的反拱效应，计算中可以根据经验综合考虑有利因素的影响，不必验算筏板板底的裂缝问题，但对腐蚀严重环境下基础除外，这样做实际上节省了基础用钢量，相应降低了费用。

2.3 地下人防门框的计算问题

现在采用的人防图集对门框墙的构件画出了详细的配筋和构造的具体要求，图集是为了方便查找和应用，对结构工程人防的荷载、跨度等适用条件进行了合并及分类，具体到某一工程设计条件查找图集时得到的设计结果，往往要比按规范的计算和构造求得的结果略大，有时会超过比较多。因此，在考虑地下工程有人防的设计中，尤其是当工程中的人防区域范围较大，构件数量也多时应当谨慎选择引用图集，实际设计中可以根据实算结果，有针对性地进行设计归纳合并，从而达到在提高设计效率的同时实现优化设计，也是节省建设费用的目的。

2.4 降低结构用钢量的措施

钢用量是土建工程中比较大的建材，合理控制钢材用量除了上述通过优化计算的分析方法外，还要从其他方面对设计进行定量控制，最终在确保安全、适用的前提下，有效降低结构用钢量，达到节约费用的目标。

控制途径包括：①建筑方案的优化；②结构布置的优化；③荷载统计要精确；④结构件截面控制；⑤选择高强度钢材；⑥优化钢材配置及混凝土材料的优化配置等。

3. 简要小结

上述结合钢筋混凝土地下剪力墙结构设计中存在的一些问题，对民用住宅工程在如何确保安全经济性方面进行了浅要分析，并提出了应用中的具体问题。分析探讨的主要内容是：

（1）当剪力墙单元划分出现狭长及尖角等极不规则形状时，局部的计算可能会有较大不准确的失真现象，建立模型时应尽量使单元形状趋于规则，节点上下对齐，建模时洞口连梁的生成方式对结构的整体刚度、位移及连梁的内力影响较大，此种影响与连梁的跨高比大小关系密切，要采取正确方法处理。

（2）地下室剪力墙简化为多跨连续梁模型进行计算时，一般使竖向分布配筋会处于安全，而水平分布配筋可能会有所不足。可以考虑当内墙间距小于3倍层高时，所对应的外墙可以简化为梯形或三角形荷载的四边或三边支撑，用此种板来计算。

（3）对于整体计算参数地上剪力墙分布配筋率，当输入的分布配筋率大于实际配筋率时，结构计算偏于不安全。可考虑按照实际分布配筋的强度等级和配筋率填写计算参数。

（4）异形板与普通矩形单向板或双向板的受力特点存在较大的差别，在阴阳角处还有较大应力集中的产生，可以考虑对此类异形板要采用专用软件进行有限元分析，对角部应力集中处要根据有限元计算结果，一般是采取附加放射状筋措施加强处理，以防止该处的开裂。

（5）筏板板底与垫层之间存在较大的摩阻力，综合考虑基底反力分布较集中，基础梁或板厚的反拱应力的不利因素，而不需要再验算筏板板底裂缝问题；而对人防设计中，特别是当范围较大、构件较多时，要慎重选择和引用图集，根据工程实际进行设计和归并。

6　砌体房屋的设计施工构造处理措施

砌体建筑的施工构造是按照设计及施工规范要求进行的，是将各种类型砌块按照建筑物的平面尺寸，根据提前的排列布置图，逐块按顺序砌筑错缝搭接到位，而按抗震要求设置的构造柱及混凝土带则在砌筑至一定高度再进行现浇施工。其他构件如楼板、阳台及隔墙板等的吊装，也是到位后进行，混合结构的主要控制是砌块的施工及工艺措施。

1. 构造的一般技术要求

在砌体建筑结构房屋的设计中，除了进行墙柱承载力和高厚比的计(验)算外，还要满足墙和柱的一般构造需要：

(1) 5层及5层以上房屋的墙，以及受振动或层高大于6m的墙、柱，所用材料的最低强度等级应符合：砖及空心砖用MU10，砌块采用MU7.5，石材采用MU30，砂浆不宜低于M5。安全等级为一级或设计使用年限大于50年的建筑，墙柱所用材料的最低强度等级至少提高一级。

对于地面以下或是防潮层以下的砌体，潮湿房屋的墙所用材料的最低强度等级要符合下表的规定(见表1)。

地面以下及防潮层砌体材料强度等级　　表1

地基土潮湿程度	烧结普通砖及蒸压灰砂砖		混凝土砌块	石材	水泥砂浆
	一般地区	严寒地区			
稍微潮湿	MU10	MU10	MU7.5	MU30	M5.0
很严重潮湿	MU10	MU15	MU7.5	MU30	M7.5
含水饱和	MU15	MU20	MU10	MU40	M10.0

注：在冻胀地区地面以下或防潮层以下砌体，不宜使用多孔砖；如果需要使用时，其孔洞要用水泥砂浆填实。如果使用混凝土砌块时，其孔洞应采用强度不低于C20的混凝土填实。对安全等级为一级或设计年限大于50年的房屋，表中材料强度等级应至少提高一级。

（2）对跨度大于6m的屋架和跨度大于砖砌体为4.8m、砌块和料石砌体为4.2m和毛石砌体为3.9m的梁等结构，应在支撑处砌体上设置混凝土或钢筋混凝土垫块；当设计无圈梁时，垫块与圈梁宜浇筑成整体。当梁跨度大于或等于如240mm厚的砖墙为6m、180 mm厚的砖墙为4.8m和砌块及料石墙为4.8m时，其支撑处必须加设壁柱或者其他加固措施。承重的独立砖柱截面尺寸不应小于240mm×370mm，毛石墙的厚度不要小于350mm，毛料石柱较小边长不应小于400mm；如有振动荷载时的柱墙，不要采用毛石砌筑。

（3）预制钢筋混凝土板的支撑长度，在墙上的长度不要少于100mm；在钢筋混凝土圈梁上不宜小于80mm；如果利用板端伸出用钢筋拉结和用混凝土灌缝时，其支撑长度可为40mm；但板端缝宽不小于80mm，灌缝的混凝土强度为C25。支撑在墙柱上的吊车梁、屋架及跨度大于或等于对砖砌体为9m、砌块和料石砌体为7.2m的预制梁端部，要采用锚固件与墙柱上的垫块锚固。

（4）框架填充墙及隔墙应分别采取措施，与周边构件有牢固的连接；山墙处壁柱宜砌至山墙顶部，屋面构件要与山墙有可靠拉结。

（5）砌块砌筑必须分皮错缝搭砌，上、下皮搭砌压槎长度不少于90mm。当实际搭砌压槎不能达到90mm时，要求在水平灰缝内设置至少2根直径6mm钢筋焊接网片，横向钢筋间距不大于150mm，网片两端搭压在垂直灰缝每侧不少于300mm；砌块墙与后砌隔墙交接处，砌块墙与后砌隔墙交接处要沿墙高每400mm的水平灰缝内，埋设不少于2根直径6mm钢筋，横向间距不大于200mm的焊接钢筋网片；用混凝土砌块砌筑时，在纵横墙交接处，距墙中心每边不小于300mm范围内的预留孔洞，采用不低于C25混凝土灌筑密实，灌实的高度应同墙高；混凝土砌块墙如在屋架梁构件的支撑下面，高度不应小于600mm、长度不应小于600mm的砌体；搁栅、檩条及混凝土板的支撑下面，高度不应小于200mm的砌体；挑梁的支撑面下，距墙中心线每边不应小于300mm，高度不应小于600mm的砌体部位，如果未有圈梁或混凝土垫块，应当用不低于C25混凝土将孔灌密实。

（6）在砌体中预留槽洞或埋设管道时，不应在截面长边小于500mm的承重墙体、独立柱内埋管；不应在墙体中穿插暗线或预留、开凿沟槽。当无法避免时，要采取加强措施，或按削减的墙体考虑承载力；对于受力较小或有孔中灌浆的墙段，允许在墙体的竖向孔洞中埋设管线。

（7）对于夹芯墙的砌筑，砌块自身的强度等级不宜低于MU10.0；夹芯墙的夹层厚度不宜大于100mm；夹芯墙外叶墙的最大横向支撑间距不应大于9m。

对于夹芯墙和叶墙的连接，应当用经过防腐处理的拉结杆件或钢筋网片连接；当使用环形拉结件时，钢筋直径不应小于6mm；当为Z形拉结件时，钢筋直径不应小于8mm。拉结件应沿竖向梅花形布置，拉结件的水平和竖向最大间距分别不应大于800mm和600mm；对有振动或者抗震设防要求时，其水平和竖向最大间距分别不宜大于700mm和400mm。当采用钢筋网片作拉结件时，两片横向钢筋的直径以6mm为宜，其间距应以300mm为宜，两片的竖向间距宜为500mm；对有振动或有抗震设防要求的，不应超过400mm。拉结件在叶墙上的放置长度不小于墙厚的2/3，并不得小于60mm。在门窗洞口周边300mm范围内，应当附加间距为600mm左右的拉结构造。

2. 防止墙体开裂的构造要求

在砌体结构中由于温差或地基不均匀沉降等原因，都会使墙体产生裂缝引起开裂，使砌体的刚度及承载力大幅降低，存在于自然环境及使用过程的影响因素难以量化确定，因而在设计中必须采取有效的构造措施，来减少或降低这些不利因素的影响，达到正常安全使用的目的。

（1）为防止或降低这些不利因素对正常使用建筑物的影响，

由主要影响的温差及砌体干缩引起的竖向建筑物裂缝，采取在墙体中设置伸缩沉降缝措施。伸缩沉降缝要设在因温差及砌体干缩变形可能引起的应力集中处，即砌体产生裂缝可能性最大的部位，伸缩沉降缝设置间距一般要求见表 2。

砌体结构伸缩沉降缝设置最大间距 **表 2**

建筑物屋盖及楼盖类别		间距(m)
整体式或装配整体式	有保温层或隔热层屋面、楼面	50
	无保温层或隔热层屋面	40
钢筋混凝土结构	有保温层或隔热层屋面、楼面	60
	无保温层或隔热层屋面	50
装配式有檩体系	有保温层或隔热层屋面、楼面	75
	无保温层或隔热层屋面	60
瓦片屋盖、木屋盖或楼盖、轻钢屋盖		100

注：1. 对烧结普通砖、多孔砖、配筋砌体房屋，取表中数值；对于石砌体、蒸压灰砂砖、蒸压粉煤灰砖及混凝土砌块房屋，取表中数值乘以 0.8 的系数。在钢筋混凝土屋面上挂瓦的屋盖，要按钢筋混凝土屋面采用。

2. 层高大于 5m 的烧结普通砖及多孔砖、配筋砌块砌体结构，单层房屋伸缩缝间距可按表中数值乘以 1.3。表 2 规定的墙体伸缩缝，一般不能同时防止因混凝土屋盖温度变形和砌体干燥变形引起的墙体局部开裂。温差较大且变化频繁地区，严寒地区及不采暖地区的房屋，构筑物墙体的最大间距，按表中数据予以适当减小。

3. 墙体的伸缩缝应当与结构的其他变形缝相重叠，在做立面处理时，必须保证缝隙的自由伸缩作用不受影响。

(2) 为了预防或减轻建筑物墙体及房屋顶层的开裂，根据环境状况采取的措施是：屋面必须设保温隔热层；保温层及隔热层或刚性屋面及砂浆找平层，要设置分格缝，分格缝间距不要超过 6m，并同女儿墙隔开，其缝宽为 20mm。如采用装配式有檩系统的混凝土屋面及瓦材屋面时，在钢筋混凝土屋面板与墙体圈梁的接触面处设置水平滑动层，其滑动层材料可用 3mm 厚卷材刷滑石粉或者橡胶片材；对于长纵墙，可以只在其两端的 2 个或 3 个房间内设置；对于横墙，可以只在其两端的 1/4 范围内设置。

在顶层屋面板下设置钢筋混凝土圈梁，并沿内外墙拉通房屋，两端圈梁下的墙体内宜适当设置水平筋；顶层挑梁末端下的墙体灰缝内设置 3 道焊接钢筋网片，网片或钢筋应自挑梁末端伸入两边墙体不少于 1m；顶层墙体如果有门窗洞口时，在过梁上的水平灰缝内设置 2～3 道焊接网片或 2 根直径 6mm 钢筋，并要伸入过梁两端墙内大于 600mm；房屋顶端部墙体内要增加一些构造柱，女儿墙内设置构造柱的间距应小于 4m，构造柱钢筋应从屋面下一直延伸至女儿墙顶，并与钢筋混凝土压顶的钢筋连接为一体，构造柱内拉结筋同墙体拉结；砌筑女儿墙的砂浆强度不低于 M7.5。

（3）为了防止或减轻房屋底层墙体裂缝，可根据工程具体情况采取一些有效防范措施：①增强基础圈梁的刚度和强度；②在首层窗台下的砌体灰缝内加设 2～3 道焊接钢筋网片或者 3 根直径 8mm 钢筋，并伸入两旁窗间墙内不小于 600mm；③采用钢筋混凝土窗台板，窗台板两端嵌入窗间墙内大于 600mm。

在墙体转角处和纵横墙交接处，要沿竖向每隔 500mm 高度处要设置拉结钢筋，其数量是每 120mm 厚墙不少于 2 根直径 6mm 钢筋或者焊接网片，埋入灰缝长度从墙的转角或交接处开始，每边不少于 600mm。

（4）如用灰砂砖、粉煤灰砖及混凝土砌块或其他非烧结砖，要求在各层门窗过梁上的水平灰缝内，以及窗台下第一及第二皮砖的水平灰缝内加设焊接钢筋网片或者 2 根直径 8mm 钢筋，焊接钢筋网片或者钢筋必须伸入两旁窗间墙内大于 600mm。当灰砂砖、粉煤灰砖及混凝土砌块，其他非烧结砖实际砌筑长度超过 5m 时，宜在每层墙的高度中间设置 2～3 道钢筋网片或者 3 根直径 8mm 的通长水平钢筋，竖向高度为 600mm 左右一道。

（5）为防止或者减轻砌块建筑房屋顶部两端、底层第一二开间门窗洞处的角裂，应当采取的预防控制措施是：①在门窗洞口两侧不少于一个孔洞中，加设至少一根直径 12mm 的钢筋，钢筋应在楼层圈梁或基础中锚固，并用 C25 混凝土灌注密实；②在门窗洞口两边墙体的水平灰缝中，埋设长度1m、竖向间距为400mm焊接钢筋网片或钢筋；③在顶层和底层设置通长钢筋，混凝土窗台、窗台梁的高度宜为砌块的模数，纵筋不应少于4根直径12mm、箍筋为$\phi 6@200$，混凝土为C25。

当建筑物刚度较大时，应在窗台下或窗台转角处的墙体内设置竖向控制缝。在墙体高度和厚度突然变化处，也要设置竖向控制缝，也可采取其他防裂措施。竖向控制缝的构造和嵌缝材料，必须满足墙体平面外传力和防护的要求。对墙体有较高防裂要求的，宜视情况采取专门的措施。同时，对于灰砂砖、粉煤灰砖的砌体，宜使用粘结性能好的混合砂浆砌筑，而混凝土砌块采用专用砂浆效果较好。

3. 圈梁的设置构造技术要求

（1）圈梁的设置作用及构造处理。由于砌体结构要求整体性好，为增强建筑物的整体刚度，防止因地基不均匀沉降或有较大振动荷载对房屋产生不利的影响，要根据不同情况在墙体中沿水平方向设置封闭的现浇混凝土梁，即常见的圈梁。如工业厂房、车间、仓库、食堂等空旷的单层房屋，必须按规定设置圈梁：①砖砌体房屋檐口标高在5m以上至8m时，应在檐口标高处设置圈梁一道；当檐口标高超过8m时，应增加圈梁数量。②用砌块及料石砌筑建筑时，其房屋檐口标高在4～5m时，应在檐口标高处设置圈梁一道；当檐口标高超过5m时，应增加圈梁数量。

对于有吊车或有较大振动设备的单层工业厂房，除了在檐口或窗顶标高处设置现浇钢筋混凝土圈梁外，还应增加圈梁数量。

（2）多层砌体民用住宅建筑和多层砌体工业厂房应根据规定设置圈梁：宿舍、办公楼等多层砌体房屋，当高度为3～4层时，应在檐口标高处设置圈梁一道；当层数超过4层时，应在所有纵横墙上隔层设置圈梁。多层砌体工业厂房，宜在每层现浇钢筋混凝土圈梁；设置圈梁的多层砌体建筑物，应在托梁、墙梁顶面和檐口标高处设现浇钢筋混凝土圈梁；在其他楼层处，要在所有纵横墙上每层设置圈梁。如果是采用现浇钢筋混凝土楼层及屋顶的多层砌体结构房屋，当层数超过 5 层时，除了在檐口标高处设置一道顶圈梁，还要隔层设置圈梁，并与楼层或屋面一同浇筑。如未设置圈梁的楼面板嵌入墙内的长度不小于 120mm，并沿墙长配置不少于 2 根直径 12mm 的纵向通长钢筋。建筑在软弱地基或是不均匀地基上的砌体房屋，除了按上述的要求设置圈梁外，还必须符合《建筑地基基础设计规范》GB 50007—2002 中的相关规定。

（3）圈梁的构造措施要求。①圈梁应连续设置在同一个水平高度，并形成封闭状；②当圈梁被门窗洞口截断不能连续时，应在洞口上部增加截面相同的附加圈梁加过梁，而附加圈梁加过梁的搭接长度不小于垂直间距的 2 倍，且钢筋直径及数量相应增加。③在纵横墙交接处的圈梁必须有可靠的连接牢固性。

对于钢筋混凝土圈梁的宽度应与墙体厚度相同。当墙厚度≥240mm 时，其宽度应不小于 $2h/3$，圈梁高度不小于 120mm，纵向钢筋不少于 4 根直径 12mm，搭接接头长度应按焊接或绑扎规定执行，箍筋间距不大于 250mm。如果圈梁兼作过梁时，其过梁部分的配筋应经过计算增加，即除圈梁之外，还要增加过梁的钢筋。

7 混凝土框架及砌体结构抗震的优化设计

我国是个地震多发的国家，近几年多次较大地震的频繁发生造成的后果是极其严重的，而青海玉树虽然只是7.1级，也造成了很大的破坏。原来要求的“大震不倒，小震不坏”的设防理念，到了21世纪的今天，国家财力大幅提升并以人为本思想的指导下，对于8度及其以上抗震设防地区建筑物的结构有必要提高设防等级，力求使建筑物“大震不倒不坏，中震不修，小震无影响”，以确保人民生命安全及财产少受损失。

1. 8度及其以上建筑抗震设防要求

(1) 要求建筑物设计在平面、立面规则整齐。

(2) 房屋底层空间不宜过大，如确定要有较大空间，要在结构设计时做特殊加强稳定设计。

(3) 建筑房屋顶层造型简单，减轻屋顶部分的重量，确保地震时上部的结构稳定性。

(4) 框架结构房屋的钢筋混凝土梁节点处要增加腋肢和加固柱脚，填充墙不能再采用传统的施工方法、传统的砌筑材料和传统的设计方法。

(5) 砌体房屋要增大钢筋混凝土构造柱截面，增加外墙厚度且拉结筋截面加大；内部隔墙无论是采用砖混结构或者框架构造，都不要采取≤120mm厚度的墙，应以200～240mm厚为主。

(6) 钢筋混凝土圈梁截面适当加大，配筋相应增加。

(7) 外围护墙应增加至490mm时用烧结多孔砖砌筑，可以采取将钢筋混凝土空心板隔层设置，隔层整体现浇楼板，增强抗地震水平作用在平面的扭转力。

(8) 楼房的层数不宜过多，力求高宽比接近1∶1.2，充分保证建筑物的横向稳定性；楼房首层梁柱截面相应增大。

(9) 不宜在墙内留槽埋消防及给水管道等，确实需要埋管线，应设专门管道井集中设置；如果不能设专门管道井，将管道布置处用混凝土浇筑同墙成一体。

（10）基础的设计应考虑整体现浇钢筋混凝土底板，根据地质土质也可以设计成筏形基础，底板厚度适当加厚；也可考虑将基础直接放置在地表面，地基土最好采取重锤夯实地基，再用软隔离层(如砂砾层)作为缓冲处理。

2. 框架及砌体结合的设计理念

从近几年地震破坏的房屋看，传统的框架结构形式已不能满足抗震的需求，它的严重不足是底层和顶层的梁柱截面基本相同。虽然可以满足静力状态下的结构稳定性，但却满足不了在地震作用下的结构稳定，而且梁柱相交的节点处没有可抵抗地震水平作用的构造措施，填充墙多数使用非烧结空心砌块，抗压抗剪强度低，且整体刚度和稳定性也差。另外一个影响建筑物抗震性能的方面，即梁柱结合处比较薄弱。在地震作用下一些被“甩出”，造成框架梁柱相交节点处形成了“铰”，演变成为不稳定结构。因此，重则房屋整体垮塌，轻则结构严重破坏，无法再重新使用。要改变钢筋混凝土结构和砌体结构的设计区分，将两者结合起来设计和施工，这样建筑的房屋工程抗地震能力会更好。如何才能将两者有机地结合，可以从以下几个方面入手。

（1）基础构造方面。基础应设计成整体钢筋混凝土底板，底板设计成筏形基础更合适，并将基础放置在地面。这样，地基即便在地震作用下变形导致楼体倾斜，还可考虑在基础下用工程技术手段纠正倾斜，建筑物仍然可以安全使用。考虑到底层梁柱受水平地震作用最大，向上则逐渐递减，因此梁柱截面尺寸亦会逐层递减，即才能确保结构的刚度和稳定性，在经济上也较合理。在底板与柱相交处设腋肢、柱与梁相交的支点处设腋肢与加强角，将角柱设计成 L 形，边柱设计成 T 形，底层 L 形，角柱 T 形，边柱每边宽度最宽，顶层 L 形边柱每边宽度最小，如图 1 所示。房屋横向的柱截面应加大，底层梁截面高度适当加高，屋盖梁高度也应高于中间层。

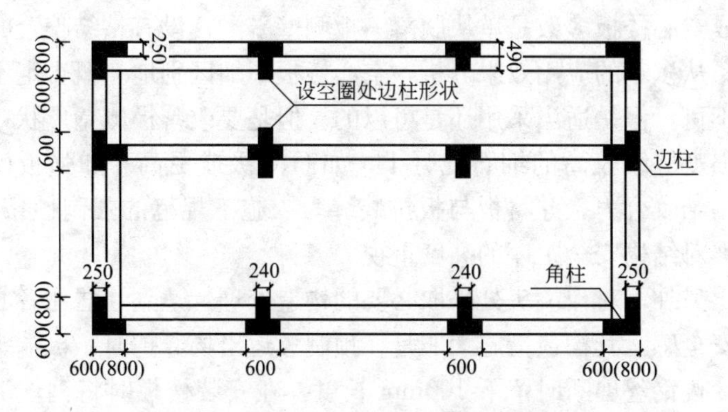

图1 层角柱、边柱形状平面示意图

(2) 框架填充墙设计。如上所述，一定要改变先框架后填充墙的传统施工方法。将外墙墙厚加宽至 490mm，加强围护墙的刚度稳定性，要使用烧结多孔砖；内隔墙可以用空心砌块砌筑，其隔墙厚度在 200～240mm 之间。由于传统的空心砌块减孔率要缩小，即增加砖孔壁厚度，砖四角要加强。这样不但可实现梁墙共同承重，而且可大幅度提高房屋的抗剪力和整体稳定性。

(3) 砌体工程调整。在施工过程中，严格按砌体施工及质量验收规范设置构造柱，即先砌墙后浇柱和梁，不要砌马牙槎。但遇混凝土接触面要用缩口灰砌筑，要确保墙与混凝土有充分的咬合。外墙窗洞口处及窗台处的窗间墙通浇一道混凝土压板，宽度同墙。若采用此设计构思，不但能确保砌块与混凝土梁柱的牢固结合，又可减少模板的支设，节省材料及人工费用。另外，楼梯间处墙厚采取 370mm，还是采用烧结多孔砖；且加大楼梯梁板截面配筋进行调整，这是因为楼梯间是易遭受损坏的薄弱部位。

(4) 楼板的应用。采用钢筋混凝土预应力空心楼板是能够满足需要的，因为预应力楼板仍有一定的优点，节省钢材、混凝土及自重轻、无大量模板支拆、施工速度快等。使用多年后几乎不再用的理由是，安装拼缝质量不易达到整体性，板缝易产生开裂及刚性略差。从汶川震倒的建筑物图像上看，空心楼板安装拼缝咬合不符合规范要求，同时板侧壁形状也不利于咬合成为整体，造成空心楼板多数是单块脱落，板侧壁平滑，没有粘结咬合的迹象。从多年的应用效果分析，空心楼板不加区别地一概否定不一定不可，但是适当采用还是可以的。但是要改善板侧壁形状，使用强度等级较高的细石混凝土，如 C40 级或更高。加强板侧壁的粘结咬合力，并将板与板拼装缝写入施工规范的强制性条文，加强对结构安全工序的高度重视。

另外，对板端头处采取必要的构造处理，达到让居住者心理有安全感。其构造措施无非是在预制板运出场养护时，板端头低碳冷拔钢丝剪断时留下 100mm 长度，在安装楼板时将钢丝绑扎成“花篮”式梁或十字形梁，这样空心板接头间距可以达到 150mm 左右，既增加了空心板在梁上的搭接长度，又可采取措施将两空心板端头露出钢丝连接在一起，再浇筑高强度混凝土。如果这样处理了，板的抗脱落水平即会同现浇板没有大的区别，如图 2 所示。

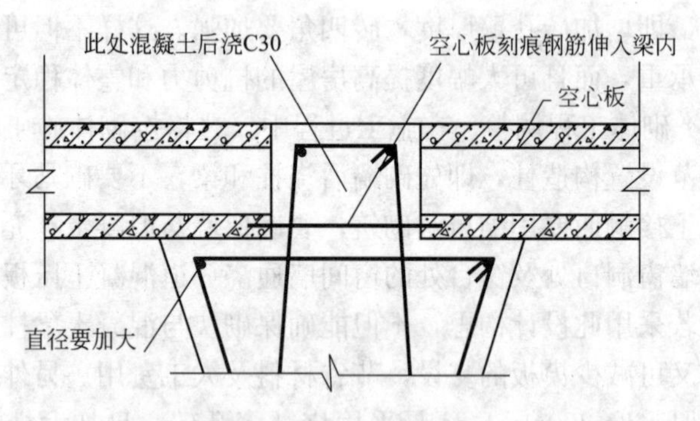

图 2 花篮梁配筋示意图及空心板安装示意图

将承载空心楼板的梁也设计成“花篮”式梁或十字形梁。如果是“花篮”式梁，如梁底截面宽为 250mm，花篮上沿处即为 500mm 左右宽，这样的梁顶宽空心楼板搭接在梁顶就会不少于 150mm 长度，梁中间还有近 200mm 的后浇混凝土缝(“花篮”上篮梁)，空心板端保留 100mm 一段钢丝锚入现浇篮梁内。另外，空心楼板搭压在梁顶长度相应加长，这些措施可以防止楼板的脱落，整体性也有加强。需要特别强调的是，花篮梁设计改变传统的配筋方式，即箍筋形状既要按梁底宽的梯形，又要做成反梯形箍筋；花篮沿边处的纵向受力筋直径要求大，增强梁底抗垂直于梁纵轴线方向的地震作用。

3. 框架砌体结构抗震设计的安全经济性

建筑房屋的设计既要满足结构的抗震安全度，又要节省工程费用，这本来是矛盾的。上述构思采用钢筋混凝土整体筏形基础，且又设置在合格的地表面上，与其他结构形式的基础比较，不会增加建筑投资。考虑到整体筏形基础是将房屋比作一只浮在水面的建筑物，地震作用的地面看做是风力作用在水面上。此构思可近似按房屋基础在地面下，无任何构件受地震作用影响。而且房屋的整个荷载对地基的单位面积压应力，要比选择条形基础、框架独立柱基础的房屋轻40%左右。条形基础、独立柱基础就建筑物的平面来说，形成了对地基局部的压力，而整体钢筋混凝土板式基础则形成对房屋地基整体平面均匀的压应力。从作用力和反作用力可知，整体板式基础房屋受地震作用组合竖向或水平向的影响会小很多，可以认为整体板式基础抗震能力强，则安全性高。

(1) 框架柱的比较：钢筋混凝土异形柱框架结构梁柱截面与传统的钢筋混凝土异形柱梁柱截面基本相同，内隔墙墙梁联合承重的部位梁截面可以小于传统的框架梁截面，所以也不会增加建筑物的投资或是略有小的增加。本构思设计采用的异形柱截面可按建筑物纵、横轴线方向，来抵抗地震作用产生的侧向力差异。柱的截面形式可以灵活设计，如在建筑外墙横轴方向抵抗侧力较弱，就将柱截面加大；如果建筑外墙纵轴方向抵抗侧力的能力较强，从经济适用角度考虑可将柱截面减小，达到了既保证房屋的安全又经济适用的目的。同时，室内的观感与方形柱相比也较好看。

（2）同墙体厚度比较：同钢筋混凝土框架结构比较，设计构思希望增加外围护墙的厚度，如墙厚度增加至490mm的多孔砌块，建筑费用相应增加。传统的钢筋混凝土框架结构设计方案中，外围护墙多采用300～400mm厚度空心砌块，虽然节省了砌体材料，但抗震性能却比较差。当外围护墙的厚度增加至490mm，却大大增强了房屋抵抗地震作用产生的剪切力，提高了房屋的整体刚度。为了实现其构想方法，采取先砌墙后浇筑柱梁的施工工序。这样可以确保外围护墙和内隔墙不会出现在地震作用时，从框架中甩出，导致整个建筑物破坏甚至倒塌。充分考虑了墙、梁、柱整体效应而提高了抗震能力，而且外围护墙厚的增加，在保证房屋抗震的同时，又提高了围护体的保温节能。砌体材料增加的费用，可以从逐年使用的节能费中得到补偿。

内墙厚度的增加虽然提高材料的用量，加大了费用，但是却提高了内墙抗压及抗剪能力，整体刚度和稳定性大大增强。同时，地梁的截面高度可以减小，达到墙、梁共同承重。而且内墙厚度的增加对隔声效果有大的改善，居住环境噪声更小，舒适度提高。

（3）空心楼板的使用问题：进入21世纪，预应力空心楼板在广大城市基本不再采用，这是同地震联系在一起，甚至有谈空心板恐惧色变现象。从地震后果看，许多整块脱落的板造成了一定伤害，脱落的空心板是由于板与板之间的拼缝不合格，是主要原因。但不能就此得出，在地震多发地区不能使用空心板构件的结论。此处的构思是在8度及其以上地震设防区域的建筑物中，在合理构造后可以使用预应力空心楼板，是因为在过去的数十年应用中，不论是技术上还是经济上有诸多的优势。现在的问题是必须确保预应力空心楼板在安装就位后的拼缝合格，使缝不再是易开裂的部位。当然，现浇楼板的开裂也是难以克服的，这主要是由于泵送商品混凝土过大的坍落度所致。但是空心楼板如果解决了拼缝质量问题，其板本身质量绝对可靠，其施工进度会大幅度提高。同时，采取这种设计的建筑房屋，其冷(热)桥现象将会基本消除。在寒冷地区对可能外露的混凝土构件，只要缩回砌体50mm即可，用保温聚苯板进行保温处理。

在社会进入和谐与低碳的今天，人们在追求发展的同时也更加关注生活质量，因此，对建筑物的安全、舒适要求更高，在设计理念上应该有所创新。构思采取框架和砌体相结合的共同受力，达到抗震8度及其以上地震设防地区的建筑物遇震不倒，确保人们生命及财产不受损失。

8 房屋建筑抗震设计及砖混结构加固

我国许多地区是地震多发区域，为了减轻地震灾害，地震工作者通过多年实践研究，提出一套建立在抗震强度和延性基础上的理论方法，即在强震下“裂而不倒”的应用措施。同时，针对具体砖混结构工程采取加固技术。

1. 房屋荷载与应力情况

(1) 荷载与外力种类：荷载分为地球重力形成的铅直方向力(竖向荷载)及风荷载与地震作用等引起的水平方向荷载力；此外，又分为经常作用于结构上的恒荷载，临时作用于结构上的临时荷载。在结构设计上，因固定荷载产生的长期效应及在固定荷载上再加上临时荷载时，看做是短期产生的应力。对于在结构支承上所施加的长期与短期应力值，必须确定它们不得超过各允许值。

(2) 荷载与结构因素：刚接仍是构件与构件的节点形式，即使受到外力刚架产生变形之后，其角度仍然不会产生变化的连接形式。而框架结构则是指各节点的构件由刚接而成的构架。在对应于竖向荷载的结构方式上，比框架结构更可能加长跨度，或降低框架的自重及荷载。对应于水平荷载方面的构件而言，如同框架结构比较，由于能够加强水平荷载，于是被当做补强框架结构抗震要素来使用。

(3) 连接点的种类：连接地基及其他结构体连接点称为支点，而两支以上的构件的交点称作节点。当构件上有外力作用时，在支点上产生反力的构件会维持静止状态。支点上产生反力的数量因支承方式而有差异，移动端在垂直于移动方向上出现一个反力，回转端在直交方向上产生两个反力，固定端在直交的两个方向与固定端弯矩的一个方向上产生反力。构件相互之间刚性连接的节点为刚接，而相互可回转的节点称为铰接。

(4) 应力与变形：轴方向力是外力作用于轴线方向的应力，

如在任意点上相互产生拉力时为拉应力，相互产生压缩时称为压力。剪力是指外力从构件轴线呈垂直方向切断构件时，任意点上出现一对应力。弯矩是指外力对构件产生弯曲作用时而在任意点上产生一对弯矩。弯曲是指外力持续增加时的某一时刻急速产生变形的现象。

2. 基础结构种类及施工措施

基础的作用仍是针对作用于建筑物的各种不同力，避免建筑物横向移动、下陷或上浮。为了支承建筑物，基础必须拥有足够支承力，并且要坚固。对于把基础设置于哪一个地层中，是基础设计时最关键的问题；另一方面，当结构体基础的下沉量不均匀，且因位置不同下沉量产生差异时，即为不均匀沉降。如果出现不均匀沉降时，结构就会倾斜或者在结构体产生开裂。

（1）地下结构设计：地下连续墙与桩基础达到支承地基、支承建筑物的荷载进行的构造设计措施。

（2）挡土墙的种类：在开挖地基时，为防止周围地基土塌陷，由此而设置的结构体，即挡土墙。地下连续墙并非临时性构筑体，多数被当做建筑物结构体的地下外墙或桩基础的功能结构使用。

（3）基础结构的种类：直接基础是将上部结构体的荷载直接传递到地基上的基础，分为整个结构体的底面积是由一片基础板形成的筏形基础，以及底面积是由几块分割的基础板构成的基脚基础。

（4）桩基础的种类：桩基础是用在上层土质软弱，距离支承层的深度较大，而采用直接基础无法充分支撑建筑物时采用。桩基础的种类根据其支承力的采取方式，分为由地基与桩周围的摩擦力去支持建筑物的摩擦桩，还有由贯穿至硬质地基的桩端部的支承力的端承桩，以及这两种方式的结合用桩基。如果地质条件好，明开挖基础则更好；水平支撑工法是由水平架设的支撑去支撑挡土墙土压的最简单工法。

3. 抗震设计方法

由于地震作用而使建筑物承受的力，因地震作用大小、地基坚固程度及建筑物固有周期而异。地震作用大小为静态的水平力，会随着建筑物的高度而增加。对于某一方向的地震作用，相同方向的抗震要素框架与墙的抵抗，会与其刚度成正比。为了提高建筑物抗震能力，要有强度和韧性的抗震因素，在平面与剖面上平衡配置是很必要的。

(1) 施加于建筑物的地震：由震源传来的地震波，当地震附近的地基越软弱就越会增强，会随着建筑物的增高及固有周期变长时，摇动的力度就变小，而且越是到上部楼层，摇动的力度有变大的倾向。基于这个现实的考虑，确定出施加于建筑物的地震作用，被当做施加于建筑物各楼层的水平力来评估。

(2) 抗震因素的配置：建筑物是三维的，它会从各方面承受地震作用，把建筑物整体作二维框架的集合体去考虑，力的传递就容易理解。与地震作用的水平方向平行的框架负荷着水平力，各层柱子与墙体按刚度比例负担地震作用。

(3) 框架的变形抵抗：对结构体施加水平力时，如越过其支承的弹性限度，变形就会急速增加，达到最大强度。设计时对于频率高的地震，一般都停留在支承力的弹性极限以下，大地震时则不要超过其强度。

(4) 构件的强度与韧性：强度大的抗震因素不需要韧性。墙壁与斜撑的韧性较小，框架构架的韧性较大。如图1所示。

(5) 抗震因素平面上的平衡：平衡不良的建筑物在承受地震作用时，容易产生伴随扭力回转的变形，刚度弱的部分就会产生大的变形，使该处破坏严重。由于地震作用是属于惯性力，因此力的作用中心要与重心一致。对于平面上的平衡也就是地震作用中心，即重心与抗震因素的刚度中心一致的建筑物，当它向后退缩时，因下层楼的重心会从中心偏离，将产生失稳。例如，抗震墙与钢骨框架的刚度大，抗震因素呈偏心配置的结构，就容易出现失稳。

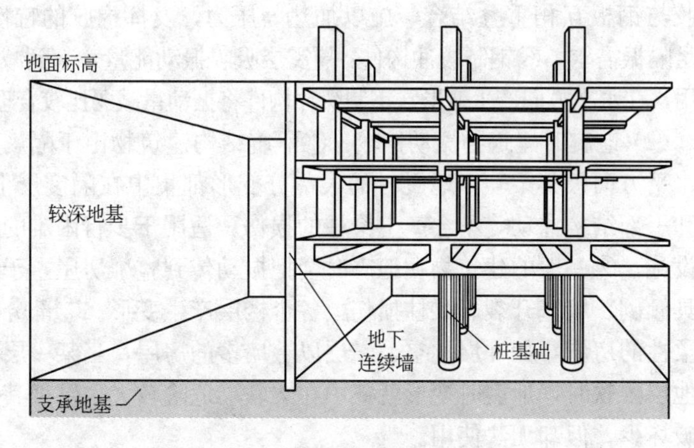

图1 框架结构韧性示意图

(6) 抗震因素剖面上的平衡：当抗震因素的刚度在上、下方向不均匀时，且硬楼层部与软楼层部混合在一块时，地震作用就会集中在软楼层部，使该楼层承受的力变形大，损坏也大。尤其是建筑物二层以上，墙壁多因一楼可能没有墙壁，建筑物由几种构架构成，各构架的上、下方向如果采用平衡很理想，以各层框架的刚度总和采取平衡较好。

4. 隔震建筑设计方法

多数建筑物是由整体吸收地震的振动能量。大地震会在梁与柱子上产生破坏，使建筑物失去使用功能。另外，隔震建筑的房屋，则是在建筑物下方设置一种地震时比其他层产生更大水平变形的“隔震层”。使上层结构不和基础共振，同时集中吸收能量。缓解地震破坏，隔震层即便产生移位也不影响结构。

(1) 隔震层及隔震构件：①铅制缓冲构件，用高纯度铅材料制成铅缓冲器，也有利用摩擦原理制造缓冲器，利用油通过小孔的阻抗而成缓冲器，滑动支座是利用建筑物质量的一种缓冲器。②叠层橡胶：为了支承上部的主体，防止上、下部产生共振，需要垂直竖向坚硬，但水平方向柔软的支座。叠层橡胶是把较厚的橡胶与钢板互相重叠结合，施以加热与压力，发挥橡胶的特性，满足隔振需求。③钢制缓冲构件：隔震层吸收振动能量，起到减振作用，在水平方向产生变形，钢制缓冲构件将振动量减弱比较合理。

(2) 地震时建筑物振动比较：①隔震结构建筑物由于隔震层在水平方向极其柔软，地震时的大部分变形都集中在隔震层上。缓和上部结构摇动，不会产生梁柱的损伤。适用于步行困难的利用设施。②一般的建筑物在地震时会把振动传到整个房屋，于是家具倾倒、墙壁开裂、梁柱损伤，各个楼层产生变形。③部分楼层柔性的房屋，如一层挑空、二层以上墙多的房屋，当某一层比其他层柔软时，地震时变形就集中在柔软层危险较大。纵然其他层破坏少，但却无法使用。

(3) 隔震层的位置：按照建筑物的功能与结构性质去选择隔震层的位置，见图2所示。

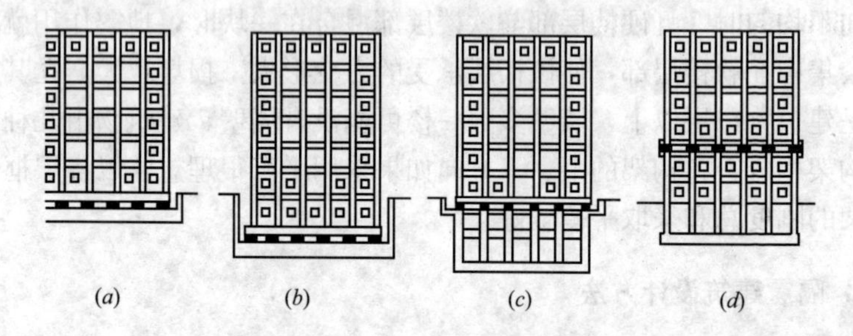

图2 隔震层的位置

(a)基础隔震：未设置地下室；(b)基础隔震：设有地下层时；
(c)中间楼层隔震：设置于一楼时；(d)中间楼层隔震：设置于二楼以上时

①基础的隔震需要基坑，但是与其非隔震部分之间的连接采用最低限度，就能够给建筑物整体带来隔震的效果，如图2(a)、(b)所示。②中间隔震层的电梯与楼梯连接困难，适用于地下楼层多的情况，如图2(c)所示。③无法设置基坑的情况，还有当地震时上部楼层更容易振动的构造情况时，如图2(d)所示。隔震构件需要作防火处理。

(4) 隔震构件能力与特性：①大变形时支承能力：隔震构件

要求在大震时也能够支承建筑物重量。叠层橡胶要求设计成最大变形发生时，重叠部分不得小于直径 1/2 的尺寸。采用直径小的叠层橡胶，在大变形时可支承建筑物重量。②隔震层的水平荷载与变形：叠层橡胶在大变形时也仍然有弹性，当缓冲构件变形量小时，虽具有弹性但却在早期屈服，产生塑性变形。将这两者之间进行互补时，以实际标示的就是隔震层的水平荷载与变形的关系。

5. 砖混结构抗震鉴定方法

在地震作用下房屋的破坏情况，随结构类型与抗震构造措施不同而异，而破坏形态主要有两种：一是由于结构构件承载力不足引起的破坏；另一种是由于构件间连接不牢固引起的破坏。由此，对于抗震鉴定也分为两级：第一级鉴定主要以构造鉴定为主进行综合评价；第二级鉴定主要以抗震验算为主，结合构造影响进行综合评价。对于多层砌体房屋，要按结构体系、房屋整体性连接、局部易损易倒部位的构造及墙体抗震承载力，对整个房屋的综合抗震承载能力进行两级鉴定，具体步骤可根据建筑结构实际进行。

第一级鉴定可分为以下两种情况：对刚性结构的建筑，先检查其整体性和易引起局部倒塌的部位，如整体性良好且引起局部倒塌的部位连接牢固，则直接按照房屋宽度、横墙间距和砌筑砂浆强度等级来判断是否满足抗震要求，不符合时才进行第二级鉴定；对非刚性结构的建筑，第一级鉴定只检查整体性和易引起局部倒塌的部位，并需进行第二级鉴定。第二级鉴定可分为四种情况进行分析判断：①一般需要计算砖墙抗震墙的面积率；②当质量和刚度沿高度分布明显不均匀时，按抗震设计规范的方法和要求验算其抗震承载力；③房屋的层数在 7、8、9 度时，分别超过 6、5、4 层，按抗震设计规范的方法和要求验算其抗震承载力；④当面积率较高时，可考虑构造上不符合第一级要求的程度，利用体系影响系数和局部影响系数来综合评定。

6. 砖混结构抗震加固方法

（1）加设构造柱、圈梁及钢拉杆：加设普通构造柱、圈梁及钢筋拉杆是针对多层砌体房屋，多年来普遍采取的一种抗震加固方法。一般构造柱和圈梁的厚度不小于240mm，采取这种加固主要是对多层砌体房屋的大变形产生约束，使得在遭受地震袭击时墙体虽然严重开裂，但不会马上失去承载能力而导致房屋的倒塌，提高砌体房屋耗能能力并改善延性性能，确保房屋在大震作用下不倒塌。

（2）外加扁构造柱、圈梁及钢拉杆：采取外加扁构造柱、圈梁及钢拉杆加固是在加设构造柱、圈梁及钢拉杆方法中发展起来的一种新型加固方法。其扁构造柱、圈梁包括了异形柱，如弧形、T形、L形及三角形等；异形梁，如弧形、T形、L形等。由于柱和圈梁的厚度减小，一般在70～120mm，而且异形扁构造柱和圈梁又会对原有房屋起装饰作用，这种加固方法安全、可靠，如图3所示。

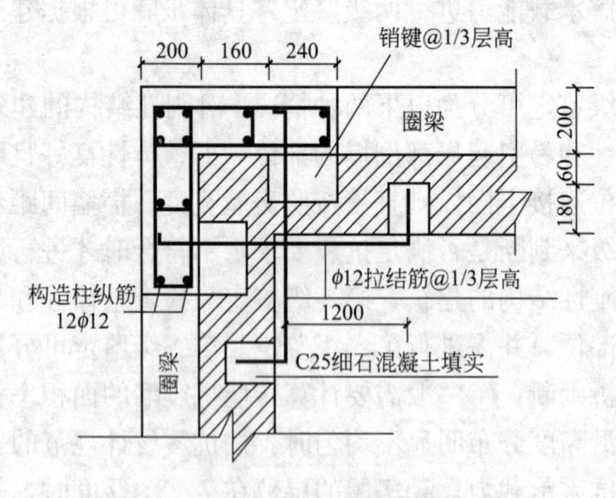

图3 墙角外加构造柱做法

（3）外加钢筋网及混凝土（砂浆）面层：原墙清除干净再外加钢筋网及混凝土（砂浆）面层，主要是对多层砌体房屋的抗震承载能力不足的墙片进行加固。这种方法是通过外加钢筋网片和喷射高强混凝土或砂浆面层，来提高墙片的抗震承载能力，从而达到在地震时不被破坏倒塌，这是主要通过提高墙片的抗剪强度达到提高墙片的抗震承载能力的加固方法，如图 4 所示。

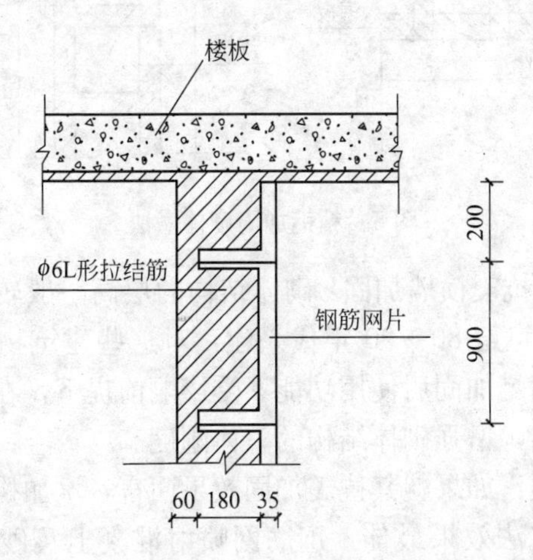

图 4　单面钢筋网片水泥砂浆加固墙体做法

这种加固方法适用于原砌体无裂缝并以剪切为主的实心黏土砖墙及空心砖墙，此加固方法对加固厚度较薄的墙体及砌筑砂浆强度较低的墙效果最好。

(4) 粘钢加固：粘钢加固是近几年发展起来的一种加固方法。以前是被用于钢筋混凝土结构的修复加固，现在被利用于砌体结构的抗震加固工程中。主要特点是把薄钢板用环氧树脂之类胶粘剂，直接粘贴在砌体的表面或砌体墙面的两侧，以此来提高墙片的抗震承载能力和墙体的整体工作能力。用此种方法加固速度快，对住宅内人员影响小，对结构平面布置无任何影响。这是一种通过提高墙片的抗剪承载能力和房屋的整体性，达到提高房屋抗震能力的加固方法，其基本考虑是把钢板用结构胶粘贴在墙体表面，代替钢筋混凝土圈梁的作用，用角钢或其他材料沿房屋竖向粘贴来代替构造柱的作用，如图 5 所示。

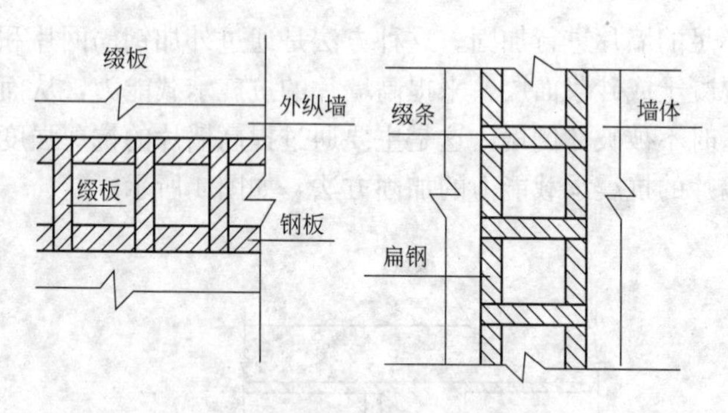

图 5　粘钢加固砌体做法

(5) 增设抗震横墙加固：砌体结构的层高一般较高，多数在 3m 以上，20 世纪 80～90 年代兴建，对这些建筑物因平面外抗震不利，在满足加固后使用功能不受影响前提下，在加固时适当增加抗震横墙，增强砌体结构的整体刚度。

综上所述：如果就其抗震加固效果而言，增加构造柱、圈梁及钢拉杆的方法效果最佳，钢筋网喷射混凝土及砂浆面层也可以，粘贴钢板略差。依施工方便和对住户影响最小，则粘贴钢板方法最好。如果把增加构造柱、圈梁及钢拉杆的方法同钢筋网喷射混凝土及砂浆面层结合起来，则加固效果最好。在某勘察楼房加固改造中采用此方法，达到了安全、可靠的目的。

9 高强度钢筋在结构设计裂缝控制应用中的影响

建筑结构设计裂缝的控制措施，是根据现行的《混凝土结构设计规范》GB 50010—2010 规定的裂缝计算方法和相应的构造方法措施，对地下和地上结构在受弯条件下的钢筋用量进行控制。在普通钢筋混凝土结构中提倡使用 HRB400 级钢筋，作为国内钢筋混凝土结构的主要用钢，目的是推进在工程应用中提高钢筋强度的等级，减少钢材的使用量。但是在工程具体应用中，对于高强度钢筋的应用在某些条件下，是否能够达到规范所提倡的应用还要做具体分析。所谓高强度钢筋在这里主要指的是 HRB400 级和 RRB400 级钢筋，在此处主要是 HRB400 级钢筋的使用。

1. 地下工程结构钢筋用量控制

地下结构主要是指与水和土接触的钢筋混凝土结构，在一般情况下系指建(构）筑物地下室剪力墙、底板及顶板的结构体，此类结构件的受力特征主要是受弯构件或受压(弯）构件。与一般普通钢筋混凝土结构控制条件相同，地下结构仍然需要满足承载力极限状态和正常使用下的极限状态下的验算要求。在众多的工程实践中，地下工程结构的钢筋配置用量不受承载力极限状态控制，一般受正常使用极限状态控制。因此，正常使用极限状态下的裂缝控制应该是重点控制的内容。

按照《混凝土结构设计规范》GB 50010—2010 规定，一般地下结构所处的环境类别应是二类或三类环境，在此类环境中地下结构的裂缝控制等级也为三级，结构构件的最大裂缝控制的宽度值均按 0.2mm 考虑。GB 50010—2010 的规定是：对于二、三类环境类别下的墙体，其混凝土的最小保护层厚度为 20～30mm。对于相应条件下的梁，其混凝土的最小保护层厚度为 30～40mm；若是按现行《地下工程防水技术规范》GB 50108—2008 的规定，迎水面钢筋保护层厚度不应小于 50mm(且是强制性条文)。对此可以看出，不同的规范对同样是地下混凝土结构钢筋的最小保护层厚度，规定存在着较大差异，这也给设计取值和施工箍筋的制作带来一些不便，存在理解上的不同，会产生诸多矛盾。为了确保钢筋不被很快锈蚀，设计中按50mm作为混凝土的保护层厚度进行分析计算。裂缝的计算方法按规范GB 50010—2010中规定的方法进行，最大裂缝宽度的计算见相关规范内容。

根据规范计算式及地下结构钢筋用量控制条件，以及钢筋应力水平进行对比计算，其结果见表1。

地下结构钢筋用量及钢筋应力计算表　　表1

混凝土	构件截面	承载能力极限状态					正常使用极限状态		
强度 (N/mm^2)	宽×高 (mm×mm)	弯矩设计值 M_d (kN·m)	弯矩标准值 M_k (kN·m)	配筋量 A_s (mm^2)	最大裂缝宽度 (mm)	钢筋标准应力 (N/mm^2)	配筋量 A_s (mm^2)	最大裂缝宽度 (mm)	钢筋标准应力 (N/mm^2)
C30	250×600	190	152	1350 (HRB335)	0.387	239.7	2150 (HRB335)	0.197	150.5
		190	152	1125 (HRB400)	0.511	287.6	2150 (HRB400)	0.197	150.5
C70	250×600	190	152	1350 (HRB335)	0.315	239.7	1850 (HRB335)	0.198	174.9
		190	152	1125 (HRB400)	0.416	287.6	1850 (HRB400)	0.198	174.9
C30	1000×300	150	120	2400 (HRB335)	0.392	239.5	3800 (HRB335)	0.198	151.2
		150	120	2000 (HRB400)	0.520	287.4	3800 (HRB400)	0.198	151.2
C70	1000×300	150	120	2400 (HRB335)	0.305	239.5	3200 (HRB335)	0.198	179.6
		150	120	2000 (HRB400)	0.406	287.4	3200 (HRB400)	0.198	179.6

从表1可以看出，不论是HRB335级钢筋还是HRB400级钢筋，在承载能力极限状态下，即达到屈服强度时，地下结构的最大裂缝的宽度均超过了规范规定的允许值，而在正常使用极限

状态下的裂缝最大宽度为 0.2mm，钢筋标准应力一般小于 180N/mm²。即地下结构在以承载能力极限状态作为控制条件时，将不能满足正常使用极限状态；而满足正常使用极限状态下，一定能够满足承载能力极限状态。很明显，地下结构一般由正常使用极限状态控制设计，在此种情况下 HRB335 级钢筋已经满足使用要求了（即钢筋设计应力一般不超过 189×1.25＝225N/mm²）。在此使用高强度等级钢筋没有意义，也是浪费。

2. 地上工程结构钢筋用量控制

这里的地上结构为地面以上一般正常情况下的普通钢筋混凝土梁、板构件。由于地面工程所处环境类别比地下工程要好，混凝土保护层厚度比地下工程薄一些，最大裂缝控制宽度要求略为放松，因此地面上结构的截面钢筋配置量，主要是由承载能力极限状态控制的，钢筋一般会达到屈服强度的，并满足承载能力极限状态下的裂缝和挠度控制的要求。也就是说，基于与地下结构同样的分析考虑，地面上结构所处环境类别多数为一类，普通钢筋混凝土结构裂缝控制为三级，相应最大裂缝控制宽度可取 0.3mm。而另一方面混凝土的保护层厚度一般可取 20～30mm，为了便于探讨，在这里将保护层厚度一律按 25mm 考虑。为了方便对比，计算取与地下结构相同的结构截面进行分析，所受力矩也相同。从而对地上结构的钢筋用量控制条件及钢筋应力水平进行对比计算，计算结构见表 2。

地上结构钢筋用量及钢筋应力计算表　　表 2

混凝土	构件截面	承载能力极限状态					正常使用极限状态		
强度 (N/mm²)	宽×高 (mm×mm)	弯矩设计值 M_d (kN·m)	弯矩标准值 M_k (kN·m)	配筋量 A_s (mm²)	最大裂缝宽度 (mm)	钢筋标准应力 (N/mm²)	配筋量 A_s (mm²)	最大裂缝宽度 (mm)	钢筋标准应力 (N/mm²)
C30	250×600	199	159	1350 (HRB335)	0.292	239.6	1330 (HRB335)	0.299	243.2
		199	159	1125 (HRB400)	0.397	287.5	1330 (HRB400)	0.299	243.2

续表

混凝土	构件截面	承载能力极限状态					正常使用极限状态		
强度 (N/mm²)	宽×高 (mm×mm)	弯矩设计值 M_d (kN·m)	弯矩标准值 M_k (kN·m)	配筋量 A_s (mm²)	最大裂缝宽度 (mm)	钢筋标准应力 (N/mm²)	配筋量 A_s (mm²)	最大裂缝宽度 (mm)	钢筋标准应力 (N/mm²)
C70	250×600	199	159	1350 (HRB335)	0.237	239.6	1180 (HRB335)	0.298	274.1
		199	159	1125 (HRB400)	0.323	287.5	1180 (HRB400)	0.298	274.1
C30	1000×300	165	132	2400 (HRB335)	0.299	238.6	2400 (HRB335)	0.299	238.6
		165	132	1990 (HRB400)	0.413	287.7	2400 (HRB400)	0.299	238.6
C70	1000×300	165	132	2400 (HRB335)	0.233	238.6	2100 (HRB335)	0.293	272.6
		165	132	1990 (HRB400)	0.321	287.7	2100 (HRB400)	0.293	272.6

从表 2 可以看出，对于 HRB335 级钢筋，在承载能力极限状态下即钢筋应力达到屈服强度，地上结构最大裂缝宽度均满足规范规定的允许值，而在正常使用极限状态下即裂缝最大宽度为 0.3mm，钢筋设计应力已超过了屈服强度。由此可见：对于 HRB335 级钢筋，只要满足承载力极限状态，则可以满足正常使用极限状态，而满足正常使用极限状态，就不一定满足承载力极限状态，因此，使用 HRB335 级钢筋时，一般由承载力极限状态来控制设计。

对于 HRB400 级钢筋，在承载力极限状态下，即钢筋应力达到屈服强度时，地上结构的最大裂缝宽度均超过了规范规定的允许值，而在正常使用极限状态下的裂缝最大宽度为 0.3mm，钢筋的设计应力还有很大的富余量。显然，对于 HRB400 级钢筋，在满足承载力极限状态时，不能满足正常使用极限状态，而在满足正常使用极限状态下，其高强度性能不能得到有效的利用，实际上使用高强度钢筋也是一种浪费，并没有实质意义。

通过上述浅要分析，地上建筑结构在使用 HRB335 级钢筋的情况下，承载力极限状态是设计者必须控制的，钢筋的设计应力达到屈服强度。在这种情况下，HRB335 级钢筋可以满足正常使用极限状态，而使用高强度钢筋既浪费又无实际意义。

3. 简要小结

地下建筑物由于直接同土接触，甚至浸渍在饱和水中，为了确保建筑物的耐久性需要，设计中将保护层厚度偏规范上限。在满足最大裂缝宽度不超过 0.2mm 的情况下，钢筋标准应力一般不大于 180MPa，此时的结构用钢量一般由正常使用极限状态控制。在这种应力条件下，已经可以满足承载力极限状态下的强度要求。对于 HRB400 级钢筋，其强度高的优势在地下结构中不能发挥作用，也不能达到减少钢筋用量的目的，因此，在地下结构中可以只采用 HRB335 级钢筋比较合适，也满足需要。

而地上结构在最大裂缝宽控制在 0.3mm 的情况下，对于 HRB335 级钢筋来说，此时的结构用钢量一般由承载能力极限状态控制，在此应力条件下可以满足正常使用极限状态下的裂缝和变形需要，钢筋设计应力一般可以达到 HRB335 级钢筋的屈服强度。因此，HRB335 级钢筋的强度可以得到充分的利用。但是对于 HRB400 级钢筋，在满足承载能力极限状态时，正常使用极限状态不能得到满足，而在满足正常使用极限状态时，相对于 HRB335 级钢筋的所提高的强度未得到有效的利用，其强度高的优势未充分体现出来。但是如果地上结构的裂缝宽度和挠度能够有效的控制，采用 HRB400 级钢筋也是一种合适的选择。

虽然高强度钢筋的强度指标比较高，但是其弹性模量并未有提高。现行规范的裂缝宽度计算理论也未有大的改变，相应的裂缝宽度计算方式并不推荐高强度钢筋的应力充分发挥掉，也在间接上限制了高强度钢筋的更广泛使用。

10 建筑结构设计中含钢量的正确控制

建筑工程中土建只占建筑总费用的70%左右，而土建费用中材料又占总费用的75%。由于土建建筑材料价格比较低，在土建材料中钢筋价格较高，每吨在4000元以上，而砂石料每立方米不足百元，水泥每吨400元左右。为了有效降低和控制建设成本，对建筑结构用钢量提出控制目标，要求在保证安全使用条件下尽量减少用钢量。结合工程实际应用考虑，按照现行相关规范规定，在首先满足抗震设计耐久性前提下，对正确控制含钢量进行分析。

1. 结构方案进行优化

采取哪种结构体系对结构工程的使用及造价关系重大，这就需要结构工程人员同建筑工程人员共同精心慎重考虑，提出建筑师在满足建筑使用功能布置需求前提下，尽量满足结构规范的要求，选择一个功能合理、造型新颖、结构优化、用钢量最省最佳的设计方案。在流行的框架结构中，受力合理的柱距可以有效地降低，常用的经济合理的柱间距为(cm)：6.0×7.2；7.2×7.8；7.8×9.0等。在带有大面积裙房的多高层建筑中，主楼结构的抗震等级要求比较高，而现行《建筑抗震设计规范》GB 50011—2010中规定裙房的抗震等级为：裙房与主楼相连，除应按裙房本身确定外，不应低于主楼的抗震等级；裙房与主楼分离时，应按裙房本身确定抗震等级。按此规定，必须将裙房与主楼用隔离缝隔离开，使裙房可以用较低的抗震等级进行设计计算，达到降低工程造价和结构计算模型简单、明确的目的。在剪力墙结构应用中，可以从地面开始的剪力墙就不要做框支转换层，能够使短肢剪力墙减少的尽量减少，长墙肢有利于降低竖向构件的配筋率且可以减少暗柱数量，按规范要求其边缘构件纵向配筋率往往相对较低。如果墙体水平筋计算一般是构造配筋，布置一定数量的长肢剪力墙，有利于实现剪力墙的较低配筋比例。按照现行《建筑地基基础设计规范》GB 50007—2002 中相关规定，剪力墙结构应采用大开间剪力墙结构体系，因小开间剪力墙结构体系从强度方面分析看，不能得到充分发挥；同时，很多的剪力墙侧向刚度比较大，会导致较大的地震作用时因结构自重较大，增加的地基工程量费用也会加大。

2. 基础外侧挡土墙用钢量的控制

现行规范 GB 50007—2002 中没有明确要求柱下独立基础的最小配筋率，而是要求：扩展基础底板受力钢筋的最小直径不宜小于 10mm；间距不宜大于 200mm，也不宜小于 100mm。因为柱下独立基础的厚度都由受冲切或是受剪切承载能力控制，并不是按受弯承载能力来确定，因此基础底板一般都比较厚，如采用现行《混凝土结构设计规范》GB 50010—2010 中规定的受弯构件的最小配筋率 0.2 和 $45f_t/f_y$ 中的较大值，由于规范规定是按照“全截面面积扣除受压翼缘后的截面面积计算”的，因此不适用于锥形及多阶独立基础。如按现行《高层建筑箱形与筏形基础技术规范》JGJ 6—99 中关于筏形基础的地板钢筋配筋率不小于 0.15%的规定，由于独立基础地板高度是按冲切要求确定的且板也较厚，则配置的钢筋比例也高，一般不被接受。对此必须要求钢筋混凝土柱下独立基础的配筋在满足受弯承载力的条件下，不得小于 ϕ10mm@200 即可，此时不要考虑最小配筋率的规定。

另外，选择合理的基础形式极其重要，因为钢筋混凝土基础工程量一般都很大，结构用钢量也是最多的，采用什么基础形式必须认真调研，反复论证，能用独立或条形基础时就别用筏板；能用筏形基础的就别用桩基；若是采用桩基时别要求过长，灌注桩配筋形式有通长和 2/3 桩长做法。此外，可以用加固软土地基时尽量避免用钢筋混凝土桩；如果采取桩-土复合基础，可以减少桩的长度和数量。

地下室工程外侧钢筋混凝土挡土墙采取分离式配筋，以一层地下室工程外侧钢筋混凝土挡土墙为例，通常结构设计人员在对地下室外侧钢筋混凝土挡土墙进行设计时，采用的计算模型是下端固接、上部铰接的竖向板带，墙体下部的负弯矩最大，配置钢筋的量也最多。上部的负弯矩为零，配筋为构造上需要而配，此时在配置墙底负弯矩钢筋时，可以在墙高的 1/3 处截取部分钢筋，在剩余钢筋满足构造要求通长配至墙顶端，并不是简单地把墙底钢筋全通长配至墙顶。可以说不论采取何种计算模型，都必须按照墙体的实际受力弯矩图合理配置钢筋，不要简单地按照最大弯矩而通长配筋，应当采用分离式配筋。

3. 各种梁用钢量的控制

在设计对结构内力与位移计算中，现浇楼面和装配整体式楼面中的梁刚度，考虑翼缘的作用可以大些。楼面刚度的放大系数应根据翼缘的情况取 1.3～2.0。此值的大小对结构的周期和位移都会有影响。一般是取此参数后梁的刚度增大，内力增加，配筋量也会相应增多。对梁刚度增大的作用是为了考虑在刚性板假定下，楼板刚度对结构安全性的提高。我们知道，刚性板假若是楼板平面内刚度无限大，平面外刚度为零，在这种情况下，楼板的刚度是不可能考虑到主体结构的。因此，规范要求通过采取刚度放大的方法，近似考虑楼板的刚度对结构安全的提高。如某个项目中梁和边梁的刚度放大系数都取 1.0，在刚度板假定下计算出的结构周期较长，位移也大，层间位移角略微不够。为了确保楼板刚度对结构的影响，将中间梁放大系数取 2.0，边梁取 1.5 后计算，结构的周期和位移都有些减小，其层间位移角也满足要求，但梁的内力和配筋都有所增加。这时，梁的内力和配筋仍然可以乘以放大系数前的计算数，这是因为考虑楼板刚度对结构的安全，主要为了进一步利用楼板刚度的安全性。使结构的振动周期和位移计算更加准确，而梁的刚度则不放大，其本身承载力仍然满足在各种荷载作用下的使用要求，不可能存在安全隐患。所以，在对梁配筋计算时，梁刚度放大系数可取 1.0，也未提高，仅仅在考虑位移周期时可以对梁刚度提高。

另外，还要重视对梁裂缝宽度的验算，减少梁端部的实际配筋用量。取按弹性方法验算梁端截面的裂缝宽度，对内力取值和实际截面位置是不一致的，这种内力与计算截面的不一致，会导致梁端计算弯矩过大，使梁端裂缝宽度计算值大于实际值，同时加大了梁端的配筋量，对强柱弱梁的现状也是极其不利的。所以，在构件裂缝的计算中，宜采用塑性内力重新分析的方法，采取柱边缘截面处的梁端内力值，同时还要考虑支座宽度的影响，即按照柱范围内不出现裂缝的原则进行控裂计算，用以确定构件的裂缝宽度计算不要过大而增加梁端配筋量，同时不利于强柱弱梁的实现。现行《建筑抗震设计规范》GB 50011—2010 规定：沿梁全长顶面和底面的配筋，一、二级不应小于 2ϕ14，且分别不应少于梁两端顶面和底面纵向配筋中较大截面的 1/4，也就是不小于 2ϕ12。在做施工图的过程中应尽量选择小直径通长筋，如梁为四肢箍时可以用两根架立钢筋。支座两侧负筋差异较大时，要分别标注清楚，多余的钢筋要锚入支座，其余钢筋尽可能拉通而不是支座两侧均采用较大侧配筋。

相邻跨梁底钢筋直径应尽量相同或部分相同，便于底部配筋拉通，避免和减少需要锚固的数量。在满足抗剪计算和构造要求条件下，尽量避免采用四肢箍，即梁的截面宽度应采用较小梁宽。如果纵向筋过多时，可采用 300mm 以上的宽梁，避免因为梁宽过大而因构造要求采用四肢箍。长跨＋短跨＋长跨的梁长跨负筋应在短跨梁顶拉通长布置，避免两侧长跨负筋在短跨梁顶出现交叉重叠的布置问题。

4. 各种板用钢量的控制

按规范各种板必须采取进行双层双向配筋的，如地下室顶板及高层屋面板等，采用满足最小配筋率及构造上要求的配筋量进行双层双向配筋时，根据计算多余的钢筋采取另行附加配筋的方法安排布置。在地下室顶板及高层屋面板等板厚已经较大，即

150mm以上时，如布置的次梁过多，把板分隔为跨度相对较小的面积，则较小面积的构造配筋量远远大于计算所需要的配筋量，这自然不尽合理；同时，较多的次梁也加强了楼板的配筋及刚度，对此较厚的楼板或是屋面，要尽量减少次梁的布置数量，使被次梁分隔后板块处于经济、合理的跨度及板厚范围内。另外，对现浇楼板的设计中不要过多强调弹性理论计算，可以按塑性内力重分布设计双向板。由于计算要求取净跨度，一般支座弯矩与跨中弯矩比值小于等于2.0，使支座上部钢筋伸入跨中的数量减少，要比较一般楼板和人防顶板，按照塑性考虑与按弹性计算钢筋用量，分析节省的量是否合适。

5. 墙和柱用钢量的控制

剪力墙结构在满足轴压比和其他构造要求的前提下，尽可能采用较低强度等级的混凝土，因为约束边缘构件的配箍率与混凝土强度成正比，同时降低混凝土强度强度等级也有利于控制裂缝的产生。

而框架柱的上下层主筋现在全部采取机械连接施工，基本上不存在钢筋搭接用量。当结构无特殊要求时，框架柱的设计应采取单偏压计算方法，进行双偏压校核。

6. 材料的质量控制

应当采用高强度的HRB400级(即原Ⅲ级)钢筋，是降低结构混凝土含钢量的最佳措施。HRB335级钢筋的强度设计值$f_y=300N/mm^2$，HRB400级钢筋的强度设计值$f_y=360N/mm^2$，两个级别的强度设计比为360/300=1.2，但现在HRB400级钢筋的市场价比HRB335级钢筋略高，综合价格比约为1.05。如果将HRB335级钢筋改用HRB400级钢筋，则可节省钢材1.2/1.05−1=14%。同样，如果将HPB300级钢筋改用HRB400级钢筋，则可节省用钢量60%左右。同时，现行《混凝土结构设计规范》GB 50010—2010要求纵向受力筋的最小配筋率受弯构件、偏心受拉、轴心受拉构件一侧的受拉钢筋，纵向的最小配筋率为0.2和$45f_t/f_y$中的较大值，此时经过计算由最小配筋率制作的构件，当采用高强度钢筋时的最小配筋率就可能比采用低强度钢筋时的最小配筋率要小些。例如，某工程用最小配筋率施工的楼板，当采用HPB300级钢C30级混凝土时，它的最小配筋率$\rho=\max(0.2,\ 45\times1.43/210=0.306)=0.306\%$；当采用HRB400级钢C30级混凝土时，它的最小配筋率$\rho=\max(0.2,\ 45\times1.43/360=0.179)=0.2\%$，节省钢材约$0.306/0.2-1=53\%$。

当采用轻质建筑材料时，降低建筑物的自身重量也是控制钢筋混凝土结构用钢量的重要措施。经验表明：在高层住宅建筑中采用轻质石膏板作为内隔墙，建筑结构的基础、梁、楼板、内外墙等，比传统的砖混结构和混凝土结构体系造价低约10%，建筑工程的总费用降低达4%左右。而用玻璃纤维增强水泥的轻质墙板较轻，约$6.0kN/m^3$，只相当于同样厚度烧结普通砖墙体的1/3，大幅度降低了结构的荷载，也降低了整个建筑物基础及梁柱用钢量。由于建筑物总体质量的减轻，也降低了地震作用且增加了结构的安全耐久性。

综上浅述可知，控制建筑钢筋混凝土工程含钢量的方法措施不少，但是设计人员必须精心设计，认真理解现行规范的相关条文要求，同时考虑施工的可操作性及施工的方便性，了解成功经验，并把已有成果尽量表现在施工图中，将钢筋混凝土结构的含钢量控制在一个经济、合理的范围，设计才是体现优化结构、节省钢材的关键环节。

11 建筑室内设计中的节能措施

现在世界上多数国家都对居住建筑节能进行研究，在众多节能方法措施中，主要还是在研制节能材料、采用新工艺、新型保温门窗方面引起了特别重视。但是在室内装饰过程中却没有将这些新材料及新工艺很好应用，其原因是设计人员在进行设计阶段未能对室内的节能措施认真考虑，或者重视不够，产生这类现象的原因是多方面的。首先是对于居住环境的节能细节了解不深，节能意识淡薄，装饰过程中过分追求视觉效果，而忽视了节能的需求；其次是设计人员对室内设计的节能构造措施掌握很少，不知道如何在设计中加以应用和体现出来，这就造成了居住建筑装饰过程中节能设计应用不到位的现实。对于这些问题，拟通过总结居住建筑中的能耗产生的主要途径，提出相应的解决思路和措施。

1. 居住室内使用能耗的主要影响因素

总体来说，建筑能耗应分为建造过程中的能耗及使用过程中的能耗两个部分，建筑能耗和使用过程中的能耗之比大约在1：9～2：8之间，因此，使用耗能的节能措施是节能研究工作中的关键。居住建筑室内使用能耗主要是电力方面的能耗，其次是家电及照明的能耗，影响居住建筑室内使用能耗的主要因素是：

（1）围护结构的外墙：约占建筑外围护结构面积的66%，热损失占外围护总能耗的48%。门窗的绝热性能较差，能耗占建筑总能耗的40%左右，是单位墙体能耗的5～6倍。寒冷地区屋顶冬季的保温，夏季太阳辐射最强烈的部位加大制冷的能耗，楼地面的保温隔热效果直接影响上下层住户的热传递，室内功能布局考虑不周将使气流不畅，影响通风及散热。

（2）室内环境营造：室内的家具布置的高低和方式对空气流动及气流组织也有一定影响；室内色彩选择影响人的心理温度感

受，室内绿化也影响人的心理对温度的感受，也阻挡阳光射入。

(3) 灯光及空调影响：室内照明用电占居住总用电的20%左右，而空调系统的选择、安装位置对空调用电影响明显。

2. 住宅建筑室内结构改造节能的措施

2.1 室内围护结构改造节能的措施

室内围护结构改造节能的措施主要是以外墙和门窗的保温隔热为主，不要损坏原有的结构构造，并尽量减少墙体和屋面增加过多的荷载，采用合理的节能构造措施达到高效节能的目的。

(1) 外墙的内保温节能：在外墙节能保温设计中，住户自行装修多采取外墙内保温措施，这种技术比较成熟，使用时间也较长，施工方法及检验标准都是完善的。而且内保温处理后的内墙面平整度也高，可以减少墙面涂料涂刷的工序及用材。但是内保温也存在不足的缺陷，如饰面层易开裂、产生热(冷)桥、也相应占室内的使用空间等。对于这些不利因素，在对外墙的内保温设计时，尽量采用导热系数低的保温材料，以减少保温层的厚度，降低占用空间面积。保温层的表面要有饰面层，提高面层的硬度和刚度，但不要用刚性的水泥砂浆抹面，防止空鼓和开裂。现在常用的内保温材料有EIFS阻燃型聚苯板和酚醛泡沫塑料等，设计厚度在18～25mm，完全可以满足保温隔热的需要。

(2) 门窗的节能保温：①对于散热最大的门窗工程，其节能保温的重点是严格控制窗墙比，在室内进行设计时要根据现行的建筑节能设计标准中对窗墙比面积控制在20%左右的指标，专门对居室中窗面积进行计算，合理控制开窗面积；②采用节能门窗：节能门窗的保温性和气密性必须达到民用建筑节能设计标准的相关要求，并且要提高门窗与围护结构的密封性能，在安装门窗的施工时，除了洞口同框的缝隙符合要求外，用耐候性好的密封材料将缝隙填塞密实、饱满；③对于门窗玻璃的选择处理，是门窗节能的重要环节。对于广大住户来说，在一般不经常更换门窗的情况下，采取在玻璃上贴热反射膜或用纳米透明隔热涂(层)

膜对玻璃表面处理，可以达到降低透过门窗玻璃太阳辐射热的目的。

（3）屋面及楼地面的节能：室内如果层高较高时，一般都要进行吊顶处理，对于顶层房间较高更应吊顶，可以采取在吊顶内加入保温隔热层，减轻夏季屋面的热传递。楼地面装饰材料必须选择导热系数小的材料，如硬木地板或厚层塑料地板，以加强其保温性能，并且给人以温暖、舒适的感觉，还可以在地面构造层中铺设保温板或者采取低温辐射地板，也有利于提高室内舒适度，提高地面板的保温性。

（4）外窗的遮阳保温：在长江以南地区及北方广大夏季炎热干旱地区，太阳日照时间长且辐射强度大，在室内设计时，可以在窗口上设置活动遮阳板、垂直百叶窗板或是活动的遮阳窗扇等，这些措施可以降低室温 2～3℃，降低了开启空调的时间，会有明显的节能效果。遮阳效果取决于遮阳形式，还与遮阳设施的构造处理、安装部位及材料色泽等因素有关。现在已经把遮阳材料制作为产品，供选择使用。

2.2 室内环境节能的措施

（1）室内功能布局及空间设计的合理性问题：对室内功能区域进行合理的划分，将热环境要求相同或相似房间与区域相对集中布置，为主要使用功能房间选择良好的朝向，如经常使用的起居室、书房及卧室等，确保其有良好的采光及通风条件，最好是自然采光，尽量减少照明时间，通过自然通风，减少利用电气采暖制冷而达到节能效果。一般同房间连接的阳台，从节能上看如果物业许可，尽量采取封闭形式，使阳台形成一个冷暖变化的缓冲区域，也就是夏季热空气、冬季冷空气不会直接作用到房间，起到过渡区域的效应，减少室外空气直接作用到室内，降低室内的能耗。对厨房和卫生间进行设计改造时，最好是明厨、明卫，避免黑房屋存在，但厨房卫生间对热环境要求并不高，只要有良好的通风及采光就好，可以节省大量的照明用电。

室内装饰会采取加吊顶及隔断的构造手法，不只是为了美化顶端及阻碍视线，还要从气流组织和空间体量加以考虑。指导自然风在室内的流动走向，设置隔断时要引导气流至所需要的部位，而隔断的形式要多样，如下通上实或上通下实的灵活运用，做到方便调整，可变性及趣味性结合。一般的居住空间并不要求有过高的顶面，在满足空间变化和人体心理需要的情况下，吊顶高度要略为偏低，利于降低空调的开启时间，节省电力。

（2）家具布置及室内装饰材料的选择：室内布置与陈设要随着室内环境的变化，更加适应，便于调整。这里考虑的调整是利用家具的重新组合，达到面料的更换来实现。对于有东西向开窗的房间而言，除了安置活动外遮阳进行有效阻隔太阳光辐射外，最好再选择内部窗帘二次遮挡，把浅色质薄的纱窗帘置于外侧，反射大量辐射热；将颜色较深的厚质窗帘置于内侧，吸收较强阳光，在节省能源的同时，使室内舒适度得到提高。

在室内装饰材料的选用方面，结合采暖条件和隔热要求，要选择热容量、热传导系数较小的装饰用材料，如木材可以减少供暖设施的负荷。

（3）室内绿化及色彩搭配：室内绿化要有空间组织，集美化及色彩合理分配功能，配置得当对室内的能耗节省也有利。如西向阳台夏季西晒严重，用垂直绿化形成屏障起到隔热降温作用。同时，在楼梯、阳台及走廊的空闲地方引入草花、盆栽树木等种植，也给居住者心理凉爽的感觉。室内绿化还能与自然通风、自然调节温度相结合，会大大改善室内空间与室外空间的隔离效果。人对环境的感觉除了生理还有心理上的，从节能意义上说，心理作用可以从室内色彩、质感方面进行调节，依季节和生理要求更换不同色彩和质感的饰面，提高心理舒适度，相应减少室内能耗。

2.3 照明及空调系统的节能措施

（1）室内照明的节能措施：在节能设计中，要根据房间的使用功能和视觉特性，选择合适的照明度。采用低照明度的环境与保证重点照明相结合的光源配置方式，并采取分区控制灯光和照度，增加照明灯具开关点位，充分利用自然光的亮度变化，尽可能减少不必要的人工照明。应大力提倡使用高光效、寿命长的细管荧光灯、紧凑型荧光灯。同时，在亮度相同的情况下，单支高瓦数的日光灯管较多支低瓦数的灯管更加节电，因此，在住宅的居住设计中应尽量采取综合重点式的照明，少采用满天星式的布灯形式。

(2) 室内空调系统的节能措施：现在的室内设计中对空调系统的节能措施很少进行研究考虑，结合实际，从空调系统的采用方式和安装高度两个方面进行浅要分析。

现在空调技术的应用更加成熟，面对各种方式的使用空调系统，正确选择使用将是节能环保的重要环节。根据资料介绍，从国内居民的消费水平看，分体式空调系统较为适合用户的降温使用需求。这种空调系统可以方便地适用不同居民的要求，可以充分发挥居民节省电力的行为，因此，空调机通常不是短期间歇运行的，而事实上是长期停滞不用。这样通过各用户的自适应调控，自动实现住宅楼房一些时间和局部空间的空调使用。而采取集中空调方式，则系统只能按照需要最大情况运行，难以发挥出住户行为节能的潜力。

空调的安装高度对节能也有很大影响，根据冷、热气流的运行状况及室内人体活动的实际，普通挂机空调的安装高度一般以1.8m左右为宜，即略为高于一般人体高度就好。人体在室内活动的状态多数以坐姿为主，高于1.8m以上空间基本不在活动范围中，在夏季比较封闭室内一般很少有气流流动，最热的空气就一直聚集在顶棚附近，而用空调制冷的目的是为了降低室温，解决人体周围的热空气，对于头部以上的热气体可以不予理睬。因此，采用这样的高度可以使空调制冷迅速，有效受益面积大，从而达到节能目的。同时，用于公共建筑的地板空调系统也可以用在居住建筑中，即采用低位空调送风模式，可以将空调内嵌于居室窗台下口，外面用格栅装饰，这种送风模式可以将室内空调的送风温度提高约2.5～8.2℃，从而达到良好的节能效果。

(3) 提高室内节能的效果：不同的使用空间居住者在其中的主要活动内容也是限定的，活动范围也是可以确定的，可以这样思维，即保持人员经常活动的区域具有良好的热舒适度，不经常活动的区域可以降低热舒适度的要求。例如，在客厅人员经常活动位置大体可以限定在沙发的附近，只要保持这个区域具有良好的舒适度，也就是满足人员在这个功能空间内的大部分舒适性要求。同时，对室内热环境进行模拟处理，在室内设计阶段可以根据预先设定的空间功能，通过计算机模拟该空间在空调环境或自然通风环境下室内的气流运动和温度场分布，相应调整空调的挂高位置、家具布置、隔断设置位置、饰面材料的选择等。使用频率高的房间保持良好的通风和适宜的温度，并根据不同使用功能通过调整，使参数值达到该重点区域的舒适度，可以使能耗应用在最需要的部位，避免了为使整个空间都达到一个相同的舒适性，多消耗了不必要的能耗损失，达到能耗的有效应用。运用这一思路可以使室内的节能设计更加合理，也提高了室内设计及材料使用的技术水平。

综上所述，建筑物室内节能在整个建筑中占有很大比重，而节能效果直接关系建筑节能的实现。通过节能设计和室内节能技术的应用，将高能耗的生活方式改变成为低能耗的消费模式，还要结合建筑空间的特点，有针对性地最大限度地利用自然条件，在满足功能和实用的基础上，改造室内热环境，创造可持续发展的节能型住宅，改善广大人民群众的室内舒适程度。

12 住宅小区内景观设计常见问题及处理

随着经济发展和生活水平的提高，人们对居住环境的质量也更加关注，住宅小区环境的优劣不仅关系人们的生活，更是健康的需要，也是体现城市文化的一个重要组成部分。对此，生活小区的开发及建设者表现出以景观、环保、文化、生态、休闲、智能及绿色健康为主题的人居景观设计理念。也就是开发建设者已经开始设计居住小区的景观休闲文化，促进住宅小区环境向更好的方面努力。

对于住宅小区景观的规划建设受到各方的高度重视，购房者希望自己所在的物业，能够在今后的居住中有良好的外部环境，开发建设者也希望居住小区景观给卖房带来好运，同时提高企业知名度和竞争力。但现在生活居住小区景观在设计和建设中还存在诸多的问题，如建筑强调个性突出与张扬、景观建设与周围缺乏协调、传统景观保护差等。虽然居住区环境景观设计导则和一些地方在设计规划宏观上作出引导作用，但是在景观研究方面做的工作很少，也远远不够。经过多年实践及总结可以认为，居住生活小区在规划设计中问题比较多，本文从室外地形与建筑设计的关系、小品设计、水景布局等方面，就小区环境中的问题及解决措施作浅要分析。

1. 住宅区域环境地形利用问题

好的生活小区地形设计，对居住区的景观有着难以代替的效果，对营造微地形上景观空间有着重要的意义。很多用于建设居住小区没有大的地形地貌起伏状，空间的分割与处理只有利用植物和景观墙的手法达到，局限性大并加大了建设费用，用多了并不觉得新颖。

（1）址形营造要适应传统的风水习惯。中国传统园林强调背山面水规则，其中山即靠山的意思。而地处北半球的中国，建筑物面向南易得到更多阳光，只有堆土在北向后，才满足传统意义上的心理需要。而另一方面，北向地形较高对于抵挡北风也是极其有利的。但是由于居住区的用地一般不会很大，地形由人工营造的尺度也极其有限；否则，对于窄小土地则有压迫感，影响到居民的心理感觉。据此，要求居住小区地形的高差一般不超过2m为宜。

（2）地形设计不要超过荷载能力。根据居住小区设计导则要求，要规划停车位置，大型住宅小区如果规划中设有地面停车场地，也就没有绿化及景观用地，这就是为什么多数大型居住区都建设了地下停车库的原因。但是地下室的建设对于景观规划的限制十分明显，如上面覆土就是最限制的。对于地下室顶板的设计，其承载力及板厚要考虑很多因素才能保证安全、耐久性。

（3）地形设计土方平衡是重点的考虑。在建设住宅小区规划设计中，早就做好了土方的平衡，对于设计的±0.000取值，相对于整个小区的景观规划关系重大。如果取值过高，需要大量土方运入，或者房屋室外环境有很多的台阶，不利老年人出行；取值过低，有很多的土方需要外运，增加了建设费用，更不利于小区土壤的改良。合理的土方设计是在土方平衡后约有地表0.3～0.5m厚的土方要运入，达到改善土壤、利于种植绿化的需要是最合理的。从设计上看，地形的处理应按照自然规律，宜山则岳，适水则泽，连绵有序，续断有理。中国古典园林讲究自然法则，地形营建的出现与消失不要突兀；地形设计应相互关联，互相呼应，遵循和合乎自然规律。

2. 建筑设计与景观的协调

（1）建筑物入口门厅与景观协调布置。许多景观设计没有做到建筑物底层入口、门厅相协调的合理布置，主要是施工图不可能将底层与室外的环境关系表示得很清楚，另一方面是建筑底层设计与景观设计在这个重要交叉点上成为盲区。例如，建筑物入口台阶、无障碍坡道等，建筑结构认为应该由竖向设计来做，而竖向布置认为这是建筑物部分，应由建筑完成，造成在协调上不认真的问题。经验表明：应先由建筑提出方案，组织双方人员协调会，由景观深化设计，这样有利于住宅出入口与室外环境的有机结合。

(2) 景观设计要保证消防通道及设施的完备。在一些居住小区，消防通道交给景观设计完成，但景观设计往往只满足消防车通行的功能，对于结构是否满足很少进行考虑，特别是一些景观规划设计中，对于景观的效果特别重视，对于消防车通道的隐形车道推荐较多。如设计 4m 宽的行车道一半做成硬质的，而另一半则为绿地，在结构上没有采用消防车通道应有的结构形式，事实上存在着使用上的安全隐患。

另外，是在 8m×15m 消防登高的施救场地上，按照规范要求，场边与房屋外墙的距离应大于 2～5m，这个地面距离往往会有一些地下窨井。为了能增加绿地面积，景观设计会把该绿地扩大到 8m 左右，有时因重视不够还在该登高处种植大型乔木树，这就违背了消防需要而留下安全隐患。

(3) 景观设计要留足道路和停车场地。在景观设计中，对于地面停车量不要有过多的增减，特别重视规划时的残疾停车位要求。在居住小区地面停车场规划考虑时，很少考虑停车场与景观环境如何处理，只是根据需要安排一个停车场即可，但这会严重影响景观效果，需要综合考虑、科学布置。

小区的景观道路应以建筑规划道路为基础，进行合理优化调整，达到更好的景观布局。优化调整时，要考虑建筑给水排水及配套管网的规划走向。但是在居住小区道路的规划设计中，景观道路设计多数按照建筑规划提供的路网进行下一阶段的设计，很少对建筑的道路或停车场提出优化考虑，特别是一些衔接的道路，即没有消防登高要求的小区内满足通行的道路，建筑设计只是考虑通行方便的功能，很少想到道路对小区绿地的分割，对这个建筑小区景观规划的影响。这就要求景观规划时与建筑设计的沟通协调，最大限度满足景观营造功能上的需要。

住宅小区在非机动车出入口、残疾人坡道的设计中，必须遵循人性化、方便合理的布置理念。由于在景观设计上的细节考虑不周，特别是在非机动车出入口上设计了花坛，给居民出入造成了不便。对于建筑物出入口的坡道，许多景观设计时坡道基本上是结合入口花坛设计的，因花坛与坡道互相影响，坡道转弯时没有需要的空间而受阻。设计中这些细节有时难以发现，设计人员的实践经验极其重要。

(4) 地下室出入口与疏散场地设计。对于地下室出入口与疏散梯的设计，要结合景观整体布置考虑。如果设计要求遮蔽时则要选择合理方案，与小区景观尽量协调。地下室设计的防火分区都要有多个出入口疏散梯，居住小区疏散梯一般都会结合地下室的排风井道进行设计，但在景观小区疏散梯要优化设计、外表美观。现在通行的做法是：在建筑外墙设计木格栅或者在建筑顶加设小型花架等处理。

在进行地下室出入口疏散梯处理时，景观设计要特别重视出入口的开启方向，因建筑设计提供的总图在建筑上表示得并不详细，疏散梯的开门位置往往同单体图不协调，在进行景观设计时要求建筑设计提供疏散梯的开启方向，便于同景观规划的道路相连接。在地下室、排进风井的设计中，在满足建筑排风、进风面积和高度前提下，优化、美化该部位。在景观设计中对于排风、进风井重视进风井设置，规范中对进风井百叶下沿格栅排风、进风要求十分严格，一些进风井百叶下沿距地面很低，多数达不到1m，在景观设计时很容易在竖向填土时堆高及绿地排水影响进风的使用功能，要特别引起重视。

现在对住宅小区景观设计时，对排风、进风井深化设计多采用墙面装饰或离开井道安全距离外种植遮挡处理，较多地种植高杆物对井道有较好的遮蔽作用，同时不能对排风进行阻挡，达到景观有一种若隐若现的效果。总的来说，在景观设计中只有对建筑底层平面及地下车库出入口、通风口、采光井、人行出入口、水电及市政配套井位、配电室等设施充分了解，才能避免产生矛盾而不易收口，利于提升景观档次。

3. 建筑小品布置

建筑小品在住宅小区环境中占有重要位置，合理的小品为可供居民休息、展示及方便居民使用的设施。小品一般没有内部空间，体量小，造型新颖，富有特色，讲究寓意。现在居住小区的小品设计非常普及，要凭借其自身艺术感染力，为现代景观规划注入新的活力。景观建筑小品在小区可美化环境、丰富情趣，为居住者提供文化休闲的便利。由于诸多因素影响，景观设计建设中也存在一些不足和问题。

首先，是居住区的空间有限，多数是在有地下室的绿地上设计和建设，这就产生一个最常见的沉降问题，需要景观小区小品基础设计放在同一断面上，否则产生的不均匀沉降会对小品产生破坏，而且影响实际应用效果，并带来安全问题。尤其是在地面建水池或高细的杆件，水池的渗漏水及高杆件的稳定性都是需要谨慎处理的问题。

其次，对建筑小品之间的空间和视角处理。现在一些小区的景观设计缺乏系统的理论根据，一般都是套用现成的相关规划设计图纸，因此小品的视觉空间及体量上，多数设计均沿用城市景观设计尺度，不考虑小区特殊性而生搬硬套，对场地小、用地有限的居住区不协调。而对小品的选择性设计时，要结合场地现状选择适宜的休闲集聚空间。如小区设广场时，不少景观设计热衷于采用大尺度，硬化场地面积很大，这就存在一个认识上的偏差，居住小区要那么大的硬化场地对环境有什么用？反而需要的绿地却没有了，小区最主要的是绿化面积，这个原则不要失去意义。

再者，小品的风格要协调，主题要明确。在居住小区小品设计或用种植作为主题。这样容易混乱，相互间又不呼应连贯，特别是现在一些别墅区都喜欢用欧洲或地中海的建筑风格，景观设计也力求向这个方向靠拢，但是缺乏对欧洲或地中海的建筑风格的理解和认识，而这些景观又套用中国的园林，不伦不类，属于什么风格很难协调。

最后，对于雕塑作品设计要慎重，主题明确。随着时代潮流的涌现，一些著名的雕塑进入小区，在一些住宅小区“大拇指及思想者”形象也进住了。一方面是需要的雕塑小品太少，满足不了需要；另一方面，是因为居住区建筑中传统文化的缺失严重。因此，在景观设计中应对环境的雕塑作品从主题、体量、尺度和材质、颜色上提出具体要求。另外，在居住小区景观设计中，对座椅、灯具及垃圾点也是需重要考虑的内容，但是往往被忽略。一些居住小区环境中为图省事，找一份既有图去用，达不到使用效果。由于每一个小区有其自身的特点，应当独立设计，合适布置座椅、灯具及垃圾点，使之成为一个景点及亮点。

4. 居住小区水景的规划布置

居住小区布置水景不仅是满足人们观赏的需要，更是使人们在生理、心理上产生舒适的感受。尤其是水可以有效调节环境小气候的湿度和温度，对生态改善作用明显。水景在传统上应用较多的手法，有着其他景观无法替代的动感。现代的住宅区许多是用人工的方法修建的水池、人工瀑布、喷泉或山水结合的自然流水，使环境空间扩大，层次叠加，体现静中有动的趣味。

（1）居住小区水景设置合理性。现在的住宅规划中，水景是一个重要考虑的内容，不论是静水、动水、跌水或喷泉，或多或少可能涉及水的问题，由于气候环境因素对水的运营管理十分关键。水景建成交付物业管理后，多数从管理费用出发运行并不是很多且不正常，使水质富氧化，变色、有味，影响了居住区的空气质量。使用水池回填土种植花草，合理地解决景观设计的科学性，解决水质的自净、流动等防腐、防氧化的功能。北方居住小区水景设计应更加注意，水资源短缺及季节性冬季时间的漫长将制约其使用效果。寒冷冬季水管排空，冻土层较厚，困难比较多，这些防冻措施如处理不当则会使处理难度加大，管理使用成本提高。

同时，还要重视水景基础不要跨越地下室位置，尤其是高层建筑地下室占用很大面积，上面绿化及建水池，虽然效果当时可以，但环境的变化及基础的下沉，产生沉降开裂的渗漏是很可怕的事情，查找位置十分困难，处理不当则整个地下室将无法投用，其损失很明显。

(2) 水池的安全非常重要。规范要求：当水池深度超过 600mm 时，要增加防护栏杆。现在，许多景观设计时追求水池自净功能，而主要还是追求景观效果，对安全防护考虑较少。

居住小区水景的设计对采用的流量泵坑妥善处理，一些喷泉水景的泵坑受地下水影响，深度小于 1m，只能安装卧式泵。对泵的使用选择很重要，布置放不进泵的情况也时有发生。另外，在水景设计时要考虑水景的形式、高度、样式、灯光及动力状况，在优化设计时全面考虑达到最佳效果。对景观灯的位置及颜色认真选择，否则效果不理想。

综合上述分析认为，现在广大生活住宅小区景观设计仍处于起步阶段，专业人才知识水平及技术应用经验并不丰富，要赶上快速发展的城市化进程，营造居住区土地与人、人与自然和谐的良好环境任重而道远，需要设计者从人性化和带着对社会高度负责的精神，跟上时代步伐，探索人居景观设计的理念与新方法，满足人类生活不断提升的要求。

13 建筑物防雷击设计应对技术措施

现代化的城市中高层及超高层建筑越来越多，根据现行《民用建筑设计通则》GB 50352—2005 及其相关规范对房屋建筑高度的规定，高度超过 24m 的建筑为高层建筑，高度超过 100m 的建筑为超高层建筑。高层及超高层建筑不仅在结构构造上及安全设施上都有更高更严格的要求。在防雷电击设计上，也给专业技术人员带来更大的挑战。根据现行《建筑物防雷设计规范》(GB 50057—2010)规定：接闪器保护范围是根据滚球法进行设计的。按照滚球法保护的特点，以大地作为参考地面计算时，接闪器的最大允许高度即等于滚球半径，一旦接闪器高度超过滚球半径值，则超出的部分已失去作用。所以，当建筑物的高度超过其对应滚球半径值时，单利用屋顶接闪器不可能对整栋楼房进行有效保护。雷电完全有可能穿越屋顶接闪器，击中建筑物的侧面。同时，由于现代建筑造型艺术变化多样，高层超高层建筑物屋顶不只是一种平面结构形式，这会给防雷电工程的设计和施工带来更大难度。根据现行国家设计和验收规范相关要求，通过认真学习掌握现行《建筑物防雷设计规范》GB 50057 规范的要求，在遵循要求基础上创新防雷电工程设计的一般习惯做法，提供一些较新思路，希望与从事建筑物防雷电设计工作者共同提高业务水平。

1. 高层房屋屋顶应设置水平避雷带

1.1 滚球半径高度宜设水平避雷带

按照 GB 50057 规范中关于防侧雷击的规定，条文内容都是针对滚球半径值高度以上的部分设计的，而滚球半径高度以下的部分防雷击措施，在现行规范上并没有明确规定。从规范上没有明确规定可以认为，在这一高度以下的部分应全部处于接闪器保护范围之内是安全的。滚球法保护范围的确定方法，如图 1 所示。在距地面 h_r 处画一平行于地面的平行线，以针尖 O 为圆心，h_r 为半径作弧线，交于平行线的 A、B 两点；以 A、B 为圆心，h_r 为半径作弧线，该弧线与针尖相交并与地面相切。从此弧线起到地面上，就应是规范规定的保护范围。由此可以看出，滚球法计算的自身特点决定了接闪器的高度 h，一旦超过其对应的滚球半径 h_r，超过部分(图 1 中 C 点以上）是无效的。因此，在建筑物滚球半径值高度处应该设置接闪器，以弥补这一不足，最为有效的做法是安装水平避雷带。

该建筑物高度 h 明显超过滚球半径 h_r，根据上述分析，屋顶的避雷带不能满足为建筑物提供保护范围，滚球半径高度 A、B 以上的部分对防雷电侧击有规定，而对 A、B 以下的部分则需通过增加水平避雷带进行直击雷保护，如图 2 所示。

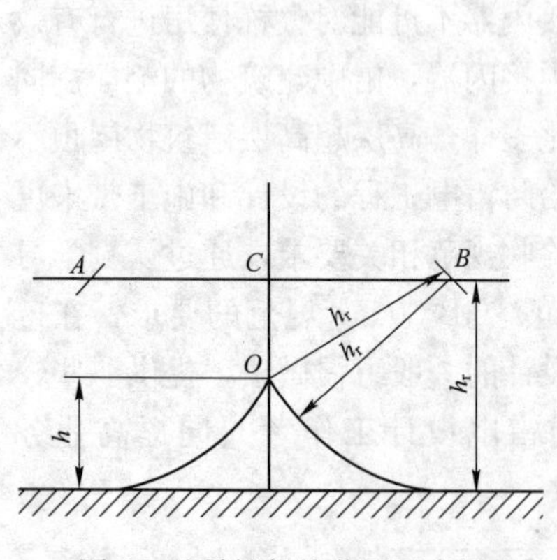

图 1　避雷针保护范围示意图

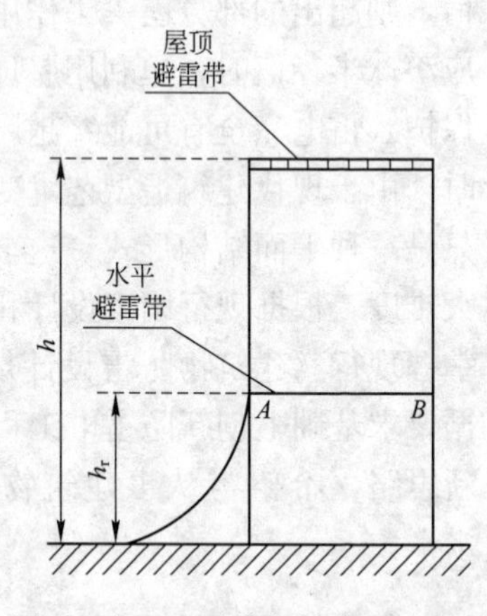

图 2　水平避雷带保护范围示意图

在 GB 50057 规范中只规定了一类防雷建筑物，应从其滚球半径 30m 起设置水平避雷带，这也是针对一类防雷建筑物防雷电侧击而制定的。而二、三类防雷建筑物均没有水平避雷带的设置要求。通过规范可以看出，二、三类防雷建筑物在其滚球半径 45m、60m 以下的部分，是完全不在接闪器保护范围之内的。因此，对于二、三类防雷建筑物来说，应分别在 45m、60m 高度位置，沿着建筑物四周设置水平避雷带，不仅可预防雷电侧击，更重要的是将建筑物在这些高度以下的部分置于接闪器保护范围以内。

1.2 防雷电侧击宜设置水平避雷带

高层建筑物防雷电侧击，实际上还是属于直击雷防护范畴。规范中要求，只有一类防雷建筑物要求设置水平避雷带，具体规定是：从30m起，每隔不大于6m进行设置，但二、三类防雷建筑物却根本没有水平避雷带的设置要求，对于防雷电侧击的防护，主要是要求滚球半径高度以上的外墙栏杆、门窗等较大面积金属物与防雷装置连接。这样做实际上是一种被动式预防措施，即雷电如果击中这些栏杆、门窗上，则可以通过相连接的防雷装置泄流，但是栏杆、门窗本身不具备接闪器主要功能，不可能按照滚球法把建筑物外立面置于保护范围内。事实上，即使很小的雷电流同样可能破坏外立面建材脱落造成二次伤害，因此，二、三类防雷建筑物同样有必要通过设置水平避雷带，防止可能的雷电侧击。

对于一类防雷建筑物滚球半径高度以上水平避雷带，应按每隔6m规定设置，其安全系数比较大。按照滚球法进行计算，水平避雷带的最大间距应为滚球半径值，见图3所示。如果高度为180m左右的建筑物，为二类防雷按滚球半径为45m考虑，建筑物中间只需设3组避雷带即可满足要求。

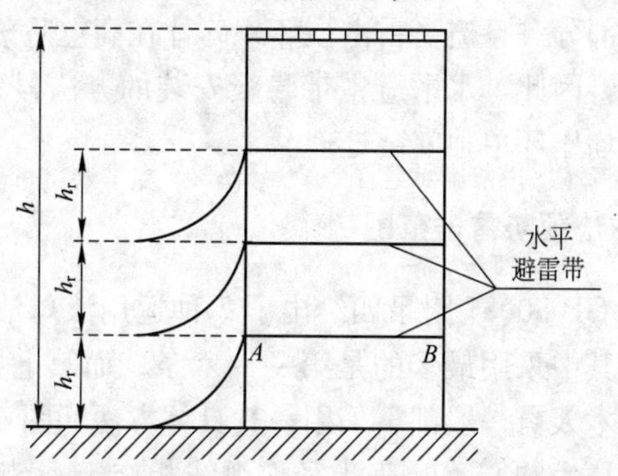

图3 水平避雷带防雷电侧击保护范围示意图

1.3 水平避雷带和均压环设置要正确

在具体的防雷击施工中，水平避雷带和均压环的作用往往分不清，认为是一样的，主要是因为在实际工程中水平避雷带和均压环有两个共同的特征：首先，都是沿建筑物四周水平布置；另外，都必须把所有引下线与其可靠连接。虽然做法相似，但在功能和本质上这两种防雷电装置是有区别的。水平避雷带属于接闪器，其作用十分明确，就是为了直接截住雷击(侧击也是直击防雷)；而均压环的作用主要是均衡建筑物同一高度上因雷击造成的电位差。对于超高层建筑物由于引下线较长，雷电流的电感电压会达到很高数值，因而需要将各条引下线、建筑物的金属结构和金属设备连接到环上。

由此，对均压环的安装位置，既可以在建筑物外部也可以在建筑物内部，在实际工程中通常是利用建筑物圈梁钢筋作为连接均压环的。但是因圈梁钢筋是属于隐蔽于混凝土及外墙装饰层内，它本身并不适宜作为接闪器使用。在 GB 50057 规范第 3.3.5 条规定：利用屋顶钢筋做接闪器，其前提是允许屋顶遭雷击时，有一些碎片脱开以及一小块防水保温层遭破坏。这表明利用作为接闪器的只能是屋顶钢筋，并未说明可以利用建筑物中的圈梁钢筋作为接闪器使用，整个规范中都没有这样规定。另外，对于屋顶碎片脱落以及小块防水保温层遭破坏的现象，事实上，建筑物中间部分一旦遭受雷击损坏，碎片在高空坠落引起伤害的概率会增大。因此，水平避雷带隐蔽安装的方法显然不被允许，应当区别于均压环单独安装处理。

2. 运用滚球法预防雷击范围

在规范 GB 50057 附录四给出了 7 种运用滚球法计算保护范围的方法，其中采用最多的是第一～六条。而第七条比较特别，防雷工程技术人员一般都不采用，其具体方法如图 4 所示。

以 A、B 为圆心，h_r 为半径作弧线相交于 O 点；以 O 点为圆心，h_r 为半径作作弧线$\widehat{AB}$，弧线$\widehat{AB}$就是保护范围的上线。从这里可以看出，这是一种基于两个接闪器 A、B 共同定位决定保护范围的做法。采取此方法的先决条件是接闪器以 A、B 必须是已经被置于保护范围之内(图中虚线外周以内)的。图 4 中可以看出，阴影部分的面积是后来被认定的保护范围，这比虚线外周线的保护范围要小。如果去掉接闪器 A，只保留接闪器 B 则不需要按第七条方法计算，保护范围变为虚线外周线以内的区域。因此，规范中滚球法的第七条方法实际上是接闪器越多、保护范围越小的局面。既然接闪器 A、B 已经在保护范围以内，再次限定一个更为狭小的保护范围显得无意义。如果避开这一要求，其实这两点确定一个保护范围的方法，对于解决高层建筑物直击雷保护是很有利的。

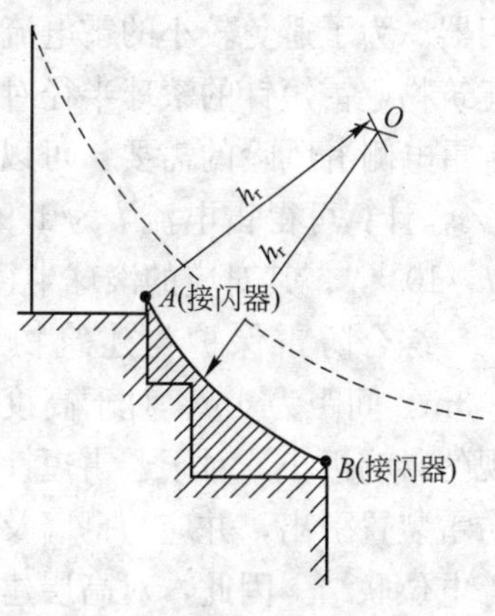

图 4　两点法确定保护范围示意图

2.1　两点法防雷电侧击的应用

对于一类防雷建筑物应按每隔 6m 规定设置水平避雷带，雷电侧击的安全系数比较大。二、三类防雷建筑物设置水平避雷带间距可为滚球半径值 h_r，但雷电穿越接闪器发生绕击的可能性还是存在的。根据电气-几何模型 $l=(h_r/10)^{1.54}$；对第二类防雷建筑物($h_r=45$m)·$l=10.1$kA；第三类防雷建筑物($h_r=60$m)·$l=10.1$kA。因此，雷电流小于这些数据时，雷电有可能穿过接闪器击在被保护物体上。高层建筑物外立面很多采用的是玻璃幕墙或者干挂石材，这些连接表面的龙骨基本被玻璃或石材完全覆盖，金属龙骨大都在建材下面，如果是直击雷电，根本起不了保护作用。只是对于雷电感应或电磁脉冲，有一定的屏蔽效应。把水平避雷带的间距减短，是更安全、可靠的方法，但是水平避雷带属于环状设置，支撑卡每隔 1m 做一固定点，这造成施工比较麻烦，外观上也不美观。可以采取把水平避雷带与安装避雷短针相结合的方式，按照两点法计算保护范围，可有效处理这一问题。

以二类防雷建筑为例，其滚球半径对应的雷电流 $l=$ 10.1kA；经计算可知，二类防雷建筑物的接闪器可以防御自然界中77.8%的雷电流，但是仍有23.2%的雷电流有可能穿越接闪器。为了避免较小的雷电流击在建筑物的侧面，二、三类防雷建筑物避雷短针的滚球半径对应的雷电流应尽可能小些。对于控制雷电侧击风险的需要，可以将小于雷电流 l 的概率 $l-P$ 定为5%，计算可得雷电流 l 为1.96kA。将此代入电气-几何模型 $l=(h_r/10)^{1.54}$；其对应的滚球半径约是15.5m，工程使用取值16m。

综合防雷保护与建筑物外观的影响，其短针长度取值为0.3m，间距为6m，对于高度超过30m及更高的建筑物，对外观的影响极小。对于避雷短针，可以在建筑物均压环、引下线等防雷装置引出，并应与幕墙及石材金属龙骨等立面较大金属件作等电位联结。因此，对高层建筑外立面安装的避雷短针完全满足工程的需要，既可以最大限度地对建筑物进行防雷保护，又不会对外观造成影响。

2.2 对建筑特殊造型防雷电直击防护两点法

现代高层外立面不是简单的立方体，很多建筑物顶层逐渐收缩，诸如宝塔、圆锥体及不规则几何形式组合。也有超高层顶端设停机坪等设施，不可能安装避雷针。这些都给建筑物直击雷防护带来新的挑战。借用两点法设置避雷短针对建筑特殊造型防雷电直击防护，措施应当是可行的。假如某二类防雷超高层建筑，顶端造型为一梯形锥体结构(见图5)且顶部因特殊原因无法安设避雷针，如果只靠设置屋顶避雷带无法满足将整个锥体造型置于保护范围

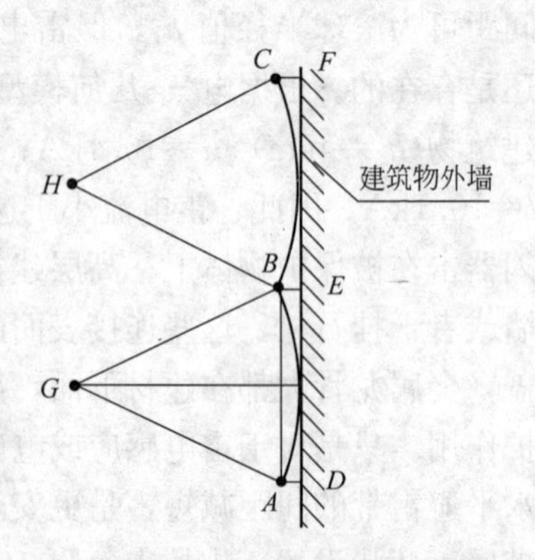

图5 避雷短针防雷电侧击保护范围示意图

之内。

在这里可利用两点法弥补避雷带保护范围不足的问题。由于屋顶很高，不需要考虑小雷电流穿越的情况，因此，按二类防雷建筑接闪器的要求，滚球半径取值 45m，间距取 10m。经计算，短针长度为 0.279m，工程应用实际取值 0.3m。

现在的高层、超高层建筑由于高度超过相应防雷电类别的滚球法半径，按照现行规范 GB 50057 的相关规定，其直击雷防护也存在涉及不到的范围。通过设置水平避雷带和避雷短针的方法，灵活利用滚球法可以弥补在屋顶接闪器保护范围不足的现实。这些防雷装置可能会影响到建筑物外墙的防水，需要在设计阶段对细部认真构造处理，提前预埋和安装相应部件处理防水。如果外墙建筑主体全部施工完成，再增加这些防雷构造，则提高施工难度并达不到使用要求，需要谨慎考虑，处理好防雷电保护工作。

14 建筑工程安全防火门的设计与安装

现代的工业与民用建筑工程，尤其是各类高层建筑，防火门的使用更加广泛，人们对于防火门的安全重要性有了更深刻认识。安全防火门对于控制火灾蔓延、减少火灾损失和保障人员在火灾发生后的顺利逃走起到至关重要的作用。就现在的实际而言，安全防火门在管理使用上存在一些不规范问题，使得一些建筑物的安全防火门如同虚设，一些部门及管理人员由于对安全防火门重要性认识不到位，不甚了解当出现火灾后起到的重要作用，甚至严重到不知道所使用的门就是防火门。尤其是大量多层及高层楼房，目前被普遍用于封闭楼梯间、防烟楼梯间、消防电梯间前室及合用前室、走道的常封闭式安全防火门，对其设置与否，存在绝不能可设可不设，其设计考虑是否合乎防火规范要求，安装质量是否符合施工要求，使用和日常管理是否到位，将直接影响安全防火门的作用。

1. 安全防火门目前存在的问题

根据许多建筑工程安全防火门的管理及使用现状，一般存在的问题是：

（1）不能正确理解常闭式安全防火门的作用，有时为了使用上的方便，在保证安全出口畅通的理由下，将常闭式安全防火门处于常开状态。

（2）有的设计人员认为电动控制的常开式安全防火门结构复杂、价格略高，故意不选择使用常开式安全防火门。

（3）在搬运大体积物品不易进入时，用大力气开启防火门，使常闭防火门的闭门器超越最大限度，轻则造成闭门器配件损伤，不能恢复至正常位置，重则导致闭门器配件及门框损坏，丧失门的隔绝烟气、阻止火势蔓延的作用。

（4）许多单位的安全防火门管理不善，使门面变形，并砸有孔洞、锈迹斑斑，密封胶条脱落，闭门器松动，基本丧失了隔烟、阻火功能。防火安全门设置时，在建筑施工图纸上一般只标注对防火门的耐火极限要求，并没有明确规定防火门的控制方式，而电气专业也是根据建筑设计人员要求，未作出对安全防火门开启方式的要求。

(5) 现在建材市场上常开式安全防火门制造厂家对其产品性能的宣传推广力度不够，建设使用单位、设计人员和监督消防部门对产品的原理及组合性能很少了解。

(6) 使用单位为了观感美观，也是为了安全需要，设计时选择防火卷帘和防盗门代替安装防火门。

(7) 在防火门的固定安装时，并不是按照门洞要求在门框预留孔钻洞用膨胀螺栓固定门框，而是不按要求钻孔，在安全防火门框外侧点焊钢筋，同墙体中另行锚固的螺杆点焊，烧伤了门框油漆无法恢复，而且观感很差，造成永久的缺陷。

2. 安全防火门的质量控制

2.1 设计的质量控制

设计人员根据不同建筑物内的要求对安全防火门设计时，必须按照建筑物使用功能、类型，严格执行消防防火等级规定，正确设置安全防火门，不得随意降低防火门的质量标准。一般要求是：

(1) 建筑物中日常人流比较多、安全防火门使用频率较多的部位，要优先选择常开式防火门。由于常开式防火门其功能主要靠电磁释放阀或磁力门吸、闭门器及自动控制系统来达到自闭功能，当火灾出现后能够自行迅速关闭，起到有效防止火灾蔓延及烟气快速扩散的作用。按照这个思路设计，有利于在火灾发生时人员的及时疏散，又可以避免安全防火门不停开启出现的不灵活现象。

(2) 在设计封闭楼梯间和采取正压送风系统防烟楼梯间前室的安全防火门时，要考虑防火门距顶棚的有效距离不小于

500mm 的需求。这样一旦出现火灾事故，可以有效防止人员疏散时烟气进入楼梯间内，确保楼梯间疏散人员在无烟环境下的撤离。

(3) 当设计有正压送风系统楼梯间及其前室的安全防火门时，要重视到防火门的单扇开启面积与正压送风量相匹配。若防火门扇占的面积过大，在火灾发生后则楼梯间内正压风系统正常运行情况下，由于风压的作用肯定会使防火门开启不顺畅，对人员的紧急撤离造成不利影响。

2.2 施工安装的质量控制

对采购入场的防火门，必须报验才能进行工程安装。要自检外观并查验出厂合格证及检验测试报告，得到监理工程师确认才可使用。当防火门产品符合设计及使用要求，安装也要按施工规范进行。安装防火门要重视的问题是：

(1) 在安装门框时必须看好门扇的开启方向，开启方向必须朝向疏散方向。要严格安装程序，防止简单野蛮施工及减少用料，以次充好，个别施工单位及人员为了节省人工及材料，如门框口洞一侧要有 3 个固定点减少为 2 个，少装及不装闭门器和顺序器，有的门扇要有 3 只连接铰链只装 2 只，合页孔是 4 个螺栓孔只上 2 个螺钉，降低了牢固和强度。

(2) 在五金及密封材料安装时，安装非防火五金及配件、门锁；个别的不使用防火密封条，有的防火门的亮子安装普通玻璃而不是防火玻璃，有的门上防火玻璃面积过大。

(3) 门框与门洞的固定要待门框预留的孔垂直钻入门洞墙内，墙内深度 100mm，然后将专用螺杆砸进上紧，每个侧面不少于 3 只，而门洞上下面也要钻孔固定，上、下各不少于 2 个固定点。

由于安全防火门具有防火、隔烟气、阻止火灾蔓延、保护疏散人员安全撤离的特殊功能，密封功能良好是极其重要的。为此，安装时还必须重视对墙体预留洞的检查验收问题。

(4) 门框距砌体预留洞不宜过宽，当过宽时在框固定后用水泥砂浆分层抹堵；安装双扇防火门时，要保证两扇门的缝隙紧密严合；还要调整门框距地面空隙过大，并不应设有下门槛不利于人们的疏散进出；也不允许自己加工制作不合格门框，装上自行采购的防火门扇；要安装设计选定规格的门，不允许在安装中私自改造成品防火门，达不到防火安全需要。安全防火门的防火功能较久，经过检验合格防火门耐火性达到数个小时，绝对不能像木质门那样任意改造处理。

2.3 加强日常的维护管理

由于防火门作为一种重要的消防防火设施，在建筑物中起到隔离物的作用，其正确使用及维护、保养、管理极为关键。因维修保养缺失、使用不当造成的损坏随处可见，加强维修保养及管理检查不容忽视。

（1）人员进出防火门或搬运较大体积物品，对门的开启要轻，离开后让其自然复位；搬运物品不要一个人进行，采取一个人拉住门扇而另两个人抬入物品的方式进门，以免损伤闭门器。

（2）禁止和杜绝在疏散通道上、防烟楼梯间前室及合用前室的常闭式防火门在使用过程中人为地造成常开门，变常闭式门为常开式安全防火门。一旦当火灾发生时，这样的常开安全防火门起不到阻隔烟气和防火的功能要求。

（3）物业管理人员要定期检查安全防火门的使用状态，查看闭门器及顺序器是否完好、灵活，防火门能否按顺序自行关闭，合页铰链上的固定螺钉是否完整或松动；如有异常，应及时紧固或更换，保持正常安全使用。

（4）对于常开启式防火门要定期进行测试，检查其自行关闭控制系统、闭门器、顺序器及释放支撑连接是否完好，评价当出现火灾时能切实起到自动关闭的功能，同时也要坚决防止在常开式防火门旁随意堆积各种物品，影响紧急时的疏散。

（5）不允许使用单位片面追求装饰效果，将安全防火门门框改换钢框为普通木材制作的木框及木门套，把门扇的原有边框也换成不耐燃材质，大面积、大范围地加贴装饰面层，破坏了防火涂层材料，达不到防火功能，使设置防火门的作用被改变。

15 我国传统民居环境气候设计应用

传统民居没有高能耗的采暖通风空调系统及设备，却能够依靠建筑自身的处理，巧妙应用被动技术营造出相对适宜的生活居住环境，耗能极少或不耗能，保持了建筑与周围自然环境和谐共存的独特地域特色。传统民居的生态性体现在用材、保温隔热、自然通风和遮阳的科学应用方面，其具体做法也是多种形式，很多不以为然的常规做法却具有良好的节能效果。传统建筑与现代建筑的最大区别之一是：前者为自然控制的建筑环境，而后者为人工控制的建筑环境，也就是所说的“被动式”和“主动式”的区别。所谓被动式技术，系指不用额外增加能耗而只采用建筑自身的布局、材料和做法等适应当地气候达到舒适与节能的技术，它使房屋最大限度的适宜周围环境，并因势利导地充分利用现有的自然环境。

1. 传统民居在不同气候区域生态节能设计

我国的传统民居在选址上按风水的基本原则和格局，冬季可避免冷风，夏季利用季节风向，并有好的日照和防水功能，有利于形成良好的生态循环的小气候。在布局上，传统民居讲究的是“负阴抱阳”、“背山面水”，体现了民居利用热压原理达到自然通风的理念，背山可以利用山体挡住冬季寒冷的北方冷空气；面水是在炎热的夏季进行微气候调节。“坐北朝南”的传统房屋冬暖而夏凉，使建筑物既在冬季避免寒冷风进入室内，降低室内热能量的消耗，又能在夏季顺应风向，引导凉风进入室内，降低室内温度，又体现了以风压来达到自然通风的目的。这种做法实际上就隐藏着节能的理念。

(1) 对外墙围护结构的保温和隔热设计中，我国南北的传统民居都有不同的处理方法。我国南北以秦岭-淮河为分界线，南北地区的具体气候反映在气候类型上，主要有温带季风气候(北)

与亚热带季风气候(南)。北方墙体比南方厚重，平面及空间布局力求紧凑，避免出现过多的凹凸面，很少有开敞楼梯和外廊，外围护结构面积尽可能减少。而南方通常使用实体材料或带空气间层的屋顶，很多民居采取通风屋顶，如阁楼屋顶及吊顶屋顶等。习惯采用墙面绿化和遮阳措施，并大面积绿化，减少地面的热辐射散热。所以，北方的建筑围护结构可以在冬季阻止从室内向室外传热，保持室温不降低；而南方围护结构在夏季可以隔绝热辐射和减少室外高温的影响，从而使室内温度低于室外温度。

(2) 与南方地区相比，北方大地气候相对寒冷，需要充足的太阳光。而且其用地往往较宽余，地势相对平坦，建筑材料也比较单一，加之经济文化发展相对滞后，造成北方居民普遍表现出质朴、敦厚的建筑特色，总体布局和单体建筑多呈现定型格调，如方位端正、划一的标高、均匀的分布和整齐的排列等。而南方气候炎热雨水充沛，民居的墙体和屋顶通常做的比较轻巧、单薄，建筑空间处于主动的地位，可以自由伸缩，凹凸通透，方便延展，建筑实体可以服从地形适用建筑空间灵活处理的需要。而寒冷的气候则不可避免地导致北方民居在迎风面上很少开窗口及洞口，设置门斗，部分民居建筑北向的墙体比南向的墙体厚实，目的是可更有效地抵御寒风入侵。在南方古村落里屋与屋之间的距离偏小，使得太阳光不是很强烈，阴影比较大，墙体的吸热量相对较少。

(3) 南方的通风遮阳要比北方要求高，通风是南方建筑降温、除湿换气和散热最重要的手段。北方通风只是起到换气的作用。南方民居的遮阳是为了降低太阳的热辐射，防止室温过高，防止眩光和保护家具。而北方则是防止辐射和局部过热，并防止眩光和保护家具。南方的遮阳形式有绿化遮阳，建筑上还有骑楼、雨篷和外廊等。北方的遮阳形式则是凹陷窗洞或少开窗洞。中国古建筑标志的飞檐翘角的屋顶，其实是一种非常有效的遮阳措施。从太阳辐射角和气候特点入手可以看出，南方重视遮阳达到降低室温，但同时又要有充足的阳光直射厨房、卫生间来防潮、灭菌；北方只需要有阴凉。这样就决定了南方民居需要通透的采光形式，如开敞天井、花格漏窗、锯齿窗面和漏孔墙面等。北方民居的南北向墙面多数不开大面积窗，天井也是封闭的。纬度低的南方地区由于太阳高度角高，太阳光比较强烈，位于屋顶的狭窄天井不但能减弱强烈的太阳辐射，而且使室内的照明均匀。而纬度高的北方地区，由于太阳高度角较低，民居中四合院多，采用中厅结合横向采光的方式，保证了院中每个房间都不会被长期遮挡，可以获得充足的自然光照明。

2. 岭南传统民居

岭南属于亚热带丘陵地区，具备亚热带季风气候特点，太阳辐射光很强烈，在气候炎热的同时雨水还多，潮湿，沿海地区台风影响也很严重。因此，岭南传统的民居在处理通风、隔热、防潮、防风、防雨等方面都极具特色，以适应湿、热的气候。岭南民居的布局和装饰的格调自然而随意，露台、敞廊厅开放性空间得到有效利用。

(1) 如广东民居的总体布局中，多采用梳式布局和密式布局两种形式。梳式布局也即平面网格布局形式中，农田、水塘和树木构成一个低温空间，村庄建筑群则形成高温空间。于是村落内外由于冷、热温度差的作用，自然形成了冷、热空气的交换，也产生自然通风。可以说梳式布局平面的巷道整齐排列并与夏季主导风向平行，有阵风时巷道因狭窄而加快风速，带走热量而降温。在无风状态时，因为巷道狭窄，受墙面及建筑物阴影遮挡，巷道高密度冷空气与巷道外高密度热空气形成对流，改善了住宅的热环境气氛。从密集的居住布局看，其内部巷道窄，空间也小，又有高墙屋檐遮挡，直接受太阳光照射比较少，温度较低。而天井院落比较大，气温高时太阳照射也多，温度相对要高些。当热空气上升时，巷道和室内的低温就尽快补充进去，形成热压通风。

(2) 广州的一些民居用多个天井组织通风，比单一通风效果更加明显。建筑呈纵长式，垂直于街道，左右侧面均与其他房屋紧临。在前后各设置一个天井，中间在楼梯处形成一条内走廊，把前后连通。风从街上吹来就会在房屋迎风面形成正压，背风面则形成负压。由于内廊将前后连通，风就从正压一侧流向负压一侧，于是前天井就成为进风口，后天井则成为排风口，形成风压通风。

另外，一些大屋基本布局是三间两廊，左右对称，中间是主厅堂。中轴线由前向后依次为：门廊、门厅、轿厅、正厅、头房、二房、二厅，每厅为一进。厅与厅间用天井相隔。天井上加小屋盖，靠高侧窗或天窗通风及采光。也有的民居中还有一种天窗，有开拉式气窗、撑开式气窗等形式，也有做成风斗的。当大门关闭时，因天井较小，风可以从屋顶气窗进入，出风口则为后窗或楼梯口，通风效果比较好。因天窗位置接近屋脊，开口比前后天井都高，又是处于主导风的背风面，经常处于负压区。所以，无论是风压通风还是热压通风，都会起到出风口的作用。

（3）岭南民居的坡屋顶是中式民居的一个特色，主要是为了顺利排水而构造，它阻挡太阳辐射的效果比平屋顶要好。双层瓦屋顶热阻比单层瓦屋顶热阻增加近一倍，总热阻可达到架空钢筋混凝土平屋顶的总热阻，而热惰性指标仅是架空屋顶的1/2。建筑的两层瓦之间的空气间层得以形成热压通风的风道，可以使瓦片冷却，隔热效果明显。该地区建筑结合气候环境，形成了双层瓦坡屋面，平屋顶的凉棚、凉亭，屋前的门廊，商业街的骑楼，西式建筑外廊等，兼备遮阳和遮雨两种功能。岭南地区的民居中采用30～40mm厚度红地砖进行铺地散热，砖上有许多小孔，利于地下潮气的传出，给人以凉爽感。

岭南民居的遮阳通常是利用外廊、阳台、挑檐或者百叶窗来挡住太阳光直射。同时，也利用檐口挑出比较长，有时可以将半面墙的阳光遮住。外墙面上通常看不到遮阳的构件设施，主要是利用建筑物本身的凹凸来形成大面积阴影，把主要的采光窗都置于阴影之中。广州广泛采用的悬挑骑楼都为临街，底层挡住太阳直射，这也是利用建筑自身构造遮阳。另外，利用大阶砖等多孔材料防潮，在潮湿环境下吸收表面凝结的水汽，在干燥时容易把水分蒸发，可有效防止室内外泛潮。

（4）岭南地区的庭院布置非常注意建筑的朝向、通风、防晒和隔热等降温的处理。庭院里的主要建筑物大部分都面向夏季的主导风向，通过敞厅、庭院、连廊、天井和巷道的方式通风，使庭院处于阴凉的建筑阴影及树木之下，门窗地面处在阴影中，尽量减少太阳照射。庭院的构思首先考虑的是通风降温，内庭院进深与建筑物高度接近一致，使庭院总保持一定范围内有房屋的阴影区，前庭进深略长，既可以舒展了空间的布局且扩大景深，又有利于引凉风进入建筑群，庭院与建筑成为有机的一体。

3. 吸取传统民居为现在所用

建筑物本身是为人所用环境的一种元素，体现在人工和自然的制造环境之中。只有与环境相协调，对自然资源利用效益最大且对环境影响最小的建筑才是可持续的建筑。现在生态化建筑设计已经逐渐成为建筑设计的重要内容。我国传统民居中结合自然气候因素，因地制宜和因势利导的方法就是利用自然材料，室内外空间的相互渗透，想像力极好的心理效应和审美观。这些都是今天创造新的人居环境必须重新再认识，并继承借鉴和发扬的宝贵经验。当前对传统民居的经验总结出的设计手法，依然值得认真参考并应用到现代建筑之中。

（1）具体来说，传统民居中生态建筑经验有以下方面可以利用：①居住环境选择的“趋利避害”、场地的“因势利导”与室外环境气候的良好营造；②通过建筑形式的选择和组合，达到适应气候的要素，如太阳辐射、温度和湿度、风、雨水等；③建造过程中节省材料资源，充分利用地产材料，对环境不造成影响；④建筑使用过程中通过对自然资源的使用，创造健康、舒适的室内环境，对外部无负荷压力。

(2) 现在要创建岭南特色的新建筑，必须研究岭南建筑史并总结适应当地地理气候的经验，继承其中有利于现代生活的方面，改善因当时社会生产力限制和风俗习惯影响的不当做法。还要学习借鉴西方建筑师在岭南兴建近代建筑的防热构造措施。如广州沙面近代租界建筑群就有许多适应南方湿热气候的设计做法。今后不论建筑科技如何发展，人居环境的地域特点必然还要考虑。虽然传统民居的许多手法与现代城市人生活习惯不同，但其中的一些手法与当代所提倡的生态建筑观点基本是一样的。例如：在建设材料的选择方面，既要从工程使用考虑又要兼顾艺术观赏，要形成自己的特色，而不是照搬现在的形式。设计应尽可能设法与自然融为一体，而不是破坏现在的生态系统。现在设计师采取被动的手法满足人们对舒适度的要求，如用空调降温却破坏了环境。但这些被动技术的应用是为了适应气候条件，可以减少其使用时间，也达到了节能目的。

(3) 对于现代建筑而言，多样的气候条件和地理环境为开发利用自然资源提供了良好的创作机会。在利用传统民居时，从考察中总结出优良的气候环境利用方法，在吸收中分析总结将其融入活用到现代设计中，才是我们研究传统民居的根本原因。在一些住宅设计中，可根据实际情况适当采取传统布局，使整体布局自由、活泼；造型轻巧方面可参照南方传统庭园应用手法，还有建筑轻巧及开敞、大面积开窗、适当的镂空处理，使建筑显得非常通透。

建筑物的通与透在现代构造中，通常会变成大面积的通窗玻璃、架空和外廊形式。在一些新民居设计工程中，不仅要充分借用传统的技术手法，还要重视把这些传统技术与当地环境气候相结合，以体现气候影响建筑设计构造的思路。

综上浅述可知，我国南北方及东西方地质地理及气候条件差异很大，各民族的历史背景及文化传统、生活习俗各不相同，因而形成具有各自风格的建筑。事实上，传统民居中的气候设计并不是多么深奥的技术，但是在悠久的历史发展进程中通过实践与努力所取得，与当时的经济技术条件相适应，更与自然气候环境相协调，主要还是提供良好的室内环境。在传统建筑中，对周边环境适应的设计中，尽管传统手法与现代的社会环境有一定的不同，但其设计构造措施还是值得今天的设计师认真研究的，加强优化现代建筑中生态设计的内容，有创造性地突破，使现代建筑具有明显的地域特色和生态节能优势。

16 建筑工程电气节能设计应重视的问题

现在国家重视对基础设施及工业、城市居住建筑的支持力度，使建设规模和速度有极大的提高，而房屋建筑所用能耗约占全社会总能耗的1/3，节省二次能源即电能，如何降低损耗、提高利用率，怎样才能将节能技术科学、合理地应用到建设项目中，成为建筑节能面对的实际问题。

目前，全国各地都在建筑节能工作中加大投入，使建筑节能达到65%的目标。在民用建筑中电的消耗大体是：空调占到建筑用电的40%～50%；给水排水设备用电占10%～15%；照明用电占15%～25%；其他方面用电占10%～15%。从这些比例中可以看出，建筑工程中空调降温是用电的大户，占建筑用电的近一半。照明及给水排水次之，因此，这方面的节能潜力较大。作为建筑电气的设计施工人员，有必要对建筑电气节能在工程应用中提出具体的方法和措施。

1. 节能设计中执行的一般性原则

建筑电气节能设计既不允许以牺牲使用功能、损害使用需要为代价，也不能盲目增加建设投资，为节能而节能。因此，电气节能设计应遵循的基本原则是：

（1）适用性：这是最基本的条件，即满足在建筑物内创造良好人工环境提供需要的能源，为建筑设备运行提供必需的动力，按用电设备满足对负荷容量、电能质量与供电可靠性等方面的需要，优化供配电设计，促使电能有效使用。

（2）节能性：节能应考虑采取措施，减少或消除与建筑物功能无关的消耗，例如：变压器的功率损耗，电能传输线路上的有功损耗，都是无用的能量损耗。量多面广的照明容量，宜采用先进的调光技术、控制技术，使能耗降低。

（3）实际性：节能要同国情及实际经济利益相联系，不要因为追求节能而过多地消耗投资，增加建筑和运行成本。而是应该通过分析比较，合理选择节能型材料及设备，使得增加节能方面的投资可以在较短时间内，用节减下来的运行费用回收。

总之，节能设计要把握住“满足功能、经济合理、技术先进”的原则，有重点地从几个方面采取一些技术措施，科学、合理地应用到实践中去。

2. 节能的效益问题

社会效益：节省能源、减少排放是走可持续发展不可缺少的策略，尤其建筑业是能耗大户，开展绿色节能环保型建筑是必须采取的措施。建筑企业节能减排的空间潜力不断扩大，实现降低能耗，达到减少污染物排放是重点。按照节能、经济的原则，将按能效高、排放低为优先考虑的对象采用，也就是减少资源消耗，降低建筑物污染物的排放量。建筑节能50%可以减少不可再生能源，部分缓解能源压力，即在未推行建筑节能前一个采暖期能耗36kg/m²，强制节能后一个采暖期能耗不大于18kg/m²，减少了烟尘大量排放，美化环境。

建筑物外墙经过保温处理后，其复合外贴聚苯板厚65mm，经检测，此厚度比普通370mm厚砖混结构住宅楼房，在相同供暖条件下，室内温度高出5℃以上，外墙内表面最低温度11～15℃，不会出现结露。

3. 节能设计宜采取的措施

(1) 提高供配电系统功率因数，减少用电设备无功损耗：供配电因数提高了，可减少线路无功功率的损耗，实现节电；电气设备尽量采用功率因数高的设备，如同步电动机等。电感性用电设备可选择有补偿电容器的用电设备。

(2) 静电电容器进行无功补偿：电容器可产生超前无功电流，抵消用电设备的滞后无功电流，从而提高功率因数，同时又减少整体无功电流。在具体工程设计中，采取分散就地补偿或高低压柜集中补偿等方式，应按照实际情况具体分析。

(3) 变压器的节能：实质就是降低其损耗，提高运行效率。合理选择变压器容量和使用台数是很重要的，若是选择的变压器容量过大，长期低于经济运行的负荷率，会造成有功损耗的上升，因为其铁损耗并未减少；相反，变压器容量过大，铁损增大。为减少变压器损耗，当容量大而需要选用多台变压器时，在合理分配负荷的情况下，尽量减少变压器的台数，选择大容量的变压器。例如，需装机容量为 2000kV·A，可选择两台 1000kV·A 的，不要选 4 台 500kV·A 的。

变压器的铁损是由铁芯涡流损耗及漏磁损耗组成，是固定不变的组分，它的大小取决于矽钢片的性能及铁芯制造工艺，所以，变压器应选择节能型的，如 SLZ7、SL7 及 S8 等节能型变压器。

(4) 电动机的节能选用：现在电动机变频调速装置得到较普遍的使用，交流调速性能指标得到有效的提高，可以获得 10% 以上的节能效果。电梯系统采用合理的调配与管理方式，可以减少电梯的电能消耗。永磁同步电动机驱动无齿轮曳引机比交流异步电动机减速机结构系统节能 30%以上。对于人流较少场所的扶梯，宜选择自动扶梯相控，节能装置自动判断运行负荷和效率状态，调整电动机的运行功率，还可通过红外感应装置增加扶梯的自动开、停功能。在无人时自动停止，有人时自动开启，电动机始终处于节能状态。风机和水泵系统在建筑物中的耗能比较大，根据风量和用水量的变化需求，采取变频调速方案可明显节省电量，特别是供水系统，可以节省水箱及配套投资费用。

(5) 照明的节能：据资料统计，我国年照明用电量占总发电量的 10%左右，且以低效照明为主，节电潜力较大。在满足照度、色温、显色指数等相关技术参数要求前提下，照明节能设计应从以下几个方面入手：

1) 采取符合要求的照度标准：各种类建筑工程按照现行《建筑照明设计标准》GB 50034—2004 要求，选择合理的照度标准，照度较低会损坏工作人员的视力，影响产品质量和生产效率。不合理的高亮度，会使人不舒适且浪费电力。

2）要选择适宜的照明方式：在满足照度的条件下，要恰当地选用一般照明、局部照明和混合照明三种方式。例如，工业厂房高大的机械加工车间，只用一般照明的方式，灯的数量再多也达不到精细视觉作业所要求的照度指标。如果在每台车床上安装一个局部照明灯具，用电量少而且可以满足需要的亮度。

3）采用高效光源：如采用T5、T8细管径直管形荧光灯、紧凑型荧光节能灯、金属卤化物灯及高压钠灯等。还有一种新光源LED-发光二极管，在国外使用的较普遍。相比传统的照明产品，上述节能型灯更具环保节能、寿命长、亮度好、体积小的优势，可以广泛应用于各种指示、显示、装饰、背光源、普通照明和城市夜景等领域。

4）合理地选择照明线路：照明线路的损耗约占输入电能的4%，影响照明线路损耗的主要因素是供电方式和导线截面积，照明系统应尽可能采用三相四线制供电。

（6）有效的照明控制系统：照明控制系统设计应考虑照明的分区效果，与天然采光的结合、照明场景变换等。根据需要关闭一些灯具或降低相应位置的照度来达到节能的目的。新一代建筑电气技术正在试图采用各种先进的控制方式，对传统建筑电气设备进行有效的控制。C-BUS智能照明系统就是一种真正的智能照明管理系统。通过光线感应，可根据环境光自动控制灯光回路的开关；当环境光变亮时，可自动关闭部分灯光；通过人体感应，可自动控制灯光的开关及空调的停开，可以做到有人时开灯开空调，无人时关灯关空调；当有人把窗户打开时，可自动关闭空调；通过光线感应在夏季太阳光辐射强烈时，可以自动把遮阳卷帘放下，防止室内温度升高，从而最大限度地节省电力。

（7）充分利用太阳光：合理设计照明开关，充分利用自然光，正确选择自然采光，可以改善工作环境，使人感到舒适，有利于健康。充分利用室内受光面的反射性，也能有效地提高光的利用率，白色墙面的反射系数可达70%～80%，同样可起到节电的作用。

4. 小结

建筑电气行业的节省电力有着较大的潜力，同时节电有更大的现实意义。它能有效地缓解用电高峰供电不足的矛盾，保证国民经济持续、高速、健康的发展。节电的经济效益比较显著，是一种经济的电力开发形式。建筑电气节能贯穿于项目建设的全过程中。作为专业电气设计人员，应该在整个设计中认真思考，严谨的方案比较，从安全、可靠性、经济性及节能的各个方面综合分析对比，选择最优化的设计方案，采用最先进的设备和技术，实现电网的经济运行。在节省能源、促进科学技术进步的同时，保护环境，取得社会效益、经济效益的双赢。

综上浅述，建筑电气的节能潜力巨大，设计是把关的关键环节。选择先进的方案和节能设备，采用先进的技术，按照节能标准合理设计，为社会提供舒适、健康、安全的居住及工作环境，从而达到真正意义上的节省电力能源。

17 石油化工建筑设计中的创新与应用

随着经济建设的发展，使石油化工的建设更为加快，油气输运及油田厂站工艺设备技术的应用使管理理念的更新，生态安全意识的提升，建筑规模，技术难度，功能设置相应发生了大的变化，同时建筑技术和材料使用也有了飞速发展，面对这一难得的机遇，作为以石油化工建设为主导作用的建筑设计人员，在设计上要大胆创新突破，积累应用成功经验，及时从理论高度加以总结推陈出新。

1. 工艺专业与建筑技术的结合

不同于许多民用设计院，建筑专业在石化领域是辅助专业，因此，首先要确定服务上游工艺专业观念，尽量满足工艺专业的合理流程需求，当工艺技术发展现在建筑手段无法达到要求时，再采取新的方法解决。

1.1 成熟技术创新应用

对新的技术手段，首先要考虑可否采取对现有建筑技术加以创新应用，即现成技术但只要是石化领域没有被使用过，需要结合工程特点使用这种技术。如石化成品仓库的防火要求，按照原石化防火规范的规定是单间面积不限，这表示着仓库的占地面积、防火分区面积可以建成任意大，即建上 10 万 m^2 的几个仓库，虽然符合规范要求但事实上是不合理的。设计与消防审批，验收单位产生理解上的分歧。后来在规范修改中将丙类仓库的防火分区面积定为 $1500m^2$，如加喷淋可扩大一倍；如储存物为塑料，可扩大至 $6000m^2$，占地面积 $24000m^2$ 考虑。在征求各方意见再结合石化行业管理特点，防火装备及生产实际需要，在各有关方的多次论证下，新版石化行业规范确定仓库防火分区面积限定在 $12000m^2$，占地面积为 $48000m^2$ 范围内的规定。

对于泄爆墙的规定，国家规范只对墙体的密度提出了限制，即每平方米不超过 60kg，因此，石化企业甲、乙类厂房要求泄爆的厂房都采用压型钢板围护，但是压型钢板的节点比较牢固，钢板刚度、强度也好，一旦产生爆炸时泄爆效果很难确保。要采用什么材料泄爆较好，规范没有说明。在实际工作中，发现用于围护的轻集料墙板，由于它的材料和构造特点，具有在外力下易破碎的特点，密度可达到每平方米不超过 60kg，因此，完全可以作为泄爆墙板的适合材料，有望得到有关部门试验后的确认。

1.2 新技术的研制应用

现在国内某些技术还不能满足上游专业的需求。作为设计单位或工程公司是无法完成研制开发的，要借助社会力量即研究院、制造厂和材料厂共同攻关，研制产品要由第三方权威机构评估、检测，确保其产品技术的有效性。如厂区的控制室、机柜室几乎都要求抗爆，门也是要求抗爆门，而前些年国内没有这些产品，需要从国外进口。为此借助解决军装备部军事计算方法、上海森林防火门厂在设计院的配合下，研制出了合格的抗爆门，填补了国家的空白，造价只有进口的 1/10，现已被广泛地应用在石化的建筑物抗爆门工程中。

例如：原来工厂一套装置一个控制室，现在是设置中央控制室，将每个控制室的操作室集中到一起，只留下机柜房，集中后的操作间里往往有多套装置的控制盘及数十名操作人员，面积只有几百平方米。除了自控专业的功能房间，还设置现场分析室、办公会议室、餐厅及空调机房等，总面积达 5000～7000m^2，是一种新的建筑物群体。再加上整体抗爆，不论是建筑还是对结构、暖通等专业，都是一种新模式。一个新的建筑类型对于一般人而言是新鲜的，但对别人却不一定是，像中央控制室，国外应用并不新鲜，国外大量石化公司对于控制室有详细的设计标准，因此，借鉴吸收比较省事也是最经济的。

2. 石化管道工程创新设计方法

石化企业有大量的各类管道需要设计应用，但是在管道的整个投用周期内，无论从设计工艺、材料和维修等方面采取何种措施，要想完全避免缺陷是不可能的，尤其是长距离管道的缺陷主要是来自疲劳损伤、环境损伤和偶然损伤几个因素。而在这些损伤中，影响安全使用的是腐蚀和裂纹缺陷。

2.1 传统的设计方法

管道的安全、经济性要求油气管道结构设计合理。现在主要的设计方法有两种：一种是以设计指南和规范的设计系数为基础的确定性方法，称为工作应力设计方法；另一种是基于可靠性的设计方法，称为基于极限状态的可靠性设计方法。

工作应力设计方法是以承受工作条件下的内压所需要的管道承载力为基础的设计方法，相关的载荷和载荷效应及材料性能都被认为是确定的量，明确规定了用于检测管道是否屈服的两个基本要求：环向应力判据和等效应力判据。考虑到制造和运行中的不确定因素，由最小屈服应力除以安全系数以保证管道的承载力。这种安全系数是在大量设计基础之上得出的，反映了一定的统计特性。

基于极限状态的可靠性设计方法采用可靠度理论和分析方法，可对管道在强度、承载能力及疲劳寿命方面的安全性作出比工作应力设计方法更合理的评估。如果设计荷载效应没有超过设计抗力，就认为满足安全水平。

2.2 基于缺陷评估的设计方法

在设计阶段要考虑管道的裂纹缺陷，主要是材料本身缺陷和预防管道在安装及使用过程中产生的裂纹缺陷。评估管道裂纹缺陷主要有以下几点：

(1) 初始裂纹的确定：初始裂纹的缺陷是指开始计算寿命时的最大裂纹尺寸，用无损探伤方法测出。有条件做破坏性试验或从零部件缺陷处取样，一般用疲劳断口进行金相或电镜分析，用概率统计方法确定初始尺寸。

(2) 临界裂纹的确定：临界裂纹的确定是指管道在给定受力情况下，不出现泄漏、断裂等失效所允许的最大裂纹缺陷尺寸。

(3) 剩余强度分析：剩余强度分析主要是获得剩余强度随裂纹增长的变化规律，并在要求的剩余强度载荷下，给出裂纹扩展寿命计算所需要的最终裂纹长度，或者根据裂纹尺寸预测是否满足剩余强度要求等。

(4) 剩余寿命分析：含裂纹管道寿命分析是先确定裂纹的初始尺寸和裂纹的临界尺寸，然后计算裂纹扩展速率，最后计算剩余寿命。

2.3 应变的设计方法

在一般情况下，油气管道均采用基于应力的设计方法，但对于可能经受较大位移的管道，如地震及地质灾害多发地区的管道，则采用基于应变的设计方法。其关键是管道在地震及地质灾害中将要承受的应变及管道本身所能承受的应变极限。应变可根据拉伸、压缩、弯曲等试验或有限元分析确定，尽管弯曲后管道并不会马上破坏，但一般要求管道不能弯曲变形，所以屈曲应变可作为管道许用应变的临界值。

基于应变的预防措施，在管道敷设上尽量避开产生大位移的地层不稳定区域，因长距离管道承受轴向拉应变的能力远大于承受压缩、弯曲的能力，在断层大位移区应考虑宽沟，松散沙土填埋或者不埋，用轨道滑轮减小管道运动阻力，提高管道材料本身变形及抗变形能力。

2.4 管道全寿命设计方法

为确保管道设计寿命周期内性能良好，全寿命设计包括的内容是：

(1) 使用寿命设计。确定寿命目标，将管道中各构件分成不同的目标使用寿命类别，再确定管道在设计使用寿命期内各构件必须更换的次数，并通过对比进行优化设计。

(2) 性能设计。为满足安全性要求，需进行强度、稳定性设计，为满足耐久性要求需在计算中引入时间因素，将抗力设计扩展为耐久性设计，使管道在遭遇一定概率风险不造成大的损失。

(3) 环境生态设计。主要包括能源经济设计，施工和使用过程中环境负荷计算，回收利用等。

（4）检测/监测维护设计。

（5）施工过程控制设计及选择最优设计方案，控制工程成本。

3. 随着时代的发展创新标准

创新评价标准对于建筑设计质量十分重要，没有标准设计就没有质量目标。评价标准有问题，设计肯定出现偏差。

3.1 以性价比为依据的评价标准

建筑设计应明确优秀建筑的标准，评价标准可遵循产品的评价标准，套用过来即建筑技术经济指标。建筑都要具备哪些性能，离不开建筑的目的性。油气需要从远处输送到生产厂区，就必须通过管道运送，建设管道要考虑诸多不确定因素，需要进行前期大量设计调研工作。建筑的目的就是满足输送油气的安全、可靠，有要求必然达到需要的性能。

3.2 石化行业特点的评价标准

经济、实用、美观一直是建筑界的评价标准，但随着时代的进步和经济的发展，健康、安全、环保（HSE）这种新的理念影响到了对建筑性能的要求及评价标准。另外，石化行业不同于民用行业，所以民用建筑就不太适合用于石化建筑，同时石化项目中又有不同类型的建筑物，有单纯厂房、天然气压缩机房、消防泵房、中央控制室、泵房、配电室及辅助厂房等。不同的建筑类型，需要细化出不同的性能要求和经济技术指标。

健康、安全、环保的本质是属于风险控制的要求，通过建筑形象表达企业文化，其本质是人们的精神需求。建筑评价标准＝建筑性能/建筑造价。

近年来，由于评价标准的更新，一批新设计脱颖产生，在安全方面，石化工艺易燃、易爆属于高风险行业，为了保护线路装置及人员安全，石化企业的控制室、机柜间也与国外一样均要求建筑物整体抗爆，根据安全专业提供的抗爆压力，结构专业设计抗爆墙，建筑专业选择符合需要的厂生产抗爆门，并采取气密室等技术手段满足抗爆建筑物内人员的安全。环保部门方面，要求在管道经过地段不允许对植被的破坏，而且大力保护环境生态不受影响，保持和维护水土平衡。在某厂区要求装置地坪按照国外业主要求设置防渗膜，解决污水污染地下的问题。烧结黏土砖对资源及环境污染较大，在20世纪90年代开始禁用。在健康方面，对室内装饰材料也进行限制使用，尤其含甲醛及放射性元素材料不准使用。在企业文化方面，石化项目的一些建筑物，采用统一的立面风格和色泽，浅米黄色与青色不论是外墙还是在室内都得到采用，使整个厂区面貌整齐、统一，体现了企业有序的文化素质，这是通过建筑设计传达企业文化的优秀设计典范。

4. 行业之间协调，夯实创新基础

石化行业特点是易燃、易爆、高温、高压。其建筑设计与其他工业建筑和民用建筑设计相同，扎根于建筑设计的土壤，共同使用建筑材料、产品资源。因此，石化建筑的设计发展不是孤立的摸索，还要注重建筑业内材料及技术的发展，借鉴民用设计和其他工业设计的成功经验，使之为石化行业服务并以此为基础，使石化建筑设计的创新之路更宽。同时，更加关注国外石化建设的发展，利用经济合作的机会，通过与国外业主、工程公司合作的机会，努力学习借鉴建筑技术标准和先进设计理念为我所用。还要关注其他工业及民用建筑设计中的技术应用和革新成果。近年来，由于一些大型科技会议在我国的举办，国外同行把世界上前沿理念随着作品带入我国，国内民用建筑设计水平得到很大提升。其中，城市设计、节能及生态理念和设计，对于石化建筑都有一定的参考作用。

更加重视建筑材料及建筑设备的更新动向，需要积极参与技术交流、展览等多种活动，及时更新设计标准及图集。当前，外墙外保温材料的防火安全十分严峻，保温材料的防火等级还要提高才能满足需要。外保温的施工这些年基本上解决了易开裂的质量通病，在石化建筑物抗爆外墙上得到使用。轻集料混凝土砌块，非黏土类承重砌块已全部取代了烧结实心黏土砖，广大设计人员已基本上了解熟悉材料的特点及设计重视方面。断桥型铝合金门窗、低辐射 Low-E 玻璃使门窗保温性能大大提高，这些新材料新技术的应用是离不开设计的。

通过上面浅述可以认为，创新是发展的必由之路，石化建筑设计要围绕上游工艺技术的进步，油气管道的长距离输送、建筑功能的变化和时代发展等因素，在技术、设计、评价标准等方面努力突破并创新，同时还要重视相关领域及工业建筑技术的发展应用，关心材料的使用功能，为充实自己和创新积累有益的经验。

18　房屋建筑施工用电安全控制措施

住宅建筑工程使用高新技术部件及新材料的应用，高科技建筑施工机械和机具不断地应用在施工现场，对工程进度和建筑质量的提升起到良好的保证作用。建筑施工机械与机具在使用过程中的动能是电能，都有方便、随意的可移动性，但是施工现场的环境条件差，基础设施与现场管理也有较大差异，潜在的用电安全隐患占的比例也很高。针对施工现场环境的实际状况，制定出住宅建筑施工现场的临时用电实施方案，提出用电的具体控制措施，对加快施工进度，提高工程质量，自然环境优良，安全文明及管理带来积极的效益。

1. 建筑现场用电状况

(1) 用电管理：有的建筑工地未配备有专业电工操作上岗证的作业人员，而是用一些略知电气常识的人员充当电气作业。无证人员在作业时，不会按规范要求设置用电线路和自我保护措施，如穿拖鞋作业、带电接线也难免，这很容易造成触电事故的发生。临时用电未按规定要求编制施工组织设计，只是由用电作业人员凭自己的想法随意设置，没有完整的全盘考虑布置，未采取相应的安全用电保护措施。也有的编制了用电设计，却没有用电负荷计算用量及线路布置图，有的用电施工设计和施工现场不相符合。

(2) 配电系统问题：配电系统未按“总配电箱或配电箱—分配电箱—开关箱”形成三级配电的设置规定。如一台以上的用电施工机具共用一个开关箱，分配电箱与开关箱的间距超标，用电的施工机具与操作控制开关箱的距离太远，使用十分不便。

(3) 线路敷设：用电的架空线路搭设在脚手架上，或穿越脚手架引入到用电部位；使用木杆或者钢管用作支撑杆，架空线路和灯具架设高度很低；电缆线放在地面明敷，用了多次电缆磨耗及保护层老化、破裂、接头绝缘性差；使用4芯电缆线外加一根线顶替5芯电缆线，造成线路绝缘等级降低与额定电流量的不匹配。

(4) 用电箱：用电箱配置不规范，箱内未设置隔离开关；自制木配电箱或破旧铁皮箱，箱外无标识；电缆线入箱无规律，有的在箱顶、箱体侧面、箱后或者门口随便进去；电气元件安装在木板上，箱体位置任意安放。

(5) 接零与漏电保护：保护零线引出不符合接线要求，重复接地点数量不够，未按规定的专门标识线作保护零线，线的直径过小，保护零线未与用电设备外壳连接。对于漏电保护：用电系统设置应有二级以上的漏电保护措施，漏电保护器与用电设备的参数不匹配或者失效；漏电保护器没有安装在靠电源断相开关的一侧。

2. 临时用电方案的编制

根据工程特点合理地制定施工临时用电方案，是施工现场用电得到安全、可靠的有效保证。合理用电方案包括的内容有：确定施工现场的用电电源点及至现场总用电量的整个费用；确定用电变压器的容量和安置位置；供电线路平面布置走向及导线截面的选择；确定配电箱的数量及安放位置；绘制工程现场临时供电平面布置图；制定现场安全用电预防控制措施。

2.1 配电箱的安全设置

用于制作配电箱的材料选择，必须符合《施工现场临时用电安全技术规范》JGJ 46—2005的规定，一般采用1.5mm厚度金属板制作。配电箱应有整体保护接地或接零的性能，配电箱的结构应配置可以配置电器元件的安装板与箱门，配电箱的电器应安装在金属或非木质绝缘板体上，然后整体固定在箱体内。安装板要配置专用保护接零和工作接零的端子板。配电箱中导线进出口应预留在箱底部，进出线入口内外应有防潮护套，分路成束布置；有必要时，做成防水弯形状，整个箱体达到防雨、防尘且能保证安全使用。按现行规范要求，总配电箱内必须配置总隔离开关和分路隔离开关、总熔断器和分路熔断器以及漏电保护器等保护装置设施。当采用 TN-S 三相五线制，工作零线与保护零线应分别接专用接线端子板。

另外，在总配电箱内应把动力与照明用电分路设置，防范动力用电的电气故障影响到照明用电。二级分配电箱按规范要求，应配置总隔离开关、分路隔离开关，总熔断器及分路熔断器装置“一机、一闸、一箱、一保险”的专用开关箱。专用开关箱也要配置隔离开关、熔断器及漏电保护器等装置。施工场地配置电箱时，总配电箱、分配电箱及开关箱内漏电保护器的参数选择要匹配，使之达到具有分级、分段的保护功能，尤其对保护零线在线路末端时，再次重复接地线。

2.2 线路敷设的安全设置

施工现场用电线路的敷设，应当以架空或埋地敷设为主。架空线路应沿电杆、支架或墙壁敷设，并使用绝缘材料固定。固定形式以绑扎线时，也要用绝缘线。在室外架空布线时，电缆线的弧垂点与施工场地地面高度大于 4m，与机动车道路大于 6m，与建筑物外脚手架大于 1.5m 以上。在室内布线时，电缆线离地面高度大于 2.5m，电缆线沿墙壁敷设时的弧垂点距离地面不小于 2m。当采用混凝土电杆或木杆布线时，木杆梢径应大于 150mm。

电缆线路的走向不允许穿越脚手架再引入用电部位，引入时必须使用电缆埋地的方式。电缆埋地敷设时，在现场的埋设深度应大于 0.7m。如经过道路受重压易破坏的场所，要加设防护套管。当电缆垂直敷设向上楼层时，不得与外部脚手架相连接，充分利用建筑物竖井或垂直孔洞。在电缆垂直敷设时也应穿护套管沿外墙敷设，固定点每层不少于两处。另外，布设接零保护系统的电缆线路时，必须采用三相五线电缆。

2.3 接地与接零保护措施

在建设工地施工现场，应有专门用的直接接地的设施，中性线路必须使用 TN-S 接零保护系统。在 TN-S 接零保护系统中，应避免同时出现保护接零和接地两种情况发生。由于系统接地是确保用电系统的零电状态，一般要求接地电阻≤3Ω。保护接地的作用是当发生短路或漏电的工况时，才能起到保护用电系统和操作人员的安全。低压系统保护接地是限制漏电的设备对地的电压；而高压系统保护接地，除了限制对地电压之外，在系统中具有保护装置动作的能力。保护接零的作用是借助接零线使设备与中线间可形成单线短路，使线路上的保护装置能迅速作出反应动作。

这样做的作用是由于保护接地适用于低压不接地的电网，以及采取其他安全措施的低压接地电网。保护接地也可以用于高压接地电网，不接地的电网不需要采取保护接零。保护接地系统除相线外，只有保护接地线才能保证安全应用。而保护接零系统除相线外，必须设置零线。在必要时，保护零线要与工作零线分开。而其他重要装置，也必须设置零线。除此之外在保护接零系统中，若个别设备接地而未接零的状况，并且其他设备的相线也碰外壳时，则设备与所有接零设备的外壳有可能出现危险电压。尤其是在接地线或接零保护的两台设备距离较近时，若是作业人员同时接触到两台设备，其接触电压可能达到 220V，对人员生命构成直接的危害。

3. 施工现场临时用电措施

认真制定施工现场临时用电方案后，还要切实监督落实到施工全过程中，确保施工作业人员生命安全及施工场地环境文明。具体措施主要是：

（1）贯彻“安全第一，预防为主，综合治理”的思想，健全各级安全规章制度，杜绝违章指挥和不规范操作行为；加强对电气特殊工种人员的管理，电气作业前必须进行安全上岗培训，要在考试合格后才能允许上岗作业；加强安全用电常识教育，增强现场施工人员安全用电知识，接受典型案例教育，掌握触电事故发生后的救助方法。

(2) 建立施工现场用电技术档案，建立数据信息库，要进行每天巡检、每周检查、每月维修，做好相应的记录工作。

(3) 按规定对施工机械和机具的电气设备检查验收，在合格基础上才能使用。并对机具进行分类检查及使用，如电焊机和可移动的手持机具更需加强管理、保养及维修，用后及时断电。

(4) 对架设的临时电缆线安排专人管理，并经项目经理认可，对施工现场用电设备做好日常检查记录，落实安全交底制度；用电电网施工供电时，也属于临时用电方案进行。如果有变更，由设计人员签字确认，施工结束后绘制电路变更图。

(5) 切实按电气规范和标准要求，规范现场用电行为，采取可以响应的临时用电技术措施，加强施工用电监督管理，接入补偿电容器，提高功率因数。注意用电线路的三相负荷平衡，不允许随便接线，破坏三相负载平衡的做法。

(6) 在建筑施工现场的大环境中，要对用电周围设有明显的警示标识。尤其是与高压线的距离，要符合安全高度规定的要求。用电设备的布局在满足施工作业流程的同时，尽量避开潮湿环境和温度较高、尘土飞扬或周围有导电物体、易燃物品的存放处。

综上浅述，建筑工程尤其是住宅施工现场的临时用电安全，直接关系到现场所有人员的生命安全。在工地应做好临时用电施工机械设备、可移动电气工具的合理布局，同时结合现场电缆线布置走向与架空方式的设计方案。在实施用电的过程中，必须按设计方案施工，由持证上岗人员作业。同时，加强施工现场正常用电的监督管理。应急用电或一旦发生用电事故，应有预案处理机制，目的是使建筑施工临时用电更加安全、可靠，现场文明、安全、有序作业，使文明用电及安全生产落到实处。

19 建筑工程费用过程控制及合理确定

建设工程造价是指对一个工程项目，在形成全过程所需要花费的全部投资费用。也就是从工程项目确定开始至全部按要求建成、竣工验收交付使用的整个建设期间所支出的全部费用。这是保证工程项目正常进行必要的资金，也是项目投资中最主要的费用。

1. 建设造价控制的基本原则

一般建设工程项目由于工期较长、规模大小相差较大、造价高等特点，在建设项目实施阶段，要对其费用进行有效控制，以提高投资效益和建设企业的经济效果。所谓的有效控制，即是在优化建设方案、设计方案的前提下，在建设程序的各个阶段采取必要的方法和措施，把工程的费用控制在一个合理的范围和核定的造价限额以内。从投资控制角度看，设计在控制着整个投资费用的95%以上，投资标准决定合同价；合同条款及计价方式，为施工控制投资提供依据；施工过程中发生的工程变更洽商将直接进入工程总造价中。熟悉并掌握设计、投资标准、施工过程管理，决算工作管理就抓住了工程造价的核心问题，工程进度及过程管理就处于主动的位置。工程实施前，制定好合理的投资控制目标，并在整个过程中逐步得以实施，跟踪纠偏，促使项目投资按设定的计划进行，就能顺利实现工程造价系统的有序管理、良性控制。

有效控制工程造价必须重视的基本原则是：

（1）以设计阶段作为重点进行全过程造价控制。设计过程造价分析可使价格的构成更趋合理性，有效提高利用效率。在一些资料介绍中，表明设计费不足时占建设工程全寿命期费用的1%，但正是由于这少于1%的费用，对工程造价的影响度却占75%以上。在作出决策前，控制工程造价的关键在于设计阶段。

(2) 实行自主控制，也可以取得良好的效果。长期以来，业内同行一直把控制理解成目标值的比较，以及当实际量偏离目标值时，分析其产生偏差的原因，并确定下一步的对策。在工程建设全过程，进行这样的造价控制是极其重要的。但问题在于这种立足于调查—分析—决策基础之上的偏差，经过纠偏、再偏离，再纠偏的控制是一种被动控制，因为这样处理只能发现偏离，不可能预防所产生的偏离。为了尽量减少或者避免目标值与实际值的偏离，还要立足于事前主动地采取控制措施，实施主动限期控制。即工程造价控制不仅要反映投资决策，反映设计、发包和施工、被动的控制工程造价，更要能动地去影响投资决策，影响设计发包及施工，主动影响投资决策。

(3) 技术与经济相结合，是控制工程造价最有效手段。长期以来，国内建设项目领域中的技术与经济是相分离的。在多年的建设实践中表明，在工程建设过程中只有把技术与经济相结合，通过技术比较和经济分析评价，正确处理技术先进与经济合理两者之间的对立和统一，力求在技术先进条件下的经济合理，在经济合理基础上的技术先进，才能对各个阶段工程造价做到有效的控制。

从对于有效控制工程造价重视的几个方面来看，做好从设计阶段到竣工结算阶段的控制，是切实重要的关键控制环节。

2. 项目设计阶段造价控制措施

在建设工程进入设计阶段中，建设单位要充分认识到项目设计是达到建设目标，实现建设项目开始的关键点，设计目标及水平是工程进行招标投标、施工管理及完成施工后竣工结算的重要依据，设计质量直接影响到招标投标报价的准确合理性，更涉及施工全过程投资费用的控制。设计阶段投资控制中，建设业主的控制作用要充分体现发挥出来。

(1) 建设业主要加强自身管理。建设单位要充分认识到工程设计对造价影响的巨大力量，控制好设计就是抓住了造价控制的根本源头。要在设计过程中做到两个不要：一是不要认为我是业主就可以任意改变设计；二不要认为设计就是设计单位的事，对设计的方案不闻不问。

正确的态度是对于设计提出的方案要尊重，减少了自己的随意性，同时还要认识到自己也应是设计的一员，积极、主动地建议并影响设计，与设计人员一起对项目的功能设置、建设费用及运行成本进行多方面比较，达到优化设计的目的。

(2) 通过设计招标优化设计。对待设计项目，建设单位要通过招标选择资质信誉高的单位设计。通过选择优秀方案、投资经济设计比较，提高方案质量。对于重大设计方案必须进行技术功能、效益和经济价值方面的论证，在满足技术及整体效果的基础上，再考虑价格因素。

(3) 用价值工程原理优化设计。价值工程是通过各相关专业的协作，对设计产品的功能与投资费用进行系统分析，以达到最佳的综合效益。通过实施价值工程，可以解决各相关专业的协调配合，做到技术经济的统一，获取较大的投资效应。

3. 项目施工招投标阶段的造价控制

工程项目的招标投标过程是一个选择施工单位，确定最终合同价及所有条款、承诺约定的过程。工程项目的招标投标成功与否，将直接影响工程项目施工过程中管理的难易与投资的效益。做好招标投标工作过程的控制，要从以下几个方面进行：

(1) 要准备好招标文件及合同条款的编制。建筑企业从2003年开始按工程量清单报价以来，到现在全都采取这种模式计算及报价，对于清单招标的项目，其清单是文件的重要内容，也是投标报价确定综合单价、调整工程量和签订合同及支付工程价款、竣工结算的基础依据，所以，在招标投标阶段清单编制的准确性对后期变更洽商、最后的价款决算十分关键。

合同条款的约定尤其是争议比较多的内容，例如：甲供材料的损耗问题范围界定，总承包与专业分包之间施工范围及服务项目，界面收口处理界定，风险范围及风险幅度划分等，要结合工程性质，对于合同适用条款不相符的，在补充条款中要特别说明，作为后期结算与现场签证的依据。

（2）对专业性强的单位工程、附属配套工程实行分别招标。在项目实施过程即施工前期阶段，工程项目招标监管部门的注意力一般都会集中在总包招标上。在总承包招标中虽然包含专业性极强的分包单位，如消防系统、弱电系统、电梯及安全监控报警系统等。为了便于管理，业主往往直接发包给这些设备材料及专业安装承包单位施工，或者直接采购以估价形式列入材料设备，没有实现通过招标获得价格及质量的优势。每一个建设项目除了主体之外，还有许多配套设施，如各种进入建筑管网、室外地面硬化及绿化、竖向布置等小型工程项目常常忽视了招标。而是直接安排给主体承包人或其他施工队，造成这些项目未经技术价格比较就确定了施工及价格，在这方面造成了失控的现象。

（3）强化施工资质审查，杜绝挂靠单位投标。现在的施工企业中，许多是个体挂靠在一些有资质的建筑企业名下，出现了项目的挂靠营业。以挂靠公司名义投标，且报价一般低于正规建筑企业。一旦低价中标后，这些挂靠的个人老板为了追求利益的最大化，施工及管理可想而知。现场管理与投标时管理人员不相符，资质不对应，人员配备不齐全。施工中不按程序进行，安全生产文明施工更谈不上，从而违背了招标投标中遵循的公开、公正和诚信的原则。基于此种现状，要切实加强项目部人员资质的审查，在合同约定中对人员资质要求必须同投标文件相一致，减少和避免挂靠营业造成的不良后果。

4. 施工阶段的费用控制

项目进入施工阶段是产品形成的主要阶段，也是投资费用支出最集中的时期，由于施工阶段时间一般较长，材料价格波动大，影响因素多，这个阶段的费用控制成功与否直接影响竣工决算的难易及造价的高低。

(1) 实施过程中的动态控制。工程项目造价管理是一个动态及随时调整的过程。在项目确定的总目标前提下实行动态管理，定期收集项目已经完成发生的费用数据，一旦产生偏差可以及时提供分析报告，以便为及早采取费用控制提供动态支持，确保项目总投资在可控中，实现费用控制目标。

(2) 切实加强合同内容管理，使索赔尽量减少。严格合同条文约定的内容，把造价管理的日常工作纳入合同管理控制的范围内，尤其是合同管理控制的质量要提高，执行中尽量及早发现合同条文的不确定性及不严肃性可能存在的漏洞，防止钻空子，并提出补救及正确处理建议。

(3) 工程洽商与设计变更的管理。施工实施中的费用控制的重点是控制设计变更及洽商。在施工过程中出现的变更可能是业主提出的，也可能是设计方提出的，不论哪一方提出，都要认真考虑变更对工程使用及费用的增加，任何原因的变更必须征求业主的同意和认可。对变更的内容必须控制并评估，以确定该项目变更会带来费用及使用上的问题。对签证有效地洽商并分析其有效性对费用成本的影响。

5. 竣工结算阶段的有效控制

控制工程费用的最后环节是竣工结算。工程费用的结算审核是一项技术性、政策性与经济性都很强的工作。为确保结算工作的顺利进行，主要应做好以下几点工作：

(1) 按照合同规定，编制结算程序过程。根据双方签订合同体系特点，加大总承包及各专业挂靠下分包合同的管理审查力度，使各分包合同方积极主动配合尽快上报结算书。制定相应审核程序并贯穿在结算过程中，先结清甲供材料，再结算分包造价，最后是总承包结算。

(2) 认真审核结算文件。对于施工企业申报的结算资料，一是审核结算资料的有效性和完整性；二是依据招标文件、合同、投标文件、变更洽商等有效资料，审查其工程量、综合单价；三是审查结算中变更洽商存在减项的变更是否如实地进行了申报；四是与项目部、监理工程师一同审查合同范围内的所有内容是否全部完成，有无漏项或不符合设计的。

（3）编制竣工结算成本分析报告。根据已经审完的竣工结算文件资料，编制竣工结算成本分析报告，报告的主要内容包括：项目的概况，成本分析范围，各个成本的构成，成本编制方面采取的措施和手段，施工过程中的管理经验和需要提高改进的方面。

通过上述浅要分析可知，建设项目造价管理是一项技术性、政策性和经济性极强的工作，只有对项目的各个阶段采取切实可行的控制方法和措施，一个节点、一个环节的紧密跟踪控制，才能使工程费用始终处于有效和主动监督之下。建设业主方要依据造价工程师的专业知识和实践经验，对工程建设项目实施全方位、全过程的跟踪检查，深入掌握投资动向，提高其最大使用效益。

20 建设工程标准化体系存在的问题及对策

我国现在的建设工程标准分为三个等级，即国家标准、行业标准及地方标准。另外，各企业还有自己的标准。其中，国家标准、行业标准及地方标准的内容中有推荐性和强制性标准之分。现在的建设工程标准范围涵盖了各种类型的房屋建筑、市政工程、水利电力、道路及石油化工等各种工程，涉及全国范围的不同地域及气候环境，涉及各类工程的地质勘察、设计、施工、安装、检验、加固维修及验收，覆盖了从使用到管理的各个环节。

自 20 世纪 90 年代开始，国内加大了对建设工程标准化的制定及执行力度，国家建设主管部门对标准、规范加大了制定、修改和提高，不断地完善，使标准化工作健康、有序地开展。至 2009 年 1 月，建设工程标准总数达到 4500 多项，建立了比较完善的标准化体系。为了能更加有效地做好标准化工作，使标准化工作有法可依，建设工程标准化管理部门重点对我国的工程标准法规体系进行了完善，在标准法规框架基础上，又进一步建立了一整套科学规范的规章制度，切实有效地指导我国建设工程标准化工作的顺利实施。

1. 建设工程标准化存在的问题

1.1 推荐性及强制性标准体制

我国现有的建设工程标准体制是在国家标准化法及建筑法两部国家级法律、相关的法规及主管部门的规章指导下确立的推荐性及强制性标准，执行双重标准体制。在既定体制下，只要其中一个标准中的一项或几项条文需要强制执行，那么整个标准体系就会演变为强制性标准。这种标准强制而条文并非强制的确定形式，使得强制性标准与推荐性标准的界限划分不清，在强制性标准中又存在更多的推荐性标准条文，而推荐性标准中又包含一些强制性内容，造成强制性标准的数量多且分散繁杂的现象。

(1) 标准的执行和监督管理。强制性标准的数量多且分散繁杂，促使一些本来不需要强制执行的细节要求被强制执行，而真正涉及健康、安全、环保及公共利益影响严重的条文却没有得到强制要求，这种情况造成在实施阶段和检查监督阶段，标准执行者都不可能把重点落在标准上。据一些资料统计，目前国内的各类工程建设标准为2700项，而标准中强制性条文多达1.5万多项，其中不属于“标准化法”规定的强制性执行内容占到了条文总数的80%。

由于现行的各种类强制性标准范围比较宽，许多不属于安全、环保、卫生方面的技术要求也包含在强制性标准之中，使得主管部门切实需要控制的技术性条文要求重点不够突出，导致管理制定者难以实现对强制性标准有效的监督。即使是某些标准在执行的严格程度上有一些区别，但是由于执行者水平的不同，掌握尺度也不同，给实施和监督这些标准造成一定困难。

(2) 推荐性标准无法认真执行，现在是强制性标准条文过多，造成大量建筑企业及监督管理部门把主要精力放到执行强制性标准上，对推荐性标准认识肤浅且重视不够，使推荐性标准无法起到应有的指导作用。

无论从哪个方面讲，推荐性标准是技术上成熟、可靠的技术准则，没有作为必须强制执行原因，一方面是与人身健康、安全、环保及公共安全无关，因此，企业可以采用内部的标准；另一个原因，也是为了促进企业进行技术创新。然而，由于制定的强制性标准过多，企业必须投入大量精力去学习掌握繁杂的强制性条文内容要求，无力开发新技术和新工艺，创新也难以进行，造成对可以不执行的推荐性标准不学习采纳。这种状况严重违背了标准化法规定的推荐性标准的原意，使推荐性及强制性标准双重要求体系无法达到制定的初衷。

(3) 同国际标准要求不一致，为防止技术标准及法规成为国际贸易中的技术壁垒，世贸组织(WTO)和贸易技术壁垒协议(WTO/TBT)对成员的技术标准及技术法规，合格评定程序的制定，采用和实施应遵守的行为准则，以及通报、评议、咨询和审议制度作了规定。在技术要求与相应的国际标准不一致时，或是没有国际标准时，应当向其他成员通报并接受咨询。

现在WTO已承认我国的强制性标准相当于技术法规，推荐性标准相当于技术标准。但由于国内强制性标准和推荐性标准的范围界定与WTO对技术法规和技术标准的界定不同，所以，在实施过程中出现一些问题。WTO/TBT所规定的技术法规，是指确定产品特征或与此有关的工艺和生产方式，以及可适应的行政规章的强制性法规，一般涉及国家安全、产品安全、环境保护、劳动保护等。标准是指为产品或与产品有关的工艺和生产方式所确定的规则方法，为受到承认的特定机构所采用，但不具备强制性。我国制定的强制性和推荐性标准是根据《标准化法》第七条规定划分的，即保障人体健康、财产安全的标准和法律、行政法规规定强制执行的标准是强制性标准，其他条文则是推荐性标准。

按WTO/TBT规定，技术法规的内容应主要限定在保障人身安全健康，保护动植物的生命和健康，环境保护和消费者利益保护几个方面。现在，国内强制性标准规定范围的规定与WTO/TBT中对技术法规的规定并不完全一致。如果把WTO/TBT的几项指标作为强制性的衡量标准，国内大约有18%的强制性标准不适合继续强制执行。在这种情况下，要满足WTO规定的透明度原则，履行技术法规的通报和咨询义务是有问题的。

1.2 现在建设工程标准化管理体制问题

现在我国建设工程标准化实行分级管理的方式，而建设工程标准则分为国家、行业、地方及企业4个等级。除了国家标准外，其他标准都是由各行业主管部门、各地方标准化主管部门负责编制本地区或本部门的标准，综合管理比较杂乱，在各标准的协调性和制定上的透明及可操作方面缺乏有效的法律保障。由于处在4个级别的分层管理，建设工程标准化体系中的国家、行业、地方及企业标准在内容上存在大量重复交叉，使建设工程标准化工作人员增加了大量的重复劳动。其根源在于各级标准化管理机构之间缺乏有效的沟通，同时国家标准、行业标准及地方标准之间的界定不清楚，都想自己制定一些规定。

我国《标准化法》规定，标准化工作采用由行业主管部门负责行业标准制定这样的模式。但随着政府机构职能改革的深化，一些行政主管部门进行了重组整合，对于综合管理部门对已制定的行业标准并不专业、深入，存在执行上的问题不可避免。行业主管部门负责标准制定的这种模式不能满足现在的需要，这个现实问题还要认真改革。

1.3 标准化组织和行业协会未发挥作用

《标准化法》中第12条规定：制定标准应当发挥行业协会、科学研究机构和学术团体的作用。但是在操作中处于非政府机构发挥的作用极其有限，参与标准编制的多数是高等学校的教授和少量工程建设企业的高级技术管理者，缺乏企业和行业协会人员的参与，这使得多数标准的技术含量和可操作性理论很高，但实际指导应用却较差。

据介绍，发达国家的政府一般不直接参与组织标准的编制工作，绝大多数标准是由企业或行业协会编制，企业制定的标准一旦被政府采用就会变为强制性技术法规，或者被行业协会接受而成为企业标准，该企业会得到利益和更加的重视。事实上，企业标准中都会包括一些对本企业有利的技术要素，成为国家强制性标准后可能产生巨大的经济效益。另外，若是企业标准被政府或同行业界认可，表明其产品质量和管理水平达到了很高的层次，在激烈的产品竞争中会得到更加认同。在经济利益驱使下，国外企业对编制标准有极高的热情，推动标准化快速、更新发展并同实践紧密结合。

1.4 标准应用周期过长

国际标准及发达国家标准的应用周期一般为3～5年，而我国现行国家标准的平均应用周期超过10年，虽然现在法律法规明确规定：标准至少每5年必须审查修订一次，但是因标准数量庞大，审查和修改由政府部门进行，受经费及人力、财力限制，5年修订一次无法实现。现在的建设工程标准化工作，编制周期长、审查周期长和出版周期长的情况存在严重，虽然有计划地组织标准制定和局部修订工作，能够有效地降低标准化工作的盲目性和随意性，但也存在标准制定和修订计划的死板和不灵活。例如：在标准的局部修订工作中，由于并不要经过专门立项会但有一些程序要走，或是对标准编制及管理影响较小，只用年度计划来控制但会直接影响到标准编制工作的开展。

目前，改革的方向是明确的，会逐步取消5年修订时间限制，这样的规定也不能满足快速发展下标准化的要求。当前需要制作一套更加切合实际、符合市场经济体制运行的标准制定程序，尽快地将先进的建设工程实践经验和成熟的科技成果转化为生产力，充分发挥标准化桥梁及产品的保护作用。

1.5 法律对标准管理体制不明确

标准应该是根据制定标准时科技水平及经验总结积累成果的最高水平制定，不一定在长期应用时适合任何情况。这就造成执行了标准工程质量不一定能保证，人身及生命安全也不可靠。但是由于传统习惯的影响，许多企业管理者和工程技术人员都会认为：只要严格按国家标准进行施工，一般不会出什么事，如果有事也不是自己的责任，造成在实践中缺乏自主的思考和判断，事实上不利于工程建设的顺利发展。在法律中也没有对这种情况，对标准实施主体和修订人员责任作出明确的具体规范。

另一方面，法律法规对管理主体在监管过程中的义务规定并不明确。现行的建设工程标准化相关法律法规及部门规章，都主要是针对各工程企业的权力和责任规定的，针对政府监督部门的权力和责任界定基本没有。现在只有《标准化法》和《标准化实施条例》，《实施工程建设强制性标准监督规定》要求对管理主体中的具体负责人对违法行为应承担的法律责任，但对各级管理部门和政府认可的非政府组织机构在标准化中应履行的义务，以及违法后应承担的相关法律责任也未作任何规定。这种模式很不利于督促各管理主体在标准化实施过程中发挥应有的作用。

2. 建设工程标准化问题的提高

2.1 健全、完善建设工程标准体系

现在建设工程实行的推荐性和强制性双重标准体系，存在一些具体缺陷和不足。要彻底改变现状，必须从现行的标准体系入手，建立健全国际通行的技术法规—技术标准的双重标准体系。按照国际建筑联合会提出的国际技术法规—技术标准要求，结合国内实际在推行技术法规—技术标准体系时，应遵循一些限制措施。

(1) 对涉及国家安全、公众利益、安全卫生和环境保护方面的要求，按照指令性模式制定建筑技术法规。由于是强制性规定，必须坚决执行。对不涉及人身安全方面的规定，并且为实现强制性技术要求而采取的方法和途径，按陈述性模式制定建筑技术标准，它属于非强制性技术要求，采用时可能被打折扣。现在住房和城乡建设部已经将技术法规—技术标准双重标准体系作为建设标准体制的改进方向，并制定了目标方案。即《工程建设标准强制性条文》已颁布，标志着强制性的目标已完成。而新的《标准化法》和《工程建设标准化管理条例》的发布，将大力推动双重标准体系的实施。在技术法规—技术标准的双重体制下，技术法规与技术标准之间的关系要协调、配合好。

(2) 技术法规是以现行《工程建设标准强制性条文》为依据，覆盖管理性要求和基本技术要求两方面，侧重的是安全卫生、环保及健康方面的内容。技术法规应当采用以“性能为基础”或者“目标为基础”的编制原则，功能和目标浅述部分基本不修改，保持内容的稳定性。性能要求和方法措施随着当时的技术水平而调整，保持良好的适应性。技术法规通过引用现行的技术标准，对工程中的细节工艺进行规范。

(3) 技术标准由非政府的标准化协会、较权威的行业协会和大型企业共同发布，以保证其随着技术和经济的提高而及时更

新，具有高度的灵活性和适应性。技术标准要通过用技术法规的确认而具有强制执行力；否则，只是企业自己的行为。

2.2 重视非政府组织及行业协会作用

在技术法规—技术标准双重标准体系中，政府只负责技术法规的编制，而具体的技术标准应该由非政府组织及行业协会负责编写。现在，非政府组织及相关行业协会无法发挥其应有的作用，根本的原因是现在标准的编写制度，即政府全权控制了强制性标准的编制权，协会或企业没有参与写作的机会。由于对于具体标准制定的细节及控制重点经验不足，政府参与人员无法制定完善可供操作的标准内容，涉及费用和旧标准的更新与新标准的审查，不可能完全满足实际的需要。

由于建设工程标准化工作开展时间不是很长，各相关制度尚不尽善尽美，短时期内不可能实现由非政府组织和行业协会自己编制所有的标准，必须有一个过渡期。在现实中，仍由建设工程主管部门设立专门的标准化工作机构，负责技术法规的编制、审查和修改管理工作，并对执行情况及发现问题进行监督。在政府主管部门的指导监督下，建立全国性各行业的非政府标准化组织，负责国家标准及行业标准的管理工作。全国性非政府标准化组织可以制定本行业标准，也可以由大型企业编制，由行业协会进行审批。地方性标准由各地方标准化部门负责编制，国家主管部门或委托全国性行业协会对内容进行审查，重点审核地方标准与国家标准、行业标准间矛盾的协调。此外，由企业自行编制及修订企业层次技术标准，应上报全国性行业协会，审批后成为行业标准。

2.3 管理主体责任义务

在《工程建设标准化管理条例》中，应当明确规定管理主体的义务，要确保技术法规要求执行主体可以获取法律赋予的权益，主要包括以下内容。

(1) 标准的编制机构对自己制定的标准有审查、改进和提高的义务，但不存在担保义务。由于标准在技术上的缺陷和不完善，可能导致工程产生质量问题或造成损失，由设计或者施工企业赔偿，执行工程技术法规的规定并不能成为执行主体免除责任的保护神。

（2）工程建设行政主管部门的工作人员，在与技术法规相关的工作中出现违法行为，或者怠于履行行政义务，并因此给执行主体造成损失的，该行政主管部门应当按照过错原则对造成的损失进行赔偿。直接责任人应当根据损失程度，承担相应的法律责任。

（3）受政府委派而承担工程建设技术标准的编制、认证和检查督促工作的非政府机构，由于过失造成了标准执行主体的损失，该机构应根据过失原则承担相应的损失。直接责任人也应根据过错的程度，承担相应的法律责任。

2.4 建立健全和完善标准化制度

现在建设工程标准化的管理工作，应该按 WTO/TBT 所规定的“公示制度”，改革现实行的“专家审查、内部协调”的审查模式，放宽制定标准的参与层次，以及标准的反馈和收集渠道，及时公布标准规范制定的动态过程，使得更加透明、公正。同时，还应建立标准编制、培训及咨询服务系统，在保证政府安排专项费用的基础上，通过多层次、多渠道筹备标准化费用，以加强体系发展的经济支持。

另外，国家主管部门要确定标准化工作的合理评定程序，在全国性行业协会指导下，建立标准化咨询和认证机构，委托或授权对企业提供的标准进行认定，对其产品进行系列的合格判定。还要授权建设工程市场的监督机构，检查对法规的执行状况。对技术法规执行中存在的不足和市场新的需求进行意见反馈，使得更具完善和不断补充、更新。

21 建筑工程中钢结构应用问题

建筑工程现在发展极快，工业建设也得到了大的发展，近些年设计的工业厂房跨度多在30m以上，柱间距也在12～15m，吊车吨位上百吨甚至为双层吊车，这种大跨度、大柱距和大吨位吊车厂房的设计，不同于轻型钢结构厂房，而且传统的混凝土柱和屋架体系，也越来越不适用于现在工业建筑的设计。考虑到工业建筑的实际问题，如结构体系的选择、结构的整体计算、柱间距及支撑等相关问题，本书浅要进行分析探讨，对这类工程的设计提供建议。

1. 结构体系的优化设计

工程结构体系的选择对建筑项目的造价有着重要的影响，选择合适的结构体系不仅可以降低造价，而且可以有效地提高建筑物的整体性能及耐久年限。各种大型厂房的传统设计，以前多采用钢筋混凝土柱和钢屋架结构，屋面采用大型钢筋混凝土屋面板，墙体采用各类砌块砌筑。这种传统的建筑材料自重大、跨度小、承吊量低，施工周期长且工序繁杂，抗震性能差。自进入21世纪以来，重型厂房的设计多采用普通钢结构式柱和实腹式屋面梁结构，屋面和围护墙体都选用彩钢板。这种结构形式自重轻、施工速度快、抗震性能好，现在对这种大重型厂房，在设计上采用了钢管混凝土柱和实腹式屋面梁结构体系，因此，现在应用比较多，效果良好。

通过对某大型联合厂房车间进行的方案比较，分析不同柱距、不同柱子形式及不同屋面结构等对整体造价方面的影响。该厂房为三跨，每跨跨距各为36m，其中一个跨檐高达34m，设有双层吊车，上层吊车起重量为100t，轨道高24m；下层吊车起重量为200t，轨道高15m；另外一个36m跨为200t吊车，轨道高15m，30m跨为50t吊车，轨道高15m。柱距主要比较了12m

和18m柱距，柱子比较了普通钢结构格构式柱和钢管混凝土柱，外围护为轻型彩钢板，两种不同结构体系性能比较的结果见表1。

两种不同结构体系性能比较　　表1

比较项目	柱距(m)	主钢架	吊车梁	其他	用钢量	钢造价	混凝土造价	总造价
基准值钢管混凝土柱	18.0	1.00	1.00	1.00	1.00	1.00	1.00	1.00
	12.0	1.16	0.69	0.74	0.91	0.911	1.263	0.955
普通钢结构	18.0	1.47	1.00	1.00	1.21	1.215	0.919	1.179
	12.0	1.69	0.69	0.74	1.15	1.146	1.239	1.156

从表1的比较数据可以看出，采用18m柱距与12m柱距相比，用钢量增加6%～10%，造价增加约3%～5%；但是用18m柱距却减少了占用面积，为各类管线布置提供了空间位置。如果厂房较高且不设双层起重机械或地基基础较差时，18m的柱距更加合理。而钢管混凝土柱结构比普通钢结构的用钢量和总造价小，降低费用明显。根据已经建成的工程设计，可以采取更加经济的优化设计。

(1) 在满足使用功能及工艺管道布置的需要下，要按照计算比较选择最佳柱距，不合理的柱距不但会造成浪费，还可能会影响工艺设备的有效布置。

(2) 单阶柱比双阶柱占地面积小，但双阶柱不需要设置牛腿，竖向传力更加直观、合理，而厂房的整体侧移也小，考虑在厂房整体侧移可能满足要求且下层吊车吨位不大时，可以选择单阶柱加牛腿的构造形式。

(3) 在大吨位吊车下，钢管混凝土比普通钢结构格构式柱具有更好的结构侧向刚度和构件强度储备，其安全可靠性和经济适用性都更好。

(4) 围护结构的墙体和屋面尽量选择轻型彩钢板材料，有利于减轻自重和抵抗地震作用，还可以降低用钢量。

2. 结构的计算考虑

现在结构的所有计算工作都是采用计算机软件进行的，对软件的不了解，会造成设计的不合理或不安全，针对几个容易产生错误的问题分析如下。

(1) 荷载取值问题：荷载取值问题对结构的影响比较大，取小了不安全，而取大了则浪费，尤其是对大跨度轻型钢屋面结构。荷载取值必须按照《建筑结构荷载规范》(GB 50009—2001，2006 年版)的规定进行。在一般情况下，屋面的恒载应按实际经过计算取值，屋面的活荷载可按 $0.5kN/m^2$，风荷载及雪荷载和积灰荷载要按规范取值。其他附加荷载要按实际情况取值。需要明确的是：屋面活荷载和雪荷载在计算时，应取两者的大值作为活荷载，有积灰的还要考虑积灰荷载。厂房屋面的通风口由于高度和宽度都较大，设计时应考虑具体情况转化为集中荷载输入。在厂房的高、低屋面处，还必须重视积雪厚度的影响，防止因其产生的屋面结构构件破坏。同样，局部风荷载的加大，也会造成屋面板及檩条的破坏，甚至掀起屋面板。

(2) 结构的计算问题。现在的钢结构厂房计算多数用二维软件对其中的一榀钢梁进行计算，整体三维分析仍然不是很方便，现对结构计算时几个问题进行浅要分析。

1) 屋面梁的平面外计算长度可以取隅撑的间距，一般对有托梁体系的小檩条的间距为 3m，对无托梁的大檩条的间距，屋面可取檩条的间距为 4m。对重型钢结构厂房柱子的平面外计算，长度不要考虑隅撑的作用，尤其是格构式下柱子，否则，不安全。

2) 阶形柱的平面内计算长度，应该按照《钢结构设计规范》(GB 50017—2003)规定，按线刚度比来确定会造成部分中柱确定的计算长度系数不正常。用新版的 PKPM(08 年)软件改为按照阶形柱的方式确定柱计算长度系数，仍然用人工按线刚度比的结果进行修改。对于阶形柱，按《钢结构设计规范》(GB 50017—

2003)规定确定柱平面内计算长度系数更加合理。

3) 用STS软件计算厂房柱，荷载组合中没有单独的恒+活+吊车的组合，有吊车的组合都有风，而风作用是无害的。因此在吊车荷载与风荷载同时作用时，对吊车为主的组合可以判断是否有利，考虑与吊车组合有利时，可以不计算风荷载。STS(05年版) 对风荷载是否有利是按 M、N、V 分别判断的，因此，可能会出现 M 含有风的组合、N 则没有风的组合的情况，造成计算结果偏大的现象；STS(08年版) 改进为：根据组合的吊车主控制项：如吊1的组合为 $+M_{max}$ 主导作用的组合，则判断风荷载是否不利时，只是根据 M 项来判断；当发现不利时，则同时都将风载 M、N、V 组合进来，确定是同时发生，按 STS(08年版) 的组合更加合理。

(3) 构件的局部稳定问题。根据《钢结构设计规范》(GB 50017—2003)的规定，处理板件局部稳定有两种方法：一个是以屈曲为承载能力的极限状态，并通过对板件宽厚比的限制，使得不在构件整体失效前屈曲；另一个是允许板件在构件整体失效前屈曲，并利用其屈曲后的强度，构件的承载能力由局部屈曲后的有效截面确定。现行《建筑抗震设计规范》(GB 50011—2010) 对单层厂房柱、梁的板件宽厚比较《钢结构设计规范》(GB 50017—2003)中静力弹性设计要求严格。如果都按板件宽厚比值进行设计，会造成腹板变厚，用钢量大幅提高。对按宽厚比值设计的梁进行大概估计表明，腹板的用钢量占梁整体用钢量的60%左右。因此，有必要采取措施减少腹板的用钢量。

从现在来看，降低腹板的用钢量一般有两种方法：一是采取合适的加劲肋，加劲肋作为腹板的支承，把腹板分成尺寸小的区段，以提高临界应力。横向加劲肋可以提高腹板的临界应力并作为纵向加劲肋的支撑，纵向加劲肋对提高弯曲临界应力效果很好。短加劲肋常用在局部压应力大的部位。在《建筑抗震设计规范》(GB 50011—2010)中，也提出了构件的腹板宽厚比可以通过设置纵向加劲肋来减小。二是降低腹板厚度的方法适当放开宽厚比限值，并利用腹板屈曲后的强度。对大量轻型围护结构的单层钢结构厂房，设计表明：地震组合多数情况下对梁柱受力起不到控制作用，尤其是地震烈度低的地区。对于地震组合起不到控制作用时，采用规范 GB 50017—2003 中弹性阶段设计的板厚、宽厚比限值也是可以的。但是实际应用中，当地震组合起不到控制作用时，应该按规范 GB 50017—2003 进行设计，并考虑屈曲后的强度利用，可以不按规范 GB 50011—2010 中单层钢结构厂房板厚、宽厚比限值的规定。当地震组合起控制作用时，可根据设置合适的加劲肋来减小腹板厚度，也会有较好的经济效益。

3. 柱支撑的设计计算

在许多地震中发生的单层钢结构厂房的震害分析，厂房柱间支撑结构的震害主要是上、下柱斜撑的平面内屈曲，下柱支撑与柱连接节点的破坏和杆件拼接处的断裂。柱间支撑是厂房纵向受力的主要构件，因此对抗震十分重要，要进行严格的设计节点构造处理。

(1) 一般情况下，柱间支撑杆件的设计是用长细比控制的，对重型厂房风荷载大且设防烈度高的地区，重点是厂房只有一道下支撑时，支撑会转变为由刚度或强度控制。作用在柱间支撑上的荷载会有山墙传来的风荷载、吊车的纵向水平力，地震作用和管线推拉力等，风荷载和地震作用不同时的组合。吊车的纵向水平荷载标准值按轨道刹车轮压考虑，每一柱列纵向刹车力最多考虑两台，双层吊车上、下各考虑 1 台。柱一侧的吊车纵向制动力只能由紧靠一侧的单片下柱支撑。上柱支撑传至下柱支撑的风荷载要按比例分配给下柱支撑的两片。

(2) 柱间支撑在屋顶及上下支撑间、柱底基础间均应设置压杆或压梁，要保证传力的正确。上、下柱支撑间的压杆可用吊车梁来代替，但应验算一般开间和柱间支撑开间吊车梁与柱牛腿的连接强度，以及牛腿外平面外构件和连接的抗弯曲强度。

(3) 按照抗震规范 GB 50011—2010 的规定，轻型围护结构厂房的纵向抗震设计可以按单质点计算，各柱列的地震作用可按柱列承受的重力荷载代表值的比例分配，不要按抗震规范附录J中近似公式计算。有条件时，可对厂房采取三维整体计算考虑纵向地震作用。但是现在三维整体计算并不成熟，尤其是对吊车荷载的考虑，多数仍采取二维软件分别进行横向刚度计算和纵向刚架计算。工程设计时，纵向抗震计算可按各柱列分别进行，在屋面和牛腿处汇聚成质点，形成多质点模型，用以计算纵向地震作用。

(4) 在正常计算的柱间支撑，其破坏多出现在节点处。柱间支撑的节点设计，一般有螺栓连接和焊接两种形式。据震害分析，螺栓连接节点的损坏率高于焊接节点，原因是节点连接存在缺陷。螺栓连接在节点上开孔，削弱了节点板的受力面积，使孔边应力加大造成断裂破坏。在节点处应尽量少开孔，采取焊接的连接方式，但焊缝应经过计算，节点强度应大于杆件强度。

4. 柱脚的设计计算

正常设计中，钢结构的柱脚主要有外露式、插入式、埋入式和外包式柱脚4种，一般工业厂房设计采用外露式刚接柱脚和插入式柱脚比较多，而埋入式和外包式柱脚多用于多层、高层钢结构建筑。

外露式刚接柱脚支座连接破坏特征是：柱脚底座的锚固螺栓剪断或拉坏，甚至拔出。柱脚连接的破坏使钢柱失稳，造成厂房因柱破坏而倒塌。而插入式柱脚对单杆轴心抗拉试验时，其破坏均出现在基础杯口内侧面与二次浇灌层之间，而钢柱与二次浇灌层的粘结面，不论钢柱底部有无底板均未见破坏。格构式柱插入式柱脚整体杯口基础的破坏机理，与单杆轴线抗拉是不同的，受拉肢除了承受拔力外，其插入段对混凝土基础的侧壁产生撬力，因此，基础是在拉力和撬力的共同作用下出现裂缝，最终以受撬力作用下突然拔出而破坏。

外露式柱脚是在轻钢结构厂房和6、7度设防时可用，其他情况下应采取确保能传递柱身承载力的插入式柱脚。另外，单层厂房柱的外露式刚接柱脚使用钢材比较多，即使是分离式，柱脚重量也占整个柱的10%左右。为了节省钢材，现在用插入式柱脚的比较多。当前设计人员对插入式杯口的柱段采用螺栓，加大钢柱表面与二次浇灌层的粘结力，但应用表明：破坏一般出现在杯口内侧面与二次浇灌层之间。如果设置螺栓后还要增大杯口尺寸，要求施工企业严格按设计施工。如果用钢筋代替，质量没有保证。针对此问题，对插入式柱脚入混凝土段可以不设置螺栓。

通过上述浅要分析，可以得出一些结论：对于应用十分广泛的钢结构厂房，在满足工艺使用的条件下选择合适的结构形式，达到受力合理、安全耐久，而且可以降低建筑费用。对屋面的通风和高低错落处要考虑雪堆积荷载，迎风处要考虑风荷载影响。屋面梁的平面外计算长度可取隅撑的间距，阶形柱的平面内计算长度按《钢结构设计规范》(GB 50017—2003)中阶形柱要求确定。如果按线刚度比确定，尤其在高低屋面有刚接梁时，可能会出现异常。构件的稳定是通过限制板件的宽厚比作保证。通过加劲肋，利用板件屈曲后强度等措施降低构件腹板厚度，达到减少用钢量的目的。当地震组合时，对钢架计算不起控制作用，板件宽厚比可以不按《建筑抗震设计规范》中单层钢结构厂房板件宽厚比限值的要求，而是按《钢结构设计规范》关于弹性设计的要求进行。

对于柱间支撑，还是要经过计算确定杆件截面面积，只按长细比确定杆件截面大小，尤其只有一道下柱支撑时并不安全。柱间支撑的连接节点，用焊接比较安全、可靠。对于重型钢结构厂房，柱脚形式最好选择插入式柱脚，插入混凝土中的杆件不需要设置螺栓。

22 建筑钢构架柱节点构造措施

建筑工程中的多高层钢结构形式是框架体系，由于钢框架结构形式比较简单，方便施工，同时具有良好的延性和减少能耗，钢框架结构还被设计为强柱弱梁体系，这样就造成梁首先破坏，以加强结构的延性。梁柱焊接节点在抗弯钢框架结构中起到非常重要的作用，长期以来一般认为，梁柱焊接节点具有很好的韧性，在地震作用下可以充分发挥韧性变形，吸收地震能量，保持结构刚度和稳定。但是近些年来，许多地方大地震改变了人们对梁柱焊接节点的认识，认为抗震性能优越的钢框架结构焊接节点并未如期望的那样逐渐形成塑性铰，以尽量耗尽地震作用，保持结构的轻微损伤，现实却是遭受到严重的破坏，梁柱焊接节点的破坏主要出现在焊接节点处，而且多属于脆性破坏形式。

1. 钢构架柱节点破坏形式

大量学者及文献资料对美国加州“1994.1.17”及日本兵库县“1995.1.17”两次大地震的研究分析表明：钢框架结构破坏主要集中在梁柱混合连接节点处。混合连接是施工现场的连接，其中梁翼缘与柱用全熔透坡口对接焊缝连接，梁腹板通过连接板与柱用高强度螺栓连接。西方常采用焊接工字形柱，而日本则采用箱形柱，仅在一个方向组成刚架时采用工字形柱，在钢翼缘连接处工字形柱腹板上要设置加劲肋，在箱形柱中则设置隔板措施。

在梁、柱混合连接节点的典型构造处理上，国外都采用弯矩由翼缘承受和剪力由腹板承受的设计方法。日本还规定腹板螺栓连接应留有余地，即框架达到塑性阶段时的承载力设计，螺栓应设置2～3列，也是为了确保腹板可能承受弯矩；而美国则要求梁翼缘承受的弯矩小于截面总弯矩的70%或梁腹板承受的弯矩大于截面总弯矩的30%时，要将梁腹板与连接板的角部用角焊缝焊接加强。

2. 焊接节点破坏原因

通过现场调查和室内外试验分析，认为节点破坏与加劲板和补强板腹板附加焊缝的变动，并不存在直接关系，也不是仅由设计或施工控制不严造成，而是应从节点本身存在缺陷找原因。首先，要从框架受力的角度出发，框架在侧向荷载和竖向荷载作用下，在节点处弯矩出现极值。即使节点与梁同等强度，也是节点先进入塑性；其次，在常用的工字形截面梁中，当进入塑性阶段时，通常翼缘承受全截面抗弯承载力的80%以上，腹板承受全截面抗弯承载力的20%左右，这对于通常翼缘采取焊接，腹板采用摩擦型高强度螺栓连接的梁柱节点，翼缘对焊接缝所能承受的弯矩也只能与翼缘等强。如果腹板连接不考虑20%左右的弯矩，则连接的抗弯承载力就只有框架横梁抗弯承载力的80%以上。若是再考虑因高空施焊条件差，焊缝可能存在缺陷及焊接残余应力等不利因素影响，则其焊接的抗弯承载力很可能只有框架横梁抗弯承载力的75%左右。

从分析可以知道，在较强地震作用下，在框架梁还没有进入塑性阶段前，节点已出现脆性破坏。这正是造成美国加州"1994.1.17"大地震中大量钢构架房屋梁端焊缝开裂的主要原因。在日本兵库县"1995.1.17"地震中，凡是梁端与柱连接采用带悬臂梁段的全焊连接的多层、高层钢构架房屋，虽然在连接处也出现了焊缝的开裂现象，但却在紧靠焊接处的框架梁上出现了明显的塑性变形。这也正是由于梁端翼缘和腹板全都是焊接，其连接的抗弯能力等于或低于梁的全截面抗弯能力而产生的。对于节点出现破坏，有以下几方面原因造成的破坏。

2.1 焊接金属冲击韧性较低

美国加州大地震前，钢结构焊缝多采用70-4或70-7自屏蔽药芯焊条施焊，这种焊条提供的最小抗拉强度为480MPa，对冲击韧性无要求。试验室试件和实际结构中取出破坏的连接构件，在室内的试验表明：其冲击韧性一般只有10～15，这样低的冲击韧性造成连接很容易产生脆性变形，成为引发节点破坏的主要因素。此后对焊缝进行认真的处理，确保焊缝的质量，排除了焊接操作中可能存在的不利影响，焊缝采用70-4型低韧性焊条，尽管焊接操作十分仔细、认真，连接还是出现了早期破坏，从而证明焊接缝金属冲击韧性低，是焊接破坏的因素之一。

2.2 焊缝存在的质量缺陷

对破坏的连接进行分析研究表明：焊接质量一般比较差，且一些缺陷可以看出明显不符合规范要求的焊接质量，不但焊接操作存在不规范，焊缝也有问题。很多缺陷表明：裂缝隐患在下翼缘焊缝中腹板的焊条通过孔附近，该处下翼缘焊缝是中断的，其缺陷尤其明显。对该处进行超声波检查也不现实，因为梁腹板妨碍探头的设置。因此，主要的连接焊缝中由于施焊比较困难，探伤也不易则出现质量隐患存在的严重部位。上翼缘焊缝的施焊和探伤比较容易，不存在梁腹板妨碍探头的设置问题，因此，被认为是上翼缘焊缝破坏最少的原因。

2.3 坡口焊接衬板处的缝

在具体施工中，为确保焊接质量，常在梁翼缘坡口施焊加衬板。这会在焊接后将施焊衬板留在原处，这样处理表明对连接的破坏具有很大影响。在试验中，衬板与翼缘之间形成一条未熔化的垂直界面，相当于一条人工通缝，在梁翼缘的应力作用下，人工通缝处应力集中，造成裂缝扩大而脆性破坏。同时还认为，由于受拉时切口部位应力最大，破坏时三轴应力引起的表现为脆性，但外观无屈服。多数认为，节点破坏都是由于下部衬板处。

2.4 梁翼缘坡口焊缝产生超应力

在地震中当梁发展到塑性弯矩时，梁下翼缘坡口焊缝处会出现超应力情况。产生这种现象的原因是：当螺栓连接的腹板不足以参与弯矩传递时，柱翼缘受弯导致梁翼缘中段存在着较大的集中应力；在供焊条通过的焊接工艺孔处，存在着附加集中应力。观察发现：有一大部分剪力实际是由翼缘焊缝作传递，而不是像正常设计假设的那样由腹板的连接传递。梁翼缘坡口焊缝的应力很高，可能会对节点破坏起到一定影响。采用8节点块体单元有限元模拟分析看出：节点应力分布的最高应力点，是在梁的翼缘焊缝处和节点部位，节点部位的屈服是从中心开始然后向四周扩散。对于地震作用进行的一些试验表明：当焊缝未出现裂缝时，节点受力状况也可能满足不了坡口焊缝附近梁翼缘母材不出现超应力现象。一般是应变最大发生在工艺孔端点位置，其应力集中原因不仅是工艺的不连接性，还在于工艺孔处腹板负担的一部分剪力由翼缘承担，使翼缘和柱隔板上产生二阶弯曲应力，对于节点性能改进不仅提高焊缝质量，而且还应降低梁翼缘坡口焊缝处应力。

还有一些其他因素也被认为，对节点破坏产生潜在隐患，如梁的屈服应力比规定的最小值高出很多，柱翼缘板在厚度方向的抗拉强度和延性不能确定，柱节点处过大的剪切屈服和变形产生不利影响，组合楼板也产生负面效应。

3. 钢构架梁柱节点刚接方法

全焊接连接、全螺栓连接及全焊栓连接的性能比较见表1。

三种连接方式性能比较表 **表1**

连接方式	做法	优点	缺点
全焊接连接	钢梁翼缘及腹板与钢柱的连接全部采取焊接连接	整体抗震性能好	对钢构件制作精度要求高，适用于工厂组装，不适用于现场组装
全螺栓连接	钢梁通过端板与钢柱用高强度螺栓摩擦连接	现场施工方便快速	施工费用较高，抗震性能比较低
全焊栓连接	钢梁翼缘与钢柱采取焊接连接，钢腹板与柱采取高强度螺栓摩擦连接	现场施工方便，抗震性能好	抗震性能略低于全部采取焊接连接方式

国内大多数工程都习惯采用短梁拼接形式，如图1所示。即框架梁采用悬臂梁段与柱刚接，悬臂段梁与柱之间采取全焊连

接，并在工厂内完成，梁与柱悬臂梁段的连接采用现场全焊连接形式，在保证抗震安全的同时，更方便现场施工。地震经验告诉我们，梁与柱全焊连接形式的受弯承载力和塑性变形，其性能优于全螺栓连接，采用坡口全熔透焊缝把梁腹板直接焊在柱翼缘上，或者通过较厚连接板焊接，使腹板参与抗弯，从而减少梁翼缘焊缝的应力，因而在高烈度地震区域的钢框架，采取全焊接连接形式比较好。对于梁柱，采取刚性的等强度连接形式，要考虑钢梁腹板承受一定的弯矩；而高强度螺栓重视温度及长度折减问题。

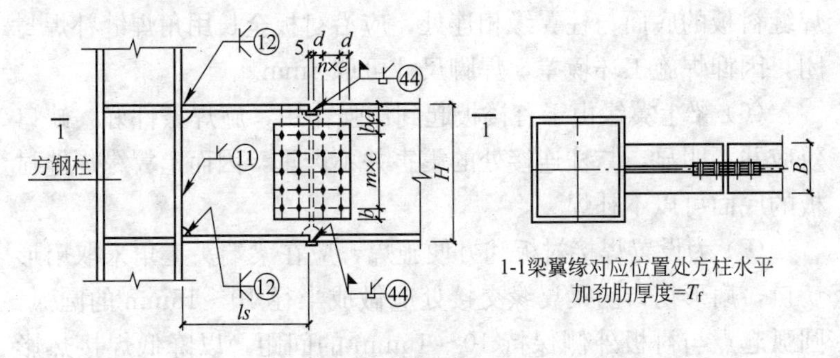

图 1　短梁拼接节点

4. 短梁拼接的细部控制

(1) 为了避免由于焊缝金属冲击韧性而出现脆性破坏，造成节点处失效，现行《建筑抗震设计规范》中规定抗震等级为一、二级时，应检验焊缝 V 形切口的冲击韧性，其夏比冲击韧性在−20℃时不低于 27J。

(2) 悬臂梁段与柱采用全焊连接，上下翼缘焊接孔的形式应相同。梁的现场拼接可采用翼缘焊接，腹板螺栓连接或全部螺栓连接。

(3) 柱在梁翼缘对应位置设置横向加劲(隔)板，加劲(隔)板厚度不宜小于梁翼缘厚度，强度与梁翼缘相同；箱形柱在与梁翼缘对应位置设置的隔板，采用全熔透对接焊缝与隔板连接；工字形柱的横向加劲肋与柱翼缘，采用全熔透对接焊缝连接，与腹板可用角焊缝连接。

（4）梁翼缘与柱的连接焊缝应采用全熔透焊缝，并留置较大间隙（≥6mm）及焊缝衬板，并在梁翼缘坡口的两端设置引弧板和引出板。由于焊接时引弧和灭弧处通常存在一定缺陷，焊接完毕后用气刨切除引弧板和引出板后打磨，消除潜在裂缝。

（5）梁下翼缘焊缝衬板和引弧板底面和柱翼缘相连接处的焊缝，易引发应力集中等缺口效应，此人工焊缝在梁翼缘拉力作用下会向内部扩张，引发脆性破坏。因此，对抗震设防框架下翼缘焊缝衬板的底面与柱翼缘相连处，应沿衬板全长用角焊缝补焊封闭，因仰焊施工环境差，焊脚尺寸可取 6mm。

（6）梁上翼缘由于有楼板起到加强作用，施焊条件好，缺口效应并不明显，与柱连接处的震害并不严重，因而上翼缘焊缝衬板的底面可以不补焊。

（7）为设置焊接衬板和方便施焊，应在梁端头上角采取扇形切口，扇形切口与梁翼缘交接处应做成半径 10～15mm 的圆弧，圆弧起点与衬板外侧保持 10～15mm 的间距，以降低焊接热影响区域的叠加效应。腹板端部下角扇形缺口应具有较大高度，确保梁下翼缘焊接焊缝时焊条能够通过，使得连续、不间断施焊。

5. 简要小结

通过日美大地震后进行的调查分析研究，了解到钢框架结构的梁柱节点连接震害及产生的原因，对钢框架节点在设计中需要采取的预防措施。

（1）钢框架结构的梁柱节点连接的破坏主要发生在梁柱焊接节头处，多数为脆性破坏。

（2）传统梁柱连接设计时采用弯矩由翼缘连接和剪力腹板连接承受，这样在强烈地震作用下，必须使框架梁尚未进入塑性前节点已发生脆性破坏；抗震设计梁柱时，刚性连接采取等强度连接的考虑，对钢梁腹板要考虑承受一定的弯矩，高强度螺栓要有温度及长度折减。

(3) 梁与柱采取全焊连接，在地震作用下的震害率和破坏程度，均远低于梁柱栓焊连接的框架节点，梁与柱连接焊缝虽然也出现裂缝，但紧靠焊缝的梁截面却产生明显的塑性变形，表示梁与柱在全焊连接的抗弯能力基本上等于或略低于梁自身全截面抗弯能力。同时，要严格控制焊缝金属的冲击韧性，坡口焊缝引弧板的切除，梁下翼缘衬板的补焊等构造处理，避免梁柱节点的破坏。

（二）施工质量控制措施

1 建设工程施工质量的“事前”控制措施

在建设工程项目施工过程中的产品质量，已成为整个建设工程质量优劣的主要影响因素。而作为贯穿施工全过程的监理工作，最主要的职责就是对施工阶段的安全、质量和进度进行有效的控制。施工阶段各个节点目标的实现，都是由施工方根据实施前经建设、监理单位批准的各项目标要求，制定出实施计划和具体措施，并逐步落实而实现的。因此，在这个过程中，人的作用是很大的。作为施工现场临时组成的一个相对独立的管理方，监理在建设方和施工方之间起着承上启下的服务作用，尤其是监理方自身的前期工作，也即是“事前”控制的准备，包括监理机构的岗位配置及职责分工，项目监理规划，监理工作实施方案、工作方法、控制措施、使用标准及验收流程、管理制度等。只有将“事前”控制的各项内容及措施提前准备充分，才能够为确保整个项目的监理工作收到良好效果打下坚实的基础。以下就多年工程监理的现场经验、教训作浅要分析，对监理工作“事前”控制的方法措施作简要介绍，供读者参考。

1. 监理加强事前控制的重要性

事前控制是指施工前监理工程师针对项目特点，对影响工程施工的主、客观因素和环节，结合工程自身具体要求，制订实施计划、管理方案和控制措施。常被引用的“事半功倍”成语，就是对事前控制作用的形象表述。任何一个建设项目，影响它的各种因素是比较多的，但是分析其根本原因，可以归结为主观和客观两个主要因素。仔细分析建设项目的各个实施阶段，在每一过程中主观因素是最主要的，也是最重要的影响因素，而主观因素的控制者就是参加的建设者，尤其是参与建设的各方管理者自己。这中间施工方和监理方的管理者又是项目施工阶段成败与否的最主要管理者。作为工程监理者，不仅要做好自身的事前控制准备工作，同时要根据建设方的需要，做好对施工方事前控制的准备工作。

强化事前控制的准备内容是较复杂而零乱的，但是每个项目的基本内容是接近和相似的。如要求施工方建立健全安全质量保证体系，审查施工方的施工组织设计、专项施工方案，配合建设单位进行施工图纸的审查及会审，严格控制进场材料、半成品及成品的检验关；审查施工单位申报的进度计划及相关如用电、搭设脚手架的专项安全方案等。因此，认真做好监理的事前控制工作，就可以把许多可能发生的问题预防在萌芽状态中，可以显著提高监理工作的成效。同时，监理人员在深入施工现场的整个过程中，要从过去的“事中发现，事后处理”的传统模式中，尽快转变为“预防为主，提早介入”。从传统的事后检查为主，改进为事前告知和及早巡检为主，从管结果改变为管过程。根据各种不同影响因素，制定针对性的方法和措施，运用科学管理的程序手段，使施工全过程自始至终处于控制之中。应当说做好“事前”控制是开展监理工作的基本思路，也是监理工作的基础，是监理目标实现的保证。

2. 监理需要加强自身的“事前”控制

工程监理从国外引进已经 20 多年了，实际上是一种科学技术的服务工作。从事工程监理工作的技术人员，身体必须健康，道德水平及思想素质要求高，必须具有建筑及结构、水暖电专业、材料、经营管理、法律等方面的基本知识。专业监理工程师应是在设计、施工、材料使用及管理中具备丰富的理论知识和实践经验的复合型人才。作为总监理工程师，更应该掌握和了解建筑及结构、装饰及装修、电气、弱电智能、通风空调、保温防腐、室外配套及沟通协调等全方位的专业知识和现场经验。作为现场监理人员，要有一种提前预知的感觉意识。

在编制监理规划、监理实施细则等指导文件，制定安全、进度、质量控制节点目标时，必须根据业主要求，针对工程自身特点，充分理解设计图的内容要求及意图，统筹编写各项方案、管理制度、实施措施、执行规范标准及验收方式等。要使建设方及施工企业明白监理机构在现场开展工作的方式方法。尤其是参与施工的各方，监理机构必须做好监理-施工的书面交底记录，安全文明施工管理规定的交底隐蔽工程验收流程及验收标准的监理交底，工程变更实施要求的监理交底，建设方(监理)要求对时间的交底等。从监理公司管理层来说，应在监理合同签订后立即组建符合项目需要的现场监理机构，同时召开专项会议，对项目总监、主要专业监理工程师人选确定，进行项目监理目标交底。其主要内容要涉及工程概况，建设业主的要求，工期要求，质量目标，安全目标等主要监理控制目标。从项目组成的机构而言，总监理工程师应在监理机构入驻现场的同时，召开监理机构内部会议，主要内容包括公司提出的各项要求，工程监理机构的组成，分工及岗位职责要求，并将各项目标进行细化。尤其是施工阶段，必然涉及安全、质量控制目标。总监应另外组织监理人员进行内部技术交流和学习，其内容包括各专业的施工图、施工验收规范标准、施工参照图集、国家建设工程强制性条文规定内容，如涉及结构及使用功能及安全、节能及防水专项施工等。同时也强调遵守廉政纪律的规定。只有把现场监理人员的自身素质、专业技术技能作为一项重要的“事前”控制，并得到有效约束提高，才能为工程顺利、有序进行打下坚实基础。

3. 对施工图纸的“事前”控制

工程施工图纸是施工及检查验收的依据，也是过程中监理检查的根据。要提高监理工作成效，不仅是依图监督，更重要的是要深化吃透、吃准图纸，善于从中发现不足或缺陷，敢于向设计人员提出更加合理的优化建议。现在由于市场经济下的弊端，有的设计师不考虑时间因素的制约，超负荷承担设计业务。在建设方的不断催促下，只有仓促出图，根本没有时间考虑其深度，甚至存在诸多缺失，设计单位内部各专业在出图前未进行沟通的情况大量存在。当今设计图纸中容易出现的主要问题是：建筑图与结构图不相符，与电气、给水排水专业施工图在同一标高处不同；特别是地下结构部分，各专业预留洞口及位置产生矛盾；交叉打架时常出现，严重的也存在结构体遗漏，在安装时重新钻洞或移位，影响结构强度。

监理方在收到建设方下发的施工图后，总监要尽快组织专业监理工程师认真审读图纸，了解设计意图，熟悉细节及关键点，查看图中对各分项工程关键部位的节点大样，文字说明是否符合规范及强制性条文要求。如节能专项设计是否符合国家强制性要求，保温材料的选择是否满足防火要求，查看楼梯休息平台的净高和宽度是否达到规范、标准。根据建设方提供的工程要点，检查使用功能是否遗漏；涉及如会议室需要精装修，要核对装饰图与专业图是否有矛盾等；如核查设备安装高度与吊顶高度是否协调。总之，监理工程师不要仅局限于按图监理，而是根据专业的自身特点和实践经验，积极、主动配合业主做好设计交底和图纸会审工作，将发现或遗留的问题，合理化建议在正式施工前交给建设单位，并由设计师修改及回复，会审图纸纪要十分重要，关系以后监理工作的成效及工作的顺利展开。

4. 加强施工方案的“事前”控制

任何一个建设项目都想干出成绩，取得令各方满意的结果，就必须建立一个全面有序、合理良好的环境气氛。在施工企业正式入场前，监理必须首先对以下的内容提前控制并审查：施工单位的施工组织设计，专项施工方案及实施措施，施工现场的总平面布置，大型施工机械设备及垂直运输工具的型号及数量等。如针对施工组织设计中，审查安全、质量管理体系是否完善，施工段的划分是否合理，施工工艺流程能否保证质量，可否满足进度计划需要，工艺流程顺序是否先地下后地面等。根据平面布置审查塔吊的安装位置、材料堆放加工、人货梯摆设是否影响安全通道，钢筋模板加工场地是否影响后期室外配套管线的施工；塔吊大臂旋转半径是否满足作业面内材料调运的要求。对脚手架搭设方案，考虑到外墙装饰及幕墙的需要，如龙骨作业的空间位置，外立杆距离墙间距的调整，保证后期不相互干扰影响各专业施工，这许多沟通协调必须在方案中得到具体明确，便于过程中应用控制。

5. 加强对施工项目部的“事前”控制

任何一个建设工程，施工企业永远是决定施工阶段安全质量的第一责任者。因此，对于监理方来说，应在正式施工前对施工方项目部进行有效的监督控制。首先，根据合同约定检查施工企业的资质，生产配置能力是否满足项目要求。还要认真审查施工方派驻现场的项目经理和技术负责人的个人资质证书和工程业绩是否同投标承诺相一致，重点对技术水平、管理能力、协调沟通能力及综合素质进行考察，是否满足本项目的实际需要；其次，要对选派的施工技术人员，安全人员、质量、材料、资料、预算等人员的专业技术水平、素质及管理能力综合进行考察。对于确实不符合要求的人员，要不留情面地坚决要求辞换。施工企业项目部全体管理人员综合素质的高低，是影响整个建设工程产品质量优劣的关键因素。作为工程监理机构及现场监理，必须做到知己知彼，进行人员的“事前”控制，才能确保项目的顺利进行。

6. 对管理制度的“事前”控制

对所有的建设项目都期望有一个好的结果，这就需要制定比较完善的现场管理制度、奖罚制度来约束人们的行为准则。作为参与整个施工阶段的现场监理，必须在开工前同建设方、材料供应方、施工方各单位共同约定一整套规章制度。如安全文明施工的专项检查制度，进度控制的专题工程例会制度，控制质量隐蔽的验收制度，设计变更，工程签证的确认程序规定，奖励及处罚制度等。

工程施工阶段具有明显的隐蔽特点，事后验收往往受到许多条件的限制，有时无法进行检查，对此必须提前确定好隐蔽项目验收参加的人员、时间、方法及使用的标准。对于确保施工质量隐患可能性来说，必须采取行之有效的检查制度加强控制。施工方会对监理及业主提出时间要求，施工现场各工种环节由于工期要求环环紧扣，缺少哪个都会影响进度，这就要求监理提前介入检查，发现问题及早纠正，要求施工单位及时配合，整改到位再进行下道工序。制定相应的整改落实制度，包括奖惩是非常必要的。对一个工程项目而言，监理现场制定的管理制度越全面、越完善及到位，就会达到满意的监督效果。

综上浅述，对于工程建设中“事前”控制的内容还有很多，事前控制的要求标准越高、内容越详细、落实越彻底，就越能取得良好的结果。应该说，监理工作要想取得预期的结果，控制措施不仅仅局限于事前的控制，也在于事中的跟踪检查、事后的复查验证，也即监理“三控制”原则。实践表明：这是行之有效的手段，也是多年来总结的实用技术。

2 民用建筑工程质量成因及对策

建筑工程质量通病是发生较多、普遍存在的质量问题。由于通病的种类多，根治比较困难，而且危害程度也大，对建筑物的正常使用及耐久性造成严重影响。住宅工程中，主要有以下几个方面：各种砌体工程；钢筋混凝土工程；楼面及地面工程；屋面及厨卫间、地下室、外墙的防水工程；门窗安装；给水排水管道安装；电气工程及外保温等10个部分。要想彻底治理质量通病，必须分析产生病症的原因，有针对性地采取预防及治理措施。总的来说，设计、材料选用、施工过程、使用及维修是主要的影响因素，这几个环节中任何一个原因都会引起质量问题，但也存在几个因素共同作用引起的。对于关键的建筑物裂缝及渗漏水通病，根据工程实际及预防经验，提出一些处理措施。

1. 房屋基础沉降产生裂缝的处理措施

房屋基础放线检查合格开挖至基底后，按照要求要由勘察、设计、建设方、监理及质量监督人员共同进行基础验收，对发现与勘察土质不相符的持力层应彻底挖除，然后根据设计要求做好处理工作，必须满足设计要求，不可含糊。处理过程有监理人员跟踪检查，并做好隐蔽项目记录和签证，在确认符合要求后才能进行下道工序施工。

如果采用砂石垫层时，要求用青砂和级配良好的石子混合使用，其最大粒径小于50mm，拌合时必须洒水，含水率小于7%，分层铺设，每层厚度不超过300mm，用振动压路机碾压密实，平板振动器振平；如为素混凝土垫层，要严格按照配合比进行配料及搅拌，高度要用钢筋画线控制好，表面振捣密实，大致平整，在强度达到1.2MPa后才能上人进行下道工序。

2. 现浇楼板易开裂部位的控制

（1）转角及阳角产生裂缝的原因是：1)由于该部位的截面较小且配筋量不足，未设置辐射加强筋，板浇成型后刚度不够；2)塑料沉降产生开裂；3)建筑物单体长度超过规范要求；4)施工工艺不当，支撑刚度差；5)板筋及负弯矩筋踩踏变形，混凝土强度较低且上人作业早，堆放材料；6)混凝土配合比达不到设计要求，浇完抹压后覆盖及养护不及时到位等。

（2）质量问题防治措施：1)要在现浇板的转角及阳角处布置直径10mm辐射筋，间距为100mm，长度从内至角部或不少于1.5m；2)在圈梁转角处增加4根ϕ12mm钢筋，要伸入梁中锚固；3)楼层及屋面的阳角处要设置双层双向筋，间距为100mm；4)楼板的模板支设必须有足够的强度和刚度，严格拆模时间要求，决不能在强度未达到规定时拆除；5)由于现浇混凝土现在使用的全部是集中搅拌的商品混凝土，因此，要严格要求配合比的水灰比，坍落度不得超过120mm，决不允许任意加水；6)浇筑时要保证板筋不移位，若是出现人为踩踏现象，由钢筋工立即复位，绑扎牢固；7)混凝土的布料要均匀，不能堆积用振动棒赶浆摊平，更要加强对角部的振捣和保护措施。

（3）楼板浇筑完成后不允许过早上人及堆放材料，必须在强度达到1.2MPa后才能进行下道工序，由于堆放材料损伤板面混凝土，过重时楼板支撑会局部下沉变形，造成板混凝土的硬伤开裂且不会自行愈合。同时，表面失水过快也是造成干缩的另一重要原因，抹压后及时覆盖及洒水，是唯一有效的重要措施。

3. 窗台下及门窗洞口上角的八字缝的控制

（1）窗台下部墙体、门窗洞口上角的八字形缝产生的一般原因：1)由于建筑物主体重量的增加，地基反力和围护砌体的温度收缩应力的共同作用，使窗台下及门窗洞口上角产生八字形缝；2)砌体的砂浆强度等级过低，使砌体的整体刚度差，在温差作用下产生开裂；3)窗台上部现浇过梁拆模过早，也会引起角部开裂。

(2) 裂缝的预防措施：1)增加墙体的整体强度和刚度，砌块墙体的底层宜采用专用砂浆 M10 砌筑，要保证水平及竖向灰缝的密实与饱满；2)砌筑时在窗台下部几层灰缝内放点焊的钢筋网片或 ϕ6mm@60 的钢筋，两端伸入墙内 600mm 以上；3)窗台要现浇 60mm 厚度钢筋混凝土带，混凝土为 C25 级，至少要放 3 根 ϕ12mm 钢筋，分布筋@150mm，并伸入柱内点焊牢固；4)对于建筑物的顶层，也必须用专用砂浆 M10 砌筑，要保证水平及竖向灰缝的密实与饱满，这是由于顶层温度应力更大要采取的措施，屋面及女儿墙处更加重视；5)重视门窗过梁的拆模时间，切不要操之过急。

4. 阳台栏板的裂缝控制

(1) 阳台栏板的裂缝原因：1)栏板一般比较薄受力筋小且间距较大，混凝土现浇入模造成钢筋位移又无法复位；2)泵送混凝土坍落度过大，拆除模板过早敲打使板开裂。

(2) 预防板裂的措施：1)设计考虑阳台栏板厚度不能小于 80mm，受力筋直径不小于 8mm，纵横间距为 150mm，压顶增加两根不小于 ϕ12mm 通长筋。施工中对钢筋的绑扎要牢固，模板内不得移位；2)浇筑用商品混凝土强度为 C30 级，坍落度小于 120mm，用干净中粒青砂，石子粒径不超过 31.5mm；3)对浇筑底部要清洗干净并用高强度砂浆铺底，厚度在 30mm 以上。混凝土入模分层厚度不超过 250mm，振捣用细径插入式振动棒分层进行，浇筑连续进行，不得留有施工缝；4)在浇筑完成后要对上部覆盖并及时洒水养护，时间不少于 7d；在达到设计强度的 80%以上才能拆模，并不得敲打，以免损伤造成开裂。

5. 地下室基础及墙体渗漏水防治

(1) 基础及墙体一般为剪力墙结构，其使用的钢筋必须按规定由监理见证取样复试合格才能使用；钢筋搭接多数采用套筒连接，要检查其进入深度，不能一端多、一端少，且对扳手力矩要检查；对水平及竖向钢筋的间距要布置均匀，并核对直径及型号，数量要准确；为了防止钢筋在浇筑过程可能产生的位移，绑扎扣应交叉进行，并要求双层筋之间的支撑要绑扎牢固，马凳每平方米不少于1个，保护层厚度地下不小于35mm；在预留洞口的四周绑扎加强筋，尤其是角部要求绑扎到位。

(2) 穿墙体管必须埋设有止水功能的套管，采购成品或焊接均可，但必须使用经检查合格的套管。焊接是在钢套管外壁焊两道3mm厚度钢板止水环，确保焊接质量达到要求。套管预埋在混凝土后，安装的管道穿越套管时，穿管与套管之间用传统的沥青浸麻丝填塞紧密，两端封严，防止它们之间产生渗漏水。

(3) 模板的支设对地下剪力墙结构极其关键，模板的强度、刚度和稳定性，浇筑后的外观质量起决定性作用。而且浇筑后外墙板表面的平整、光洁和尺寸都能表现出来，现浇模板多采取新式夹板立模，用ϕ12mm的对拉螺杆固定。同时，为防止地下室过长可能产生挠度，地板两边用钢管对应支撑。止水螺栓的两头，用3mm厚钢板双面焊接牢固。

(4) 为确保地下室产生渗漏水，对组成混凝土的所有原材料严格筛选控制，尤其是水泥，必须选择42.5级矿渣水泥或抗硫酸盐水泥。集中搅拌的商品混凝土坍落度不大于120mm，并不得任意加水。浇筑前，对钢筋内杂物的清理及底部的湿润必须彻底进行，基础和墙板混凝土一次性连续浇筑，基础底板不允许留置施工缝，墙壁按设计要求高度留企口缝。底板混凝土浇筑分层厚度为300mm；插入振捣后表面再用平板振动器振压水平。剪力墙采取闭合式围浇施工，两个组分别向相反方向浇筑；拌合料入模必须分层，其厚度控制在250mm以内，用二次振捣法排除下部料中及水平筋下部水分，提高同钢筋的握裹力。不允许用振动棒赶送摊平料，也不要用振动棒碰撞模板及振动钢筋。在进行二次浇筑前，彻底清理、凿除缝表面的松散层，并冲洗干净；表面刷1：0.5素水泥浆一道，再铺一层厚30mm的1：2的水泥砂浆，接着浇筑混凝土。如果墙体留有较大的洞，在支设模板时在靠近底部侧面留一小孔，以便检查混凝土及供插入再振。

6. 厨卫间墙角部位防水处理

(1) 厨卫间墙角部位渗漏水的原因：1)主要是混凝土浇筑不符合要求，混凝土不密实，尤其是防水材料及细部做法不符合规范要求；2)防水卷材未向上翻粘贴，地面坡度不对且地漏偏高等。

(2) 渗漏水的预防控制措施：1)现浇混凝土的水泥必须是42.5级普通硅酸盐水泥，石子的连续级配要好，粒径5～31.5mm的卵石或碎石，干净的中粗砂，浇筑厚度不小于100mm，振捣及抹压密实是自身防渗漏水的关键；2)为使厨房及卫生间四周不产生渗漏，这两个有水房屋的地面应该低于其他房间20～30mm，在墙体四周根底用C25级混凝土浇筑200mm高现浇墙，形成一个浅的封闭性水池状混凝土围墙，内部再采取同板整体防水处理，其上部按要求进行墙体砌筑；3)防水层在所有管道安装检查合格后进行，在清理干净的表面均匀刷胶粘剂，用SBS或三元乙丙防水卷材进行防水处理，要至少粘结两层，且向上泛水高度不小于150mm，粘结牢固；4)防水卷材上再做防水砂浆保护层，地漏口低于地面10mm左右，便于向下排水，该处应抹成圆弧形伞状；5)当厨卫间地面及泛水完成后要蓄水，深度30mm以上，停滞24h后在板底检查试漏，确保防水成功。

7. 预留洞口及穿管处渗漏控制

(1) 洞口及穿管处渗漏的原因：1)填充材料质量达不到使用要求，材质的收缩量与洞口之间不一致形成缝隙；2)管道底部密封产生缝隙，因积存水排水不畅；3)管道无止水环、无阻碍，有水直接下流；4)洞口混凝土及防水层都存在缺陷，洞口重新凿开及防水卷材粘结不严密等。

(2) 渗漏的预防及施工措施：1)管道安装固定检查合格后，其管壁与楼板结合处必须凿毛，均匀涂抹一层401型塑料胶与混凝土更好地连接牢固；2)洞口清理干净，剔除浮浆并湿润，下部托模用微膨胀细石混凝土浇筑捣实；3)对混凝土中预埋的套管外壁要除锈，并焊上止水环带；4)为了防止地面水在管道处渗漏，管道根部要抹得高一些，混凝土中预埋套管位置要准确且焊接固定，浇筑混凝土防止碰撞移位但振捣必须密实；5)安装时弯管位置要对中，不能斜着穿越，因密封不匀产生渗漏。穿管与套管之间用沥青麻丝填塞紧密，双端头用油膏封堵。

8. 门窗洞口边缘渗漏水处理

(1) 洞口边缘渗漏水的原因：1)窗框固定不严密，框体不正或碰撞变形产生缺口或缺陷，框同洞之间嵌缝不严，材质不合格或未填入缝内；2)预留洞口太大，抹灰层过厚形成收缩开裂；3)洞口较小，安装框卡紧缝内无砂浆，外表面看不见空隙；4)窗台下框内未填充材料，窗台又无排水坡度，上部洞口未抹滴水槽，造成雨水乱流等。

(2) 窗洞口边缘渗漏水的防治：1)对建筑物的窗户不论何种材质都要在安装前进行三项性能检验，在合格的基础上还要对外观尺寸丈量及观察有无变形；2)如对塑钢窗的安装，在框体垂直合格立即用木楔固定，再用射钉枪把窗框已固定好的镀锌钢板条固定在墙洞位置，固定后木楔仍不要动，应把洞口四周清理干净，使用专门的PU发泡填充空隙，PU填充停滞约10min固化后再取掉木楔，然后填补PU料。固化后人工摇晃检查牢固后，用专门的刀具在框周围里外切取深10mm的凹槽，用1：1的水泥砂浆勾缝并养护不少于3天，达到一定强度后用硅酮玻璃胶密封收口。

(3) 窗台处的处理：1)在安装窗台板前对基层砌体充分湿润并清除干净，用1：2水泥砂浆找坡并压紧密实。当抹灰层超过30mm时，必须用细石混凝土找坡并压光。窗框底部与窗台之间应留有8mm的空间做成凹槽，目的是嵌填玻璃胶用。窗洞两侧及顶端用1：2.5水泥砂浆分层抹面，其压框的厚度控制在5mm

为宜；2)框与砂浆接触处用玻璃胶均匀收口；3)在室外窗台顶端距外墙面 40mm 左右抹成 10mm 见方低于墙面滴水槽，滴水槽必须平直、顺畅。

9. 外墙渗漏水的防治

(1) 外墙渗漏水的原因：1)砌筑砌块表面太干，砌筑砂浆水平及竖向灰缝饱满度达不到要求，砌筑砂浆和易性差；2)外墙脚手架及模板眼未按要求封堵填塞，抹灰时基层表面的清理不到位，湿润不透且界面未处理好，抹灰一次太厚，收缩不均匀，粘结力差，造成空鼓、开裂，严重的脱落；3)地下部分混凝土不密实及抹灰防水层薄弱部位均会产生渗漏水现象。

(2) 外墙渗漏水的预防控制：1)砂浆现场自行搅拌，对砂浆的拌合必须由专人进行，而且一次搅拌用量不超过 2h；2)砌体灰缝厚度小于 20mm，水平灰缝饱满度 90％以上，竖向灰缝饱满度 85％以上；3)在抹面前，要认真做好墙体上孔洞的封堵，封堵时要对洞内清理干净并用水冲洗，用同墙体相同块体的材料根据洞大小砍好，并湿润周围，抹上砂浆填塞紧密，不允许有干填现象；4)封堵表面低于大墙面抹灰补平，在检查墙面基层无任何缺陷后，根据抹灰层厚度要求做灰饼。当抹灰层厚度过大时，提前用 1∶3 水泥砂浆进行修补。如果是混凝土表面修补及抹灰，必须进行界面处理，否则会粘结不牢固、空鼓、掉皮。砌块的特点是早期吸水很慢，为防止砂浆早期失水太快，基层表面要前一天浇水湿润，深度最好在 5mm 以上，开始抹时再次浇湿。对于界面剂，涂刷时间很关键，即刷界面剂不干燥的情况下随后抹面，干燥后粘结效果很差；5)外墙大面积抹灰必须两遍成活，每层厚度以 5～8mm 为宜。注意留槎处抹成斜面，再次抹时接槎容易平顺，第二次抹灰的时间是在第一层终凝后进行，但要重视接槎处平整度，并且每层次抹完后必须进行洒水养护；6)对于地下部分的抹灰砂浆强度等级应高一级，必须用防水砂浆进行抹面，其基层处理、界面处理及分层厚度均与外大墙抹面工艺措施相同，但砂浆终凝后必须洒水养护。

(3) 外墙涂料施工时的质量控制：刷涂料前必须刮腻子，墙面含水率小于10%的条件下进行，第一遍大概刮平，用粗砂纸打磨，干燥后再刮第二遍腻子，用细砂纸打磨二次，检查合格后才能刷涂料。在刷涂料时墙面必须平整，无任何缺陷且干燥，外墙涂料要使用耐候性好的弹性涂料，涂刷分两次完成。两次刷的方向要不同，成品要求色泽一致且均匀、有光泽。

10. 屋面渗漏水的防治

(1) 屋面渗漏水与设计有密切的关系，设计上对建筑物的防水设防等级及防水材料选择不当，构造措施及细部处理考虑不周；重要部位无构造详图；屋面天沟坡度较平缓，水落口面积太小；女儿墙根部未设置伸缩及滑动层，墙根部泛水过低，小于300mm，砌筑女儿墙采用空心砌块，压顶未做防水；变形缝未贯通，分割缝设置间距过长，超过规范规定，位置不当及缝内填充材料不适合；同时，由于设置的细石混凝土防水层厚度不足，钢筋网片保护层厚度过大或者过薄；细石混凝土防水层与结构层无隔离层，造成裂缝渗漏水。

(2) 材料选择及使用问题，防水卷材及其配套粘结材料的产品质量极其重要。对材料的选择要根据防水等级设计选用，一旦确定卷材品种，对进场材料应按要求进行复检。柔性卷材存在的质量问题包括：裂纹、孔洞、露胎及粘有杂质的外观缺陷；也会有材质不均匀，如温度高时流淌，温度低时脆裂，抗老化性能差，不透水性达不到规范要求，胶粘剂粘结性差，搭接处不牢产生渗漏；如果是刚性防水材料的细石混凝土，防水层不合格的因素更多，水泥品种、石子连续级配、砂率、细骨料含泥量过多、外加剂不匹配及混凝土配合比问题均会造成刚性防水层的渗漏；如果屋面采用烧结黏土瓦做防水层，则瓦有裂缝、缺棱掉角及压槎不够、抗冻融差的问题会影响防水效果。

(3) 施工原因造成的渗漏水，卷材防水在铺贴时基层处理必须彻底干净，如采用 SBS 防水卷材时，基底的冷底子油必须涂刷均匀一致，不允许漏刷；三元乙丙防水卷材因为材质厚度 1.2mm 太薄，专用胶粘剂的涂刷更要仔细；卷材的铺设特别重视防止空鼓和穿刺透，且纵横搭接长度要保证，粘结牢固、不卷边对耐久性最关键；同时，基层的分格缝宽度均匀，缝内要干净，灌缝检查合格，才能在上而做防水层；对于刚性屋面的细石混凝土，钢筋位置要准确，在浇筑过程随时调整钢筋在准确的位置；且混凝土浇筑完后及早收光覆盖，根据气候条件保湿养护，防止失水干缩；按规定留置或切割伸缩缝，并及时灌缝，防止雨水进入保温层；落水口的位置及构造按图施工，排水口及其周围细部防水要认真；女儿墙根部的卷材泛水高度及封口、檐口和天沟坡度与收口这些都是易产生渗漏处，施工质量控制要到位。

11. 地(楼)面混凝土裂缝及沉陷的质量控制

(1) 回填土不密实、自然下沉及车辆重压是造成混凝土地面下陷的主要原因，回填土虽然简单但却十分重要，回填前必须及时清理杂物并大致整平表面，做到分层回填、分层夯实，回填土质要符合设计要求，要有合适的含水率才能夯得密实，过程中需要专人洒水拌合，一般场地回填密实度要达到 0.97 以上，每层通过试验合格，才能再进行上层回填。

(2) 地面及楼面浇筑混凝土首先要清理干净并冲洗，在混凝土垫层及楼面应刷素水泥浆一道，再浇筑混凝土层，振实很关键，振后还要用滚筒碾压，因为泵送混凝土坍落度较大，要注意表面收压时间，以确保上、下层成为一个整体；切不可在表面洒干水泥收水及压光，干水泥收压在当时看可以，但时间不久则产生裂缝及空鼓，这样违规收光操作是绝对不规范的。

(3) 楼梯踏步中设防滑地砖，铺贴时基层清理干净并冲洗平立面，表面用 1∶3 水泥砂浆刮粗糙。刮糙时按提前设定的线加上灰缝厚度认真校对，待找粗层有强度后再开始铺踏步砖，贴铺的顺序是先立面再平面，在砖底面满涂抹水泥素浆敲压就位即可，要保护贴的砖不要人员踩踏，在此期间有专人洒水养护，静停48h后才能上人进行其他工作。

通过上述浅要分析，民用及公共建筑物围护的各类材质的砌体，钢筋混凝土工程施工，楼面及地面工程，屋面及厨卫间、地下室、外墙的防水工程，门窗安装等工程中普遍存在一些质量通病的问题，要求在施工工艺过程进行严格控制，使建筑工程符合设计及施工规范规定。

3　加气混凝土砌块墙体抹灰层开裂防治

蒸压加气混凝土砌块主要是用粉煤灰、石灰、水泥等原材料及适量铝粉作发气剂，经切割和高温蒸压养护而成，容量轻，减轻建筑物的自重，降低结构费用，同时利于多层和高层的建筑防震，具有保温隔热、防火吸声功能，因此，加气混凝土砌块是取代黏土砖的较好的砌体材料。

但是蒸压加气混凝土砌块墙体饰面上按传统的抹灰做法，用普通水泥砂浆抹面以后，很容易产生开裂、空鼓，局部出现脱落的质量问题。即便抹灰前用界面剂处理，开裂空鼓及脱落有所减少，但仍不能根除开裂空鼓及脱落现象，因此，需要在材质本身和工艺操作方面严格控制。

在实际应用的蒸压加气混凝土砌块墙体上，进行表面装饰抹灰时，采用两种材料和工艺进行对比试验，一种是在墙面上满刷界面剂再刷水泥混合砂浆，面层用成品建筑腻子批平；另一种在墙面上用专用石膏砂浆抹 10～12mm 厚找平，面层抹 3～5mm 石膏纯浆抹光。两种工艺费用相当，但质量仍有一定差异，第一种做法在使用半年后即抹面局部出现开裂空鼓问题，处理后还会出现开裂、空鼓的问题；而第二种用专用石膏砂浆抹面使用后并未出现开裂、空鼓的问题。针对两种不同材质使用后的不同结果，认真分析加气砌块、水泥砂浆及专用粉刷石膏三种材料的特性，其凝结硬化过程的特点及施工控制方法，达到预防蒸压加气混凝土砌块抹灰层的开裂、空鼓甚至脱落问题。

1. 几种不同材质的差异

加气砌块和水泥砂浆、专用抹面石膏材料的各自性能见表 1。

加气砌块和水泥砂浆，专用抹面石膏的材料自身性能表　　表1

检验项目及材料性能	加气混凝土砌块	水泥砂浆	专用抹面石膏
密度（kg/m^3）	≤600	～2000	～1000
抗压强度（MPa）	≥3.5	≥15	≥4.0
弹性模量（MPa）	1700～2000	23000～25500	4000～5000
导热系数［W/(m·K)］	0.16	0.93	～0.40
线膨胀系数（$℃^{-1}$）	8×10^{-6}	10×10^{-6}	50×10^{-6}
收缩值（mm/m）	≤0.50	～1.1	0.20～0.50

从表1可以看出并得到的结论是：(1)水泥砂浆的密度、抗压强度和弹性模量远远高于加气砌块，而石膏砂浆与加气砌块较相近。当墙体受到外部荷载作用时，加气砌块与石膏砂浆的变形比较接近，但加气砌块与水泥砂浆的变形差异较大，容易在应力集中部位产生开裂。(2)加气砌块的导热系数与水泥砂浆的变形差异性很大，与石膏砂浆的变形差异比较小。当墙体周围环境温度升高时，墙体表面的砂浆层最先得热。由于加气砌块的导热系数比较小，热量难以穿过加气砌块，造成热量在抹灰层聚积，抹灰层在短时间内有很快的升温。由于材料具有热胀冷缩的特性，抹灰层升温膨胀，而加气砌块自身体积相对稳定，在抹灰层和砌块墙面交接处产生剪应力。在温度降低时，由于抹灰层收缩产生剪应力。水泥砂浆的导热系数远高于石膏砂浆的导热系数，因此，在外部环境温度变化相同时，水泥砂浆与加气砌块墙产生的剪应力，大于石膏砂浆与加气砌块墙体产生的剪应力。在温度随着气候反复变化时，加气砌块墙与水泥砂浆抹灰层的交接处，因长期收缩循环而产生开裂、空鼓。

同样，由于各种材料的线膨胀系数不同，也会产生线性收缩产生的开裂。加气砌块与水泥砂浆的干燥收缩值差异较大，由此产生的收缩应力和变形不一致，极易出现裂缝和空鼓。但加气砌块与石膏砂浆的干燥收缩值差异较小。可以这样认为：加气砌块与水泥砂浆在物理力学性质上相差较大，而与石膏砂浆的收缩值差异却很小。这些难以克服的差异，是加气砌块墙体表面抹灰材质不同时，产生开裂、空鼓甚至脱落不可避免的重要因素。

2. 专用抹面石膏材料

加气砌块的材料性质与传统的烧结砖是有极大区别的，砌筑墙体抹灰材质要求也不同。

2.1 加气砌块与烧结砖的不同

加气砌块具有密闭、分布均匀的气孔特征，完全不同于黏土砖开放、细微的大量毛细孔，造成加气砌块的吸水、导水性能与烧结黏土砖完全不同。加气砌块的吸水率高达65%，表面吸水速度极快，但向内部深入迁移的速度却很慢。而烧结黏土砖的吸水率只有23%，吸水快，内部迁移速度也快，水分容易进入。吸水性的差异，造成抹灰层施工要求有差异。

2.2 加气砌块与黏土砖的抹灰工艺不同

当加气砌块与黏土砖砌体表面直接进行抹灰时，水泥砂浆中的水分很容易被立即吸干，导致水泥砂浆表面来不及收光则干燥，水泥无水分充分水化，粘结力与强度大幅降低。为了保证抹灰层的质量，需要采取不同的抹灰工艺。

黏土砖表面抹灰前，要求对墙体表面提前浇水湿润，使黏土砖表面湿润深度在10mm左右，达到饱和状态。这样可以确保水泥砂浆中的水分不被砖墙吸干，达到水泥砂浆的粘结力及水化强度不受影响。而加气砌块由于其砌块自身吸水特性，达到表面10mm深范围饱和水需要很长时间，且块体外形比黏土砖要大很多，在实际施工中很难达到饱和水状态，也就是湿润不透。在初次施工时已经认识到此现象，因此采用了界面剂处理，即在抹灰前在表面先满刷界面剂，然后再抹水泥砂浆饰面。这样抹灰后期检查质量并不理想。查其原因，建筑市场上并没有保水性好的加气砌块表面用界面剂，而是混凝土表面用界面剂。混凝土表面用界面剂能使墙面粗糙，增大了粘结面积，但并不具有保水功能，不能阻止加气砌块表面吸收水泥砂浆中水分。因此，使用了界面剂可以起到控制部分开裂和空鼓现象，但质量问题仍然发生。

2.3 砌块表面专用抹灰石膏

（1）专用抹灰石膏保水性好：可以有效阻止加气砌块墙面吸干石膏抹灰砂浆中的水分，促使专用抹灰石膏在抹灰完成后的水化时间，提高与墙面的粘结力，保证抹灰层强度的正常增长。

（2）具有良好的可施工性能：砌块表面专用抹灰石膏具有良好的和易性与流动性，拌合的浆料在抹灰时容易挤压进砌块的灰缝及低洼处，形成大小不一的无数个榫锚钉状，增强了粘结力。

（3）收缩性较小：由于纯石膏浆具有微小膨胀性能，配制砂浆以后因拌合水远高于水化所需要的水分，使石膏配制的砂浆孔隙率较多，配合比例不当时收缩性较大。使用时，最好采用袋装干粉石膏砂浆，试验合适的配合比，使石膏砂浆硬化后的收缩量<0.2mm/m。

（4）良好的渗透性能：专用抹面石膏水化凝结后，内部特有的孔网结构使其具有良好的排湿性和可吸湿性，可以调节室内空气的作用，使空气湿润舒适度好。同时，也有利于加气砌块自身干燥时水分平衡均匀逸出。由于这些自身特点，专用砂浆抹灰层能有效地阻止空鼓及开裂甚至脱落现象发生。

3. 蒸压加气混凝土砌块抹灰层质量控制

3.1 加气砌块质量控制

在建筑物确定使用加气砌块时，应进行调研，选择管理规范、检测手段齐备和质量有保证的加气砌块生产厂家。进场后按检验要求由监理见证取样试验，送有资质的试验室测试其干燥收缩值，确保在国家标准的范围内，加气砌块在养护28d龄期后进场，并防止雨淋和水浸受损。

3.2 加气砌块墙体的质量控制

现在加气砌块配备的专用砌筑砂浆使用比较普遍，要优先选择薄层砌筑砂浆砌筑加气砌块。因薄层砌筑砂浆中含有保水性较好的外添加剂，可以更充分地保持加气砌块的砌筑粘结强度。如果仍然使用普通自拌水泥砂浆砌筑加气砌块，应该在砌筑前 1h 进行洒水预湿润，在砌筑时用喷水壶在铺浆面均匀洒湿，防止干燥过快，砂浆无法进行水化。

同时，还要严格控制铺浆厚度，确保灰缝宽度、平整度、垂直度均匀一致。砌块砌筑时要求边砌边用原浆勾缝，缝内砂浆要饱满，表面低于砌块 3～5mm 为宜。在楼层上砌筑时，作为填充墙，为防止将来踢脚线产生空鼓及开裂，先浇筑 200mm 高混凝土墙再砌筑砌块。砌筑时，要认真检查预留框架柱、构造柱、剪力墙处与砌块的搭接拉筋构造，确保拉筋数量、牢固度及直径、长度。墙体砌筑时，要控制每天的施工高度，正常要求是每天施工高度以 1.40m 为宜，砌筑接近梁板底部应留一定空隙，用斜砖砌筑至梁板底约 20mm，并停留一周时间，再用细石混凝土填充。对于混凝土与砌块界面接缝和门窗洞口过梁交接处，应锚固宽度不少于 200mm 的防锈处理钢丝网片，或者粘贴不小于 200mm 宽的玻璃纤维网格布。

3.3 专用抹面石膏材料质量要求

专用抹灰石膏的材料质量十分重要，工厂生产的干混专用抹面石膏的质量要求是：初凝时间≥1.5h，终凝时间≤5.0h，抗压强度≥4.0MPa，抗折强度≥2.0MPa，粘结强度≥0.3MPa。只有达到这几项技术指标，才能确保墙体质量。

3.4 抹面工艺过程控制

首先检查墙面的平整度，设置灰饼及冲筋，并做好墙角、门窗、梁柱等护角线，其灰饼及冲筋间距在 1.2～1.5m 之间，标筋宽度宜为 30～50mm。

石膏砂浆抹灰的一般工序做法是：地面完成后抹踢脚线，然后从踢脚线以上开始抹；装饰抹灰宜分层进行，第一遍抹灰厚 6～8mm，终凝后再抹高出标面 2mm；接着，用 2m 直尺检查标筋平整即可，不要用木抹子搓压；当抹灰层厚度小于 8mm 时，宜采用一次工艺抹平；待抹面完成终凝24h后，再批抹纯石膏浆面层，每次厚度在1mm左右，也可分两次连续批抹，其抹后约半小时再用不锈钢铁抹子压抹光，达到表面检查验收标准。

同时还要注意的问题是：进入冬季要确保室温不低于5℃，抹灰前要使墙面有一定的湿润，如果过于干燥，要进行喷水湿润；专用抹面石膏在运输和存放期间保持干燥，防止潮湿；若有小的结块，必须过筛再配合使用；由于抹面石膏软化系数较低，只能用于经常干燥的无水部位，墙面也不宜冲洗。

4. 简要小结

蒸压加气混凝土砌块采用专用抹灰石膏砂浆抹面，不仅克服了传统水泥砂浆抹灰时容易出现的空鼓和开裂的通病，而且具有明显的技术、经济和社会效益，加气混凝土砌块墙面上用石膏砂浆抹面，其效益是显著的。(1)抹面用的是工业石膏，属于可循环利用的再生建材，是一种绿色环保材料；(2)专用抹灰石膏和易性好，粘结附着力强，落地灰少且材料利用率高，现场文明施工；(3)早强快、硬，工期缩短，料浆密度小，减轻建筑自重，降低劳动强度；(4)该材料属于A级防火等级，并具有良好的隔声及保温效果，是安全、节能、环保的优选抹灰材料。

综上可知，蒸压加气混凝土砌块墙体抹灰层的空鼓和开裂甚至脱落质量通病，采取专门抹灰石膏砂浆抹灰是可以达到质量要求的，抹灰工艺措施不仅解决了蒸压加气混凝土砌块墙体抹灰层的质量问题，而且对企业及社会有利。

4　混凝土配筋砌块墙体的应用及发展措施

在提高城市化进程的重要阶段，从现实出发系统总结墙体用混凝土砌块技术，促进砌块研制和应用非常必要，混凝土砌块在国内的使用并不是十分广泛，要从各地具体情况出发，总结墙体用混凝土小型空心砌块在技术和发展的新动向，对完善具有中国特色的砌块建筑结构具有重要的现实意义。

1. 混凝土砌块发展过程中存在的问题

混凝土砌块是一个总称，按照用途可分为建筑用砌块，包括承重砌块、填充墙砌块、复合保温砌块及装饰砌块等；景观用砌块如路面砖、挡土墙砖和路缘石等；水工护堤坡砌块三类。作为建筑墙体承重材料使用的混凝土砌块，即普通混凝土小型空心砌块，是用量最大也是被关注最多的墙体砌筑材料。

由于历史原因，几十年来国内建筑物的承重材料是以烧结黏土砖制品为主导，自20世纪末开始，在节能、环保的大趋势下，烧结黏土砖制品才逐渐被淘汰掉，但是替代黏土砖制品的建材需求量是巨大的。现在，各种黏土空心砖、非烧结硅酸盐制品也在应用中。但在改变基本材料和获得需要强度的同时，再通过块体设计达到节材及降低费用，也就是用加大开孔洞率来实现，构造上仍然采用构造柱和圈梁的方法。

(1) 无筋砌体的新型墙体开裂仍然不可避免。现在广泛采用的混凝土小型空心砌块，其规格、型号全部是借鉴国外的成功做法，厚度只发展了190mm一种块形。就使用材料而言，用混凝土代替黏土，既保留了烧结砖同样取材广泛、施工便利和价格优势外，又达到了节能减排效果。因此，20世纪90年代在全国大量采用无筋砌体结构的混凝土砌块模式，成为替代黏土砖制品的建筑材料之一。但由于设计理念和施工技术还是传统的砖石砌体结构的应用习惯，即砌块为主材、砌筑砂浆附以芯柱或构造柱的加强措施，这就带来了墙用混凝土砌块建筑所埋下的应用上的问题。首先，无筋砌块砌体很难解决裂、渗、漏问题；其次，家居的二次装修，给砌块建筑带来难度和安全隐患。因此，无筋砌体结构还需要不断实践和完善，采用配筋砌体是发展的趋势。

（2）根据国情形成具有中国特色的砌块配套技术。中国目前的建筑业市场发展极快，但操作人员素质低，也是事实。由于建设量大且速度快，使得施工过程中的检查，技术指导和技术力量配备无法满足要求，砌块制品养护期未到就已经上墙，砌体的开裂是必然的；建筑操作人员对混凝土砌块需要有别于烧结砖的砌筑新工艺的认识和了解，不能得到更好的正确执行，看似简单的操作方法却在施工中难以实现。可以这样认为，现在粗放式的建筑砌筑模式，造成混凝土砌块的应用受到制约。对于砌块建筑，今后要在设计、施工和构造措施几个方面配套研究，通过实践不断完善，发展适合我国国情的墙用砌块建筑成套应用技术。

（3）建筑业发展受体制和企业规模的限制，砌块产业的发展始终未有大规模的领军企业，其制品生产技术、设计和施工技术的机制，一直停留在原地不前。要想使砌块产业走上良性发展道路，需要在行业内形成具有资金雄厚和行业影响力大的企业集团，夯实良性发展基础的同时，需要推出能引领行业发展的领军人物，尽快形成适应中国实际的混凝土砌块成套技术，使砌块的应用技术更加完善，使混凝土砌块产品得到社会的认可。

2. 配筋砌块砌体及整浇墙结构

（1）砌块整浇墙体的考虑，现行的《砌体结构设计规范》GB 50003—2001 中明确规定了配筋砌块砌体剪力墙结构，其概念是由承重竖向和水平作用的配筋砌块砌体剪力墙和混凝土楼、屋盖所组成的房屋建筑结构。规定中要求的灌芯率可以选择33％、50％、67％和100％。国内最早的配筋砌块砌体结构的试点工程，也是采取这种设计的概念。

在此基础上提出的砌块整浇墙体结构，在理论上看仍然属于配筋砌块砌体的范畴，但是在块型设计、组砌方法、配筋方式、混凝土浇筑和整体结构上，又提出更加严格的要求，是在工程应用实践中总结基础上发展提出的。砌块整浇墙体结构即是采用预制的孔洞率不低于45%、砌筑后墙体对孔率不少于90%的专用混凝土空心砌块，采用专用砌筑砂浆砌筑成的墙体。通过块形设计和组砌方法，砌筑时在墙体的垂直和水平方向预留纵横相连的孔洞，按设计要求布置水平钢筋，砌筑完成后清理孔洞内残留的砂浆，自砌块顶向下孔洞内插入竖向钢筋，经过直螺纹连接固定后，再用专门灌芯混凝土将孔洞内纵横相连的孔洞全部灌注密实，达到砌筑成的墙体通过纵、横向钢筋网和现浇混凝土条带连接成为整体，形成似装配整体式钢筋混凝土墙。

该结构墙体不但具有砌体的特征，同时又将砌体作为浇筑混凝土的模板使用，墙体内由水平和竖向钢筋组成的纵横钢筋网，通过预留孔洞形成纵、横向现浇混凝土带。国内外应用经验表明：砌块整浇墙体结构既保留了传统材料砖结构取材容易、施工方便、造价低的优点，又具有强度高、延性好的钢筋混凝土结构的特点，是唯一融砌体和混凝土性能于一体的新材料结构体系。

(2) 砌块整浇墙结构的应用效应。砌块整浇墙结构体系经过多年的研究和一些工程的实践，做到了降低单位面积造价，增加了建筑物使用面积，提高砌体建筑物的安全可靠性，实现了三方面的统一；又符合“四节一环保”的要求，其社会效益和经济效益表现在建材生产和施工过程中。

1) 在经济效益上：在结构承重方法上，采用砌块整浇墙结构体系的中高层建筑，具有节省工程造价10%以上，节省钢材30%以上、节省模板50%及节省墙面抹灰30%的优势，同时增加使用面积5%及提高施工速度20%。另外，当采用短肢砌块整浇墙代替砖混结构建设多层房屋，同样不增加工程量及模板使用，将无筋砌体改变为配筋砌体，加强抗震性能。

2) 节省建筑材料：主要体现在用钢和抹灰量方面，砌块整浇墙结构纵、横向都是单层钢筋，间距大、直径小，用钢量同框架-剪力墙结构相比明显减少；施工成本因砌块整浇墙中的砌块墙施工期间作为模板，整浇后与现浇混凝土共同受力，施工速度快，3～4天可完成一层，提高效率20%以上。因砌块代替模板节省模板50%以上，也减少抹灰量30%以上。

(3) 与框架-剪力墙结构相比，结构布局无凸出墙面的梁、柱，使得内墙面平整，增大了使用面积。各室内吊顶无障碍，装饰方便。而且在建筑使用过程中因墙体整体配筋，比框架-剪力墙结构的填充墙有更好的耐久性，不但减少维护费用，其整体刚度和抗震性能更好。

(4) 采取预制和现浇相结合，更有效地处理了砌块结构的裂缝通病。采取砌块整浇墙结构，替代无筋砌体的应用，在提高结构受力性能的同时，也将材料干燥收缩分为预制块材收缩及现浇筑混凝土后的收缩两方面，也就是把墙大面积整体收缩变成为散条带收缩，大大降低收缩量。芯柱全灌注混凝土的方式不但解决墙体开裂问题，用最小配筋达到节省钢材的安全要求。这样可以促进混凝土砌块产业的良性发展，用户更容易接受整体现浇结构的形式。

3. 砌块整体现浇结构应重视的问题

砌块整体现浇结构的形式近年来在一些地区得到了推广和使用，但仍然存在技术和标准层面的问题，需要进一步配套完善，促进该项技术的更健康发展。

(1) 需要解决成套技术的配套标准、规范的要求，现行的《普遍混凝土小型空心砌块》GB 8239—1997标准，已无法满足配筋砌块砌体和砌块整体现浇结构对砌块产品标准的要求。现行的《混凝土小型空心砌块试验方法》GB/T 4111—1997无法对各种配块产品进行检验，对标准块检验的离散性较大，也不能反映母材的真正强度指标，需要制定新的可以指导砌块生产和检验的标准、规范。

《砌体结构设计规范》GB 50003和《混凝土小型空心砌块建

筑技术规程》JGJ/T 14—2004 中，都没有全面、准确地反映配筋砌块砌体结构的设计理论、受力性能和构造要求。现在需要的是配筋砌块砌体设计与施工的技术规程，利于砌块整体现浇墙结构的应用，使更多的结构工程师能在墙用混凝土砌块结构中发挥作用。

（2）在配筋砌块砌体或是砌块整浇墙的结构应用中，首先要能正确理解是先有普通混凝土砌块，然后是工程应用项目的问题，但在此过程中需要有合适的工程项目，所对应的设计人员十分关键，对技术的掌握了解能力会使工程有不同的效果。同时，现有的住宅基本上为小区开发建设模式，因此，保持有足够的砌块产品供应也十分必要；否则，大面积开展会有难度。

（3）从设计构造及配套块型角度考虑，要尽早改变仅为 190mm 块型和砌块高度的限制。墙用混凝土砌块发展至今，无论是产品标准和设计规范中仍然规定的是 190mm 块型的一种厚度及相关的块型和设计参数，这样大大制约了配筋砌块砌体或是整浇砌块结构优势的发挥。现在需要的是 290mm、240mm 和 140mm 厚度的砌块及其技术参数，实现整浇砌块墙结构在高层及农村住宅建筑中的应用。

（4）要采取强制措施，在整浇砌块墙结构或配筋砌块砌体施工中，推广强制使用专门灌芯混凝土和专用砌筑砂浆，确保工程质量。通过调查分析以协会的形式，颁布一些不同地区、不同气候条件下适用的专门灌芯混凝土和专用砌筑砂浆配合比基本要求，使得具有较好的可操作性。

综上浅述，建筑墙体砌筑材料的生产，应有从源头开始的统领企业带领，开拓出砌块整浇墙结构或配筋砌块砌体应用的新模式，其经验会促进墙用混凝土砌块事业的广泛应用和良性发展。

5 混凝土多孔砖砌体裂缝分析及处理

混凝土多孔砖是一种新型的墙体材料，它是以水泥为胶结材料，用砂、石子为骨料，加水按一定比例经过搅拌、加工成型、养护而成的多排孔洞的混凝土砌块，具有不破坏耕地、节省土地资源、环保、节能的优点，在各类建筑工程的承重或填充围护结构中应用较普遍。虽然其材质与混凝土小型空心砌块近似，但是外形与传统的黏土多孔砖相似，因此，很容易忽视其自身特性，在设计、施工中存在一些误区，造成裂缝问题比较突出，这种质量问题的存在影响产品的正确应用。为此，本文分析探讨其存在问题的原因，并找出相应处理措施，对发展混凝土多孔砖极其重要。

1. 工程应用情况

实心黏土砖禁止使用多年来，混凝土多孔砖作为一种新型墙体材料在建筑工程中使用。现在多用于砖混结构房屋层数在五～七层的住宅工程，地面以下砌体用 MU10 烧结实心黏土砖或混凝土实心砖，M10 水泥砂浆；地面以上用 MU10 混凝土多孔砖，M10 水泥混合砂浆砌筑，抗震设防为 7～8 度，但在投用后不久即出现墙体裂缝质量问题。为了分析墙体裂缝原因，主要进行了如下一些工作：

（1）对墙体裂缝情况检测。根据现行规范的要求，对出现裂缝墙体认真仔细检测，记录裂缝位置，长宽及走向形态，对典型裂缝描绘裂缝图。检测后分析认定，混凝土多孔砖砌体多发生在承重的横墙、纵横墙门窗洞口、顶层纵横墙等位置。

（2）对混凝土多孔砖强度的检测。对混凝土多孔砖取样是在现场实地抽取，有资质的试验室检测方法检验其强度。检测结果表明：多孔砖的抗压强度一般都能满足现行《混凝土多孔砖》JC 943—2004 规定的性能指标要求。

(3) 砌筑砂浆强度检测。砌筑砂浆强度一般采用贯入法进行检测。检测结果表明：大部分工程砌筑砂浆强度推定值可以达到设计的强度要求。

(4) 其他材料及构件的检测。对使用钢筋力学性能的检测，圈梁、构造柱混凝土强度的检测。对圈梁、构造柱混凝土强度的检测只有用回弹法抽样进行，钢筋在现场抽样试验室试验的方法进行，混凝土强度推定值和钢筋在抽样试验结果均符合各自的规范要求，不存在质量隐患问题。

2. 墙体裂缝的分类

根据典型砌体裂缝及普遍裂缝的调查表明：大部分出现裂缝类别与传统的砌体裂缝基本相似一致，但是由于混凝土多孔砖砌体本身所具有的特点，裂缝也有其他的特性。从总体来说，裂缝还是比较普遍，个别砌体从一层至顶层均有裂缝产生，根据裂缝的位置及形状，多孔砖砌体的裂缝有以下几种情况。

2.1 横墙的竖向裂缝

在横墙上出现的竖向裂缝从墙体的底层至顶层均有发生，主要是在房屋的承重横墙，1～2 条竖向裂缝比较多，个别也有几条缝的情况。裂缝与端墙有较大距离，裂缝贯穿墙体呈竖向发展，一般是在上层圈梁下部延伸至下层楼板顶面，个别严重的可贯穿圈梁；裂缝形态中部宽而两端较窄，较大裂缝在 0.3～1mm 之间，其中会有一条裂缝较宽，出现在无任何洞口的横墙上，如山墙或分户墙等。对典型裂缝剔开抹灰层检查看到：裂缝一般在砌体竖向灰缝位置，竖直方向开裂且贯穿上下砌块。经观察，此类裂缝一般在墙体两侧对应位置均有产生，多数贯穿墙体厚度。

根据检查看出，此类裂缝出现的范围比较广，多出现在承重的横墙上，缝宽最大的达到 1mm 以上，长度延伸长且贯穿发展，这种现象在以前的烧结黏土砖砌体中极其少见，给用户以不安全感。

2.2 门窗洞口周围裂缝

此类裂缝主要在位于门窗洞口角部或窗台下的墙体位置，表现形式有两种：①洞口角部的斜裂缝，该斜裂缝主要是在洞口角部，一般斜向洞口外侧墙体发展，上角裂缝向上延伸发展，下角裂缝向下延伸发展；②窗台下的竖向斜裂缝，该类斜裂缝位于窗台下的墙体，沿窗台向下延伸发展，并呈现出上宽下窄的形态，个别裂缝延伸发展至地面。一般常见的是一条裂缝情况，少数有几条裂缝出现。

门窗洞口裂缝在传统的砖混砌体中多发生在建筑物的底层或顶层墙体，根据对混凝土多孔砖砌墙体的检查发现，在建筑物外墙体的全高范围内均有出现。

2.3 其他部位的裂缝

在检查中也发现了一些其他类型墙体的裂缝，但产生范围小，影响不大。

（1）混凝土与墙体间裂缝：此类裂缝主要出现在混凝土结构件与砌体交接部位，特别是横向接触时，更容易沿混凝土结构件端头延伸发展。例如：在进户门洞口上方位置使用了预制过梁，在过梁端头出现了竖向向上的裂缝，并斜向向上延伸至楼梯梁下部。剔除饰面层进行检查时看到，裂缝位置在梁的端头部位，存在砌体不当，抹灰时在两种不同材质材料固定网格布的问题。

（2）顶层墙体的裂缝：此类裂缝主要为温度变形较大引起的裂缝。在砌体建筑中表现出多种形式，如水平裂缝、斜向裂缝及包角裂缝等。砌体材料改为轻质砌块以来，在砌体结构中采取较多的防裂措施，增强屋顶保温隔热层，外墙外保温及砌块加强了构造处理等，对砌体结构中温度裂缝的产生有一定的预防作用。在对混凝土多孔砖砌体检查中，也发现了顶层温度裂缝，主要是水平裂缝，多数裂缝沿楼板与圈梁交接处发展，也有沿圈梁与下部墙体交接处水平方向延伸的裂缝。

（3）施工洞口处裂缝：施工洞口是在施工期间为了方便各室内运输材料而在横墙上设置的临时洞口，在不需要再通行时补砌处理。砌筑人员素质低下、接槎方法不当时，很容易出现洞口形状的墙体裂缝。此种裂缝几乎都是在横墙上，形状固定，容易发现。现在采取了较多的防裂缝措施，在洞口上部设过梁、预留槎埋设拉结筋、在不同材质处设置网格布等，因此，降低了裂缝产生的机率。经过这样的处理后，在检查的墙体上只有少量轻微的此类裂缝。

从检查来看，墙体裂缝主要以横墙竖向裂缝和门窗洞口处裂缝为主，后几种裂缝仅在个别砌体上发现。但是，后几种裂缝在传统的砌体结构中比较常见。这些年来，由于设计和施工采取了许多措施，效果还是比较明显的。而对于承重墙上的竖向裂缝，由于其位置比较特殊，裂缝长度和宽度都较大，多贯穿于墙体，在传统砌体结构中此类裂缝产生极少，给用户心理造成影响是可以理解的。

3. 产生裂缝原因分析

通过对典型工程检测试验知道，砌筑材料及砂浆强度一般可以满足设计要求，在裂缝原因中完全可以排除承载力因素造成的裂缝。在一些文献及工程实践对砌体原因进行浅述，一般均会认为砌体产生裂缝的原因与地基不均匀沉降、温度应力、材料收缩关系密切。但是，混凝土多孔砖砌体的裂缝特征和原因有它自已的独特之处，应该在检查基础上结合文献资料作分析探讨。

3.1 温度应力的影响

夏季太阳直射及室内外温差，不同材质间的线性膨胀系数差异的影响，在砌块砌筑墙体顶部，尤其是建筑物端部，墙体与屋盖间存在着温度变形差异，造成在墙体内产生拉应力。当此时拉应力超过砌体抗拉强度时，会在最薄弱处出现裂缝，比较常见的裂缝如横向斜裂缝、纵墙洞口角部斜裂缝等。现在行业内通过各专业人员的共同努力，在砌体结构中采取加强屋面保温隔热措施、外墙保温及加强砌体构造措施，使得这类裂缝大幅度降低，但是也发现混凝土多孔砖砌体有加重的趋势。

同时，温度变形引起的裂缝主要受温差、线性膨胀系数、砌体抗拉强度等因素的影响。对于混凝土多孔砖砌体，由于其线性膨胀系数远大于烧结黏土砖，当砌体内外存在温差时，会产生很大的温度应力。

3.2 收缩变形的影响

混凝土多孔砖及其所有混凝土制品的收缩变形，主要是终凝前的收缩、硬化收缩、干燥收缩和温度收缩等。其中，凝缩和硬化收缩主要是在养护期，而这种收缩后不可能再恢复。而干燥收缩和温度收缩主要与环境温度、湿度和砌体含水率有关。对于混凝土多孔砖砌体收缩变形的测量表明：收缩变形主要集中在其龄期范围内，而初始含水率越高则收缩量会越大。当采用龄期不足或者含水率较高的砖砌筑时，砖砌体会产生较大的收缩变形。当这种变形受砌体周围构件(构造柱，板，端墙等)的较大约束时，会在砌体内形成较大收缩应力。当此时应力超过砌体的抗拉强度时，会使墙体开裂。因此，收缩裂缝的产生与收缩变形、墙体长度、周围约束因素有关。内横墙上洞口很少，周围约束却较大，此时容易产生墙体的竖向开裂。建筑墙体的纵墙由于洞口存在削弱和使应力集中，表现为门窗洞口位置出现的裂缝。

建筑材料的收缩本身不可避免，但只要采取合理的原材料控制措施和施工过程质量控制，可以将收缩产生的应力控制在允许范围之内，较大地减轻收缩应力，使裂缝的产生达到控制和治理。

3.3 砌体强度的影响

应用经验表明：在具有相同砂浆和砌筑强度等级时，混凝土多孔砖的砌体抗压抗剪强度、弯曲强度等均高于烧结黏土多孔砖。同时，也表现出混凝土多孔砖的砌体脆性较大，在轴心荷载作用下初始荷载与极限荷载基本相当。因此，在温度应力、收缩应力和其他因素影响时，相对于烧结黏土砖砌体，混凝土多孔砖砌体更加容易产生开裂。对于混凝土多孔砖，现行《混凝土多孔砖》JC 943—2004 中未对产品抗折强度提出具体要求，而在常规试验时的抗压强度一般可以满足使用要求，但是抗折强度达不到要求，这就更加影响砌体形成后的抗拉强度，也使砌体更加容易出现开裂。在《混凝土多孔砖建筑技术规程》（DBJ/CT 009—2001)中，对混凝土多孔砖的折压比提出了限值规定，这一规定可以防止盲目开洞对混凝土多孔砖抗折强度的影响。

因此，选择使用质量合格的砖块和严格的施工控制，对于提高砌体抗压、抗折质量，提高抗裂性很关键。在砌体灰缝内增加钢筋带，可以延缓和限制裂缝的产生。对于收缩裂缝，由于收缩应力来自砖块本身，若在灰缝内增加放置钢筋，砂浆刚度提高。实际上增大了砂浆对灰缝和砖块的粘结约束和收缩应力，对收缩裂缝的防治用灰缝加筋能达到预期效果，但对后期裂缝的发展也有一定的限制作用。

3.4 施工过程控制的影响

由于混凝土多孔砖与烧结黏土多孔砖的类型基本相似，组砌方法也相同，这些相同因素会使施工人员容易按照传统的砌筑方式进行施工，而忽略了多孔砖作为非烧结砖与烧结砖在工艺上的不同点。根据使用经验发现，混凝土多孔砖在施工中容易出现的问题是：

（1）进入现场的多孔砖养护龄期不到 28d，在混凝土多孔砖制作成型后，必须在湿润环境中完成主要的收缩和变形。若是未能完成养护期就直接砌筑在墙体上后，由于收缩变形量大的影响，会在砌体中产生较大的收缩应力，加大了开裂的机率及缝宽。

（2）混凝土多孔砖上墙的含水率过高，对多孔砖而言，含水率过高时，砌筑在墙上干燥过程中，由于失水而产生较大的干燥变形，在砌体中易产生很大的收缩应力而造成墙体开裂。因此，砌筑时对混凝土多孔砖不应浇水太多，而应按规范要求合理限制含水率，砌块表面湿润应小于 10mm。不仅要注意在堆放时的防雨、防水浸渍，而且洒水湿润要适时且不宜过多。

从上述浅要分析中看出，混凝土多孔砖墙体裂缝的影响因素较多，而且某些裂缝可能受多个因素共同作用的结果，也可能是受某个主导因素的结果。如横墙的竖向裂缝，主要是受到收缩应力影响；门窗洞口处斜裂缝，是温度和干燥收缩应力共同作用的结果，砌筑墙体各层收缩应力的作用更大些。因此，在对砌体结构裂缝进行分析时，不仅要看它的主要影响因素，还要重视各因素之间的相互作用，综合分析。

4. 预防控制措施

通过对混凝土多孔砖砌体裂缝的原因探讨及影响因素分析，预防和减轻墙体裂缝是完全可能的。

(1) 采购前对生产厂货比多家，加强对进场多孔砖的检查验收。按照规定进行抽查复检，在检验合格后再进行砌筑，按照《混凝土多孔砖建筑技术规程》(DBJ/CT 009—2001)的具体要求，控制多孔砖折压比，保证抗折强度合格。产品进场养护期不到，必须继续进行养护，使其强度不受影响。

(2) 加强防裂技术控制，工程设计人员要继续学习，尤其是新型墙材性质的了解，熟悉混凝土多孔砖砌体裂缝的开裂及防治机理，进行设计时采取对裂缝从“防”、“放”到“抗”多方面的综合防控措施。

(3) 加强施工过程的监控，严格按照设计要求及施工验收规范施工。尤其是混凝土多孔砖的新型砌块，加强过程控制极其必要。砌筑中对人员进行技术交底，随时检查工程中水平及竖向砂浆的饱满度、砌块含水率等，确保墙面的平整度及垂直度，不允许有透亮及干缝存在。

建筑物砌体的温度变形、材料干缩及地基不均匀沉降是墙体出现裂缝的主要原因，对于混凝土多孔砖砌体裂缝相对更严重，收缩变形中养护不到期及含水率过高是主要因素，要加强在各环节的严格控制。

6 加气混凝土砌块墙体通病及防治

加气混凝土砌块具有质量轻、导热系数小、保温隔热性好、容易加工及方便施工的优点，作为代替烧结黏土砖的围护砌体材料，在广大北方地区得到普遍采用。加气混凝土砌块可以用于多层及高层框架结构的填充墙或者隔墙。但是该砌块自身也存在一定缺陷，如强度相对偏低、湿胀干缩变形大、表面吸水性强但导湿性差、砌体及抹灰层容易开裂空鼓、外墙易渗水的质量通病。本文根据工程应用实践及经验总结，就加气混凝土砌块墙体存在的问题及防治措施进行探讨。

1. 加气混凝土砌块墙体裂缝

1.1 砌块墙体裂缝原因分析

（1）温度因素产生的裂缝。由于自然环境造成室内外形成温差，太阳辐射产生温差引起建筑材料线膨胀系数不同产生的胀缩，温度变化引起混凝土结构与砌体间产生温差应力。当此应力大于墙材的最大抗拉值时，在混凝土结构与砌体间薄弱处则产生裂缝或墙体开裂。

（2）加气混凝土砌块湿胀干缩引起的裂缝。加气混凝土砌块在上墙前因堆放被水浸或是无覆盖长期雨淋部分含水率饱和或较高，上墙砌到位后由于逐渐干燥引起体积收缩，其干燥体积收缩值约为0.3～0.6mm/m，是普通黏土砖的约4倍，当干缩变形带来的拉应力超过此时砌块的粘结强度时，裂缝就在该部位最薄弱的缝隙裂开。当砌块之间的砂浆粘结强度高于砌块抗拉强度时，砌块自身可能开裂。尤其是当砌块在混凝土未达到龄期强度，由于在强度增长期间因水化反应等原因，其干燥收缩值比较大，如果砌筑了龄期不到的砌块干燥收缩值会更大。

（3）施工过程控制不当引起的裂缝。在砌筑第一皮砌块或是抹灰表面清理不干净，也未对界面进行刷界面剂或刷浆处理；不同材质混合砌筑且铺浆不均匀；砌块未提前预排列，搭接也不符合规范要求；日砌筑过高留槎不当；需要切割时而砍断砌块；砌筑方法不当，灰缝相差过宽等引起的裂缝。

(4) 构造措施处理不当，构造柱和水平墙梁设置间距过大(当框架柱大于4m必须设置构造柱)时；管道预埋在砌体中，或是在墙体上开槽凿洞，没有采取加固处理；门窗洞口和预留洞周围未采取加强措施；墙体与主体框架连接处构造措施不当，拉结筋未按规定预设或长度不够引起的墙体裂缝。

1.2 加气混凝土砌块墙体裂缝的防治

(1) 把好砌块进场检验关。因加气混凝土砌块干燥收缩变形量大，尤其是在出釜后的28d以内时间，收缩变形最明显，经过60d以后收缩才趋于停止。因此，加气混凝土砌块必须养护28d后才能出厂用于砌筑墙体，绝对不要将外观尺寸偏差大、强度偏低、不合格的砌块用于工程。

(2) 加气混凝土砌块的运输及保管。砌块在装卸车过程中轻搬轻放，在车辆上要进行覆盖，防止雨淋，码放整齐不要搭接堆放。卸车时要一块块搬下，不允许倾倒、摔断及缺少棱角。堆放砌块场地要平整且垫高出地面，防止水浸，堆放平稳高度不超过1.5m。如果养护期不够则继续浇水养护，但下部必须排水不要浸泡，上部要覆盖保湿。

(3) 要对砌块按排列图施工。施工企业要按照施工图纸设计建筑物的轴线长度，墙体高度，门窗洞口位置，各种入户管线位置，再按照砌块的规格尺寸进行排列计算，绘制砌块布置排列图。排列图重点考虑门窗洞口，砌块错缝的规定，应设置皮数杆控制灰缝。皮数杆固定在转角及内外墙交接处，间距不要超过8m。砌筑排列整齐，灰缝均匀，大规格主砌块应占砌体总量的70%左右，辅助砌块块长不应短于150mm，施工现场技术人员根据排列图计算每层楼层所用数量及异形砌块的规格，由生产厂加工，尽量减少切割数量，人工切割总会有缺陷存在。

(4) 按施工规范要求，当墙体高于5m时的墙顶与梁底有拉结锚固。墙长超过层高两倍时应设置钢筋混凝土构造柱。墙高超过4m时，墙体半高要设置与柱连接，且沿墙全长贯通的钢筋混凝土水平系梁。宽度大于2.4m的洞口两侧，长度超过2.5m的独立墙体端部，要设置截面宽度与墙厚相同的钢筋混凝土构造柱。顶部为自由端的墙体顶面应设置沿墙全长贯通的圈梁或配筋混凝土带。在墙体转角处和纵横墙交接处必须同时砌筑，因无法同时砌筑时或需要预留临时间断时，必须要留置斜槎或踏步槎，不允许留直槎。斜槎要求每两皮内埋设2根ϕ8mm拉结筋，伸入两侧长度各1m。在墙体转角及丁字交接处，砌筑时互相搭砌压槎。砌块与混凝土墙或柱必须可靠连接。砌筑高度在500mm要设置2根ϕ8mm拉结筋，拉结筋伸入两侧长度不少于1m，并在混凝土墙或柱上有可靠的连接。

(5) 要控制每日的砌筑高度，常温下每日砌筑高度应不超过1.5m，雨天要停止砌筑。砌至梁板底时，要按排列图的尺寸预留一定空隙，7d后再进行顶点的斜砌。应用加工异形的加气砌块，其倾斜度在60°左右，利于压顶紧密，立缝中砂浆要饱满。

(6) 预埋各种管道处的砌筑。当水电管预安时，严格按走向布置，待墙体完成后砂浆强度增长至80%以上时再进行，在砌块上开槽要用专用工具。水平开槽深不过超过墙厚度的1/4，而竖向开槽深不过超过墙厚度的1/3。不允许交叉且两侧在同一位置开槽，管道安装就位后的表面距墙面底20mm以上，如果为水管线，必须试水防止渗漏。当确实无质量问题后，再用聚合物水泥砂浆分层填补密实，表面用钢丝网固定防裂，每侧不少于200mm宽度搭接，同大墙面抹平。如果是电线管槽，也用同样方法处理。当遇到管线集中处，要用细石混凝土浇筑处理。

(7) 砌体完成经过检查验收合格方可进行表面抹灰处理。抹灰必须分层进行，不允许一层抹灰过厚。抹灰前对砌块表面进行界面处治。在不同界面，如砌块同混凝土柱梁交接处、预埋管线处等，一般应用玻璃纤维网格布防裂，每侧不少于200mm宽度搭接。

2. 对加气混凝土砌块墙体渗漏防治

(1) 加气混凝土砌块外墙渗漏原因。

加气混凝土砌块工程是一个系统工程，质量通病不是独立存在的问题，引起砌块外墙渗漏的原因也是多方面的。1)灰缝砂浆不密实、不饱满，存在瞎缝和透明缝，墙体上有脚手架眼，砌块自身有损伤且未认真处理，从缝隙逐渐渗透进入；2)在门窗洞口窗框与洞周围嵌缝不严密，材质不好，干缩有缝隙，窗台部位缝小，未密封或坡度小，积存水渗入；3)有些部位与水接触多，未注意排水处理，如滴水及泛水构造措施欠妥等。

(2) 加气混凝土砌块外墙渗漏的防治

1) 砌块砌筑的灰缝要求横平竖直，厚度均匀，水平灰缝厚度不超过 20mm，垂直灰缝厚度不超过 15mm。灰缝砂浆应饱满而且随砌随勾缝，勾成外表低于表面 3mm 左右凹缝。在砌筑过程中要采取挤浆法或灌浆法，使竖向灰缝饱满，砌一块补灌勾一块。要处置好框架与砌块之间的接缝处理。在砌筑完上层砌块后对下层灰缝再检查修补。按规范要求，对于加气轻质砌块水平灰缝饱满度不低于 90%，而竖向灰缝饱满度不低于 80%。不允许有瞎缝和透明缝存在，而脚手架孔的填补在抹灰前进行，砂浆要包裹异形砌块，必须饱满，堵塞、填补密实。

2) 门窗洞口框体与洞周围的间隙超过 25mm 时，要先用砂浆抹补，干燥后用柔性材料塞填，最外侧用耐候密封胶封严密。对于外墙和卫生间，在板顶设 250mm 高 C20 混凝土墙，这样可以防止该部位如果防水层质量差，有水时向外渗漏。对墙面存在凹凸处要抹泛水或滴水，防止水乱流或积水。

3. 加气混凝土砌块墙抹灰层空鼓开裂

3.1 抹灰层空鼓开裂原因分析

加气混凝土砌块在生产过程采取切割工艺，表面呈鱼鳞状，砌体表面受损气孔多及切割中残渣屑存在较多，对砌体及抹灰层起隔离作用，影响砂浆的紧密粘结，使抹灰层易产生空鼓、开裂甚至脱落。

加气混凝土砌块表面吸水比较快，使抹灰砂浆失水过快，水泥还没有进行水化，其水分就被砌块吸干并蒸发掉，造成砂浆水化不充分、粘结力差、强度降低，在墙体表面及砂浆中间形成酥松层，从而导致空鼓、开裂甚至脱落的质量通病。

3.2 抹灰层空鼓开裂质量的防治

（1）要对抹灰基层认真处理，抹灰前先仔细检查表面，对有局部松散处用钢丝刷刷掉表层，用水冲洗干净并湿润，以免砌块从抹灰砂浆中吸收水分。在冲洗中，防止砌块吸水过多，多了在干燥中又收缩，使变形增大。应用表明：将砌块的含水率控制在10%较合适，表面渗水深度约为8mm。然后，在加气混凝土砌块墙表面涂抹界面剂，如自行配制带胶水泥浆，常用的JCTA-400系列界面处理剂。这些界面处理剂有优良的柔韧性和粘结性，憎水性也好，促使抹灰层的粘结强度，还可以封闭加气砌块表面的气孔，阻止抹灰砂浆中水分很快被加气砌块吸干，在表面处理24h后即可开始大面积抹灰作业。

（2）加气混凝土砌块要采用专用的砌筑砂浆和抹灰砂浆，质量可靠。这也是根据加气混凝土砌块初始吸水速度快的特点考虑的，专用砂浆的组成可以控制其稠度和保水性，对于保证砂浆的粘结力和强度是必要的，也是减少墙体开裂和抹灰层空鼓的技术措施。根据大量工程应用实践表明，加气混凝土的含水率和砂浆稠度对粘结强度有重要的影响。在试验中含水率为15%～20%时，随着砂浆稠度的提高，粘结强度也增加。当砂浆含水率变化稠度为90mm，砌块含水率为15%～20%时，粘结强度则最好；当砂浆稠度为60～70mm时，砌块含水率为50%～60%时，粘结强度也较好。

综上浅述可以认为，加气混凝土砌块质量通病属于一项系统工程，不是单一独立存在的，而是产生质量问题的影响因素互相制约，消除质量通病需要各方面的协调、配合。因此，从施工环节这一重要具体实现过程中，必须对每一工序加强控制，切实按照砌体工程施工和质量验收规范，针对以前施工经验和工程特点，采取相应的有效防治措施，减少和避免质量问题的存在，使问题控制在允许范围之内。

7 轻质混凝土空心砌块强度偏低的处理

轻集料混凝土小型空心砌块作为承重围护和填充墙体材料，目前的使用比较普及，成为墙体的主要材料。但在工程的具体应用中，也存在轻集料混凝土小型空心砌块强度偏低、破碎率高、砌体易产生开裂的质量问题，造成砌体强度降低，渗漏及整体刚度受到一定的影响。通过对多家企业的轻集料混凝土小型空心砌块检测结果表明：检验砌块总数70%以上的抗压强度为2.5MPa左右，与建筑工程轻质保温砌块设计要求外墙5.0MPa、内墙应达到3.5MPa存在较大差距。轻集料小型空心砌块的强度为何如此偏低，本文就此问题进行分析。

1. 轻集料空心砌块强度低的原因

轻集料混凝土空心砌块产品的原材料品质极其重要，骨料颗粒的连续级配、粗细骨料比例、水泥品种及用量、水灰比、搅拌时间、成型时的振捣、养护保湿时间、温度等因素，都会直接影响轻集料混凝土空心砌块的强度、收缩性及耐久性。成型过程设备及人员素质会影响砌块外形偏差，施工排砖模数不够等。

现在生产轻集料混凝土空心砌块多数以炉渣、粉煤灰为粗细骨料和掺合料，也有掺加废石粉和煤矸石等。原材料品质差异性大，而极少或根本不使用品质优良的陶粒为骨料。煤渣的质量应符合《轻集料及其试验方法　第1部分：轻集料》GB/T 17431.1—2010的规定。粗煤渣的自然堆积密度约为700～900kg/m³，颗粒密度约1200～1400kg/m³。采取科学、合理的加工制作工艺，可以配制出10～20MPa的煤渣轻集料混凝土，也能稳定生产强度为MU5.0、MU7.5的煤渣轻集料混凝土小型空心砌块。

2. 粉煤灰质量的影响

现行《用于水泥和混凝土中的粉煤灰》GB/T 1596—2005

中，将拌制混凝土和砂浆的粉煤灰分为Ⅰ级、Ⅱ级和Ⅲ级三个等级。粉煤灰的一个重要技术指标是需用水量比，反映粉煤灰的用水量大小，直接影响混凝土的可施工性及其力学性能。从Ⅰ级至Ⅲ级三个等级粉煤灰的需用水量分别为：≤95%、≤105%和≤115%。Ⅰ级粉煤灰由于其形态效应，可以降低水灰比或单位用水量。适量使用Ⅱ级粉煤灰的混凝土，用水量与基准混凝土相同。而Ⅲ级粉煤灰颗粒较粗，含碳量大的原状灰或湿排灰，掺入混凝土中会加大配合比用水量，也即水灰比。水灰比对于轻集料混凝土而言是指纯水灰比，即净用水量与水泥用量之比。净用水量是指不包括轻集料 1h 吸水量的混凝土拌合用水量。

在拌制混凝土时，为了使拌合物有良好的和易性，通常会加入较多一些水，约占水泥重量的 55%（即水灰比 1∶0.55）。但实际上，水泥水化需要的水分约是水泥重量的 22%，超过此值的水一般会泌出，积聚在水泥石与集料之间成为游离水或者蒸发掉，这些多余水分会增大混凝土内部孔隙率，更会降低水泥石与集料之间的粘结强度。因此，在水泥强度及其配合比条件相同时，混凝土的抗压强度主要取决于水灰比，这也是最重要的规律。经验表明：水灰比越小，则混凝土的抗压强度越高。但若是用水量过小，拌合物不均匀更谈不上和易性，成型后的混凝土强度也会降低。当用水量过大即水灰比过大时，一方面要满足水泥水化后的游离水较多，因多余水在硬化过程中逐渐被蒸发在混凝土中留下大量毛细孔；另一方面，由于水泥石与集料之间的粘结力降低，造成混凝土的强度达不到要求。

因为生产小型砌块的企业所使用的粉煤灰大多数上不了等级，含碳量高，颗粒偏大，而且含有比较多的孔颗粒和连珠体，这些粗粒径会引起轻集料混凝土的纯水灰比加大，用水量的增加而强度降低，使轻集料空心砌块强度下降。

3. 水泥用量的影响程度

水泥品种及用量是影响产品质量的关键因素。普通水泥应比粉煤灰质水泥要好。而水泥用量偏小，如同砂率过大一样，使砂浆数量减少，煤渣与水泥石之间界面强度和机械咬合力下降。当混凝土破坏时，沿着煤渣自身的破坏和界面处破坏两种形式同时产生，轻集料混凝土强度明显降低。一些试验表明：若水泥用量降低 20%时，轻集料混凝土强度会降低 10%。

现在生产厂对砌块质量的重视不一样，一些质量意识低，只是为了抢占市场和经济利益，降低水泥用量来牺牲砌块质量。检查发现：砌块质量偏低是由于减少了水泥用量，最多的水泥量降低甚至超过了 10%，这是造成砌块质量低的主要原因。

4. 砂率多少的影响

轻集料混凝土的砂率习惯用体积比表示，即细集料的体积占集料总体积的百分比例。砂率是影响轻集料混凝土的工作性、表现密度和强度的主要因素。使用合理的砂率，不仅可以增加轻集料混凝土的强度，而且对提高混凝土的流动性极为有利。煤渣轻集料混凝土合理的砂率为 39%～43%，在这个范围内的强度分析，煤渣轻集料混凝土的砂率有一个最好值。实践表明：无论是较高还是最好值，强度都会有所降低。这个现象主要是在砂率低于最好值时，粗集料之间的空隙未能填充密实，随着砂率的增大而空隙率减少，强度得到提高。而当砂率高于最好值后，随着砂率的增大，粗集料用量减少，细骨料用量加大，使轻集料表面积增大，水泥用量却没有增加，包裹集料表面的水泥浆减薄，使砂浆本身强度降低，煤渣与水泥之间界面强度粘结力大幅下降；而过大的砂率很容易出现分层和离析表泌水，使轻集料混凝土稳定性变差强度降低，配制时多进行试验，取最优配合比用于工程，使砂率更加合理，保证材质稳定。

生产小砌块用的煤渣多数是用锤式破碎机破裂，其产品能量消耗比较低，体形均匀，构造简单，破碎效率比较高，约为 20%～50%，因此，经煤渣锤式破碎机处理后，小于 5mm 的颗粒及细粉料含量较多。许多生产小砌块企业多数不设置分级堆放，而是混合存放，当煤渣破碎后不筛分处理，粗细料混用，造成煤渣轻集料混凝土的砂率远高于最佳值，严重的达到60%以上，致使轻集料混凝土强度偏低，小砌块也同样如此。

5. 搅拌环节的影响

砌块组合材料的搅拌，除了达到混合均匀的作用外，还可起到塑化和强化作用。混合料的搅拌时间对拌合物的均质性影响明显。搅拌时间短则拌合不均匀，降低混凝土的和易性及强度，因此，混合料的搅拌时间轻集料混凝土不应少于120s。

对于轻集料混凝土，搅拌宜选择强制式搅拌机，煤渣集料的吸水率按规范GB/T 17431.1的规定不小于10%，因此可采取轻集料未经预湿处理的搅拌工艺，也是二次投料搅拌工艺，即所有原材料进搅拌机加上1/2用水量拌合1min后，再加上水泥、外加剂及剩余水再搅拌2min。轻集料混凝土的搅拌工艺最重要的是投料顺序。由于轻集料的空隙在拌合过程中，既吸收水泥浆又可吸收外加剂，从而影响工作性及强度。二次投料是首先将轻集料、粉煤灰及1/2总用水量(指轻集料1h的吸水量和拌和水之和)加入，在搅拌过程中满足轻集料的空隙吸入粉煤灰并封闭孔隙，避免了水泥浆及外加剂的进入。在相同配合比和养护条件下，采用二次投料搅拌的和易性比一次投料好，砌块28d强度可提高15%以上。

现在轻集料砌块生产企业几乎都是一次投料，即将未经分选的煤渣、水泥和粉煤灰先后投入料斗，投入搅拌机中即加水拌合，且时间多数较短。另外，生产小砌块企业多数无检测和计量设备，对原材料缺乏必要的控制，不会按照原材料质量水平及时进行配合比调整，用小车计量材料波动大，生产的砌块强度低。

6. 养护对强度的影响

成型后的砌块在适宜的环境中养护，使水泥水化得以正常进行，才能达到需要的强度。养护的好坏，取决于温度、湿度和时间等因素。

砌块所处的环境温度对水泥的水化作用有大的影响。温度高则水化速度快，砌块强度增长也快。为了加速混凝土强度的发展，通常做法是在自然养护的同时采取覆盖及蓄水方式更方便。而环境湿度是确保水泥正常水化不可缺少的条件。在良好的湿润下，水泥正常水化强度也快速发展。湿度低，混凝土表面容易干燥失水，使内部水分向外迁移，混凝土中会形成毛细通道，其密实度、抗冻及抗渗性降低，或者表面出现干燥收缩开裂，不仅强度降低而且影响外观及耐久性；相反，养护湿度大混凝土的水化程度越好，则强度增长快，发育也好。

为了确保砌块强度正常进行，目前生产的砌块大部分为自然养护，由于建筑工程质量的提升，对养护的要求就要更规范、严格。在自然养护时，可分为两个阶段：静养和堆放养护。静养因小砌块自身特点，一般不浇水，利用其本身水分自养，底垫板及成型坯体一同停放室内。若露天放置，受风吹、太阳辐射，容易失水过快，影响强度增长。砌块的静养在24h内完成，搬动时不损伤边角，即可在场地堆放养护。堆放高度小于1.5m，表面覆盖养护，可减少浇水次数且保持内部湿度。对于硅酸盐水泥、普通硅酸盐水泥的砌块不得少于7个昼夜，使用火山灰和粉煤灰质硅酸盐水泥不得少于14个昼夜。当环境温度低于5℃时，不要再浇水养护。

根据《粉煤灰混凝土应用技术规范》GBJ 146—90规定，粉煤灰混凝土的养护时间不得少于14d，干燥或炎热气候条件下不得少于21d。堆放场地养护必须要覆盖，否则浇水次数又少，即使养护了28d，砌块强度也达不到预期要求。

综上浅述可以了解到，煤渣轻集料小砌块强度低的主要原因是材料自身性能差及配合比欠佳，其次是搅拌工艺落后、养护时间不足、保湿度差，还有一个因素是成型设备的振动力不够、操作不当、使砌块密度不均匀等，坯体上部疏松，易掉边少角。

要使轻集料混凝土小型空心砌块强度符合设计要求，应注意原材料的品质，配合比优化，砂率随材料灵活调整，搅拌工艺先进，成型过程规范，养护切实到位，节省水泥资源且提高产品质量。

8 免烧结砌块砌筑时，合适的含水率

烧结砖极其干燥，在砌筑时将摊铺的砂浆中水分快速吸干，使砖与砂浆的粘结力变差，在砖与砂浆层之间形成一个低强度的界面。砖从砂浆中吸水的多少，通常是用砖的初始吸水速度来衡量，当烧结砖的初始吸水速度为0.0003～0.0013g/(min·mm^2)时，砖与砂浆的粘结强度最好。对此，有的国家要求砖的初始吸水速度的0.0016g/(min·mm^2)烧结砖，必须浇水湿润后再砌筑，免烧的混凝土砖是在生产厂内完成养护和干燥的，由于在干燥时已收缩变形，一般不允许在砌筑时再浇水湿润。

现行的《砌体结构工程施工质量验收规范》(GB 50203—2011)与国外的规范有所不同，对蒸压粉煤灰砖及蒸压灰砂砖的要求与烧结黏土砖相同，在砌筑前一天对砖进行浇水；对混凝土砌块要求砌筑前不浇水湿润，只有在气候很干燥时喷水，使得表面略潮湿即砌。现行规范与国外规范对免烧的混凝土砖在砌筑时是否浇水，上墙时砌块的含水率多少有着不同的规定。资料表明，免烧砖与烧结砖的最大区别在于：烧结砖干燥时其体积收缩很小；而免烧砖的收缩变形量却很大，甚至造成墙体开裂。在过去多年的应用中，对于免烧砖的合理上墙含水率，常常未过多考虑干燥收缩的影响，显然是不全面的。为了更有效地确保砌筑质量，要从砌块的吸水特点、粘结强度和干燥收缩几个方面分析探讨。

1. 砖的初始吸水速度与其特点

通常对初始吸水速度的理解是：将干砖浸入水中深3.18mm (1min)时，砖表面单位面积吸收的水量。初始吸水速度越大，表示砌筑后砖从砂浆中吸收的水分越多，铺砌时砂浆的和易性越差，铺浆不均匀，砌体强度越低。为了能够了解免烧砖的初始吸水速度与吸水特点，采取将普通黏土砖、混凝土砖、蒸压粉煤灰砖三种各10块烘干，然后再浸泡在温度为25±3℃的水中，水

面淹没砖表面 10mm，浸渍时间分别为 1、3、5、7min……5d时，称取其重量，并计算每个时间砖的含水率，由此得到砖的吸水率，其吸水结果如图 1 所示。

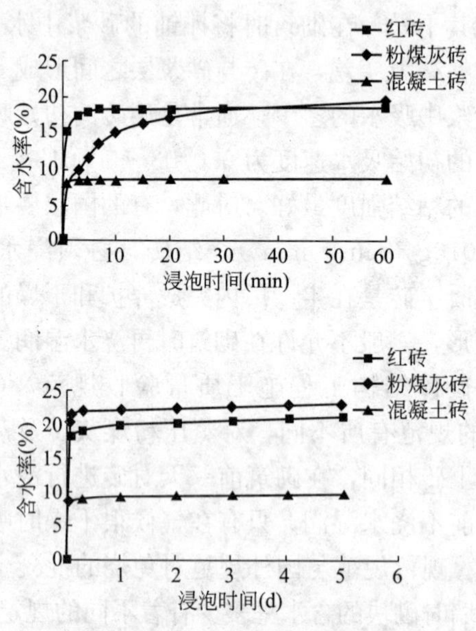

图 1　砖的含水率与浸泡时间的关系

试验表明：普通黏土砖和混凝土砖吸水速度极快，在浸入水中 1min 时，其含水率普通黏土砖达到吸水率的 71.4％，混凝土砖吸水率达到吸水率的 79.0％；蒸压粉煤灰砖吸水速度较慢，在浸入水中 30min 时，其含水率才达到吸水率的 78.8％；普通黏土砖、混凝土砖、蒸压粉煤灰砖的吸水率分别为 21.4％、9.8％和 23.1％。

普通黏土砖、混凝土砖、蒸压粉煤灰砖初始吸水速度分别为 0.0034、0.0022 和 0.0017 g/(min・mm^2)。免烧结的混凝土砖和蒸压粉煤灰砖的初始吸水速度比烧结黏土砖慢，分别为烧结砖的 65％和 49％。

2. 免烧结砖砌筑时含水率对墙体强度的影响

采取对蒸压粉煤灰砖在不同含水率情况下，对其抗剪强度进行试验，1组按照规范GB 50203—2011的规定，将粉煤灰砖提前一天浸润水，砌筑时砖的实测含水率平均为11.6%；另一组提前烘干，砌筑时砖的含水率为0%；第3组将砖浸泡至饱和，砌筑时砖的实测含水率平均为19.8%。每组试件数量为6个。其测试结果表明：砌筑时砖的实测含水率平均为0%、11.6%和19.8%时，各组抗剪强度平均值分别为0.08、0.25和0.16MPa，干砖和浸水饱和的砖抗剪强度偏低，其抗剪强度分别为砌筑时含水率的11.6%的砖砌体的32%和64%。规则相当于烧结砖的砌体。

蒸压灰砂砖砌体的研究比较多，如长沙城科所试验表明：灰砂砖砌筑时的含水率为7%～9%时，砌体的抗剪强度是最好的。重庆建科院用同盘砂浆砌筑三种不同上墙含水率的蒸压灰砂砖砌体，抗剪强度试验表明：砖的上墙含水率分别为3%、7.24%和16.2%时，砌体抗剪强度分别为0.09、0.15和0.12MPa。对砌体抗剪强度来分析，可以认为含水率8%～11%是蒸压灰砂砖的最优含水率，它比烧结砖最优含水率低10%左右，这是由于免烧结砖的蒸压粉煤灰砖和蒸压灰砂砖的初始吸水速度比烧结砖慢的原因。对于混凝土砖由于其砖的表面很粗糙，砌体抗剪强度比烧结砖砌体高达50%左右，设计规范中的设计值比较安全，因而不考虑混凝土砖含水率对抗剪强度的影响。

3. 免烧砖砌筑时含水率对墙体干缩的影响

免烧砖与烧结砖性能最大的差别在于：烧结砖上墙体后会吸收砂浆中水分而体积膨胀，失水后体积却很少收缩；而免烧砖失水后却干燥收缩量比较大，易造成墙体开裂；这是影响免烧砖大量使用的最主要原因。

(1) 干燥收缩与使用中的干燥收缩率。制订砖材料标准中的干燥收缩率通常是指砖浸泡在水中，饱和水状态下至绝对干燥过程中单位长度的收缩值。在实际应用过程中，影响砌体开裂的收缩变形是使用阶段的干燥收缩率。它是砖从砌筑含水率到平衡含水率这个失水过程中，单位长度的收缩值。其值大小与材料的干燥收缩率、砌筑时含水率相关。砌筑时含水率的大小，取决于施工时对砖含水率的控制，平衡含水率则取决于施工时环境温度和湿度的条件。使用阶段干燥收缩如图 2 所示。

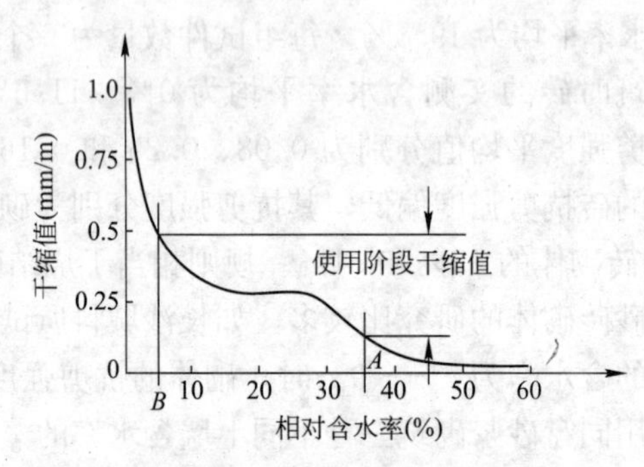

图 2　使用阶段干燥收缩

A—上墙时相对含水率；*B*—平衡相对含水率

（2）砌筑时含水率与环境对使用阶段干燥收缩的影响。为更加了解环境和砌筑时含水率对使用阶段干燥收缩的影响规律，取出 60 块同一釜生产的蒸压粉煤灰砖，另取 20 块烧结普通黏土砖，分为 3 组。1 组 30 块蒸压粉煤灰砖，为不浇水自然状态的砖，质量含水率为 8.6%；另一组 30 块蒸压粉煤灰砖在试验前一天，按照施工规范要求进行浇水，开始试验前砖的质量含水率为 14.7%；第 3 组取 10 块烧结普通黏土砖，也是按照施工规范要求进行浇水，砖的质量含水率为 4.1%。试验前，先测量每块砖的质量及其初始长度。

再将每组砖再分为 3 个组，烧结黏土砖分为两组，每组 10 块，把每组砖分别置于干燥环境［即 20±3℃，湿度(45±5)%］，中等环境［即 20±3℃，湿度(65±5)%］和潮湿环境［即 20±3℃，湿度(85±5)%］中，砖与砖之间的间距保持在 50mm，使其干燥。按照现行《砌墙砖试验方法》GB/T 2542—2003 规定，分别在 1d、2d、3d……67d，测量其重量和长度，最后烘至绝干，测得干重和干燥状态下的长度。不同含水率的砖在不同干燥环境下，经过 67d 的养护，砖在空气中失水已经稳定，达到平衡含水率。在养护过程中砖的单位长度的干燥收缩值，可以看成是砖在使用阶段的干燥收缩率，见表1。

67d后各不同砖的水分蒸发和干缩值 **表1**

试验环境	未浇水的粉煤灰砖		浇水的粉煤灰砖		烧结黏土砖	
	水分蒸发(%)	收缩量(mm/mm)	水分蒸发(%)	收缩量(mm/mm)	水分蒸发(%)	收缩量(mm/mm)
干燥环境	59.4	0.155	76.8	0.267	89.7	0.005
中等环境	29.9	0.054	56.5	0.178	—	—
潮湿环境	2.41	0.042	24.2	0.048	62.1	−0.040

注：收缩值负值表示的是膨胀。

从表1可以看出，砌筑时含水率大的砖干燥收缩值大于砌筑时含水率小的砖，浇过水的粉煤灰砖在干燥、中等和潮湿环境下的干燥收缩值分别为不浇水粉煤灰砖的1.72倍、3.3倍和1.14倍。环境相对湿度越大，砖的平衡含水率越大，砖的干燥收缩也越小，如浇过水的粉煤灰砖在干燥、中等环境下的收缩值分别是潮湿环境下的5.6倍和3.7倍。黏土砖的干燥收缩值却很小。

4. 免烧砖砌筑前含水率变化

与烧结砖不同的是，免烧砖出釜(模)后，砖自身含有的水分会逐渐向外蒸发，对上述3种不同砌块出釜(模)后的含水率变化进行测试，3组试件含水率变化见表2，变化规律如图3所示。

免烧砖出釜(模)后含水率变化 **表2**

免烧砖种类	试件数量	吸水率(%)	出釜(模)后含水率(%)	平衡含水率(%)
混凝土砖	10	7.5	3.32	2.0
蒸压灰砂砖	200	19.8	4.73	2.7
蒸压粉煤灰砖	10	21.2	8.98	1.9

注：混凝土砖及蒸压粉煤灰砖环境湿度为55%～70%；蒸压灰砂砖环境湿度为60%～70%。

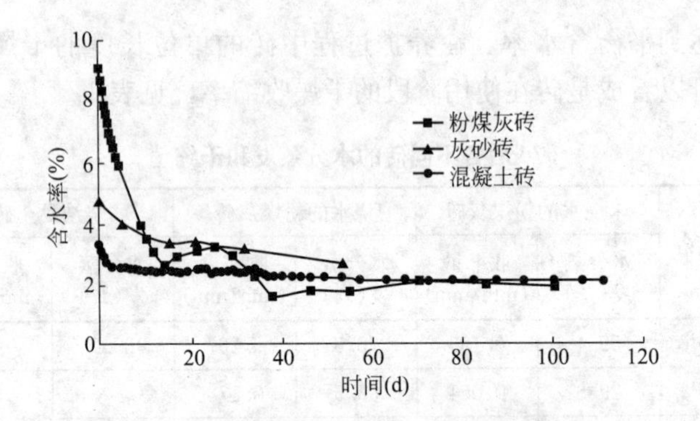

图3　非烧结砖出釜后含水率随时间变化规律

从图3可以看出，如果蒸压砖出釜后在场地遮雨条件下存放7d出厂，混凝土砖出模后在场地自然养护28d出厂，送到工地时的混凝土砖、蒸压灰砂砖和蒸压粉煤灰砖的含水率分别为2.34%、3.83%和4.67%。需要说明的是，这些砖是在分散且每块之间相距一些距离的情况下测量的，事实上现场砖是码放整齐紧靠的，其含水率还要多。一般在自然状态下，灰砂砖的含水率在5%～7%之间，包装的粉煤灰砖的含水率一般在5.5%～8%之间。

5. 免烧砖砌筑时的合理含水率

过去的几十年间对于砌筑砖的合理上墙含水率的考虑，仅是砂浆铺砌时的可操作性和砌体强度影响因素两个方面。这对于烧结砖是可行的，但是对于免烧结砖，由于其干燥收缩率较大，在墙体中会产生裂缝，影响到其整体耐久性能。因此，对免烧结砖上墙砌筑时的含水率的正确确定，不仅考虑对砌体强度的影响和可操作性，还必须考虑其干燥收缩变形不要超过规范允许值。

（1）方便可操作性。免烧结的蒸压粉煤灰砖和混凝土砖的初始吸水率仅是烧结砖的49%和65%，铺摊砂浆时砖从砂浆中吸收的水分则大大减少。另外，蒸压粉煤灰砖的初始吸水率仅为0.0017g/(min·mm^2)，接近规范中要求的无需浇水的初始吸水率仅为0.0016g/(min·mm^2)的规定。免烧结砖采取未浇水砖砌筑时，对摊铺砂浆影响不大，但长度必须在500mm以内。同时，在气候比较热时，要随着温度变化调整砂浆稠度，掺用保水性好的外加剂增加其和易性，并把砖表面喷湿再砂浆就位。

（2）干燥收缩率。用免烧结砖砌筑的墙体，控制其裂缝应该从三个方面入手。首先，是限制干燥收缩率较大的砌体块材用于砌筑。其次，是在设计时通过构造措施，如在水平灰缝配筋"抗"或者设置控制缝"放"的方法，约束或释放砌体的干燥收缩变形。最后，是在施工过程中采取防范措施，尽量减少墙体在使用过程中产生的干燥收缩变形。

另外，墙体所在的环境条件与房屋所在地区的气候条件朝向有关，它在长期使用中墙内砖的平衡含水率大小相关。当原材料和所在的环境条件确定时，尽量降低砌筑时砌块的含水率，是减少墙体在使用阶段干燥变形的有效措施。如果按照现行的砌体结构设计规范要求，免烧结砖砌筑干燥收缩率不超过0.2mm/m的规定值，按照表1的试验结果值，浇水砖在干燥环境中会满足不了规范要求。

（3）对强度影响问题，免烧砖砌筑时的合理含水率存在着最佳相对含水率在43%～55%之间，它对砌体抗剪强度有一定影响。当含水率小于最佳相对含水率时，砌体抗剪强度会随含水率的减少而降低；当含水率大于最佳相对含水率时，砌体抗剪强度会随含水率的增加而降低。

如果免烧砖砌筑前未浇水湿润，其间含水率约为5%～7%，对蒸压粉煤灰砖和蒸压灰砂砖而言，吸水率为20%，其相对含水率则为23%～45%，含水率对抗剪强度有一些小的影响。不浇水的免烧砖砌筑的墙体抗剪强度，相对于最佳砌筑含水率的砌体有明显降低。对于表面比较光滑的蒸压粉煤灰砖和蒸压灰砂砖，其砌体抗剪强度本身就比烧结砖要低，更加不利于结构抗剪和抗震。在设计中遇到抗剪或抗震承载力不够时，可选择使用专用砂浆来提高砌体的抗剪强度。

通过上述分析和研究探讨可以认为，免烧结砖砌筑时的含水率大小直接影响砌筑的可操作性能，含水率过多砂浆流淌，砌体灰缝厚度不均匀墙体不正，含水率过少砂浆过干，砌块还要吸收水分，基本上没有和易性，但是对于免烧砖这种影响要小得多；免烧砖砌筑时的含水率大小直接影响使用阶段的干燥收缩率。含水率过小，使用阶段干燥收缩率小，采用浇水砖砌筑，会导致干燥环境下的墙体开裂；最佳相对含水率免烧结砖砌体的抗剪强度最好。

可以考虑对免烧结砖在砌筑前不浇水湿润，只要自身有5%～8%的含水率即可。这样会减少免烧结砖砌体的干燥收缩值，但是在气候干燥炎热时砌筑，应该在砌块表面喷湿再就位。现在条件下砌筑时，优先采用专用砂浆来提高墙体的整体抗裂性和保水性，使建筑砌体裂缝大大降低，提高整体耐久性刚度。

9 混凝土小空心砌块墙体裂缝原因和预防

新型墙体材料由于节省土地资源，保护耕地和节能环保，同时还具有质轻、高强、保温隔热、施工简便的优点。随着新型墙体材料的广泛使用，也产生了一些缺陷及弱点，如使用最多的混凝土小型空心砌块的开裂就是具有代表性的质量问题。其原因是多方面的，但主要还是从材料性质、设计构造、温度影响、地基沉降及施工控制环节方面，对砌体产生裂缝的普遍性进行分析探讨，在总结问题的同时，提出预防和治理的具体方法。

1. 混凝土小型空心砌块的开裂原因

1.1 材料方面

(1) 混凝土小型空心砌块是由混凝土基本材料所组成。混凝土是一种松散型复合材料，主要由水泥、粗细骨料、水及气体的非均质材料用水泥胶结而成，在温度、湿度出现变化的特定条件下，混凝土凝结强度逐渐提高，体积也会有一些收缩变形。由于水泥干缩性较大，骨料自身几乎不变化，它们之间的变形不是自由状态，一般在约束应力下(当水泥浆的热膨胀系数大于骨料热膨胀系数时，即水泥浆与骨料的热膨胀系数是不相同的，骨料的热膨胀系数通常是 0.7×10^{-5}/℃，而混凝土的热膨胀系数通常是 1.0×10^{-5}/℃，不同类型骨料生产的混凝土热传导系数也不同)，界面上会产生拉应力，此时会造成混凝土的开裂损坏。同时，混凝土结构内由于水化热产生的温度变形，收缩引起的表面拉应力，当拉应力达到界面强度时，会在表面最薄弱的部位首先开裂，因而使空心砌块产生细微的开裂。

(2) 混凝土在水泥硬化过程中自由水逐渐蒸发，会引起混凝土的干燥收缩，引起砌块自身开裂。由于砌块自身的不足，制作成型后正常情况是需要养护 28d，而实际上从生产到使用龄期远远养护不到期，在使用后也不会再继续养护，这也是造成开裂的一个原因。

(3) 混凝土胶凝物质在自然环境中的 CO_2 影响作用下，会引起碳化收缩造成混凝土自身开裂。砌块上墙砌到位后，由于水泥浆收缩，也会引起墙体内部产生一些应力。当这种应力大于墙体的抗拉、抗剪强度时，墙体就会产生裂缝。

(4) 由于空心砌块是由混凝土组成的一种墙体砌筑材料，具有脆弱的特点，在加工及养护运输过程中，因搬运、振动会产生微小裂纹，上架砌筑后在外界影响下会使砌体产生裂缝。同时，因为生产厂家设备质量差异，导致生产出的砌块本身密度与强度、外形规格达不到质量验收标准，含水率高，缺棱少角，不能防潮，干湿不匀也是收缩率相差较大、开裂的一个原因。

1.2 设计构造方面

设计人员不了解材料的特性，缺乏对砌块材质在上墙以后可能产生问题的经验，在节能保温设计中仍然采取传统墙体材料的选择要求，在构造设计上没有采取防裂措施。形成新型墙材未能用新的方法施工，而是用已经淘汰的实心黏土砖的习惯做法施工，这样墙体及抹灰肯定会出现开裂的问题。

1.3 温度应力的影响问题

自然环境下，温度的变化会使砌块产生热胀冷缩变化，在特定条件下胀缩变形引起的温度应力足够大时，墙体就会产生温度裂缝。混凝土小型空心砌块的温度线膨胀系数是 1.0×10^{-5}/℃，是实心黏土砖的两倍还多。因此，混凝土砌块对温度变化比较敏感，极容易受到温度变化而变形，其后果是墙体开裂。从而可以看出，温度变化是墙体产生早期开裂的主要原因。同时，由于砌筑砂浆、砌块与钢筋混凝土板之间线性膨胀系数不同，使得各部位的变形也不同，使处于约束状态下的墙体出现不一致的变量，造成薄弱处的开裂。温度的变化引起墙体开裂在房屋工程中一般可分为两种情况：

(1) 屋顶下部墙体开裂，这是由于钢筋混凝土屋面和混凝土小型砌块墙体的线膨胀系数不同，屋面板与砌体的温度变形差较大，而且刚度也不相同。当屋面板产生膨胀时，墙体约束了屋面板的变形，房屋顶层端部墙体内的主拉应力较大，同时也受墙体干缩和窗洞角点应力集中的影响，因而很容易在顶部墙体的两端产生斜裂缝及水平裂缝。严重时，会引起下层墙体开裂。裂缝形态主要表现为纵墙和横墙上出现八字形缝，屋顶和墙体之间的水平或包角缝，门窗洞口上角部的斜裂缝等。

（2）房屋在正常使用条件下由温度和砌体干燥引起的墙体竖向裂缝，这是建筑物在低温和砌体在干缩作用下，墙体中间的主拉应力较大，易造成自上而下的贯通裂缝。当墙体长度过长超过规范允许值但未留伸缩缝时，还会产生多条竖向裂缝。

1.4 地基沉降不均匀方面

现在建筑物的体量一般都比较大，地基土层松软且土分布不均匀，土质差异大或者建筑高差大，荷载分布极其不均匀时，都会造成建筑物的不均匀沉降，使墙体在变形翘曲作用下产生剪切，形成主拉应力过大，从而使建筑物墙体结构内产生附加应力。当拉应力超过砌体的抗拉强度时，则会产生裂缝。

1.5 施工控制方面

混凝土空心砌块块形大于黏土砖且有许多孔洞，操作人员对砌块砌筑不够规范、不认真，表面湿润环节过于轻视，灰条铺的厚度不匀，致使水平和竖向灰缝砂浆不密实饱满，块与块之间接触面积小，达不到规定的砂浆饱满度要求，从而削弱和降低了墙体抗剪、抗拉及抗弯变形能力，引起墙体的开裂。

对加工出厂采购进场的砌块，未能养护到期的砌块继续保湿养护，堆放不到位，保护不力，雨淋或下层过湿仍砌筑，这也是干缩不一致造成开裂的另一个主要因素。

2. 对空心砌体开裂的预防措施

2.1 砌块制作及进场过程的控制

目前在砌块的生产环节存在加工设备质量低劣、质量体系不健全的现实，使生产出的砌块密度达不到要求、外形几何尺寸偏差超标、缺棱少角、含水率高、不进行防潮包装、养护龄期不到等问题。针对这些不足，应采取的应对措施是：

(1) 通过调研，引进先进的生产设备，淘汰手工简易作坊式的加工制作方式，改进生产工艺，达到砌块的质量要求。

(2) 混凝土级配要合理，骨料自然级配合宜且干净，水泥用量要控制，外掺合料如粉煤灰不能超过水泥用量的25%。采用火山灰多孔材料作骨料时，要抓住振捣这一环节，时间略长，确保振捣密实，同时根据不同品种水泥，掌握振捣时间。

(3) 对进场的成品，加强砌块的外形尺寸检查，强度等级、含水率等应经过严格检查，符合质量要求的才能进场使用，并注明生产日期、产品合格证及质量检验报告。对砌块的运输及堆放，要防止地面浸泡及上部雨淋，不乱去磕碰，保证边角完整，不到期的要继续养护等。

2.2 设计控制方面

对建筑体形复杂的构造，为防止或减轻在使用过程中由温差和砌块干燥引起墙体的竖向裂缝，要在适当部位留置伸缩缝。伸缩缝起沉降及防震缝作用，当建筑外形超过一定范围时必须设置。同时，还要根据工程特点采取一些构造措施。

(1) 增加基础梁的高度或增大地圈梁，确保基础有足够的强度和刚度；在地基土质不均匀的情况下，底层窗台墙体的第二条及第四条水平灰缝中埋设钢筋或钢丝网片，并伸入窗间墙内不小于500mm，也是减少竖向裂缝的构造措施。采用钢筋混凝土预制窗台板，两端伸入墙内500mm。

(2) 在墙体转角处和纵横墙交接处，宜沿竖向每隔500mm高埋设拉结筋，其数量不少于2根，埋入墙内每侧为1m。对于砌块围护墙，要在底层门、窗过梁上部水平灰缝内及窗台下的第一二皮水平灰缝内，设置焊接钢丝网片或埋筋。无论是网片还是埋筋，每侧伸入不少于500mm长度。在建筑物墙体中的灰缝埋设钢筋拉结加强带等。

(3) 根据建筑物的不同特点，如土质、气候环境、抗震烈度、基础布置形式、平面布置及外形特点，综合采取上述构造措施。

2.3 施工质量控制

加强施工全过程的管理，严格按照施工质量验收规范控制施工，采取具体措施确保质量。

(1) 严格控制砌块的龄期，不到期的砌块要继续养护。砌筑工人必须执证上岗，在砌筑前做技术交底，对过程提出要求和关键控制点。做好砌块的排序布置，严格砌筑方法，做到上下错缝，水平搭接压槎符合长度要求。

(2) 砌体采用专用砂浆施工，保证粘结力强，和易性好。稠度在50mm左右的混合砂浆，一般不要采用水泥砂浆。确保底层及顶层砂浆强度不低于M7.5级，增加抗压抗剪及整体刚度。下层窗台下部增加配筋或返拱，抵抗基础反作用力。砌筑时水平灰缝和竖向缝必须饱满，按规定水平灰缝饱满度不低于90%，而竖向灰缝饱满度不低于80%，杜绝瞎缝和透明缝存在。不允许水浸透的砌块上墙。

(3) 控制砌块的日砌高度，非承重砌体应分次砌筑，每次砌筑高度不超过1.5m，以避免新砌体压缩变形量过大。当墙壁设有暗管埋线时，要使用两种材料带纵横槽的异形辅助砌块，砌筑过程要配合水电等专业人员要求，保证留管位置准确，横平竖直，不允许在砌块上开槽凿洞，造成砌块的削弱及降低刚度。另外，砌体不宜吊挂重物，应考虑用挑板及阳台安放空调等设备。

(4) 墙体与构造柱连接处按规范要采取留置“马牙槎”并预设拉结筋的方法处理，按习惯砌块留置是先退后进，但一些地方质监部门却要求先进后退，减小了混凝土量，这样是否可行值得商榷。由于空心砌块壁比较薄弱，水平灰缝的接触面较小，要选择塑性好的砂浆砌筑，使其粘结牢固。砌时砌块底面朝上，铺浆均匀饱满、水平整齐，竖向灰缝也要挤紧密实。

(5) 对于砌块的搬运和堆放必须要有规定，搬运轻拿轻放，不允许野蛮装卸。堆放整齐，有防雨设施，还要防止有裂缝的砌块用在墙上，会产生一条干裂缝削弱墙体，砌块内伤会释放其内应力。

2.4 装饰抹灰质量控制

要改变传统的抹灰工艺和做法，按照“逐层渐变，柔性抗裂”的原理进行抹灰。“逐层渐变，柔性抗裂”的基本做法是：各构造层满足允许变形与限制变形相统一的原则。各层材料的性能满足随时分散和消解变形应力，各层弹性模量变化指标相匹配逐层渐变，外部的柔韧变形量高于内层的变形量。按照这个思路建立的柔性渐变抗裂方法，可以有效地吸收和消除应力变形，解决好外墙表面易产生有害裂缝的技术构造难点。

（1）对面层处理时要选择用抗裂柔性憎水腻子，底层用可透气的高分子乳液弹性涂料，柔性憎水腻子与弹性底层涂料两者配合使用，不仅能满足面层变形的要求，而且还具有良好的透气和防水效果，并具有抗冻融及外装饰的作用。

（2）对于砌块墙体的外部抹灰装饰，应该在建筑物封顶二周以后进行，以保证墙体有一个干缩、沉降、稳定的过程，减少以后的涂刷层开裂及可能的局部变色。建筑物顶层的内墙抹灰要在屋面的保温、隔热及防水一系列工作完成后再进行，也是为了减少温差效应。外墙抹灰的顺序应自上而下进行，便于控制垂直度及平整度，方便拆除脚手架，更对防止干缩裂缝有利。

3. 对墙体裂缝的防治

外围护墙体材料选择使用混凝土砌块，无论是材质、设计及施工过程中，都要减少和避免裂缝的产生。但是一些工程结构或者其中某些部位，因受限于实际条件而无法控制，难免会产生开裂，其后期的治理也在所难免。对于出现的裂缝，在允许宽度范围内不需要处理；而当超过一定值时，应在不损伤墙体的前提下进行处置。

（1）对于不影响美观和使用功能的裂缝，当找不出其产生原因且情况复杂时，可以暂时不采取处理措施，但是要定期观察裂缝的变化情况，待其开裂停止后，再将裂缝附近的抹灰层铲除干净，重新固定钢丝网片抹灰处理。

(2) 当墙面水平或竖向出现较长裂缝(纹)时，处理方法是用切割机将裂缝两侧切成V形槽，再进行凿开处理。不论是切槽还是凿除，都必须对槽内清理干净，冲水湿润，再用高于原级配砂浆补抹平整。

(3) 墙面裂缝数量比较多时，可采取灌浆方法处理。如果裂纹比较密时，可以采取铲除砂浆层，固定钢丝网片重新抹面并加强养护，使其强度及墙面整体性提高。

混凝土小型空心砌块墙体的裂缝十分普遍，也是可以治理的质量通病。防治是一个系统工程，只要材质、设计、施工、科研及监督部门齐抓共管，共同努力，找出产生裂缝的原因及关键所在，有针对性地提出预防和治理措施，混凝土小型空心砌块墙体的裂缝是完全可以防治并确保围护墙体使用安全的。

10　建筑砌筑砂浆施工强度的正确控制

现行的建筑行业标准《建筑砂浆基本性能试验方法标准》JGJ/T 70—2009已经实施，新标准对建筑砂浆试块的抗压强度制作方法，养护措施及抗压强度值提出了具体要求。

首先，对制作试件的试模规定采用有底模；对试件成型方式是根据拌合的稠度而定，规定稠度大于50mm时宜采用人工插捣成型，当稠度小于50mm时宜采用振动台振实成型；对于试件的养护，按标准条件不再区分水泥砂浆、水泥混合砂浆和微沫砂浆，温度统一为20±2℃，相对湿度为90%以上。

其次，对于试件的数量，标准要求抗压强度以3个试件测值的算术平均值作为该组试件抗压强度值，当3个试值的最大或最小值与中间值的差超过15%时，取中间值作为该组试件的抗压强度值；当2个测值与中间值的差值均超过15%时，该组试件结果无效。

最后，对于砂浆试件抗压强度的计算，其抗压强度的精确度至0.1MPa，计算公式为：

$$f_{m,cu}=K \cdot N_u/A$$

式中　$f_{m,cu}$——砂浆立方体试件抗压强度(MPa)；

N_u——试件破坏荷载(N)；

A——试件承压面积(mm^2)；

K——换算系数，取1.35。

现行国家标准《砌体结构设计规范》GB 50003—2001中规定，在砌体强度计算中，砌筑砂浆强度均是采用同类块体为砂浆强度试块底模，因此规定“确定砂浆强度等级时应采用同类块体砂浆强度试块底模”。在上述两本建筑规范一些内容不协调的现状下，采取一种切合工程实际的方法，便于按照砌体结构施工中砌筑砂浆强度的控制措施，也是现实问题。

1. 建筑砌体砂浆强度的重要性

(1) 砌筑砂浆试件抗压强度只是送样强度。在过去的几十年中，由于国内建筑砌体用材料几乎都是用烧结黏土砖，相应的规范及标准也是针对当时的材料特点来定的。其中，对于砌筑砂浆立方体试件抗压强度试验方法也是如此。当时制定标准的真实意图是，力求使砌筑砂浆立方体试件与砌体中灰缝砂浆所处的环境状况相一致。但是由于它们之间实际上存在很大的差异，如试件尺寸远大于灰缝的厚度；黏土砖作为砂浆的底部若是比较干燥时，吸水面仅为一个面，但是砌体中的水平灰缝砂浆的吸水面是两个，竖向灰缝砂浆的吸水面为 3～4 个，而新砌筑的水平灰缝砂浆受上部砌体的增加重量上升，其密实度远高于试件砂浆的密实度。砂浆试件与砖缝中砂浆的条件及环境不同，尤其是养护更不相同。存在的这些差别说明，砌筑砂浆试件的抗压强度检测值只是在一种特定试验条件下的抗压强度，并不是真正意义上的灰缝砂浆强度，两者存在一定的差异性。因此，砌筑砂浆立方体试件抗压强度应看做是砂浆的自身强度。

(2) 砌筑砂浆立方体试件抗压强度应当统一而非只是自身意义上的强度。由于传统原因和历史的局限性影响，我国建筑类相关标准之间存在着互不协调的问题，对于砂浆试件的规定属于协调一致的问题。进入 21 世纪，国家加大了对环保节能的监管力度，各种新型建筑墙体材料的研发生产成果显著，在引进国外同样材料的基础上，结合国内实际有多种材料已应用到墙体工程中，并不断得到改进和提高，使之更加完善。

同样，当采用已经“确认砂浆强度等级用同类块体为砂浆强度试块底模”的规定，容易造成同强度等级的配合比设计，预拌砂浆在生产中的不规范，阻碍着预拌砂浆的广泛使用。同时，也不利于砌体结构施工中对砂浆强度的验收评定。如果采用带底试模制作试件，也就不存在砂浆强度等级用同类块体为砂浆强度试块底模的问题。

(3) 砖作底模的不足及带底试模关系。自20世纪50年代我国砂浆试件无底模的规定，是沿用前苏联砌体规范的规定："底砖采用吸水率不大于15%，含水率大于2%的烧结黏土砖。"国内相关标准也规定制作砂浆立方体试件抗压强度试件的底砖含水率大于2%，砖的吸水率不小于10%的规定。从中可以看出，当时标准的规定只是限制了砖的最小吸水率，却没有考虑到烧结黏土砖吸水率过大对试验结果产生的不利影响。这主要是由于我国地域环境条件差别较大，经济发展水平不平衡，各个地区制作黏土砖土质的差异，生产设备及工艺条件、管理水平都不同，造成黏土砖生产中原材料、坯料、坯体成型、煅烧温度及窖内均匀性状况都存在差异，从而使烧结黏土砖的吸水特性会有所不同，可能有明显的吸水差异性。据资料介绍，通过对北京、成都、西安、长沙、江阴及广州几个城市对烧结普通黏土砖实测吸水率的数值看，吸水率的变化幅度很大，最高为21.4%，最低则只有13.3%，高低相差达1.6倍。

由于施工现场气候情况，为方便施工要有良好的和易性，砌筑砂浆需要有适宜的稠度。这样砂浆拌合时用水量的控制，远比水泥水化所需要的水量多，而水泥水化所用的水为水泥重量的18%就足够了。在砌体用的砂浆中，多余的大量游离水与砖块接触后立即被吸收，使砂浆的密实度与强度有所提高。底砖不同的吸水率对砂浆试件抗压强度的影响是明显的。其规律是：当砖的含水率小于5%时，强度基本保持不变；当砖的含水率超过5%时，强度随底砖含水率的增加而呈现出直线式下降，其变化幅度为底砖含水率每增加1%，砂浆试件抗压强度约降低5%。

同时，还要强调的是，底砖使用不规范也会直接影响砂浆试件抗压强度的最后结果。例如：在具体操作中，一般现场不可能都把底砖烘干，含水率很难完全达到标准要求；也有的将底砖重复使用，造成水泥砂浆堵塞砖表面粗糙毛孔，降低了底砖的吸水率和吸水速度。经验表明：如果底砖使用后再烘干，重复多次使用，底砖吸收砂浆水分的速度将降低很多，达到20%左右的量。

现在，由于重视现场的文明施工及砌体材料质量的稳定性，近年来研究开发和应用了多种墙体材料，在节能环保的大趋势下为更好地推进建设工程规范标准化，促进新技术新材料的应用，砂浆试验方法也应与时俱进，引用发达国家通行的带底模制作试件的方法，统一砂浆自身强度为砌体强度。

2. 不同材质底模对砌筑砂浆立方体试件抗压强度的影响

（1）不同底模试验结果。对于不同材质底模对砌筑砂浆立方体试件抗压强度的影响问题，一些试验部门进行了研究。其中对钢底模与烧结黏土砖底模砂浆强度比试验的量比较大，收集了陕西建筑科学研究院、上海市建筑科学研究院、重庆市建筑科学研究院及四川建筑科学研究院、西安交通大学、长沙理工大学及江阴市建筑工程质量检测中心等单位的试验数值，统计的砌筑砂浆包括：水泥砂浆、水泥石灰砂浆、水泥稠化粉混合砂浆、共收集79组，其值为0.34～0.745MPa之间，平均值为：0.561MPa，均方差：0.108MPa。砂浆强度等级是以烧结黏土砖底模砂浆强度试件统计，包括M2.5、M5.0、M7.5、M10、M15及M20；砂浆稠度为42～100mm。从这些试验统计数据可以看出，同一配合比的砂浆，钢底模砂浆试块强度平均为烧结黏土砖底模砂浆试块强度的56.1%，即烧结黏土砖底模砂浆试块强度为钢底模砂浆试块强度的1.78倍。

对于蒸压粉煤灰砖、蒸压砂加气混凝土砌块、蒸压灰砂砖、混凝土砖、混凝土小型空心砌块为砂浆试块底模的比对情况是：灰砂砖/黏土砖的强度比平均值为0.775；粉煤灰砖/黏土砖的强度比平均值为0.817；粉煤灰砖/页岩砖的强度比平均值为0.809；混凝土小型空心砌块/黏土砖的强度比平均值为0.588；页岩砖/黏土砖的强度比平均值为1.04；蒸压砂加气混凝土砌块/黏土砖的强度比平均值为0.857；混凝土砖/钢底模的强度比平均值为1.225。从这些试验数据分析可以看出，蒸压灰砂砖、蒸压粉煤灰砖和加气混凝土砌块为砂浆试块底模的砂浆强度，为烧结黏土砖底模砂浆强度的0.775～0.857倍；混凝土砖砂浆试块底模的砂浆强度，为钢底模砂浆强度的1.225倍。

（2）不同底模试验结果的分析：

1）钢底模砂浆试验强度与烧结类砖砌体砂浆强度的比较看出，当强度比为正态分布时，黏土烧结砖底模砂浆试件强度的1.35倍以上的概率为95.25%，也就是烧结黏土砖底模砂浆试件强度未达到钢底模砂浆试块强度的1.35倍概率的4.75%。对此行业标准《建筑砂浆基本性能试验方法标准》JGJ/T 70—2009中对于砂浆立方体试件抗压强度计算公式的换算系数，按1.35取值是合适的。

2）钢底模砂浆试块强度与蒸压类砌块砂浆强度的比较。由于蒸压类砌块材质的吸水特性最显著的特色是初期吸水速度较烧结黏土砖类慢得多，而烧结黏土砖类底模的砂浆强度为钢底模砂浆试块强度的1.78倍，结合蒸压类砌块为砂浆试块底模的强度等于钢底模砂浆试块强度的1.38～1.53倍，而最低值也大于现行行业标准JGJ/T 70—2009中关于砂浆立方体试件抗压强度计算公式的换算系数应取为1.35。说明现行行业标准JGJ/T 70—2009确定的砂浆立方体试件抗压强度，是满足安全要求的。

对于混凝土砖、混凝土小型空心砌块及石材为砂浆试块底模时的强度与钢底试模的对比数据比较少，分析并不是很充分。由于这类块材本身的吸水率很小或基本不吸水，且初期吸水率也很慢，用此材料作砂浆试块底模时，砂浆强度会低于蒸压类砌块作底模时的强度。从安全方面考虑，应在换算系数K值时降低20%左右，即采用1.08的换算系数较好。此时，砌筑砂浆配合比的设计应当提高一个强度等级，预拌砂浆也应按要求的强度等级提高一个级别。

（3）块材底模砂浆试块强度与钢底试模砂浆试块强度比值的不确定性。对于同一类块材作砂浆试块底模时，砂浆试块强度与钢底试模砂浆试块强度比值是不确定的，这主要是与下列因素相关：1)各地区各不同生产厂家所使用的原材料、生产工艺的差异造成的块材密实度、吸水性能不同；2)砌筑砂浆种类也有差异、如使用的水泥砂浆、水泥石灰砂浆、掺入各种砂浆增塑剂的砂浆；3)拌制砂浆的水泥品种、用量及强度不同；4)砂浆的稠度不同等。因此，若统一使用带底试模的砂浆试块强度做为使用意义上的强度，不会得到某一类块材为底模的砂浆试块强度与带底试模的砂浆试块强度之间的固定换算值。据此可以认为，如果重新统一采用带底试模的砂浆试块强度为使用意义上的强度，可以避免不同之间强度的问题。

通过上述大量资料及经验的分析探讨，可以认为：砌筑砂浆立方体试件抗压强度应采用统一带底试模使用意义上的强度，该强度应以带底试模来制作试块，按现行的建筑行业标准《建筑砂浆基本性能试验方法标准》JGJ/T 70—2009 试验方法确定。对于烧结类黏土砖、页岩砖、蒸压类粉煤灰砖、灰砂砖及加气混凝土砌块砌体的砂浆立方体试件抗压强度，执行现在 JGJ/T 70—2009 标准规定。对于混凝土砖、混凝土小型空心砌块、石材砌体的砂浆立方体试件抗压强度，在执行 JGJ/T 70—2009 标准的同时，换算系数 K 值的数值应下调 20%，此时的砌筑砂浆配合比设计应该提高一个强度等级；而预拌砂浆应按设计要求的强度等级提高一个级别应用。

现行国家规范《砌体结构设计规范》GB 50003—2001 中的强制性条文："确定砂浆强度等级时应采用同类块体为砂浆强度试块底模的规定。"在此建议进行修改为"砌体的计算指标对应的砂浆强度等级，宜根据同类砌块为试块底模的砂浆立方体试件抗压强度来确定"，比较接近实际达到灰缝砂浆的真正强度，而不是砂浆自身强度。

11 砌筑砂浆抗压强度应用中应重视的问题

建筑砌体结构的施工质量取决于较多因素，但砌筑砂浆的质量对砌体强度的影响最直接。如何通过正确的试验方法确定砌筑砂浆的强度，科学合理地对砌筑砂浆质量进行验收，是建筑行业内一个现实的问题。现行行业标准《建筑砂浆基本性能试验方法标准》JGJ/T 70—2009 中，对建筑砂浆立方体抗压强度试件的制作方法、试块抗压强度的取值作了规定。现行国家标准《砌体结构工程施工质量验收规范》GB 50203—2011 已颁布，在总结分析现行标准对砌筑砂浆质量规定的基础上，对砌筑砂浆合格条件、验收批试块数量、制作试块稠度等也作出了规定。

如何在工作中理解和执行现行标准规范，特别是在一些相关标准之间存在不很协调情况下，以下对砂浆立方体抗压强度试验及施工中砂浆强度验收问题进行探讨。

1. 原标准砂浆立方体抗压强度试验要求

(1) 原标准砂浆立方体抗压强度试验方法规定。在行业标准《建筑砂浆基本性能试验方法标准》JGJ/T 70—2009 执行前，建筑工程中有关砌筑砂浆立方体抗压强度试验方法一直采用《建筑砂浆基本性能试验方法》JGJ/T 70—90 中的规定，即采用无底试模制作砌筑砂浆立方体抗压强度试件。在试件制作时，把无底试模放在提前铺有吸水性较好的普通黏土砖上，也就是砖的吸水率大于 10%，含水率小于 2%。再按顺序及要求在试模内倒入拌好的砂浆，插捣成型停顿半小时抹压平整，静放一昼夜后拆模养护 28 天，试压后得到实际强度。砂浆试件的强度是以 6 个试块测定值的算术平均值作为该组试件的抗压强度值。当 6 个试块的最大值和最小值与平均值的差值超过 20%时，以中间 4 个试块的平均值作为该组试件的抗压强度值。

(2) 原砌筑砂浆试件立方体抗压强度为“名义强度”。在较长的时间内墙体砌体材料，几乎都是烧结的普通黏土砖，因此，相应的标准也是按照这种材料制定的。对于砌筑砂浆立方体抗压强度，试验方法也是如此。标准是力求砌筑砂浆试件与灰缝砂浆所处环境趋于相似，但事实上之间存在巨大的差异，如试件尺寸远比灰缝砂浆厚度大得多，用黏土砖作底模时用干砖，且吸水时仅为一个面，但水平灰缝砂浆吸水面为两个面，竖向灰缝为多个面。新铺砌的水平灰缝砂浆受到上部砌块自重压力，其密实度远高于试件砂浆，而砂浆试件与砌筑灰缝砂浆的养护条件不同等。上述这些差别表明，砌筑砂浆试件的抗压强度测定值，只是一个特定试验条件下的试块强度，并不是砌体灰缝砂浆的抗压强度，两者有较大的差异。对此，行业内有人将这样得到的立方体抗压强度称作“名义强度”。

(3) 底砖吸水率不同影响砂浆试块强度。由于我国幅员辽阔，南北气候条件差异较大，各砖厂制砖设备和土质、管理水平不同，制作过程中砖坯的处理和成型、窑内的温度均匀方面都有不同，吸水率变化范围比较大，最大吸水率长沙为 21.4%，最小吸水率江阴为 13.2%，前者为后者的 1.62 倍。《建筑砂浆基本性能试验方法》JGJ/T 70—90 中规定，制作砂浆底砖的吸水率大于 10%，含水率小于 2%。对于吸水率变化幅度很大的烧结黏土砖会产生一定影响。现行规范只是限制了最小吸水率，却没有考虑烧结黏土砖吸水率过大对试验产生的不利影响。

对于砂浆试块制作时底砖能吸收多少砂浆内水分，据介绍，甘肃省建科院曾对 114 块底砖做过测试，一块底砖含水率小于 2%的干砖，能吸收其上的 3 块砂浆试件的水分，约等于该底砖质量的 11%。如果按烧结砖干密度 1500kg/m^3 计算，相当于底砖吸收每块砂浆内 80g 的水分。当砌筑砂浆配合比设计中每立方体用水量为 300kg 时，试件尺寸为 70.7mm^3 的砂浆试件的拌合用水为 106g，吸收掉 80g 水后余下的水完全可以满足水泥砂浆水化的需水量，事实上还有大量游离水，自身只需要不足 20% 的水就可以了。

采用烧结普通黏土砖作为砂浆试块底模时，试块的强度随砖含水率的增加而降低。其规律是：当砖的含水率不超过5%时，强度基本上不变；当砖的含水率超过5%时，强度是伴随着砖含水率的增加而呈直线规律下降，其降低幅度是：底砖含水率每增加1%，试件的抗压强度会降低5%。由此可以这样认为，底砖吸水率不同对立方体砂浆抗压强度的影响是客观存在的，影响程度是明显的，但这种影响并未引起人们的关注。

(4) 相应标准对砂浆试件的制作并不相同。由于历史原因，现行的相关标准之间存在一些不协调的现象，砂浆试件制作方法就存在此类问题。墙体材料的这类技术性能指标，均与块材及砌筑砂浆的强度直接联系，在进行新型墙体材料有关物理力学性能试验时，砌筑砂浆试件大多采用与砌体材料相同的块材作无底砂浆试模的底。现行的《砌体结构设计规范》GB 50003—2001也对此作出了规定：确定砂浆强度等级时应采用同类块体为砂浆强度试块底模。标准之间的不协调带来的问题是：

1）对使用不同墙体材料的砌体结构工程的施工，无相应的配合比方法。要进行砂浆配合比设计，只能采取经验加试验的方法，这样造成人员及材料、时间的严重浪费。因为现在使用的墙体材料比较多，工厂生产的预拌干混砂浆难以满足不同材料及不同强度等级的需求，众多生产商提供的砂浆也很混乱，给工程造成损失或隐患是存在的。

2）在砌体工程施工中，砌筑砂浆立方体抗压强度试件制作中，当底模材料按国家规范GB 50003—2001选用时，由于对底模材料的含水率无明确规定，将会导致试验结果的不准确或偏差。

3）由于底模不同的砂浆要达到同一强度等级，需要改变材料组分，采用不同的配合比，从而导致价格的差异。但是工程预算定额对同品种、同强度等级的砂浆只有一种价格，故对施工企业提出调整价格的要求，很难得到认可。

2. 现行标准对砂浆立方体抗压强度的应用

(1) 砂浆立方体抗压强度的试验方法的规定。试模采用带底试模；砂浆成型方法应根据稠度确定，当稠度大于50mm时，宜采用人工插捣成型；当稠度不大于50mm时，宜采用振动台振实成型；试件标准养护时间不再区分水泥砂浆、水泥混合砂浆和微沫砂浆，均统一温度为20±2℃，相对湿度为90%以上；砂浆立方体抗压强度应以3个试件测定值的算术平均值作为该组试件的抗压强度值，当3个测定值的最大或最小值与中间值的差超过15%时，取中间值作为该组试件的抗压强度值，当2个测定值与中间值的差均超过15%时，该组试验结果无效。

从上述新旧标准规定看出，现行标准砂浆立方体抗压强度试件的制作方法有了根本性的改变，采用了国际上普遍采用的带底模制作砂浆立方体抗压强度试验的方法。经过这样的修改，由于带底模制作砂浆不再吸收拌合物中多余水分，使试件的密实度及抗压强度降低。对此，标准对砂浆试件立方体抗压强度的计算提出了计算公式：

$$f_{m,cu}=KN_u/A$$

式中 $f_{m,cu}$——砂浆立方体抗压强度(MPa)(应精确至0.1MPa)；

N_u——试件破坏荷载(N)；

A——试件承压面积(mm^2)；

K——换算系数，取1.35。

(2) 现行标准中要认真对待的问题。对于砂浆立方体抗压强度试验方法规定后，相关标准之间还有一些不协调的问题，在大量不同材质砌体中，砌筑砂浆采用了带底试模制作，用统一的“名义强度”确定砌体的计算指标，是科学合理的。在执行中遇到新问题、新情况再分析探讨。

1) 标准考虑到与砌体结构设计、施工规范的衔接，需要时可采用同墙体、同类砌体为砂浆试块底模进行立方体抗压强度试验。此时每组试件应为 6 个，其结果以 6 个试件测定值的算术平均值作为该组试件的抗压强度值，精确至 0.1MPa。当 6 个测定值的最大或最小值与中间值的差超过 20%时，以中间 4 个试件的抗压强度平均值作为该组试件的抗压强度值，这样规定是正确和必要的。

2）对不同材质墙体材料统一制作砂浆试块问题。据介绍，砖底模改为钢底模后强度降低幅度在 50%～70%之间，为了能同原规程《砌筑砂浆配合比设计规程》JGJ 98—2000 相匹配，钢底模测出的强度乘以 1.35 作为强度值，这就较好地解决了不同材质吸水率、吸水速度不同引起的强度值不同及离散性大的问题。同时，烧结黏土砖、烧结页岩砖、蒸压粉煤灰砖、蒸压灰砂砖及混凝土砖的吸水率和初始吸水速度各异，会出现砂浆试件底模所得的同配合比强度不同，同一底模比值也不固定；其规律是烧结类块材差异最大，蒸压类块材次之，混凝土类块材差异最小，建议取值为 1.8～1.2 的系数。

在施工中对烧结类块材及蒸压类块材砌筑砂浆强度等级，必须按设计要求进行，而对混凝土类块材砌筑砂浆强度等级，按设计要求再提高一个强度等级设计。

3）应采用保水性能好的新型砌筑砂浆。从上述分析中可知，在材料、配合比和试件制作、养护条件相同的情况下，砂浆立方体抗压强度变化主要与砂浆拌合物中水分的排除量多少有关，因此在砌体工程中使用保水性能优良的新型砌筑砂浆，不仅有利于提高砌体的砌筑质量，而且还使不带底砂浆试模底砖吸收砂浆中的水分减少，其试件强度与带底砂浆试模的试件强度差异缩小，甚至更接近。

4）砂浆稠度对强度的影响问题。砌体工程的施工使用砂浆的稠度，是根据所用块材的吸水速度、特点及气候条件等多种因素决定的，其稠度的大小关键是用水量多少。原《砌筑砂浆配合比设计规程》JGJ 98—2000 规定，每立方米砂浆中的用水量按稠度等级可选 240～310kg，水泥砂浆可选用 270～330kg。

多年来，一些人对砌筑砂浆稠度控制的重要性认识不足，在施工现场拌合随意性很大，很多是凭感觉加水，事实上处于失控状态，对强度的影响是比较明显的。当使用吸水率高且吸水快的烧结黏土砖作无底砂浆试模的底模时，砂浆稠度对砂浆强度的影响并不明显。但现在使用带底试模因为不吸水，必将导致砂浆稠度对砂浆强度的影响较大。这是由于砂浆稠度水灰比不同，同一灰砂比的强度是不同的，砂浆强度随稠度不同而变化，且变化幅度比较大。

3. 砌体施工中砌筑砂浆的验收问题

(1) 现行规范及相关标准的问题。《砌体结构工程施工质量验收规范》GB 50203—2011 中对砌筑砂浆验收的规定，其主要内容是：同一验收批砂浆试块抗压强度平均值必须大于或等于设计强度等级所对应的立方体抗压强度；同一验收批砂浆试块抗压强度的最小一组平均值必须大于或等于设计强度等级所对应的立方体抗压强度的 0.75 倍(注：砌体砂浆的验收批，同一类型强度等级的砂浆试块应不少于 3 组。当同一验收批只有一组试块时，该组试块抗压强度平均值必须大于或等于设计强度等级所对应的立方体抗压强度。砂浆强度应以标准养护 28d 的试块抗压试验结果为准)。

抽查数量：每一验收批且不超过 $250m^3$ 砌体的各种类型及强度等级的砌筑砂浆，每台搅拌机应至少抽查一次。检查方法：在砂浆搅拌机出料口随机取样制作砂浆试块(同盘只制作一组试块)，最后查看试验报告单的结果。

(2) 原《砌体工程施工质量验收规范》GB 50203—2002 中对砌筑砂浆的验收问题。规范中砌体质量评定方法存在的不足是：

同一验收批砂浆试块抗压强度平均值不低于设计强度等级所对应的立方体抗压强度时，该批砌筑砂浆满足质量合格率的概率太低，只能达到 50%。当验收批砂浆试块抗压强度等于设计强度等级所对应的立方体抗压强度的 0.75 倍时，会导致砌体强度降低。对各类砌体在不同砌筑砂浆强度等级下，砌体强度一般要比设计强度等级降低10%以上，这对结构的安全使用是极其不利的。

规范中规定，只有一组试块为验收批时，该组试块强度平均值只要不低于设计强度等级所对应的立方体抗压强度值时即评为质量合格。这是属于特殊情况造成的组数不够，据此评定质量也会存在风险。同时，如果施工现场拌合砂浆不按配合比要求控制加水量，砂浆试块强度不考虑稠度的影响，对砂浆试块强度试验值带来不确定性，失去了砌筑砂浆验收的实际意义。

(3) 砌体规范对砌筑砂浆的验收应重视的方面。提高验收批砂浆试块抗压强度合格条件，即同一验收批砂浆试块抗压强度平均值要大于或等于设计强度等级所对应的立方体抗压强度的1.10倍；同一验收批砂浆试块抗压强度的最小一组平均值必须大于或等于设计强度等级所对应的立方体抗压强度的0.90倍。如果按可靠度分析砌筑砂浆质量一般，砂浆试块统计的变异系数为0.25的条件时，验收批砂浆试块抗压强度平均值为设计强度的1.1倍时，砌体强度达到规范值95%的统计概率不低于80%。

对砌筑砂浆的验收批，同一类型强度等级的砂浆试块不应少于3组；当同一验收批试块只有一组时，每组试块强度必须大于或等于设计强度值。另外，要严格控制施工过程中对砂浆稠度的要求，砂浆试块的制作同施工稠度要一致，不能存在用水量的不同。

4. 简要小结

由于相关标准在修订颁布时间上会有先后，在某些条文内容上存在不一致，必须正确理解、认真处理，使之符合实际需要。这对统一砂浆立方体抗压强度试验方法和推进预拌砂浆十分必要。

对于采用有底试模进行砌筑砂浆配合比设计，并在预拌砂浆生产厂或者施工现场按砌筑砂浆生产或拌制，砌筑砂浆立方体抗压强度可统一按公式确定，不需按无底试模、相应块材作底模制作砂浆立方体抗压强度试件。

对于标准中对砂浆立方体抗压强度试块改为带底试模制作，砂浆稠度对试块强度影响较大，施工中对拌制砂浆用水量及稠度应根据现场实际严格控制，同设计配合比保持一致。

12 预拌砂浆是新型墙体砌筑的质量保证

新型墙体材料的广泛使用，适合各种砌块的配套材料即预拌专用砂浆逐渐开始使用，但其研制和推广使用比较滞后。为了节省资源大力推广使用混凝土小型空心砌块、蒸压加气混凝土砌块，曾经研制了砌筑和抹灰存在专用砂浆行业标准，但由于建材与建工、产品与应用有些脱节，使得专用砂浆与工程应用存在不衔接现象，即使一些施工企业使用了专用砂浆，也由于技术措施不到位，缺乏必要的应用技术标准的支持，使用后的效果并不明显。同时，一些仅通过少量试验，缺少专用砂浆的针对性和适用性研究，品质低劣的假冒产品给砌筑墙体安全带来严重隐患，应引起高度重视。

1. 砌筑专用砂浆的分类及性质

随着国家节能减排及墙体材料的提升，传统的黏土砖砌体正在被混凝土小型空心砌块、蒸压加气混凝土砌块、混凝土砖、蒸压灰砂砖及蒸压粉煤灰砖等砌块材料所取代。由于这些新型墙体材料有着一些不同于烧结普通黏土砖的特性，作为砌体结构必须要采用与其自身相适应的砂浆进行砌筑与抹灰。现在的实际情况是专用砂浆标准没有很好地与设计、施工标准配合应用，而设计及质检人员又缺乏对专用砂浆的深入了解，形成了生产的专用砂浆销售不出，设计和施工仍然沿用传统的砂浆砌筑。其结果是新型墙材砌体质量普遍降低，也影响了墙材革新工作的进程。以下就普通混凝土小型空心砌块、蒸压加气混凝土砌块、混凝土砖、蒸压灰砂砖及蒸压粉煤灰砖相配套的专用砂浆作简要分析介绍。

1.1 混凝土小型空心砌块专用砌筑砂浆(Mb)

混凝土小型空心砌块的特点是块体的铺浆面开有约40%的孔洞，使得砌筑铺浆面的比例很少。如果用传统的混合砂浆其粘结强度、沿灰缝的抗剪强度会大大降低，影响强度及整体性。另外，砌块的高度为190mm，是黏土砖53mm的3.6倍，而传统的混合砂浆保水性与粘结强度较低，无法确保190mm高度竖向砌筑面灰缝的饱满。在检查中可以看出，竖缝内普遍有内外可透光的缝，这必然成为墙体渗漏开裂的诱因；而且灰缝的不密实、饱满降低了整体性刚度，削弱了抗震能力。为了确保混凝土小型空心砌块合理、安全的推广和应用，有效解决砌块墙体渗漏、开裂的通病，研制出适应小砌块特性的专用砌筑砂浆，现行的相关标准对混凝土砌块、混凝土砖专用砂浆的性能及应用已有相应规定。

(1) 现行行业标准《混凝土小型空心砌块砌筑砂浆》JC 860—2000的相关规定。由于标准应用过了10年，建筑砌筑协会和结构专家对JC 860—2000进行了一些修改，主要内容是将专用砌筑砂浆按强度等级分为Mb5.0，Mb7.5，Mb10.0，Mb15.0，Mb20.0和Mb25.0六个等级；砂浆的物理力学性能要符合表1的规定。

专用砂浆的物理力学性能 **表1**

检验项目	检查指标
颜色	同标准样一致
抗压强度	Mb5.0，Mb7.5，Mb10.0，Mb15.0，Mb20.0，Mb25.0(b为英文单词第一个字)
稠度(mm)	50～80
保水性(%)≥	88
密度(kg/m^3)≥	1800
凝结时间(h)	4～8
砌体力学性能指标	要符合GB 50003的规定

对于砂浆的抗冻性能指标，在夏热冬暖地区为F15，在夏热冬冷地区为F25，寒冷地区为F35，严寒地区为F50；质量损失率≤5%；强度损失率≤25%。防水型砌筑砂浆的抗渗压力应不小于0.60MPa。

(2) 现行国家标准《砌体结构设计规范》GB 50003中给出的混凝土普通砖和混凝土多孔砖砌体专用砌筑砂浆抗压强度的设

计值见表2。

混凝土普通砖和混凝土多孔砖砌体抗压强度的设计值　　表2

砖强度等级	专用砂浆强度等级					普通砂浆强度
	Mb20	Mb15	Mb10	Mb7.5	Mb5	0
MU30	4.61	3.94	3.27	2.93	2.59	1.15
MU25	4.21	3.60	2.98	2.68	2.37	1.05
MU20	3.77	3.22	2.67	2.39	2.12	0.94
MU15	—	2.79	2.31	2.07	1.83	0.82

规范中给出的单排孔混凝土和轻骨料混凝土砌块对孔砌筑的砌体抗压强度设计值见表3。

单排孔混凝土和轻骨料混凝土砌块砌体抗压强度设计值　　表3

砖强度等级	专用砂浆强度等级					普通砂浆强度
	Mb20	Mb15	Mb10	Mb7.5	Mb5	0
MU20	6.3	5.68	4.95	4.44	3.94	2.33
MU15	—	4.61	4.02	3.61	3.20	1.89
MU10	—	—	2.79	2.50	2.22	1.31
MU7.5	—	—	—	1.93	1.71	1.01
MU5	—	—	—	—	1.19	0.70

由《砌体结构设计规范》GB 50003可知，混凝土砌块及混凝土砖的砌体砂浆不再允许使用传统的普通砂浆，而必须采用与之相配套的专用砂浆Mb。

1.2 蒸压加气混凝土专用砌筑砂浆(Ma)

由于蒸压加气混凝土制品表面吸水速度较快，尤其是在制作过程中用钢丝锯切割时，被切割破裂的砌块屑或渣子粘结吸附于断面，普通砌筑砂浆抹在该表面时，砂浆中的水分很快被吸收，影响了砂浆中水泥的水化凝结，降低了砌体沿通缝抗剪切强度。

震害及墙体阶梯形交叉裂缝，均为砌体沿通缝抗剪切不足所致。是人们不愿使用蒸压加气混凝土制品的主要原因。因此研制出保水性，流动性、黏稠度及吸附性好的蒸压加气混凝土制品专用砂浆，是非常重要的关键技术。为了确保蒸压加气混凝土专用砂浆的质量，由中国加气混凝土协会组织东北设计院等单位编制了国家行业标准《蒸压加气混凝土用砌筑砂浆与抹面砂浆》JC 890—2001，标准中规定的蒸压加气混凝土用砌筑砂浆与抹面砂浆的性能与指标见表 4。

蒸压加气混凝土用砌筑砂浆与抹面砂浆的性能与指标　　表 4

检验项目	砌筑砂浆	抹面砂浆
干密度(kg/m^3)	≤1800	水泥砂浆≤1800，石灰砂浆≤1500
分层度(mm)	≤20	水泥砂浆≤20
凝结时间(h)	贯入阻力达到 0.5MPa 时，3～5h	水泥砂浆贯入阻力达到 0.5MPa 时，3～5h 石灰砂浆：初凝≥1，终凝≤8
导热系数[W/(m·K)]	≤1.1	石膏砂浆≤1.0
抗折强度(MPa)	—	石膏砂浆≥2.0
抗压强度(MPa)	2.5～5.0	水泥砂浆 2.5～5.0，石膏砂浆≥4.0
粘结强度(MPa)	≥0.2	水泥砂浆≥0.15，石膏砂浆≥0.30
抗冻性 F25(%)	质量损失≤5 强度损失≤20	水泥砂浆：质量损失≤5，强度损失≤20
收缩性能	收缩值≤1.1mm/m	水泥砂浆：收缩值≤1.1mm/m，石膏砂浆：收缩值≤0.06%

注：有抗冻和保温性能要求的地区，砂浆性能还要符合抗冻和保温性能要求的具体规定。

由于现行《砌体结构设计规范》GB 50003 并未包括蒸压加气混凝土砌体，而现行的《蒸压加气混凝土建筑应用技术规程》JGJ/T 17—2008 中砌体设计没有规定必须采用专用砌筑砂浆，强度指标仍然是用传统的普通砂浆。标准没有同应用技术规程协调，阻碍了专用砌筑砂浆的推广应用。现行行业标准《蒸压加气混凝土用砌筑砂浆与抹面砂浆》JC 890—2001 是 2002 年执行的。从当时的条件分析，由于水平所限还需要再完善。如粘结强度指标较低、缺少砂浆的抗折强度、抗冻性要求及控制外加剂掺量等，尤其是专用砌筑砂浆砌体沿水平通缝的抗剪强度要求。

现行国家标准《墙体材料应用统一技术规范》GB 50574—2010 将蒸压加气混凝土专用砂浆的代号定为 Ma，其中 a 为蒸压加气混凝土英文单词缩写 AAC 第一个字母。《蒸压加气混凝土砌块砌体结构技术规范》CECS 289：2011 中的砌体强度设计值指的是专用砌筑砂浆（Ma）砌筑的加气混凝土砌块砌体的强度，这样要求就统一了。

规范规定的加气混凝土砌块砌筑砂浆强度等级为 Ma7.5、Ma5、Ma3.5，而行业标准 JC 890—2001 中 Ma2.5 已经因偏低而不适用了。承重用加气混凝土砌块砌体通缝抗剪强度平均值不低于 0.14MPa 才能用于地震设防区的多层建筑。需要明确的是，专用砌筑砂浆的灰缝要薄，以 3～5mm 为宜。此厚度时墙体不会在灰缝处产生热桥。热工计算时，当灰缝≤15mm 时，砌块导热系数乘以折减系数 1.25；当砌体灰缝≤5mm 时，导热系数则不折减，对减少墙体厚度、使用质量是极其有利的。

1.3 蒸压灰砂砖及蒸压粉煤灰砖专用砌筑砂浆（Ms）

因蒸压灰砂砖及蒸压粉煤灰砖是用半干压法生产的制品，制砖模具十分光滑，在高压力成型时使制品质地密实，表面光洁且吸水率很小，这种光洁影响了与砌筑砂浆的黏结，使砌体抗剪强度较普通黏土砖低约 1/3，《砌体结构设计规范》给出了低的抗剪强度指标，因而影响了正常使用。《蒸压加气混凝土砌块砌体结构技术规范》CECS 289：2011 将蒸压砖专用砌筑砂浆的代号定为 Ms，要求砌筑专用砂浆的可工性好、粘结力高且耐候性好，其强度等级为 Ms15、Ms10、Ms7.5 及 Ms5 四种。而承重用加气混凝土砌块砌体通缝抗剪强度平均值不能低于 0.29MPa。

因蒸压灰砂砖尺寸准确，也应将灰缝定为薄层而提高力学性能。蒸压灰砂砖及蒸压粉煤灰砖砌体的抗压强度设计值见表5。

蒸压灰砂砖及蒸压粉煤灰砖砌体的抗压强度设计值(MPa)　　表5

砖强度等级	专用砂浆强度等级				砂浆强度
	Ms15	Ms10	Ms7.5	Ms5	0
MU25	3.60	2.98	2.68	2.37	1.05
MU20	3.22	2.67	2.39	2.12	0.94
MU15	2.79	2.31	2.07	1.83	0.82

同时，规范中也确定了蒸压灰砂砖及蒸压粉煤灰砖砌体的轴心抗压强度设计值、弯曲抗拉强度设计值和抗剪强度设计值，在设计时应严格执行。

1.4 混凝土小型空心砌块灌孔混凝土(Cb)

配筋砌块砌体高层建筑体系已经不属于传统意义上的砌体结构，而是由性能良好的混凝土空心砌块、和易性与粘结性强的专用砂浆、高性能的灌孔混凝土和墙内配筋组成的装配式砌块砌体剪力墙结构体系，高性能的灌孔混凝土是这种结构体系的关键配套材料。其灌孔混凝土起到的作用是：增大墙体的净截面面积，共同抵抗竖向及横向荷载；将多叶墙结合为一体共同工作；当墙体承受横向荷载(如风或土挤压)时，其应力从砌体传向钢筋。

灌孔时要求砌块墙做的孔洞上下对齐，并留有足够的空间。混凝土空心砌块灌孔混凝土如果为普通细石混凝土则难以达到密实度及整体粘结效果，也实现不了装配式剪力墙的力学性能。为此，需要高强度、高流态和低收缩、高黏度的混凝土。这是由于芯柱孔洞窄小，加上垂直及水平钢筋，可灌孔空隙极有限，只有高流态大坍落度才能灌密实，达到强度和整体性要求。

原行业标准《混凝土小型空心砌块灌孔混凝土》JC 861对灌孔混凝土的技术指标要求为：强度等级(Cb)不应小于块材混凝土的强度等级；设计有抗冻要求的墙体，灌孔混凝土应根据使用条件和设计进行冻融试验；坍落度不小于180mm；泌水率不宜大于3%及3d龄期的膨胀率不小于0.025%，且不应大于0.50%，并具有良好的粘结性能。砌块砌体的灌孔混凝土强度等级分为Cb20、Cb25、Cb30、Cb35、Cb40五个级别，适应不同墙体灌孔的需要。

2. 墙体材料应用统一技术规范要求

新颁布的《墙体材料应用统一技术规范》GB 50574—2010中，包括对墙体材料性能、建筑节能设计、结构设计、墙体裂缝控制、施工及验收、维护试验的技术要求进行了统一，对于砂浆有以下具体要求。

2.1 砌筑砂浆冻融要求

过去对砌筑砂浆的抗冻性要求较低，一般仅达到15次即满足要求。而新颁布的《墙体材料应用统一技术规范》GB 50574—2010中对砂浆设计有严格要求。砂浆与非烧结块材相同的抗冻要求并且是强制性规定，抗冻性能规定在非采暖地区为F25，采暖地区为F50；其质量损失≤5%，强度损失≤25%(非采暖地区最冷月平均气温高于−5℃的地区，采暖地区最冷月平均气温低于−5℃的地区，F指循环次数)。

2.2 专用砌筑砂浆

为适应墙体材料的正确应用，现在有多种与新型砌体相配套的砌筑与抹灰砂浆，为保证专用砂浆的应用质量，对抗压强度、抗折强度、粘结强度及收缩率、碳化系数、软化系数等作为强制性条文的规定。同时，在商品砂浆中多数掺入不同种类的增塑剂、引气剂等，虽然砂浆的强度可以达到要求，但是抗折性能却降低了，墙体的延性变差。对于抗折强度指标的规定，也是要求提高砂浆质量的重要环节。

2.3 砌筑砂浆的质量标准要求

其强度等级不应低于M5.0。如果使用水泥砂浆时，必须提高一个强度等级；室内地坪以下及潮湿环境砌筑砂浆强度等级不要低于M10，必须是水泥砂浆、预拌砂浆或专用砂浆。对掺有引气剂的砌筑砂浆，其引气量应小于15%；据资料介绍，砂浆中超量掺入引气剂，会直接影响砌体的强度及耐久性。

采用水泥砂浆时，其最低水泥用量不要少于200kg/m³，水泥砂浆密度应在1900kg/m³，而水泥混合砂浆密度应在1800kg/m³。

2.4 抹灰砂浆的质量标准要求

抹灰砂浆的强度等级不应低于M5.0，粘结强度不应低于0.15MPa，外墙抹灰砂浆要采用防裂砂浆，采暖地区砂浆的强度等级不应低于M15，非采暖地区砂浆的强度等级不应低于M10。地下室及潮湿环境应采用具有防水性好的水泥砂浆或预拌防水砂浆；墙体宜采用薄层抹灰砂浆。

工程应用实践表明：抹灰砂浆习惯用法是只规定了体积配合比，但无强度的相关要求应当是不合适的，无法检查完工后墙面是否达到设计及施工规范的规定。体积配合比忽略了水泥强度等级关系，事实上并不科学。用不同强度等级的水泥，以同一体积比配制的砂浆强度是不相同的，仅仅用体积比是不适应不同强度等级的水泥配制的砂浆，也不适应预拌砂浆的要求，更不能区分砂浆的性能，因此，对抹灰砂浆规定强度等级是非常必要的。

2.5 预拌干粉砂浆

预拌干粉砂浆的推广使用要紧密结合墙体材料革新，针对规范中强制性条文的执行则是预拌砂浆的应用。现行标准中已纳入与各类墙体材料相配套的专用砂浆性能及砌体力学指标，也是为设计人员选择使用。如蒸压加气混凝土专用砌筑砂浆强度等级的代号为Ma；混凝土小型空心砌块专用砌筑砂浆强度等级的代号为Mb；蒸压粉煤灰砖专用砌筑砂浆强度等级的代号为Ms；混凝土小型空心砌块灌孔混凝土强度等级的代号为Mb等。在此基础上再根据需要制定出普通砂浆、抹灰干粉砂浆及多功能干粉砂浆，形成高性能干粉砂浆的系列产品，供不同砌块材料砌筑及抹灰用。

通过上述分析探讨可以知道，专用砂浆的生产和使用为新型墙体材料的广泛应用，提供了必需的配套材料，利于提高砌体质量减少环境污染，是重要的节能材料。要强化预拌干粉砂浆与墙体材料革新的有机结合，用新型墙体材料和砌体结构急需的专用砂浆为重点发展对象，通过专用砂浆的推广应用，拉动预拌干粉砂浆的稳步发展。

鉴于现在的几种专用砂浆的行业标准的深度不够，与工程应用对接的适用欠佳，深化专用砂浆的研发力度，从材料应用及标准在内的砂浆应用技术体系，将专用砂浆的力学性能与砌体承载力、抗震能力、节能要求及防裂的控制目标，结合起来进行材料的选择及配合比设计，生产出所需要的砂浆产品，与砌体结合更牢固的预拌干粉砂浆，确保墙体质量更加牢固与耐久。

13 建筑房屋墙体泛白的原因及预防

由于建筑物地下部分及地面结构处防水防潮处理不当等因素，一些房屋建筑墙体及卫生间外墙踢脚线位置，在毛细作用下经常出现“泛碱发白”现象。表现最多的是地下室、半地下室及底层墙表面出现一层白色絮状、鳞状及针状结晶体，使墙面涂料大片起鼓、开裂及脱落。墙体泛碱是砌体材料中所含有的碱性氧化物和水反应而生成碱的一种具有腐蚀性的化学反应产物。一旦烧结砖类砌成的墙体被水浸渍或长期潮湿达到饱和状态，砖材料中存在的不同含量的碱性氧化物便同水产生强烈的化学反应，生成白色絮状物质析出墙面，使墙面抹灰层酥松、泛白、掉皮。化学反应的过程可使表面腐蚀破坏，从而缩短建筑结构体的耐久性，影响建筑外立面的观感质量。以下对产生这种现象的原因和机理进行分析探讨，在总结众多工程应用的基础上，提出一些行之有效的预防和处理措施。

1. 砌体泛白的原因及机理

通过工程应用实践可以发现，墙体泛碱大多是已建成投入使用的建筑物，墙面的内外侧均有水渍并且比较潮湿；出现部位多数是地下室、半地下室及房屋的底层、厨卫间外墙等处的墙下部表面。泛碱化学物质的组成来源见表1。

泛碱化学物质的组成来源 **表1**

化学组成	物质来源
$Ca(OH)_2$	从混凝土和砂浆表面析出
$CaSO_4 \cdot 2H_2O$	碱性硫酸盐与石灰类反应：SO_2 与空气中湿气反应形成 H_2SO_3
$Mg\ SO_4 \cdot nH_2O$	若用海水拌合混凝土
$CaC_2 \cdot nH_2O$	如果在混凝土和砂浆中作抗冻剂使用

续表

化学组成	物质来源
$CaSO_3$	$Ca(OH)_2$ 与空气中的 SO_2 反应
KCl·NaCl	来自除冰盐
$Ca(NO_3)_2 \cdot nH_2O$	如果含 N 的有机物分解并进一步与 Ca^{2+} 反应

由表 1 可以看出，析白泛碱现象的发生是由于所用的原材料如水泥、粗细骨料、各种类砌块、烧结砖及外加剂中的可溶性物质，被水溶解后随着混凝土、砂浆和砌块中水分的蒸发而逐渐析出建筑物的表面，同空气中的 CO_2 等作用形成白色絮状物。对于建筑物墙体，其泛碱现象产生的根本原因是墙体未做防潮或失效，这是引起的关键因素。由于墙体防潮层未起到任何作用，地下的水分便沿着砌块中的毛细孔通道上升，并从墙体表面散发出来。土及砌体中的可溶性盐碱会溶解到水中。当水分迁移蒸发时，溶解到水中的盐碱会在墙体表面及近处散发并结晶析出，结晶对其体积略有微胀，因而在墙体表面及附近处形成结晶微胀应力，产生破坏作用；同时，在寒冷地区会因冬季反复冻融而损坏加重，也会使墙体及其饰面层出现泛碱、起鼓、风化开裂至大面积脱落的后果。

2. 产生墙体泛碱的主要因素及防治

建筑物墙体表面是否泛碱及泛碱的程度如何，主要与建筑墙体使用的砌筑材料内部是否含有可溶性盐类及其含量多少、建筑材质的渗透性、水中及大气酸性氧化物含量的多少及对建筑物表面的作用、气候环境干湿的影响程度等相关。

针对建筑物墙体泛碱的程度及损害，防治主要有以下一些措施。

2.1 现有建筑物墙体泛碱的防治

当建筑物墙体表面一旦出现泛白，要进行分析白色絮物的成分主要是哪些，再采取相应的方法处理。如果白色絮状物的成分主要是由可溶于水的碱金属盐类（Na_2SO_2、K_2OS_2、K_2OS_3、Na_2CO_3 等)组成时，可以直接用水冲洗刷除晾干，不再泛白为止。如果白色物质的成分主要由 $CaCO_3$ 沉淀物组成，用水不能冲掉；若是在小范围内泛白，可以用细砂纸打磨掉；如果泛白的面积比较大，若用细砂纸打磨则费工、费时，这时可以用压力喷砂法清除，用喷砂的冲击力向白色絮状的表面喷射干燥细砂，用喷砂的冲击力将白色絮状物质清除掉，从而露出新的坚硬表面。清水墙或带色的饰面也可以用此方法。

如果白色絮状物质用水冲洗和喷砂都无法除去，则采取酸洗法处置效果比较好。因为易泛白的建筑材料都是属于碱性的。用酸洗法处置肯定会腐蚀建筑物表面，因此，用酸洗法处置也是不得已的下策，在采取酸洗时其浓度要尽量低一些，用草酸和盐酸即可。盐酸的常用配合比例为1∶10的稀盐酸。在清洗前先将建筑物表面充分湿润，最好达到表面孔隙吸水饱和状态，目的是防止盐酸进入其孔中，以可溶性盐的形式再次发生泛白，或者渗入内部加速钢筋的锈蚀损坏。在饱和状态表面再用稀盐酸清洗，当除去白色物质后要立即用清水彻底冲洗表面，防止稀盐酸滞留在孔隙及表面。

不论采取何种方法进行表面处理，当在自然环境中时间一久，建筑物的表面仍然会泛出白碱性物质。所以，除去表面泛白后最好还要用有机硅对表面做憎水处理，以达到彻底防治泛白的出现和提高建筑物耐久性和延长使用寿命的目标。

2.2 新建筑物墙体泛碱的预防

对于产生泛碱现象损坏的既有建筑墙体，可采取上述方法治理，也可起到一定补救措施。但是为防患于未然，对于即将修建及正在建设中的房屋，如果能够在设计施工中采取一定措施，则可以在不增加费用或很少提高费用的情况下，完全或避免新建的房屋在使用过程中出现泛碱现象。对此，为确保房屋墙体在使用中有足够的刚度、可靠性、耐久性和安全度，确保房屋墙体外观的质量要求，在新建房屋的设计和施工过程，要考虑泛碱造成危害的早期预防技术措施。

(1) 在建设工程的设计方面：要针对可能产生的毛细作用的破坏原因，重点从基础防水和墙体防潮湿两个方面进行。地基的处理设计要周密、细致，尤其是细部和节点的处理，必须把基础防水作为最重要的关键问题对待。基础的设计可以适当加大防潮层厚度，提高防潮层抗渗等级。必要时，基础防潮层可以同地圈梁结合起来，把整个地圈梁作为防潮层来处理，这实际上增加了防潮层的功能及厚度。如果条件允许，在基础的底面和梁周围包裹以 3mm 厚度 SBS 防水卷材密封，或者注以憎水性材料，形成不渗水层，避免基础遭受水浸透而造成上部的泛碱危害。杜绝不合理和细部无构造大样图要求的设计。

对地面以下墙体和基础在条件允许时，可以在其侧面和底面涂刷沥青胶泥两道，混凝土表面也要采用聚合物浸渍，如用 8∶1 的苯乙烯环氧树脂或苯乙烯不饱和聚酯树脂液浸渍，浸渍深度不小于 20mm；同时，还可以采用沥青砂浆、硫磺砂浆、水玻璃砂浆或聚合物砂浆，代替普通水泥砂浆砌筑或灌注。当工程比较重要且有要求时，要做抗渗透性能、耐腐蚀性及承载力试验。在选择用沥青类柔性材料作垫层、隔离层或防护层时，应考虑到沥青类材料在遇到碱性物质时可能会产生乳化，需要时要做沥青的安定性检测。对于铺贴 SBS 防水卷材的基础，体形表面阴阳角要力求简单、圆滑，表面不要有锐角，防止防水卷材被刺伤及折损漏水。

对于承重墙的强度必须提高一个强度等级，不允许用粉煤灰和灰砂砖作为承重墙体。地下承重墙用烧结实心砖砌筑，水泥砂浆在地下部分配合比应以 1∶3 左右为宜。要控制地圈梁的厚度、强度等级和抗渗等级，地圈梁的底面和基础梁底面要用粗粒径材料回填，最好是炉渣碎石或粗粒径砂夯实。目的是加固地基和增强承载力，同时在基础周围形成一层隔断毛细孔的防护带，阻止水通过毛细孔对基础的浸泡。

(2) 建筑物施工质量方面：首先是对建筑材料的选择，根据工程和气候特点选择适宜的水泥品种，重视砖的材质和质量等级，尽量不使用盐渍土制作的砖块。砂浆的配制必要时可以用水硬性胶凝材料，如常用的粉煤灰替代相同量的水泥，或者全用气硬性的石灰材料拌制。

在混凝土的施工中要正确选择骨料和控制水灰比，粗骨料必须是连续级配好的卵石或碎石，砂粒径为中粗，配合比考虑掺入减水剂和防水剂，使用加气剂对密实性更好。对于干旱的盐渍土地区，更应考虑防水和减水剂的作用，提高混凝土本身的强度和抗渗性尤为重要。

在砌筑时，要严格控制砌筑砂浆的强度等级，水平及竖向灰缝砂浆饱满密实度。盐渍土地区进行砌筑施工，砖块要堆放在较高的地方，下部垫起并铺上防水卷材，避免砖浇水及雨水浸渍砌块和砖内带进更多盐的成分。

房屋进行装修时，要特别选择适宜的涂料品种，最好在建筑物底层及厨卫间隔壁墙下部选用地下室防潮涂料，或者透气性好的涂料、非水溶性涂料均可。

通过上述浅要分析可知，建筑物墙体泛碱现象的发生是多方面因素影响的结果，通过工程实践经验提出了一些行之有效的预防及处理措施，只要认真考虑分析其原因，采取综合方法处理能够减轻或避免泛碱造成的危害。

14 结构转换层施工质量的控制

一些建筑物需要采取转换的技术处理才能进行上部施工，转换层是一项极为重要的受力层，是建筑物中连接不同结构形式的关键构件，它既是下层结构的顶板，又是上层结构的基础，在整个建筑物的结构构造体系中起着不可替代的重要作用。其特点是体积大、钢筋稠密、布置严格、施工难度大、要求高，也最容易出现质量问题。如某高层建筑转换层的大梁截面为 1.0m×2.2m，梁底主筋为 32 根 ϕ30mm、箍筋为 ϕ14mm@100，梁底钢筋距模板净距仅有 26mm，主次梁节点部位纵横穿叉筋达 7 层。泵送混凝土粗骨料粒径为 15mm 左右，仍然难以进入钢筋空隙，振捣棒也不易插入，造成局部节点振捣存在盲点，梁柱钢筋底部可能存在混凝土振捣不到位、包裹不密实的问题，因此，需要采取有针对性的措施加以解决。

1. 重视大梁钢筋骨架

由于结构转换层大梁是关键承重构件，因此，钢筋用量大且密集，空隙小，骨架体大，笨重，造成钢筋就位、骨架支撑及绑扎，尤其是混凝土的浇筑都有较大困难。对于难题，现在已经有许多处理的方法，如在大梁的上部将箍筋开口，待梁下部及腰筋绑扎完再将上部开口箍筋焊成闭口；大梁主筋排列改为并筋方式、设置翼缘板方式或并筋加翼缘板等方式，见图 1。但是，对于钢筋绑扎工程量大、周期长、钢筋稠密及支撑难度大的实际问题，最简单、有效的措施还是采用型钢混凝土梁简捷。钢筋作为梁的骨架显得笨重，若是一次支模到楼板底部，一般都是要在梁内设置型钢支撑架；存在型钢支撑架在混凝土浇筑后埋在梁内，不到养护期不能拆除周转，加大了成本。如果梁模分层支设，先不安装到楼板下，可以采用扣件式钢管脚手架支撑钢筋骨架，转换梁分层浇筑，可以减少钢筋骨架的支撑费用。梁底钢筋骨架的保护层需要用细石混凝土加钢丝网制作的夹丝垫块，才能保证不被骨架压碎。一般不允许用粗钢筋短头作垫块，这是由于长期在自然环境中钢筋会生锈胀裂，保护层露出主筋。用竹木胶合板作模板拼缝严密，转换层施工周期长，雨水及浇筑混凝土前的施工用水容易积聚在梁底模内，造成梁下主筋的锈蚀。因此，梁底模板应钻一些排水小孔，便于及时排除梁内模积水和浇筑前冲洗杂物、垃圾。

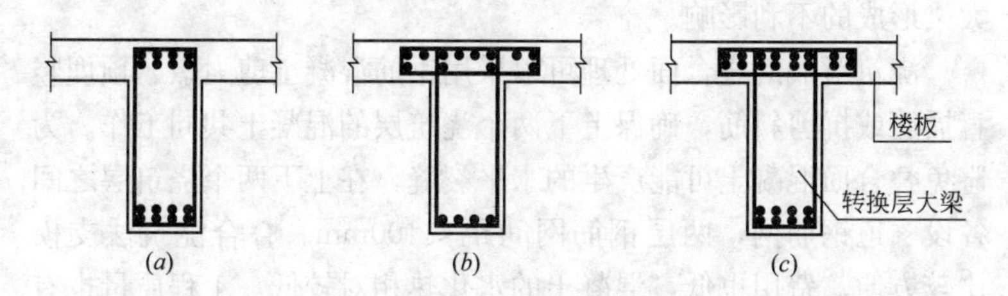

图 1　转换层大梁钢筋骨架排列改进示意

(a)并筋方案；(b)设置翼缘板方案；(c)并筋加翼缘板方案

2. 模板的支设控制

(1) 采取传统的荷载传递法支模。一种方法是转换层梁板自重和施工时的活荷载通过支撑系统传递给下层(多层)楼板，支承楼板应通过计算确定；而另一种是充分利用转换层支承柱的传递作用，将大部分荷载通过梁两端柱面挑出的钢梁支托座，或是柱面伸出的多排斜撑杆构成的梁下斜撑支架系统，再传递给混凝土柱；而另一部分则是通过楼面设置的竖向支撑，连接成的梁下排架体系，再传递给下面几层承担。

(2) 采取埋设型钢法支撑。即在转换层梁中埋设型钢或钢桁架，并同模板连接为一体，以承担全部大梁自重及施工中荷载，大梁一次浇筑完成可以节省模板材料，转换层梁可采用钢骨混凝土结构。

(3) 采取用叠合浇筑方法支模板。采用叠合梁方法即是将转换层梁板分为 2 次或 3 次浇筑施工，支撑体系只需要考虑能承受第一次混凝土的重量及施工荷载。在水平施工缝面下，通过认真计算，增加附加钢筋即大梁的支座负弯矩筋，利用第一次浇筑混凝土的梁支撑第二次浇筑混凝土的自重及施工荷载；利用第二次浇筑混凝土与第一次浇筑混凝土的形成的叠合梁，支撑第三次浇筑混凝土的自重及施工荷载。依此梁下支撑的负荷大幅降低，且减少了大量模板支撑材料及人工，同时因混凝土分次浇筑，降低了大体积混凝土水化热的积聚，缓解了由于温度应力产生裂缝对大梁形成的不利影响。

浇筑形成的叠合面处理可以采用钢筋混凝土剪力墩、预埋竖直插筋或抗剪斜筋，确保上下两个浇筑层的混凝土共同工作。为避免叠合面混凝土可能产生的水平裂缝，在上下两个浇筑层之间各设一道钢筋网，两层钢筋网间距＜100mm。叠合浇筑法支模比较方便、费用也低，混凝土的水化热相对较低，工程质量也有保证，如果施工期允许的情况下，可优先选择此种施工方法。考虑到转换层支模的难度风险比较大，对此模板体系设计必须经过计算，并要严格控制，且在施工过程中加强检查，有问题及早解决，防止质量隐患发展成为事故。

3. 浇筑混凝土控制

（1）混凝土浇筑：建筑转换层钢筋密度十分高，梁的高度都超过 1.5m 以上，如果梁模一次安装到顶，混凝土入模会有一些困难，更难水平分层及振捣。如果采取叠合浇筑法支模，这些就不会成为困难。但是现在的建筑市场不考虑施工工序实际情况，普遍存在不合理地赶工期进度，往往不能分层安装大梁模板。在这种进度要求下，为了浇筑混凝土入模及振捣方便，多数采取将梁模一侧安装到顶，另一侧随浇筑随安装的施工处理。这样施工给木工造成安装模板压力；同时，对拌制的混凝土要预留有一定的缓凝时间，以便同前期浇筑的一同硬化。当然，也可以采取开口箍筋做法，待大梁支座钢筋绑扎完成，开口箍筋再焊接封口，采取这些做法大梁混凝土的施工可以正常进行，尤其是能够保证振捣质量。

(2) 加强带的处理：多高层建筑的转换层一般都是属于超长的结构，为了控制裂缝的开展，设计构造措施是要沿建筑物纵向长度 30m 左右设置后浇带的减缓构造，待主体完成后再补浇混凝土。如克拉玛依市某联合办公楼全长 118.0m，中间只设一道沉降后浇带，长度远远超过设计规范要求 30m 的规定。

但是，在后浇带区域内的框支梁和次梁上均有上部结构的剪力墙，如果设置后浇带在转换层混凝土浇筑完后 42d 以上时间内，将有 13 层的荷载压在悬臂状态的框支梁上，而框支梁及其下部支撑体系与上部荷载不同。若是上部结构不设置后浇带，则后浇带范围内的下部支撑将从地下室底板以上保留至后浇带补浇后的 28d，模板支撑一次性投入太多，停置的时间也太长，会严重影响工程其他部位的正常施工。经过充分论证及评价，决定取消后浇带，将原后浇带位置改为掺微膨胀剂的补偿加强带。全梁采取模板加表面覆盖保温洒水养护。虽然对加强带的机理和效果有不同的认识，但是最终还是没有设后浇带，长 118.0m 的转换大梁历经 3 个冬夏的使用，未出现不良后果。由于进行装饰，无法检查其梁表面状况。

(3) 养护工作：由于转换层大梁体积相对较大，混凝土早期的水化热比较高，因此，设计时要求梁的混凝土强度等级不宜过高，采用低水化热水泥较宜，并控制混凝土的入模温度，设法降低混凝土内部同表面的温差，减少温差应力，防止产生贯穿性裂缝。对转换层大梁体积较大混凝土的养护，主要防止和减少表面的开裂，采取带模板养护加表面覆盖湿法养护，侧模拆除时间不少于 14d，才能避免在未拆模前先出现裂缝或者拆模后很快产生裂缝的现象。

4. 简要小结

对于建筑物转换层模板支撑施工及钢筋绑扎、模板安装、混凝土浇筑、振捣都有一定的难度，如果采用型钢混凝土梁施工，简单、快捷；大梁如果采用叠合浇筑法支模，其费用较低，也容易保证混凝土的浇筑质量；考虑到裂缝修补技术困难不是很大，而且在超长的结构体施工转换层大梁，若是在梁上留置后浇带时困难比较大，在设计时予以取消，并采取用加强带的技术措施解决后浇带的逆作施工。

在高层建筑中的地下墙壁、裙房楼板、转换层大梁多为超长建筑结构体，往往不设置变形缝，即使在一定范围内设置一些后浇带，其裂缝还会出现。地下室一般墙壁多但裙房楼板少，转换层大梁数量少，几者比较，表面积小、配筋率高的转换层大梁如果出现一些裂缝、空鼓或蜂窝，均要用敲击甚至探伤检测。必须查找原因，认真对待，细心处理。

（三）混凝土结构施工质量控制

1　混凝土施工裂缝控制技术

混凝土的使用是现代工程建设最重要的结构形式，占有重要的地位。然而混凝土结构的裂缝是普遍存在的，裂缝的形成有多种多样的原因，无论如何小心、慎重，裂缝仍无所不在，控制结构裂缝是所有施工单位追求的主要目标。

1. 裂缝产生原因

在混凝土裂缝众多影响因素中，材料脆性、温差和干湿变化、材料不均匀性、结构设计不合理、碱集料反应及地基不均匀下沉等是最主要的因素，这些因素又可分为人为因素和客观存在的因素。

（1）人为因素方面：

1）是设计原因产生的裂缝，为了满足建设单位对外观的要求，建筑物外立面构造了一些凹凸角，造型的凹陷角应力集中导致产生开裂，一些超长结构体也容易产生裂缝；此外，因承重板件厚度偏小而刚度差，板中受拉钢筋和受压混凝土应力过大，造成板件出现严重裂缝。

2）混凝土材料使用不当产生的裂缝，如水泥品种选择不当，用了收缩量大的快硬、矿渣或低热低强度水泥，水泥用量大、水灰比高则容易造成裂缝的产生。水泥进行水化反应产物的体积与游离水之和，小于反应前水泥矿物体积与水体积之和而产生的水化反应收缩。由于组成水泥的矿物反应速度不同，水化反应需要的水量不同，化学反应的收缩量也不同。例如，水泥熟料中硫化三碳含量达50%左右，水化反应在塑性阶段体积的收缩率约1.3%，而拌合的混凝土浆体含量达1/3，因而水化反应可以导致混凝土体积收缩约0.4%，现在泵送的商品混凝土浆体流动性更大，体积收缩量也大。在水泥混凝土中的石膏消耗完后，会有一部分钙矾石转化为单硫型硫铝酸钙，使得已收缩体积略微增加。对于硫化二碳，它的水化反应速度仅是硫化三碳的1/10左右，对早期强度无影响。过2年后水分补充足，硫化二碳水化反应充分，不但体积不会减小，反而还有约0.1%的增加。由于混凝土中的石膏消耗得差不多了，其产物多为单硫型铝酸三钙或铁酸三钙，水化反应收缩很小。对于水泥水化反应，收缩量可达混凝土体积的0.5%以上，是不容忽视的问题。在混凝土初凝前水化反应有的是在塑性就开始收缩，在初凝后的水化反应收缩则是形成混凝土内部的毛细孔，养护不到位或者时间过短会产生收缩开裂。

3）在施工及养护方面。施工及养护方法不当，也会造成混凝土的开裂。新浇筑的结构表面泌水，在自然环境中蒸发很快，或者新拌混凝土处于饱和水状态，浇筑后很快受太阳照及风吹，环境不同温度的影响使表面水分大量蒸发，伴随着表面水分的流失，内部水分逐渐向表面迁移补充蒸发，造成混凝土在塑性阶段体积的收缩。塑性阶段的收缩一般会达到新浇筑混凝土体积的1%左右，而大流动性混凝土塑性阶段的体积收缩甚至达到2%。高温或大风天浇筑屋面或大面积平板时，表面干燥很快但内部水分迁移又慢，表面的收缩应力远大于混凝土的抗拉强度，就会产生大量不规则的微小裂纹。如不尽快压抹、覆盖保水，此种裂缝会很快向内部延伸及表面连续扩展，严重的会形成贯穿性开裂，后果极其严重。

（2）客观原因：

1）要考虑温度应力引起的开裂。大量工程表明：温度裂缝主要由温差造成。混凝土在硬化过程水泥释放出大量水化热，内部温度聚集上升，表面形成拉应力。在降温过程中，由于受基础或模板的约束，又在其内部出现拉应力。气温的降低也会造成混凝土表面形成大的拉应力。当这些拉应力超过混凝土当时的抗拉强度时，便产生开裂。

2）多种原因引起的收缩也会引起裂缝。收缩包括干燥收缩、塑性收缩、自身收缩和碳化收缩等。例如：混凝土硬化后，内部的游离水由表向里逐渐蒸发，造成混凝土由表向里逐渐产生干燥收缩。在约束条件下收缩变形应力大于混凝土的抗拉强度时，混凝土就会出现由表向内的干燥收缩裂缝。混凝土的干燥收缩是从施工阶段停止养护后开始的，早期的收缩裂缝是很细微的，一般不引起人们的重视。随着时间的延加长。其表面的蒸发和干燥收缩量逐渐增大，裂缝也发展加宽和加长。由于结构体多数暴露在自然空气中，环境中的二氧化碳进入孔隙，溶解成为碳酸。与孔隙溶液中的氢氧化钙反应，生成碳酸钙和游离水。这些多余水的蒸发造成混凝土体积收缩，即为碳化收缩。

如果受碳化或淡水浸渍的原因使混凝土空隙液中 pH 值降低，氢氧化钙含量不足时，会有一部分 CSH 凝胶或水化铝酸钙分解析出氢氧化钙，来补充体系中的碱度，在分解过程中都同时出现(产生)游离水。这些游离水的进一步蒸发，会造成混凝土体积的收缩。这些收缩都发生在混凝土硬化后比较长的时期内，一般都会使干燥收缩裂缝加宽或向纵深发展。

2. 对裂缝的控制措施

混凝土结构的裂缝形成往往是多种不同因素共同作用的结果，不加控制其危害是严重的，因此，采取有效的方法控制，通常会对一种或几种裂缝的产生起到预防作用。

(1) 材料的选择：

1) 选择收缩性较小的水泥，优化搭配水泥强度等级与混凝土强度等级之间的关系。在一般情况下，水泥强度比所配备的混凝土强度高一个等级较合理。例如：配置 C30 混凝土采用 42.5 级的水泥适宜，这样可以达到更优的水灰比，确保配合比质量。在配合比问题上，切不可片面强调经济利益，使用强度高的水泥和大灰水比配置。在施工现场，一定要设置与施工规模和进度匹配的水泥存放库，严格禁止不同水泥混存混用。

2）砂石料必须要求级配良好的，含泥量严格限制在1%以内，且针片状及微弱颗粒不超过规范规定。夏季炎热时间要对骨料降温处理，采取遮阳或喷水措施。降低拌合料入模温度，减弱水化反应速度。

3）改善拌合料和易性，掺入粉煤灰和木钙质减水剂；拌合料入机顺序要正确，提高搅拌工艺；根据气候条件掺入一定比例的具有减水、增塑、缓凝等作用的外加剂，改善拌合物和易性、流动性和保水性，尽量推迟热峰值的集中出现时间。

（2）混凝土浇筑过程中的质量控制：

1）对于大体积、超长结构混凝土，热天要减少浇筑的厚度，利用浇筑层面散热。由于浇筑结构尺寸大小与温度应力有关，因此，结构尺寸越大，温度应力也越大。所以，在结构内部埋设水管通水降温，是降低内外温差的有效方法，也减小了约束。大块体结构合理分缝分块，避免基础过于庞大，施工工序安排恰当，避免过大的高差和侧面长时间暴露在自然环境中。

2）混凝土的浇筑振捣，一个点的振捣时间一般在15s左右，不要过长，最好的方法是以表面不再向上泛浆为止，插入间距均匀，以振捣半径重叠1/2最好，振捣完毕后及时压抹密实，以减少表面开裂。另外，浇筑混凝土要合理安排顺序，从一侧开始分块还是后退浇筑很重要。浇筑过程必须分层铺浆、分层振捣；同时，还要保证浇筑时下层初凝前有良好的粘结结合。避免纵向产生施工缝，提高结构的整体抗裂性；如果非要浇筑时，要避开中午高温期间浇筑，安排在太阳即将下山及夜间施工；北方进入深秋，低温施工要尽量设法使混凝土浇筑在气候稳定的中午进行，防止温差过大和基层太冷，减少层间的约束应力。

（3）加强混凝土的养护工作：经验表明，应采取在混凝土初凝后终凝前进行二次压抹，以减少表面裂缝和收缩，对提高抗拉强度极其有效。当发现表面产生细微裂纹时，及早抹压搓平并覆盖保湿。最好的养护方法是在结构表面终凝后蓄水养护，只是检查补充水而节省了人工，而且表面湿度有保证。

(4) 控制合适的拆模时间：在混凝土结构施工中，为确保浇筑结构的质量和提高模板的利用率，多数要求新浇筑混凝土尽早拆模。若是新浇筑混凝土尽早拆模会在结构表面引起很大拉应力，这是因为早期混凝土温度高于环境气温，引起温度急剧变化。在混凝土浇筑初期，由于水化热的反应，表面产生较大拉应力，此时表面温度亦比气温要高，拆除模板使表面温度急降，必然引起温度梯度，引起的附加拉应力与水化热叠加；同时，混凝土也进行干缩，几种应力达到一定时，就会造成一定危险。如果在拆除模板后表面及时覆盖保温材料，对于防止混凝土表面产生较大应力有明显效果。

混凝土在正常环温下养护，强度达到设计要求的 75%以上时，其结构中心与表面最低温差控制在 25℃以下。此时，拆模后的结构表面温度不超过 10℃以上是允许的。在混凝土拆模后立即采取表面保温，以免出现温差梯度而开裂。如果日平均气温在 2～3d 内连续下降不小于 8℃时，28d 龄期内结构表面必须采取保护措施。另外，当混凝土薄壁结构件长期暴露在自然环境中的，在低温环境下时，要采取保温处理。

3. 混凝土的实际应用

(1) 混凝土材料的选择：水泥是最重要的混凝土材料，因此必须选择当地信誉好的产品。选择新疆天山牌 P. O42.5 的普通硅酸盐水泥，3d 的强度＞25MPa，28d 的强度＞47MPa，初凝时间 3～4h，终凝时间 5～5.5h，需水量＜28%；选择泵送剂减水率＞25%，采用当地产干净中粗粒径青砂，细度模数 2.4～2.7 之间，含泥量＜1%；碎石选择级配良好的机制及自然卵石各 1/2 使用，粒径好，针片状及含泥总计＜1%，材料质量符合施工规范要求。

(2) 混凝土配合比设计：根据工程具体情况及特点，配合比：W/C＜0.50；砂率＜41%；外掺合料为 10%；坍落度为 140

±2mm；单位水泥用量为360kg；砂子750kg；石子1125kg。

(3) 混凝土的施工过程控制：现在的混凝土拌合几乎都是集中搅拌和专车运输，因此，保证浇筑过程的连续性很关键。由于坍落度为140±2mm，因此，气温较高时损失很快，及时运输到浇筑地并立即入模是最重要的。因混凝土振捣后化学反应、失水干缩等，都会引起体积减小，严重的形成收缩裂缝。施工时采取的主要措施是避免裂缝的产生。方法有设置伸缩缝、相邻伸缩缝间距不超过6m。在混凝土地面与柱子交接处形成阴角，由于气温变化及下沉产生应力集中，很多建筑柱的阴角处均产生开裂。需要采取措施防止应力集中产生的裂缝，如在阴角处增加附加钢筋，施工时重视阴角部位浇筑质量，抹压、保湿、覆盖、拆模要特别注意。另外，要重视结构边角部位的质量，振捣到位。对于浇筑过程中的振捣环节尤其重要，不漏振和过振是关键。表面抹压、覆盖及保湿，缺少哪个环节都是造成质量缺陷的因素。

对于混凝土产生裂缝的成因和计算方法，存在一些认识上的差异，但是涉及质量控制过程的预防和减少裂缝的产生多数意见基本一致或接近。同时，在大量工程的应用实践中多数得到改进和提高，在发现裂缝以后进行分析探讨，分析是有害还是无害裂缝，采取有效的方法措施预防其产生，并对已产生的裂缝进行加强处理，使建筑物的结构耐久性得到提升。

2　砖混结构现浇混凝土楼板裂缝成因与预防

多层砖混建筑结构现浇混凝土楼板的裂缝问题，多年来引起了业内外的普遍关注，建设主管部门曾对集中搅拌的泵送商品混凝土采取过集中治理，但效果并不十分明显。裂缝的存在给居住者一种不安全感，也会影响到建筑物的刚度和耐久性，因此，对裂缝的原因分析及预防控制是一项长期不容忽视的问题。

1. 温度变化应力的影响

(1) 自然环境下的温度变化产生的应力是很大的，人们一般将对温度变化产生的应力看做是混凝土结构裂缝的最主要原因，也是裂缝形成的首要因素。由于混凝土具有热胀冷缩的性质，当外部环境或结构内部温度发生变化，混凝土也会产生变形。当变形受到约束时，结构内部产生约束应力。当应力超过混凝土的抗拉强度时，即出现温度裂缝。温度裂缝区别其他裂缝最主要的特征是：随着裂缝的升降而扩大或愈合。同时，混凝土在硬化过程中水泥会释放出大量水化热，内部温度不断升高，结构表面形成拉应力。进入降温过程由于受到基础或周围的约束，又会在混凝土中产生拉应力。环境温度的升降也会在结构表面形成较大拉应力，当所有拉应力超过混凝土的抗拉强度时即出现裂缝。许多混凝土的内部湿度变化很小且缓慢，但是表面湿度变化很快且幅度较大。振捣收压过程中气温很高、风速快，养护不及时，表面干湿不均，表面干湿变化受内部混凝土的约束，也容易出现裂缝。搅拌原材料含水率不同，使坍落度不稳定，运输过程入模的离析不匀，浇筑在同一位置的板强度是不均匀的，存在一些薄弱部位抗拉强度很低，也容易在该处出现裂缝。

在钢筋混凝土结构工程中，拉应力主要是由钢筋来承担，混凝土只是承受压应力。在无筋混凝土或钢筋混凝土的边缘处，如果结构内部产生拉应力，则是靠混凝土自身来承担。在常规的设计中不允许出现拉应力，或者只允许出现很小的拉应力。但是在施工中，混凝土由最高温度冷却至正常时期的稳定温度，通常会在混凝土内部引起相当大的拉应力。有时温度应力可能超过外荷载所引起的应力，因此，了解掌握温度应力的变化规律，对合理进行结构设计和施工很关键。

(2) 温度产生应力原因分析，根据自然环境中温度应力形成的过程，一般分为三个阶段：

早期：自浇筑混凝土开始至水泥水化热释放全部结束，一般约为 30d。这个时期的显著特点是：水泥遇水后放出大量水化热，同时混凝土的弹性模量急速变化。由于弹性模量的急速变化，此期间在混凝土内部形成残余应力。

中期：自水泥水化热释放基本结束时至混凝土冷却到稳定温度时止，在这期间温度应力是由于混凝土的冷却及外界气候变化引起的，这些应力与早期形成的残余应力相叠加，此期间混凝土的弹性模量变化较小。

晚期：即混凝土已经完全冷却至正常情况的使用期间。此时，温度应力主要由自然界大环境变化作用的影响所左右，这些应力与早中期的残余应力相叠加。根据温度应力引起的原因，一般可分为自生应力和约束应力两种。自生应力即边界上没有任何约束或完全静止的结构，如果内部温度是非线性分布的，由于结构本身互相约束而产生的温度应力；约束应力即结构的部分边界受到外部的约束，不能自由变形而产生的应力，如箱梁顶板混凝土和护栏混凝土。

这两种温度应力常常会和混凝土干缩引起的应力共同作用。要根据已知的温度准确分析温度应力的分布及大小，是一项难度比较大的复杂工作。大多数情况下，需要依靠模型试验或者数据计算。混凝土的徐变使温度应力有较宽松的余地，计算温度应力时必须考虑徐变的影响因素，计算方法根据规范的具体要求。

2. 现浇板裂缝的传统控制措施

对于钢筋混凝土现浇楼板因温度产生裂缝的控制要求，在现行的结构设计规范、施工及验收规范、大量的技术资料及文献中都有相应的方法和措施。

(1) 结构设计方面的措施：

1) 限制楼板的建筑长度要求。混凝土温度应力的大小与楼板的内外部约束有着密切的关系，而约束的大小与强弱在很大程度上取决于楼板的分缝间距。当计算温度应力后可以看出，如果不能满足裂缝控制条件时，用变形缝将长的建筑物分割为短的建筑单元，可以减小约束范围并降低约束作用。

2) 有效配筋。采取合理有效的配筋可以限制裂缝的产生及展开，达到减少裂缝数量，深度及宽度的作用，使裂缝数量多、深度及宽度大的缝改善为相对较小、规范允许存在的缝。采取合理有效配筋的措施是尽量采用小直径、小间距的较密布置配筋，多数采用 ϕ8～12mm 的筋和间距 120～150mm，实践表明是比较有效的，配筋率不应小于 0.35%。

(2) 施工企业采取的措施：

1) 对使用材料的选择，水泥应首选水化热低、收缩率低的中低热粉煤灰水泥，矿渣硅酸盐水泥也可以选用。粗骨料宜选择级配连续性好的卵石或碎石，细骨料的砂可选择模数 2.8～3.0 的干净中粗砂，可以减少用水及水泥用量，降低水泥水化热和混凝土中温度的升高带来的危害。同时，粗细骨料的含泥土量必须小于 1%，否则要通过水洗才能使用。

2) 对配合比的控制，混凝土的干缩变形是伴随着单位用水量的增加而严重，并不是说水泥用量越多则强度越高，安全耐久性越好。因此在进行混凝土配合比设计时，严格控制混凝土单位水泥用量。据资料介绍，龄期为 3 个月和 6 个月时，混凝土强度分别提高 1.25～1.5 倍。如果在早期强度要求不高的建筑结构件，可以采取发挥混凝土后期的强度优势，按经验掺入不超过水泥重量20%的粉煤灰和木钙类减水剂，不但节省水泥用量、降低水化热，而且对后期强度增长有利。

3）混凝土的浇筑工艺控制极其重要。对施工条件和工期要求不急切的施工现场，可以在浇筑后的板混凝土终凝前进行二次振捣。应用经验表明：进行二次振捣可大幅度提高混凝土与钢筋的粘结握裹力，增加混凝土的密实度，更加有效地愈合楼板早期产生的裂缝。同时，对振好的表面采取二次压抹。也就是当浇筑后的表面水分基本干燥，混凝土未终凝前，再次对表面拍打压抹裂缝处，可以较好地消除混凝土的收缩应力，是控制大面积板面收缩裂缝极好的方法。

4）养护措施。混凝土浇筑养护很重要，有的规定很严，措施也周到全面，但若执行者责任性差也难以达到预期的效果。由于新浇筑混凝土无强度，抵抗变形能力低，遇到环境温度变化很容易产生干燥收缩裂缝。养护主要是保温和保湿的作用，使混凝土尽量减小受外界温度变化影响，也就是常说的降低结构件内外的温差梯度，保湿防止水分过早蒸发也兼起保温作用。多年来，在结构表面首先盖一层塑料薄膜保湿，在上再覆盖一层草袋保温，实践证明是极有效的养护方法。当然条件允许时蓄水养护效果更佳，其极限拉伸值比养护不及时能提高30%～50%。

3. 对裂缝的处理措施

现浇楼板的裂缝为非受力性开裂，对结构的承载力及耐久性、整体稳定性及使用安全不会构成严重危害，但裂缝的存在使楼板的刚度下降，对楼板的耐久性使用造成一定影响。这是由于裂缝会造成水的渗漏，潮湿有害气体侵入钢筋而生锈腐蚀，加速混凝土的碳化速度，随着时间的延长将影响结构件的耐久性、抗疲劳和抗渗透能力，对裂缝的处理必须要进行。

（1）当裂缝的宽度小于0.5mm时，用填充法处理。用医疗注射器注入低稠度的环氧树脂胶粘剂，注压时要先送气冲扫缝隙内的湿气，使之干净、干燥。注浆时，针尖尽量插入缝内缓慢注进，防止堵塞，环氧胶液在缝内向另一端流动填充，便于排除空气。注射完成后，在缝表面涂抹环氧胶泥一道，再附加贴一层环氧玻璃布覆盖缝。

（2）当裂缝的宽度大于 0.5mm 时，采用嵌缝法修补。将采取沿裂缝凿剔成 V 形或 U 形槽，深 30mm、宽 50mm 为宜，然后在缝内填充材料修补。凿剔至坚硬层后清扫干净，再用水冲洗并养护，修补时槽内湿润但无明水，晾表干，再分层嵌填环氧胶泥。嵌填用刮刀抹入缝内并压实饱满，表面用 1∶2 水泥砂浆抹平、收压光。

（3）结构贯穿性裂缝是比较严重的裂缝，必须采用结构补强法进行处理，也就是对裂缝采取嵌缝处理后，再在表面用钢筋网片进行补强。网片筋用 ϕ8mm，其间距为 100mm，混凝土强度不低于 C25 级。

4. 现浇楼板温度裂缝的控制

现浇楼板裂缝控制是一项系统工程，也是多年来无法彻底解决的质量通病。相对于常规的控制方法，还要有创新及更有效的控制方法，要充分考虑工程的实用性、操作方便性和经济的可能性，考虑到工程新材料应用中出现新的问题，如各种管道埋设，尤其是 PVC 外观光滑的表面混凝土裂缝等，找到相应的有效措施。

（1）施工中限制楼板长度方面。设置引导缝，混合结构房屋在楼板上墙体位置设置引导缝，减少板长及引导板开裂位置；设置后浇带，在超长连续温度缝的楼板中采取预留后浇带，间距 30m 左右，宽度可以灵活，以方便支模，在大面积混凝土浇完的 6 周后再补偿浇筑。后浇带混凝土要比板混凝土高一个强度等级，即 5MPa。

（2）减少应力集中方面。假若楼面板遇到不可避免的断面突变而产生应力集中时，可进行局部处治。如将断面处理为逐渐过渡的形式，并加足抗裂筋。楼板孔洞周围及转角处的阴阳凸出部位，要增加放射筋加强，也可以用钢筋网片在凸出部位防裂。对板内埋设 PVC 塑料套管处，在板的上。养护下部均应铺设宽度 300mm 的钢筋网片，作为补强处理。

（3）养护问题方面不容轻视，板是薄体大面积构件，对于成型后的养护时间把握很重要，合理的覆盖保湿时间应从混凝土降温开始，而不是在表面终凝后覆盖保温及保湿。这是由于混凝土在浇筑后的升温阶段基本上处在受压状态，表面的拉应力极小，不可能出现开裂；同时，在升温阶段进行保温事实上是在蓄热，势必提高楼板温度的上升。因此，除了冬期施工和遇到气候突变以外，楼板开始保温时间应在终凝以后进行比较适宜。

对于养护的方式，为了使楼板处在合适的温度条件下，可以用塑料薄膜覆盖保湿。塑料薄膜具有良好的不透气保湿作用，较用湿砂和锯末洒湿更方便、干净，避免了蓄水养护的诸多不便。在冬季和气候突降时，要立即在塑料薄膜上再加盖草袋或帘子保温。另外，也可以用麻袋覆盖，效果也相同。

通过上述浅要分析探讨可知，混凝土现浇楼板的温度与裂缝之间的作用十分明显，虽然行业内部对混凝土裂缝的产生成因分析有所差异，但是对于具体的预防和改进措施还是比较接近或相似，并且在实践中的应用效果也比较可靠，这些都是在多年的各类工程中摸索、观察、总结和比较得出的。结合各种预防处理措施的实践应用，对于混凝土产生裂缝可以减少和避免，结构的安全耐久性可以得到保证。

3　混凝土楼板裂缝原因及预控方法

建筑钢筋混凝土结构体梁、板、柱，由于混凝土中水泥水化形成物理化学反应及体积的变化，使得结构体内存在无数的孔隙、气穴及微裂缝。但这种微裂缝通常是无害的，对其使用功能及耐久性无影响。当混凝土在承受荷载、温差长期循环作用后，已有的微裂缝不断扩展，逐渐连通最后形成可见的宏观裂缝。在混凝土结构工程中产生裂缝是难以避免的，因此混凝土结构工程是带裂缝而工作。现行《混凝土结构设计规范》GB 50010—2010 明确规定了混凝土结构件在不同的环境下，裂缝控制等级及最大裂缝宽度的限值。但是在裂缝宽度超过一定限制并在一定范围内存在和发展时，由于裂缝的渗透结构内部钢筋产生锈蚀，逐渐加深、加重，降低混凝土结构件的承载力，从而影响建筑物外观和使用功能，甚至危及人身安全和财产损失。因此，在施工过程中采取切实有效的预防控制措施，减少裂缝的产生、发展和扩大，力争控制在一定的允许范围内，才能确保工程的正常安全使用。

1. 混凝土结构产生裂缝的形式及原因

从水泥的发明使用到混凝土工程的近 200 年时间内，根据混凝土结构产生裂缝的原因分析探讨，一般总结为两个大类：一类是由荷载变化引起的裂缝；另一类是由于变形变化引起的裂缝，包括温度湿度变化、不均匀沉降、钢筋锈蚀、冻胀循环、化学反应及膨胀等因素。按照裂缝产生的机理划分，建筑物中最常见的裂缝类型主要是温度裂缝、收缩裂缝、沉降收缩裂缝、干燥收缩裂缝、碳化收缩裂缝、化学反应裂缝、沉陷裂缝、徐变及凝缩裂缝等。

1.1　温度裂缝的原因及预防

混凝土具有热胀冷缩的特点，当外部环境或者结构内部温度出现变化时，混凝土会随着发生变形。当变形受到约束时，会产生较大应力；当此时变形应力超过混凝土当时的抗拉强度时，会形成温度裂缝。温度裂缝与其他的裂缝主要区别的特征是：随着温度的上升或降低，扩展或自愈合。引起温度变化的主要因素是：温差、太阳辐射、水化热反应。

如何才能有效预控混凝土的温度裂缝，最好是在容易引起裂缝的部位增加构造筋，这样可以更好地提高混凝土抗裂能力，尤其是薄壁结构件。经验表明：构造配筋宜采用小直径、小间距的较密布置，全截面构造配筋率应在 0.4 以上比较有效。

1.2 收缩裂缝的原因及预防

（1）收缩裂缝的原因：混凝土的收缩包括塑性收缩和失水收缩，是造成混凝土体积变化而形成裂缝的最主要原因。塑性收缩裂缝出现在混凝土浇筑后的 2～4h 以内，由于水化反应形成泌水，水分蒸发使混凝土失水过快产生收缩，收缩受到钢筋骨料或模板的约束，在混凝土内部因塑性收缩产生张拉应力。此时，混凝土水化未完成，无任何强度，则形成沿纵主钢筋走向的裂缝，在钢筋的竖向变截面处，如 T 形梁、顶板或腹板交接处，因硬化前沉陷不均匀而形成表面的顺腹板方向的裂缝。为了降低混凝土的塑性开裂，施工配合比及水灰比要严格控制，分层浇筑及振捣这些成熟经验必须严格执行。

当混凝土凝结硬化后随着环境温度及风速作用，表面水分逐渐蒸发。当温度慢慢降低，混凝土自身体积也减小，产生失水收缩，这是因混凝土表面水分流失比较快，内部水分迁移比较慢，造成表面收缩量大而内部收缩量小的不均匀状态。由于表面收缩受到内部混凝土的较大约束，致使混凝土表面承受大的拉应力。当混凝土表面的拉应力超过此时的强度时，便产生收缩裂缝。混凝土硬化后收缩主要是失水收缩，如果钢筋配筋率超过 3%的构件，钢筋混凝土约束力很大时，混凝土表面只产生龟裂现象。

(2) 影响收缩裂缝的其他因素：

1) 水泥的品质，如矿渣水泥、快凝水泥和低热水泥配置的混凝土则收缩量较大，而普通水泥、火山灰质水泥及矾土水泥配制的水泥收缩量较小。

2) 骨料，如石英石、白云石、石灰石及花岗石等吸水率低，收缩也小；而砂岩、角闪岩及板岩吸水率较高，收缩也大。另外，骨料粒径较大则收缩小，含水量大的收缩量也大。水灰比越高用水量越大，混凝土收缩也大。同样，外加剂保水性越好则收缩量也小。

3) 良好的养护可以加速混凝土的水化进程，加快混凝土强度的增长。养护时间内湿度越高、气温越低则养护时间越长，混凝土收缩量越小。蒸汽养护方式比自然养护方式混凝土收缩量要小。另外，空气中湿度小气候干燥、温度高、风速快则混凝土表层水分蒸发快，混凝土收缩量就大。

4) 在施工浇筑振捣方式上，用机械振捣比人工振捣浇筑混凝土收缩量要小。振捣时间在一个振点的时间以10s为宜，时间短振捣肯定不密实，也不均匀；而振捣时间过长容易产生分层，粗骨料下沉而细骨料及水泥浆上浮，形成混凝土强度的不均匀，上表面素浆太厚，产生收缩开裂。

(3) 采取的一般预控措施：

1) 要选择干缩值比较小、水化热低的硅酸盐水泥及普通硅酸盐水泥和粉煤灰水泥，降低单位水泥用量来减少水化热，降低混凝土内部及表面温差。

2) 对于混凝土的干缩，由于受水灰比的影响较大，在进行混凝土配合比的设计和结合现场试配时，在尽量满足施工可操作性前提下，控制用水量。选择高效减水剂，减少用水量，提高混凝土强度，同时掺入适当粉煤灰，减少水泥用量及增加混凝土密实度。

3) 浇筑混凝土前，对基层及模板浇水湿润是不可缺少的环节，可确保混凝土中水分不被很快吸干。

4）延长和保证覆盖和养护时间，在高温及大风天气要有遮阳及挡风措施，使养护正常进行，尤其是低温覆盖保温尤其关键，必须达到临界强度的最低值要求。另外，浇筑混凝土时不允许任意留置冷缝，保证其整体性。

1.3 化学反应裂缝的原因及预防

化学反应裂缝即碱集料反应裂缝和钢筋腐蚀引起的裂缝，也是钢筋混凝土结构最常见的化学反应引起的裂缝。在混合料拌合后，会产生一些碱性离子，这些离子与其他活性骨料产生化学反应并吸收环境中的水使体积增大，促使混凝土酥松膨胀而开裂。这类裂缝一般会出现在混凝土建筑物使用的早期，其主要预防措施是：粗细骨料要选择碱活性小的；用低碱水泥和无碱外加剂及掺合料；选择合格的拌合用水。

对钢筋锈蚀引起的裂缝，是由于混凝土浇筑振捣不密实或者钢筋保护层过薄，有害物质进入混凝土，使钢筋产生腐蚀，钢筋生锈时体积膨胀导致混凝土开裂。此类裂缝多数是纵向开裂，也就是沿顺主筋走向开裂的。一般的预防措施是：确保钢筋保护层的厚度，混凝土的连续级配要合理，混凝土的浇筑振捣必须密实，表面压抹平，钢筋要防腐或刷防腐涂料等。

1.4 沉陷性裂缝的原因及预防

沉陷性裂缝的产生主要是由于基础底部土壤不均匀，回填土不密实或者松软，地下水位高浸泡而产生沉降，或者因为模板刚度偏低，支撑间距过大，支撑底面垫木板过薄，未设扫地整体拉杆，尤其是冬季支撑在冻土层等影响所致。有些沿地面垂直或呈40°左右的方向发展，较大的沉陷性裂缝往往有一些错位，裂缝宽度一般与沉降量呈正比关系。这类裂缝宽度受温度变化的作用极小，当地基变形稳定后，其裂缝也趋于稳定状态。

主要的预防控制措施是：对基层松软土、回填土地基在上部地基施工前必须采取加固处理。尤其是多高层建筑，必须按地基勘察资料处理合格；对模板确保有足够的刚度和强度，支撑垫板厚度保证，支撑间距<1.5m，并且安装扫地拉杆，使地基承受力均匀；防止混凝土浇筑过程中地基水上升，浸泡基础；模板拆除时间要经过确认，不得提前；在入冬后模板支撑不能在冻土上，如果必须支撑在冻土层，要采取措施并及早回填，防止基础在自然环境中因温度影响而产生更多开裂。

1.5 结构设计不当产生裂缝的原因及预防

现在大量的建筑工程几乎采用框架填充墙结构，而支撑建筑体的梁、柱、板是由混凝土和钢筋共同承担极限状态下的承载力，结构设计中必须根据地基具体情况、静动荷载、自然因素、结构等级及耐久年限周全考虑。现行《建筑结构荷载规范》(GB 50009—2001，2006 年版)明确规定了荷载规范的计算要求，并对裂缝宽度采取了严格的控制措施，若是存在结构设计中对裂缝控制考虑不周，产生裂缝的机率将会更加严重。

1.6 施工材料及工艺不到位产生裂缝的原因及预防

组成混凝土的原材料主要是由水泥、粗细骨料、外掺合料、水及外加剂等所组成，在原材料的选择中必须慎重，切实选择合格的本地产骨料和胶结料。如果为了节省采用了质量低劣的材料，可能导致结构产生更多的裂缝，而且强度和耐久性也大打折扣。

当合格的原材料进入现场并抽检合格后，方可配置施工。在配制混凝土过程中严格计量，集中搅拌站也要经常抽查用料误差概率。在施工全过程的支模、运输、搅拌、入模、振捣、压抹、覆盖、养护各环节加强质量控制。但是如果全过程工艺不合理，施工管理质量混乱，结构将会出现纵横向、水平斜向、表面、深入内部及贯穿性裂缝，结果将是严重的，满足不了使用要求。

2. 裂缝的处理方法和措施

混凝土出现的裂缝不但会影响到结构件的刚度和整体性，更为严重的是渗透会引起钢筋的锈蚀，加速混凝土的碳化，降低其耐久性，因此，根据裂缝的具体状况采取应对措施，及时处理和确保建筑物的使用安全。现在对于混凝土裂缝的处理措施包括：表面修补法，灌注浆、嵌缝封堵，结构件加固及混凝土置换法等。

(1) 表面修补法：混凝土表面修补是一种应用最多最简单的处理方法，主要适用于稳定和不影响结构承载力的混凝土表面较浅的裂缝。习惯性处理方法是将表面冲洗干净，在裂缝表面涂抹水泥浆、环氧胶泥或在裂缝表面涂抹防腐材料，如沥青、油漆等。在做保护的同时，为了阻止混凝土可能继续开裂，通常采取在裂缝表面粘贴玻璃纤维布材料加强。

(2) 灌注浆及嵌缝封堵法：采取这种方法主要是用于对结构整体性有影响的或有抗渗要求的结构体的修补。注浆是利用压力设备将胶凝材料注入混凝土的裂缝中，胶凝材料硬化后与混凝土结合为一个整体，从而达到封闭加固的目的。常用的注浆胶结材料有水泥浆、环氧树脂、甲基丙烯酸酯、聚氨酯等化学材料，嵌缝法是裂缝中封堵最常用的方法之一，做法是沿裂缝凿V形槽，在槽内嵌填塑性或刚性止水材料，达到封闭裂缝的目的。常用的塑性材料有聚氯乙烯胶泥、塑料油膏、丁基橡胶等。而最常用的刚性嵌缝止水材料多数为聚合物水泥砂浆等。

(3) 结构件加固法：混凝土结构件加固的方法有：加大混凝土结构件的截面面积法；在结构件纵向角部外包型钢预加应力法；粘贴钢板或碳纤维布加固结；增设支点加固及喷射混凝土补强加固等措施。

(4) 混凝土置换法：混凝土的置换是处理严重损坏混凝土的一种有效方法。用此方法将损坏的混凝土彻底剔除，再重新浇筑新的混凝土补充。常常采用的置换材料主要是：普通混凝土或者高强度砂浆、聚合物混凝土或改性聚合物、钢筋混凝土等。置换施工要求很高，必须按设计要求进行。

众所周知，裂缝是钢筋混凝土结构普遍存在的一种特性，它的存在不仅会降低建筑物的抗透能力，影响建筑物的耐久性功能，更严重的是因渗漏而产生的钢筋锈蚀，加速混凝土的碳化，进而降低承载力。因此，要加强对混凝土裂缝产生的预防控制，并对产生的裂缝原因认真分析和区别对待，针对裂缝原因的严重与否采取不同的方法进行处理，同时在处理过程中严格把关，切实达到良好的预期效果。

4　大体积混凝土产生裂缝的原因及防治

随着建设规模的扩大和城市化进程的加快，大体积混凝土的应用更加广泛。应用实践表明：大体积混凝土施工过程如果采取措施不当，极易产生裂缝；若裂缝得不到有效防治，将会产生严重后果，因此，控制和预防大体积混凝土的裂缝是设计和施工必须解决的大问题。

对于大体积混凝土的定义，世界各国和地区不尽一致。日本建筑学会定义为“结构最小断面尺寸在 80mm 以上，同时水化热引起的混凝土内最高温度与外界气温之差预计超过 25℃的混凝土为大体积混凝土”。国内现行的《普通混凝土配合比设计规范》(JGJ 55—2011)中对大体积混凝土的规定为：混凝土结构物中实体最小尺寸不小于或等于 1m，或易引起裂缝的混凝土。其表述概念并不一致，但控制裂缝是共同的。如前苏联规范规定：“夏季施工时浇筑表面系数大于 3 的结构物，混凝土拌合物从搅拌站运出时的温度应不超过 30～35℃。”美国混凝土学会规定为：任何就地浇筑的大体积混凝土，必须采取措施解决水化热及其引起的体积变形问题，以最大限度地减少开裂。

1. 裂缝产生的原因

现在对于由机械荷载引起的裂缝，产生原因研究分析得比较清楚，而对于因温度引起的裂缝产生原因研究还不够充分，还需要更加努力应对，防止对结构造成一定的危害。另外，对于大体积混凝土的温度应力与裂缝控制多集中在高层建筑深基础、水利工程的大坝及大型基础设施、转换层大梁等。以下对大型基础混凝土进行分析，探索裂缝产生原因及预防措施。

(1) 水泥水化热产生的影响。水泥在水化过程中会释放出一定的热量，而厚大体积混凝土结构截面厚，表面系数相对要小，所以，水泥发生的热量聚集在结构内部难以散出。正常情况下，水泥水化释放热量的时间在浇筑后的 3～5d 为最高，以后逐渐降低。据资料介绍：每克水泥可以放出 500J 左右的热量，如果按现在 C40 级混凝土用水泥 350～450kg/m³ 来计算，每立方米混凝土将释放 17500～22500kJ 的热量，造成混凝土内部温度很快升高，一般会达到 70℃甚至更高。混凝土内部如此高的温度无法及时散发出去，聚集的热量越来越高，造成内部及表面温差的加大，使结构内部产生压应力，而表面则是拉应力。当此时的拉应力超过混凝土当时的极限抗拉强度时，混凝土表面就会产生裂缝。

（2）温度应力产生的裂缝。对于厚大体积混凝土结构，在施工阶段，环境气候的变化对预防浇筑混凝土裂缝的形成及出现有着很大的影响。浇筑混凝土内部的温度由浇筑温度、水泥水化热的绝热温升和结构的散热及其他温度叠加起来，其浇筑温度随着外界气候的变化而变化。特别是遇上极端气候温度急降，将大大提高结构内外的温差。温度应力是由温差作用引起的温度变化造成的影响。温差越大，温度应力也越大，很容易引起混凝土结构表面的开裂。同时，在高温条件下的大体积混凝土容易聚热，混凝土内部的温度会升到 60～75℃，由于很难散发出去，会在结构内延续数天。因此，应采取积极、有效的控制温度升高的措施，防止结构内外温差超过 25℃而形成的温度应力。

（3）混凝土体积收缩的影响。混凝土中约有不足 18%的水分是水泥水化所需要的水分，而其余 80%以上的多余水是为便于施工增加的，在后期要全部散发出去。大多数水分的蒸发会引起混凝土体积的收缩，在养护过程中逐渐提高强度，使体积减小是一种正常现象，收缩的主要原因是内部多余游离水引起混凝土体积的收缩。混凝土的收缩主要是塑性阶段、干缩阶段和温度变化三个阶段的收缩。若混凝土收缩后再度达到水饱和状态，还可能恢复膨胀并达到原来的体积。干湿交替会引起混凝土体积的交替变化，这种交替变化对结构体十分有害。

（4）其他因素引起的不利影响。影响大体积混凝土产生裂缝的其他因素有：1)设计结构件断面突变产生应力集中引起的构件开裂；2)设计选择的混凝土强度过高，水泥用量过多收缩量过大的影响；3)采用预加应力不当构件偏心大造成的裂缝；4)粗细骨料含泥量多，混凝土收缩量也大；5)骨料级配不连续，粗细粒之间无连续粒径，使混凝土收缩量增大，诱发裂缝产生。一般情况是骨料粒径越小针片状含量越多，混凝土单位水泥用量越多，用水量相应也多，则收缩量也大；6)外加剂及外掺合料选择不匹配，掺合量过多或过少都会造成混凝土的裂缝产生；7)浇筑混凝土入模及分层厚度及振捣，均会影响混凝土的均匀性，造成收缩下沉不匀而产生开裂；8)环境因素及酸碱盐类侵蚀的影响；9)养护措施不到位、不及时、失水早及模板拆除过早等一系列因素，都会影响混凝土的开裂。

2. 对裂缝的预防控制

2.1 设计阶段的控制处理

大体积混凝土的设计强度等级一般控制在 C25～C35 之间，不要过高，能利用后期 60d 或 90d 的强度更好。随着基础设施及城市化建设进程的加快，大体积混凝土的采用及强度等级也会更高；如果设计强度等级达到或超过 C40 以上，其水泥用量大，必然造成混凝土体内的水化热大幅升高；当内外温差超过 25℃以上时，温差应力就会造成结构体开裂，严重的会使结构件形成贯穿裂缝，这种情况的危害极其严重。对于竖向结构构件，在可以采用高强度混凝土来减小其截面；而对于大体积混凝土的基础底板，在满足抗弯及冲切要求下，采用 C25 级混凝土应该没有什么安全问题，要避免纠正“强度越高越好”的不良观念。考虑到建筑市场不可能按正常工期施工的实际现象，一般都是工期紧的特点，在确定基础满足使用的前提下，可以采用 60d 或 90d 的后期强度，减少单位水泥用量，降低混凝土内部水化热引起的质量问题。

由于大体积混凝土基础除了构造要求和承载力需要外，还要配置防止温度应力产生裂缝的构造钢筋，用构造钢筋达到控制裂缝的技术手段。经验表明：控制裂缝的构造钢筋一般要求尽量小直径、小间距。宜用钢筋直径8～12mm@100～120mm是合理的防裂控制，混凝土中钢筋配筋率不应低于0.30%，在0.35%～0.50%之间。

如果基础置于岩石上时要设置滑动层，即在垫层上铺SBS两层，如果在夏季铺一毡一油也可以。大块式或者筏形基础、箱形基础不要设置永久变形缝、沉降缝或伸缩缝，更不能预留横向施工缝。最好采用“后浇带”和“跳隔式”来控制施工期间的温差和收缩应力。后浇带宽度以1m为宜，钢筋绑扎贯通在带处还要有加强筋，跳隔块浇筑时间相隔14d以上，用设计强度等级高一级(即5MPa)的细石混凝土浇筑捣实，并加强保温养护工作。为避免结构突变产生应力集中的问题，在结构转角及孔洞部位增加构造钢筋。

对厚大超长的整体式大基础，由于结构截面大、水泥用量多，水化释放的水化热会产生较大温度变化和收缩应力，导致混凝土产生表面及进深达到贯穿性裂缝，影响结构的整体性、渗漏及耐久性危害，影响到建筑物的正常使用功能。因此，对于大体积混凝土施工前要进行评估工作，施工阶段对大体积混凝土要有针对性地采用防裂方案。如控制温度措施，进行应力计算，确定峰值产生时间及降温措施等。要控制内外温差不超过理论上的25℃，事实上有时超过25℃也不一定会开裂，关键是环境温度及约束条件如何。另外，对于混凝土的降温也不能过快，掌握在1.5℃/d的速度比较正常，目的是确保升降温度时不要过快而产生不利影响，保证结构不出现有害裂缝。

2.2 混凝土材料的质量控制措施

为了控制裂缝降低水泥用量，防止结构体内升温过高，可以征得设计同意，利用后期60d或90d的强度作为评定混凝土的依据。

要优先选择水化热低的矿渣水泥配置大体积混凝土，水化热要用直接法测定。同时，用减少水泥用量的方法降低混凝土的绝对温升值，可以达到使结构内外温差不超过限值，这是比较好的方法，单位水泥用量不超过 350kg/m³。

大体积混凝土用粗骨料要采用粒径为 5～31.5mm 颗粒的碎石或卵石，并且连续级配好，含泥量小于 1%。细骨料的砂要选择中粗颗粒干净砂，含泥量小于 1.5%。

对于外加剂及外掺合料使用，国内用于混凝土的外掺合料主要是粉煤灰及矿粉等。掺合料在混凝土中主要是提高拌合物和易性，可大幅度提高工作性和可靠性。同时，能替代等量水泥降低水化热。混凝土中粉煤灰的掺量一般在 15%～25%之间，替代等量水泥用量则降低水化热也是 15%～25%。而外加剂主要指减水剂和微膨胀剂。在混凝土中掺入水泥重量约 0.25%的木钙减水剂，不仅可以减少拌合用水 10%以上，节省水泥 10%，更重要的是拌合物的和易性与可工作性大大提高，强度不但不受影响反而有所提高，更有效地降低了水化热带来的不利影响。泵送混凝土尤其在夏季为了延缓凝结时间，一般掺入适当缓凝剂；否则，由于凝结过快将影响混凝土的正常浇筑，形成施工冷缝造成渗漏水及缝隙，结构体整体性强度降低。另外，为了防止结构一些部位可能产生收缩裂缝，在混凝土中掺入适量微膨胀剂，使得在凝结及水化过程中体积不但不收缩反而微膨胀，达到更好的结合及整体刚度。

2.3 施工质量过程控制

对于大体积混凝土的浇筑，要提前做好施工方案。浇筑方法必须分层连续进行或者采取推进式连续浇筑方法，目的是一次成型不留施工缝。按照施工规范要求并做到：入模的摊铺厚度一般不要超过 400mm，也可以根据振捣棒的作业半径和结构件状态确定。当采用泵送混凝土浇筑时，其厚度为 500mm 左右；当采用自搅拌混凝土浇筑时，其厚度不超过 400mm。分层连续进行或者采取推进式连续浇筑时，其层间间歇时间要尽量缩短，尤其是高温季节更应如此。要求在上次浇筑的混凝土还未初凝前，将新鲜混凝土再浇在上面。如果层间间歇时间超过 2h 以上，则要按施工缝处理，即刷素水泥浆及铺 1：2 水泥砂浆层的方法，达到两次紧密结合的做法。

对大体积混凝土的浇筑采取分层施工时，水平施工缝的处理应符合的规定是：彻底清除浇筑表面的浮浆、松动石子及软弱颗粒，露出坚硬骨料表面，在上层混凝土浇筑前要用压力水冲洗原混凝土表面，充分湿润但浇筑时不能有明水。对自搅拌混凝土，在浇筑前要有结合层处理。在混凝土搅拌中的时间及均匀程度很重要，运输要满足连续浇筑施工以及尽量降低混凝土出机温度的要求。并应符合在炎热季节浇筑混凝土时，混凝土搅拌站宜对粗、细骨料采取降温处理，遮挡太阳光直射或洒水降温等。

在混凝土的浇筑过程中，应及时排除混凝土表面的泌水。泵送混凝土由于输送的需要，水灰比一般较大，振捣后表面的泌水也较多；若不抓紧排出，会严重降低表面的质量。

当结构混凝土浇筑压抹完成后，及时按温控措施要求进行保温养护，并应符合对于保温措施要保持混凝土里外温差及降温速度满足温控措施要求，保温养护的时间要根据温度应力加以控制，但不得少于 14d，保温覆盖层的拆除应分层逐渐进行；在保温养护过程中表面蓄水最好。保温养护是大体积混凝土施工的重要环节，其作用主要是降低大体积混凝土构件内外温差，即降低混凝土块体自约束应力；其次，是降低大体积混凝土块体内的降温速度，充分利用混凝土的抗拉强度，提高在低强度下承受外约束力的抗裂能力，达到防止和控制温度裂缝的目的。同时，在养护过程中的保湿和防风也很重要，不要一阵干、一阵湿，容易产生开裂。在各种覆盖材料中，主要还是用塑料薄膜和草袋，在抹压的表面盖上塑料薄膜可以防止水分蒸发，其上再加盖草袋起保温效果，总厚度根据气候条件决定。当结构养护到规定时间应报批拆除模板，防止结构竖立面干燥，产生裂缝。

对于地面以下的基础必须在防腐处理、管线安装检查合格后抓紧回填，长期露天日晒极容易产生裂缝，出现渗漏。

3. 大体积混凝土现场监测控制

对于大体积混凝土的温度控制，除了进行水泥水化热的测试工作外，在浇筑的过程中还必须进行温度的监测，在浇筑后的养护过程中要进行结构体的内外温差、升降温、环境温度和降温速度的监测。监测的方法可以采用先进的仪表或常规的方法。关键是监测的结果能及时反馈现场监控人员，以便及时了解内部温度变化状况，采取有效的措施加以防范。

混凝土的浇筑温度是入模及振捣以后，位于混凝土上表面以下 50～100mm 深度的温度。要求混凝土浇筑温度的测试每 8h 不少于 2 次；大体积混凝土结构体内外温差、降温速度及环境温度的监测，每昼夜不少于 2 次。对大体积混凝土结构温度检测点的布置，达到可以反映混凝土结构体内外温差、降温速度及环境温度为原则。测温元件的选择要符合：测温精度应不大于 0.30℃；元件安装前要浸水 24h 再检查。监测仪表的选择要求其误差不大于±1℃，测温仪表的性能要符合施工检测精度的要求。

监测元件的安装及保护要求：元件安装位置准确、固定牢固并与结构钢筋及固定架金属体绝缘；测温元件的引出线要集中布置，并加以保护；混凝土浇筑过程中，要防止下料冲撞测温元件及引出线，振捣时不要触及测温元件和引出线，保护完好是测温的重要保证。

通过上述浅要分析可知，虽然大体积混凝土很容易产生裂缝，但经过大量工程的实践应用表明，只要结合工程实际，优化配合比设计，正确选择材料，严格控制施工工艺过程及后期的养护管理，充分考虑各种不利因素的影响，是能够减少和避免有害裂缝的产生，确保建筑物的整体性和刚度不受裂缝渗漏影响，使结构体的耐久性达到设计要求。

5 提高新老混凝土粘结强度的有效做法

现在，建筑物的加固已成为建筑业的一个重要分支。结构件加固维修以及在新建工程中经常会遇到新老混凝土能否很好粘结成为一个整体结构体，达到共同作用的目的，其界面粘结强度一般总是低于一次性整体浇筑的混凝土强度，耐久性也低，这些部位会成为结构构件中受力的薄弱部位。另外，还有大量的混凝土结构体因其环境影响出现碳化，钢筋腐蚀，北方广大地区冻融循环造成混凝土结构剥蚀破坏，这些均涉及混凝土修补加强问题。

新老混凝土之间良好、有效的粘结是修补成功与否的关键，新老混凝土界面粘结受力复杂，影响粘结性能的因素也多，但最主要的影响因素仍然是对界面的处理方法。另外，还有修补用材料的选择和应用，胶粘剂的选择和使用，老混凝土基层面的质量，新补混凝土的养护措施及结构所处环境条件等。

1. 新老混凝土界面处理方法

正常情况下，修补混凝土的工艺措施是：表面认真处理；刷界面处理剂或胶粘剂；新浇筑混凝土；覆盖养护。老混凝土的表面处理是修补混凝土的第一步，也是最关键的环节。表面处理的粗糙程度，是影响粘结效果最重要的因素。表面处理是指凿除原混凝土表面所有损伤、松动、附着不牢的骨料、废浆及杂质等，露出坚硬的骨料表面及粗糙不平新鲜面，以期达到提高粘结紧密、结合牢固的效果。表面处理的方法主要有：

(1) 压力喷射(砂、丸)法：对老混凝土的界面采取机械压力喷射(砂、丸)方法，向老混凝土的表面喷射不同直径的钢球丸，直径从 1.2～2.0mm 不等；或者粒径从 1.0～1.7mm 的砂粒，通过喷射压力控制其喷射速度及密度，可以达到以平均深度定量老混凝土界面所需要的处理程度，这样便于控制最为理想的表面处理效果，污染和噪声也相应较小。

当采取压力喷砂法处理老混凝土界面时，平均深度约在4～5mm之间，而此深度的粘结效果是最好的。压力喷砂法处理老混凝土表面的深度，在很大程度上取决于喷射的密度。因此，控制喷射的密度是控制处理界面的平均深度，达到所需的要求完全可能。

(2) 高压水射法：为了使老混凝土表面干净、坚实，高压水射法是比较好的处理方法。该方法的优点是：喷射速度快，没有振动、噪声和灰尘，尤其是不影响损伤周围混凝土。同时，老混凝土表面干净湿润，更利于有良好的粘结条件。高压水射法适用于任何情况下，当老混凝土中有钢筋时也不会损伤钢筋，并为钢筋除锈，利于新浇混凝土的结合。

(3) 人工凿毛处理法：该方法是用钢钎等手持工具将老混凝土表面敲打凿毛，但是在凿除粗糙表面的同时，会使下部产生裂缝，并挠动周围混凝土，使粘结牢固度降低，而且会有大的噪声及粉尘污染。另外，也可以对老混凝土表面用钢刷刷洗干净处理，钢刷刷净方法只能是对表面进行清理，并不是对表面进行处理。该方法清理的表面达不到粘结良好的效果。

(4) 界面人工粗糙法：是将水泥、聚合物材料、水按照一定比例混合搅拌成浆体，然后在处理干净并干燥的基层表面涂抹上一层3～4mm厚度浆体。用刷子在涂抹表面时用力刷，使其粗糙化，养护3d以后，即可在冲洗干净的表面浇筑需要厚度的新混凝土。

2. 老混凝土粗糙程度的检测评价

(1) 平均深度检测评定：用4块塑料板围绕混凝土的处理面，使塑料板的最高平面和处理后凸起的最高点齐平，浇灌标准砂超过处理面且和塑料板顶面刮平。处理面的平均深度可以用公式进行计算：平均深度＝标准砂的总重/(处理面横截面积×标准砂密度)。

(2) 用骨料暴露的比例来评价表面的粗糙程度：利用表面粗骨料暴露的百分比例来测评表面的粗糙程度，一般分为3个级别：即A级粗糙度约有10%的骨料粒可见；B级粗糙度约有30%～40%的骨料粒可见；C级粗糙度约有60%～80%的骨料粒可见。对此种检测评价只能够靠观察经验而定，其测评结果应该是A级粘结性较差，B级粘结性较好。而且可以看出，高压水射法处理混凝土表面是一种比较好的方法。C级界面抗剪强度比B级略有增大，因而B级粗糙度比较适宜，并且B级粗糙度试件的粘结破坏强度较高，粗糙过程比C级节省时间，达到B级即满足粘结要求。

(3) 用图像数字模拟方法：用氦氖激光器发出激光束，经柱状透镜扩束并准直后成为一束很薄的片状光束，宽度为0.2mm投射到检测面，载有物体的平台在步进电动机带动下，沿确定方向以一定速度平移，完成片光投影在处理面上的二维扫描；在另一方向上，用面阵CCD接受该片光图像。在试件平移过程中，控制图像采集卡的采集间隔，使平移速度与图像采集速度相一致，以完成图像的适应采集。由于处理面的高低不平整，每条投影线在CCD光敏感面上的像为一曲线，计算该曲线上各像素点偏离标准像(参考平面)的位置，按激光三角测距原理，可以得到处理面深度的变化情况，判断处理效果。

3. 修补选材及其使用

为了达到修补效果，对于材料的选择及耐久性是必须考虑的问题。修补用材料的范围很小，最大量使用的材料是与原结构中相同的混凝土原材料。其水泥和粗、细骨料的品种，则力求与原有混凝土的基本相同，例如：原结构是因化学腐蚀而遭受损坏，要改用其他品种的水泥和外防护涂层材料。以便在钢筋周围重新形成耐久性好的防腐蚀环境。修补后，结构的耐久性取决于新老混凝土粘结的耐久性和材料的耐久性质量。因此，要根据不同情况，选择不同的、适合的修补材料。

(1) 要选择收缩量小的材料作为修补用材。混凝土的修补质量常常会被新老混凝土之间的粘结失效而导致破坏，虽然在处理时新老混凝土间的粘结比较牢固，但因新老混凝土的收缩在其粘结面上的应力产生变化。这种变化大时，足以破坏新老混凝土之间的粘结，可能产生松弛；若掺入钢纤维或碳纤维后，新老混凝土的收缩会降低。试验资料表明：当纤维与乳液一起使用时，效果最明显。这是由于混凝土与混凝土界面粘结质量不仅与干缩相关，而且还与新老混凝土之间粘结力有关。乳液的加入使新混凝土的粘结能力提高，而纤维的加入又使干缩量降低，因此，使界面的粘结力得到更好的提升。

(2) 界面处用的胶粘剂品种质量很关键。结构修补的质量优劣，在大多数情况下是由于新老混凝土之间局部或个别点未粘结牢固而影响着。两者之间所产生的粘结力，则直接与老混凝土表面处理的效果关系密切。现在对胶粘剂的研制重点，是在新老混凝土的粘结强度方面。它不仅与胶粘剂的物理性有关，而且与老混凝土的表面处理方法、胶粘剂的施工界面处理方法和胶粘剂品种选择有关。

(3) 要考虑施工人员及机械机具的操作使用。人员素质和责任心有关。任何结构表面的处理及修补施工过程，都是由人工进行的，对参与表面处理及修补人员的技术培训及技术交底必须进行。认真仔细、工艺正确，是最后修补保护成败不可缺少的因素。

通过上述浅要分析可知，新老混凝土界面的粘结强度影响的主要因素是：新老混凝土界面处理方式的选择及处理后状态，界面剂的品种类别，加固结构的本身强度和新老混凝土可能产生的变形差等原因。粘结机理主要是机械咬合、化学吸附及自身吸附三种作用形式。

6　混凝土大面积整体地面施工质量控制

现在，建筑工程大面积混凝土整体地面在工业厂房、大型展览及地下车库工程中应用广泛，其质量要求也非常严格，不仅有承载力方面的要求，还有整体平整度、地面裂缝控制及美观的要求，这些严格的要求必须在施工前设计好全方位、全过程、全员性的技术准备，才能取得良好的施工效果。

1. 工程地面构造设计

某工厂厂房地面作为精度比较高的数控机械使用场地，整体地面面积达 3400m^2，并且对地面整体表面平整度(3m 长直尺平整度不大于 3mm)、表面抗裂要求也十分严格。针对工业建筑的需要和施工设备技术条件，应对工程地面施工采取高质量的施工控制技术。

(1) 地面做法：

1) 在地面工程中，基层是直接影响整体地面出现质量问题的重要环节。若基层处理不当，抗压承载力低下，极容易出现地面下沉或产生基层的开裂，这样将直接影响表面的使用质量。对此，根据施工经验制定对基层的构造处理：自上而下 200mm 厚度双层双向 ϕ12mm@120C25 混凝土结构层；100mm 厚度 C20 混凝土垫层；素土分层夯实度达 0.97。

2) 使用要求的混凝土面层，面层自身的混凝土抗裂强度是确保整体面层混凝土质量的关键所在。为确保基层不对面层产生较大的约束力，能够自由、平稳释放面层的混凝土应力，需要在基层和面层之间设置滑动层，保证面层的自然滑动。其设置滑动层的构造处理是：耐磨地面处理；150mm 厚度 C30 素混凝土面层；在地面基层上满铺塑料薄膜；基层面处理。

(2) 地面浇筑分区及跳仓浇筑施工：

1) 分区浇筑是对整体混凝土地面而言，浇筑方向和浇筑宽度是保证混凝土质量的有效措施。根据工程实际，结合柱距特点(柱距 12m×8.4m)，在浇筑混凝土时，按照沿 12m 长方向一次浇筑施工完毕，而浇筑的宽度为 8.4m。这样方便了分段施工和局部平整度的有效控制。

2）实施跳仓浇筑的方法施工。为了更加有效地释放混凝土温度及干燥收缩应力，对于大面积整体混凝土地面浇筑，连续进行非常容易产生应力裂缝。为此，结合大面积混凝土场地的施工经验，采取跳仓(即隔块浇筑)施工方法进行施工。每个跳仓施工范围为沿 12m 柱距方向一次浇筑，仓宽 8.4m。通过采取跳仓浇筑的措施，可以有效地释放出已浇筑混凝土的应力，保证整体施工质量。

(3) 采取地面的分割措施：根据工程地面较大的特点，经过试验和论证，确定在浇筑 36h 后，用切割机将整体混凝土表面分割为 6m×6m 的板块，切割的深度及宽度均是 5mm。经过试验，如果根据习惯做法浇筑 3d 后切割，混凝土会出现大量有规则的裂缝，而裂缝多出现在应力集中的中间部位。而在干燥的夏季浇筑 36h 后立即切割，使地面混凝土应力较早得到了释放，可以防止开裂，缝处理如图 1 所示。

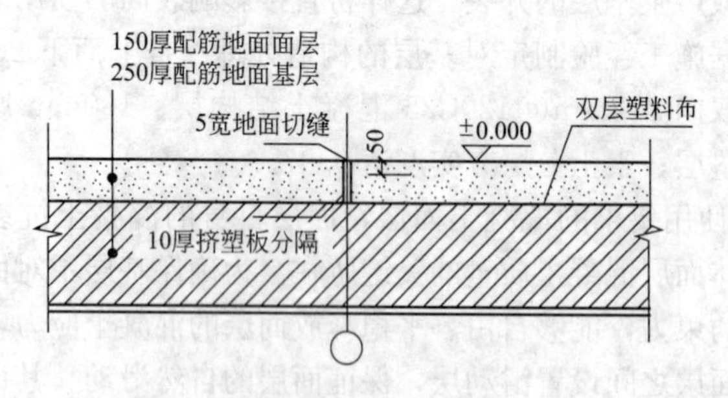

图 1　混凝土地面施工(分割)缝处理

(4) 设滑动释放应力层：由于基层和面层都是混凝土浇筑的，要考虑混凝土各层的应力释放，减小其外部约束，较好地缓解上下层混凝土在能量释放过程中引起的应力变化，导致混凝土产生裂缝，因而在混凝土面层浇筑前，在基层上满铺塑料薄膜，以此最大限度地减弱上下层间的可滑动阻力，达到无外部约束的自由伸缩移动效果。

(5) 临时施工缝部位设置抗裂拉杆：大量施工经验表明，尽管在浇筑混凝土过程中如何认真仔细，并且采取跳仓控制措施，可以释放大量的各种应力，但是混凝土应力的释放是一个比较长的过程，在早期最大 28d 以后会逐渐减少，但是仍然会产生一些收缩应力。为此，采取在施工缝处埋置抗裂拉杆，拉杆用直径 20mm@250mm 钢筋，浇筑混凝土前安装固定在施工缝两侧。

(6) 在墙柱同地面接触处设置聚苯板隔离：根据施工经验，为了防止地面现浇混凝土与已有的混凝土柱和墙体之间的应力约束问题，尤其是防止柱角和墙边缘地面的开裂，减小这些部位在受到约束的应力释放，在紧贴柱及墙壁边缘设置一道分格缝，分格缝用 10mm 厚度聚苯板固定埋设，如图 2 所示。

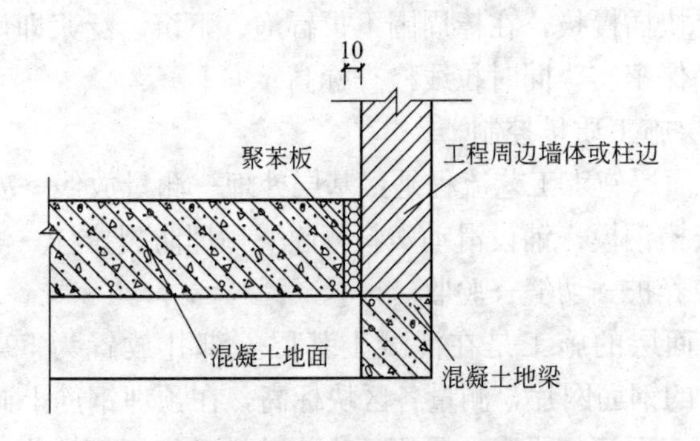

图 2 混凝土地面与墙边、柱边相交处做法

另外，还要特别重视混凝土自身的质量控制，对于选择的搅拌站要有专业技术人员检查监督，随时抽查进场原材料及配合比控制情况，以确保大面积地面质量在全过程的控制。

2. 地面施工过程的控制

地面基层施工工艺流程：埋地管线施工→素土夯填→回填土

试验→垫层施工→钢筋绑扎→边模支设→混凝土浇筑→养护→切分割缝→检查处理→初步验收。

2.1 基层施工质量控制

根据现场实际和工艺过程要求，基层认真夯填后检验合格才能进行垫层施工。素混凝土施工也采取分段浇筑，浇筑是先远后近、先里后外的工序流程。垫层养护到期，可以进行下道工序时，要先绑扎钢筋网片。钢筋采用双层双向ϕ12mm@120，钢筋绑扎钢丝扎扣交叉进行。上下两层钢筋之间用马凳支撑，数量2个/m^2，钢筋网片现场绑扎好，每个网片为5980mm×5980mm。

商品混凝土的坍落度不要过大，控制在120mm较理想，无泌水和离析现象。浇筑前对垫层表面彻底清理和充分湿润。在无明水情况下再进行浇筑，浇筑方向应该按从远向近、先里后外的流程进行。在每块分段内的混凝土必须连续浇筑，不允许留置施工缝；振捣采取梅花形布置，振动棒间距500mm左右，操作时每个点要快插慢拔，在棒周围不再冒泡、下沉、泛浆即可缓慢拔出，以确保密实，同时拉线检查标高。

2.2 面层施工质量控制

（1）面层施工工艺流程是：基层处理→测量放线→安膨胀螺栓→支安槽钢模→铺设滑动塑料薄膜→预埋防裂拉杆→浇筑混凝土→覆盖养护→切缝→验收。

（2）面层的施工是在混凝土基层上绑扎放置为5980mm×5980mm的钢筋网片，测量各区块标高，在预埋钢筋上画出标高线。基层表面清扫干净，再用压力水冲洗，无任何杂物。在干燥的表面再满铺塑料薄膜，作为同基层的滑动层。

（3）基层所有工作完成后经过监理检查合格，再安装板块边模。边模材料一般是用［100×6槽钢，并预埋钢筋与膨胀螺栓固定，用水平仪测上边缘高度，用楔形块调整平面，使模板顶面与浇筑混凝土面平齐，与设计高度一致，模板底与基层表面紧贴，局部低洼处要先用水泥砂浆补抹平。模板支设很重要，完成后要复测，确认无问题才能进行浇筑施工。浇筑混凝土前，在框架柱及墙周边固定 10mm 厚同混凝土相同高的聚苯板条，主要是同原混凝土隔开，防止粘结；同时，在边模板预留的孔洞中预埋 ϕ20mm@200 钢筋拉杆，其杆长大于 600mm，模板两边各留出 300mm。

(4) 地面混凝土水泥选择 P. O42. 5 普通硅酸盐水泥，石子粒径 5～31. 5mm 碎石，砂子用于净中、粗粒径，掺入聚羧酸系列高效减水剂，混凝土初凝时间为 4h，终凝不超过 9h。混凝土搅拌采用商品混凝土，坍落度控制在 120±10mm，用汽车泵现场浇筑。

施工采取沿长条形后退步施工法，施工段合理分仓，其宽度为柱距 12m。混凝土板浇筑因为并不厚，只采用平板振动器进行振捣，再用滚动碾碾平提浆。振动到大致平整，凝固 30min 左右，在人上去脚踩下陷 2～4mm 时，再用磨光机打磨 1～2 遍，把表面砂浆层搓打均匀，接着用 3m 以上长刮杠将局部有凸出的表面刮平，尤其是周边及柱周围部分。

2. 3 耐磨面层施工控制

(1) 撒布耐磨材料。根据浇筑板块的面积计算磨料用量(约 0. 4kg/m^2)，将需要用量 2/3 的耐磨料按标准画好的板块面积，均匀撒布在初凝的混凝土表面。当材料吸收到一定水分后，利用机械进行压磨，在第一层耐磨材料硬化到一定程度，进行第二层即另 1/3 材料撒布，撒布方向应与第一层垂直。撒布材料要掌握好混凝土凝结时机及人员的有机配合。如果撒布过早，会造成初凝表面的践踏，色泽污染及平整度受损；撒布时间过晚，会造成硬化表面与内部混凝土结合不好，可能空鼓、起皮，严重的影响表面质量。

因此，必须对撒布提出质量要求。对使用的硬化剂用量要可靠，撒料要均匀一致、方向分明，无堆积、遗漏，边角处撒布有序，并且不允许撒料污染墙面或柱面等。

(2) 表面研磨质量控制。磨光机带盘只负责对大面硬化压实找平，同时也提出浆。磨光机从一个角开始进行，操作人员沿着硬化剂撒布料的垂直方向移动机器，然后沿着该方向的垂直方向再研磨一次。使用边角专用机具带盘研磨边角，配合专业抹灰工对边角机械研磨不到区域，用手持工具搓压抹光，并对接槎处过渡处理得当、自然。研磨的质量控制要求是：平整度 3m 长靠尺检查，最大不平度为 3mm，无可见起伏及麻面；无针眼及抹痕迹；边角平直、接槎平顺，收光纹理清晰、有序，表面色泽均匀一致。

2.4 表面分格缝控制

耐磨混凝土地面设置变形缝是为了防止存在产生的结构应力对地面的破坏，引起空鼓及开裂。由于室内不受环境因素影响，只是按照规范要求设伸缩分格缝，作用是控制诱导地面因地基沉降、干缩及温度变化引起的地面开裂，希望裂缝在分格缝处产生。

分格缝现在都是采取用机械切割的方法完成，不是在施工时留置，后期切割的好处是在地面浇筑时采取整体和表面无缝施工，施工方便、快捷，也容易控制平整度，地面整体效果好。地面分缝的一般要求是：缝的宽度为 5mm，切缝深度 50mm，缝要求直、不弯曲，切割时间非常关键，过迟则切割困难，缝边不规范；过早则缝边石子不碰掉，边不直、缺陷多，最后用同混凝土色接近的油膏填塞。

2.5 地面混凝土养护

由于整体式地面较大，为确保已浇筑混凝土在早期不缺水，在规定的龄期内达到设计要求的强度，防止出现干燥裂缝，养护工作是极其重要的。根据现场实际，养护只能洒水保湿，且在抹平后已覆盖了塑料薄膜。养护由专人负责，昼夜保湿时间在 14d 以上。当切缝完成及时清理干净，并及时洒水保湿，而且养护期间表面不准堆放材料。表面分区域检查处理，整体组织验收。

按照上述施工及采取质量控制措施，所施工的 3400m^2 整体地面，经过认真检查验收，没有发现一处裂缝、起砂及空鼓现象，耐磨性能满足设计及施工质量规范要求，且平整度高于国家规范要求。实践表明：施工必须根据工程实际需求，采取基层设卷材滑动层，跳仓浇筑，控时切缝及钢筋网片分开措施，并设置抗裂拉杆等合理构造。这些先进的综合技术应用，减少和降低了影响工程质量的潜在隐患，有效地引导混凝土能量的释放，这样消除了裂缝可能产生的诱导因素，使施工按科学、有序的方法进行，达到需要的施工目标，满足用户的需要。

7 超长地下室混凝土结构裂缝控制

超长混凝土结构一般是指其建筑结构体长度超过现行《混凝土结构设计规范》GB 50010—2010 所规定的设置温度伸缩缝最大间距的建(构)筑物。由于建筑功能的限制及人们对建筑物审美的需求，现在基础设施建筑或工业及民用建筑工程，采用超长结构的工程越来越多，要求在各种超过允许长度的结构中不留设变形缝，而且这类建筑的裂缝控制具有相对普遍性的技术难度。在此提出如何有效处理超长结构裂缝的控制措施。

1. 混凝土结构超长产生裂缝问题

通过科学研究及工程实践表明，结构物产生裂缝不可避免，尤其是混凝土出现的微小裂缝是人们能够接受的材料特性。如果对建筑物抗裂要求过严，不允许出现裂缝，会付出巨大经济代价。科学的要求应是将裂缝的有害程度控制在无害范围内。在正常情况下，混凝土结构产生裂缝的原因主要是：由外荷载的直接应力，即设计常规计算的主要应力引起的裂缝；由外荷载作用即结构次应力引起的裂缝；由结构变形，即温度变形应力、地基不均匀沉降引起的裂缝等。在此主要就地下超长混凝土结构因结构变形产生的裂缝做分析探讨。

地下结构同地面结构相似，裂缝产生和发展的原因比较复杂，主要还是由温度、材料弹性模量、线膨胀系数、混凝土极限拉伸、混凝土结构体厚高、体长、混凝土的徐变及约束环境等。对于不同的结构，在不同施工条件下也影响裂缝的产生和发展。多年来，国内外对混凝土结构裂缝产生及发展，已经进行了大量的理论分析和实验研究，依据极限变形概念研究了伸缩缝作用，推导出最大伸缩缝间距 [L_{max}]。在试验研究中，国内外通过试验得出的结论是：由温差所引起的结构变形，随着结构物长度的增加，它们之间是非线性关系，试验得出的结构体长度与水平应力关系见图 1。

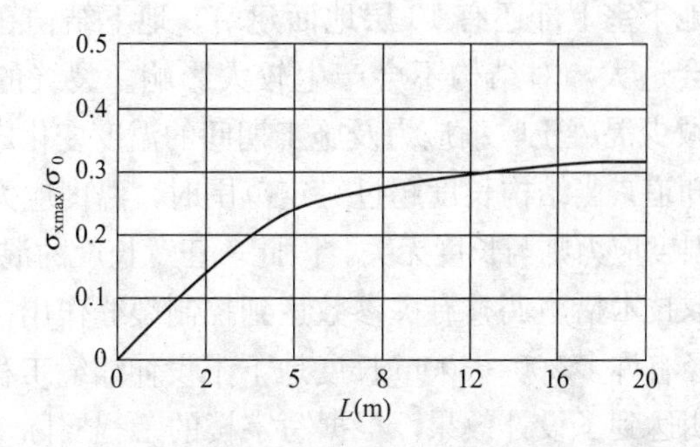

图1 结构体长度与水平应力关系

根据理论分析与试验研究可以看出：那种认为按照规范要求设置了伸缩缝就可以避免出现裂缝，不预留伸缩缝就不会产生裂缝的观念是不全面的。用伸缩缝控制结构的长度只能是减少温度应力的因素之一，并非是唯一因素。伸缩缝只是在一定范围内对温度应力有效作用，当超过一定范围后，温度应力趋近于常数，之后温度应力则与长度无关。工程应用实践也表明：留缝与否并不是决定结构变形开裂的唯一原因。从分析看出，超长结构不设变形缝是可行的。其无缝设计的意义在于：可以满足建筑物的使用功能和整体性要求；克服因设置变形缝而造成的耐久性、水密性、施工操作方面的诸多问题；能够避免因伸缩缝留置给设备管线带来的一些困难。正由于此，现在大量工程的超长混凝土结构采用无缝应用的越来越多，并且效果也不错。

2. 设计与施工中采取的防裂措施示例

某写字楼工程人防地下室、车库全长 212.0m，其实际长度超过现行《混凝土结构设计规范》GB 50010—2010 所规定的设置伸缩缝最大间距 30m 的规定。如果设置伸缩缝还不止一条，会给底板施工及钢筋绑扎，二次补浇及防水，结构整体性及耐久性增加诸多困难。混凝土的收缩和温度应力，是导致其开裂的主要原因。由于地下室上部还有13层地面建筑，地下结构在正常使用中温差不会过大，对结构不会产生较大影响。裂缝的控制重点是：如何减少混凝土收缩应力及施工期间的温度变化应力影响。

我们知道，当结构长度超过一定范围时，温度应力趋近于常数，其后温度应力则与长度无关。因此，任意长度的混凝土结构，是可以采取技术措施调整有关参数达到控制裂缝作用。在实际工程中，已经有许多200～300m长度地下不设伸缩缝工程，建成后的应用表明达到了设计效果。根据写字楼的工程实际，经多方面比较分析，最终确定地下室不设置伸缩缝，在设计和施工中采取一些具体措施，以减少混凝土收缩和温度应力造成的影响。

(1) 合理设置后浇带。结合地面工程特点，沿地下室长度方向共设5条后浇带。其中，1.0m宽后浇带为4条，3.0m宽后浇带1条。3.0m宽后浇带将整个地下室长度分为2块，每块长度只有106.0m。构造设计中，1.0m宽后浇带底板钢筋不要断开，连续通长布置；3.0m宽后浇带钢筋上下层全部断开，连接形式如图2所示。5条后浇带中只有3.0m宽为沉降后浇带，其余4条为温度后浇带。

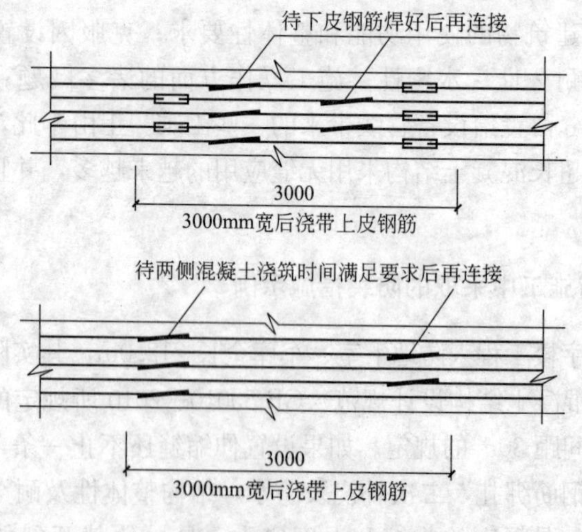

图2 3.0m宽后浇带上下层钢筋

对于沉降后浇带的补浇，应依据沉降记录决定封闭时间。如果沉降曲线趋于平缓，则在主体封顶后一个月后补浇后浇带；若沉降曲线不缓和，必须延长补浇时间，应待沉降曲线趋于平缓稳定时再封闭。对于温度后浇带的封闭，应在其两侧混凝土龄期达到6周以上或不少于42d后再补浇。封闭后浇带混凝土必须在对该部位认真清理、钢筋补焊绑扎合理的条件下，采用比原底板混凝土强度高一级的补偿收缩混凝土浇筑。浇筑时间要选择在气温较低时进行，振抹后及早覆盖保湿。

(2) 调整结构配筋。地下室外墙及顶板、底板正常都是采取双层双向通常布筋，钢筋间距在150mm范围内，最小配筋率提高到0.3%以上。在满足强度要求的前提下，尽量采用直径较小的钢筋布置。

(3) 在混凝土中掺入国家规范允许的聚丙烯抗裂纤维，以提高抗裂能力。其纤维直径小于20μm，抗裂性能为一级，强度设计等级不低于400MPa。这些聚丙烯纤维掺入后，分散到混凝土拌合料中，可有效减少骨料离析和泌水，提高黏聚性和保水性。在混凝土凝结和硬化过程中，聚丙烯抗裂纤维能够消耗能量，抑制混凝土开裂时间，在很大程度上提高混凝土的抗拉强度，使混凝土韧性大幅度提高，达到抗裂效果。

(4) 提高混凝土的极限抗拉强度，是尽可能使不同龄期的混凝土达到防裂的有效措施。具体的做法是：选择水化热低的硅酸盐高抗硫水泥，严格控制粗、细骨料粒径级配及含杂质量，认真试配，优选配合比，适宜掺用外加剂，减少用水量，改进混凝土浇筑工艺，来提高早期抵抗裂缝的强度；加强养护是超长混凝土结构施工的重要保证，及早补充水分，保温、保湿，是减少早期脱水收缩、充分进行水化、促进强度得到充分提高的关键环节。需要在混凝土浇筑后立即覆盖，减少表面温度，延长散热时间，缓慢降温，能有效发挥混凝土应力松弛效应，达到提高抗裂的目的。

(5) 降低混凝土的水化热。一般工程体积较大混凝土都会采用水化热较低的水泥品种施工。基础底板、剪力墙及顶板可以采用粉煤灰水泥或矿渣水泥，设计采用60d龄期混凝土作为检查验收强度，地下混凝土结构抗渗等级一般>P6；通过试验确定施工配合比，掺入外掺合料及化学外加剂，降低单位水泥用量，达到混凝土浇筑温度。还要采取减少混凝土收缩的措施，如浇筑分层进行，采取二次振捣和二次压抹面，延长拆模时间和养护时间，保湿、保温等防裂措施。

(6) 及时回填，防止混凝土表面产生温度变形。当地下室剪力墙拆模后，进入各种管线安装，外部防腐经检查合格后即可立即回填。由于基坑开挖时间较长，加上施工期间外界温湿度变化比较大，结构如长期暴露在自然环境，容易造成混凝土的干缩开裂，严重时会向深度发展。对此，在混凝土浇筑后必须明确回填时间及采取的预防措施，抓紧进行回填前的各项工作，减少、避免因温湿变化引起不必要的结构开裂。

综上浅述，超长的混凝土结构在基础设施及大型地下工程中应用更加普遍，设计人员应进行成功工程的总结，提高对超长结构的认识，按照不同功能需要的建筑物采取不同的构造和施工措施，防止和减少有害裂缝的产生和发展。经过大量的研究和众多超长建筑工程的实践，表明结构温度应力和长度呈非线性关系，当超过一定范围后，温度应力趋近于常数。这就给超长结构无缝设计提供了依据。通过采取设置后浇带及沉降温度带，严格控制工序过程，写字楼工程施工已3年，地下结构无任何质量问题。

8 超长混凝土结构无缝施工的监理控制

在建筑物的地下室结构施工中，混凝土裂缝的控制是一个重要的课题。由于混凝土结构的长度大、体积厚，由荷载引起的裂缝可能性较小，但是由水泥水化热引起的温度变化和混凝土的收缩共同作用，会产生较大温度应力和收缩应力，正是这些应力成为超长、超厚大体积混凝土结构出现裂缝的直接原因。

近代国内外对于控制混凝土的裂缝存在着两种不同的技术措施，即不设缝“抗”与设缝“放”的构造措施。设计中根据结构收缩应力与结构体长度是否呈非线性关系的原理，采取“抗与放”兼顾方法，也就是以“抗”为主或“抗放”兼施；以“放”为主来控制有害裂缝的一套措施方法。其主要指导思想是通过设计、材料选择及施工综合措施，将裂缝控制在无害范围内。按照《混凝土结构设计规范》GB 50010—2010 要求，当结构超过一定长度时，用“放”的方法留置后浇带，消除温度应力和沉降应力造成的影响。以下介绍在某大型地下室超长结构监理施工中，利用微膨胀混凝土代替后浇带措施控制其裂缝的施工方法。

1. 建筑物结构概况

某写字楼地上 12 层，地下 1 层，建筑物总长为 118m，底板及剪力墙混凝土设计为 C40P8；按规范要求，在建筑物中部设一条宽 1m 的后浇带。但总承包方提出该建筑物地处繁华地段，用地紧凑，地下水位又高能尽快抓紧施工，减少大量排水时间，因此建议取消后浇带措施。采取在地下部分混凝土中掺入微膨胀剂，进行结构的无缝施工。项目监理组会同设计人员经过调查分析共同商定，确认采取无缝施工在技术上是可行的；而从造价方面考虑，在混凝土中掺入微膨胀剂会提高混凝土的单位价格，但是在设计施工中取消了后浇带部分的加强筋、模板支设、橡胶止水带、长期排水费用等，整体计算并不高，单价是持平的。同时，根据设计要求，后浇带应在结构工程完成后再补浇，时间跨度会很长，取消了后浇带可以节省很多时间，从而加快工期。最后，同意采取掺入膨胀剂的施工技术方案。

2. 无缝施工采取的设计构造

(1) 设计机理：根据市场调查及工程应用成功经验，表明HEA早强膨胀效果明显，而且60d回缩率极低，决定选择掺用HEA型膨胀剂的补偿收缩混凝土为基材，以弥补后浇带取消产生的收缩量，连续浇筑超长地下室主体结构。按照无缝施工的设计构造要求，将地下室底板以原后浇带为界分两次浇筑，膨胀加强带宽2m。原设计对后浇带部分钢筋布置不变，但在加强带的边缘两侧设密目钢丝网加固，防止振捣混凝土流入加强带内。混凝土浇筑先浇带两侧底板，接着再用膨胀混凝土浇筑后浇带。

(2) 配合比的设计：正常情况下普通水泥的水化热较高，尤其是在大体积混凝土中产生的水化热不易散发，在混凝土内部积聚温度很高，与表面混凝土产生很大的温度差，使混凝土内部产生较大拉应力，表面则产生压应力。当表面拉应力超过当时混凝土的极限抗拉强度时(即差值＞25℃)，则产生温度裂缝。因此，确定使用水化热低的矿渣硅酸盐水泥，强度等级不低于P.O. 42.5级，HEA型膨胀剂掺量试配为12%。考虑到膨胀作用会使混凝土强度有略小降低，膨胀加强带混凝土的强度提高至C45。为了确保地下超长结构的整体质量，消除混凝土温度应力和收缩应力的叠加影响，监理工程师要求除了加强带按设计进行施工，其余混凝土也要掺入HEA型膨胀剂，其掺量确定以5%～6%为宜。

3. 施工过程质量控制

(1) 采取少量掺用减水剂的措施：混凝土施工正值7月高温季节，温度对混凝土坍落度的影响比较严重。而坍落度的大小与混凝土拌合物的流动性及混凝土硬化后的工作强度有直接的关系。加上可能出现的运输车辆堵塞或泵送时临时出现的停滞处治，使正常浇筑放慢，延误了入模时间，因时间延长造成混凝土坍落度损失的加大，肯定会造成无法泵管输送。因此，必须采取二次掺入少量FDN-AH高性能缓凝剂及高效减水剂后掺入，以补偿和恢复混凝土的坍落度损失。采取在配合比中掺入减水剂量为0.8%是比较合理的，是最大用量的80%即可满足需要。后掺法比同时掺入在相同用量下减水作用十分显著，是完全可以补偿坍落度损失的。

需要注意的是：凡后掺减水剂的运输车，要快速搅拌1min左右。掺量及搅拌由专人负责进行，在开始设计配合比时要采取降低水灰比的措施。原设计水灰比为0.41，泵送混凝土的坍落度设计为120～150mm。采取这些控制的目的在于：减少用水量，降低混凝土收缩，减少开裂。

(2) 混凝土的浇筑施工：混凝土是集中搅拌站的商品混凝土，用混凝土运输车运送至现场，由两台泵送，从地下室两端向中间浇筑；浇筑采取“分区定点，一个坡度，循环推进，一次到顶”的施工方法。浇筑时先在一个部位进行，直至达到设计标高，混凝土形成扇形向前流进，然后在其坡面上连续浇筑，循序推进。实践表明：这种方法能够较好的适应泵送工艺，使每车混凝土都浇筑在前一车混凝土形成的坡面上，确保每层混凝土之间的间歇时间在规范规定的2h之内。

由于泵送混凝土坍落度比较大，会在上部钢筋下面离析形成水膜，或在表层钢筋上部的混凝土产生细小裂缝。为了防止此类裂缝出现，在混凝土初凝前采取二次振捣方法。即在混凝土初凝前进行二次振捣，在表面不再下沉时采取二次抹面压实的措施，避免混凝土因沉降收缩而出现的表面裂缝。按照规范要求，每一台班或者100m^3，在混凝土监理见证下，制作标准试块1组，标养28d试压，整个基础底板最少制作不少于3组同条件养护试块；对于抗渗试件制作，按规范要求连续浇筑混凝土，在监理见证下，每 500m^3 留置不少于 2 组抗渗试件，本工程地下建筑部分抗渗试件制作为 3 组，而且必须标养 28d。

对于混凝土浇筑现场的监理重点：一是检查加强带钢筋的绑扎，混凝土的配合比是否符合设计要求，对加强带使用混凝土的强度等级和 HEA 的掺量要作为检查重点；二是对进场的商品混凝土坍落度进行检查是否合格；三是制作抗压抗渗试块的制作要见证；四是督促施工人员在混凝土初凝前进行二次振捣，及时进行振捣后表面的压实抹光，这是防止混凝土表面开裂最有效的方法。

(3) 混凝土温度控制及测温：按照设计要求，对基础底板混凝土进行温度检测。一般情况下，混凝土在浇筑后 3～5d 内部水化热聚集很高，之后逐渐下降。规范要求对较大体积混凝土尤其是有抗渗要求混凝土的养护，根据气候条件采取温控措施。并按需要测定浇筑后混凝土内部温度及表面温度，将温差限制在设计要求范围内；当设计无明确要求时，一般不超过 25℃；当超过此值时，将产生裂缝，严重的会发展成贯穿性裂缝。

基础底板混凝土浇筑时预埋测温管，配备专门人员测温，使测温连续正常进行。定时测温，做好记录，持续时间至混凝土达到规定时间和强度再停止测温。测温时，当混凝土内部最高温度与外部温度之差达到 25℃及其更高时，及早采取降温措施。测温采用数字电子测温仪，以保证测量及时、准确，监理人员对施工人员所记录的数据要及时进行核对，可以采取共同检查方式测温。发现异常现象，及时督促施工方提高测温次数，并采取有利的降温及表面保湿措施。

(4) 地下结构混凝土养护：当混凝土振后表面抹压平整，立即将事前准备好的塑料薄膜覆盖。如果需要，上面再加盖草袋保温。当混凝土泛白时立即浇水或在表面蓄水养护，由于是抗渗混凝土，养护时间不少于 14d。

综上浅述，该写字楼地下室底板及剪力墙与顶板的加强带施工，采取了上述施工及控制措施，在整个地下室完成至投用两年时间，监理人员对地下室的混凝土结构表面进行详细的检查，未发现裂缝及渗漏水现象。表明根据不同工程实际，采取“抗”的方法，利用微膨胀混凝土取代后浇带，进行超长混凝土结构无缝施工是可行的，关键是施工工序过程控制不容忽视，这是最重要的防渗漏质量环节。

9 超长混凝土结构的抗渗防裂预控措施

基础设施和大型建筑向多功能、多用途发展，超长、超厚混凝土结构更广泛地用于公共及超高层民用建筑的结构受力部位。这里，超长、超厚混凝土结构系指建筑物单元长度，超过了《混凝土结构设计规范》GB 50010—2010 规定的伸缩缝留置最大间距的混凝土结构。现在，当超长混凝土结构解决了受力问题后，建筑物裂缝问题仍然出现。产生裂缝的原因是多方面的，但主要分为荷载和变形裂缝。据资料统计和分析，钢筋混凝土结构中的裂缝由荷载为主引起的裂缝只占总数的 20%，属于由变形为主引起的裂缝占到 80%左右。混凝土的变形主要包括：温度收缩，干燥收缩，塑性收缩，自身收缩和碳化收缩等。而变形引起的裂缝中，温度及混凝土收缩导致裂缝的占绝对多数。在超长混凝土结构中，如果不采取有效的预控措施，其结构的裂缝更加严重，尤其是地下工程因裂缝产生的渗漏，将严重影响正常使用。

1. 原材料配合比质量控制

（1）混凝土使用原材料：水泥是关键胶结材料，选用天山 P. O. 42. 5R 普通硅酸盐水泥，其含碱量≤0. 6%，比表面积不超过 350m²/kg；采用粒径 5～25mm 连续级配机械碎石，压碎指标不大于 7%，吸水率≤2%，针片状含量≤3%，含泥量低于 0. 5%；采用地产优质中粒径青砂，含泥量低于 0. 8%。

外掺合料可以减少水泥用量，降低水化热产生的升温，减少裂缝的产生，采用当地热电厂产的Ⅰ级粉煤灰，烧失量不大于 3%，用水量比≤98%。泵送剂选择 EPY 型，其减水率为 20%，收缩率比不大于 120%；膨胀剂用 UEA 型微膨胀剂。

（2）混凝土配合比的设计：对于地下抗渗混凝土配合比的设计，必须满足结构需要的强度、抗渗等级、耐久性、膨胀性及各种技术指标，更要符合施工性能要求。设计要符合现行《普通混凝土配合比设计规程》JGJ 55—2011 及《混凝土外加剂应用技术规范》GB 50119—2003 规定。设计中充分考虑利用微膨胀剂的作用，通过试验及经验，控制膨胀量使其符合需要。减水剂是不可缺少的重要外加剂，综合几方面考虑优化配合比设计。

一般应用原则是尽量降低单位水泥用量，同时掺入一定比例粉煤灰，这样混凝土后期强度有所增长，密实度也会提高，减少收缩变形量，坍落度损失减小，泌水量也下降，由此思路达到降低水化热收缩的作用。严格限制砂率不要超过 42%；粗、细骨料含泥量对混凝土抗拉及收缩影响较大，要提出明确限量要求；对采用的外加剂氯离子含量进行限制，其含量不得大于胶结材料总量的 0.02%，并控制其碱含量小于 2.5kg/m^3。当水灰比不变时，水泥和水的用量对混凝土收缩影响较大，对此在确保可泵性和水灰比一定的条件下，尽量降低水泥浆量，也即限制单方混凝土胶结材料的最高用量和最低用量。超长地下室结构的抗渗 C40 混凝土水泥用量控制在 330～400kg/m^3 为宜。按照上述原则设计的抗渗混凝土配合比，经过实践应用表明是正确的，其配合比为：水泥∶细骨料∶粗骨料∶粉煤灰∶泵送剂∶水＝1∶2.15∶3.24∶0.36∶0.033∶0.54。

2. 抗渗混凝土的钢筋配置设计

因结构开口处和凸出部位容易出现收缩应力而开裂，为此这些部位要适当增加配筋量，加强其抗裂能力；基础底板对墙体的约束力很大，形成剪力墙下大而上小，易产生开裂。对此墙体水平筋的间距设计要小于 150mm，并控制水平配筋率。由于水平构造筋对竖向墙的抗裂影响较大，为有效预防裂缝产生，在设计时要求将水平筋绑扎在竖向筋外侧。工程应用表明：这样处理对预防混凝土开裂效果明显，尤其是对于超长地下室剪力墙更好。

地下室剪力墙内配置的双层双向筋绑扎钢丝或穿墙各种管线，一律不允许接触模板。若是绑扎钢丝接触到模板，拆模后钢丝或管线裸露在外，可能会形成渗水通道。由于钢丝同钢筋连接，水会通过钢筋与混凝土粘结薄弱点流出。因此，水工混凝土均要求用混凝土垫块控制保护层厚度，防止钢筋无保护层而产生渗漏水。并且对垫块的位置也作了规定，宜绑扎在竖向和横向钢筋的交叉点处。另外，要求钢丝绑扎扣形式，扎丝头要弯向主筋内侧，也就是防止接触模板及锈蚀伸入，产生不良后果。

对于剪力墙模板的支设，宜采用双侧大钢模，并用带止水片的穿墙对拉螺杆固定模板内侧宽度。钢模板表面安装前，必须处理干净，并刷脱模剂便于拆除。同时，在浇筑混凝土前及时清理模板及底部的垃圾杂物，避免混入混凝土中，形成渗漏的隐患处。

3. 温度应力及裂缝的控制

（1）温度应力的形成过程：早期：自浇筑混凝土开始至水化热结束，一般以28d考虑。这个阶段有两个基本特征：一是水泥放出大量水化热，二是混凝土的弹性模量出现急剧变化。由于弹性模量的变化，这个时期在混凝土内形成残余应力；中期：自水泥放热基本结束时起，至混凝土冷却到稳定自然温度止，这个时期中温度应力主要是由于混凝土的冷却及外界气候变化所引起的，这些应力与早期形成的残余应力相叠加，此期间混凝土的弹性模量变化很小；后期：混凝土完全冷却以后的使用期。温度应力主要是外界气候变化引起的，这些应力与前两种应力的叠加。

（2）引起温度应力的原因：超长大体积混凝土结构尺寸相对要大，混凝土冷却时表面温度低而内部温度却较高，在结构表面形成拉应力，在混凝土内部则出现压应力，即产生的应力为自身应力；结构的全部或部分边界受到外界的约束，不能自由变形引起的应力为约束应力；这两种由温度引起的应力与混凝土的干缩应力共同作用。温度应力的分布及大小是比较复杂的，在多数情况下需要依靠模型试验分析计算。混凝土的徐变使温度应力有很大的松弛，在分析计算应力时，徐变的影响一定不要忽视掉。

（3）控制裂缝的一些措施：降低水化热，防止变形的措施主要是用低热水泥，控制水灰比，充分利用混凝土后期强度，石子粒径及连续级配要好，中砂细度模数大于2.4；设置后浇带及沉降缝；降低混凝土温度差，选择合适温度浇筑混凝土，避开高温施工，采取防晒措施，降低原材料温度等；加强施工过程温度控制：在垫层上先铺一层低强度砂浆，减少两层之间的约束应力；加强测温，及时采取降温处理，使内外温差<25℃；及时对已浇混凝土保湿、保温，降低温度应力，使其形成温差梯度；使用外加剂可以降低用水量，减少收缩开裂，高效减水剂还可以在保证强度不降低的情况下减少水泥用量10%左右，增加骨料用量。主要是外加剂能改善水泥浆体，减少泌水和沉降变形，提高抗裂、抗碳化能力。提高混凝土极限拉伸强度：搅拌均匀，加强振捣，提高密实度，减小收缩量。分层浇筑和二次振捣，早期养护，提高相同龄期抗拉强度和弹性模量。

4. 抗渗混凝土的施工控制

(1) 混凝土施工：地下室剪力墙防渗混凝土施工也是采取常规的方法进行，从中间后浇带部位开始分层浇筑，每层铺浆厚度掌握在400mm以内，接槎间隔时间不超过2h；振捣棒插入已浇筑下层深度不超过100mm，并振至表面浆不再下沉、冒气泡慢拔出来。这样避免了上、下层及本次浇筑的粘结不充分，防止可能产生的施工冷缝的存在。底板与墙板分两次施工，尤其重视接槎的处理，预埋止水带或预留企口形式处理接槎，这是最容易产生渗漏的部位。

(2) 施工缝的防渗做法：地下剪力墙每隔30m设一道竖向施工缝，缝处埋置BW缓凝型止水带；并在缝外侧迎水面做20mm厚聚合物砂浆，表面贴4mm厚改性沥青防水卷材，缝处模板最后拆除。

(3) 后浇带处理：后浇带的补浇时间必须符合停置要求，补浇混凝土前清理干净、处理彻底，包括养护余水、垃圾、表面污染及钢筋锈蚀处理、凿毛及冲洗干净、钢筋恢复等。浇筑时要在缝两侧刷素水泥浆，在平面充分振捣，抹压一次成型，抹压后立即覆盖养护；在墙竖向要认真支设模板加固，恢复钢筋，分层浇筑并充分振实，要处理好两侧及新浇混凝土的接槎。

(4) 混凝土的养护：养护极其重要，是控制温度和干燥变形的关键，尤其是超长、超厚地下结构，养护主要是加快水泥水化，降低内外温差和约束应力；其次，是控制降温速度，利用混凝土强度达到抗裂能力，防止裂缝产生。加强早期养护，特别是浇筑后 7d 的保温、保湿极其关键，也是获得强度和抗渗性的必要条件。养护覆盖以混凝土表面保持湿润为主，在混凝土强度较低时不要振动或敲打，也不要在高温下拆模，防止失水过快干裂。

(5) 剪力墙防水卷材施工：卷材防水层用改性沥青卷材 APP3＋2 满粘法防水，卷材的细部处理是关键。卷材与基层之间、周边及转角搭接部位牢固，粘结平整，不允许出现空鼓、漏粘、皱褶、翘边、起泡、滑移等缺陷。卷材收口要严密牢固，防止产生渗漏隐患。

综上浅述，地下室工程超长超厚防渗混凝土工程质量是通过精心的设计和材料的认真选择、严格的施工技术措施来实现的，各个环节都按照规范及工艺标准进行，不断实践总结，更新工艺措施，在施工过程中预防可能出现的质量隐患，使地下超长抗渗混凝土结构达到无渗漏的效果。

10　混凝土结构中氧化镁的危害与预防

在建筑结构工程中，因混凝土内含有氧化镁而引起的构件开裂损坏问题时有发生。该类构件损坏的建筑工程中，以住宅房屋较多，这些住宅工程从建成到产生混凝土构件开裂的时间一般在2年以后。一旦出现此类裂缝，对其发生和处理必须及早进行。

因氧化镁造成的混凝土损坏，往往出现在建筑物保修期之后，施工过程中监理及质量监督人员难以发现，大多未形成对氧化镁的重点控制。在此本文分析探讨氧化镁对混凝土构件质量的影响与防治。

1. 氧化镁对混凝土构件危害

1.1　氧化镁引起结构件开裂现象

（1）砖混结构产生开裂特点：砖混结构中的混凝土构件主要是混凝土构造柱、混凝土楼板及圈梁等。通过对一些住宅工程损坏现象检测了解，主要由氧化镁引起的混凝土的开裂呈放射状，甚至出现混凝土的空鼓和剥落现象。对于早期的楼板，主要是预制的多孔板。含有氧化镁材质的多孔板，主要是沿着冷拔钢丝纵向开裂，个别严重的，则造成多孔板分裂为上、下两片。

（2）剪力墙结构产生开裂特点：据查某多层住宅为钢筋混凝土剪力墙结构，检测时发现剪力墙表面局部出现放射状裂缝，且伴随着混凝土空鼓和剥落现象。由此分析，氧化镁材质引起的混凝土裂缝形态呈放射状，由于其水化反应使体积膨胀，因而严重时会导致混凝土空鼓和剥落产生。

1.2　氧化镁引起结构件开裂的特点

（1）氧化镁引起结构件开裂损坏是随着时间逐渐发展的，混凝土构件中氧化镁含量越多，损坏程度越严重，分布越广，损坏范围越大。从目前掌握的资料分析，住宅混凝土构件出现肉眼可见裂缝的时间，最短的约2年而最长的近10年。

(2) 氧化镁引起结构件混凝土损坏速度和结构件所处环境湿度密切相关，环境湿度越大，混凝土结构件开裂速度越快；而湿度越小，则开裂速度大大降低。

(3) 由氧化镁引起结构件混凝土开裂损坏，一般是水泥中的游离氧化镁吸水膨胀作用的，也有集料中方镁石吸水体积膨胀引起。这时，肉眼可以观察到混凝土开裂部位有白色或浅黄色的颗粒，这种现象在住宅混凝土构件损坏比例中占大多数。

1.3 氧化镁引起结构件开裂的原理

(1) 水泥中氧化镁引起结构的开裂：早在1884年欧洲的法国和德国，分别从混凝土的桥梁建成2年后就遭受损坏和市政厅工程建筑开裂重建的教训中，最早认识到水泥中氧化镁含量产生膨胀的影响。当时，法国和德国水泥含氧化镁达到16%～27%，可以认为当水泥生成大量的氧化镁时，其水化生成的氢氧化镁可以导致混凝土膨胀开裂。因此，国际上对水泥中氧化镁含量有一个限值。如波特兰水泥美国标准规范(ASTM C150-83)要求水泥中氧化镁含量不应超过6%，而英国标准BS12：1978规定，水泥中氧化镁含量不应超过4%。我国国家标准《通用硅酸盐水泥》GB 175—2007规定，硅酸盐水泥熟料中氧化镁含量不应超过5%。如果水泥经过蒸压安定性合格，则可以放宽至6%。

生产水泥的生料石灰石中通常含有杂质白云石。当煅烧熟料的温度>1400℃时，白云石转化为氧化镁(即方镁石)。方镁石是立方晶体结构，镁离子恰巧堆积在氧离子间的间隙中，因此，该材质水化活性低。这就促使方镁石水化成为氢氧化镁，在这缓慢并逐渐膨胀的过程中，会导致体积安定性不稳定，硬化后造成混凝土开裂甚至爆裂脱落现象。

建于20世纪80年代的一幢4层砖混结构住宅楼，楼板使用的是预制空心板。在2005年对房屋进行质量检测时发现，有多处混凝土预制空心板空鼓酥裂。现场抽取混凝土试样，利用X

射线衍射分析方法进行物相分析表明，楼板损坏的原因是水泥中含有大量的氧化镁物质，在硬化混凝土中吸收水分反应缓慢并逐渐膨胀，由于氧化镁在混凝土中分布较广，损坏程度也相当严重，不能继续居住。

(2) 骨料中氧化镁引起结构的开裂：由于人们认识到氧化镁在水泥中的含量会造成对混凝土的危害，所以，在生产水泥过程中对其含量的控制极其严格，使得氧化镁对混凝土的危害并不常见。但是近年来，氧化镁对混凝土的危害所造成的质量问题时有发生。主要是由于使用的粗细骨料在形成、堆放、运输及使用的各个环节中都会同环境接触，造成有害物质的混入。现在建筑工地对骨料的质量控制松严不一，多数是开始检查严格，后期放任自由，需要引起建筑同行的高度关注。

2. 对一些工程事例的分析

(1) 粗、细骨料质量问题：某房屋建成于 1994 年，是一栋砖混 5 层的住宅楼房，按要求每层都设有圈梁及构造柱。在 1996 年发现房屋的三层及四层现浇的圈梁、构造柱、阳台板及楼板等有可见的开裂现象，使用至 1998 年发现开裂的部位增多，并且有裂缝加大的趋势。肉眼可以看到，开裂混凝土骨料中有白色的颗粒物质，后经 X 射线衍射分析方法分析，颗粒物质为氧化镁和氢氧化镁混合物。随机抽取三层及四层混凝土块，参照《水泥压蒸安定性试验方法》GB/T 750 压蒸条件即在 215.7℃饱和水蒸气处理 3h，对应压力为 2.0MPa 进行压蒸试验。压蒸前试件在 20℃水中浸泡 3h。比较压蒸前后试件外观变化情况，结果是压蒸后混凝土呈碎块状态，这表明骨料中混入了方镁石。

(2) 混凝土楼板耐久性不足：某建筑物为一栋方块点式一梯 4 户 5 层住宅楼房，砖混结构砖墙承重，预应力混凝土空心楼板。居住几年后，发现预应力混凝土有酥松、爆裂现象，用锤轻敲击板会露出冷拔钢丝，冷拔钢丝与混凝土之间的握裹力和粘结力很低，局部楼板有下挠的现象。对现场预制混凝土取样，肉眼可以看到不均匀的分散状白色斑点。经测试，基底可见C-S-H凝胶等矿物，白色斑点呈细散颗粒成团状堆积，用探针简单分析白色斑点为镁离子结晶。在现场检查综合分析楼板破坏实际及探针分析可知，房屋建筑时使用的预应力空心楼板的耐久性极差，在建筑物使用过程中混凝土仍然吸水，促使骨料中的氧化镁逐渐转化为酥松的氢氧化镁晶体，使楼板混凝土逐渐开始遭受破坏。

(3) 混凝土耐久性较差：建造于1989年的一栋条状7层钢筋混凝土剪力墙结构办公楼，在1998年发现该楼四层部分钢筋混凝土剪力墙的混凝土有爆裂、露筋及脱落质量问题。X射线分析结果表明：混凝土的爆裂缝中含有的白色和黄色颗粒，用偏光显微分析确认，氧化镁晶粒周围被酥松的氢氧化镁片状晶体和裂隙包围着。利用压蒸法对损坏部位的混凝土进行检验，试验结果混凝土破碎了，说明混凝土的耐久性很差。

通过这3例混凝土不符合质量要求的事实，表明这类混凝土的破坏机理为养护到龄期混凝土的粗细集料中，含有远远低于1400℃形成的氧化镁，其表面遇水发生反应，生成氢氧化镁后，同时产生膨胀和集料水泥浆体界面裂纹，造成混凝土出现开裂，降低结构整体性和强度，产生严重后果。

3. 氧化镁产生裂缝的防治

混凝土材料中含有氧化镁的物质就会在一定条件下产生膨胀破坏，其破坏机理如同碱-骨料反应一样，既难以阻止其发展又不容易进行修复，也是属于混凝土质量控制的一个顽症。要彻底处理则必须进行混凝土损坏件的置换，但置换的难度是极其大的，唯一有效的措施是引起足够的重视，从工程施工初期就严格控制。

要建立完整的混凝土集料质量监控体系，对用于浇筑混凝土的粗、细集料分析试验，如采取压蒸试验，从源头上把住骨料中是否含有方镁石，防止对施工的混凝土造成危害。

现在有关氧化镁的质量事故报道相对较少，这方面的质量标准和试验方法也不是健全的，希望能得到施工及质量部门的高度重视，检测试验标准及严格检查制度为施工护航，使得材料中氧化镁不再成为危害混凝土结构的帮凶。

11 建筑工程钢筋的应用及发展

近年来，随着经济的逐步发展和市场的繁荣，普通强度钢筋作为建筑结构主体用材无法满足建筑物强度及耐久性需要。建筑体型庞大，各种功能复杂的工程项目及基础设施工程，需要选择性能更好、强度更高的建筑用钢筋。在节省能源、绿色环保的环境下，作为能源消耗大户的建筑业，研发低成本、高性能的建筑用钢筋是十分必要的。

1. 建筑用钢筋的发展状况

国内建筑用钢筋的生产应用经历了由低强度和高强度发展的过程。在 20 世纪 50～60 年代，钢筋使用的品种仅为碳素钢 Q235Ⅰ级光圆和少数变形钢筋。在此条件下，一些工程因实际需要必须采用较高强度的钢筋或钢丝，多由项目建筑部门自行利用钢筋冷拉或冷拔工艺提高强度，牺牲塑性达到强度的目的，而冷拉或冷拔低碳钢筋钢丝可达 550MPa。进入 70 年代，冶金系统大量研发应用低合金钢产品，在建筑用钢筋中推出 16MnⅡ级钢筋，25MnSiⅢ级钢筋，45MnSiV、$40Si_2MnV$ 和 $45Si_2MnTi$ 等Ⅳ钢筋及预应力钢丝，钢绞线 1570MPa 等建筑用钢材。在此时所用Ⅲ级钢筋和 25MnSi(370MPa)的强度虽然确定为 400MPa，但是存在因性能不稳定，焊接质量也达不到使用要求，且与Ⅱ级钢筋强度相差不大等原因，用量还不足 10%。80 年代的低合金钢采取了低合金化、轧后余热处理等工艺，研制出了 400MPa 新Ⅲ级钢筋，使建筑钢筋有很大的提高。针对结构设计及使用中存在的问题，对 400MPa 新Ⅲ级钢筋进行从材料到焊接和各种配筋性能进行研究，为 400MPa 新Ⅲ级钢筋用于工程作出了努力。在 1991 年制定的《钢筋混凝土用热轧带肋钢筋》和《钢筋混凝土用余热处理钢筋》规程中，将 400MPa 新Ⅲ级钢筋纳入。1996 年对《混凝土结构设计规范》进行局部修改，列入了标准强度为

400MPa和540MPa的Ⅲ级和Ⅳ钢筋。1998年制定的国家标准《钢筋混凝土用热轧带肋钢筋》纳入了HRB500级钢筋与HRB400级钢筋，并制定了500MPa级钢筋的各项性能指标要求。

进入21世纪初，在《混凝土结构设计规范》(GB 50010—2002)中明确，将HRB400级钢筋规定为混凝土结构使用的主导钢筋品种，但并没有专门针对如何使用HRB400级钢筋给出规定，而是在有关的构造措施上适当改进。2000年以后，HRB500级钢筋由首钢和承德钢铁公司研制成功并进行生产，其各项性能指标都能达到国家标准《钢筋混凝土用热轧带肋钢筋》(GB 1499—1998)的规定，也达到了欧洲混凝土协会-国际预应力协会模式规范MC90规定的S级(优质)延性钢筋的指标。欧洲规范《建筑结构抗震设计规范》(ENV-8)对于抗震结构H类高延性钢筋的要求。需要重视的是，在《混凝土结构设计规范》(GB 50010—2002)修订中，为突出重点，有序推广HRB400级钢筋，由于相应的HRB500级钢筋混凝土结构的试验资料不够充分，当时延缓了HRB500级钢筋纳入《混凝土结构设计规范》(GB 50010—2002)之中。

2. 结构用钢筋的现状及问题

多年来建筑工业的技术发展相对不快，高强度的钢筋推广应用存在一些阻力和难度，而HRB335级热轧钢筋仍然是现在建筑市场用量最大的主要结构材料。此类钢筋作为应用多年成熟的品种用于非预应力构件，因其强度较低导致结构构件与节点配筋率偏高，使梁柱节点配筋率集中范围施工难度大，且保证不了强度要求，因而制约了建筑物使用耐久性的需求。在社会进入信息化时代，尽管全钢结构、型钢和钢管混凝土结构在高层及大跨度建筑中被较多采用，但是在量大面广的建筑主体，钢筋混凝土结构中仍然是应用最多的更具特色的结构形式。伴随着社会经济的发展，建筑形式及功能的复杂多样化，建筑用钢筋强度等级偏低的现状已不能完全适应新形势下发展的需要。比较现在欧美发达国家建筑用钢筋的实际，存在这一些明显的差距，主要体现在以下一些方面。

(1) 在设计理念上有差异。发达国家有较高的结构安全度，是依靠高强度的材料来实现；而我国由于高强度的材料并不是很多，较高的结构安全度通过更多低强度材料的多用量来实现。

(2) 在材料应用上有差异。发达国家 500MPa(即新Ⅳ级钢筋)强度的钢筋大面积使用，而 400MPa 以下的钢筋却较少使用。500～600MPa 的钢筋用量达到 95％以上，这其中既有微量合金钢筋，也有余热处理钢筋，余热处理钢筋使用十分广泛。而国内到目前为止，在钢筋混凝土结构用钢中 79％左右用量为 HRB335 钢筋，HRB400 钢筋用量只有 30％左右，Ⅳ级以上钢筋产量及用量更少。

(3) 长期以来，由于我国冶金生产满足不了建筑用钢筋需要，价格较高的因素影响，建筑工程使用的高强度钢筋发展很慢。现阶段 400MPa 级低合金筋的应用仍然处于起步阶段。而余热处理钢筋因现行规范要求强屈比必须大于 1.25，并且因焊接后接头退火强度有所降低，在许多建筑上极少采用。现在，如希腊地震较多地区在建筑上大量使用余热处理钢筋，其规定强屈比大于 1.1 即可，以现在国内外钢铁企业的加工技术完全能够确保这一技术指标的。国外余热处理钢筋的广泛使用表明，在普通建筑物上使用是可行、可靠、安全性更好的选择。

(4) 从使用效果上分析。低强度钢筋的大量使用，其结果是既造成结构上的肥梁胖柱，又增加混凝土用量及施工难度，更消耗了资源和能源，加大了冶炼过程的污染，更加不利环保及节能减排。

通过分析表明，在社会经济步入快车道的今天，这种用低强度钢筋用于钢筋混凝土结构主材的情况不能满足当今大跨度高强结构体的需要，为促进建筑技术的提高和走可持续发展的道路，从提高调整建材消耗结构，大力推广使用高强度钢筋和使用高强度混凝土，通过使用高强材料达到节省用量、减排节能的目的。推广使用高强度钢筋、降低钢筋使用量是今后土木工程的发展方向，也是钢筋混凝土结构耐久性的重要保证。

《钢筋混凝土结构设计规范》GB 50010—2002 中确定的高强钢筋是 HRB400 和 RRB400 级钢筋。其中，HRB400 级钢筋是通过在钢的成分中掺入少量合金元素使得低合金化，达到生产出低碳、高强度、韧性好、可焊性好的钢筋。它具有生产工艺简单、材质稳定、物理性能优良的特点。RRB400 级钢筋则是利用余热处理原理，采用热轧普通钢筋进行控制冷却并经自回火工艺生产，具有高强度和一定韧性的特点。HRB400 和 RRB400 级钢筋的力学性能指标基本相同，因为同是 400MPa 级；但余热处理钢筋延性和强屈比稍微低一些，两者焊接性能有一定差异，因此在采用时，两种钢筋的使用范围也要考虑。热轧钢筋 HRB 系列，A_{gt}规定不小于 7.5%，伸长率为 16%～17%，可适用于有高延性要求的配筋结构件；当达到结构设计所要求的钢筋屈服强度上限和强屈比的要求后，完全可以满足各类结构，如一、二级抗震结构的设计和使用要求。余热处理钢筋 RRB 系列，A_{gt}规定不小于 5.0%，延长率为 14%～16%，能适用于一般建筑结构及抗震等级为三、四级结构的设计及使用需要。

据介绍，采用钒铁钒氮合成低合金化工艺生产的 HRB400 级钢筋的强度可以提高 16%～20%，且因含钒具有较高的抗弯曲度和时效性能，较高的周期疲劳性能，抗震性能明显优于Ⅱ级螺纹钢筋，成本只增加 7%左右。按照不同牌号钢筋的设计强度，采用 HRB400 级钢筋可以比Ⅱ级螺纹钢筋节省用钢量 14%，经济效益比较明显。但是，也存在国内对钒铁和钒氮合金需求量的增加，国际市场价格波动大，使生产 HRB400 钢筋比生产 HRB335 级钢筋效益不能提高。因此，从降低成本、节省资源方面考虑，钢筋生产企业和建筑业用户都急切需要研发 500MPa 级以上低成本、高性能的钢筋产品。

3. 建筑业需要高强度的钢筋

生产高强度尤其是新材料要同现有材料共同配合，才更能发挥有效性，这就需要考虑新材料与既有材料的共同协调和有效搭配，使各种材料的自身特点得到充分发挥。对于高强度钢筋而言，一般从两个方面进行分析，即技术和经济两个层面。其中，技术匹配应是先决条件。

(1) 技术上可行性考虑。钢筋和混凝土之间能够共同工作，是由它们自身的材料性质决定的。首先，钢筋与混凝土之间有着近似相同的线膨胀系数，即钢筋为 1.2×10^{-5}/℃，而混凝土为 $(1.0\sim1.5)\times10^{-5}$/℃。当环境温度变化时，两种材料之间不会由于温差引起变形而使粘结遭受破坏。从普通混凝土到高强混凝土，普通钢筋到高强度钢筋，混凝土和钢筋的线膨胀系数不会产生变化，因此，形成的共同工作条件仍然存在并不出现问题。另外，钢筋与混凝土有着良好的粘贴握裹力，钢筋的表面通过加工形成不同纹路的肋条，俗称螺纹钢筋，以此来达到两者之间的机械咬合力。当仍然不能达到传递钢筋与混凝土之间的拉应力时，在施工时将钢筋两端按要求留置一定长度弯曲 90°进行锚固，增强了粘结长度及共同工作的可靠性。另外，混凝土中的氢氧化钙提供的碱性环境，也能在高强度钢筋表面形成一层钝化保护膜，使钢筋在相对于中性与酸性环境下不容易产生腐蚀。事实表明：高强钢筋与高强混凝土的粘结锚固破坏形式，粘结机理与普通钢筋与混凝土的粘结相同，钢筋与混凝土协同工作的基础——粘结与锚固和普通钢筋与混凝土的结构是一致的，因此，不存在任何匹配问题。

(2) 经济可行性考虑。钢筋的标准设计值规定 HPB235 为 210MPa，HRB335 为 300MPa，HRB400 为 360MPa，HRB500 为 420MPa；从强度设计值可以看出，用同样截面的钢筋，HRB400 级比 HRB335 级增加了 60N/mm²，HRB500 级比 HRB335 级增加了 120N/mm²，理论上 HRB400 级比 HRB335

级增加钢筋节省16.67%，HRB500级比HRB335级筋节省了28.57%。按照现在使用HRB335级钢筋计算普通民用建筑，每平方米钢筋综合平均用量50kg计算（公共建筑按平方米钢筋90kg），采用HRB400级最保守也可节省15%，即民用建筑每平方米可节省钢筋7.5kg，公共建筑每平方米可节省钢筋13.5kg。若按市场价3500元/t计算，民用建筑每平方米可节省26.25元（或公共建筑47.25元），如果改用HRB500级，会节省更多费用。

一般而言，钢材强度等级每提高100MPa，可减少用量6%～10%。按高性能建筑钢筋节省8%用量计算，建筑业可减少用钢量1600多万吨，节能减排及运输费用极其可观，采用新工艺，效果将更加明显。

4. 开发高性能钢筋应用于工程

用低成本生产出高性能的钢筋，是钢筋生产企业以较低成本通过添加合金材料或余热处理工艺下达到甚至超过500MPa的钢筋产品。而钢筋的其他力学性能指标，仍然符合国家相关规范要求。以微量合金为例，通过采用先进生产工艺超细化技术，大幅度降低合金元素用量，只需在钢材中添加接近下限的合金元素用量，并改变晶粒结构即发挥钢材的强度潜力，提高钢筋强度至需要的500MPa或者更高，也改善了材料的力学性能。

国家标准《钢筋混凝土用热轧带肋钢筋》GB 1499—1998中规定的HRB500级和HRB400级钢筋的性能指标见表1。

HRB400级及HRB500级钢筋的性能指标　　表1

钢筋级别	直径(mm)	屈服强度(MPa)	抗拉强度(MPa)	延伸率(%)	总伸长率(%)
HRB400	6～25，28～50	400	570	≥14	≥2.5
HRB500	6～25，28～50	500	630	≥12	≥2.5

从表1中可以看出，钢筋实际检验抗拉强度之比大于1.25，

碳的含量不大于0.55。如果简单地按等强代换，HRB335设计强度取值为300MPa，HRB400取值为360MPa，HRB500级取值为420MPa。也是说在计算强度配筋的混凝土结构工程中，用HRB500级钢筋代替HRB335钢筋，可以节省用钢量达28%以上；若是代替HRB400级钢筋节省用量28%左右，其经济效益是显而易见的。

尽管上述标准中规定使用HRB500级和HRB400级钢筋，但因应用试验资料比较少，并没有列入《混凝土结构设计规范》GB 50010—2002中，但研究和工程应用都是肯定的，500MPa微量合金钢筋和余热处理钢筋的研究也比较少。随着建筑使用的需求在混凝土结构中会将这些强度钢筋列入结构规范中。

综上浅述，在建筑行业开展节能减排任务繁重，在建筑物寿命全周期衡量能耗对环境的影响，使用低成本高强度钢筋，节省钢材用量，达到对资源的节约。同时，由于高强度钢筋在建筑工程构件中，可以减小截面尺寸，减轻结构自重，减少工程量即降低成本，在现今提倡使用高强度钢筋，有显著的社会和经济效益。

12　结构钢筋绑扎验收要重视构造要求

钢筋绑扎工程施工质量直接影响主体结构的构造安全，也是整个工程质量的控制重点。因此，把好钢筋隐蔽项目的质量验收环节，是保证主体工程质量的关键。在具体施工过程中发现，施工单位质量检查人员较多地是偏重于检查钢筋的数量和绑扎间距，而忽略了对钢筋构造的要求，因而造成不符合规范要求而返工的现象时有发生。若是不认真看图或稍有疏漏，则会给工程留下隐患，造成质量事故。根据多年工程施工及检查验收中发现的问题，为了确保钢筋绑扎正确，应从以下几个方面进行控制。

（1）矩形独立柱基底板上下钢筋的错位，由于底板在基底净反力作用下，虽然两个方向均发生弯曲，但长边的力矩应该大一些，所以，长边的受力筋应置于短边的受力筋下面。但是在实际钢筋施工中反置现象常有发生，这个问题应引起重视。

（2）柱下端纵向受力筋任意弯折问题。现浇钢筋混凝土柱节点纵向受力筋偏移后随意弯曲是施工中常见的质量通病，钢筋偏移的水平距离越大，倾斜也越大。弯折的纵向筋在受力时对柱根部表面剪力应力也越大，从而造成柱根部混凝土的裂缝。对此问题的处理，是按纵向筋的偏移多少进行。当纵向筋的偏移不大时，可将钢筋按折角斜率坡度 1∶6 缓慢弯折到柱内后，绑扎在正确位置；若纵向筋偏移较大且已变形大时，返工难度也大，要经设计人员同意，宜在搭接范围内用 $\phi 8$ 箍筋加密绑扎，并提高该柱长度范围内混凝土强度等级，增加弯折变形较大处混凝土与钢筋的握裹力及抗拉强度。

在柱根部增加封闭箍筋（如环箍）作用，当柱承受荷载时可以有效地约束混凝土的变形抗力，延缓钢筋弯折处混凝土的开裂，确保柱中纵向受力筋能发挥最大效力。

（3）梁柱主筋搭接绑扎处的箍筋加密问题。在梁柱中，受力主筋的长度在图纸上按构件全长标示。但是，在施工中因钢筋产品长度所限，当搭接采取绑扎时在搭接长度范围内，施工时不按规范要求将箍筋加密绑扎。当做完后进行隐蔽验收时，楼板筋已经绑扎完，为了增补几个箍筋返工处理难度比较大。对该节点箍筋加密的要求应该在施工图结构说明中提出要求，防止后期返工处理。

对于梁柱节点核心区域箍筋的处理，由于框架节点处于一些相邻构件的交汇点，受力状态比较复杂。在抗震设防区，要求各柱梁端必须采取加密箍筋的构造措施。但是，一些技术人员缺乏对抗震构造要求的了解，往往按习惯做法少放或漏放，使节点核心区柱内长距离内无箍筋状态。当地震发生时，柱的纵向筋无箍筋约束，首先弯曲变形，加速节点区域混凝土的破坏。因此，对于节点核心区域箍筋的绑扎数量及位置，是质量检查控制的重点。在施工过程中，可能箍筋就位有一定困难，但必须按设计要求和相应规范绑扎箍筋，这是不允许遗漏的重点部位。

(4) 梁中吊筋位置的确定。当主梁上部设有较大荷载的次梁时，构造上一般要求加设吊筋，这个吊筋往往引不起施工人员的注意，使吊筋的位置、高度及弯起角度误差较大，造成吊筋不能有效地将次梁的荷载传递给主梁上部受压区，而使主梁下部混凝土产生斜向裂缝。同时，在主次梁交接处，次梁两侧箍筋在加密的数量上也满足不了需求。部分工程施工中是按照设计要求加密，将该长度扣除后来计算主梁部分的箍筋数量，这种计算方法是不正确的。这里设计要求加密的意义是：在整个主梁设计要求数量即(梁净长减去100mm/箍筋间距＋1＋梁两端加密区数量)的基础上的加密。

(5) 主次梁板在支座处弯起筋设置存在问题。在混凝土现浇结构中的主次梁、板负筋交叉的支座处，较为普遍的质量问题是：板的负筋外露，次梁负筋的混凝土保护层比较薄；板的负筋可能全外露，次梁负筋外露。这种现象影响了钢筋的锚固效应，削弱了节点强度。存在此类现象的主要原因是，加工制作钢筋时不熟悉具体规定，翻样时确定主梁弯起钢筋时，错误地按主梁高度减去上下两个保护层厚度计算，即(h＝梁高－2×25mm＝梁高－50mm)。此时，若主梁负筋直径中心至板上表面距离为1/2d＋25mm(如钢筋直径为25mm时，即为25/2＋25＝37.5mm)，小于构造规定的≥55mm要求，必然会造成支点处次梁及板的负筋凸出板表面。要解决此问题，需要在钢筋放样时进行预控制。

(6) 双向板受力筋位置处理。在进行工程检查验收中会发现，一些工程施工人员误认为双向板既然双向承重，则两个方向的底板钢筋可以随便设置，因而将短边钢筋置于长边钢筋的上面。事实上，双向板当两个方向跨度长不相同时，短向跨度所承受的荷载要在50％以上，大于长向跨度承受的荷载。所以，对于板底的钢筋，短边方向的受力筋应置于长边方向受力钢筋的下面正确；而对于板面钢筋，则应相反布置为宜。

(7) 钢筋接头的正确处理。在现阶段建筑工程施工中，钢筋接头的连接形式有多种。无论采取哪种类型的连接，都会是钢筋传递应力的薄弱部位。对于钢筋接头的连接从设计到施工及检查，验收规范都有严格、详尽的要求。然而，对于这个关键问题，往往不能引起施工人员的足够重视，由此而引发的质量问题时有发生。

对于接头的位置，施工规范要求应设置在构件受力较小部位，其具体设置要求是：单跨梁板的纵向受力筋接头不宜设在跨中1/2范围内；连续梁板的纵向受力筋接头，上部负弯矩筋应设在跨中附近，而下部主筋应设在支座处。对满堂基础底板，因其弯矩图和楼板方向相反，钢筋的接头位置也应相反，即上部筋应在支座处，而下部筋则应在跨中；钢筋的接头不宜设置在梁、柱端的箍筋加密区范围内。为此，对于重要结构件，施工人员应根据所供应钢筋的实际长度，在加工前先放样，合理布置钢筋接头位置，以便保证接头部位符合施工验收规范要求。

(8) 吊车梁钢筋接头的位置处理。工业厂房内，吊车梁的应用十分广泛，在吨位较低的常用吊车梁，经过设计认可纵向受力筋有时也采取焊接处理。但是，施工人员常常忽视规范中对焊接的特殊要求，即清除对焊接头处的卷边和毛刺。由于钢筋端头的毛刺和卷边存在，会造成接头处的应力集中。吊车梁直接承受重力的重复荷载，在重力重复作用下，长期疲劳产生裂缝，就会先从应力集中的对焊处开始。裂缝随着荷载的变化张开或闭合，久而久之当承受不了负荷时，会出现突然脆性破坏。因此，在钢筋对焊前，将端部用砂轮打磨平，使其平整、光洁。

(9) 预埋件锚固筋焊接的质量要求。预埋件是要受力的，受力大小要根据构件的位置及重要性而定，设计也是按照计算确定。假若达不到质量要求，同样会造成质量事故。根据许多工程的柱顶及牛腿顶端设置受剪埋件检验来看，存在的问题主要反映为：

1)直锚筋焊接间距的误差偏大，预埋件安装时锚筋不是置于构件受力主筋内侧，而是处于混凝土保护层内，影响到预埋件的牢固可靠性；2)直锚筋与焊接钢板未按规定做成T形焊接，只是不规范的钢筋端头或任意弯曲接触点焊上，若焊的长度过长，锚板受热不均，造成板表面变形而影响到板的受力不均；3)直锚筋的T形焊接接头不做强度试验。这个问题比较普遍，施工验收规范规定，对T形焊接接头既要作外观检查，也要进行拉伸试验。而且规定了抗拉强度要求值：HPB300级钢筋接头≥350MPa；HRB335级钢筋接头≥490MPa。现在一些工程对受力预埋件既不做隐蔽验收，也不做强度试验抽检，特别是幕墙工程及电梯钢结构埋件，这个问题比较严重，应引起足够重视。

综上浅述的一些实际工程存在问题，对建筑结构会造成一定的质量隐患，对使用耐久性造成影响。要求现场工程技术人员严格能按设计图纸及施工规范正确施工，对不符合要求的不正确做法提前消除掉，达到规范施工操作。

(四) 建筑装饰装修质量控制

1　建筑装饰装修工程质量监控重点

现在建筑施工的分工越来越细，主体完成后要使用前不论是工业建筑还是民用建筑，都要装修才能投用。而且装饰的规模大，材料品种多，档次也比较高，给施工及质量控制提出了更严格的要求。现以某联合办公楼为例，介绍装饰装修质量控制。装饰范围主要是一层公共大厅及营业厅；各层设有会议室；顶层为会议报告厅；每层电梯口及前厅，每层大多数房间为办公室等，室外墙勒脚为干挂石材。使用功能包括空调系统，电气系统，监控系统，消防系统，会议系统，电脑机房，电子显示屏及综合布线等。

1. 装饰工程质量监控的认识

多单位联合办公楼建筑质量控制与其使用特点密切相关。首先，要重视使用功能的需要。确定目标时，注重进行质量、进度、安全和费用的控制，以实现合同规定内容的同时，不应忽视装饰项目寿命周期使用维护目标，方便使用，降低成本。同时，注重技术服务，装饰工程设计时更多关注色彩搭配和造型效果，比较容易忽视内部结构构造，这是施工质量控制的重点。在装饰施工过程中，涉及结构上的问题，满足构造牢固是必需的。对于原来的土建部分不准随意拆除，若是影响使用效果必须拆改，也要征得原设计人员的同意。另外，加强协调沟通很重要。由于装饰工程变更很频繁，及早了解业主最新思路和设计意图是减少返工不可缺少的。实施过程中产生的质量、进度和外观效果，装饰材料应用中出现问题及时向业主反映，并提出使用建议。最重要的是，注意装饰后的效果和体现在细部处理的水平。

2. 装饰工程优化设计方面

装饰工程设计包括诸多专业，并非是以土建装饰为主，还与给水排水、暖通、空调、电气、消防、智能等专业密切相关。各种专业的设计配合及认真核对、协调极其重要。

业主的装饰和使用功能通过施工图体现出来，专业设计既要符合工程实际，又要与装饰设计协调统一。设计的整体效果必须体现出来，不能只重视节点造型设计，而忽略整体效果。设计图纸应详尽列出材料名称，规格型号，并提出具体做法，以便于投资费用及材料进场时对质量检查控制。

3. 对进场材料的应用控制

装饰工程与建筑主体施工显著的不同是工序多，用料复杂。装饰材料的控制是质量监管的重点。

（1）对使用材料样板的控制。在经过各方共同认定的材料样板应集中摆放，可以随时查看并核对；较大装饰工程样板比较多，要建立台账详细记录资料。样板在质量控制中重视的是：样板的外观质量，包括产品标识；样板的书面说明保证资料，包括合格证、检验试验报告、使用维修说明等；属于强制性产品是否有“CCC”认证标志、生产许可证；铝质及钢材加工产品表面色泽、外形尺寸偏差是否在允许范围。

（2）对进场材料的质量控制。首先，与业主就使用材料达成一致，也可以共同验收；其次，必须形成制度，每批进场材料必须经过验收，不合格或与样板有差异的不能进场。

（3）材料见证取样和抽检。许多装饰用料涉及环保问题、使用安全功能和对人身的健康，这是质量监控要严格把关的。每种材料按规范规定必须见证取样送检，如防水材料、木工板材、地砖、管材管件、乳胶漆、地板胶、墙布、阀门、开关插座等。

（4）业主供应材料设备进场的控制。甲方组织材料设备进场，没有相应施工单位材料报验程序，进场检验容易被忽略，作为质量监控人员还是要重视一下内容检验。主动与甲方保持密切沟通联系，及早了解甲供材料进场计划，便于准备进场验收。正常情况下，甲供设备多数是比较贵重的，专业人员应该及早熟悉设备材料的技术性能和各项指标，可能条件下查看甲方订货技术要求，为验收和调试作为依据，并且做好设备的开箱验收记录。见证和督促业主与施工方对甲供材料设备的交接保存工作。

（5）进场材料设备的存放与保管。无论什么设备材料的进场，都要妥善存放保管，防止损坏和超过使用期。楼层大量材料堆放要分散、不要集中，防水材料不暴晒，卫生洁具不重压等。

4. 装饰各专业互相协作配合

进入装饰阶段，确实需要土建与安装施工之间的协作配合。对于装饰基层与安装隐蔽工程的配合，通常是按隐蔽工程先进行预埋，但需要装饰单位提供相应位置、标高及数量；各专业之间协调，如大体量风管也是要先安装，其他专业后跟，有压力管让无压力管；终结面接口处的收口配合，如石材墙面与防火卷帘门接口、保温板与幕墙封口、墙面与吊顶封口等，现场控制下到位，防止留下死角；实践表明：各专业之间的成品保护极其重要，污染损坏情况很多且难以恢复。加强协作配合、互相保护成品，是确保装饰工程顺利实施不可忽视的环节。

5. 装饰过程中质量控制

（1）采取联合检查验收的方法，这样检查验收更全面、整改措施更明确、跟踪落实更快。首先，是监理内部各工种人员检查验收，因为装饰工程是一个系统的有机整体，各专业之间必须协调一致，共同对装饰项目负责。检查重点是：施工各专业之间产生问题的处理，专业之间的注意事项，施工协调配合问题。

施工过程中相关专业现场共同办公很必要，技术人员同在工地，质量施工协调，材料供应、进度计划大家清楚。共同商量解决问题，再随时检查落实。当涉及专业施工单位之间工序或工作面的移交，需要监督人员参与检查验收，明确施工界面，区分质量责任范围。如玻璃幕墙安装或者电梯安装前，专业监理人员要组织土建施工、幕墙及电梯安装单位，检查土建项目的基底情况，实测实量尺寸偏差，谁的问题由谁负责处理合格，给安装创造合适层面。当施工分部完成后，及时组织相关单位进行验收，及早处理存在的问题。

(2) 质量监督要深入施工现场，对于装饰工程的细部处理会严重影响整个装饰工程效果，这是质量监督控制的重点。在做好样板间得到各方确认后，一般才展开大面积施工。装饰设计的节点大样是实际施工中可能出现很多变化，也需要跟踪检查到位。由于装饰工程隐蔽检查验收内容繁多，装饰工程各专业监督人员随时到现场进行隐蔽工程验收。同时，装饰工程的计量签证也应该在现场实测实量，需要专业人员在工地落实。

(3) 装饰工程中的安全问题很重要，要督促和协助各专业制定现场安全文明施工规定，并在整个过程中严格检查落实。主要是防火，易燃材料、危险品存放及成品保护等方面。

6. 装饰工程进度控制

(1) 进度计划体系。装饰工程的进度计划体系可以分为总进度、月进度及周计划、小项目进度计划。其中，小项目是所有计划的基础。小项目可以是某施工区域、某专业工序、某安装过程、某材料进场计划等，需要随时检查并落到实处。

(2) 小项目计划的协调与落实，对于小项目在工程例会上即可协调安排，形成书面文字，督促计划执行人员认真抓紧安排。作为专业质量监理人员必须在现场跟踪检查落实，当计划未完成要及早反馈，分析原因并作调整，切实掌握情况。同时，要有相关单位参加现场协调会，检查分析存在问题及原因，分清责任，要求有关专业在保证质量前提下制订赶工计划。

7. 加强资料的收集整理

装饰与土建工程比较，其资料收集与整理规范程度要差一些，这是需要加强的。在整个装饰过程中，有许多项目需要专业施工单位制作及配合，例如：楼梯栏杆扶手、特种门制作安装、智能系统等。这些因专业性较强，资料收集整理往往重视不够。对此，质量监督人员要引起重视，从施工方案、材料进场验收、隐蔽检查资料、焊接检验到各个记录环节，必须纳入正规化管理。并将资料汇集整个装饰工程资料中，形成不缺项、完整的归档资料。在资料的整理排列装订归档过程中，其名称必须规范，包括检验批、分项、分部及单位工程名称，要同存档要求相一致，这也是质量管理中技术资料必须做到的。

2 建筑装饰安装施工的质量通病及处理

建筑装饰工程是建筑工程中的一项重要内容，但是在装饰装修过程中及完成后的使用阶段，时常会出现吊顶石膏板的开裂，地面砖的空鼓，墙面乳胶漆的起皮、脱落，墙纸(布)粘贴的起皱、起泡和接缝松开，木饰面安装及拼板不平，钉眼明显，缝隙及色泽不匀等现象，严重影响工程的正常使用和观感效果。为此，通过一些装饰工程分项的施工实践和现场管理，总结出一些消除安装质量通病的方法及措施，与从事装饰装修工作的业内同行共同交流。

1. 吊顶龙骨安装的控制

现在为了确保防火安全，吊顶龙骨一些都选用轻钢龙骨。施工时按照装饰装修施工规范和设计选定石膏板材的外形尺寸，主次龙骨间隔一般按 1.2m 和 0.6m 来布置控制，而距离墙壁龙骨的距离以不超过 300mm 为宜。安装前，墙面必须用塑料管准确量出吊顶的标准高度线，螺纹吊筋直径为 8mm，在各个房间较大面积，轻钢龙骨安装完成后的同时，要用激光测距仪在厅堂或房屋的中间位置，以地面±0.00 为基准测量其水平度是否下垂；如有下垂，中间部位必须按要求起拱，及时在龙骨与吊筋接触处调整。另外，在顶端安装吊筋时经常会碰到沿板底面布置的通风管、电缆桥架及消防管线等。在此种情况下，就需要用镀锌角钢或槽钢安装过渡支架，再在过渡支架上打孔，将吊筋安装固定在楼板底，不能在支架上吊筋。这样避开各种管道安装轻钢龙骨，其刚度有可靠保证。另外，支架同龙骨间要有一定距离，方便以后检修。

2. 石膏板安装与接缝处理

饰面石膏板的安装尽量不要使用有裂纹、缺角及受潮变形的板。固定石膏板的沉头螺钉按照现行施工规范进行，间隔为

100mm，并且板块之间接缝不大于 2mm；当整个房间厅堂的石膏板安装完成后，对所有沉头螺钉及时进行防腐处理，并检查有无遗漏补充。下道工序应当是对安装好的石膏板缝仔细嵌填饱满，待表面自然干燥后顺缝方向粘贴绷带，再在绷带上粘贴一条玻纤网格布，检查全部缝粘贴合格后，才能对整个板面批刮腻子。批刮用腻子在现场配制，胶的用量要够；否则，粘结不牢固。腻子质量关系与板面的粘结、使用后是否起皮等问题。在第一遍批腻子完成后，必须在自然干燥后再打砂纸，要仔细认真检查表面是否均匀，有颗粒及粉团及时剔除，以防日后空气中潮气膨胀、起泡，影响饰面的效果。砂纸打磨，对局部缺陷处理检查无问题，接着再批二遍腻子，批时对凸凹不平认真刮平，阴阳角不平直采取措施修饰，经过多次处理，待二遍腻子自然干燥后，用 500 目细砂纸人工进一步研磨。当研磨完成检查确实无问题后，才能进行刷乳胶漆的饰面工序。石膏板接缝如图 1 所示。

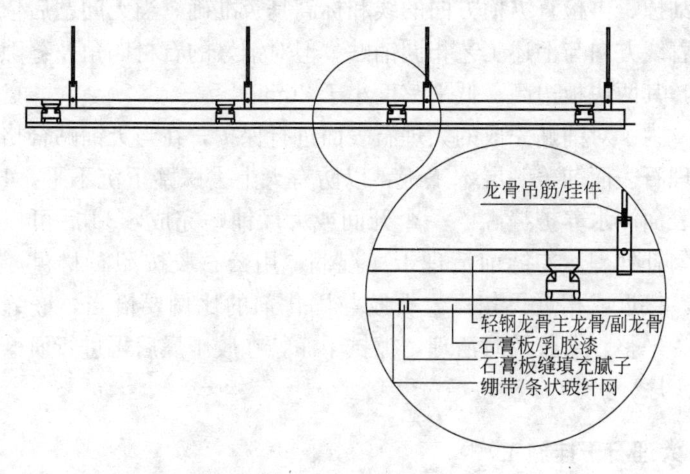

图 1　吊顶石膏板接缝节点图

3. 地面砖铺贴质量控制措施

地面砖种类较多，现以大理石的铺贴为例，介绍质量控制及防止空鼓的方法。大理石的分子结构与花岗石略有不同，因其内部分子结构比较疏松，一旦铺贴空鼓或铺浆不密实，上部受重压很容易断裂。即使更换重铺，也达不到一次性铺贴的效果好。要确保大理石铺贴质量一步到位，首先，在铺贴大理石前对已经排列好的大理石再进行一次检查，对有裂纹、掉角破损及厚度局部不平的剔除出去；然后，对即将要铺的场地基面进行冲洗，使杂物及松散砂粒冲干净并湿润基层。对场地基面再次丈量放线，按照大理石排板尺寸找出纵、横中轴线，由中间开始向边缘按地面±0.00带线依次铺贴。下垫层料用水泥与细黄(青)砂1∶4比例加水均匀拌合，其稠度是手抓轻握成团、落地即自然散开为宜，将拌好的垫层料根据地面及标准差按50mm厚度控制，随摊铺刮平拍实再贴大理石面层。大理石底(背)面满刮1∶1水泥砂浆，其浆厚度为5mm左右，大理石边抹成60°斜坡，准确就位后用橡皮锤子少用力敲击，使板面平整、密实，块材四周挤出的浆刮掉。再检查纵横方向的线和标高是否准确。当无问题后依次沿着线方向与上述工艺相同铺贴。但对铺好的石材四角及缝隙检查，其两快板边高、低平整度小于2mm。

为了对铺贴完成的大理石表面进行保护，在当天铺贴合格的大理石表面铺盖一层木工板，以防有人上去踩踏下沉不平，12h后表面洒水养护缝隙。一个开间或大厅铺贴完成，3d后可以对缝勾补处理。勾缝前清理干净湿润，用云石胶按照石材色泽调和，接近或相近再勾；云石胶与固化剂的比例要恰当，嵌缝密实、平整，余胶及时清理，擦拭干净，在胶干燥后再进行研磨抛光工序。

4. 大理石干挂施工

墙体竖向大理石干挂作业施工，一般工艺操作是自下而上进行。操作过程中稍有不慎，不但石材不合格还要返工，造成损失或留下质量隐患。为避免造成更大的浪费，根据干挂石材经验总结成功的铺贴方法。

首先，依据设计及施工图纸校核墙面实际尺寸，进行板块排板定位放线工作。检查支设脚手架的安全可靠度，专业技术人员对干挂墙面进行整体测量，吊垂直线。在混凝土圈梁或剪力墙上锚固螺栓，固定锚固螺栓前对钻的孔彻底吹冲干净，使粘结牢固，并进行拉拔试验合格。用化学锚固的锚杆主要是用来固定规格一般为 200mm×100mm×8mm 镀锌钢板，在镀锌钢板上再焊接 100mm×100mm×8mm 镀锌连接钢板，待所有预埋件安装焊接完成后，按设计规定尺寸依次焊接安装[100mm×100mm×8mm 竖向槽钢。当整个墙面的竖向槽钢焊接固定完成，对所有焊缝敲击剔除焊渣后再进行防腐处理。然后，再按大理石干排的高度尺寸，依地面±0.00 为基准线，用水平管校对水平线，再依次在竖向槽钢上按水平线焊接∟ 60×60×6 的镀锌角钢。按石材两边已开的槽口，用云石专用胶安装 T 形接插件，按照接插件上的预留花篮孔洞间距，在焊接水平角钢上钻 ϕ13 孔洞，以便粘结在大理石槽口上的接插件挂装固定螺栓用；同时，在安装前处理好不锈钢 T 形连接件与石材的粘结准备。粘结连接件根据连接件的宽度，在石材侧边距边缘 100mm 处，用砂轮片开出两条 6mm 厚对应槽口，深度 35mm 左右，将石材槽口内的石渣冲干净，填充调制好的石云胶；同时，在 T 形连接件的插口片上涂抹石云胶，及时插入石材槽口内。需要强调的是，在调制石云胶时，必须按照使用时的温度加入固化剂。若是加多了，固化速度快，不牢、发脆；加少了，稠度大而不易凝固，因此，此项干挂石材粘结工作由技术熟练的人员来操作。

当第一块石材挂完符合要求后，便可按墙面排板顺序自下而上、从左至右地进行大理石螺栓安装固定，在干挂石材固定螺栓时，一定要垫上镀锌平垫圈及弹簧垫片，防止由于外部的振动而松弛，当整个墙面石材干挂完成后，对整个墙面干挂石材进行仔细检查，对石材与石材之间明显缝隙要用同色云石胶进行修补，再用干布把表面灰尘及污物擦干净；最后，将表面用塑料薄膜或彩条布覆盖保护，在干挂石材结束后统一打蜡上光。石材固定螺栓安装见图 2。

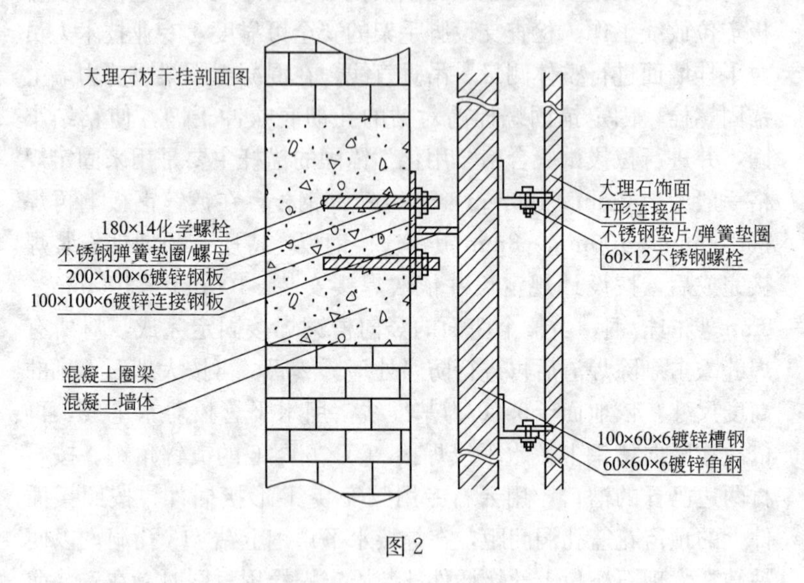

图 2

5. 室内墙纸墙布裱粘质量控制

墙面裱粘墙纸墙布是一项很细腻的工作，对墙基面的平整度要求很严，不同于乳胶漆饰面细微处可以忽略。对于墙面批腻子要求厚度基本均匀，刮后平整，待腻子自然干燥后，要用细砂子打磨，尤其是个别颗粒要剔除，防止以后膨胀；刮批第二遍腻子要更加重视表面的平整度，二遍砂纸打磨，手感表面光洁，复检时灯光斜射墙面无波浪阴影。当墙面腻子彻底干燥后，在其表面自上而下涂刷一层聚酯清漆。涂刷一定均匀，待清漆完全干燥后，用细砂纸再进行一次研磨，作用是把表面的小颗粒磨平，更是把光滑清漆表面磨毛，达到粘贴墙纸(布)时更加牢固。

(1) 裱粘墙纸墙布的工作准备。首先，调制胶粘剂，把盒装胶粉慢慢倒入温水中，边倒边搅拌；按每 500g 胶粉与 15kg 水的比例调拌均匀；若是裱贴墙布，还要加入适当的墙布专用胶加强粘结力，20min 后便可使用。接着，把提前按墙面高度裁好的布，在裱贴位置墙面及布背面均匀刷胶，对折停顿 10min 左右即可在裱贴位置依次粘贴，要求压紧平整，无任何皱褶。

(2) 墙纸墙布的裱粘，裱粘墙纸墙布要从门窗边开始，自上而下从里向外对齐门窗边。一边铺贴紧，接着用刮刀压平，赶挤布内多余的胶，其作用有两个：一是使墙布和墙面紧密结合无气泡，另一个是把余胶挤出不会起皱褶。当刮刀完全赶平墙布后，要把边缘挤出的胶用干净布擦拭净后再贴第二块布，需要特别重视的是无论是布还是纸，其边及纹必须对齐看不出接缝。

(3) 裱粘墙纸墙布阴阳角处理。当墙纸墙布裱粘到阴阳角处时，不要在阴阳角处有接缝。因为在拐角处对口拼接不易对齐和粘牢，而且会使接缝处易翘边，不美观。当裱粘到阴阳角处时，要用宽面刮刀在拐角处自上而下刮到位，使布平顺，再进行下一条平行裱粘。处理阳角裱粘时，也要在拐角处平面刮平，靠阳角拐角处墙纸内胶赶净压实，再自上而下平行在另一边依次裱粘。

6. 成品木饰面的安装拼接

成品木饰面的安装工作是室内最重要的表面施工，安装及拼接质量的高低直接影响到装饰效果。因此，对成品要认真检查并轻搬轻放，现场安装要戴手套，保护饰面的洁净，防止划痕。木饰面的安装拼接方法较多，现介绍最常用的一种安装方法。

(1) 墙面木饰面的安装拼接。墙面木饰面的安装必须从门窗边或墙的阴角部位开始。在墙面自上而下按 500～600mm 的行距安装木龙骨，整个墙面分割安装完成后，对木龙骨安装的平整度进行校对检查，其平整度是最关键的环节。然后，按照墙面的实际排板顺序、外观尺寸，根据需要宽度；在每块板背面挂件 2 的龙骨上用镀锌自攻螺钉依次安装金属挂件 1；同时，校对每条挂件 1 的垂直与平整。当第二条挂件 1 安装固定到位后，可以进行第一块木饰面板安装，其方法是把木饰面背面挂件 2 的螺钉对准墙面上挂件 1 的楔口推进落到位即可，依次累推安装下一块饰面板。需要特别注意的是，挂件楔口及板缝一定要对齐、插紧。

当安装到整个墙面边缘最后一块饰面板收口后，要再次对整个墙面木饰面楔口、接缝、平整度全部检查及校正，再下来便可安装顶棚阴角木线条和踢脚板。按照顺序再逐一对饰面板进行安装及收口，其工艺方法的优点比较突出：安装后的饰面板表面干净、无污染，整个表面没有一个气钉螺钉孔，无需进行整改；而且安装后的饰面板表面层牢固，即便单块板面较大，也不会弯曲变形；更加值得推荐的是饰面板拆卸方便，拆除下来饰面完好，不变形损伤，经过多次尺寸改变及表面喷漆如同新板，可以二次再用，可节省费用及木材。挂件安装大样如图 3 所示。

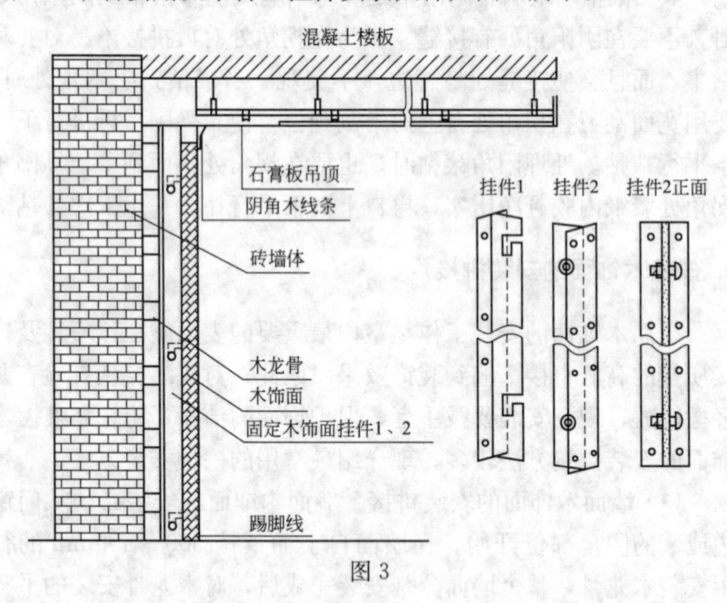

图 3

（2）背景墙木饰面的安装拼接。背景墙木饰面的构造设计多种多样，有整个背景分格或分条块拼装，也有局部背景分格安装，或者离开墙面一定距离立体安装等。总之，根据建筑物使用性质决定。

通过上述浅要分析，在建筑装饰分项工程中，严格按设计图纸要求及现行规范的规定施工，工序过程严格把关，做到自检、互检及监理跟踪检查相结合，消除装饰装修过程中容易产生的质量通病，使装饰装修的工程质量满足使用要求。

3　建筑装饰饰面材料的保温节能构造

与湿作业外保温系统相比较，干挂饰面技术将饰面材料与主体结构通过预埋件、龙骨、固定件可靠连接，荷载传导更加明确、清晰，提高了外饰面安装的牢固性和安全性，建筑效果比较明显。因为设置龙骨，在饰面材料与保温材料之间形成与室外连通，可以形成空气流动层，大幅度提高墙体的保温性能。也由于龙骨的存在，会局部削弱保温层而产生冷（热）桥现象。若保温材料选择不当或保护不到位，在施工中也会引发火灾，因此，要特别重视选择保温材料和对节点细部的构造处理。

1. 饰面对保温层的影响因素

（1）提高保温隔热性能。现在建筑常用的外保温材料主要是膨胀聚丙乙烯模塑板、挤塑板和硬质聚氨酯喷涂等，增强网格布聚合物砂浆薄层抹灰外保温系统中，外保温隔热体系置于外墙外侧，而外侧的抗裂防护层只有5mm左右厚度，直接承受来自自然环境中气候变化等因素的影响。由于保温材料具有很大的热阻值，保护层的热量不易通过传导扩散，夏季在太阳光辐射下，外保温抗裂保护层温度变化速度比无保温层的主体结构外侧温度变化速度提高8～30倍，温度可以达到80℃左右。但是当聚苯板的温度超过70℃时，聚苯板会产生不可逆转的热收缩变形，这种变形会对整个墙体产生严重的质量问题。而这种现象在干燥高热地区及天气变化较快的多暴雨地区比较常见。直射的紫外线、空气中的氧气、二氧化碳和水分的作用会破坏保护层的有机粘结材料，加快了保温材料的老化并影响系统的安全耐久性。这就是在实际工程中受太阳光直射的外墙更容易产生裂缝的直接原因。

而干式饰面层在夏季对保温层起到了很好的遮阳隔热的作用，保温板外形成的流动空气层，也可减少太阳光辐射的影响，降低保温层表面的温度，并通过空气的流动带走了饰面层受热后产生的热量，有效地减轻或避免了保温层变形和保护层的开裂问题，提高保温层在使用中的耐久性。

(2) 提高墙体抗渗透及保温能力。无论是砖混结构、框架-剪力墙承重结构，其主体结构的热阻值都比较大，气密性也高，蒸汽渗透阻使室内水蒸气在饰面层和保温材料之间不会形成冷凝水，保温材料冷凝水受潮增加量也比较小，不会影响保温效果。在实际工程中，当采用砌筑承重各种块体，尤其是框架的填充墙时，灰缝的不密实饱满竖向缝更严重，造成建筑物气密性的大幅度降低，冬季室内水蒸气会逐渐通过灰缝进入到聚苯板内侧，造成保温材料受潮而降低保温效果。如果此时饰面层不透气，水蒸气没有出处会产生冻融现象，如此反复会使饰面层空鼓、开裂，甚至大片脱落。若饰面层保护层开裂后，雨水或雪融化水渗入保温层，造成透水且冻胀，加速空鼓、开裂现象的加重。如某住宅小区在外墙多处发现渗水现象，因不易找到漏点而无法根治。后采取在基层抹 20mm 厚 1：3 水泥砂浆找平后，再在上面粘贴保温板材。这也是避免此类空鼓、开裂现象的有效措施。

当采用饰面层干挂处理后，保温材料外侧是流动的空气，会连续不断地带走水蒸气，保持保温层的干燥，维护保温层的长久保温效果。饰面板材的接缝是开放式的，空气层与外界空气等压，可以有效地防止渗入流动空气层，更不会渗入到保温层中。

(3) 保温层厚度不足易产生热(冷) 桥现象。不论使用何种饰面材料，如果是干挂形式，都要用螺钉、挂件固定到设置的龙骨架上，龙骨则通过预埋件与主体结构连接，这样会局部穿越保温层，并在龙骨处减薄材料的厚度，在穿越保温层处则产生热(冷) 桥现象，加大外墙的传热系数。

(4) 材料的防火要特别重视。干挂饰面用钢龙骨时，施工工艺是立主龙骨→铺设保温层→焊接次龙骨→安装连接件→挂饰面板。如果使用聚苯模塑板材料，焊接火花极容易引燃保温材料引起火灾，施工材料的选择及焊接安全需要特别重视。

2. 干挂饰面的构造措施

干挂饰面的构造方式，要根据外饰面材料的品种而定。一般外饰面材料包括人造板材、石材、铝板、干式面砖等。当采用压型钢板、铝板或PVC挂板等自身有凸凹花纹，可形成通气层的材料时，多用导热系数小的塑料、木制龙骨在保温板外侧留置沟槽，压入保温板与其平齐，把饰面板材钉固在龙骨上。现在建材市场成套系统技术比较成熟，有专用各种边角、端头及收口的配件，固定件采用工程塑料制作，能隔绝热桥。

当饰面板为铝塑板、水泥纤维板轻质隔板时，使用轻钢龙骨设置在保温层的外侧。利用龙骨空隙形成竖横向通长的空腔作为空气层，龙骨用五金件固定在主体墙上，其配套连接件多采用工程塑料钉等断桥材料加强。

石材的干挂是一些重要建筑物常采用的外装饰做法，空气层较宽松，习惯用聚氨酯发泡隔断龙骨热桥。干式面砖同干挂石材接近，面砖的配套背板干挂在龙骨上，背板上的沟槽用以固定面砖，并辅以胶条确保其牢固，面砖缝隙用专用胶收口，避免进水并保持墙面整洁。

外保温材料的设计选择是块材现场施工安装，现在采用的几乎都是膨胀聚丙乙烯模塑板、挤塑板和硬质聚氨酯板材，多采用粘贴法另辅以锚固在主体外表面上。一般保温板表面还要做保护层，其作用仅次于防潮和抗老化，更有利于施工过程及使用中的防火安全。选择其他透湿性好的材料也可以，例如：岩棉、矿棉及玻璃纤维等，用机械固定方式锚固在外墙体上，其防火性能可靠。

3. 设计中应重视的几个问题

以某公共建筑工程为例，介绍石材幕墙设计中应注意的问题。

（1）材料的选择与构造措施。某公共建筑为8层框架-剪力墙结构，层高3.6～4.8m，填充墙为混凝土加气砌块，外墙为石材幕墙。保温材料选用成品玻璃棉毡，材料防火等级为 A 级，消除了防火隐患。成品玻璃棉毡外表面覆防风防水透气膜，防止室内水蒸气渗入。这是为了克服由于低密度的棉质建筑保温材料在使用过程中很容易吸潮，会造成导热系数的大幅度升高，影响到保温效果。

玻璃棉的传热系数为 0.039W/(m^2·K)，经计算厚度为 85mm 时，可以满足外墙传热系数 0.45W/(m^2·K) 的要求。另外，由于混凝土梁柱部位及主龙骨处保温为 50mm 厚聚氨酯发泡等现喷，采取加权平均的设计厚度为 100mm。此时，外墙传热系数 0.425W/(m^2·K)，优于设计的保温性能。

施工时在框架梁上预埋 200mm×150mm×8mm 钢板，间距 1.5～2.4m，梁的上下各一处；角钢角码成双与预埋件焊接；在角码空隙内喷涂 50mm 厚度聚氨酯发泡后，用螺栓通过角码固定竖向 8 号槽钢主龙骨，龙骨与墙体间留出 50mm 空间，喷涂 50mm 厚度聚氨酯发泡保温，将玻璃棉毡用尼龙锚栓与墙梁固定，数量为 5～7 个/m^2，用螺栓通过主龙骨固定成对角钢角码，间距与石材相同，即 600mm。用螺栓固定角码另一端与角钢横向次龙骨，安装 L 形铝合金主挂件，背槽式 U-2 型锚固件，安装 30mm 厚花岗石火烧板，如图 1 所示。

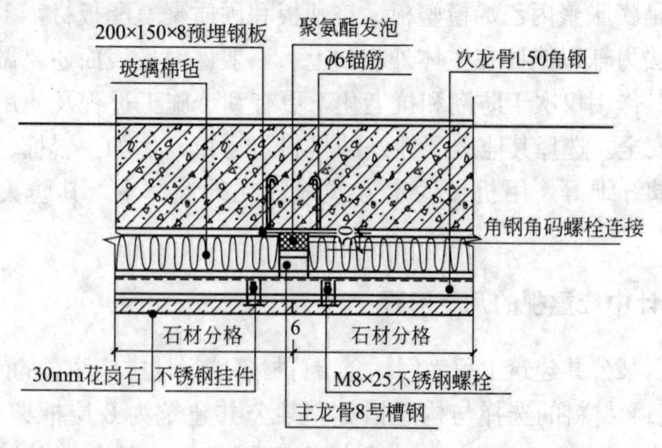

图 1　横向安装节点示意

(2) 设计重点，保温材料厚度计算时要考虑热桥部位的加权，住宅建筑还要考虑线传热系数的影响，适当增加墙体主截面的保温层厚度。要重视对易产生热桥在墙上的构件，如连接件埋设、龙骨埋件的构造处理，主龙骨与墙梁之间应留有空间安放保温材料；次龙骨在保温层外侧或包裹在保温层中间，预埋件均在保温层内侧，连接件采取包裹处理。在施工中，当保温材料安装就位后，钢结构的连接应尽可能用螺杆连接，避免电焊火花引燃保温材料产生火灾。

通过上述对干挂饰面材料的选择和构造处理，是可以达到保温和节能目的及效果的，建筑饰面的干挂是建立在可以回收利用基础上的饰面做法，在安全、耐久、美观方面有不可替代的效果，应用前景看好。

4　建筑住宅室内装饰纺织品的设计应用

建筑住宅工程室内装饰是色、质、光、形的有机组合，而家庭用纺织品在这几个方面都具有其他装饰材料无法比的优势。它的内容日渐丰富，越来越适应于快速发展的现代生活，它在室内设计中的表现手法向多样化发展，其意义和作用不仅仅在于实用，而且还在于烘托环境气氛、强化空间特点、增添审美情趣，达到个性与环境的统一。

1. 创造人性化的室内环境

居住室内环境要通过不同材料的搭配及组合，才能营造出不同意境空间，给人以不同的心理感受。家用纺织品的材料机理与室内多种装饰材料机理，应是一种调和对比的协调关系。纺织品与使用室内环境的有机结合，不但能生动体现一个室内环境的审美氛围，还可以通过它的表现来掩饰、弥补建筑空间的缺陷与不足。通过其材质的样式、色彩上的选择来塑造某种特定的个人风格或趣味，更可在视觉、触觉和情感方面较为灵活地化解现代建筑的坚硬、冷酷，增加人与居住环境的亲近感觉。

（1）家用纺织品的环境构成作用，即人作为与居住环境的交流媒介及潜在特质和多重相互关系，更加受到人们的重视。从建造物体上看，用钢筋、混凝土、木、石材、合成材料为主构成的室内环境和用具，其属性应看作为“刚硬性”、而附属于室内的家具或家用纺织品，则属于“软性”。在家具或与其相关的环境中，应用与人体肌肤相近的各类纺织品，用包、贴、铺、盖、吊、挂等手法来进行装饰，可以使硬空间和家具的属性远离“刚硬性”，而更趋向于“人性的物质”，更加贴近现代人心灵和心理的感觉需求，为室内居住环境增添柔和、温馨和舒适。

（2）要确保人—空间—环境三者之间情感交流的畅通，不但可以通过纺织品的艺术表现形式及手法，来传达人们的艺术理想和追求，同时还可以调节人们的心理情绪，使居住者在优美环境中感受舒心、惬意。要根据不同的室内环境及个人的不同要求，合理地利用纺织品的装饰功能。利用纺织品独特的外观和柔软的特性，有效地拉近人与室内环境的距离，以丰富多彩的纺织品营造出舒适的室内空间，并用来掩饰和弥补其他装饰材料的不足和缺陷，给坚硬、冰冷的环境以柔和、温馨的感觉。尤其要重视的是，室内用纺织品的设计和应用要符合人对健康心理的需求，从深层次去引导人们正常的审美观念，并将其有机地融合在一起。还要充分利用纺织品的自身特性，集传统艺术和时代精神为一体，充分展示设计语言中的象征意义、表现形式和精神内涵，进一步贴近生活，创造真正舒适宜人的室内生活环境。

人们对建筑内部环境和家用纺织品的需求是广泛、具体而细腻的，也因人、因地、因时而各异。建筑室内空间的最基本功能是“庇护”，使人不受侵袭与干扰，居住者最需要的是安全感。而纺织品的需求是这种安全感的进一步深化，如窗帘、帷帐就是出于对“个人空间”和“私密性”的需要，而墙布、壁毯和地毯等除了给人以更加人性化的空间感觉外，它们的隔声、防潮及防护功能也是源于安全感的作用。

(3) 由于家用纺织品的独特材质、肌理和纹式，本身就具备了比其他材料更容易与人产生接触的条件。这些自身条件则通过人的视觉、触觉等生理心理感受而存在，并体现其使用价值。如触觉心理的柔软使人感觉舒适和亲切，造型线条的曲直能给人以优美或刚直感；形态的大小、疏密可造成不同的视觉空间感；色彩的冷暖、明暗和色调作用于人的视觉器官，在产生色彩感的同时也必然引起人的某种情感心理活动，不同的材质肌理产生不同的心理适应感；不同的花样特色可以使人产生众多联想。充分利用纺织品的这些与人对话的条件或因素，可能营造出符合人们心理及不同生理要求的室内环境氛围。作为人的另一感觉皮肤和室内建筑空间内层的纺织品，作为联系室内装修和人体之间的一种媒介而存在，是把人引向更加舒适的室内环境的桥梁。家用纺织品和室内空间的相融之处，正是人们理想的生活环境。

2. 家用纺织品在室内环境的应用

在当代居住室内环境中，纺织品在室内的空间中占据大的面积，如客厅中的布艺沙发、背垫、窗帘和地毯等，这些巧妙的纺织品的搭配色彩激活室内空间，更加引起人们的关注。

（1）一个理想的室内环境是综合空间，由造型、材料和色彩诸多因素而构成。这其间不论是空间、家具、设施、照明、花盆及陈设、纺织品等，都不能脱离色彩而独立存在。家用纺织品在色彩在室内环境中很大程度上影响着气氛和情绪，干涉着整个室内的总体效果。因此，纺织品在室内环境色彩的应用极为重要。如进入深秋至初冬季节，巧妙地更新房间纺织品，可以使房间的气氛立刻改变，颜色可以调整为暖色或者比较厚重的色泽。

（2）就色泽来说，具有多种功能性。研究探讨色彩的功能，对于室内环境中的色彩应用，更恰当地体现室内环境的主题是很有益的。色泽在室内环境中对人的情感有一定的影响。如果没有任何色彩，人是很难受的，色彩也是人们生活需要的一个方面。由于色彩对人的心理、情感动态的认识，是建立在心理和生理学之上的。由于人的心理因素比较复杂，对于同一种色彩可能产生不同的心理感受。如家用纺织品中，面料、式样、色泽被看做三要素。一个室内环境使居住者感到华丽还是简朴，不但与室内环境的布置、家具陈设、家用纺织品的款式相关，更主要的是由它们的纹理与色泽构成的大色彩环境有着密切的关系。纺织品的色泽对某些室内色彩气氛环境有着极重要的作用，从酒店的客房到一般的居室，有相当的表面都覆盖着家用纺织品。在大量的空间界面中，它们与室内家具、灯具构成了室内环境的色彩主(调)体。各种不同色泽中，如宁静的灰色系、愉快的粉色系、艳丽的对比色系、明亮的冷色系及强烈的暖色系的纺织品，都需根据不同的使用对象和不同的空间来选择采用，才能得到想要的效果。如在家纺用品中，靠垫是不可缺少的装饰用品。作为最常用的沙发、椅子和床上的用品，靠垫可用来调节人体的坐卧舒适度，放松休息。如果室内的色彩比较单一，可以用几个色彩鲜艳的靠垫改善室内的气氛，而各式不同的靠垫可以达到不同的感觉。

(3) 在人的生理功能感受中，包括了对色彩轻重、软硬、冷暖、进退等感觉，这是人类在长期生活中形成并带有遗传的共性感觉。对家用纺织品的心理感受往往与联想有关，在人们的意识深层面储存着大量从经历中得到的对事物的印象。当人们触摸到一种织物，看到一种纹理或色泽时，常常会把它与有关的印象联系起来产生联想。在室内环境构成的众多造型因素中，色彩是一个能相当强烈而迅速反映感情的因素。色彩比其他视觉艺术元素来说，更加情感化。当今，色彩越来越多的影响着人们的心态。家用纺织品与室内色彩环境的协调配合，是艺术生活化和生活艺术化的一个部分，表现出居住者对生活和环境质量重视的一个方面。

3. 纺织品营造室内文化

居室文化处处用艺术的物质实体来构造，但是表现出来的却是各种各样的对美感的追求，通过包括家用纺织品在内的各种元素建构。在居室文化的统一体内，人们可以感觉到心理、感性形态的时空环境，并激发人们对某种心理情感与之产生共鸣，从而满足人们各种心理和生理上的需求。可以说，居室文化所表现的人与物之关系是直接的，所创造的环境形态与人的社会性、时代性及生活方式形态密切相关。正确认识和把握家用纺织品与居室文化的关系，处理两者间人性化的组合方式和过程，会有利于提高居室文化的整体水平，促进居室文化的大力发展。

(1) 家用纺织品成为居室文化中的表现形式，在历史文化、材料应用的发展中沉淀了自身丰富的内涵，人们对这无声的语言也形成了特有的理解认同。家用纺织品在不同时代及各民族发展中呈现出不同的特色，同样的纺织品在不同室内环境中的应用，也表现出不同文化和个性特质。在现阶段，一些家庭偏爱一种怀旧气息的室内设计，在散发出浓郁怀旧情感的棕褐色基调中，深褐色的板壁、浅棕色砖墙和古铜色电话，与同样色调的窗帘、家具陈设中家用纺织品共同配合，创造了旧日的让人不易忘掉的文化情感。极端个人是一种理性中包裹着情趣的风格，它属于冷峻、硬朗、光洁、透明；整体强调简洁、单纯，但常在空间表现与家用纺织品的局部或细节处理上透出优雅的文化个性。如大面积的墙体常刷白色或奶油色，地面用光洁的冷灰色，配以半透明的纱窗帘、一块适宜的地毯、几个点缀的靠背，通过局部夸张，突出重点色彩，反衬出整体的复杂与简单，同时透射出个性化的魅力。

（2）居室文化对家用纺织品的需求，往往不只是局限在一般的美化功能上，还要求在情感、个性、行为、文化差异、空间与距离等信息的传递上发挥一定作用。如在许多室内环境中，可通过家用纺织品色彩的搭配来区别不同的功能区域，通过整体或局部色彩的调节来传递情感信息，提示某种行为规范，来增强亲切宁静、热情欢乐的气氛。

家用纺织品可以更好地表现特定的居室文化内涵，在主题性表达方面能创造出高品位、有人情味及艺术感具吸引力的优美环境。这些主题内容又很广泛，既有本民族文化背景去寻求不同文化风格，也有从各地的风情民俗、文学艺术、历史典故、时代风范及地理气候等诸多方面追寻艺术灵感，还有利用科学技术手段寻求独特创意和特定理念。因此，家用纺织品的应用能充分考虑室内环境的主题内涵，体现环境主体内心的理想与追求，展示不同生活方式的意境、情感、自然界、信息、审美情趣因素综合在一起，达到与室内环境中的整体文化气息相融合。

综上浅述，人们的室内环境不仅是生理与功能上的“栖息之居”、心理与精神上的“情感之居”、更是艺术与美学意境上的“艺术之居”。当我们更加努力营造理想的居室时，家用纺织品的应用不可忽略，随着科技的发展，人类居住环境质量会有一个大的提升。

5 木材家具和装饰是建筑工程的首选

现在居住在钢筋混凝土及水泥包裹城市里的人们，有希望回归自然的愿望，对木质产品的需求量不断上升。据资料介绍，现在我国人均木材消耗量仅为 $0.22m^3$，而世界的平均水平为 $0.65m^3$，发达国家平均为 $1.16m^3$，发展中国家为 $0.47m^3$，我国木材用量不足发展中国家的 1/2。从建筑规模和需求来看，木材行业有着巨大的潜力和市场，其产品有广阔的应用前景。

1. 木材产品的特点

木材作为一种自然生长的天然材料，具有自然、温馨和质美的特点，在建筑物室内装修中其他材料无法替代。除了具有良好的视觉效果外，木材还具有很优秀的隔热、隔声、柔韧性、高强度和耐久性好的特性；同时，木材无污染，利于居住者身心健康。

现在建筑中如橡木、白松、落叶松为原料制作的实木产品，由于橡木落叶松材质坚硬、纹理通直、力学强度高、防腐性强，是重要的工业用材，更是理想的门窗材料。近年来，对落叶松的加工利用中，地板和实木门窗是一个主要的用途。落叶松原木直径较小且变形开裂，而实木门和实木窗用的材料截面需要大，形状也有要求，只有用落叶松作为集成材质，经过集成基材方能满足使用要求且材质也均匀。现在，住宅建筑中许多装饰采用实木地板，实木门和实木窗的制作加工工艺不同于传统实木门和实木窗的加工生产。生产加工过程是利用先进设备和技术，通过原木、板材脱蜡干燥，除去木材缺陷、集成胶合多项工序，根据需要加工制成现在流行的实木地板、实木门和实木窗等制品。

（1）实木门：木门是建筑装饰装修中用量最大的木质产品，主要分用于室内、室外两大类。近年来，室内木门的需求量最多，品种也更加丰富。主要是实木门、空心门、工艺门和防火门等。但最常见的还是实木门和空心门。现在家庭装饰用的实木门，不是过去的以胡桃楸、樱桃木等高档木料做成的实木门，而主要是用落叶松作为集成材质制作的实木门。

(2) 实术窗：现在的实木窗按产品的结构特点一般分为三个品种，即纯实木窗、铝包实木窗和木包铝复合窗；按其制作的特点可分为：英式、意式、德式、西班牙式、美式及中复古式 6 类；按窗的开启方向，分为内开和外开两类；按照窗扇的开启方式可分为：平开、推拉、提拉、上悬、下悬、折叠、翻转、摇臂 8 种，同时这些开启方式还可以组合使用。

实木窗与其他材料制作的窗相比，适合人们崇尚自然、古朴和返朴归真的高质量生活和个性化时尚，而且保温性能远远高于其他任何材料的窗。如铝合金窗材质散热比木材高 1600 倍，塑钢窗散热比木材高 30 多倍，其保温性能十分明显。尤其现在制作的实木窗克服了传统木窗易变形、易腐烂、密封不严的缺陷。这是因为新型实木窗采用集成材基和先进加工工艺，使木材的不足得到了改善，不但窗户尺寸稳定性好，而且可以加工成多种规格和形状产品，功能更加完整。如窗框与扇是由三层结构的落叶松集成材加工而成，每一层直接拼长和宽。而扇的侧边四周根据开启方向的不同，安装不同类型的机械联动装置——新型专用五金连接件。与窗框套结合且窗扇周边安装密封条，与框密封严密。窗表面涂刷聚氮酚漆保护层，玻璃采用双层中空玻璃，提高保温性能。

2. 建筑市场分析

落叶松是东北林区天然和人工林主要树种，占国内用材林的 23%左右，但远远满足不了经济建设的需要。从 20 世纪 90 年代开始进口木材，俄罗斯、美国和非洲国家是进口木材的来源地。由于落叶松有力学强度高、耐久性好、材质坚硬和花纹美丽的特点，是理想的建筑工程用材料。木结构建筑的特点是：

(1) 设计的灵活性：木结构建筑具有灵活多变的特殊性，适用于几乎所有的住宅风格及形式，满足使用功能和外装饰要求。

建筑物设计可以采取不同手法设计出业主需要的不同建筑物。

（2）木结构的稳定性高：在缺乏木结构建筑历史的一些国家，存在着一些误解，认为木材建筑的耐久性差，是不正确的。木结构实际上抗下沉应力、抗干燥老化，具有显著的稳定性。如果使用保护得当，木材是一种稳定性、耐久性好的长寿命材料，古老的木结构建筑物上千年的也存世不少。

（3）木结构荷载能力高：木结构的荷载性能表现在稳定性和结构的完整性。如受台风和地震作用影响最多的日本，受雪荷载 500kg/m^2 的北美地区，大量木结构都存在了较久年代。由于木框架结构在地震时的稳定性得到反复验证，即使强烈地震使整个建筑物离开基础，结构也完好无损。

（4）木框架的高能源性能：木材是在任何环境条件下都是很优良的绝热体。在相同的厚度条件下，木材的隔热值比标准的混凝土高 16 倍，比钢材高 400 倍，比铝型材高出 1600 倍。对比较标准的建筑方法，采取一般的隔热措施，木结构建筑的隔热效果比空心砖的房屋要高出 3 倍。所以，木结构房屋的取暖费用比较低。

（5）木结构建筑的防火性能：对于木结构建筑物的防火性保险问题，使用木结构房屋最多、最严格的国家属于英国。其防火保险同任何其他类型的结构没有什么区别，事实上一些塑料材料可能比木结构的危险更大，因为在燃烧时产生大量有毒烟雾，而重量轻的结构遇火很快失去支撑力。

（6）木结构的环保性能：木材是自然生长利于环保的材料，也是世界上唯一可以再生的建筑材料。木材的使用对于维护健康的生活环境发挥很大作用，因为其不向大气排放二氧化碳，有害废物也少。

当前国内可采用的森林资源严重不足，国家建筑木质复合材料主要用于家具生产，而用于建筑的却极少。据资料介绍，近 10 年城市新建房屋达 2.37 亿 m^2，农村建房 7.7 亿 m^2，原有建筑按 30％进行改造，每年至少需要 1.6 亿扇门，要用木材 1150

万 m^3。发展实木门和新型实木窗产品，符合国家的产业政策。以落叶松集成为基材的实木门和新型实木窗属于小材大用、劣材优用产品。通过上述分析预测，实木产品在国内的市场前景十分广阔，会越来越供不应求。因此，加快发展以落叶树为主要原料的木材加工，是有先见之明的。

3. 木材市场的发展走势

根据世界上一些国家和国际组织的预测，未来 10 年世界木材市场呈现的发展态势大致如下。

（1）原木市场持续低速增长：联合国粮农组织预测，全球工业材原木虽有增长，但增长速度会明显降低，其原因是：限制和禁止出口原木的国家日益增多；实施可持续发展战略的国家日益增多；热带天然林资源迅速减少，有能力向世界木材市场提供木材的国家日益减少。如现在向世界木材市场提供热带木材最多的国家马来西亚，已经面临资源短缺的现象。亚非一些国家大量采伐和出口原木即将面临资源枯竭；未来可以向世界木材市场提供木材的国家除了俄罗斯外，如新西兰、智利和南非等生产的木材均属于人工林，而且生产能力有限。

（2）供应结构会出现明显变化：人工林提供的木材在以后的市场上占的比例会逐渐增大；相反，在造林方面不进行大量投资而可持续扩大天然林的国家却很少；热带木材在全球市场占有的份额会明显减少，世界环保组织批评热带雨林的过多采伐对大气环境造成侵害。因此，每年提供的热带雨林木材不超过 2000 万 m^3。针叶木材进口相对阔叶树材有更多的比例，从现在看来，自俄罗斯的针叶材是今后若干年我国主要的木材来源，新西兰和澳大利亚的木材进口也在增加，会成为我国进口木材的组成部分。

（3）木材资源及加工的适应性：主要以落叶松加以分析，它的木材性质是干缩性中至偏大，重量和强度偏中，硬度软至中，早晚材质硬度相差大，冲击韧性偏中。其物理力学性能见表 1。

落叶松部分物理力学性能表 **表1**

检测内容/树种地域		大兴安岭	小兴安岭	木材分级
实验时木材含水率(%)		15	15	—
气干密度(g/cm^3)		0.70	0.64	Ⅲ
顺纹抗压强度(MPa)		52	56	Ⅲ
抗弯弹性模量(MPa)		12	14	Ⅳ
干缩性(%)		径3.24/弦6.57	径2.91/弦6.42	径弦
顺纹抗剪强度(MPa)		9.0	7.5	Ⅱ
抗弯强度(MPa)		108	111	Ⅲ
硬度	侧面	361/0	—	Ⅱ
	端面	406/5	369/5	Ⅲ

从表1可以看出，由于落叶松自身具有强度较大、耐腐蚀性较好等优点，被广泛应用于建筑门窗、家具及模板、坑道、桩木、桥梁、屋梁及船舶等。作为集成材料的原料是首选材。

从发展看，木制品市场广阔，实木制品不但国内受到青睐，国际市场也具有更强的竞争力。随着建筑市场的发展和需要，高档住宅进入了部分人的生活，相应的装饰用料日趋考究，实木地板、实木门和新型实木窗及原木装饰会受到更多的选择和推荐。

6 竹质材料在建筑工程中应用

在发展低碳经济的大环境下，绿色、生态、环保、低碳的新型建筑结构材料是土木工程发展的必然方向。传统的木结构作为典型的绿色建筑结构，又走进人们的视线，但是我国森林资源匮乏，木材生长周期长，使木结构应用受到限制。而"以竹代木"又被人们所重视。竹子利用现代复合重组技术，制作成竹质建筑工程材料用于工程结构中，具备与木结构相似的优越性能，其生态性、保温节能及抗震性具有明显的优势，在建筑结构的实用性方面前景广阔。

1. 竹质材料的工艺与性能

现在对竹质材料的研究，主要是对竹材制造工艺、竹木重组及竹塑复合等领域，先后开发了竹编胶合板、竹材集成材、竹材层积材、竹材重组材、竹材复合板等多种竹质工程及装饰用材料，产品品种已标准化和系列化，在竹材产品开发与应用方面比较成熟。

竹质材料与木材相比在某些方面更具有优势，竹材本身的抗拉及弯曲强度可达到 150MPa 左右，抗压强度可达到 60MPa 以上，弯曲弹性模量可达 10GPa 以上。可见竹材的力学性能高于一般木材，而且竹材的弹性与韧性更优。现在可用于建筑结构构件的竹材产品，有竹胶合板、竹材层积材、竹材重组材等。

(1) 竹帘胶合板。竹帘胶合板是把竹材剖开成为厚 1～2mm、宽 10～15mm 的竹条片，用细线把竹条片编成竹帘，经过干燥涂胶或浸胶，以纵横交错的竹帘多层成坯，通过浸胶热压而成为结构用料。

由于竹帘胶合板的结构特点，作为建筑用结构材料，可以用于楼(地)面及墙体结构用材。通过对规格为 1200mm×600mm×16mm 双跨连续板的集中加载试验表明：竹帘胶合板的强度高、承载力强，在整个加载过程中，荷载与位移关系基本呈线性变化，见图 1。荷载位移曲线本身未出现其塑性发展过程，由于在破坏前加荷点位移比较大，整个板面下凹，破坏形态主要是加荷点附近板底出现的纵向裂缝，部分纤维横向断裂。在横向裂缝出现与发展过程中，承载力还可继续提高，整个破坏过程时间比较长，一些纤维的断裂并不引起承载力下降，属于延性破坏。

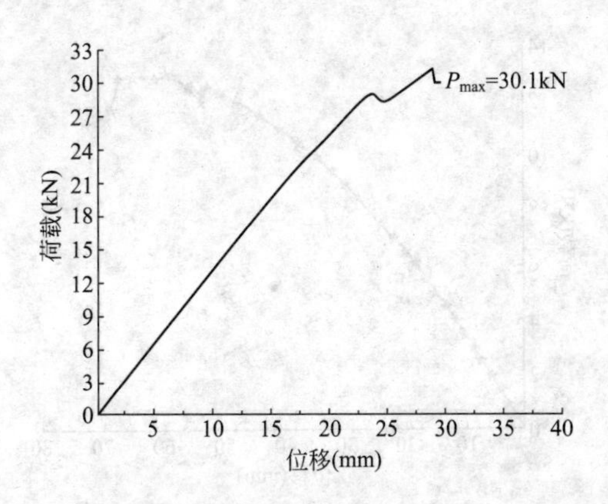

图 1　双跨连续竹帘胶合板的典型荷载-位移关系曲线

(2) 竹材层积材。竹材层积材是用一定规格的竹篾经过干燥、浸胶、再干燥、组坯、热压固化而成的一种人造竹材板，也叫做竹材层压板。现在市场上竹材层压板厚度多在 40mm 以下，宽度和长度不等，当其用作梁时，截面可旋转 90°使用，梁高不受限制，梁宽可通过多层二次施胶组合，实现其要求尺寸。通过对竹材层积材梁构件力学性能试验表明：在竹梁压制不密实时，会出现梁顶部竹篾间受压屈曲破坏，承载力较低，对于一般竹材层积材梁构件，通常发生底部纤维分层逐渐拉断，或底部纤维斜向撕裂的破坏形式。

图 2 为竹材层积材梁构件的典型荷载-位移曲线，在整个加载中，大部分接近弹性阶段，只有在最大荷载处才出现平缓段；破坏时梁挠度大，弯曲变形明显。因此，竹梁允许承受的荷载设计值实际是由截面刚度控制的，根据试验结果按弹性理论计算，

相应弯曲抗拉强度平均为 60MPa，按挠度限值 $L/250$（L 为梁跨度）验算的极限承载力，大约是按强度验算极限承载力的 1/5；在变形验算时，其弯曲弹性模量取 10GPa，具有 95%的保证率。由于竹材层积材尺寸范围较大，力学性能较好，可用于建筑结构件的梁、柱、承重墙体、单向板等，尤其是跨度较大的梁构件，其他竹质工程材料目前还做不到。

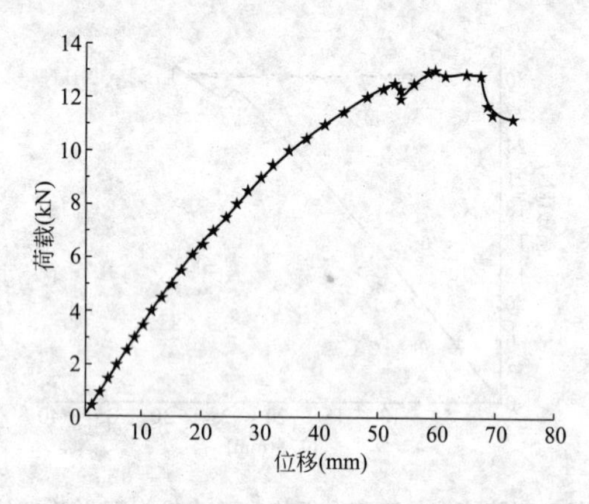

图 2　竹材层积材梁构件的典型荷载-位移关系曲线

（3）竹材重组材。重组材是一种把竹材重新组织并加以强化成型的新型竹质建材。重组材充分利用了竹材纤维材料固有的特性，对材料的利用率超过 90%。由于对纤维层次上进行重新组合，力学性能稳定，强度高，离散性小，如果对材料进行浸药预处理，可以使重组材更具防腐、防火及防虫功能。

现在对重组竹材的制作工艺是用热压工艺成型，把一块 1860mm×1260mm×35mm 尺寸的板材，再经过冷压成型为 1860mm×105mm×165mm，也有其他不同规格，但尺寸偏差不大。由于重组竹有良好的物理特性，因而被广泛用于高档地板、家具制作用材，尤其是室内地板最多，更多的则用于出口。

图 3 所示的是重组竹柱、竹梁的部分试验结果，根据对 100mm×100mm×600mm 的竹柱试验表明，图 3(a)为当竹柱受

压时在60%～70%极限荷载以下，材料处于弹性受力阶段。在弹性极限点后，应力-应变曲线呈非线性变化，在达到极限强度时则应变发展较快，荷载基本上不再增加；随后，由于初始缺陷或加工偏差等原因，受压柱向某一方向弯曲，荷载开始下降。其应力-应变曲线的卸载曲线表明：卸载后试件的残余应变在20%左右，并在以后的时间内得到恢复，恢复能力远超过普通钢材，表明竹材优良的弹性与韧性。重组竹短柱的平均抗压强度达到61MPa以上，弹性模量在10GPa以上，离散性小，力学性能稳定。

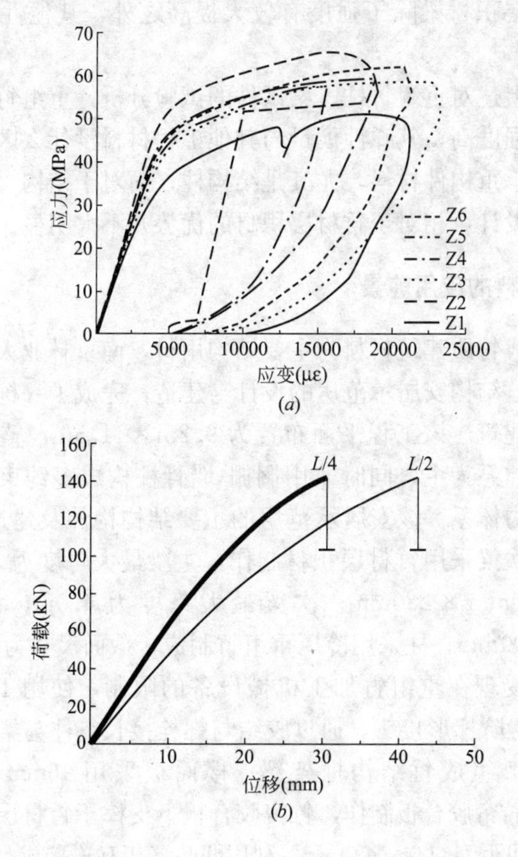

图3 重组竹柱、梁试件试验结果

(a)短柱受压应力-应变曲线；(b)重组竹梁的荷载-位移关系曲线

对 105mm×160mm×1870mm 的重组竹简支梁进行抗弯试验，其 $L/4$ 和跨中处位移随荷载的变化曲线如图 3(*b*)所示，其荷载-位移关系曲线与竹材层积材梁相似，破坏为底层竹纤维受拉断裂破坏，发生速度很快；之后，在裂缝顶部水平方向竹材出现剥离式撕裂破坏，此时承载力急剧下降，相应弯曲抗拉强度达 90.4MPa，较竹材层积材梁高 49%，由截面刚度推算的材料弹性模量与竹材层积材梁接近。对由于挠度限值($L/250$) 的荷载值为极限荷载的 23.4%，与竹材层积材梁试验结果相似。由此可见，重组竹梁较竹材层积材梁除了强度有较大提高之外，其他性能相近或相似。

通过上述对重组竹柱、梁试件的试验分析，重组竹材力学性能稳定、强度高，其弹性模量与其他工程材料没什么区别，是比较理想的承重构件材料，尤其是结构柱；而对于结构梁，因挠度限值控制设计，相对于竹材层积材的优势并不太明显。

2. 竹质材料的应用前景

用现代竹质建筑材料为主要结构用材，南京林业大学与有关单位进行竹结构安居示范房的设计与建造，完成了一栋两层的独立式住宅建筑。该工程平面布置为 9.2m×11.5m，整体结构以梁柱结构体系为主，同时兼用搁栅-墙骨柱构成多约束、多传力路径的受力体系。该安居示范房的主要结构构件及建造过程是：结构的主次梁采用竹材层积材制作，主梁最大跨度为 3.4m，截面尺寸 70mm × 280mm；次梁最大跨度为 4.0m，截面尺寸 70mm×200mm；柱采用冷压重组竹制成，截面尺寸为 130mm×150mm，受现在重组竹加工机械设备的限制，使用 1.2～2.0m 的节段设置阶梯形接头，通过胶结与螺栓接长，柱与梁利用金属节点连接，组成竹结构框架梁；楼面板采用 16mm 厚、宽度 300mm 的竹帘胶合板制作，竹帘胶合板下支撑于竹材层积材次梁上，次梁间距为 600～800mm，利用凹凸缝相互连接成为一体。

通过竹质建筑材料的竹结构实践来看，竹结构材料的结构体系可以借鉴传统的木结构形式，采用梁柱结构体系，利用金属节点连接构造，达到竹结构施工的快速装配，而且竹结构具备标准化构件装配作业的条件，工业化制作加工的特点。

（1）竹结构体系的建筑形式和使用功能与木结构体系相似，木结构体系的使用在林业资源丰富，并提倡建筑节能环保的国家和地区极其盛行，发展成熟速度也快。尤其是气候寒冷的北欧地区，木结构房屋也是主要的建筑形式。木结构在我国的应用还处于发展阶段，而竹材生长周期短，竹结构的开发利用对缓解木材紧张的局面十分有利，而且现实及长远前景十分广阔。

（2）由于竹质材料有较高的强重比，可以是钢材的3～6倍，远远高于混凝土等材料，而且竹结构比其他类型的结构重量轻；竹材变形能力极好，同时又具备极好的弹性与韧性，在经过较大荷载后的恢复也很快，残余变形量小。因此，竹结构用于抗震应该是极好的结构材料。

（3）竹结构建筑的设计和施工灵活性大，可以较快地建成与拆除，对工程技术人员要求不高，尤其适合村镇及城乡结合部的住宅建筑等结构房屋。现代竹质工程材料完全能够满足需要，使得竹结构的大规模推广使用成为现实。

3. 竹质材料应用中应重视问题

现代竹质工程材料主要是竹帘胶合板、竹材层积材、竹材重组材等品种。以上对各种材质的特点及范围进行分析，提出不同组合材料在建筑结构构件中的使用选择，同时对现代竹结构安居示范房的设计与建造实例作了浅要介绍，探讨竹结构的应用前景与展望。在今后设计施工中还要重视的问题是：

（1）竹帘胶合板的强度高，承载能力强，破坏延续时间长，其形式属于延性破坏。由于竹帘胶合板的结构特点，作为建筑结构材料可以应用在楼（地）面及墙体的结构材料，在楼（地）面的结构应用中，以正常使用极限状态控制设计结构。

（2）对于竹材层积材通常会出现底层纤维分层逐渐拉断，底部纤维斜向撕裂的破坏形式。其允许承受的设计荷载由截面刚度控制，按挠度限值(L/250) 验算的极限承载力约是按强度验算极限承载力的1/5。由于尺寸范围比较大、力学性能也高，用在建筑结构构件的梁、柱、承重墙和单向板等构件，尤其是跨度较长的梁构件。

(3) 竹材重组材力学性能稳定，离散性小且强度极好，用作承重柱受压时，在60％～70％极限荷载以下，材料处于弹性受力阶段。在弹性极限点之后，应力-应变曲线呈非线性变化，如果是竹梁，受弯时底部纤维受拉断裂，其抗弯强度较竹材层积材梁提高49％，但是截面刚度与同截面竹材层积材梁相近似。考虑到效果与价格的关系，应当是重要承重构件结构柱的首选建材，但是用于梁由于受挠度限值对设计的控制，相对于竹材层积材的优势不是很明显。

(4) 由于现代竹质材料在工程上应用的实践表明，竹质材料结构在设计与建造方面都具有十分理想的灵活性，抗震性能更加优异，完全可以替代木质结构用于各类建筑工程中。尤其重要的是，竹质建材的优势是低碳、绿色、节能、环保、减排，更是土木工程结构领域中应用材料的创新，也是适应当代社会建筑材料多样化应用范围更大化的体现。

二、建筑节能保温质量控制

1 复合节能墙体的选择与正确应用

墙体是建筑外围护结构的主体，其保温性能优劣在建筑能耗中占有很大的比例，一般达到40%左右，采用复合节能墙体材料是降低建筑能耗的有效途径。根据保温层在主体位置的不同，节能复合墙体现在一般分为外保温、内保温、夹芯保温三种结构形式。在当今的应用中，外保温复合墙体使用最多；夹芯复合保温墙体是目前推广的一种墙体保温形式；内保温复合墙体存在明显的缺点和不足，已经极少使用，并被其他结构形式所取代。

1. 墙体复合外保温

1.1 常用的结构形式

复合外保温墙体常见的构造形式，自表层向内各层的功能是：

（1）装饰面层：选择抗裂性、防水性、耐候性及透气性良好的外用涂料或饰面瓷砖。

（2）保护层：由抹面胶结砂浆和耐碱玻璃纤维网格布按顺序分别完成。

（3）保温层：选用保温隔热材料，如膨胀聚苯乙烯板、岩棉板等，其材料厚度根据当地气候环境及节能设计要求确定。

（4）粘结层：多数由成品干混胶结砂浆加水拌合而成，根据房屋高度及面层材料可以附加锚钉。

（5）结构层：主体承受上部荷载的墙体，如钢筋混凝土墙或者框架结构的不同砌块填充墙。构造如图 1 所示。

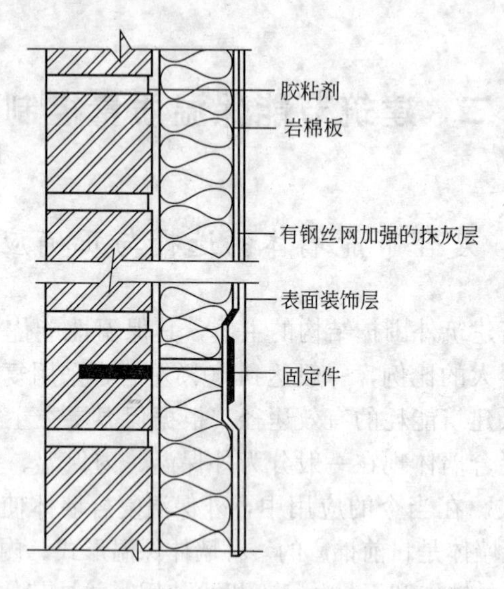

图 1　外保温复合墙体构造示意

1.2　构造的优越性

(1) 能有效地保护主体结构，可延长建筑物的使用寿命。由于保护层附着在围护主体的外侧，缓冲了因温度变化而导致结构层变形所产生的应力，减少和避免了雨雪冻融、干湿循环对结构的破坏；减少太阳紫外线及空气中有害气体的侵蚀；能够有效地减少墙体及建筑物的变形，对门窗口斜裂缝的产生有一定的减少作用。

(2) 可提高墙体的热工性能。因渗透性较大的主体结构材料处于保温层内侧，受其保护主体内部不会出现冷凝现象，因而不需要设置隔气层。因蓄热性能良好的结构层在围护体内侧，当室内受到不稳定热作用时，围护结构层可以吸收和释放热量，因而利于使室内温度较稳定。

(3) 建筑造价有所降低，加大房屋使用面积。因为外保温材料是附着在围护墙体的外侧面，其保温隔热效果优于室内保温层。据测算，在塔形建筑中平均每户可增加使用面积1.5m^2左右，按建筑面积计算售房面积，保温的费用可用增加的使用面积来抵消。

（4）便于对建筑物进行装修改造。在对既有建筑物外部进行节能改造时，室内居住及布置可以不临时搬出，正常居住。同时，也消除了热桥。

1.3　存在问题及不足

（1）施工过程有一定的难度，例如：网格布的粘贴、粘贴砂浆厚度控制及保温材料接缝处理等。高层钢筋混凝土剪力墙结构、框架填充墙结构高度大，给施工造成一定难度。

（2）保温层处理不规范会出现裂缝问题，降低保温墙体耐久性及功能。外保温墙体中因不同材料之间刚柔性质差异很大，导致不同构造层之间粘结牢固性不同，极容易产生系统的开裂。采用的不同材质之间因材料性能适应气候差别，容易出现表面龟裂、空鼓和脱开的质量问题。

1.4　应采取的改进措施

（1）加强监督管理力度，对外保温复合墙体材料及施工技术管理，要认真学习现行的标准规范，熟悉材料特点及性能作用、操作要领及方法。工序过程中对每个步骤都监管到位，实行个人、班组、专职质量检查三检制及监理到位复检，达到质量要求后，再进行下道工序施工。

（2）构造上优化设计，使刚柔材料有释放应力的空间。保温体系各相邻构造层次的弹性变形能力相匹配，逐层渐变而释放应力。依据这个设计理念，保温材料各相邻层约束和反约束能力要很小，材料的弹性模量、线膨胀系数必须相应地协调。组成墙体保温系统的各层材料应有适宜的柔性，在变形情况下能正常释放应力，并且在反复变形作用下不产生疲劳破坏。若相邻层变形能力相差较大，应当设置柔性释放应力的过渡层，例如：柔性腻子层、贴面用柔性专用砂浆层等。对用于刚性的面层材料，应设柔性分隔缝，且中间预埋有变形能力的柔性耐候胶嵌填。

(3) 严格控制进场材料质量，确保防护层抗裂质量达标。为保证抗裂保护层有适合当地气候环境的变形能力，需要对材料选择及构造措施上进行创新和试验比较，使用高分子聚合物对粘结砂浆进行多种配方试验，增强其柔韧性，将压折比降低至 3 以下。在抗裂防护层中使用传统的网格布，也可用钢丝网来分配应力，以防止应力过分集中。同时，要控制抗裂保护层厚度的均匀，避免局部过厚或太薄而产生的开裂，正常情况厚度 3～5mm 适宜。

2. 复合夹芯墙体构造

复合夹芯墙体就是把保温隔热材料置放在墙体中间，使墙体分为内外两叶片，在两叶片中间设置拉结构件，形成夹芯复合墙体。把保温隔热材料安装固定在围护外墙体的中间，利于发挥墙体材料自身的保护作用，免去外保温层、抗裂层及增强层，相对降低整体造价。

复合夹芯墙体在许多发达国家应用了多年，实践表明，节能保温效果能满足设计要求。国内自 20 世纪 90 年代开始在北方严寒地区节能保温试点住宅工程中，采取复合夹芯外墙体的应用，取得了较好的效果，已正式写入《砌体结构设计规范》GB 50003—2001 中，并将构造措施绘制在相应的国家标准图集。作为一种可应用的新型夹芯墙体，对其应用理论与实践研究并不深入，设计与构造还很不完善。

2.1 复合夹芯墙构造形式

复合夹芯外墙体的构造是由结构层(内叶墙)、保温层、保护层(外叶墙) 所组成(根据实际需要设置空气层)。现在使用的有多孔砖夹芯墙体和混凝土砌块夹芯墙体。

(1) 多孔砖夹芯墙体结构层一般是用 240mm 厚的多孔砖作为内叶墙，用 120mm 厚多孔砖作为外叶墙，起到装饰的作用，两片叶墙间按照保温材料厚度预留出空腔，进行保温材料的填充，两片叶墙间用专门拉结件或钢筋进行拉结，如图 2 所示。

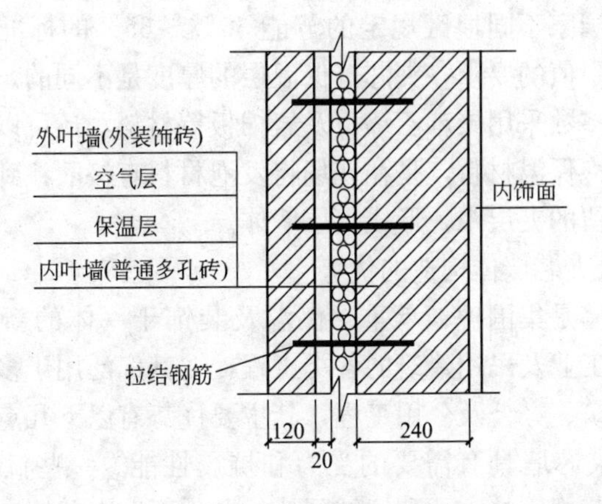

图 2　多孔砖夹芯复合墙体构造示意

（2）混凝土砌块夹芯墙体结构层是采用厚 190mm 的主砌块，保温层多采用聚苯板、岩棉板等保温用材，保温层采用厚 90mm 装饰性劈离砌块砌筑。结构层、保温层、保护层的设置方法是边砌边放置拉结筋网片或拉结钢筋，达到每 3 层牢固结合，其结构如图 3 所示。

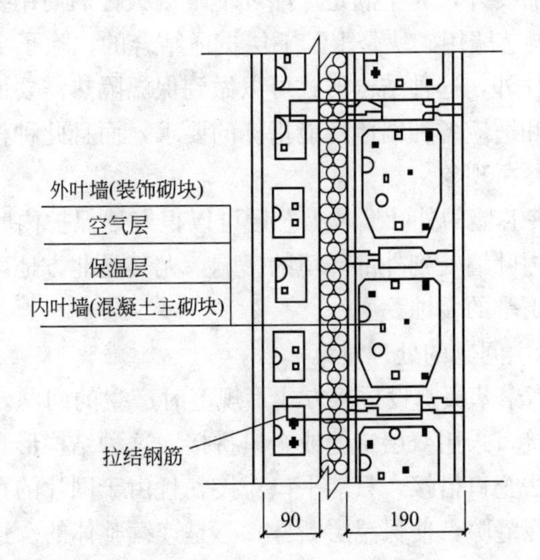

图 3　混凝土砌块夹心复合墙体构造示意

按照国家不同地区规定的节能50％～65％的标准，对外墙传热系数限值的要求，夹芯墙保温层的厚度是不同的。现在保温节能材料多数采用聚苯乙烯板及岩棉板等材料，还可以进行现浇聚氨酯发泡保温材料，是在现场将发泡材料直接灌注到内、外叶墙中间预留的夹层中，形成夹层墙体。

2.2 复合夹芯墙体构造的优势

夹芯墙是集围护、承重、保温及装饰于一体的新型复合墙体，适用工业及民用建筑的各类工程，尤其广泛用于多层及中低层住宅建筑、办公及公用工程，其主要优势有以下几点：

(1) 夹芯墙具有需要的受力和抗震性能。一些试验资料表明：在规范规定的支承和拉结网片的条件下，夹芯墙在静力荷载和模拟地震作用下，墙体的整体稳定性好，夹芯墙内、外叶墙变形协调，即使出现大震动或较大变形条件下，外叶墙也不会失稳而产生破坏。

(2) 夹芯墙的外叶墙可以按照需要由具有各种装饰功能的砌块组成，尤其是采用高强高密度的装饰劈离砌块，除了建筑美学功能上的需要外，完全满足严酷环境下耐久性的使用要求。

(3) 夹芯墙用砌块是上、下层贯通结合的，除了少数金属连接件及网片外，这种结构形式可以做到保温隔热需要而改变其厚度，满足和适应各种墙体性能指标的要求，而且此种构造不会产生热桥、冷桥现象。

(4) 夹芯墙的外叶墙及夹芯层可以很好地保护内叶墙，有效地减少了内叶墙受到外部环境的影响，尤其是北方地区冬季的冻融及南方雨季的侵蚀。

2.3 对产生问题的处理对策

(1) 当聚苯板敷设拼接方式不规范时产生的问题。如有时聚苯板竖向接口采用双层错缝或企口拼接，这种结构形式会使上下聚苯板无法企口搭接，只能平口对接，且由于网片的存在，易使接口处存在缝隙，使保温层断开，不是连续整体的。这样处理只是方便了施工，却忽视了对保温效果的影响。聚苯板竖向及水平接缝应尽量避开砌块连接，用企口拼接形式比较好。同时，应有粘结及封缝措施，用拉结筋直接穿插聚苯板后再点焊成网片，虽然麻烦但效果很好。

(2) 伸缩缝处处理不当。住宅建筑一般是两个单元需要设置一道竖向伸缩(沉降)缝，伸缩(沉降)缝四周500mm范围内塞填聚苯板或者其他柔性材料，外侧用薄钢板或铝板封口处理。在许多工程使用中，外防护封口一旦损坏或脱落，就会使该缝处保温失效，而伸缩(沉降)缝处的墙比较薄，保温性能低，造成伸缩(沉降)缝两侧房间温度降低，加大能耗损失。因此，缝内必须满填保温柔韧性材料，采取更有效的措施封缝。

(3) 热(冷)桥部位处置不当。热(冷)桥部位通常是在梁、柱、板、内外梁拉结处，尤其是夹芯墙的金属拉结连接处。在构造中常会因热(冷)桥部位比较多，考虑不周或处理措施不当，使保温材料不能有效防护而影响到该部位保温，使得热(冷)桥现象出现。

(4) 细部构造处理时忽略保温性能。在主体砌块施工过程中，经常会出现一些局部或构造上的调整，由于操作人员并不重视保温效果，在构造调整中不重视变化的影响，造成该围护结构保温性能的降低。

(5) 保温层做法过于单调。当保温层一侧设有空气层时，要把聚苯板胶粘在内叶墙上或者采用双面带棱翅的聚苯板，两侧与内外叶墙挤(撑)紧，以防止聚苯板在空腔内移位或倾斜，促使上下层聚苯板接缝缝隙的严密。在实际工程中，对这些构造往往考虑不周，施工中随意性很大，影响到保温效果；另外，在外墙转角处保温层也要加厚敷设。

2 加气混凝土在节能建筑应用需重视的问题

加气混凝土的应用发展很快，它是一种环保、节能、利废的建筑围护材料。国内在20世纪60年代引进成套生产技术和工艺，产品加工制作和应用技术得到很快提升，产品标准、应用技术、行业规程、设计标准图集得到完善，形成了规模化生产和建立健全有效的质量控制系统。到目前为止，能够满足夏热冬冷及冷热过渡地区、大部分寒冷地区建筑节能设计及应用，几乎是唯一可进行的自保温墙体材料。但是，由于施工及管理对加气混凝土性能的了解不够全面，使用过程中因配套材料的应用技术、方法不当，也产生一些质量缺陷，使加气混凝土在节能保温建筑中没有发挥应有的作用效果。

加气混凝土的应用技术涉及多个方面，如建筑、结构、热工专业领域，以下从节能角度考虑，对加气混凝土在建筑工程应用中的保温隔热、防湿技术进行分析探讨。

1. 加气混凝土的保温设计方面

1.1 热工性能的设计考虑

任何材料的应用设计是先导，在设计过程中要根据保温节能标准计算，围护结构使用加气混凝土保温隔热层的厚度时，正确确定和选择加气混凝土材料导热系数和蓄热系数的计算和取值，是非常重要的。假若计算值的选择和确定不当，将影响计算结果的正确性，使结果与实际效果产生较大偏差，或在实际工程中不能达到保温隔热和节能标准的需求。

现行的《蒸压加气混凝土应用技术规程》JGJ/T 17—2008行业标准，是根据加气混凝土制品生产标准的提高和应用中有代表性的密度等级、应用效果、灰缝厚度影响及含水率等，对加气混凝土围护结构材料热工性能有主要影响的计算参数，如导热系数和蓄热系数计算值进行补充、调整和规定，使计算结果更具实用性和可操作性，达到尽可能的准确性，更接近实际应用要求，见表1。

加气混凝土导热系数和蓄热系数计算系数设计值表　　表 1

围护结构类型		干密度 ρ_0 (kg/m^3)	理论计算值(含水<3%)		灰缝影响系数	潮湿影响系数	设计计算值	
			导热系数 λ [W/(m·K)]	蓄热系数 S_{24} [W/(m·K)]			导热系数 λ [W/(m·K)]	蓄热系数 S_{24} [W/(m·K)]
单一结构		400	0.13	2.06	1.25	—	0.16	2.58
		500	0.16	2.61	1.25	—	0.20	3.26
		600	0.19	3.01	1.25	—	0.24	3.76
复合结构	铺设在密闭屋面内	400	0.13	2.06	—	1.5	0.20	3.09
		500	0.16	2.61	—	1.5	0.24	3.92
		600	0.19	3.01	—	1.5	0.29	4.52
	浇筑在混凝土构件中	400	0.13	2.06	—	1.5	0.21	3.30
		500	0.16	2.61	—	1.5	0.26	4.18
		600	0.19	3.01	—	1.5	0.30	4.82

注：本表摘自《蒸压加气混凝土应用技术规程》JGJ/T 17—2008 标准；当用胶粘剂粘结，灰缝<3mm 时，灰缝影响系数为 1.00。

1.2 含水率对热工性能的影响

现行的《蒸压加气混凝土应用技术规程》JGJ/T 17—2008 行业标准补充的材料性能，主要是干密度为 400kg/m^3 的低密度加气混凝土，不同密度的加气混凝土计算值参照了北京地区一些企业的检测结果。同其他保温材料相同的是，生产企业送检的材料热工性能指标高于技术规程要求。因技术规程 JGJ/T 17—2008 中考虑了含水率等影响因素，其他几种不同表观密度的加气混凝土导热系数的对比见表 2。

不同表观密度的加气混凝土导热系数表　　表 2

干密度 ρ_0 (kg/m^3)	规程导热系数理论计算值(含水<3%)λ [W/(m·K)]	国家产品标准 λ [W/(m·K)] (干态)	生产企业检测导热系数 λ [W/(m·K)] (干态)
400	0.13	0.12	0.089
500	0.16	0.14	0.095
600	0.19	0.16	0.132

1.3 灰缝对热工性能的影响因素

在节能建筑工程中，影响加气混凝土保温性能的另一个主要原因是砌筑灰缝。砌筑加气混凝土砌块的砂浆都是普通水泥砂浆，灰缝厚度一般在 10～20mm，按照加气混凝土块外形 590mm×290mm 计算，单位面积墙面中灰缝的面积占 7%以上，由于导热系数是加气混凝土（干密度 500kg/m^3）的约 6 倍，会形成贯通的(冷)热桥，因而，对加气混凝土墙体的热工性能影响较大。现行的《民用建筑热工设计规范》GB 50176—93 和《蒸压加气混凝土应用技术规程》JGJ/T 17—2008 都采取了对材料导热系数进行修正的方法来减小灰缝的影响，其修正系数为 1.25。

由于加气混凝土砌体灰缝的影响对不同表观密度的加气混凝土是不同的，这与两种材料的导热系数比值相关。比值越大，则影响也越大。主要是对一些厂家生产的 400kg/m^3 加气混凝土，材料本身的热工性能提高了，但灰缝的影响也就更加明显了。要处理好灰缝对加气混凝土砌体热工性能的影响，一是要开发专门用砌筑砂浆，提高砂浆自身的保温性能，也就是降低冷(热)桥的影响；二是要提高加气混凝土产品的外形标准尺寸，控制好灰缝的厚度均匀性。

近年来，一些企业引进国外新型生产设备和技术，也有参考先进设备革新改造现在的机械设备，加工制作出外形精确度高的砌块产品，用粘结的方法砌筑墙体，灰缝厚度小于 3mm，大大减少了对墙体热工性能的影响。因此，按照 JGJ/T 17—2008 规程中规定，当加气混凝土砌块和条板之间采用胶粘剂粘结，且灰缝厚度小于 3mm 时，灰缝厚度对导热系数的影响为 1，即同样表观密度的加气混凝土若是采取粘结的方法，比采取砂浆砌筑其保温性能提高约 25%。如果从另外一方面看，采用粘结方法砌筑密度为 500kg/m^3 加气混凝土砌体，则相当于同样厚度采用砂浆砌筑的密度为 400kg/m^3 加气混凝土砌体的保温性能。因此，从提高保温效果的角度，生产企业在研发低密度加气混凝土的同时，还必须提高产品质量和工艺技术，更要提高砌块精度。

2. 加气混凝土的保温厚度设计

加气混凝土在建筑砌体应用中表现出的性能是：保温性能比较好，但隔热性却比较差，特别是屋面板采用加气混凝土板建成的顶层房间，夏季要比下层高出 3～5℃，这实际上是材料厚度不足造成的。自 20 世纪 60 年代开始应用加气混凝土，由于经济及技术条件限制，在材料的使用上以节省为主，加气混凝土主要用在外墙及屋面保温层，都比较薄。保温性能只能达到 370mm 黏土砖和传统屋面做法的基本要求，但是隔热却达不到传统材料的性能。

为了确保达到一定厚度的加气混凝土能满足北方地区的隔热需求，在 20 世纪 90 年代初由北京建筑设计研究院防火试验室对屋面及其试验房分别安装了同样密度、不同厚度的加气混凝土屋面板和墙板，进行现场热工性能测试。测试结果表明：当加气混凝土厚度达 200mm 时，加气混凝土可以达到现行的《民用建筑热工设计规范》GB 50176—93 的保温隔热要求。

现在建筑围护结构的热工设计必须满足节能设计标准的要求。以北方广大地区为例，无论是居住建筑还是公共建筑，要达到建筑围护结构节能设计标准的要求，单一的加气混凝土外墙厚度应该在 250mm，才能满足隔热的设计要求。另外，由于加气混凝土的蓄热系数比较小，表面层抵抗温度波动的能力略差，在同样的室外热波作用下，与密度较大的实心砌体相比，加气混凝土外表面温度较高，温度振幅较大，内表面温度也容易受室内温度波动的影响。

3. 加气混凝土的防潮问题

在加气混凝土的应用过程中，不但要考虑加工制作及施工过程中水分对热工性能的直接影响，在寒冷的北方地区建筑节能设计时，必须重视在使用过程中水蒸气渗漏对屋面、墙体保温性能的影响。按照 JGJ/T 17—2008 规程规定，当采用加气混凝土作为复合墙体的保温和隔热层时，加气混凝土应布置在水蒸气流出的一侧；采用加气混凝土做保温层的复合屋面或单一屋面，每 50～100m^2 应设置排湿排气孔 1 个，在单一加气混凝土屋面板的下表面宜做隔气涂层。排气孔的构造如图 1 所示。

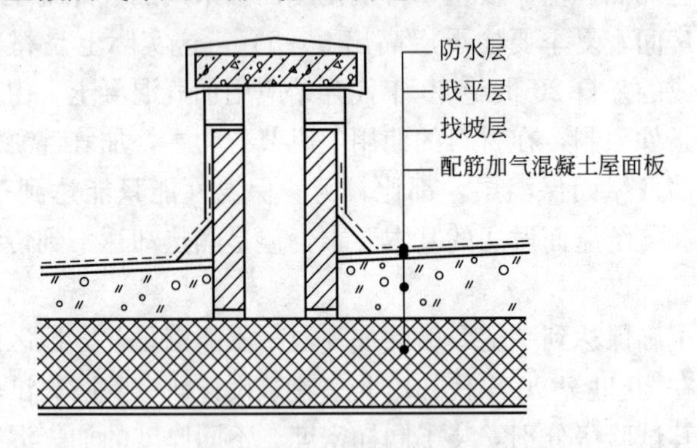

图 1　加气混凝土屋盖排湿排气孔构造

在严寒及寒冷地区的建筑设计，当单一材料不能满足节能设计标准对建筑围护结构传热系数限值要求，而采取加气混凝土和其他高效保温材料复合使用时，由于习惯采取的有机保温材料的水蒸气渗透系数比加气混凝土要小很多，水蒸气渗透性能比加气混凝土要差，并且一些产品的性能差异较大，而寒冷和寒冷地区的外围护墙及屋面保温要求高，室外环境温度却很低，要满足需要采用高效保温材料的厚度增大，在复合墙体外保温的情况下，加气混凝土和高效保温材料的界面存在内部受潮冷凝的可能性较大。因此，必须按照现行《民用建筑热工设计规范》GB 50176—93 的相关规定，进行内部受潮冷凝的计算，并对高效保温材料的渗透性能提出具体要求。

4. 加气混凝土在节能建筑中的应用

国内加气混凝土在节能建筑中的应用实例很多，现在十分普及。最早的建筑是北京加气混凝土三厂建造的一幢建筑面积 3000m^2 的 6 层住宅，屋面外墙、室内隔墙及地面均采用粉煤灰加气混凝土及粉煤灰砖。其工程做法是：山墙，用240mm厚粉煤灰砖＋150mm厚加气混凝土砌块；南北外墙，300mm密度600kg/m^{3}加气混凝土砌块；屋面，250mm加气混凝土板；外窗单框双玻，传热系数为3.32W/(m^2·K)，满足节能50%的要求。当前应用时需要重视的问题：

（1）现行的《蒸压加气混凝土应用技术规程》JGJ/T 17—2008中规定，加气混凝土在具有保温隔热和节能要求的围护结构中应用时，根据建筑物性质、地区气候条件、围护结构构造形式，合理地进行热工设计。当保温、隔热和节能设计厚度不同时，应采用其中最大厚度。加气混凝土外墙和屋面的传热系数K值和热惰性指标D值，应符合国家现行的相关节能标准的规定。热工性能参数取值按JGJ/T 17—2008取值。

（2）在寒冷及严寒、夏热冬冷地区的节能设计，对加气混凝土外墙中的钢筋混凝土梁、柱等热桥部位外侧要做保温处理。当采取保温措施后该处热阻值不小于外墙主体部位的热阻值，则可取外墙主体部位的传热系数作为外墙的传热系数；否则，应按节能设计的规定计算外墙平均传热系数。节能建筑无论是框架填充墙还是自承重结构体的外墙，均应采用加气混凝土砌块粘结的砌筑方法，以提高围护体保温性能。根据加气混凝土砌块的特性，在该地区加气混凝土砌块用于外墙和屋面时，必须重视局部受潮时冬季出现冻结的危害，做好饰面处理或憎水处理。

（3）对于砌块精度能使灰缝在5mm的加气混凝土砌块，而大于《蒸压加气混凝土应用技术规程》JGJ/T 17—2008中3mm灰缝的要求，可否考虑加气混凝土砌块导热系数提高至1.1。

（4）在寒冷及严寒地区采用加气混凝土复合高效保温材料做外墙外保温或是内保温，要进行水蒸气渗透及内部受潮冷凝的验算工作，并对高效保温材料的性能提出具体要求。

通过上述分析探讨可知，加气混凝土是一种轻质多孔、节能利废的建筑材料，性能比较稳定且表观密度轻、保温性好。已在很大程度上代替实心黏土砖，减轻了建筑物重量，提高外围护结构体的保温性，具有重要的现实意义，应在使用中不断完善技术配套措施并大力推广。同时，加气混凝土也存在着一定的缺陷或问题，主要是干湿交替环境下产生的胀裂隐患。应采取有效技术措施，克服不足，使产品能够更好地用于节能保温工程。

3 新型轻质保温砌块在建筑工程中的应用

建筑节能的基本要求是建筑物的外围护保温隔热，外围护的最主要部件是外墙及外窗。一般建筑物的外墙占建筑物总传热面积的65%以上，所造成的热量损失占建筑物总热量损失的35%左右。按照我国新建采暖居住建筑总体节能65%的要求，作为围护承重用的单一材料墙体，往往不能同时满足较高的保温隔热需求。因此，在满足建筑保温节能要求的前提下，采用复合墙体已成为当今建筑节能的普遍做法。

复合墙体近年来的普遍做法有外墙内保温和外墙外保温两种方式，两种保温方式在应用中各有所长，但在多年应用的实践中发现，外墙内保温的方式存在的缺陷比较明显：内墙保温的复合墙体饰面层容易开裂，不方便室内二次装修及吊挂饰品，占用室内空间使用面积，圈梁、过梁及构造柱等混凝土构件处则形成热(冷)桥现象，造成较大热损失；而外墙外保温系统同样存在墙表面易开裂、脱落且耐久性差、防火性差的实际，施工工艺方法繁杂和控制不易到位等。同时，还存在外墙保温材料及粘结砂浆在正常自然环境下，耐久性只有20多年的使用时间，同建筑物50～70年相比，存在严重的不同寿命，需要在使用周期内拆除废旧保温材料而重新做新保温层，拆除垃圾的污染及新做保温层的建设投资费用，会造成极大浪费，也给使用者带来诸多不便。

因此通过开发利用新型承重保温墙体材料，便于在工程材料生产源头开始，以较少的资源消耗，获得最大的减少污染及排放，实现能源资源的合理开发利用，换取生态环境的良性回报，是现今节能战略的必然选择。

1. 改性粉煤灰多孔砖

改性的粉煤灰多孔砖具有承重自保温性质、材质重量轻、强度高、韧性好的特点，通过机械冲压成型和自然养护，是替代黏土砖最具特色的新型保温墙体块材。

(1) 材料属于废物利用：改性的粉煤灰多孔砖原材料是以氯氧镁水泥为胶结材料，以Ⅱ级粉煤灰、炉渣、页岩颗粒、浮石和沸石为主材，用秸秆、稻糠、膨胀珍珠岩、聚苯颗粒等轻质材料为辅料，利用大量工业及农业废弃料加工制作，节省了资源和能源，且保护环境。

(2) 加工生产过程节能环保：自保温粉煤灰多孔砖是在改性剂的综合作用合硫酸盐的催化作用下，经过混合拌合机械冲压成型，在自然养护过程中完成改性和热固化，生产过程节能环保。多孔砖的主规格外形尺寸为240mm×115mm×90mm，孔隙率为25%以上，见图1。

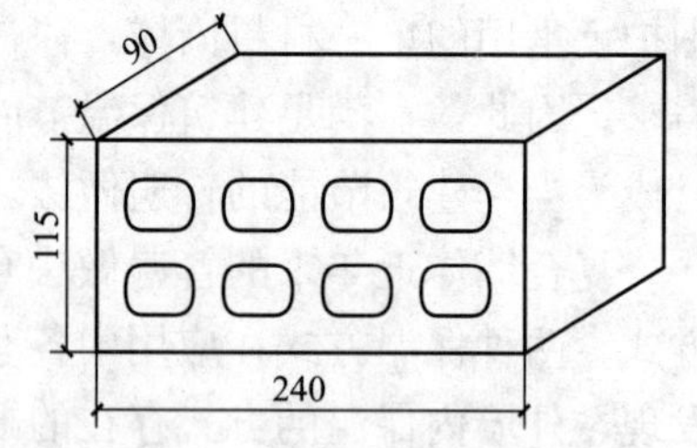

图1 主规格改性粉煤灰多孔砖的外形尺寸

(3) 粉煤灰多孔砖的物理力学性能：由于多孔砖是一种新型砌块材料，现在不可能有专门的使用标准，所以只能参照地方制定的标准，通过检测，该产品达到 MU10 的技术要求，物理力学性能指标见表1。

粉煤灰多孔砖物理力学性能表 **表1**

序号	检测项目	标准要求		实测结果	单项结果
1	抗压强度(MPa)	平均值≥10.0		10.7	合格
		标准值≥6.5		8.1	合格
2	孔洞率	≥25		25.4	合格
3	抗风化性能(%)	5h沸煮吸水率	平均值≤23	21.7	合格
			单块最大值≤25	23.6	合格
		饱和系数	平均值≤0.85	0.81	合格
			单块最大值≤0.87	0.84	合格
4	导热系数［W/(m·K)］	≤0.20		0.17	合格

通过对粉煤灰多孔砖所进行的碳化试验、耐火极限、隔声检测及耐候性试验结果表明：碳化系数达 0.9（标准规定≥0.8），耐火极限大于 4h，隔声量为 42dB，耐候性试验未产生开裂空鼓及脱落现象。各项技术指标满足地方及行业规定。在粉煤灰多孔砖的加工制作过程中，由于改性剂的作用，各种原材料改变了原有的物理性质，造成制品韧性好且强度高，可锯成需要形状，用钉钉入不崩裂，物理性能稳定，可直接在砌块表面进行各种装饰及装修。

（4）粉煤灰多孔砖砌体的性能：多孔砖砌体的性能试验主要包括砌体的抗压、抗剪和弹性模量的试验。砌块试验采用的砂浆强度等级为 M5、M7.5 和 M10 三个级别，试验按照现行《砌体基本力学性能试验方法标准》GB/T 50129—2011 的程序要求进行，试验结果应满足《砌体结构设计规范》GB 50003—2001 的要求。其物理力学性能指标见表 2。

粉煤灰多孔砖砌块物理力学性能指标　　表 2

序号	检测项目		砖 MU10，砂浆 M5		砖 MU10，砂浆 M7.5		砖 MU10，砂浆 M10	
			实测值	规范参考	实测值	规范参考	实测值	规范参考
1	抗压强度（MPa）	平均值	3.47	3.33	4.03	3.76	4.36	4.19
2	抗剪强度（MPa）	平均值	0.222	0.201	0.270	0.246	0.317	0.285
		标准差	0.039	—	0.050	—	0.066	—
		变异系数	0.177	—	0.184	—	0.209	—
3	弹性模量（MPa）	平均值	2200	1590（1060f）	2430	1790（1060f）	2660	2000（1060f）
4	砂浆同条件试块强度（MPa）		5.3		7.2		10.4	

从表 2 可以看出，改性的粉煤灰多孔砖砌体的物理力学性能优于目标 GB 50003—2001 的要求。

（5）保温砌块墙体的构造：现在一些地区使用的页岩多孔砖

墙体的保温构造处理如图 2 所示；而改性的粉煤灰多孔砖砌体的保温构造处理如图 3 所示。这样的保温构造便于在墙体上直接抹灰装饰，也可以达到良好的保温效果，可使外墙不使用其他保温块材，降低了工程费用，达到保温墙体与承重墙体形成两层皮和外保温材料的耐久性问题。

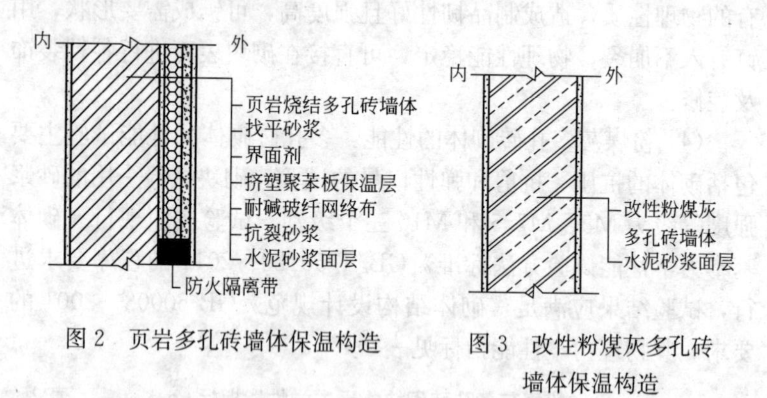

图 2 页岩多孔砖墙体保温构造

图 3 改性粉煤灰多孔砖墙体保温构造

2. 工程应用情况

某工程建筑面积 1000m²，主体结构高 11.2m，3 层混合结构。建筑外墙厚度 360mm，内隔墙 240mm。建筑平面一字形单面走廊形式，抗震设防裂度为 7 度，设计地震加速度值 0.1g，3 类场地。基础采用条形基础，砌体施工质量等级为 B 级，建筑耐火等级为二级；主体结构设计使用年限为 50 年。

砌体±0.000 以上采用 MU10 改性的粉煤灰多孔砖，M5 混合砂浆砌筑；±0.000 以下采用 MU10 改性的粉煤灰实心砖，M5 水泥砂浆砌筑。

结构设计中主要依据是：《多孔砖砌体结构技术规范》(JGJ 137—2001)、《砌体结构设计规范》(GB 50003—2001)、《建筑抗震设计规范》(GB 50011—2010)及中国建科院编制的《结构平面计算机辅助设计软件》PMCAD2008 年网络 Windows 版。结构构造措施采取在 7.5m×7.5m 大房间四角及相应部位设置构造柱，按现行设计规范要求增加圈梁，目的是试验改性的粉煤灰多孔砖砌体是否可以达到现行设计规范要求。该工程于 2008 年 10 月竣工建成。

3. 工程检验效果分析

（1）保温效果：对所建粉煤灰多孔砖建筑请有资质的检测机构于 2009 年 1 日进行实地检测。布置 3 个测温点，测试时间为 72h，实测墙体的传热系数分别为：0.43W/(m^2·K)、0.41W/(m^2·K)和 0.44W/(m^2·K)，检测结果满足节能 65%的要求。在工程建成使用至 2010 年 9 月，经过有关方面对工程外观进行全面检查，未发现墙体变形、开裂及空鼓等质量问题。

（2）经济效益：改性的粉煤灰多孔砖 85%以上的原材料是可循环再生的工业和农业固体废弃物，制作过程中免烧结且节能环保，其表现密度小于 13kN/m^3，低于其他承重砌块，使用后降低了整个建筑物重量，节省建筑费用。由于改性粉煤灰多孔砖属于自保温砌块，与建筑物同寿命，减少复合墙体保温二次装饰，为正常使用提供保证。粉煤灰多孔砖同常用的页岩砖比较，每平方米综合造价可降低 2%左右。

现在正处在城市化进程快速的发展时期，据资料介绍，建材生产过程中消耗掉的能源占全社会总能耗的 16.7%。按外墙面积与建筑面积比例 35%计算，外墙面积每年接近 2 亿 m^2。如果采用改性的粉煤灰多孔砖自保温砌块砌筑墙体，仅外墙外保温一项，全年可节省数十亿元。

综上浅述，通过实际应用及试验，改性粉煤灰多孔砖砌块具有优良的承重和自保温性能，在多层建筑中是一种较理想的砌筑材料，不仅可以有效改善建筑功能，提高工程质量和居住舒适度，更可以废物利用提高资源利用率，促进绿色环保可持续发展，实现建筑节能，促进循环经济增长。

4　聚氨酯胶浆在外保温工程中的应用

现在采用的保温隔热环保型建筑材料，主要是是以聚氨酯硬质泡沫塑料（PURF）、聚苯乙烯泡沫塑料板（EPS）、挤塑板（XPS）等轻质高分子泡沫绝热材料，广泛应用于建筑物的外围护结构的保温隔热层。我国传统的建筑主体结构以厚重为主，使用轻质高效和多孔绝热复合材料，将其形成系列化和标准化构件，组合安装在屋面及外墙面，构成保温隔热及防水外装饰于一体的外保温工程，减少和避免施工中的湿作业，形成综合的施工体系，便于建筑施工的快速和既有工程的节能改造。

现在的外保温材料粘结方法中，多使用水性聚合物散体改性水泥和水泥砂浆作为粘结和抹面处理。这种改性粘结和水泥砂浆抹面材料是20世纪90年代从国外引进的技术体系，即行业标准《外墙外保温工程技术规程》JGJ 144—2004中推荐的EPS板薄抹灰外墙外保温系统专用配套材料。自引进的这些年中，被作为主流材料推广使用，但在一些工程中也发生了保温层脱落、墙面开裂及墙体渗水等工程质量问题。

我们知道，液态胶粘剂对被粘基材表面的润湿是形成粘结力的条件，浸渍越充分，粘结力越好。由于水具有相当高的表面张力，而属低表面能的EPS板具有低表面张力物质，表面不能被以水为载体的水性胶液浸润，因而难以产生化学粘力。如在EPS板薄抹灰外墙外保温系统中，由于粘结材料的不匹配套，对EPS板用以粘结的面积仅有40%左右，造成对墙体的粘结力学性能极限从≥0.1MPa下降至0.04MPa，大幅度降低保温层与基体的粘结力，甚至会造成大面积的空鼓隐患。可以看出，水性聚合物分散体改性水泥和水泥砂浆，对高分子保温材料存在明显的不相容性，是不理想的匹配材料。

聚氨酯硬质泡沫塑料（PURF）、挤塑板（XPS）具有比聚苯乙烯泡沫塑料板（EPS）更好的保温效果，国家标准《硬泡聚氨酯保温防水工程技术规范》GB 50404—2007 已实施，保温材料粘结和抹灰层仍然采用了 EPS 薄抹灰规定。挤塑板(XPS)在目前来看是比较好的保温材料，因硬度高，表面密度大而影响了外保温的使用。因 PURF、XPS 具有更好的性能，其粘结力明显高于 EPS 板，可以利用材料自身的优势，研发更加匹配的界面粘结材料，提升结构的围护层稳定性。盲目使用不相匹配的界面胶粘剂，则失去同聚氨酯硬质泡沫塑料和挤塑板材料的优势，降低安全稳定性。

1. 聚氨酯界面粘结材料

1.1 材料性能

聚氨酯界面粘结胶料(PUA-Ⅱ)属于无溶剂双组分反应固化型厚质胶粘剂，可在接触压力下室温固化获得需要的粘结强度，可以微发泡且有膨胀性，不会因渗透溶蚀原因造成被粘泡沫材料的性能变化，固结时间可以调整，用于 PURF、XPS 和 EPS 板泡沫保温板材料与水泥砂浆、砂、石、木材、陶瓷、钢材等建筑材料的界面粘结，性能见表 1。

聚氨酯界面粘结胶料(PUA-Ⅱ)性能　　表 1

性能及项目	状态及指标
A 组分(羟基组分)	均匀无结块状物质
B 组分(固化剂)	棕褐色液体
AB 组分配合比(质量比)	A：B=100：20
胶浆(PUA-Ⅱ)容器中状态	均匀无结块状物质
施工性能	涂抹方便
适用时间(min)	＜60
不粘时间(h)	＜4
涂层干密度(kg/m³)	800～900
柔韧性	1mm 厚膜条绕 5mm 棒不断裂
浸水试验(浸泡 170h)	无裂纹，起泡，剥落等现象

续表

性能及项目	状态及指标
吸水率(%)	0
拉伸粘结强度(与水泥砂浆)/(MPa)	标准状态≥0.70 浸水后≥0.5
拉伸粘结强度(与 PURF)/(MPa)	标准状态≥0.2 破坏界面在 PURF 层; 浸水后≥0.2 且破坏界面在 PURF 层
拉伸粘结强度(与 XPS)/(MPa)	标准状态≥0.25 破坏界面在 XPS 层; 浸水后≥0.25 且破坏界面在 XPS 层
拉伸粘结强度(与 EPS)/(MPa)	标准状态≥0.1 破坏界面在 EPS 层; 浸水后≥0.1 且破坏界面在 EPS 层

1.2 粘结强度拉伸测试

膨胀泡沫保温板材的粘结部位处于建筑外墙竖向的表面，用于粘结板材的胶液最重要的是其粘结的牢固性，即粘结胶浆对保温板材的粘结强度大于保温板材自身的抗拉强度。现在用量最多的 PURF、XPS 和 EPS 板和粘结胶料 PUA-Ⅱ属于同质材料，材料之间的表面张力相近，也具有一定匹配适应性。为检验对表面较低 XPS 和 EPS 板的粘结性能，参照现行《外墙外保温专用砂浆技术要求》DB31/T 366—2006 规定，选择当地最常用的 XPS 和 EPS 板，由有资质的检测机构进行拉拔试验。经过拉拔试验结果表明：粘结胶料 PUA-Ⅱ同 XPS 和 EPS 板的界面粘结，是以 XPS 和 EPS 板的深层锥形破坏为结果。表明了粘结胶料 PUA-Ⅱ有很强的粘结性能。

据一些应用表明，水性聚合物改性专用粘结材料对 EPS 板的粘结强度来自两个方面：一是聚合物膜对 EPS 板及砂浆界面处的收缩力产生的结合力；另一个是砂浆嵌入 EPS 板干硬以后产生的机械咬合力。可以看出，机械咬合力的产生与 EPS 板形成的颗粒状态相关，颗粒间边界明显结构疏松的板，咬合力明显大于颗粒紧密颗粒间界面不明显的板。由此可以说明：改性专用砂浆对 PURF 喷涂中形成的不平整，而表面的光滑和高硬度表面致密的 XPS 板的粘结力，只依靠聚合物膜收缩力产生的结合力，只是一种表面黏附，难以产生更强的粘结力。

对于界面剂的使用，为了增加改性专用砂浆对膨胀保温材料的粘结力，施工前一般都要在板表面抹一道界面处理剂。现在使用的界面剂，多数是采用水性聚合物分散体作为改性剂，其原理与抹面专用砂浆相似。如用丙烯酸乳液作为胶粘剂，对保温板表面的粘结仍然是聚合物膜收缩产生的结合力作用。

2. 聚氨酯界面粘结胶料的应用

2.1 连接层的机理

用膨胀聚苯板为芯层，玻璃纤维网格布为增强层，按一次涂抹 PUA-Ⅱ胶料需要，把 A、B 组分按规定比例充分搅拌，形成均匀浆状 PUA-Ⅱ，随即用金属或塑料刮板把浆料均匀涂抹在玻纤布板表面，涂抹厚度为 1mm 左右，并撒上一层干净的硅砂轻轻压紧，待胶浆干燥后除去表面浮砂，即形成界面连接层。

界面连接层作为保温层的增强保护层，根据《建筑外墙外保温技术导则》要求，外保温系统中抗冲击要求，首层墙体应符合 10J 级，二层以上为 3J。聚氨酯是处于硬塑料和软橡胶之间的一种材料，即在高强度和高硬度下有良好的韧性，利于玻纤网格布和砂粒层的粘结固定，增强了砂粒的粘结面积和粘结强度，其抗冲击性能是可以达到首层墙体 10J 的等级规定。

2.2 多功能复合板

制作具有保温隔热、防水和外饰面层为一体的多功能复合板，可在复合层的界面连接层砂粒面实施多种外饰面层工艺，具体工艺是：界面连接层砂粒层用柔性水泥基材料和腻子找抹平，再进行饰面层施工；采用彩砂代替硅砂形成界面连接层砂面，并在砂面喷涂透明罩面漆，形成类似真石漆墙外饰面；用聚氨酯界面粘结胶料（PUA-Ⅱ）在制作的复合板表面粘结薄型柔性复合装饰板、彩钢板等材料，构成仿幕墙饰面。

制作的复合层及多功能复合板具有质轻及结构层的稳定，以涂料为外饰面层的 22mm 厚度复合板，面密度只有 4kg/m²，在上墙粘贴和工程安全有保证。为了墙体阴阳角、檐口部位的施工需要，在现场根据需要将板切割成各种形状尺寸，在切割面刮胶粘砂后静置 4h 即可使用。预制的复合层及多功能复合板的构造如图 1 及图 2 所示。

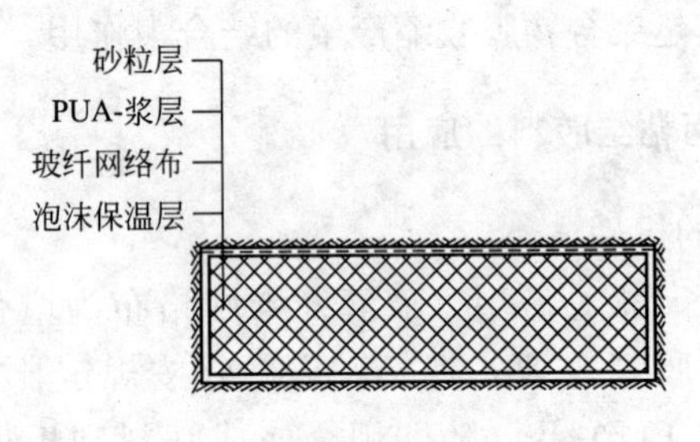

图 1　预制复合层的构造

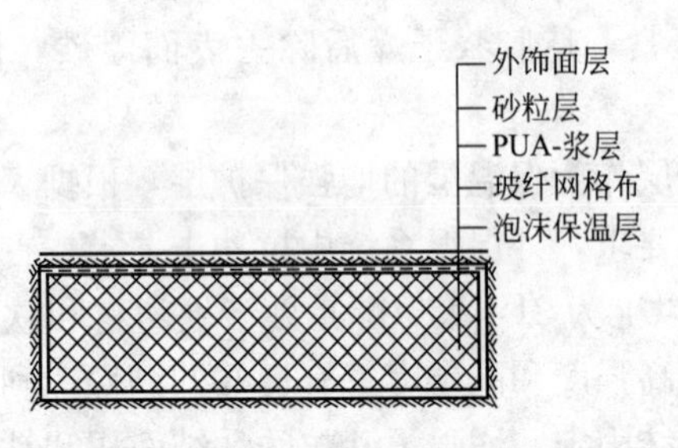

图 2　多功能预制复合板的构造

2.3 外墙外保温施工

制作的复合层及多功能复合板，可以根据施工需要分别选择，作为保温隔热工程的半成品件，以选择多功能复合板为例，其施工方法为：采用粘贴墙体面砖的薄层粘贴方法，把瓷砖胶粘剂或者纯水泥浆用刮刀直接刮到墙基面找平层上，再将多功能复合板按照需要基准粘贴上墙，经配套的专用密封胶按习惯做法嵌缝，即可完成具有保温隔热、防水及外装饰为一体的外保温工程。如果采用预制复合层，预制复合层粘贴上墙后，在其界面连接层砂面，现场再做外饰面施工。

聚氨酯界面粘结胶料(PUA-Ⅱ)材料对于膨胀聚苯乙烯泡沫板，特别是对低表面能的EPS和XPS板具有良好的相容性和粘结性能，能与泡沫保温层相匹配，构成一种制作简便的界面粘结处理材料，简化了结构及施工工艺，为外围护结构层的稳定提供了可靠的保证。

5 聚苯颗粒保温砂浆上粘贴瓷砖的施工质量控制

采用聚苯颗粒外墙外保温技术不仅可以解决保温浆料在抹灰施工中，保温效果不稳定、一次抹灰厚度太薄的问题，还有效解决了外墙保温层易出现的空鼓、开裂问题。现在，许多建筑物外立面粘贴了瓷砖，从外观上提高了建筑物立体效果，对于聚苯颗粒外墙外保温的技术不仅保温层施工十分关键，而且镶贴面砖质量不容忽视。

1. 材料要求

1.1 胶粉颗粒保温浆料

现在使用的胶粉颗粒保温浆料是一种聚合物干混料，在施工现场与聚苯颗粒加水拌合，成为聚合物聚苯颗粒浆料，用于保温层。其材料的主要技术性能指标见表1。

胶粉颗粒保温浆料技术性能指标 **表1**

检验项目	单位	规定标准值
干表观密度	kg/m^3	180～250
湿表观密度	kg/m^3	≤420
导热系数	W/(m·K)	≤0.06
抗压强度	(标养28d)/kPa	≥200
压剪粘结强度	(标养28d)/kPa	≥50

1.2 聚苯颗粒

作为外保温的轻骨料聚苯颗粒，是主要保温材料，它的表观密度＞12.0kg/m^3，细度是95%要通过5mm筛孔属于合格。

1.3 镀锌钢丝网

将镀锌钢丝网抹压在砂浆层中，主要是加强抹灰层的整体性及强度，更重要的是防止裂缝的产生及扩大，抗裂作用更加显著。抹灰层用镀锌钢丝表面经过镀锌处理，具有良好的耐腐蚀性。当采用瓷砖饰面时，在保温层与防裂层之间设置直径0.8mm、孔径为15mm×15mm的镀锌钢丝网一道。

1.4 抗裂抹灰砂浆

面层使用的抗裂砂浆是由专用抗裂胶和干混料混合拌制而成，内置镀锌钢丝网片，使其形成耐裂抗渗防水的保护层。抗裂保护砂浆的性能要求是：与聚苯板粘结拉伸强度>0.1MPa；柔韧性压折比≤3.0；抗压强度≥8MPa；表面吸水率≤500g/m^2，抗冻性良好，表面无裂缝、空鼓、起泡和剥离现象。

1.5 瓷面砖质量要求

使用的瓷面砖必须按设计要求采购，要求有出厂合格证及检验报告，色泽均匀一致，外观及规格误差在允许范围内，无翘曲变形及缺棱少角现象，吸水率满足设计要求等。

2. 施工工艺及施工过程质量控制

2.1 施工工具

多功能强制式搅拌机，磨边机，切割机，弹线盒，铲刀，阴阳角抿子，2m长直尺，浆桶，抹子，砂纸；劳动保护用品等。

2.2 施工工艺流程

材料准备—基层处理—弹线—做灰饼—冲筋(抹聚苯颗粒保温砂浆，3d后检查垂直平整度)—铺设镀锌钢丝网—抹抗裂砂浆—养护—饰面瓷砖镶贴—检查整改—交验。

2.3 施工过程质量控制

(1) 基层墙体的处理：基层墙体表面必须坚实、平整，不得有脱模剂、油污、浮灰等活染现象。对表面凸起部分可用角磨机打磨，局部松动及风化处冲洗干净用水泥砂浆找平；剪力墙上螺栓眼用掺有膨胀剂的水泥砂浆填平，基层表面必须浇水湿润，干燥表面不能进行镶贴施工。

(2) 墙面弹线：做法为弹线前认真复核墙面尺寸及材料的要求，查明基层结构墙体的结构及沉降缝，墙体凸出部位标注清楚。还要弹出首层勒脚、散水标高线和伸缩缝准确位置。

(3) 外墙面的处理：要将外门窗框安装完毕，洞口与框体缝隙密封严实，经过相应检查验收，并对框体表面进行保护；如进室内各种管线、屋面外排水管在墙面安装固定好；基层表面、外墙四大角及洞口处表面平整度、垂直度都应满足相关施工及质量验收规范的要求。

(4) 墙面毛化处理：处理采用掺入108胶的普通42.5水泥浆喷甩表面，养护不少于48h，有一定强度时再进入下道施工。对于施工作业的环境要求风力小于5级，气温在5℃以上，在无雨的情况下作业。

(5) 冲筋：用聚苯颗粒保温浆料做标准厚度筋，主要控制垂直、平整、套方，通线找规矩。

(6) 配置保温浆料：保温浆料配置的比例一般是保温浆粉：聚苯颗粒：水的重量比为50∶2∶20。其配置程序是先将水倒入砂浆搅拌机中，再倒入保温胶粉搅拌，拌合约10min至水泥成均匀黏稠状时再将聚苯颗粒倒入，搅拌使水泥浆与颗粒成均匀的浆时即可以使用。拌好的浆一般在3h内用完，否则会降低粘结及保温效果。当抹后手按表面有一定强度后，再进行抗裂保护层施工。

(7) 铺设镀锌钢丝网：要按照墙面需要提前裁剪好镀锌钢丝网片，按纬向裁剪并预留搭接长度，把网片沿水平方向或垂直方向用U形钢丝扣和锚固件固定压平，使其紧贴颗粒浆料层，再抹聚合物浆料。钢丝网片搭接时，横向、竖向均不应小于60mm。

(8) 安装锚固件：在抹好的发泡聚苯砂浆层上用冲击钻打孔，锚固件要保证进入基体30mm以上。外保温锚固件安装间距，竖向及水平方向各为500mm。用直径8mm聚乙烯捧、长100mm镀锌螺栓，直径50mm塑料垫板将镀锌钢丝网片固定墙上，镀锌螺栓拧至同聚苯砂浆表面平齐。

(9) 抗裂砂浆配制及施工控制：面层用抗裂砂浆是配置好的干粉浆料，只要加入量合适，用水强力搅拌均匀即可使用，拌合料必须在2h内用完。抹灰时，在已完成的聚苯砂浆层表面干燥后，再抹聚合物抗裂砂浆，以覆盖住镀锌螺栓表面，抹平压密实。尤其重视洞口及凸出物细部的收口处理质量。

(10) 饰面砖的镶贴质量控制：

1) 对饰面瓷砖进行优化设计，明确细部节点构造，按不同基层条件做出样板；当排砖原则制定后，现场实际测量基层结构尺寸，综合衡量找平层及粘结层的厚度，进行排砖设计。还要做出镶贴样板及强度试验，经过各有关方认可后，再进行大面积瓷砖施工。

2) 分格弹线，在抗裂砂浆层检查合格后再进行分段分格弹线，进行粘贴控制工作。主要是控制瓷砖的出墙高度、垂直度及平整度。重视立面的控制线应一次弹完，每个镶贴面的阴阳角、门窗洞口、附壁柱面砖整体质量符合设计要求。

3) 排砖：排砖基本的要求是阴阳角、窗洞口、大墙面、通高柱垛等构造部位都要求是整砖，将无法处理的非整砖贴在不明显处，且不能小于1/2整砖；墙面阳角两侧接触边磨成45°对接；横缝要求同窗台平齐，一般是从窗框向下返90mm；变形缝处宜留出缝宽再从缝两侧分别排砖；窗台洞口上要贴成鹰嘴形式，便于排水。

4) 贴砖：正式贴面砖前，对砖进行挑选并浸水处理。如果面砖吸水率小于0.5%，可以不浸水；如浸水，用前要表面晾干再镶贴。对镶贴基层表面要充分湿润，砂浆必须要水泥：砂＝1：1并在水中掺不小于15%的108建筑胶，施工顺序应自上而下挂线进行。其操作方法是：先固定好靠尺贴最下一皮砖，贴固定位置后，用灰铲敲打使砖面附线，轻敲使面砖平顺、垂直后固定；用开刀调整竖缝，用小杠杆调整平整度和垂直度，用直尺随时调整方正。对墙面洞口及凸出物件要用整砖套割再镶贴。瓷砖背面砂浆要饱满，中部抹灰高于四周，敲打砖面挤出余浆，待砖位置固定再剔除余浆，粘结层砂浆厚度以3～5mm为宜。

5) 砖勾缝：勾缝时间是在面砖镶贴检查合格后进行。粘结层终凝后，按照样板墙确认的勾缝材料、缝宽及深度、勾缝形式及颜色进行控制。勾缝顺序是：先勾水平缝，再勾竖向缝，在纵横交接段要过渡自然、顺直，不要有明显痕迹显露。砖缝要求在一个水平面上，缝表面应低于砖面 2～3mm，连接平直、通顺，深浅一致且表面光滑。勾完缝后立即用棉纱将表面擦拭干净，并对墙大面进行检查，确保整个大面整体无缺陷、细部构造合理的立体效果。

3. 质量标准及其检验

3.1 主控项目标准要求

(1)所用材料的品种、质量及性能，应符合相应标准要求；(2)保温层厚度及构造做法应符合建筑节能设计要求，保温层厚度均匀且不允许有负偏差；(3)保温层与墙体及其构造层之间必须粘结牢固，无脱层、裂缝、空鼓现象，面层无粉化、起壳及爆灰开裂现象；(4)饰面砖粘贴必须牢固、无空鼓、无色差。

3.2 一般项目标准要求

(1)表面平整、干净，接槎平顺，无明显抹纹；线角、伸缩缝平顺，清晰；(2)墙面所有门窗洞口、槽盒、孔洞位置尺寸准确，表面洁净、整齐，管道后面抹灰平整到位。

外墙保温系统允许偏差及检查方法如表 2 所示。

外墙保温系统允许偏差及检查方法表　　表 2

次序	检查内容	允许偏差值(mm)	检查方法
1	立面垂直	5	用 2m 长托线板检查
2	表面平整	4	用 2m 长直尺及塞尺检查
3	阴阳角垂直	4	用 2m 长托线板检查
4	阴阳角方正	4	用专用角尺检查
5	分格条(缝) 平直	3	用 10m 长线检查
6	竖向总高垂直度	H/1000 且不大于 20	经纬仪，垂球吊线检查
7	上下窗口左右位移	不大于 20	经纬仪，垂球吊线检查
8	同层窗口上下偏移	不大于 20	经纬仪，拉通长线检查

续表

次序	检查内容	允许偏差值(mm)	检查方法
9	保温层厚度	不允许负偏差	用探针．钢尺检查
10	面砖垂直度、平整度、阴阳角方正	不大于3	用2m长直尺及角尺检查
11	接缝直线度、高低差、接缝宽度偏差	1	用2 m长直尺及塞尺检查

4. 质量保证措施

4.1 基础工作要扎实

(1) 认真领会施工图的设计意图及重点要求，严格按照现行设计要求及施工质量验收规范规定，结合工程实际编写的施工组织设计组织施工；

(2) 对全体员工进行质量意识教育，进行技术交底和操作示范，牢固树立质量是企业的生命思想，为用户服务是根本；

(3) 按照ISO 9000体系运行文件要求，建立质量保证体系，设立专职质检员和成品保护制度，建立岗位责任制，根据工程特点制定工程重点控制点等。

4.2 材料进场检查要求

(1)对所有进场的原材料、半成品、成品及设备使用材料，按规定进行外观及抽样送检，开箱设备要求有各方人员参加并做好记录；(2)各种材料必须有生产许可证、产品合格证、检验试验报告等；(3)对不符合质量要求的材料拒收，已进场抽检不合格的，坚决清理出场。

4.3 过程检验及其规定

(1) 按照验收规范规定，每个分项开工前对操作人员进行技术交底，包括工艺标准、操作技术、质量要求。

(2) 对各个验收批实行“三检制”，切实加强施工班组的自检和互检工作，设立专职质检员，督促班组自检整改工作。

(3) 分项工程完成后，施工单位组织自检和工序的交接检查，不合格的分项或工序，在返修合格的基础上再进行下道工序施工。

(4) 质检人员必须严格控制施工过程中的质量，严把过程中的操作质量，不得隐瞒过程中的质量缺陷，及时整改，达到无质量隐患的存在。

4.4 质量检验评定及工程资料

(1) 分项工程质量评定必须按验收标准进行，由施工单位组织自检评定，报总包方质检部门核定，主要分部由公司级质检部门核定。

(2) 质量保证资料由施工方填写，整理上报；质量保证资料必须与工程同步进行，不允许后补；资料要真实、齐全、完整，表格规范、统一，按现行评定标准执行。

通过上述技术措施的实施，该施工技术扩大了建筑物使用面积，用废弃聚苯颗粒用作主体保温材料，利于环境保护和节能，综合造价较聚苯板降低费用15%～20%，社会经济效益明显。

6 夏热冬冷过渡地区建筑外墙材的选择应用

长江流域中下游是我国夏热冬冷地区的过渡地带。在过去的多年中，该地区的居民一般不设采暖空调设备，室内夏季炎热、冬季阴冷潮湿。随着经济的发展和人们生活水平的提高，许多居民自行安装采暖及空调设备。由于缺乏科学、合理的设计和相适应的配套措施，造成该地区冬季室内采暖、夏季使用空调能耗的用量长年都很高，其单位面积的能耗比寒冷地区还要高，能耗的浪费巨大。因此，对于夏热冬冷的缓冲过渡地带的传统建筑必须彻底对结构构造对技术改造，才能适应建筑保温节能的大环境。而建筑外围护的结构构造材料，墙体所占比重最大，建筑物外墙传热面积要占整个建筑物外围护总面积的65%以上，通过外墙传热所造成的能耗损失，占整个建筑物外围护结构总能耗损失的约50%。对于如此高能耗的建筑物外围护结构件，节能设计及材料选择的重要性是十分明显的，也是达到建筑保温节能最重要的关键因素。

1. 使用的传统围护材料

长期以来，这些夏热冬冷的过渡地带建筑物外墙，一般使用实心黏土砖砌筑成一砖长240mm厚度，内外各抹15～20mm厚混合砂浆，其传热系数约为1.87W/(m^2·K)。实心黏土砖在全国的应用极其广泛，该地区也不例外。由于实心黏土砖浪费土地资源且污染环境，造成大量能源的浪费，国家已在20世纪90年代开始逐渐淘汰使用黏土砖，取得了巨大的社会效益和经济效益。现在，在全国范围内已基本取消了实心黏土砖的生产和使用，大力推进墙体材料革新和使用节能墙体材料，新型墙体材料的发展重点在推广承重和保温的混凝土空心砌块、加气混凝土空心砌块、粉煤灰砌块、高孔洞率空心砖、外墙复合板材、多孔条板及其他轻质板材等。同时，利用各类工业废渣和非黏土资源，加工制作强度等级比较高的粉煤灰烧结砖、煤矸石砖、页岩砖及不同类型的空心砖。

2. 现在采用的墙体材料

目前，常采用的新型墙体材料主要是用混凝土材料（砂、石）、粘贴料水泥、粉煤灰、煤矸石等工业废料和生活垃圾生产的建筑砌块及板材。事实上，新型建材早在20世纪50年代已开始使用，建筑砌块在国外发达国家普遍使用；而建筑板材在20世纪90年代的日本就占到墙材总量的60%以上。因为国内使用量不大也不普及，现在仍然称为新型墙体材料。

常用的新型墙体材料按原料区分为：混凝土、石膏、水泥和灰砂产品，如混凝土砌块、石膏砌块、灰砂加气砌块、灰砂砖、石膏板、水泥纤维板等；按产品的外部形状分为：块状、复合板、单板、整体式墙体、灰砂砖及烧结制品、石膏砌块及轻质墙板等。目前，这些地区使用最多的是黏土多孔砖、混凝土小型空心砌块、加气混凝土制品、加气粉煤灰砌块等几个品种。

（1）黏土多孔砖除和普通混凝土砖一样有较高的抗压强度、耐腐蚀性能及耐久性外，同时具有密度轻且保温性能好的优点。现在使用最多的是工业及民用建筑的承重墙体，但是黏土仍然需要消耗黏土资源，应用前景有限。

（2）混凝土小型空心砌块主要是用在填充墙体上、框架及框架填充墙和建筑物内部的分隔墙工程中。现在，混凝土空心砌块使用体系包括封底多排孔混凝土砌块构造柱体系、混凝土小型空心砌块配筋砌体体系、混凝土模卡空心砌块建筑体系及混凝土现浇墙体系。封底多排孔混凝土砌块是指砌块的铺浆面封底不空透，并具有错位排列的双排孔以上的混凝土砌块，属于节省土地利废并满足建筑需要的墙体材料，现在的使用量最大也广泛。

（3）加气混凝土砌块因墙体自身的热阻和热惰性较高，不需要再在其外侧或内侧复合保温层，属于混凝土自保温墙体技术。自保温技术是一种依靠墙体材料自身的热阻满足传热系数和热惰性指标要求的应用技术。由于该材料墙体具有较小的导热系数，相对于保温材料却具有良好的蓄热系数。当达到一定厚度后，其单一材料外墙的平均热传系数和热惰性指标，都可以满足外墙节能的规定指标，因此，是一种较适宜长江流域过渡地区的节能保温墙材，已被广大地区用于各类建筑工程中。

（4）加气粉煤灰砌块是以粉煤灰为主生产的砌块，是生产混凝土砌块用量最大的矿物掺合料。一般情况下，掺粉煤灰的混凝土砌块，28d 前的强度低于基准混凝土砌块，而 90d 以后的强度与基准混凝土砌块相同。粉煤灰选择用Ⅰ级较好，掺用量一般不超过水泥用量的 25%，砌块水泥不宜用火山灰质硅酸盐。考虑到砌块的其他技术指标，普通砌块的粉煤灰用量宜控制在水泥用量的 50%以内。

随着国家加大对建筑节能政策的执行，新型墙材越来越多地应用到各类工程中。在许多多高层住宅外围护工程中。墙体材料全部都采用新型材料。外墙采用 290mm 厚轻集料混凝土砌块和蒸压加气混凝土砌块，节省了外保温材料及工序；而内墙使用 200mm 厚混凝土多孔砖砌筑，与传统墙体相比，既节约土地资源，又较好地利用工业废弃物，最主要的是满足节能要求。

3. 存在的问题

虽然新型墙材代替传统实心黏土砖是社会进步、墙材革新节能的大趋势，但是新型墙材存在的一些先天不足也影响了其推广使用，这些制约因素主要表现在以下方面。

（1）新型墙体材料在价格上略高，无优势，现在市场上使用的新型墙体材料一般比普通实心黏土砖价格要高，尽管从长期使用综合成本看是不高，因使用过程通过节能间接降低造价，但使用者看不到隐性长久效果。在一定程度上，价格因素成为新型墙材的主要因素，也是推广滞后的重要原因。

（2）新型墙体材料的施工由于材质的问题，较传统材料有些复杂。一些新型砌块由于性能方面达不到普通墙材的标准，需要采取配套措施。如小型空心砌块要用专门配制砂浆，灰砂砖和粉煤灰砌块表面的抹灰粘结性能差，空鼓，开裂严重，质量控制难度较大。由于施工难度及质量缺陷较多，影响了新型墙体材料的诸多优势。而业主及施工人员在选用新型墙体材料时，最关注的是施工操作方便，很少考虑新型墙材的功能上的优越性，这也是导致新型墙材砌块不容易被接受和广泛使用的因素。

(3) 新型墙材砌块自身功能的不足。多数新型墙材砌块在强度、渗漏水及施工操作方面，低于传统的实心黏土砖及其制品，因此，一些地区在近年来仍然在外墙使用实心黏土砖、内隔墙少量使用新型墙材。这样做既浪费国家资源又不符合国家政策，也是推广使用过程存在的主要问题。

4. 新型墙材发展面临的机遇和挑战

从这些年的工程应用分析，新型墙材的生产和使用占墙材总需要量的80%以上，大中城市达到95%以上墙体采用新型墙体材料。但发展并不平衡，一些地区的使用量仅占60%左右或更低，生产水平偏低，处于发展阶段，难以满足建筑市场节能的需求，面临的机遇和挑战并存，需要加大力度达到国家规定的节能目标。

(1) 扩大技术创新，提高产品质量档次。主要是根据国情围绕环保、节能、节土利废和高质量低能耗的新型墙材，开发和应用消化煤矸石，加大粉煤灰在砌块中的掺量，提高优化工艺和更新设备，加工制作各种承重混凝土空心砌块、非承重轻集料混凝土空心砌块，结合地区特点推广应用多孔砖。使结构和承重混凝土空心砌块结构、隐形框架、轻型节能建筑结构、多功能混凝土砌块建筑结构，实现新型墙材创新利用的技术产业化。同时，要解决新型墙材砖、块、板大类中主导产品技术难点，如空心砖重点是废渣的高用量、高保温性及抗压强度；而砌块重点是双排孔及多排孔外墙保温隔热砌块，处理好热、裂、漏的难点。

(2) 产品结构的合理性。用黏土作为原料的产品应大幅度减少，向空心化和装配化、装饰化发展，重点开发高孔洞率、保温性能好、高掺量且高强度的空心多孔砖作为主导产品；石膏制品以高抗拉纸质为面，产品生产速度较快；而使用量最大的砌块向系列化方向迈进，材质向以混凝土砌块为主导的空心化发展；装饰用砌块易施工操作；多功能、质量好的也需要加快步伐；绿色建筑和节约型社会迫切需要重量轻、强度高、保温性能好的功能性复合墙材。

(3) 引进研发多种制砖技术。由于新型墙体材料在国外使用的比较早，引进外国先进设备及技术结合国内现有设备实际，革新改进生产设备，用不同品种水泥、粉煤灰、煤矸石、水泥、粉煤灰、建筑垃圾、各种色料制作混凝土轻型砌块、轻质集料混凝土彩色地面砖、植草砖块材，制定更加集规范化、标准化、系列化、装饰化为一体的生产线，使建筑墙体及地面块材向多品种、自动化及规模化发展。

(4) 市场需求前景。现在，长江流域夏热冬冷地区的广大过渡地带，各地正在认真推广使用新型墙体材料与节能建筑，凡是国家财政补贴的行政机构、公共建筑、经济适用房及示范建设小区，国家投资的生产型大中型项目，都在执行国家及省市节能设计标准，选择及采用新型墙体材料，正在执行强制性环保节能建筑，提高新型墙材生产应用的比例，节能建筑面积比例逐年增加。至今，新型墙材总量的比重达到 65%以上，建筑应用比例达到 70%以上。巨大的建筑市场给建筑新型墙体材料提供发展机遇，同时也面临新的挑战。

综观世界各国，对绿色和环保都十分关注，因此，发展新型墙体材料是建筑节能的紧迫任务。所有建筑工程中，房屋的建筑墙体材料占 70%左右，住宅能耗已占总能耗的 39%，建筑节能是降低能耗的重要环节，大力发展节能利废材料的开发利用是建筑节能的关键。

7 现有工业建筑节能改造质量提升技术

现有工业建筑大部分围护结构的保温及隔热性能都比较差，门窗洞口面积相对较大，且门窗材质较少考虑保温隔热和防止冷（热）桥的处理。如果不加以改造，为满足在冬季严寒地区的生产操作人员舒适度，浪费能源的问题会一直延续下去。对此，必须进行对现有工业厂房的节能改造和环境的提升。针对工业建筑的改造和功能提升，本文从以下几个方面分析节能改造的相关技术措施。

1. 室外生态环境的改造和修复

在城市的发展进程中，工业建筑场地是依据生产厂的工艺流程和交通状况综合布置的。场地周边一般主要是交通方便，但是在厂区范围内的生产和运输过程中都会产生一定程度的污染，从而影响厂区及周边的生态环境。在现阶段，这就需要对室外环境进行整治和修复工作。

（1）污染治理和废弃物整治的利用。工业生产中的污染是不可避免的，众多的既有厂区历经多年生产运行作出了贡献，但污染也是逐渐积累中，甚至会造成十分严重的污染源头。这样，在改造的初期必须做好对环境的评估，根据情况制定和实施污染治理的措施。

（2）对微气候环境的控制。分析探讨既有厂区特定的气候和地理条件，对原有的较好微气候环境尽可能地利用，如地形、朝向、风向、阳光及绿地等。相应地增加夏季遮蔽、冬季挡风的植物配置，在改善环境温度的同时吸收有害气体，改善空气质量，降低周围噪声干扰，并在合适位置设置适量的水体，提高局部湿度，美化景观和净化、湿润空气。

2. 室内空气质量的控制

现代的状况是影响室内空气质量的因素很多，包括建筑材料、家具及各种电器、空调系统、新风量及室内湿度等。多种因素互相影响，在具体实施中，主要采取以下方法改善空气质量。

(1) 合理选择改造和更新材料材质。提倡接近自然的改进更新，要采取使用无害化绿色建材，并在改造设计中采取气流运动的方式，改善通风换气，在具体应用中重视“被动”的通风方式。

(2) 适宜开窗通风换气。窗户的作用除透光外，另一个重要的作用是通风换气，使室内始终保持良好的空气质量，也是改善建筑室内空气质量的关键所在。一般情况下，既有工业建筑的空间相对较大，外围护墙体不具备通风换气的可能，而改造更新会对高大的内部空间进行分割和重新布置。这就要求在相应的外围护墙体中充分预留可开启窗洞的面积，并采取诱导方式进行通风，强化室内热压通风，以达到室内新鲜空气的流动。同时，配合提高改造中安装空调和一些新的电气设备，有效地过滤室内存在的污染物质。

3. 室内温度质量的控制

人们对工作环境温度的质量有一定的需求，影响舒适度的环境因素主要是空气温度、空气相对湿度、风速、平均辐射温度等。合理分割和调整原有空间的基础设施，满足现代要求的健康、舒适、节能条件，只有采取重新设计，使用被动式技术措施。

(1) 明确所处环境气候分区，再进行对温度的调节控制。现行《建筑气候区划分标准》GB 50178 中规定了国内建筑气候分区及对建筑设计的基本要求，要根据当地气候特点做到从总体上充分利用气候资源，防止不利气候因素对建筑物造成的破坏，是现有工业建筑节能改造中热环境控制的重点。

温度的调节控制措施是要提高在极端气候条件下的室温。在严寒地区漫长的冬季考虑采暖的方法；寒冷地区要考虑采暖的措施；夏热冬冷地区在考虑夏季制冷措施的同时，还要兼顾冬季的取暖；夏热冬暖地区应当主要考虑的是制冷问题。气候温和地区则没有硬性指标，如遇到极端气候时可采取临时措施应对。针对现在对工业城市的改造，许多城市开始对既有工业建筑的改造，兼顾气候特点，采取如遮阳、自然通风、太阳能空调等，尤其北方寒冷的冬季，对工业厂房围护保温、供热改造及太阳能采暖的措施，提高室温及热环境舒适度。

(2) 热环境改造中的具体措施

1) 既有工业建筑的改造首先考虑"被动式"体系。"被动式"是指不借助动力设备的间接保温和采暖方法，这是建筑设计中环境控制的手法，是节能减排优先选择的。"被动式"主要包括：太阳能的采集和利用，围护结构的外保温。太阳能的采集主要是通过门窗直接进入室内的太阳光，围护结构吸收的太阳能，新增的太阳能构件吸收和转化太阳能等；围护结构的保温措施主要是利用成熟的保温材料构造，尽可能阻止室内热空气扩散渗透到室外，减少热量流失。

2) 既有工业建筑的围护结构改造。影响因素多，很少考虑屋面和墙体保温性方面的不足，使改造后使用资源的浪费，是影响持续使用的主要原因。屋面保温隔热改造中，用挤塑聚苯板作保温层，结合防水做法综合考虑。墙体保温的改造应增加高效保温层，但要重视门窗洞口的保温处理。门窗遮阳体系很重要，可以选择透光材料的面积和透光率，改善直接射入室内的热量，用双层中空玻璃和热断桥型材，尽量减少室内热量的流失。

3) 工业建筑的围护结构改造要根据自身条件选择。设置被动式太阳能供暖系统、热水及光伏系统，尽可能利用再生的洁净能源。工业建筑的节能改造过程中，由于屋面和墙体会进行大规模的调整，因此，采取被动式太阳能供暖系统在老工业建筑改造中产生节能效应，是一种较理想的方法。太阳能光伏-建筑一体化，是利用太阳能发电的新概念，在建筑外表面铺设光伏阵列提供电力。

因此，对于现有工业建筑的采暖改造是对外围护提高绝热性能，即屋面及墙体的热工性能；同时，要选择合适的采暖方式，在厂房内部空间调整的基础上尽可能做到功能齐全，性能高效。对于无集中供暖的现有工业建筑，可结合夏季制冷综合使用空调供暖设备。

(3) 工业厂房制冷的一般控制

1) 制冷应优先采用“被动式”方法。“被动式”方法是对现有工业建筑原来结构和空间布置影响较小，生态节能改造效果最好的措施。生态节能主要包括：遮阳技术，自然通风应用，围护结构隔热，设置可控中厅等。在节能改造中，优先采用自然通风及“诱导”通风的应用，有条件时采用太阳能空调系统，既节能又环保，自然融入环境中。针对围护结构隔热薄弱部位进行相应构造处理，可以有效地减少外部热量的渗透。

2) 遮阳应用比较广泛，除了建筑物本身构件的遮阳，太阳能一体化构件遮阳的应用也更加普遍。是将太阳能利用构件，如PV板、集热器与遮阳装置构成组合而形成功能化建筑构件，一物多用，实现屋面、墙体、门窗的综合遮阳，有效地利用空间。也可以利用屋顶的绿化和墙体垂直绿化，成为现有工业建筑改造本身的遮阳屏障，在夏季大大降低制冷能耗。

3) 工业建筑物设置中厅有利于采光和诱导通风，对改善小范围微气候环境有明显作用。工业厂房建筑物体量比较大，开间和进深也较大，在中间的空间通风和采光条件差。为了改造后的工业建筑具有好的应用品质，应提前做好空间设计，在中部封闭区增加内厅(院)或可控式中厅，有效改善自然采光。

4) 改造时对于制冷系统及设备的选择，可以结合现有的一些先进绿化技术，如地源热泵技术、智能控制技术等，目的是更加节能及保护生态环境。

(4) 工业厂房温度的控制。北方地区干燥炎热的情况下，对厂房进行改造要安装相应的加湿设备，使冬季、夏季有舒适的工作环境。而在南方湿热、湿冷地区，要通过设计构造处理，利用房间自然通风除湿，局部辅以相应的除湿设备。另外，通过开启窗洞位置调控室内风速。在外围护结构的改造中充分考虑合理开洞，利用烟囱效应来强化风速，冬季利用窗及洞口来控制风流，做到冬季、夏季的平衡。

4. 厂房室内光环境的控制

基于工业建筑生态节能目标，认真控制室内光环境，最大限度地利用自然采光。

(1) 分析建筑物原来自然采光状况，利用日照分析方法对现有的工业建筑进行模拟光照分析，总结加强和调整的自然采光应用措施。

(2) 调整采光入口并合理选择材料，人工照明合理补充。对相应的采光入口，如门、窗、洞口，在不影响原来结构的基础上，进行采光面积的重新调整，选择透光率良好的适用材料，改善自然采光条件。同时，人工照明合理补充，优先选用节能型灯具，尽量结合日光照明，达到营造舒适的绿色室内光环境，并做到自然采光与人工照明的有机结合。

5. 厂房室内噪声环境的控制

对于现有工业建筑，外部噪声的来源较难以控制，在内外墙体的改造过程中，应重视空气隔声材料的选择及构造措施的处理。

(1) 切断和阻隔噪声的来源，分析探讨周围环境噪声的分布状况，实施降低噪声源，可选择用绿化植被及实体墙来作隔声屏障，阻隔室外噪声。

(2) 选择合适材料和构造措施，根据改造后不同功能空间的使用要求，对声环境要求不同的区域进行分区，选择合适的隔声材料或吸声材料，确保吸隔声材料构造措施不影响调整后的空间格局。

综上浅述可知，对于工业建筑的节能及环境改造，是当前对既有建筑改造中一项重要技术措施，应综合考虑和协调室外环境的修复、工业厂房内空气的质量控制、热环境的控制、光环境的控制、室内噪声环境的控制等方面。只要措施得当，设计方法中采取当今先进的节能技术，采用相关环境控制手法，达到修复和节能减排目标明确，对城市的有效更新和可持续发展能起到积极的推进作用。

8　保温节能复合墙材的选择应用

墙体是各种建筑物外围护结构的主体，其外围护结构体的能耗占建筑物总能耗的40%左右，采取节能保温复合墙体的做法，是解决这一重要问题的有效措施之一。现在采用的复合墙体一般分为外保温、内保温和夹芯保温三种结构形式。其中，外保温复合墙体应用最多；内保温复合墙体应用中发现问题较多，已经几乎不采用；而夹芯保温复合墙体是目前推广使用的一种保温结构形式。

1. 外保温复合墙体构造

（1）构造形式。外保温复合墙体从外向内的构造形式是：

1）装饰面层：是用抗裂性、憎水性和透气性好的外墙涂料或瓷砖；

2）保护层：由专用抹面砂浆和耐碱玻璃纤维网格布所组成；

3）保温层：常用的保温材料如EPS板，即膨胀聚苯乙烯板、岩棉板等，其厚度由设计根据当地节能要求确定；

4）粘结层：都是采用专门砂浆粘贴，按要求墙体高度20m以上或外挂面砖时需要附加锚钉固定；

5）结构层：也是围护结构墙体、框架结构轻质填充墙或者其他砌块墙体。外保温构造如图1所示。

（2）构造特点。首先是保护结构主体，延长建筑物使用寿命。由于保温层置放在墙体的最外侧，缓冲了由温度变化而产生结构变形所产生的各种应力，减轻或避免了自然环境，如雨、雪冻胀及干缩对表面的破坏，同时也降低了空气中有害气体和紫外线对墙体的侵蚀，能有效地防止和减少墙面和屋顶的温差变形，对其他原因产生的裂缝也可消除；其次，增加了建筑物使用面积，也相应降低工程造价。因外保温的构造处理是将保温材料置放在墙体外侧，其保温隔热效果优于内墙保温，可以使围护主体

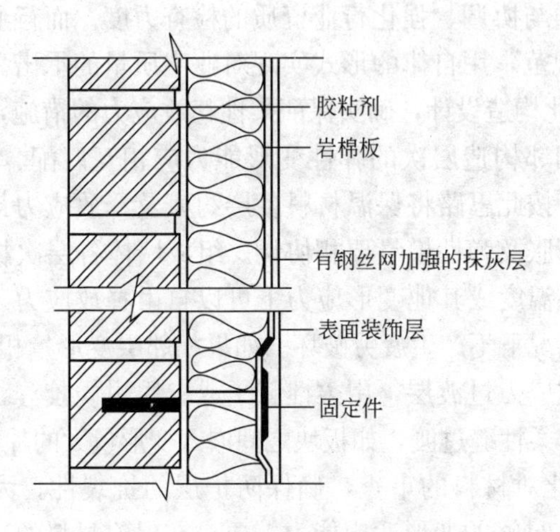

图1 外保温复合墙体构造示意

减薄，从而加大了室内使用面积。据介绍，如塔形建筑每户可增加面积 1.5m² 左右，中等城市可以抵消外保温材料的造价。而且可以有效地消除冷(热)桥问题影响。最重要的是提高墙体的热工性能，由于蒸汽渗透性高的主体结构材料被置于墙体内侧，墙体内侧一般不会出现冷凝现象，因此，不必增设隔气层。由于保温材料有良好的蓄热性能，当室内受到不稳定热工影响时，墙体结构层可以吸收及释放热量，可以保证室内温度的舒适度。

另外，也方便对建筑物的装修维护及改造。在对既有建筑物进行保温节能改造时，无需进行搬迁即可在外进行保温施工，基本不影响正常生活。

(3) 存在问题及不足。高层建筑外墙面积比较大，保温施工工序多、要求严，因此操作难度相对较大。如果保温层接缝不当，可能会产生裂缝，这样因楼房太高，处理不易且会降低保温整体性。外保温材料中有几种不同性质的材料，不同结构层之间的膨胀系数也相差较大，易出现空鼓、龟裂的质量缺陷。

(4) 应采取的预防措施：

1) 加强工序过程的监督管理工作，对保温复合墙体技术问题加强沟通与协调，强化行业资质的检查力度。而行业内部也要制定行为规范，用自律的形式实现对业主质量的承诺。

2）优化构造设计，确实保证柔性释放应力的措施，保温材料体系中各相邻构造层次的弹性变形能力应相互匹配、逐层渐变、应力释放。按此思路将保温材料各层约束及释放应力最小化，材料的线性膨胀及弹性模量要相协调。组成墙体各层次材料应有一定柔性，在温度或其他变形应力下可以自由释放应力，并能够在反复变形情况下不产生疲劳破坏。如果相邻层变形量相差较大时，应当有释放应力过渡层，用柔性腻子或专用耐候胶等。对刚性面层材料应有柔性缝过渡，如板块之间嵌入变形量大的片材等。

3）强化对材料的审查，确保防护层的抗裂性。为了保证抗裂防护层有足够的变形适应能力，要求在保温材料的选择和构造措施上认真处理。采用的高分子聚合物砂浆要提升产品质量，增加其柔韧性，将压折比降低至3以下。在抗裂防护层中，必须用耐碱网格布或钢丝网达到应力的均衡，也是防止应力过于集中产生开裂，尤其要控制抗裂防护层厚度，现在一般是3～5mm厚，确保均匀，防止过厚，收缩不均匀而开裂。

2. 夹芯保温复合墙体

夹芯复合墙体就是将保温隔热材料，如聚苯板等放在两片墙的中间，并在内外两片墙中间设置拉结杆件，形成夹芯复合墙体。保温隔热材料固定在靠外侧墙体中，利于发挥墙体材料本身的保护作用，还免除了保温层及表面的保护性处理材料，费用略有降低。

夹芯复合墙体在国外中等发达国家应用比较普及，而且应用技术成熟。我国从20世纪90年代开始在严寒地区的住宅节能工程中试点用于外墙，其夹芯复合墙体是保温的一种形式，已被用于《砌体结构设计规范》GB 50003—2001中，并编制了相应的标准图集。作为新型的墙体结构形式使用时间不长，对于存在的构造及施工措施并不是很成熟，需要进一步总结完善。

（1）夹芯复合墙体构造形式，夹芯保温复合墙是由结构层（内叶墙)、保温层、保护层(外叶墙)所组成，同时还根据需要设置一定厚度的空气层。现在的夹芯墙有多孔砖夹芯墙和混凝土砌块夹芯墙两种形式。①多孔砖夹芯墙结构层多数用240mm厚度多孔砖作为内叶墙，用120mm厚度多孔砖作外叶墙起到装饰作用，两片墙间保温层厚度要求留出空隙，用以填充保温材料，两片墙间用专门拉结件或用钢筋拉结锚固，如图2所示。②混凝土砌块夹芯墙的结构层一般用厚190mm主砌块，保温层用厚90mm装饰性劈离砌块在外侧。结构层、保温层和保护层随砌筑随即用拉结筋或网片固定，三者密切结合后同砌筑上升，结构如图3所示。

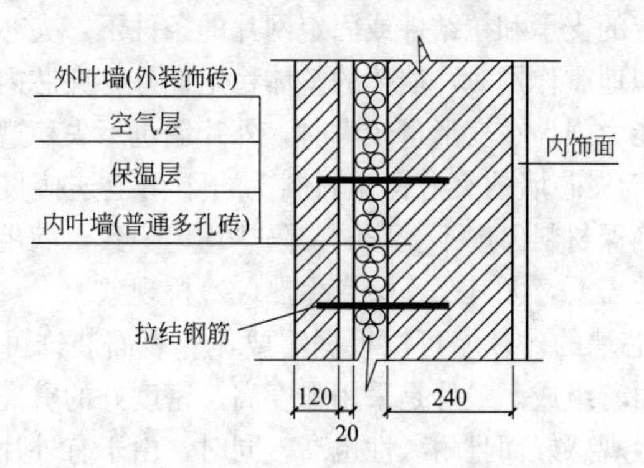

图2　多孔砖夹芯复合墙体构造示意

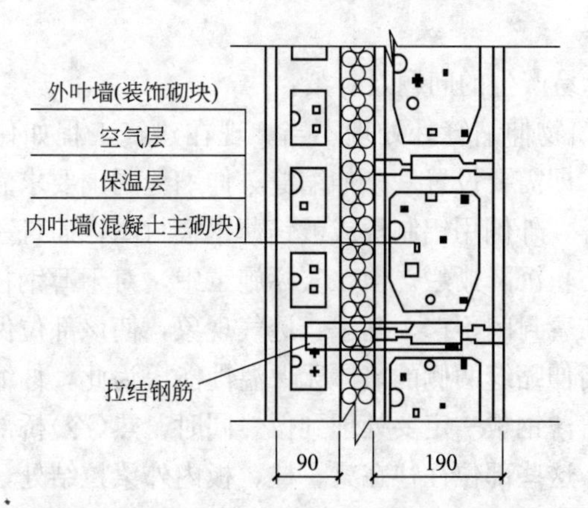

图3　混凝土砌块夹芯复合墙体构造示意

根据当地节能要求采用指标，对外墙传热值的限制要求，夹芯墙内采用的保温材料厚度是不同的。现在，基本上都用的是聚苯板或岩棉材料，也有采取现浇发泡保温材料的，是用脲醛树脂和发泡乳液混合，在现场发泡，灌注到内外片墙的夹层中形成保温墙体。

(2) 其结构的特点，夹芯墙是集围护承重、保温及外装饰为一体的实用性复合保温墙体，适用于多层或低层公共或者民用住宅工程，其构造特点主要表现在：

1）夹芯墙具有良好的刚度和稳定性。据介绍，在试验中按照规范确定的支承和拉结件或固定网片的条件下，夹芯墙在静力荷载和模拟地震作用时，墙体的整体稳定性好，夹芯内外片墙的变形协调能力强，在变形量较大时，外片墙也不失稳遭受破坏。

2）由于夹芯墙的夹芯保温材料为自下由上连接贯通，这种构造可以确保材料厚度不受影响，隔热均匀一致，满足各种节能墙体指标的需要，尤其是不会产生热(冷)桥现象。

3）夹芯墙的外片墙可以根据需要，外表面装饰可选用各种饰面材料附着组成。最好是采用强度高、密度好的劈离砌块效果俱佳，不但观感好而且耐久性也高。同时，由于有外片墙保护保温层及内片墙，防止恶劣气候条件的破坏影响，确保达到使用年限。

(3) 容易产生的问题及对策：

1）建筑物伸缩缝处处理不当。现在建筑工程如住宅超过两个单元长，即需要设置一条伸缩缝，伸缩缝周围要求满填保温材料聚苯板等，外侧用铝制板或镀锌薄钢板封闭，而且一侧固定一侧活动，防止沉降撕烂。但在实际施工中，对于薄钢板的固定不规范，存在着封闭不严、漏水、透气现象，使该部位保温性能大幅降低。而伸缩缝两侧的墙体无保温性能。为此，伸缩缝处保温及表面覆盖薄钢板一定要处理到位。同时，热(冷)桥部位的保温处理不当，这些部位往往在梁、柱、板内外梁拉结处，尤其是夹芯墙金属连接处热(冷)桥部位比较多，外保温层做法不妥或设计无明确构造要求。

2）保温构造过于简单。当保温层一侧设有空气层时，可能会采取将聚苯板用胶直接粘结在内片墙上，或是用双面带楞的保温板，两侧均与内外片墙撑粘紧，以防止聚苯板在空腔内倾斜或移位，确保上下层在结合处的严密性。但是在实际构造中，对该部位缺乏考虑，造成施工的随意性，尤其影响保温效果。另外，外墙转角处保温层也应加强处理。构造措施上忽视保温性，在砌块住宅建筑施工过程中，经常会出现一些局部结构或是构造调整，由于土建施工人员缺少保温热工的要求，造成因结构局部构造调整而引起保温性能可能产生变化，导致围护结构达不到设计效果的实际问题。

3）聚苯板在粘结拼接方式上处理不当。有时，保温板竖向接缝采取双层错缝用企口形式拼接。这种结构形式造成上、下板块无法用企口形式连接，只能平口对接，由于表面网格布影响，易造成接口处缝隙，造成保温层断开、有缝、不连续。这种构造只考虑了方便施工，却忽略了关键的保温性能因素。聚苯板的水平及竖向接缝最好避开砌块接缝处，用企口接缝时应保证缝隙不开裂并有可靠的粘结措施，采用钢筋穿插焊接网片等方法。

9　铝合金聚氨酯复合板外保温装饰应用

企口型铝合金聚氨酯复合装饰板外墙外保温系统，是国内在引进外国技术基础上进行改进和提高，形成适合国情的保温装饰一体化技术，克服了现在保温系统存在的开裂、漏水、脱落及质量不宜控制的问题。该复合板采取工厂加工制作完成的保温装饰一体化的铝合金复合装饰板，用龙骨和锚栓进行组合连接，直接固定在建筑物外墙上，实现建筑物外墙保温及装饰功能。系统同时具有良好的防水、防火性能，施工全过程都是干作业操作。

1. 企口型铝合金聚氨酯复合装饰板及系统

企口型铝合金聚氨酯复合装饰板(简称罗宝板)，是采用专门生产设备，综合成型技术、聚氨酯技术、粘结技术和温控技术，将带有氟碳涂层的铝合金板、聚氨酯和铝箔一次热压成型而制成的复合板材，该板材具有重量轻、保温隔热、色彩美丽、防火防水等诸多优点，并可制成各种图纹，是一种具有优良保温性能的高品质外装饰材料，板型如图1所示。

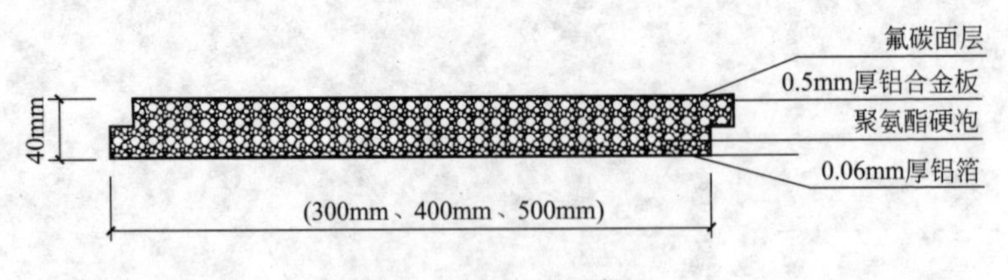

图1　罗宝板板型断面

企口型铝合金聚氨酯复合装饰板外墙保温装饰系统，是将企口型铝合金聚氨酯复合装饰板用螺钉或铆钉固定在龙骨上，板与板间通过榫槽插接，龙骨用金属锚栓或尼龙锚栓直接固定在建筑物的外墙基面上，再用配件材料对女儿墙、门窗洞口、屋面檐口等部位进行保温装饰处理，使之形成既有良好的保温隔热性能，又具有良好装饰效果的外墙保温装饰一体化系统。

其装饰效果依靠罗宝板表面的氟碳涂层颜色和花纹来体现出来，保温性能由罗宝板与墙体间形成的相对静止空气层实现，如图 2～图 4 所示。

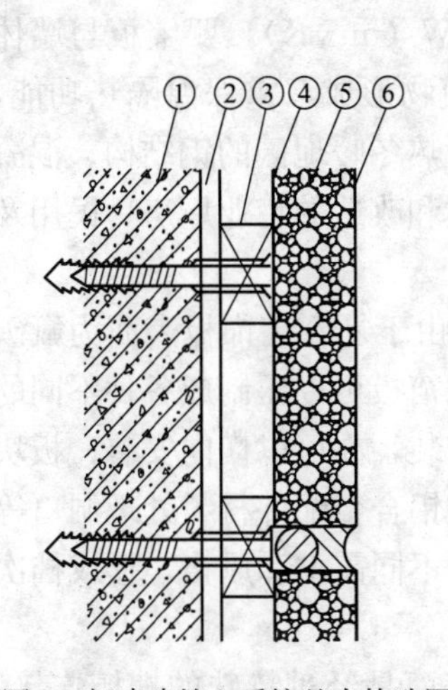

图 2　新建建筑上系统基本构造图

① 基层墙体；② 粉刷层；③ 龙骨（空气层）；④ 铝膜；⑤ 聚氨酯硬泡；⑥ 彩色铝板

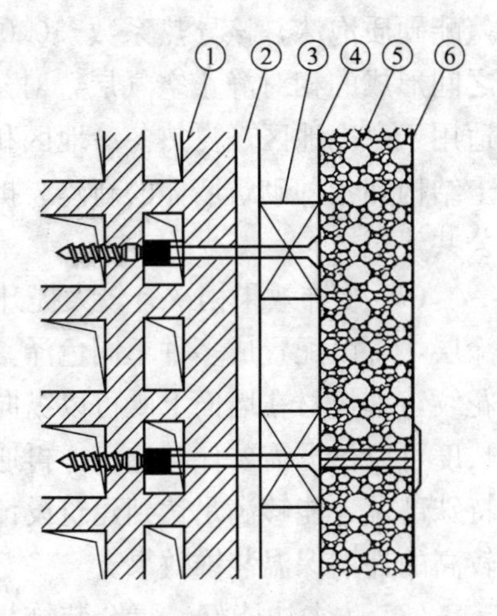

图 3　既有建筑上系统基本构造图

① 基层墙体；② 旧饰面；③ 龙骨(空气层)；④ 铝膜；⑤ 聚氨酯硬泡；⑥ 彩色铝板

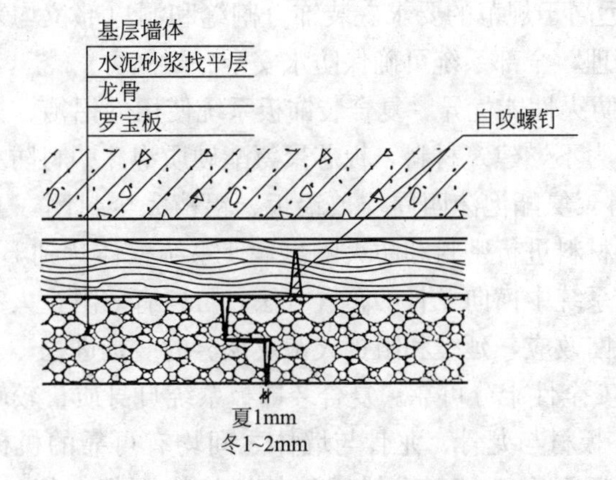

图 4　罗宝板板间连接基本构造图

2. 复合装饰板系统的特点

(1) 优良的保温隔热性能。复合装饰板系统的板内芯使用聚氨酯硬质泡沫，该导热系数<0.027W/(m·K)，罗宝板与墙体之间形成的相对静止空气层，对建筑物形成双重保温隔热功能，适用于寒冷地区、夏热冬冷地区和夏热冬暖地区的钢结构、混凝土结构和各种砌筑墙体的新建、扩建和改造的工业厂房、民用及公共建筑。

(2) 装饰效果档次有较大提升。由于复合装饰板表面为氟碳涂层，可以配置成多种不同色泽。铝箔板可以压制成各种不同的花纹，其板材在墙面上既可以纵向安装，亦可以横向安装；板块长度可以根据需要任意选定，再通过铝合金配件材料处理洞口等特殊部位，能够满足达到建筑设计的不同需求和风格，形成档次较高的外墙保温装饰效果。

(3) 防水功能好。复合装饰板表面是经过特殊的榫槽连接，具有良好的防水性能，依据现行《建筑外门窗气密、水密、抗风压性能分级及检验方法》GB/T 7106—2008 的规定，水密性试验要求值为大于 300Pa，而复合装饰板系统防水试验值为 700Pa，远高于规范的要求。装饰分割缝和洞口部位均采用安全的防水处理，全部系统可确保防水安全、耐久。

(4) 防火性能优异。复合装饰板系统使用的铝箔、钢龙骨及构配件均为不燃建筑材料，板芯聚氨酯硬质泡沫塑料防火等级为 B2 级，且聚氨酯泡沫四周均被铝板、铝箔完全封闭，上下端口也用不燃材料进行密封和防火隔离，使系统整体达到 B1 级的防火等级。系统中横向龙骨的布置方法，可以有效阻止火灾出现时产生的烟囱效应，延缓和阻挡火苗及烟雾的蔓延进程。

(5) 安全性十分可靠。复合装饰板系统自身质量较轻，约为 $4kg/m^2$，板材与龙骨、龙骨与墙体之间均有可靠的机械锚固连接，锚固间距很小且每个锚固件的抗拉拔力都会超过 0.8kN；板材自身及板间榫槽的接缝都具有一定的耗能和抗变形能力。锚固件的数量及龙骨间距要根据建筑物的高度、地区风荷载大小而灵活设计布置，确保系统有可靠的抗风荷载能力，使系统在任何情况下与建筑物有牢固的连接及使用过程中的安全性。

3. 复合装饰板系统技术特点

（1）结构简单，性能优良。复合装饰板系统是由复合板、龙骨、锚栓和空气层组合而成，结构比较简单，但由于系统的材料选择、制作方便，结构科学合理，系统装饰效果，保温、防水和防火更优良。

（2）施工方便快速，安全性高。装饰板系统材料全部由工厂加工制成，板块现场安装方便，不搭设脚手架，用吊篮施工，工序少，操作简单，速度快，安全性高。

（3）施工质量有保证。由于所有板材却是由工厂制作，材料稳定，加工质量均匀一致；安装工艺简单，干作业施工，环境文明，工人技术水平的因素对工程质量影响极小；材料是成品，在施工过程容易控制，监督检查内容也少，安装质量有保证；同时，适用范围广，因装饰板系统的保温、防火、防水及装饰为一体，适用于不同地区的各种建筑工程外饰面。

（4）罗宝板的主要技术参数：抗风压：8000Pa；抗冲击性：3～10J；水密性：700Pa；涂层耐候性：25 年以上；锚固点拉拔力：0.8kN；复合板重量：4kg/m^2；使用寿命：25 年以上。

4. 系统的适用性特点

（1）经济上合理。保温系统所有材料均是工厂生产制作，在现场组装速度快，大幅度缩短外保温施工周期，减少人力和机械费用；相对于金属幕墙、石材幕墙、玻璃幕墙体系，复合装饰板系统造价比较低，保温性能优良，系统重量轻，利于结构优化设计，降低成本。而且系统的使用寿命同建筑物寿命一样，性价比高，维护费用低，保温性能稳定，节能效果明显。

（2）耐候性久。铝箔材质表面使用氟碳漆为装饰保护层，氟碳漆是现阶段最优秀、耐久和自洁性好的涂层；而且都属于环保性材料，无污染且可回收二次使用，节省资源；由于工厂化生产标准，现场组配干法施工，对环境无二次污染。

(3) 保护墙体延长建筑物使用寿命。由于外墙面整体被复合板封闭，板阻隔了太阳光辐射和风雨对表面的侵蚀，降低墙体受环境温度反复循环升降的影响，使墙体长期处于相对稳定的状态。同时，复合板与墙体之间的空隙，使建筑物具有排出湿气的空间，而湿空气可以缓慢地通过板缝微小孔隙逐渐排除，使板块内干燥而不产生霉变。在复合板的整体保护下，建筑物寿命会得到延长。

上述对企口型铝合金聚氨酯复合装饰板及外墙外保温系统作了浅要介绍，该复合保温装饰板由于在工厂整体加工，干作业施工，性价比较高，较好地满足了建筑物节能、装饰及防火、防水功能的要求，复合板系统质量安全、可靠，具有一定的推广应用价值。

10 地板蓄热材料采暖形式的选择

从21世纪初开始，地板辐射采暖得到了居住者的首肯，与对流式采暖方式比较，地板辐射采暖具有更多优势：采暖系统与建筑结构相融合，扩大建筑物室内使用面积；采暖系统可以对人体健康有利的温度适应性，即随着高度递减的温度功能；同对流采暖方式相比，采用地板辐射采暖系统室内的空气质量会更好，因为这种方式不需对空气直接处理。若是将其融合成一种更高效节能的采暖系统中，用新能源和新的节能技术，会形成新的采暖形式。现阶段相变储能理论和应用在新能源利用和节能技术方面意义重大，尤其以储能技术储存热能为主，将其结合形成的相变储热地板采暖系统，是现在采暖领域中最先进的应用技术。

1. 相变材料地板的储能系统

（1）热水盘管加热用封装相变材料地板蓄能系统的构造。对于地板辐射采暖系统来说，地板的构造形式非常关键，对封装相变蓄能材料用在地板供暖的地板结构，封装材料和加热盘管完全封闭在找平层内，地板的找平层起到分散热负荷的作用。通过供热水管，使周围的相变材料储热并向室内散热，达到采暖目的。热水加热地板蓄热如图1所示，变相蓄热地板如图2所示，变相模块如图3所示。

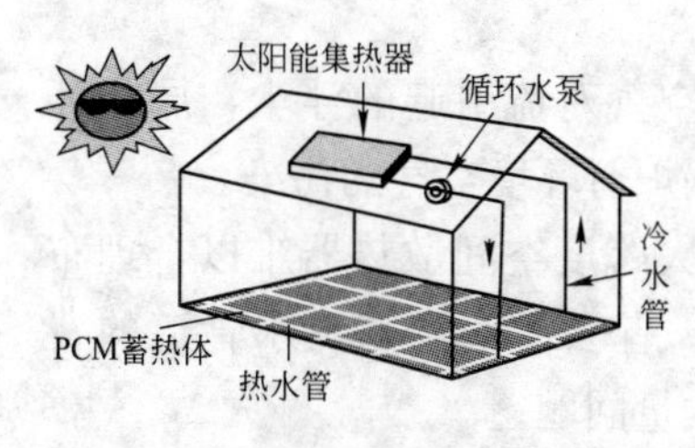

图1 热水加热地板蓄热系统图

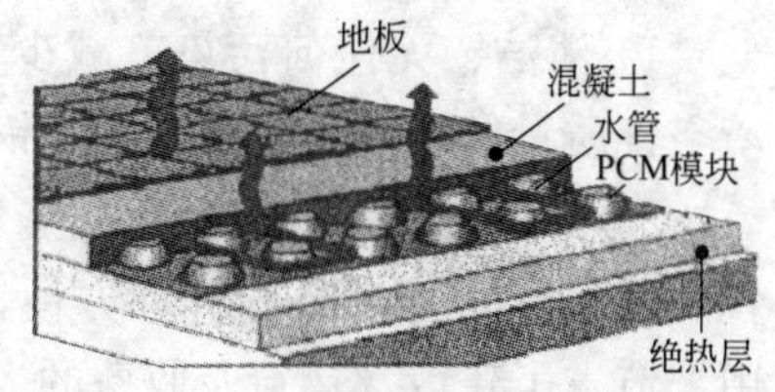

图2 相变蓄热地板结构

(2) 电加热的封装相变材料地板蓄能系统的构造。利用电能通过地板下面铺设的电缆或电热膜，使周围的相变材料储热并向室内散发热能，达到采暖效果。其地板结构和热水管的地板结构形式相似，不同的是电缆或电热膜取代了热水管，而热源在夜晚低谷价电取代太阳能。

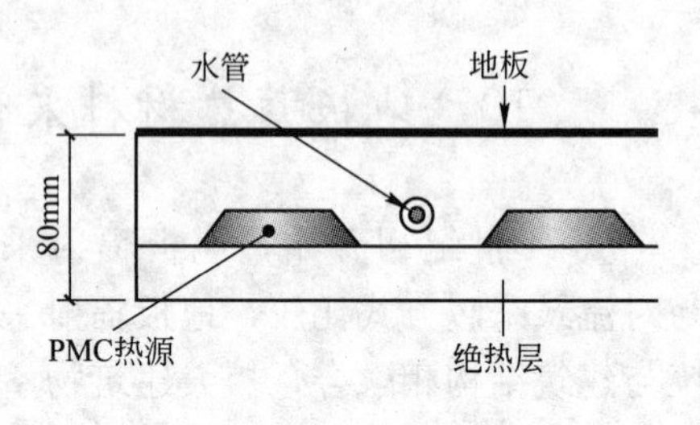

图3　相变模块结构

(3) 其他相变材料地板蓄能系统。除热水盘管加热和电加热相变材料地板蓄能系统的构造措施外，在2008年奥运办公建筑“前期示范工程”的清华大学超低能耗示范楼，采用的地板采暖形式是将一种定形相变材料，放置在常规的活动地板内作为部分填充物，用此形成的蓄热体在冬季的白天，可以储存由玻璃幕墙和窗户进入室内的太阳辐射热，夜间相变材料向室内释放储存的热能，这样室内的温度波动会控制在6℃以内。

(4) 相变材料地板蓄能系统的优劣。以上3种相变材料地板蓄能系统与传统的对流式散热器相比，同现在主要利用地板(面)辐射散热，居住者可以同时感受辐射散热和对流的双重效应。使人所在区域温度变化极小，接近较适宜的室内环境，并且避免了散热器使热空气上升，在顶部形成热空气滞留层，达到热效率的有效利用。在这几种系统中，电加热与热水盘管的相变地板蓄能系统有更好的优越性。

1) 清洁、无任何污染，减少空气对流引起的浮尘，居住环境空气质量好，而且采暖区域无锅炉对环境空气的污染。

2) 布置简单，较好地解决了大跨度空间散热器难以合理布置的困难。同时，运行管理方便，省去了锅炉与热水管道的费用，节省了建设、运行及收费的大量问题。

3) 适合家庭与办公建筑物供暖，无噪声，清洁、美观，灵活、方便。在用电时实行低谷价运行，节省大量电费。

2. 相变材料地板蓄能系统的研究现状

(1) 电加热方式的应用状况。据介绍，中国科技大学叶宏教授等通过试验室测量及数值模拟，对相变材料地板蓄能系统的应用进行了研究，研究主要是针对图 4 构造 1 进行的，包括对相变贮能式地板辐射采暖系统的几个主要参数、对系统性能的影响问题。

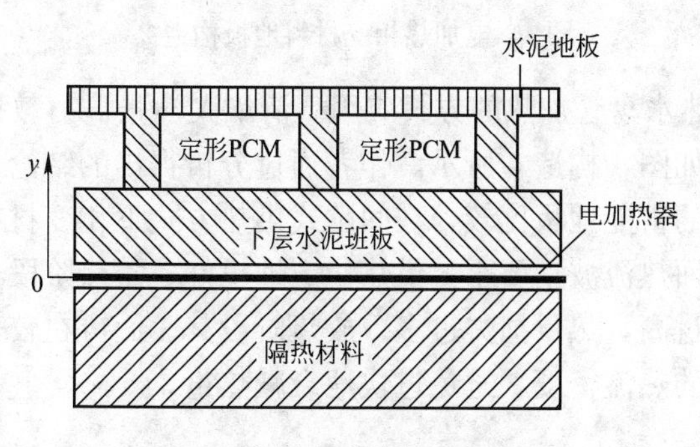

图 4　电加热相变材料地板构造 1

研究发现：在相变贮能式地板辐射采暖系统中，要选用相变温度较接近采暖温度的材料；较小的相变半径，也就是相变材料的纯度要高，这样可以降低室内温度的波动；如在北京地区宜选择 150W/m^2 的电缆加热功率，采暖效果要好。

清华大学林坤平教授等选定的模型如图 4 构造 2 所示，通过试验和模拟对比，得到的结论是：普通房间中此定形相变材料蓄热电采暖系统是可行的，材料的相变温度和空气层厚度对系统使用效果的影响比较大，而相变材料和木地板的厚度与导热系数影响很小。因此，在保证相变材料用量满足时，可通过相变温度和空气层厚度，设计或者控制此系统的热性能。在不同热负荷建筑中通过合理设计，此采暖系统可以达到更好效果；用适宜的控制方法，使整个采暖期室温更适合人体的舒适度。

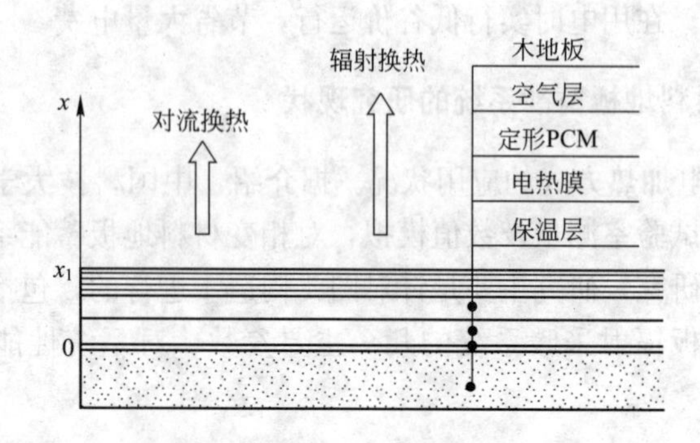

图 4　电加热相变材料地板构造 2

（2）热水盘管加热的方式应用。清华大学张群力教授等所选用的模型如图 4 构造 3 所示。作者通过分析得出的结论是：同混凝土散热的蓄能地板比较，在间歇式供热方式下相变材料潜热蓄能地板表面热流波动要小，供热稳定性也好。蓄热阶段也可避免表面温度过高，热量损失过多；放热阶段其表面可在较长时间内维持稳定的热流密度，避免过快地衰减热量。

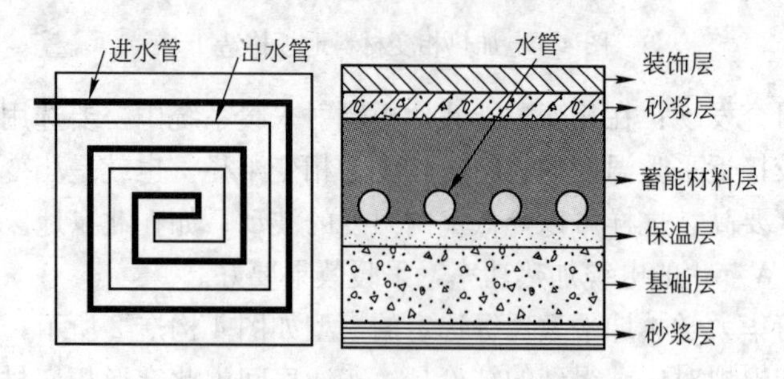

图 4　电加热相变材料地板构造 3

当相变温度从 30～40℃变化时，定形相变材料地板的蓄能要比混凝土地板的蓄能比大 16%～21%，相变地板可以更多地转移和利用夜间蓄存热量。

3. 相变材料地板蓄能系统的应用

（1）蓄能末端产品现状。清华大学张寅平教授等发明专利

(一种带风口的相变蓄能电加热采暖地板)，其结构如图5所示。在具体实施时，时间控制器固定在用电网低谷期的夜间定期启动，电热膜将热量传给定型相变材料，温度达到临界温度后，定型相变材料开始产生相变，定型相变材料完全融化后温控器使电热膜停存起来供白天释放。地板覆盖层上安装风口使空气流过风道，由风口进入室内，通过调节风扇改变风量。

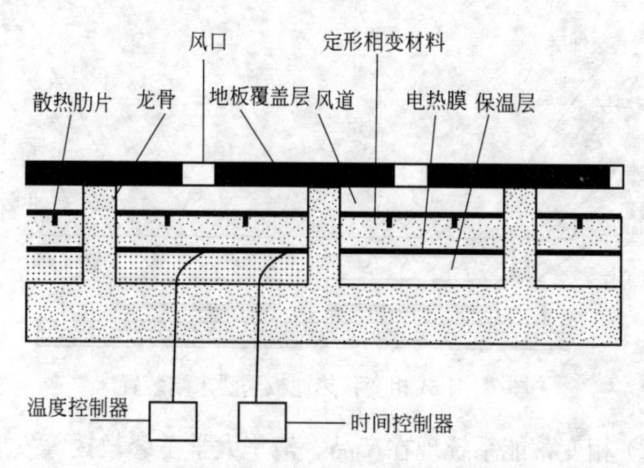

图5 带风口的相变蓄能电加热采暖地板

北京工业大学刘忠良教授等发明专利(一种复合相变蓄热采暖方法及采暖装置)，其构造形式见图6。说明中将专利方式的地板采暖与常规地板采暖形式进行了试验对比，表明这种方式比较优越。

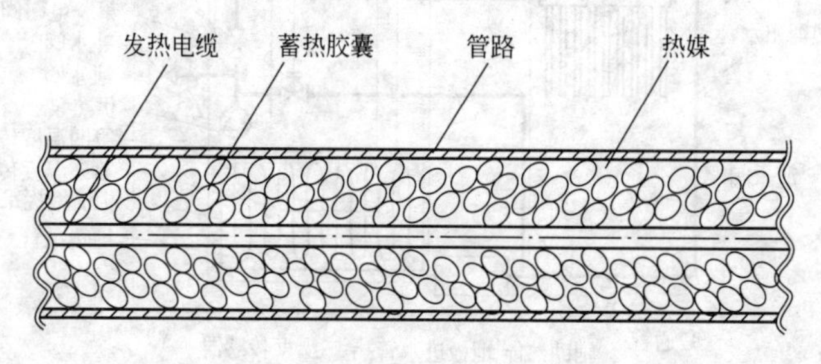

图6 复合相变蓄热采暖装置

清华大学王馨教授等发明专利(干式相变蓄热地板采暖末端装置),其结构形式见图 7。实施过程是在蓄热时间段启动供暖设备,供暖水管或电加热膜加热相变材料,加热至相变材料全部融化停止加热,在非蓄热时间段相变材料加热地板装饰层为室内提供基本供热量;同时,加热空气通道内空气,通过调节风门大小来控制换气速度。其中,空气通道和保温层可减小向下方楼层的漏热量。

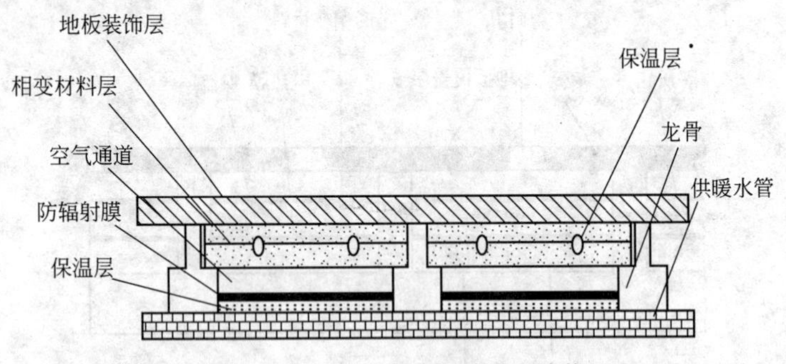

图 7　干式相变蓄热地板采暖末端装置

(2) 相变蓄能系统现在产品。清华大学王馨教授等发明专利(太阳能相变地板直供采暖系统),其结构形式见图 8。系统由太阳能集热采暖回路和辅助热源回路组成。把蓄热体与采暖末端结合起来,利用自然资源,安全可靠性更好。

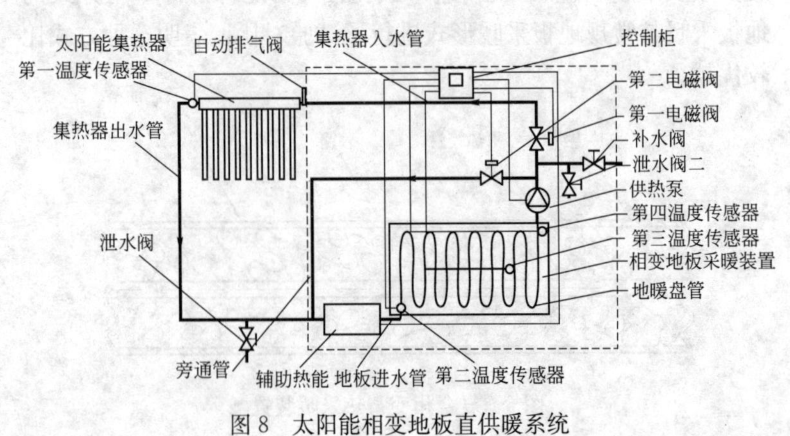

图 8　太阳能相变地板直供暖系统

通过上述对相变材料地板蓄能系统相关理论及研制产品的综合分析，可以说明特定的相变蓄能地板采暖系统，采暖模拟可以达到实际的应用需要，一些发明经过对专利实施过程进行试验分析，保证专利产品的实际应用效果更加可靠。但是由于一些原因，使相变蓄能地板采暖系统在实际工程中的应用并不普及，需要加大对保温节能及环保产品的推广使用。上述采暖方式可以方便、快捷地用于实际工程，采用先进的采暖形式是采暖节能技术的进步。

11 建筑暖通空调系统的质量控制

社会的进步和科技的发展，建筑工程中暖通空调的应用更加广泛，同样暖通空调的系统工程构造功能也更趋于复杂化，建设单位对暖通空调工程从设计、采购、安装到运行的质量要求也不断提升。这种现状必然会对施工技术人员及工程监理人员的技术素质也有较高的要求，不但要有丰富的专业知识和技能，而且更要熟悉行业规范和应用标准，要善于学习掌握暖通空调专业的发展，了解新技术、新工艺和新材料的应用，同时具有相关的法律知识、一定的组织协调能力，对建筑及结构、给水排水及电气专业知识也有深刻、扎实的掌握和了解。另外，工程技术及监理人员还必须具备丰富的工作经验和解决判断问题的能力。如办公建筑物中一些办公室冷热差异大，冬季吹出冷风，生产车间空调制冷差，散流器处有风吹出却不降温等问题，需要判明原因及时处理，达到使用需求。

1. 设计阶段的质量控制

设计阶段的质量控制是很重要的，从工程开始设计就要从业主的角度出发，将需要具体化，全面综合考虑。

(1) 空调参数的确定。作为监理工程师在接受建设单位的委托后，尽快了解工程用途并掌握每个房间的用途和功能要求，协同建设方提供设计要求，如对于裙房多数为商品用房，设计时常采用柜式空调机，有送风管无回风管的降温方式。但工程完成后，这些房屋有可能改变其他用途，不作办公却改为餐馆、银行等。这就形成了新的平面布置及重新分隔房间，原来安装的送风、回风方式不能适用，特别是餐馆及娱乐场所需要独立的送风、排风系统，空调的负荷比较大，原有的风管和水管需要拆除，重新布置安装，空调机组也需要重新选型，这就造成建设方的经济损失。因此，当遇到这种情况时，监理人员应建议建设和设计人员，对这些房间的管道不要一步设计到位，只需根据空调负荷的大小来确定冷水的流量，预留供回水管道接口，空调机也不要一次选好。待后期房屋的使用功能明确后，再依据使用功能及布置进行二次设计，这样既可以减少安装的盲目性，又可以为建设方节省资金。

(2) 设计方案的选择。暖通空调系统的设计方案比较多，针对同一个建设工程可能有多种不同的设计方案，可以选择其中的几个方案进行可行性方面的分析对比，对其安全性及经济性、环境影响方面进行分析论证，选择不同主机对空调效果及初期投资的影响比较大，不仅主机价格相差比较大，而且与主机关联的末端、管道系统的造价差异也大。现在，国内空调主机的价格从高至低的排列顺序是：多联机、水机和风管机。如使用风冷热泵、水冷热泵、地源热泵机组，可以免去冷却塔、冷却水泵及其管道系统，节省机房等建设投资。如采用异程加平衡阀的空调水系统，可以降低管道系统造价 20%以上。如果采取地源热泵设计系统时，要重视地质状况、地下水资源的现状及变化趋势，冬季热负荷及夏季冷负荷不平衡时所产生的热(冷)蓄积效应问题。如果采用 VAV 空调系统或 VRV 变频空调系统的方案，其一次性投资比较高，但运行中节省能耗，在经济性计算比较时应综合考虑这些因素。对于不连续性使用的教学办公楼房，设计中应考虑到夜间不使用可控制的作用。

(3) 设计深度的控制要求。审查施工图设计必须达到暖通空调系统施工图的深度要求，在施工图设计阶段，采暖通风与空调系统的专业设计文件应包括图纸目录、设计与施工总的要求、设备表、设计计算书及全套图纸，图纸目录应先列出绘制图，后列出选用的标准及重复利用图。

同时，要对空调造价进行复查。其造价随着负荷的大小一般是成比例增减，也影响到设备的选型。因此，要对设计确定的室内参数、负荷计算、新风量及房间冷热负荷计算复核，并对计算书认真审查。

(4) 对施工图纸的审查。施工图完成后，要进行图纸的会审工作，审查其是否符合当前的国家政策，设计规范中强制性条文的执行情况，不允许存在与规范冲突的地方。由各专业工程师从各自专业的特点及需要考虑。对会审中存在的问题及时反馈给专业设计人员，并督促设计人员重新修改或补充完善，尽快将发现的问题在设计中得到彻底解决，避免在施工中带来不必要的麻烦。存在的暖通空调设计中问题如：1)房屋功能性用新风量取值不当，如果偏大时浪费能源，取值偏小时不能满足环境卫生要求。新风量取值应根据工程实际情况确定，并要满足现行规范《采暖通风与空气调节设计规范》GB 50019—2003 中第 5.3.8 条最小新风量取值。2)商场内空调通风机房的墙体，为轻质可燃或难燃材料且未做消声处理，直接向营业厅开门。《商店建筑设计规范》JGJ 48—88 中的第 3.1.11 条第 4 款规定：营业厅与空气处理室之间的隔墙，应为防火兼隔声构造，并不得直接开门相通。3)穿越的水管线在防火分区隔墙时未作任何处理。根据规范中强制性条文的规定，采暖(空调)管道必须穿越防火墙时，在管道穿过处应采取固定和密封处理，使管道可向墙的两侧伸缩，以避免防火墙与管道之间形成空隙而窜烟火。4)排烟口布置在室内排烟竖井上较低处，距顶棚有一定距离，不利于烟气口顺畅排出，影响到人们疏散时的可见度，对排烟口布置必须按《高层民用建筑设计防火规范》GB 50045—95(2005 年版)中强制性条文第 8.4.4 条的规定，排烟口应设在顶棚或靠近顶棚的外墙面上。5)建筑专业是否预留设备吊装孔洞，屋面及外墙上排风口与新风口距离是否满足要求，各专业管道标高是否有冲突，冷却水系统是否考虑水过滤和水质的处理设施。暖通空调的专业人员应充分利用自己掌握的专业知识和经验，对其进行全面分析，并要求设计人员提供计算书，确定集中空调的设计是否合理；若有不合理的地方，及时与设计单位沟通协调；如确有必要也可向建设方提出建议，请行业专家进行论证，以求得更加符合规范及使用要求。

2. 施工阶段的质量控制

在正常情况下的暖通安装工作，是在工程的基础阶段就应参与进去，特别是有人防的地下建筑物，暖通安装单位必须一同参加预埋及预留的准备工作。因为地下室工程多数是现浇混凝土剪力墙工程，对防水的要求相对较高也更严格，一旦预留孔洞工作完成，混凝土浇筑后是根本不可能更改的。此时如果预留孔洞位置不准，将影响安装的质量，造成渗漏水难以避免。工程监理人员对于预留孔洞的位置和尺寸慎重复查定位，确保不留下质量隐患。在完成所有预埋及预留工作后，应当在土建结构封顶时暖通安装工作才全面开始。在安装过程中，严格按照现行施工及质量验收规范进行检查和监督，并重视检查以下几点：

(1) 支吊架制作安装。管线必须敷设在管架上，但是管道支架用的吊杆型材是否合格，支架能否承受管道及设备的最大重量，防腐的材质及涂覆是否合格。

(2) 风管的制作及安装。风管的制作主要检查外形尺寸及刚度是否满足使用要求，大直径风管是否有加固措施，法兰的互换性如何，铁皮卷的风管翻边是否大于6mm以上，铆钉间距是否过长，风管翻边开裂或咬口重叠是否严重，酚醛复合风管的插条是否严紧，玻璃钢大截面送风管外部是否有加固措施，大截面排风管内部是否有支撑加固处理等。

对于风管系统的安装施工，检查风管安装是否平直，通过变形缝或者接口处是否使用软管，风管与散流器软管长度是否为200mm左右，风阀的安装是否顺气流，开启空间是否充足，消声器及弯头是否设置了独立的吊支架。

(3) 通风与空调设备的安装。安装前，首先对设备基础进行验收，基础的平面尺寸、平整度、预留位置及孔洞是否正确，分体进场风机与电动机联轴器连接是否校正，设备四周是否有检验空间，风机的盘管是否进行电机三速运转及水压检漏测试，风机盘管阀门及过滤器是否安装在积水盘内；空调箱是否加设减振装置，吊顶风机是否有减振吊钩；设备与风管间的帆布软接是否有扭曲不顺，组合式空调机各段拼接缝是否严密、不漏风。

（4）空调制冷系统及水系统的安装。空调制冷设备安装的位置、标高和管口方向是否正确，制冷剂充灌是否够量，热力膨胀阀安装是否垂直，感温包是否安装在回气管道的水平段上，组装式机组是否进行了吹扫，气密性试验、真空试验及充注制冷剂检漏试验、安全阀是否进行调试校核，燃油机组是否符合消防要求，管道系统的防静电接地可靠等。

空调水系统的安装过程中管道临时敞口处要采取保护处理，如对接管口是否包扎遮挡；空调机组冷凝水排水管上是否有一定高度的水封；水泵及制冷机组接口连接形式为柔性，空调水系统管道上的补偿器安装间距要准确，冷热水、冷凝水系统是否进行冲洗试压；阀门的安装方向要顺水流向，冷凝水系统坡度不能小于0.01；冷凝水管要进行通水试验，排气和排污阀设施位置要符合要求，冷却塔出水管吸喷嘴方向，位置是否合理，保证布水器孔眼不堵塞和变形，旋转部分是否灵活。

（5）保温与绝热。风管的保温必须进行，保温前要进行严密性试验。水系统必须进行通水压力试验。保温垫木与管道是否匹配，保温层厚度是否符合要求，外缠胶带是否平顺，有无皱褶及起泡存在。

3. 整个系统调试的控制

暖通空调系统的调试涉及建筑、安装、生产工艺、装饰、设计及材料设备供应的诸多方面，是由建设(也可委托工程总承包)负责，设备供应商、监理单位及施工企业共同完成，建成后的调试是一个复杂的工作，应提前写出试运转方案，经过各方认可即进行调试运行。不论多复杂，只要控制几个重点工序环节，为正常运转及竣工验收打好基础。

（1）调试的准备。在调试前，技术及监理人员首先要求安装单位严格按调试方案程序进行，督促施工方对使用仪器精度进行检查，确定精度等级及各种检测参数、过程及方法等。

(2) 单机的调试。

1) 风机性能的测试：通风机应当测出空调系统实际工作条件下的风量和风压力，作为通风机调试的依据。正常情况下，只需要测定风机的风量、风压和转速；特殊时，还要测定风机的轴功率、风机效率，并与产品样本特性曲线进行比较。

2) 水系统性能的测试。水泵的试运转，水泵在调试前先进行电动机无负荷试运转，电动机无负荷试运转合格后再进行水泵负荷试车。水泵负荷试车先手动再电动，最后进行自控制操作。轴承的温度要符合要求，填料渗漏情况正常。

3) 冷却塔试运转。在冷却塔试运转过程中，检查喷水量与吸水量是否平衡，检查补充水量和蓄水池水位运行状况，测量冷却水塔出入口冷却水的温度，做好记录，无任何异常现象则可连续运转时间不少于 2h 即可。

4) 冷水机组调试。对冷水机组的调试要使冷水机组的工作既达到设计的要求，又能安全正常地运行。调试过程中，要求将运行中的主要参数，如蒸发压力、蒸发温度、冷凝压力、冷凝温度、压缩机的吸排气温度、膨胀阀前制冷剂温度调整在设计范围内。

(3) 带负荷系统综合效率测试。无负荷系统调试合格后，进行带负荷系统的综合效率测定。带负荷系统综合效率测定内容较多，如按一般舒适度空调系统，则包括送回风口空气状态参数的测定与调整，空调机组的性能参数调试，室内噪声的测定及空气湿度的测试，气流速度的测试等。当为恒温恒湿系统，则为静压测试、空调机组功能段测试、气流组织测定等项目。在综合效能测试中，质量控制要求做好以下几点：

1) 检查系统中管道安装是否有遗漏，阀门是否按运转程序要求调整到相应位置；冷水机房，空调机房应干净卫生，通风设备单机调试后可以正常运行。2)单机调试，系统联动，无负荷调试测定数据、表格完整齐全。3)电气控制保护系统模拟操作试验，各种设备具备通电运行条件，其他系统均已调试完成。4)在调试运行中，应对测试项目认真观察，取得第一手资料，及时调整，使之符合设计要求。5)调试结束后，要督促施工企业填写相应的测试记录表，参加测试人员要签字，作为日后正式生产运行的重要依据参数。

由于空调通风系统涉及电气方面比较多，在调试阶段要求有电气专业密切配合，在时间安排上最好安排电气和空调专业同时进行。整个建设项目从施工到竣工验收，中间时间长，也有许多变化，当进入生产负荷条件下运行，并经过一段时间的配合协调整改，可以得到最佳效果。如果出现与设计不符合情况，要由建设、设计、设备厂、监理及施工方协调解决，对于调试中出现的问题，要认真记录并逐项整改。技术及监理人员跟踪检查落实，使得所有问题彻底处理，达到满意的使用效果。

综合浅述知道，暖通空调系统工程对于专业技术人员要求比较严，要根据专业特点做好各个阶段的质量控制工作。把握关键点是确保工程质量的重点所在，也是施工实施及过程控制的规定。监理人员要牢记重点，把握关键点。在平时要努力提高自身专业技能和管理控制水平，认真领会工程设计意图，切实使设计落实到工程应用实践中，为用户提供优质的建筑产品。

12 热缓冲技术在建筑节能工程的应用

中庭是建筑设计中常用的一种空间形式，是将建筑室外引入建筑物的公共空间，其具有良好的采光、通风效应，同时也起到丰富建筑物空间的作用。近年来，随着生态建筑理念的较快发展，中庭的生态效应也逐渐得到人们的认可，它不仅是建筑室内空间的变化，也是一种建筑设计的手段。由于中庭是建筑室内外空间自然气候交换的地区，外部自然环境的变化首先反映在中庭场所，通过中庭场所空间的过渡再作用于建筑室内的各个空间，这样可以减弱室内外热交换速率、降低建筑物的热损失，为此可以把中庭作为应对气候变化的缓冲区。建筑界对于寒冷地区恶劣环境气候要采取隔断的能力有限，增加缓冲为梯度是对外界气候变化过大情况下的可采用措施，也是达到节省能源的一项具体实施。

至今中庭节能的理念在建筑设计中国内还处于起步阶段。很多已经有中庭的建筑并没有能够节省能源，反而成为建筑中能耗消失最大的部位。对于资源相对短缺的现状，有着大量中庭建筑物来说，通过中庭来达到生态节能目的极其重要，有一定的现实意义。

1. 中庭热过渡的形式

现在建筑中利用中庭构造形式的较多，从已有的布置形式看，大体分为 5 个类型，即：核心式，嵌入式，内廊式，外廊式及外包式。其热过渡(缓冲)形式一般为两种，即“温室效应”和“烟囱效应”。中庭形式见图 1。

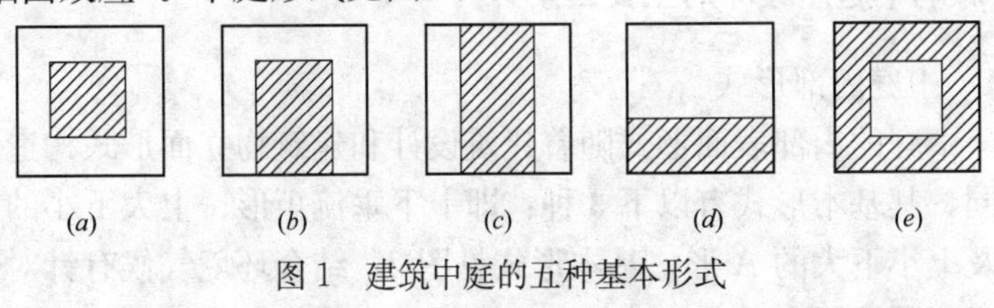

图 1　建筑中庭的五种基本形式

(a)核心式；(b)嵌入式；(c)内廊式；(d)外廊式；(e)外包式

1.1 温室效应形式

温室效应即太阳光照射到中庭的玻璃顶棚上，太阳光照射玻璃有选择性的透过辐射热，普通玻璃能够将波长在 0.4～2.5μm 范围内的太阳短波辐射进入室内，其能量被中庭内部表面的所有物体吸收而使该部位温度升高。而中庭内部表面的所有物体又辐射出 10μm 左右长波，此波长的辐射不能透过玻璃射向室外，这样太阳辐射产生的热量就会停留在室内，致使室内温度大幅提高。在冬季，太阳光照射到中庭的玻璃顶棚上，也可能是幕墙上直接射入到中庭的地面或墙壁上。当这样材料有一定的蓄热功能时，则可以大量吸收中庭中过多的太阳热量。而到了晚上，中庭玻璃无太阳光则温度降低，中庭内部会释放出白天储存的热能，增加室内温度，以减少昼夜的温度差。

1.2 烟囱效应形式

"烟囱效应"是由于中庭中"温室效应"使得建筑物室内不同高度形成不同的温度层，在温差的作用下会产生空气压力差，热空气轻会上升，相对于较低空气会处于下降趋势，这样引起空气的自然流动。当形成自然风吹向建筑物的正墙面时，由于受到建筑物表面的阻挡而使迎风面出现正压区，在气流作用的各个侧面形成负压效应。中庭顶端是负压区，会使上升气流从中庭顶端的排风口排出，位处室外正压区的空气从底部吸入。室内外的温差值越大，新风的进出口位置相对高差如果越大，热压通风效应也越强烈，建筑中庭这个时期相当于一个排风孔，造成室内空气不断得到更新。

2. 影响中庭热缓冲的主要因素

2.1 中庭内部形式

中庭的内部表面形式随着建筑设计和建筑物立面形式构造的不同，其基本形式有以下 3 种：即上下垂流矩形、上大下小的 V 形及上小下大的 A 形，基本形式见图 2。结合环境气候有针对性地对不同地区和季节，建筑中庭的设计在外表面会产生不同的变化效果，并与调整中庭的高度与宽度相适应。

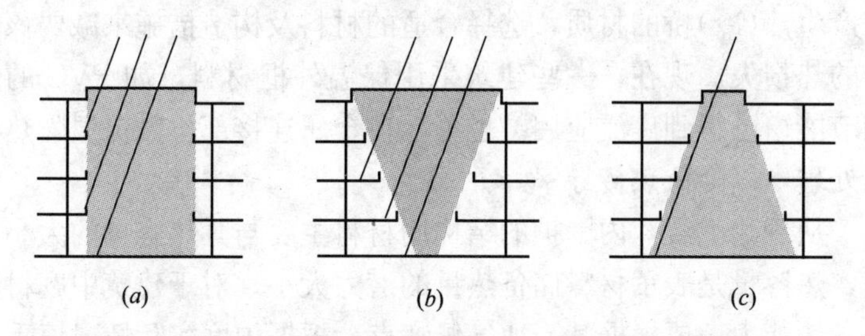

图2 中庭的截面形态示意
(*a*)矩形中庭；(*b*)V形中庭；(*c*)A形中庭

(1) 用顶端采光式(上下垂流)中庭为例，高宽度比例小的中庭空间低且显得宽阔，适合在寒冷地区的冬季使用，这能更好地获得太阳光照射，发生温室效应。而高宽度、比例大的中庭空间高且窄长，则适合在炎热地区和夏季使用，目的是减少太阳照射面积，利于充分发挥中庭“烟囱效应”作用，加强自然通风，降低室内温度。

(2) V形的中庭由于两侧建筑形体呈现退台状，有利于每层直接获得自然阳光，增加热量的获取，适宜在寒冷地区的冬季应用，达到节能降耗的目的。

(3) A形中庭与V形相反，根据气流习惯，这种结构形式对于烟囱效应极其有利。

2.2 中庭围护材料要求

建筑中庭是为了更好采光和景观需要，外围护结构大部分做法是用玻璃作为围护材料，为此对玻璃的选择十分重要。由于普通玻璃的传热系数比较高，与砖混砌体及混凝土结构比较，若进行热交换，热损失要大7倍左右，因此，要求对玻璃保温显得极其重要。常见的Low-E(低辐射)玻璃、中空玻璃、多层玻璃的热阻较大，适用于北方广大地区应用，而阳光透射系数小的热反射玻璃、传热系数大的吸热玻璃则不适用于北方广大地区。玻璃的光线透射率、热传导性能不同，对中庭热环境的影响很大。同时，安装固定玻璃的金属构件外框会形成热(冷)桥，应避免使用易产生热(冷)桥的材质，选择合适的材料及构造措施来减弱该部分的热损失。现在，一些建筑采用保温外框材料，如 PVC 的塑钢节能窗已得到广泛应用。也可以在金属连接部位做保温隔热构造处理，以降低热传导率。

从理论上看，内围护的结构用材料主要与其热容量的大小相关，热容量是表示材料储备热量的潜力大小。对于建筑中庭材料的蓄热能力，要根据其当地气候特点，根据中庭实际情况慎重选择。在寒冷地区应考虑夜间休息时间，宜采用热容量小的建筑材料，这样白天有太阳照射下，中庭环境很快会提高室内的温度，减少热损失，增加舒适度。而全天候使用的中庭要选择热容量大的墙体材料或是其他储热材料，白天大量吸收储存热能，晚上当太阳落山开始降温后，则释放热量保持中庭的舒适度。对于夏热冬冷地区若是夏季长于冬季时间，应采用热容量大的墙体材料，这样便于夏季太阳能量的大量储存，晚上再释放调节，防止白天升温过快。如果北方冬季长于夏季的地区，要选择使用热容量小的墙体材料，有利于冬季白天可利用太阳光辐射，达到较快提升室内温度的效果。在西北干旱炎热地区，也应当采用热容量大的墙体材料，白天大量吸收热储存热量，到了晚上当气温降低时，材料中储存热量释放出来，提高中庭温度。要根据不同材料的储热特性，有选择性地使用材料，利于调节中庭的气温变化，使生活环境质量得到提升。

2.3 中庭植物及水环境

绿色建筑对环境的效应是非常积极的，植物由于具备的“蒸腾和光和”作用，对调节建筑物大量的硬化地面，尤其中庭气候具有重要的作用。这是因植物叶片反射阳光，遮罩太阳光直射，减弱了地面及其周围气温的升高，很有效地缓解建筑物中部的热环境，尤其是夏季对降低中庭热环境更明显。同样，绿地和建筑物表面空气的升高和降低存在着时间差，热空气上升，周围低空气补充，形成了空气流动即风，加大了对流热。除此之外，绿色植物蒸发的水分可以调节局部范围的相对湿度，对于干旱炎热地区环境的改善具有现实意义。从而可以认为，在建筑中庭种植适合的植物，可以改善中庭内部微小气候，达到提高中庭舒适的热工效应。

在中庭院内布置水体可以调节室内的热环境，主要目的是调节气温、气流和空气的湿润。夏季一般白天气温高吸收热量，缓冲气候升温过快，同时水分的蒸发可以吸收大量的热量，而到了晚上因水体散热比较慢，硬化地面散热比较快，造成水、地面热效应的不同，两者表面受热不均匀即形成温差，引起局部的热压差，从而形成白天向硬化地面、夜晚则向水体的昼夜交替水陆风流，改善小范围热环境。同时，水分的蒸发使环境湿度保持稳定、持久。

3. 中庭热缓冲层的正确应用

中庭作为建筑群体的一个组成部分，合理的采光比较重要。一般中庭几乎采用的是以顶层面采光为主，夏季辐射热时间长且强度较大，在设计上宜采取顶部遮阳的方法处理，减少太阳直射的升温。若是单纯从室内热环境方面考虑，南向侧面采光中庭才是冬暖夏凉的最好选择。这是由于在我国多数地区冬季太阳光绝对地集中在南向，中庭可以得到充分的日照，使温度很快升高；而进入夏季太阳高度角增大，正午时阳光与南面窗夹角很大，太阳辐射作用强度降低。对于北向采光中庭，全年的温度会比较低，在炎热冬暖地区的海南、广州、福建部分地方可以采用。东西向布置的中庭，夏季太阳辐射角较低，遮挡比较有难度，一般情况下应尽可能少用。同时，在中庭增设可调节的遮挡辐射的降温设施，包括可制动遮阳板、自开启通风窗和双层玻璃幕墙等。设置可调节构件是尽量减少在冬季采暖期可能出现的不利影响。

(1) 夏热冬冷的广大地区，设计时应首先考虑冬天阳光尽量进入中庭，而夏天减少太阳光照射问题，因此，建筑物间距相对要大。中庭位置必须按照当地环境冷、热月时间长短和冬季主导风向考虑，热月时间长的最好靠北是玻璃幕墙中庭，并且把热月份主导风引入至中庭，但是玻璃幕墙需要考虑冬季冷月的保温需求，而冷月时间长的则是相反考虑，但玻璃幕墙必须重视夏天的隔热。夏热冬冷地区需要考虑夏季遮阳及冬季保温需要，冬季阳光要引入中庭。

（2）在冬冷夏热的中间过渡缓冲地区，设计侧重于保温与气密性方面，其通风只能是满足必需的换气功能，因为过量的通风换气会导致大量能量的流失。建筑物利用中庭热空气上升形成的烟囱效应，达到自然通风。但是在寒冷地区还要采取隔热措施，因此中庭会设计成高宽比小的体形，以便达到温室效应的采暖形式，从而降低烟囱效应换气过快的不利影响。这个不利因素需要根据工程实际，经过充分分析论证，使之达到平衡的效应。

（3）在夏热冬暖的一些地区，必须充分满足夏季的防炎热时间长的问题，可以不考虑冬季保温。最主要的是考虑夏季中庭的降温，限制热量进入室内并能有效使室内较高温度逸出室外。中庭的降温就是要通过这些途径尽量减少太阳辐射，减少室外热空气流向室内，并引导通风让风将室内热空气带走，加大室内向外的排气速度，达到降低室温的目的。

现在全社会提倡低碳生活，人们意识到在建筑工程应用各种措施达到节能减排的目的。中庭的布置形式是在多年应用中常常采用的空间形式，在公共建筑中采用得比较多。涉及中庭的热环境质量，采取切实有效的方法充分利用可再生能源，降低能耗，达到在不同气候环境地区中庭建筑的正常发展；同时，也要看到中庭的节能潜力，合理布置，认真构思，使中庭的冷热性达到所需要的功效。

13 建筑物自然通风的温度效应影响

采取自然通风系统的建筑空间形式和技术，实现有效的被动式通风系统，与环境共呼吸，必然成为建筑设计师的设计理念。被动式通风系统的驱动力是风和温度本身。建筑物室内外风速和温度的不同引起室内外之间的风压差和热压差，由此而产生内部空间的自然通风，作用在建筑物上的风压大小主要取决于风向、风速和建筑物的外部形状。与风压通风相比，热压通风更能适应常变的外部风环境。设计实用的热压通风系统不仅能缓和热的不舒适，而且可以制造热舒适度，有利于减少空调的工作时间，为使用者节省电费，同时也可以减少“建筑综合症”发生的可能性。

1. 温度效应问题

温度效应可以说是热压通风或烟囱通风系统的设计原理。由于室内外空气温度的不同引起空气密度的差异，当室内空气温度升高时，室外空气所形成的压力要比室内空气所形成的压力大，于是室内外的空气就形成了压力差。因此，室外凉爽的空气就会从门窗洞口流动进入室内，而热空气上升从上部窗口排出。如此不停循环流动，在房屋内部形成空气对流，达到通风效应。所形成的热压强度可由公式 $\Delta P = H(p^{e} - p^{i})$ 计算。式中，ΔP 为热压(Pa)；H 为上下进排风口的中心距离(m)；p^{e} 为室外空气密度(kg/m^3)；p^{i} 为室内空气密度(kg/m^3)。从式中可见，热压力大小取决于室内外空气密度差和进、排气口的高度差。

热空气上升产生热压因而形成垂直的压力梯度。这种效应取决于热空气柱和周围空气的温度差，以及热空气柱的高度。室内外温度每相差 1℃，将会在建筑高度方向上产生大约 0.04Pa/m 的压力差。

例如，在夏季无风的早晨、夜晚，冷却了的烟囱从室外进入较热的空气，这种逆向烟囱效应可使室内获取舒适的空气流动质量。当烟囱内不断升温，烟囱的作用又颠倒过来了，凉爽的室外空气又被得到利用。在建筑设计中，通过对一些空间，如中庭、太阳能烟囱、双层玻璃幕墙及楼梯间等具有可贯穿多层的“竖井”空间的设计构造，可以达到利用热压自然通风的效果。

2. 竖井空间的设置

2.1 中庭效应

中庭同样具有烟囱效应和温室效应的“竖井”空间。烟囱效应是由于中庭的获取热量而导致中庭和室外温度不同，形成中庭内气流向上运动。在夏季，利用烟囱效应可引导热压通风。风从中庭底部进入，从中庭顶部排出，带动各个房间自然通风，及时排除聚集在各房间及中庭的热量。温室效应是由于太阳的短波辐射通过玻璃温暖室内物品表面，而室内建筑及物品表面的波长较长的二次辐射则不能穿越玻璃反射出去，因此，中庭获得和积累的太阳能，造成室内温度升高。进入冬季，关闭夏季用于通风的上部开口，则可获得温室效应，进而成为建筑物内部的温暖空间。

现在，在许多有中庭的建筑中，主要还是封闭形式的较多，设计的主要目的主要是考虑到采光。封闭式中庭虽然可获得光效应及温室效应，但也造成夏季内部空间温度过高，增加了热负荷。如果在设计时，认真考虑利用烟囱效应，在上部设置可以控制的排风口，就会实现热压通风而降低夏季过高的热负荷。

参考国外的做法，国外在利用自然通风系统方面的研究应用，实际上要早也比较先进。如，1997 年竣工的法兰克福商业银行总部大楼，是高层建筑中利用中庭的热压作用，实现自然通风的范例。这座高 298.7m 的 53 层，三角形高楼，是世界上第一座高层生态建筑，也是全球最高的生态建筑。在该建筑的构思设计过程中，针对塔楼 6 层高度中庭自然通风状况，设计师福斯特及其合作者无数次计算机模拟和风洞试验后确定，将大楼每 12 层作为一个单元，在每个单元内部利用热压达到自然通风，各个单元之间通过透明玻璃相分割，如图 1所示。

从图 1 中的试验可以看出，如果整个中庭自上到下不加分隔，在大多数情况下中庭内部将产生十分不能忍受的紊乱流。因此，设计者将整个中庭构思成一个个自然通风的单元，而不再是一个很高、通长的大烟囱，从而避免了由于中庭太高而产生强烈紊乱流的不利环境状态。多个离地高度不同的空中花园在中庭周围环绕，顶部独特的透天采光设计及分隔单元的透明玻璃，使楼内获得充足的太阳光。可以呼吸的自然通风系统，阳光、绿色使整个中庭仿佛置身在自然环境之中，有效地调节了人与自然的接触，缓解了工作疲劳和精神压力。

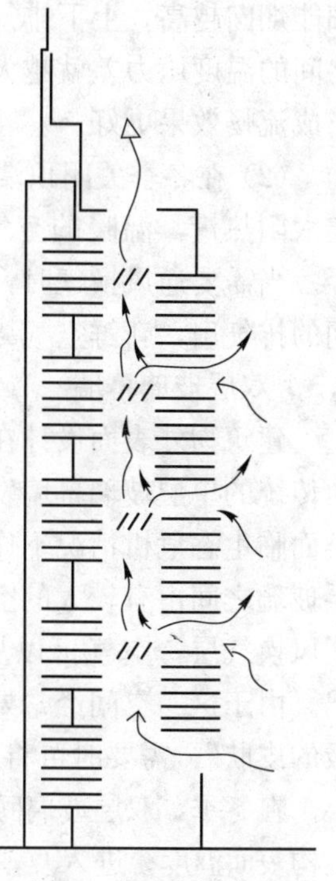

图 1　法兰克福商业银行中庭示意

2.2　太阳能烟囱效应

太阳能烟囱是利用太阳辐射作为动力，为空气流动提供热空气可浮升力，把热能转化为动能的热压通风系统。太阳能烟囱设置的数量和位置，可根据具体建筑的类型、体量而定，既可以设置在中庭位置，也可以设置在一个侧面。为了更加有效地利用太阳能，最好还是设置在建筑物西侧，一般面向太阳的墙面多数为玻璃幕墙，烟囱的顶部和底部分别设有可控制开关的出风口、进风口。

(1) 在夏季打开顶部出风口，再关闭底部进风口。当太阳光照射时，内部聚集的热量会使内部烟囱效应更加强烈，热空气上升从上开口排出，形成气流路径。从热压公式计算可以看出，太阳能烟囱越高，上下排气口和进气口的距离就越大，顶端和底部之间的温度压力差就越大，烟囱内空气流动的速度就越快，利于形成流畅效果更好。

(2) 在冬季关闭顶端开口，烟囱即变成温暖空间，白天可聚集太阳热量，温暖的空气流向各需要房间，形成热空气内流路径。当需要通风换气时，打开太阳能烟囱底部进气口和各使用房间的排气扇，新鲜空气尽快流入而浊气随即排出。

2.3 双层玻璃幕墙

建筑物外表面设计在当今高层建筑中占有极其重要的位置。由传统的单层玻璃幕墙发展到现在的双层玻璃幕墙系统，它是人类面临生态危机情况下作出的一种创新与探索。其构造形式为双层玻璃之间留有较大的空间，内外幕墙之间形成一个相对封闭的通风换气层，空气可以从下部进风口进入，再从上部排风口排出。由于这一空间经常处于空气流动状态，对此有人称为“会呼吸的皮肤”，需要时可将房间的窗户开向通道位置。

在冬季，双层玻璃间层形成热空气温室状，可提高建筑围护结构表面温度；进入夏季，则可利用烟囱效应在间层之间通风。双层玻璃幕墙具有保温、隔热及隔声作用，然而由于大量使用玻璃，夏季会增加太阳辐射热使间层内温度升高，引起降温的电能耗。对于产生的不利影响，内层玻璃改为隔热玻璃，间层内设置窗帘，并且在通道内设置自动或手动可控制调节的百叶遮挡阳光。

双层表皮玻璃已经受到更大的关注，应用也在发展中得到完善。在欧洲双层表皮幕墙内外之间有一个约0.5m宽的空气缓冲间层，幕墙为单元式，通道一层高且单元之间互不连通。可以带走通道内50%以上的热量，减轻了室内空调的负荷。现在国内也出现了这种带生态表皮的建筑，由于造价比较高，只用于商业及办公场所，如北京的国家会计学院、国贸旺座商务办公楼及上海的久事大厦等。在住宅建筑上使用却很少，仅有北京的高档公寓天亚花园、北京公寓等。清华大学超低能耗示范楼的围护结构，也部分采用双层通风玻璃幕墙。幕墙间留有600mm宽空气通道，外幕墙用 6mm 透明钢化玻璃，进、出风口的高度均为 600mm，电动开关。内幕墙用 4mm＋9A＋5mm＋9A＋4mm 双中空，双 Low-E 玻璃，靠空气通道内侧设有遮阳百叶窗。这种节能效果明显的幕墙结构形式，会在今后得到广泛采用。

2.4 楼梯间的通风设置

楼梯间在各类工业及民用建筑中都会采用的基本形式，也是一个相对独立的封闭空间。通常只在一面有直接对外的窗口，难以利用风压达到穿堂风，实现自然通风效果。如果设计中利用楼梯间“梯井”的空腔效应实现热压通风，则是非常具有实用性和普遍性的。利用楼梯间内梯井空腔的竖井效应，需要在顶部设置高出屋面的排风口，新鲜空气从下面的侧窗进入，而污浊的热空气就会经由通风竖井从上部出风口排出，如图 2 所示。从而使楼梯间的空气质量和热舒适度得到改善。为了利用太阳能加强通

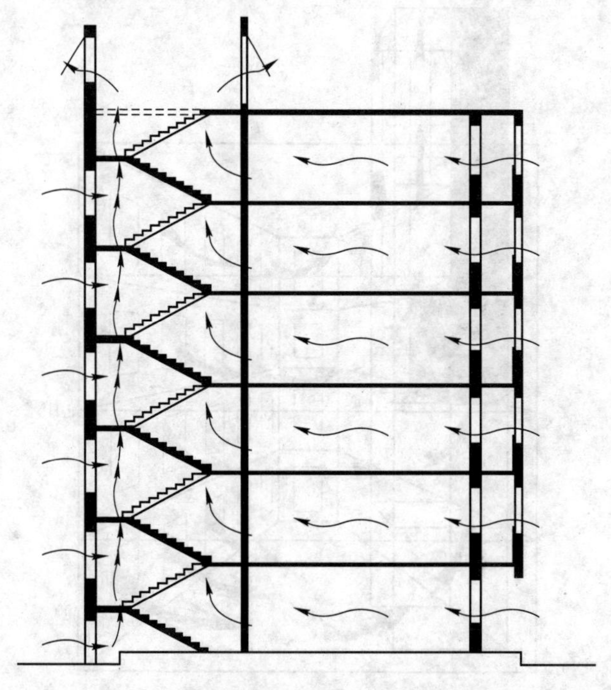

图 2　楼梯间热压通风

风，在顶部最好是南向或者西向设置玻璃幕墙，考虑到冬季西北主导风向的影响，寒冷及严寒地区在北侧可不设窗或者只设较小的窗户。

现在，房屋在楼梯间内设置通风竖井，利用热压通风的建筑物，是清华大学的超低能耗示范楼。该楼梯间为集自然通风、自然采光和防火功能为一身的多种功能综合体，通风井道利用楼梯间三跑楼梯的梯井空腔而设，采用高强度单片铯钾防火玻璃建成。由于铯钾玻璃有卓越的防火性能和极高的强度，即强度是同样厚度钢化玻璃的 1.5～3.0 倍，可满足根据计算厚度大面积使用的要求，优良的通透感使玻璃竖井通风道可有效解决楼梯间的自然采光要求。玻璃竖井一直通到建筑物顶端并高出屋面，目的是利用太阳能强化通风，超低能耗示范楼楼梯间热压通风如图 3 所示。

图 3 楼梯间热压通风

3. 简要小结

通过上述浅要介绍可知，在利用热压实现自然通风的设计中，除了需要掌握热压作用的基本规则之外，还需要了解空气流动的基本规则；空气流动规则是指当空气的流速增加时，空气的静压会降低；当形成负压区时，对气流具有吸的作用。了解这一规则，有助于对竖井排风口处收缩作用的把握。在具体设计应用时，充分考虑当地的气候条件，对竖井空间利用可采取计算机流体动力软件模拟分析，达到优化设计，使设计真正达到理想的功能和气候调节功效，满足生活工作环境的舒适状态，使建筑与人、自然生态环境之间形成良性的循环系统。

选择中考虑热压通风在内的自然通风系统，需要把建筑看成是有生命的会呼吸、会出汗的有机体，与环境气候和谐共处，尤其是和建筑使用者要求相适应。同一些发达国家有目的地设计使用自然通风系统比较，国内仍处于一个初期阶段，但随着节能减排要求的迫切性，生态和绿色概念已经深入人心，从以人为本过渡到以环境为中心的转变，利用自然通风系统的建筑物，会逐渐出现在全国各地的不同建筑物中。

14 现代绿色低碳节能建筑的要求

现代建筑业是节能低碳的重要行业，随着经济的发展和对生活质量的提高，建筑行业的能耗因其规模的扩大总量还会有所增加，并将成为今后能源消费的主要增长点，推进绿色节能建筑的发展，不但对实现国家向国际社会承诺的到 2020 年温室气体减排目标具有十分关键的作用，同时也对全球应对气候变化有重要影响。事实表明：中国经济与建筑行业要取得可持续健康的发展，推动绿色节能技术开发与走低碳经济的发展道路是十分迫切的。

1. 低碳节能建筑

所谓低碳节能建筑是指在保证提高建筑舒适性的条件下，在建筑材料使用与施工、设备制造和建筑实体使用的整个生命周期内，合理应用能源，降低制热制冷用空调，在做饭、采暖、热水供应、家庭电气和照明等方面的能耗，降低室温气体排放量，不断提高能源利用效率。在各类工程的建设中，必须采用节能材料和节能技术，同时在建筑物使用过程中明确节能责任，建立健全节能管理制度，落实节能措施。

由于低碳节能建筑涉及新建建筑物的节能、既有建筑物的节能和建筑使用系统运行的节能 3 个方面，可以认为低碳节能建筑就是集新材料、新技术、新工艺的综合应用体，也是利用自然风能、地热能和太阳能等新技术、新工艺得到合理应用的主要领域。

2. 绿色节能建筑的应用

（1）已有的传统建筑是在建造和使用过程中，多数是被动地考虑到环境带来的问题或者给环境带来的不利影响。而现在提倡的绿色节能建筑是要求从原材料的初期即开采、加工、运输到使用，直至建筑物的废弃、拆除的过程，要自始至终坚持可持续发展的理念，节省和合理利用资源。

这就要求在建筑物施工时比传统施工要减少土产砂石料的用量，减少对不可再生资源的用量，现场湿作业操作施工量大幅降低，施工环境文明优良。当建筑设计年限到期需要拆除时，钢材则是按照不同用途回收再利用，更有效地减少灰色建筑垃圾滞留在现场，把建筑工地区域的环境影响降低到最低限度；向自然的索取量要逐步减少，这样的建筑让人们在体验新建筑的同时，能更好地享受健康、舒适的生活。在这个过程中，要求建筑参与者和所有人员，把节能环保的理念贯彻始终，强调建筑是为了提高人们的生活质量，对环境质量作出贡献。同时，也将自然风能、地热能和太阳能循环利用装置的标准，融合在建筑低碳的设计标准中，从整体上构建建筑以及建筑构造体系中，在最低环境负荷条件下，建设最安全、健康及舒适的居住空间，达到人与建筑、环境的和谐共存，健康、持续发展。

(2) 绿色节能建筑要借鉴成功节能技术。在许多发达国家在推行建筑节能，绿色建筑方面已经有多年的时间，建立了较为为善的节能技术体系、供应体系和相应的节能环保综合评价体系，国内建筑业在经历了因环境问题引发的教训也不少，已开始借鉴和采用这些成熟的节能技术和评价体系。

在节能减排和低碳环保理念的学习中认识到，我国建筑企业在进入 21 世纪以来，有效地大规模吸收了世界上发达国家在低碳建筑和绿色建筑上最新产品和技术，在全国得到了普遍的推广应用，并且结合国内实际综合利用，使国内绿色建筑和节能建筑快速发展应用，少走了研发和生产周期的路子。用最低的成本和可靠的办法，在最广泛的市场应用。

3. 建筑企业必须走低碳的路

(1) 节能建筑是发展的必然需要。伴随着建设现代化的需要和生活水平的提高要求，城市化进程加快了建筑物总量的大幅度增加，建筑能耗将持续增长，造成的建筑热环境日益成为人们生活的需要。当前能源短缺已经成为世界性问题，建筑居住环境的节能与低碳被广泛引起重视，作为使用能源大户的建筑企业，建筑节能是改善和提高节约能源、保护环境、减少温室气体排放的重要措施之一。

多年来国家在建筑方面的能耗相对比较高，浪费现象也很严重，在城市和建筑行业普遍存在高能耗、使用功能差、室内外品质低下的问题，例如：建筑垃圾、烂尾楼，甚至臭氧层破坏都和建筑行业不环保、不低碳观念有一定直接或间接关系。而这些问题的存在，如果只要求建筑和规划的传统学科是难以解决的，需要各学科交叉研究，向低碳这一目标发展。需要我国建筑节能目标向着节省能源与加速能源开发的前提下，改善建筑物的室内热环境，把建筑节能技术和综合管理体系，有针对性地引导到低碳绿色节能上来，成为新时期建筑业发展的大趋势。

(2) 节能建筑是低碳经济的需要。所谓低碳经济则是低碳发展、低碳技术、低碳产业和低碳生活一类经济形状的总称。按照国际上的通常定义，低碳经济是人们在社会经济高速发展中遭受环境、资源和生态危机之后深刻反省自身发展模式的需要而形成的观念。是以限制石油能源对气候变暖影响为目标，不断促进能源的高效充分利用，推行区域清洁发展和促进产品的低碳开发，使地球生态平衡。由于我国是一个资源短缺的人口大国，每年的新建设中80%以上的建筑为高能耗房屋。越来越多的建筑高能耗，而越来越少的可用土地资源的现实，让我们意识到，现在建筑能耗问题成为国民经济发展的负担，也影响到可持续发展的进行。

发展绿色节能建筑，选择走低碳经济发展道路，不但可以节省大量能源，减少温室气体排放，还可以节省投资费用，提高能源系统的可靠性，改善环境质量和居住者的健康水平，创造更多的商业机会和就业。因此，努力推动绿色节能建筑的产业，向低碳经济发展，不仅是应对全球气候变化的需要，而且是促进建筑业良性发展的必然之路。

(3) 节能建筑是市场竞争的需要。几十年来，发达国家建筑业发展的实践表明，多项建筑节能技术的同步发展与建筑市场提高竞争力关系密不可分。这是由于随着国家对建筑节能要求的政策强化，房屋建筑的围护体、门窗、屋顶、采暖空调、地面和照明，这些建筑物的基本构件组成都开始发生了大的变化。建筑构造、材料设备、施工措施都开始向低碳环保、节能减排方向改变，新研发的高效保温材料、密封材料、节能设备、自控系统也大量涌入建筑市场，绿色节能建筑大规模建造，加上原有建筑采取节能改造，提升环保效率，市场的需求越发扩大。

在低碳环保和节能减排大背景下，迅速增长则形成了巨大的市场需求，引发了建筑市场新的冲击与挑战。一些不景气的企业寻找商机出路，市场上涌现出很多制造节能产品的企业，同样这种低碳需要也促进了设计和施工企业调整施工技术和产业结构。从建筑节能开展比较早且重视的城市看到，绿色节能建筑技术的开发并不是压力和负担，而是一种推动力。因此，认识到这一点，早期投入应用会掌握市场的主动性，在日后的市场竞争发展中有较大的发展优势。

4. 绿色节能向低碳化的做法

(1) 先进技术推动低碳化。研发用新的节能材料制造的结构体件，更加适合保温、采光通风和隔热要求。研发的建筑节能材料在围护室内环境的同时，还要有降低能源的作用，达到环保节能的效果。如利用太阳能光热技术提供稳定的生活热水供应，采暖与制冷及电力供应，有资质的建筑企业或施工单位，根据外界环境变化随时改变材料性能的产品，像使用全自动运行的太阳能通风采暖技术，可以在无人居住时，室内基本环境也能保证良好的质量水平。这应当是实现建筑节能向低碳化发展的基础性技术，也是属于未来建筑行业需要的产品。

(2) 优化室内设施的配置。合理选择节能型建筑设备产品配置，是提升低碳住宅品质的一个重要环节。建筑设备的选择，必须遵循健康、低碳、环保和经济适用的原则，一方面随着科技的发展，把大量的由新型高效材料研制成功的建筑设备应用到设计与建筑施工中去，使这些设备设施尽早发挥高效作用，更加有效地起到节能环保效应。如在建筑节能科技中，节能照明技术很成熟且便于推广应用。对于既有建筑采取绿色节能技术进行改造，提升品质高的照明设备，把建筑打造成为健康、低碳的舒适空间。

(3) 要建立约束机制。目前，政府及企业主管部门应建立有效的鼓励和约束机制，加大绿色产业的投入，从规划到运行形成与之相适应的市场环境，充实、完善节能工作机制和市场节能监管体系，完善法规，探索适合国情的低碳建筑发展模式。

综上浅述，现在国家及全社会大力提倡低碳、环保的良好环境气氛：建筑行业向低碳经济发展，能有效推动建筑节能事业的发展。同时，强调开展建筑节能减排对社会环境、节能政策法规的建设，标准体系的完善，适应低碳技术的开发利用发挥重要作用。要加强全社会对绿色节能建筑的了解，提高公众的意识，从而推动我国建筑行业健康发展。同时，要建立节能的技术体系、供应体系和综合评价体系，用低成本、高效率的方式促进我国建筑行业向低碳方向发展。

15 聚苯板薄抹灰外保温施工应用及质量问题

现在工业及民用建筑外墙保温节能做法中，使用模塑膨胀聚苯乙烯泡沫塑料板(EPS板)薄抹灰外墙外保温系统。从20世纪90年代开始，国家和地方出台了相关的技术规范和标准，但是在实际的设计、材料及施工检查中仍存在一些问题，一些构造措施还需进一步通过试验和时间来验证其安全耐久性。以下对应用多年的EPS板薄抹灰外保温系统中存在的问题浅要分析，并提出相应的技术措施。

1. 施工中存在的问题

在当前的EPS板薄抹灰外保温施工中，普遍存在着一种重视锚固而轻视胶粘结的质量问题。造成一些工程中施工人员在已粘贴完成的保温板上钉很多锚钉，但对EPS板胶粘剂的涂抹很不规范。这种施工方法实际上，是对EPS板薄抹灰外保温的要求不了解。对EPS板薄抹灰系统而言，对板角的锚固主要是在不可预见的情况下，对确保系统安全起一定的辅助效果，是在楼层较高时起临时加固作用，而粘贴是承受整块板的重量荷载，不要因为有锚固而轻视对板块的粘贴质量要求。

现行《外墙外保温工程技术规程》JGJ 144—2004中规定，在供应商能够自行担保系统安全性的情况下，可以不使用锚栓。由规定可以看出，是在不可预见情况下采取的辅助锚栓，一些人员被错误理解为锚栓起主要作用而乱用。同时，过多地使用锚钉，不但会对已粘贴的EPS板产生扰动，还会加大热桥部位的数量；由于锚钉进入墙体深度不一，对EPS板的表面平整度造成影响；锚钉的塑料压片会影响板面与薄抹灰层之间的粘结牢固性。需要特别提出的是，很多主体墙是用轻质多孔砖砌筑的填充墙，并非密实墙体。在外保温施工时，把锚栓固定在填充墙上，其锚固效果就值得疑问，在其上再把锚栓固定得安全要大打折扣。

按照要求重视粘贴灰饼的数量大小，过程中的监督检查不可忽略。这是由于粘贴点数过少当时外表看不出，但是在使用一段时间后会产生变形脱开，造成空鼓以至脱落现象。

2. EPS 板上粘贴饰面砖的安全问题

现行《建筑节能工程施工质量验收规范》GB 50411—2007 中规定，外墙外保温不宜采用粘贴饰面砖做饰面层，同时还指出如果采用时，其安全耐久性必须符合设计要求。但是在现实中，不论是公共建筑还是住宅工程，也不考虑层数多少，为了达到建筑物外墙的立体效果，很多将天然石材或人造石材、陶瓷砖粘贴于外墙保温层上。这种做法等于又在本身强度较低的外表面上又加上一层更重的外壳。对于 EPS 板及外饰面砖这两种完全不同收缩量的材质，粘贴后短期内可能不产生问题，但是处于外界自然环境下，使用一些时间后其安全性是不可靠的，尤其是寒冷地区温差过大，安全耐久性值得引起特别重视。因此，在外保温板上粘贴厚度较大的饰面材料尽可能慎重，人员多且层数高的要避免使用。

对于一些房屋首层的外立面装饰，考虑到楼层较低相对安全，特别是粘贴面砖后，从一定程度上能较好地保护外保温板在撞击时不易损伤，使用效果还可靠，施工中要特别重视。

（1）粘贴饰面砖必须使用专门砂浆，而不允许现场自己拌合普通砂浆。

（2）在粘贴饰面砖范围内的保温板表面，加设一层耐碱网格布。

（3）在首层下部加设角钢支托架，当外墙体为混凝土等密实墙体时，采用一些锚栓效果更好。

（4）粘贴饰面砖范围内的保温板密度不宜小于 $20kg/m^3$，饰面砖的重量也不应大于 $20kg/m^3$。

在建筑工程中，外立面会设计成小块天然石材为面层，但是石材重量过大，而把外墙外保温改变为内保温处理，方便于将天然石材直接粘贴到外墙上。若这样构造，虽然避免了质量隐患，也会造成如墙体交接处保温层的不到位，成为又一热桥部位，降低保温功能。

3. 材料使用中存在的缺陷

在EPS板薄抹灰外墙外保温系统施工中，主材EPS板、胶粘剂及玻璃网格布三种材料中，存在的主要问题及缺陷是：

（1）膨胀聚苯乙烯泡沫塑料板在加热后体积会有所减小，因此要求在出厂前进行一定时间的陈化养护，以保证其使用时尺寸的稳定，相当于蒸压加气混凝土砌块也需要有一定养护龄期的规定。避免EPS板用在墙面后产生较大变形而开裂。现在的实际情况是，EPS板的需求量较大，加工成品后无陈化时间即急于出厂，进入工地则直接贴在墙面上，这是造成后期使用过程中出现各种裂缝的主要原因。

（2）主材EPS板、胶粘剂及玻纤网格布三种材料进场的复检数量不符合规范要求。规范中规定“同一厂家同一品种的产品，当单位工程建筑面积在2万m^2以下时，各抽查不少于3次；当单位工程建筑面积在2万m^2以上时，各抽查不少于6次”的规定要求。许多工程由于试验费用过多的原因，对其三种材料的复验抽样数量远未达到规范要求，有的按每单位工程一次甚至几个单位工程只抽取一次，个别的则与检测机构串通，采取少取样多出报告方式过关，导致一些性能指标低劣的材料使用到保温工程中。另外，还有取样不均匀的问题，按要求应在材料进场的前后不同阶段抽样复试，即抽样应均匀分布。假若是一次进场的材料，也应随着施工的不同阶段抽取，在施工方的取样计划及监理机构的见证计划中体现出来。

（3）现在，建筑市场EPS板、胶粘剂及玻纤网格布产品极多，如在EPS板生产过程中掺加石粉或细砂，以此来提高板的密度及阻燃性。对此，现场监理人员必须严格按规范规定数量见证取样，对EPS板采取现场破坏性检查材质状况；还可把抽样用秤称其计算密度，用最简单的方法控制板的质量。可以在很大程度上减少板中掺砂及违反设计要求的现象发生。同时，一些不符合要求的玻纤网格布与正规产品在外观及包装上是有明显差别的。监理人员应认真辨别，严格把关。针对胶粘剂的改性聚合物砂浆，也是由于胶粘剂成分的掺量不同而造成粘结牢固及耐久性的差异。对这几种主材，必须在考察的基础上选择使用。

（4）由于材料性能存在一定差别且相容性的问题，应有针对性的对保温用的这三种主要材料配套研发生产，以解决小规模及各自生产质量存在较大差异的问题。在此基础上，各地建设行政主管部门制定一些优惠政策，将掌握产品性能的生产商发展成为专业施工承包商，使产品生产、施工一体化，避免出现质量问题而扯皮不清，促进节能工作的顺利进行。

4. 施工中存在的问题

4.1 随意性大，节能效果降低

不能随便更变而降低节能效果，而对需要变更的图纸重新审查，这是规范中的强制性条文，必须执行。在实际施工中存在随意改变 EPS 板厚度及密度的现象，一些热桥部位未做外保温：如梁板端头及楼梯间不做保温或改变保温做法，为了粘贴饰面砖的需要，把外墙外保温改变成内保温，导致内、外墙成为新的冷桥部位。对于随意改变保温做法的，再作为重点内容检查。

4.2 抹灰层在工序上的不合理

抹面层必须采取两道工序完成，即在已粘贴合格的 EPS 板表面涂抹第一遍面层浆→压入网格布→待表面稍干硬后再抹第二遍抹面胶浆，使网格布全盖在抹灰层下。但是在施工中观察，分两次抹灰的做法却多数一次性完成，从而造成抹灰层一次抹的灰浆过厚而压不实，粘结不牢。使后面在其上抹灰后产生开裂、脱落的质量问题。也有的操作人员图省事，在未涂抹第一道胶浆的情况下，把网格布直接压在 EPS 板表面涂抹。这是造成空鼓及粘结不牢固的直接原因。

4.3 基层处理不到位

墙体基层处理的彻底与否，对确保安全耐久及节能效果极其关键。重点是对凸凹、陷坑、不平整及疏松部位的剔除找平处理。如果原基层用水泥砂浆找平处理，其表面必须坚实、平整；抹灰层的强度十分重要，粘结牢固，无起砂、裂缝及掉皮、空鼓，是承受外保温系统的基础条件，也是板材与基础形成密封空腔，抵抗风压的可靠保证。

现阶段，找平层存在的主要质量缺陷是：许多管理者及实际操作者对找平层质量及其对外保温的影响认识不到位，认为外墙抹灰最终要被外保温板所覆盖，造成对抹灰层质量的要求低，不密实、平整，分格缝也不留设等。对此，在外保温层施工前，监理要同施工方共同对基层属于隐蔽项目的验收检查，合格后才能进行保温工作。对于既有房屋的外保温改造处理，基层找平层质量，要进行实地检查是否可以直接粘贴，还是要进行表面处理后，再进行保温施工。

4.4 保温板底涂抹粘结剂要保证质量

现在，EPS板的粘贴主要是采取点粘贴方法施工，也就是用抹子在板底面四周涂上胶浆，在板中间均匀再抹一些灰饼。现行JGJ 144—2004规程中规定：胶粘面积不得小于EPS板的40%，但未规定具体涂抹位置。因此，施工人员可以不拘形式，条式及点式涂抹结合粘贴，使板块边缘及中间胶浆面积不低于规范值即可。现在对胶粘剂涂抹时存在的缺陷是：一些板胶点面积达不到规范要求，胶浆涂抹厚度不够；周围条状及中间饼状抹的胶浆宽度或直径大小不一；将会严重影响粘结强度在一块板各个点的均匀性。尤其是板块周围胶料涂抹应连续且封闭，这样既能起到防火作用，防止空腔形成火道，同时也具备防水效果，防止水气进入空腔，降低保温性能。

4.5 抹灰层施工时间掌握不准

抹面层进行时间应在EPS板粘贴后停置24h再进行，以确保胶粘剂达到相应的强度，不至于因为面层抹灰而造成EPS板的松弛以至脱落问题。但是，在实际施工现场存在的状况是：当EPS板粘贴上墙后，由于进度要求快，不要求操作工人停滞待时，即马上进入面层抹灰；而另一种情况是当EPS板粘贴上墙后因其他原因影响，停置好长一段时间不进行面层施工，使裸露在自然环境下的EPS板产生表面风化松散的损害，又会遭受雨淋而吸收过多水分潮湿，造成抹灰后水汽难以排出，对饰面层的涂料质量形成较大影响。对于干燥、风沙大的地区，因EPS板裸露在自然环境下的时间过长，表面吸附大量尘埃，尘埃起隔离作用而影响粘结牢固性。

4.6 热桥部位的处理不到位

对于北方广大地区外墙冬季易产生冷桥的部位，如窗口两侧、凸出墙面的混凝土构件，外飘窗及封闭阳台、变形缝及女儿墙等部位，设计时应有相应的保温处理措施和构造大样图。但是，大多数工程设计施工图纸对这些冷桥部位构造处理无明确要求，就是有说明也不知道如何干，极容易使这些部位的保温未能满足实际要求。发现此类问题时，监理人员应该向业主及设计方提出要求，力求得到有效的解决，如窗、洞口四周用薄型保温板包边交口处理，在验收中加强检查力度不到位的重新保温合格再验收。

4.7 重视其他方面的质量

（1）在外门窗洞口处EPS板的套割未按要求做，错缝成为通缝，在门窗洞口四角及周边部位应力集中产生开裂，没有铺设加强网格布，以提高其抗裂能力。

（2）EPS板与散水交接处接口不当，在外保温中外墙EPS板直接与散水接触，也就是保温板底部直接在散水表面接口。对于这样的处理，很少有人提出疑问及引起重视。粘贴于整个外墙体上的EPS板会随着主体结构变形并沉降，而散水与主体结构的沉降量相差很大，两者之间如果无缝隙，会导致散水阻止EPS板与主体结构的沉降，造成EPS板被挤压变形，进而影响板面开裂至脱落的后果。正确的做法是，在最下端EPS板与散水预留30mm左右的缝，并用柔性材料密封处理。

(3) 对楼梯间的保温处理不当。许多楼梯间并未考虑采暖，应该按外保温处理。保温时唯一不同的是板可以薄一些，在一些建筑中楼梯间墙面并没有按要求进行保温施工，为了对付检查在一层加设一组散热器代替，有的则在楼梯间墙体砂浆抹灰中加入一些泡沫颗粒成为保温砂浆。此种现象在房地产开发项目中，尤其是住宅工程中最普遍。

(4) 检测工作缺失内容多，深度及广度无代表性。现行规范及规程中都有一些检测项目，但为方便一般只在外墙首层抽几个点检测，使检测项目失去代表性。而正确的做法是不论房屋多少层高，在事前确定而不是临时方便行事。而对于构造钻芯检验执行力度更差，此项检查主要是检查保温材料种类、厚度及构造做法是否符合设计要求。检验后出具相应报告并在取样点挂贴“外墙节能构造检测点”，这项工作一般工程都未按规范进行。

规程中对外墙外保温系统的性能，如：耐候性、耐久性、抗冲击、抗风荷载及耐冻融性等均提出检验要求。这些检验项目中对一些性能试验条件的组合，试件的制作要求是极其严格的，涉及试验室条件及环境、人员水平素质的标准，而这些检测结果在很大程度上直接反映工程的成败。如耐候性试验是检测和评价外保温系统质量的最重要检验项目，也是对设计、材料选择及施工质量的综合检验。这些性能检验，不具备条件的检测机构是无力承担的。许多试验要送到省一级检测机构去进行，无形中增加了检验难度和费用的支出。针对现在各地大量的保温工程，各项性能检验能否真正落到实处，加强管理规范最迫切。

(5) 外墙外保温施工资质。规范中要求承包建筑节能工程的施工企业具备相应的资质，但现在还没有承包建筑节能工程的施工企业资质标准。在现实中对此要求的理解也各不同：有的认为属于装饰装修范畴，不需要专门资质可以施工，由建筑资格总承包即可；也有认为保温必须要有相应资质，但是在未出台企业资质标准情况下，允许有防腐保温专业资质的专业队伍施工。而防腐保温专业资质是市政工程、电力及石油化工施工覆盖下的施工总承包专业资质，与建筑外保温没有大的关联。

综上浅述，对于外墙外保温系统的耐久性年限是很关键的，现行规范及规程中都要求不少于25年，这就要求设计标准、材料选择及施工质量控制必须合格才能达到安全使用寿命。对于已经施工使用的外墙外保温系统，25年的使用期限尚未到来，在加强研究试验的基础上提倡创新，尤其是耐火问题更加重要，严格整个过程中各环节的控制，防患于未然。但同时考虑即使25年使用期到仍未产生保温效果降低或其他问题，但建筑物主体的使用年限还很长。如果延长保温材料的耐久年限，还有一些技术难题需要解决。

三、建筑门窗及幕墙质量控制

1 建筑门窗安装的方法及措施

现在的建筑门窗施工分包模式是，由门窗制造生产企业进行生产制造及现场安装施工。而墙体预留洞口和门窗安装后的收口仍然由土建来完成，双方的协作配合显得非常重要。要解决门窗安装与墙体的连接牢固及位置正确，需要土建施工及门窗安装两个不同工种间的协调和认真控制。现在各地区有多种门窗洞口模板系统可以选用，其关键是提高模板精度和刚度就可以提高预留洞口的精度，给门窗后期安装带来方便和高效。本文现就建筑门窗的安装质量要求及施工控制作浅要分析。

1. 房屋门窗洞口预留质量要求

门窗安装质量与建筑物预留的门窗洞口尺寸误差大小有直接的关系。而预留门窗洞口尺寸的标准化和规范统一，会给门窗制作尤其是安装起到整体良好的外观效果，更利于提高制作速度和安装效率。现在各地有多种门窗洞口模板系统可以选用，要使预留洞口尺寸的控制从建筑施工控制向机械加工精度的转化，这样控制会大幅度提高预留洞口尺寸的准确性。现在常用的可调节的模板有两种，横向和纵向及角部都可以延伸，角部可以控制固定，操作简单、快速。

2. 洞口尺寸的确定

房屋门窗洞口要严格按设计图及施工规范规定的允许偏

差范围，由于一些工程中出现的建筑施工图上标的门窗表和洞口标注的尺寸不相同，实际洞口偏差大于设计洞口的现象存在，而且变更洞口尺寸会时常发生。为了保证预留洞口尺寸的准确，要首先核对图纸所列门窗规格及实际的外形尺寸，并由现场技术负责人核对确认。经过确认无误的洞口尺寸后，选择采用先进的洞口模具来确保洞口尺寸的准确性，同时要加强和监督在安装预留过程中的尺寸控制。在实际工程中，建筑物洞口的规格多种多样，伴随着墙体材料的不同和设计的变化，对于异形洞口，要根据具体现场情况确定其实际误差范围。例如：洞口尺寸小于2.5m时，未抹灰洞口正负误差为10mm，而抹灰后的正负误差为5mm；2.5～5.0m洞口，未抹灰洞口正负误差为15mm，而抹灰后的正负误差为8mm。

3. 门窗加工制作尺寸的确定

由于在墙体砌筑中会产生误差，门窗下料制作中的偏差、测量产生的误差、门窗在自然环境下的变形量、饰面层材料等影响因素，决定了门窗的框体外形尺寸存在偏差，在下料及制作中必须考虑到这些影响，确保制作成型后方便安装及观感质量。门窗的制作尺寸，可以按照建筑图纸给定的洞口尺寸减去规范中允许的理论间隙来确定，但是要经过现场对洞口尺寸进行核准；如果是总包工程，还要有技术负责人认可。

现场对洞口位置准确量测定出，首先是以每个门窗在洞口内安装横平竖直为基准，其次要确保在同一个水平线和垂直线上，将所有的门窗相互水平竖直。在具体量测时，应对在同一水平线上的洞口以水平线作基准量测洞口高度。对于同一垂直线的洞口，量测其宽度，取其最多的最小值作为同一规格门窗洞口的设计基准。对于外墙，如不是清水或者抹灰的表面，应以建筑物轴线和水平线作为确定门窗的基准轴线和水平线，以此来测量门窗的最小洞口宽度和高度、数量，并应以建筑外装饰表面为依据，确定最后的门窗制作尺寸。

对于建筑墙体洞口与规范中允许理论间隙的确定，在排除了建筑设计误差后，通过量测，以洞口最小水平高度和最小垂直宽度作为门窗尺寸的设计基准时，要考虑门窗制作时会产生 2～3mm 宽的偏差，测量时出现正偏差机率即偏大的可能性较多，且门窗在温差作用下膨胀量和装饰层厚度等因素，应考虑按允许误差范围内控制。

带形窗在组合时，应考虑组合拼樘料和加工组合间隙对安装洞口尺寸的影响，处理的方法一般有两种：一种是将每组窗在组合方向的加工尺寸缩小 3mm 左右，允许误差范围间隙按上述控制；另一种是将积累的误差留在不影响外观感的某一分格上，待大部分分格安装后再实际测量，进行最后一格的制作安装。但是，在这里说的某一分格；多数都选择在固定玻璃和靠边的分格框上。

4. 门窗的安装施工

门窗的安装现在最常用的固定安装方法分为湿法和干法两种形式。湿法安装是采取将门窗框直接通过向洞侧面固定与墙体连接，检查合格后土建再进行抹面收口，此种方法的不足是容易使框体受到污染，对框体保护不利，但成本低，应用较多；而干法安装是增加了一个钢的副框，先在预留洞内安装一个钢的副框，连接方式仍然是将框固定在洞内墙体上，检查合格后土建再进行抹面收口，将副框抹得同墙体大致平整，待土建抹灰结束干燥后再安装窗框，窗框与钢的副框(墙体)之间填充保温材料，外侧再用防水密封胶进行密封勾缝收口。此种方法对成品保护极为有利，但工序及用材较多，费用略高。

还有一种安装方法是直接固定安装，其方法是将门窗框或钢副框，用膨胀螺钉或尼龙膨胀螺栓直接固定在预埋木砖或混凝土块上。对于直接固定方法，同样是将门窗框或钢副框通过固定片与墙体连接，先用自攻螺钉把固定片一端或中间固定在门窗框燕尾槽内或钢副框相应位置，再用膨胀螺钉或尼龙膨胀螺栓把固定片一端或两端固定在预制混凝土块或木砖的墙体上。带框安装如图1所示，无框安装如图2所示。

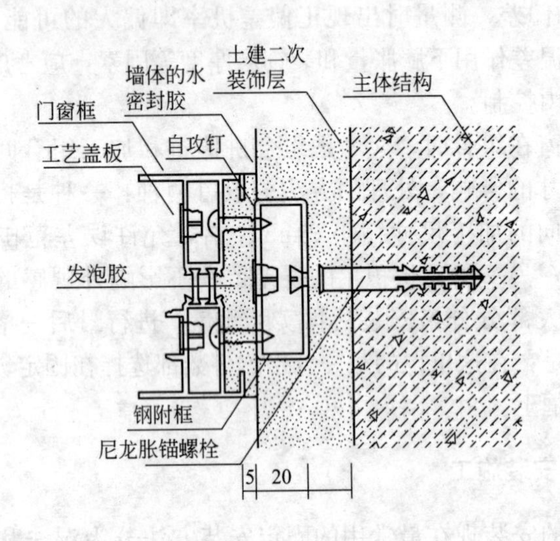

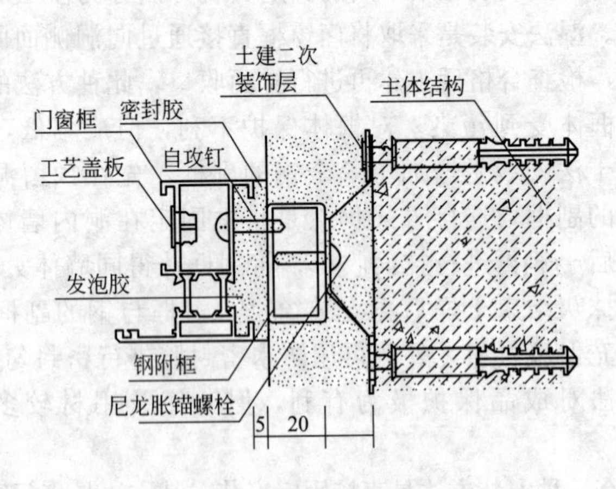

图1 带框安装示意图

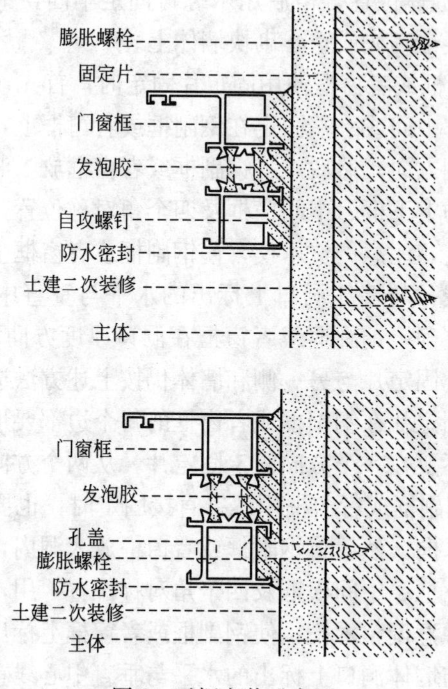

图 2　无框安装示意图

5. 门窗安装施工必须重视的问题

采取三个方向的定位是门窗安装的重点控制内容，主要包括水平线、室内外进出位置线和左右位置控制线，必须由技术负责人确定并进行技术交底，在安装施工时要严格按三线位置进行控制。

(1) 对于不同的墙体材料，应采取不同的方法固定。烧结砖砌体的预留洞，需要用尼龙胀锚螺栓与墙体固定，注意固定螺栓不能在砖缝上，也不允许用射钉固定；对于如剪力墙上的洞口，采用尼龙胀锚螺栓或用射钉与墙体固定；对于加气混凝土砌块或空心砌块墙洞口，应采用尼龙胀锚螺栓或者木螺钉固定在洞侧面已预埋的混凝土块或者传统木砖(120mm×120mm×60mm 经过防腐处理)，框体位置合格后用木螺钉固定牢固，不允许直接固定在加气混凝土砌块或空心砌块墙体上。

(2) 钢副框或者窗框使用固定片固定时，首先，把固定片用自攻螺钉在片中间或一端固定在钢副框或者窗框上，要分清窗框上下及内外侧方向；然后，将钢副框或者窗框放入洞内，在钢副框或者窗框的上下框、中间横框及四个角对称位置，用木楔子塞紧作临时固定，注意调整木楔，使钢副框或者窗框上标出的水平与垂直中心线，与墙体洞口上标出的水平与垂直中心线重合对齐；接着，再确定钢副框或者窗框在洞口厚度方向的安装位置，将木楔打紧，固定片与另一侧和墙体仍按上述方法进行固定。其中，有两个固定片在钢副框或者窗框的每个边都要形成内八字或外八字形，不要在一个方向固定固定片，从两个方向均匀一些。

(3) 当钢副框或者窗框用螺钉直接固定时，也要分清窗框上下及内外侧方向，然后将钢附框或者窗框放入洞内，在钢副框或者窗框的上下框、中间横框及四个角对称位置，用木楔子塞紧作临时固定，注意调整木楔，使钢副框或者窗框上标出的水平与垂直中心线，与墙体洞口上标出的水平与垂直中心线重合对齐；然后，再确定钢副框或者窗框在洞口厚度方向的安装位置，将木楔打紧，用尼龙胀锚螺栓或者木螺钉，通过在窗框或钢副框预先加工完的安装孔与墙体直接固定，对尼龙胀锚螺栓孔内的灰尘要冲干净，才能拧入尼龙胀锚螺栓。

(4) 窗框安装在已固定好的钢副框时，分清楚窗框上下及内外侧方向，然后将钢副框或者窗框放入洞内，在钢副框或者窗框的上下框、中间横框及四个角对称位置，使钢副框或者窗框上标出的水平与垂直中心线，与墙体洞口上标出的水平与垂直中心线重合对齐；然后，再确定钢副框或者窗框在洞口厚度方向的安装位置，将木楔打紧，在窗安装调整件处，用自攻钉将窗框固定在钢副框体上。

(5) 钢附框或者窗框上的工艺孔必须用工艺孔盖带胶进行封闭，确保腔内不进水，以免腐蚀。采取直接固定方法连接墙体时，对窗框底边(则窗台上)多数不用对穿固定，这样可以防止型材穿孔而造成渗水问题。门窗洞口可以采取内高外低的抹灰处理，当下雨时雨水顺玻璃淋湿下流，可以顺利排掉。钢副框或者窗框与洞口之间的预留孔隙内采用闭孔泡沫塑料、发泡聚苯乙烯材料塞填，但不要太密实。外装饰要与窗框间留 3～5mm 空隙，用建筑密封胶进行密封，在窗框与外装饰之间形成一道收口缝。

(6) 铝合金框不允许同其他金属、建筑墙体直接接触。密封胶处不得有保护膜等包装物，以免影响胶的粘结牢固性。平开窗框及扇间的密封胶条不要断开而连续密封，断接处可以用耐候性密封胶粘结，以提高密封性能。对已经自带隔热条的铝合金窗安装时，不要用固定片或钢副框把两侧的铝型材连接，形成易导热点，降低保温效果。

通过上述浅要分析可知，门窗的安装方法不限于几种而是在不断发展中，现在有的企业已开始整窗单元安装法，实现门窗一站式整窗单元安装，保证门窗与建筑墙体的整齐和统一性，但这种方法仍然属于间接的安装方式，其前提是要确保建筑门窗留洞尺寸的一致、门窗外框制作模具的标准化。在门窗的安装过程中，不论采取什么控制措施，目的是提高门窗的使用质量及寿命，提高安装效率，达到节能保温的效果。

2 建筑铝合金门窗的设计应用

建筑门窗是房屋最基本的部件，高性能的节能门窗不仅在于其本身质量，而且关系到建筑物室内空间和环境，对使用门窗的各项性能在设计时要充分考虑。最基本的要求是必须根据建筑物所在地的气候环境和使用功能及装饰条件合理确定。热工性能是一个重要的技术指标，应该符合《民用建筑热工设计规范》GB 50176 及《公共建筑节能设计标准》GB 50189 中规定的五个建筑热工设计分区保温和隔热的不同要求，还要符合所在地区的相关要求。同时，要符合现行标准和技术要求，具有足够的刚度、承载力和变形能力，安全性能要满足 50 年设计基准期要求。

1. 铝合金门窗的结构设计

风是建筑门窗设计中的主要影响因素，风也是使门窗出现变形、损坏、空气渗透及雨水渗漏的主要原因。因此，建筑门窗抗风压、气密性及水密性是主要指标。

(1) 门窗的损坏问题。因建筑物所处位置环境、高度等因素及安装位置不同受到的风压，就会造成门窗变形，玻璃破碎，五金零件损坏，造成窗扇掉下的现象，尤其是沿海地区及西北干旱地区的台风及春天风季，高层建筑顶部窗的安全隐患是存在的。

在涉及实际工程中，因工程费用影响，铝合金门窗型材的选择，玻璃的选用，铝合金门窗的设计、制作及安装人员素质，材质型号等，也存在诸多问题。如窗的抗风压设计值偏小，型材的惯性矩小，强度低、刚度差，在风压作用时型材挠度过大，达不到设计风压值；五金件质量低劣，设计选用不当；玻璃选择的强度值较低；门窗框安装的锚固点太少，锚固点位置和方法不正确；连接件设计选用不当，易产生腐蚀损坏，防腐处理未进行；预留洞口过大，抹灰质量太差，与框体连接锚固强度太低等。

(2) 门窗设计要重视的问题。对于建筑门窗，要根据强度和刚度需要，确定其最大的允许风压值，才能保证使用的安全耐久性。而抗风压性能是确保门窗安全使用的重要指标，也是选择门窗框扇型材合理截面尺寸和玻璃厚度、种类及门窗五金件强度的依据。其决定了门窗设计是否达到合理安全、经济适用的重要目标，特别是在高风压地区和高层建筑上更加重要。因此，在工程上要注意的问题是：

1) 当承受荷载的构件采用焊接连接时，要进行焊缝的承载力验算。

2) 窗框与主体结构应可靠连接，连接件与主体结构的锚固承载力应大于连接件本身的承载力设计值。

3) 门窗五金件与框扇应可靠连接，并通过计算或试验确定其承载力。

4) 门窗构件应通过角码或接插件连接，连接件应能承受构件的剪力。连接件与门窗扇为不同金属材料，出现金属间电化学腐蚀时，应采取有效措施，防止电化学腐蚀。

5) 与铝型材相连接的螺栓、螺钉，其材质应采用奥氏不锈钢。有螺钉连接部位铝合金型材截面的厚度不宜小于螺距的 2.5 倍，不然要采取局部加强处理。

6) 连接螺栓、螺钉的直径、数量及螺栓中心距、边距，均应满足构件承载能力的需要并有可靠连接。

2. 铝合金门窗的水密性设计

门窗的防水性能即水密性能，是建筑外窗的基本功能之一，它是检验建筑门窗在风雨交加、暴风骤雨的气候条件下保持门窗不向室内渗漏水的性能。下雨时，雨水如通过外窗进入室内，将严重污染墙面装饰层及家具，不仅影响正常的生活环境，还对建筑物的配件满足不了使用功能而产生不安全感。当雨水进入窗的型材中，如不能及时排出，在冬季会产生冻胀甚至冻裂 PVC 窗，长期积水会腐蚀金属材料，因此，在南方雨水丰富的地区，处理好门窗的防水性能是非常重要的。

(1) 门窗防水性能差的原因，建筑工程中由于铝合金门窗水密性能差，渗漏水的主要原因是：

1) 门窗的抗风压性能差，刮风下雨时门窗出现变形，导致缝隙进水。

2) 门窗水密性能设计值偏低。

3) 五金配件选择不合理，质量也不合格，门窗关闭后变形量大，框扇不严、不配套，密封性能达不到要求。

4) 型材选择不当，密封胶条设计不合理，材质不能满足工程需要。

5) 门窗型材构件连接装配未作密封处理，无排水结构或排水处理不合理，门窗加工制作安装质量差。

6) 框体与墙体间密封设计施工不到位。

(2) 门窗雨水渗漏的主要因素，渗漏主要是水密性能差，存在雨水流通的缝隙或孔洞，在门窗缝隙或孔洞的室内外两侧存在压力差。另外，引起雨水进入室内的主要作用是风压，其次有雨水自身的重力、表面毛细现象。当雨水和风压同时作用在门窗表面时，雨水通过孔洞或缝隙由压力高处向压力低处流动进入室内，或顺玻璃流至下框积存在下框槽内。这些积水层高度所形成的压力和室外侧的风压之和若大于室内侧风压，水便由下框沟槽溢入到室内。因此，门窗水密性能指标表示为风压力差值 ΔP。

(3) 门窗设计构造防水措施，认真设计铝合金门窗结构。根据等压原理切实采取措施加强结构的防水，保证水密性满足需求。合理设计铝型材的截面尺寸，提高门窗防渗漏能力，还要采取一些其他措施。

1) 在门窗水平缝隙上方设置一定宽度的披水板，门窗下框室内侧翼缘应有良好的挡水高度。

2) 合理留置门窗排水孔，确保排水孔畅通，框体与墙洞之间宜设置止水或披水板，并采取有效的密封防水措施。

3）铝型材构件连接，附件装配缝隙，连接螺栓螺钉也要采取密封措施。

4）要选择耐久性好的弹性密封胶或密封胶条，对玻璃嵌封和框扇之间的密封口。

5）推拉门窗宜采用中间加胶片的密封毛条或者自润滑式胶条进行密封，密封条和密封毛条应保证在门窗四周的连续性，形成封闭的密封环境。

6）门窗洞口的墙体表面应有排水构造，外墙窗楣要抹滴水槽或滴水线，滴水槽的宽度和深度不得小于10mm，窗台面要有排水坡度，围护墙与外窗表面有一定距离。

7）有较高要求的开启门窗，应要求对型材有较高的质量，多层有效密封和采取多点锁紧构造措施，有效提高铝门窗的水密性能。

3. 铝合金门窗的气密性设计

门窗内外的空气压力差由两方面产生：一个是建筑物内外风速不同引起的风压；另一个是室内外温度不同，空气密度相对不同引起的热压。门窗外部压力高于室内压力时，称为正压；反之，为负压。

门窗因空气渗透加速了两侧的热流传递，降低了门窗的保温性能。在建筑物外围护结构中，门窗是能量流失的主要部位，在冬季增加了室内采暖能耗，而夏季增加了室内空调制冷的电耗。按照现行标准《建筑外门窗气密、水密、抗风压性能分级及检测方法》GB/T 7106—2008规定，对气密性能分为4级，即在室内外10Pa压力差下，其空气渗透量为 $1.5m^3/(m^2 \cdot h) < \dot{V} \leqslant 4.5m^3(m^2 \cdot h)$，则建筑外窗缝隙的热量损失最大为 $q = 1.2 \times 103 \times 4.5/3600 = 1.5W/(m^2 \cdot K)$，这就意味着在实际使用时（10Pa压力差条件下），整个建筑外窗实际传热系数 K 值将增加 $1.5W/(m^2 \cdot K)$。如果原整窗采取良好的节能材料制作，传热系数 K 值是 $2.5W/(m^2 \cdot K)$，建筑外窗4级气密性能时，真实的传热

系数 K 值最大为 2.5＋1.5＝4W/(m^2 · K)，实际保温性能将降低60％。

因此，建筑门窗因气密性能不好，直接影响室内的热工及使用条件。另外，门窗的气密性也影响隔声性能。建筑门窗的缝隙是透风、漏水、透声及灰尘进入室内的主要因素。虽然微小的缝隙透气，可以调节室内空气质量，但室内的换气功能不应靠门缝来实现。提高门窗的气密性，对建筑节能有重要意义。

铝门窗气密性能设计指标要符合所在地热工与建筑节能设计标准的具体规定，节能外窗气密性不小于 4 级。在满足自然通风的前提下，按照相关标准控制开启扇的面积。合理设计窗断面几何尺寸，提高门窗缝隙空气渗透阻力。采用耐久性好、具有良好弹性的密封胶条，对玻璃镶嵌密封和框扇之间密封。

推拉铝门窗宜采用中间夹胶片的密封毛条或自润滑式胶条进行密封。密封毛条和胶条保证四周连续性，形成封闭的连接。五金装配件周围也应密封，平开门窗采用多点锁闭五金，减少扇框之间可能产生的风压变形，提高其气密性能。

4. 建筑门窗节能设计

建筑节能设计是一项基本国策，国内建筑用能耗占全国总能耗的 1/4 左右，积极推进节能减排，保护环境，使国民经济持续稳定增长意义重大。我国冬季南北温差较大，与世界同纬度地区平均气温相比，北方地区 1 月份平均温度偏低 10～18℃，而 7 月份平均温度偏高 1.3～2.5℃。按照国家标准《建筑气候区划标准》GB 50178—93 的规定，气候区划分为 5 个区，分别是：严寒地区，寒冷地区，夏热冬冷地区，夏热冬暖地区和温和地区。在建筑物的节能中，门窗节能占有重要位置。提高建筑门窗的节能途径有以下几点：

首先是对建筑物的整体设计，其次是门窗与墙体的连接密封、隔热设计和施工。另外，要提高玻璃的保温隔热效果，几种常用玻璃的主要光热参数见表 1。

几种常用玻璃的主要光热参数表 **表 1**

玻璃名称	玻璃品种及结构	透光率(%)	遮阳系数 S_c	传热系数 $U/[W/(m^2 \cdot K)]$
单片透明玻璃	6C	59	0.99	5.58
单片绿着色玻璃	6F-Green	73	0.65	5.57
单片灰着色玻璃	6Grey	43	0.69	5.58
彩釉玻璃(100%覆盖)	6mm 白色	—	0.32	5.76
透明中空玻璃	SC+12A+6C	81	0.87	2.72
绿着色中空玻璃	6F-Green+12A+6C	66	0.52	2.71
单片热反射镀膜	6CTS140	40	0.55	5.06
热反射镀膜中空玻璃	6CTS140+12A+6C	37	0.44	2.54
Low-E 中空玻璃	6CEF11+12A+6C	35	0.31	1.66

注：6C 表示 6mm 透明玻璃，CTS140 是热反射镀膜玻璃号，CEF11 是 Low-E 玻璃型号，U 按 ISO10292 标准测得，S_c 按 ISO1509 标准测得。

同时，还要降低窗扇材料的传热系数，改善门窗断面结构设计，提高门窗整体的隔热保温节能效果。最后，要选择优良的门窗五金配件、性能良好的密封材料，提高门窗气密性能，减少空气渗透的损失。

5. 建筑门窗隔声性能设计

（1）噪声对人的危害，主要是对听觉器官的损害，其影响取决于噪声的强度和持续时间。在极高强度的噪声环境中，人的听力会受到永久伤害。噪声还能引发多种疾病，在噪声环境中能诱发人类多种疾病，导致人体神经系统疾病及心脏病。对于室内环境标准也有要求，室内噪声限值应低于所在区域标准值 10dB。而建筑门窗一般是薄壁轻质构件，是房屋隔声的薄弱部位，所以，提高建筑门窗的隔声性能指标，即门窗空气声计取隔声量 R_w 值不应低于 25dB。根据各类用房的噪声级标准和室外噪声环境，按照各种墙体隔声要求，具体确定门窗隔声性能指标。

（2）门窗隔声性能设计要求，门窗隔声构造要求应符合：要采用隔声性能好的中空玻璃或夹层玻璃，密封性能好的门窗结构形式，中空玻璃门窗内外玻璃采用不同厚度的玻璃，门窗玻璃镶嵌缝隙及扇开启缝隙，应采用不易老化的密封材料嵌缝，也可采用双层窗构造处理，部分玻璃隔声指标见表 2。

部分玻璃隔声指标表 **表 2**

产品名称	玻璃结构情况	实际隔声量 R_w(dB)	计算隔声量 R_w(dB)
单片玻璃	6mm	26	31
单片玻璃	10mm	29	34
中空玻璃	6mm＋6A＋6mm	31	31
中空玻璃	6mm＋9A＋6mm	33	—
中空玻璃	6mm＋12A＋6mm	34	—
夹层玻璃	6mm＋1.4PVB＋6mm	35	39
夹层玻璃	6mm＋1.4PVB＋8mm	36	40
单夹层中空玻璃	6mm＋1.52PVB＋6mm	37	40
双夹层中空玻璃	(6＋0.76＋6)＋12A＋(5＋0.76＋5)	—	41
夹层中空玻璃	(8＋1.52＋8)＋12A＋(6＋1.52＋6)	—	43

6. 建筑门窗采光性能设计

采光也是建筑外窗的主要功能。将太阳光中可见光通过窗户引进室内，人们通过窗户观看室外景物，是身心健康的重要条件。建筑房屋利用自然采光照明，不仅获得较高的视觉效果，有效节省能源，并且还有保护居住者健康的作用。为了提高建筑外窗的采光效率，设计中尽量提高窗墙比，达到采光需求，用采光性能好的材料确保采光和建筑节能的要求。

3 建筑塑钢门窗质量问题及预控措施

在各种材质的窗户中，塑钢门窗在民用住宅工程中用量最多。以下对塑钢门窗自身存在的质量问题及安装使用中的通病，结合大量工程实际提出预防及控制措施。

1. 塑钢门窗工程应用的特点

随着城市化进程的加快及建筑业的高速发展，在建筑住宅工程中使用的主导门窗材质为铝合金和塑钢材料。由于铝合金门窗在保温、隔热方面存在密封不严及冷桥现象，价格及外观某些方面也不如塑钢窗优势多，现在塑钢窗在建筑工程中更受到重视。

常见的塑钢门窗实际上是以聚氯乙烯(PVC)树脂为主要原料，采取混型树脂(VC+CPE)，再添加一定比例的辅助剂配备和改性，经过专用挤出机制成各种断面构造的中空异形材，用热熔焊接方式焊接成所需要的门窗框及扇，配置密封条、毛刷条，安上玻璃、五金配件构成门窗制成品。为了增加 PVC 塑料中空异形材的刚度，在其内腔衬入型钢增强，形成内钢衬里外包 PVC 的结构，称为塑钢门窗。从已经应用多年的塑钢门窗来看，仍然具有诸多优点，如传热系数较低，低温隔热性能好，节省能源，气密性好，空气及雨水渗透量小，耐腐蚀且隔声效果好；材质表面光滑，不需另外喷油漆，不易粘灰尘、污染物等，在工程中应用比较广泛，是比较好的门窗之一。

2. 塑钢门窗容易产生的质量问题

塑钢门窗虽然具有许多优点且使用范围比较广泛，但是在生产加工、安装及使用维护过程中，存在着对成品的保护不当，安装后的洞口抹灰粉刷过程中任意碰撞污染，在交付使用后产生一些影响正常使用的质量通病，根据现行《塑料门窗工程技术规程》JGJ 103—2008及工程应用实际，塑料门窗出现的建筑外窗质量表现如下：

(1) 窗扇比较紧或个别扇下垂，玻璃压条拉得太紧，收缩不到位，断裂、易老化和密封不严。

(2) 窗扇及纱窗扇翘曲，不方正，推拉扇开启不灵活，经常脱离出槽，开关扇上、下卡的多少不匀。

(3) 向室内渗水是出现频率比较高的质量问题，多数是雨后在窗框下部、侧框与洞口接触的部位，也有窗的竖框与下水平框交接处容易出现渗漏较多的部位，平开窗也有在窗扇下角处渗水的问题。

(4) 玻璃在使用过程中出现炸裂问题，双层玻璃密封不严，空气渗透，刮风时进土，冬季有气体难以清除，影响视线等。

(5) 门窗规范要求的气密性、水密性及抗风压三项硬性指标达不到验收要求，尤其是气密性和水密性能。凡是产生上述通病的门窗，规范要求的三项指标肯定达不到检验要求。

规范规定的三项指标是建筑工程为达到节能50%目标，专门针对建筑外窗提出来的。全国多数城市为了达到节能65%目标各自根据实际作出了具体地方规定，如北京市地方标准《住宅建筑门窗应用技术规范》对各种住宅外门窗的物理性能作出规定，其中，外窗的传热系数要求小于2.8W/(m^2·K)。

3. 产生问题的原因

3.1 窗扇比较紧或个别扇下垂，玻璃压条拉得太紧，收缩不到位，断裂、易老化和密封不严；窗扇及纱窗扇翘曲，不方正，推拉扇开启不灵活，经常脱离出槽，开关扇上、下卡的多少不匀等质量问题。

(1) 由于加工制造厂家设备简陋，技术条件差的小作坊生产，使用的框料及钢衬质量比较差，强度低易产生变形。

(2) 轨道轮质量低劣，下料尺寸误差超标，对角不方正，没有防脱落措施，使推拉窗开启不顺畅、灵活，容易脱轨出槽，这些是加工制作中造成的先天不足的永久缺陷。

(3) 在运输过程中未按要求轻放堆码，使框与扇受压变形。

(4) 主体施工时剪力墙留洞模板变形或填充墙砌筑留洞尺寸不准，洞口偏小或不正，未提前进行修凿，硬性装入洞口，造成变形。

(5) 采用的压条以次充好，不合格，还有的用再生胶加工的压条无弹性且硬度高，安装后变形大、收缩，使用时间不长则老化出现断裂。

(6) 制作纱窗绷得太紧或松紧不一，使纱窗变形等。

3.2 向室内渗水的质量问题

窗框周边密封不严，空隙大，水容易渗漏进入。主要是门窗制作安装过程中，对缝隙细部重视不够，而且门窗框与墙洞口之间不是用规定要求的聚氨酯发泡密封胶隔热材料处理，而是用一些矿物棉或刚性水泥砂浆填充；有的窗框体与墙体之间缝隙很小，不是用密封胶在内外塞堵，而是不塞填或用砂浆直接抹刮平，形成空隙或硬性连接；用密封胶的处理也不均匀，漏打和过浅，使胶不起作用的现象也不少，这是造成渗漏和保温隔热效果差的一个因素。

窗框转角处焊接不到位，接槎处缝隙过大，这种现象主要是在生产线上组装工序过程中，把关不严、做工粗糙造成的；再者轨道排水槽孔过小或漏设，雨水顺玻璃流入下槽中，造成积水无法排出，则在接缝隙中流出进入室内，尤其是推拉窗更严重。窗扇翘曲变形，在缝隙中进土、进水，不隔声，玻璃压条不到位，造成从玻璃边缘进水。

3.3 玻璃在使用过程中出现炸裂问题，双层玻璃密封不严，空气渗透

出现使用过程玻璃的炸裂问题，一般产生在单玻或双玻外窗。这主要是受外力影响所致，应该是窗框体刚度不够，受力变形，造成玻璃炸裂破坏；封闭不严是双层玻璃加工制作中未按规定加垫、封胶、抽空，生产工序把关不严。

3.4 三项指标达不到规范验收要求

在建筑外窗的使用中发现，气密性、水密性及抗风压三项保证项目达不到规范规定，这些原因有：

(1) 生产厂家加工制作过程中使用不合格原材料。

(2) 运输和安装过程中对成品及半成品保护不力，操作不规范、不严格。

(3) 出厂检查不到位及进入施工现场检查、验收、把关不严几个方面。这些原因中，产品进入施工现场检查、验收、把关不按要求进行，是最主要的关键环节。如果对进入现场的门窗由施工方技术人员首先抽检，然后再报验监理工程师按比例随机抽查验收，工作做到位不怕发现不了问题，不合格产品肯定会被查出，阻之场外。当这一入场环节得到确保，其他质量是可以控制和处理的。但往往入场关被忽视了。检查的要求是明确的，主要是检查门窗的型号、外观尺寸、数量及观感质量几个方面是否符合合格要求；另一方面是抽样送规定的检测机构进行破坏性试验，主要内容是规范规定的三项物理性能。但是，在具体应用中效果并不理想，主要原因是：

(1) 现场施工管理人员责任心不强，门窗入场的检查控制不严，报监理不及时或者未报验，监理未见证取样且送检门窗不真实，缺乏代表性，是专门抽的特制品。有的生产厂家为了确保送检门窗检验合格，对受检门窗进行特殊加工处理，所以一些检查合格的门窗并不能代表应用在工程上的门窗质量。

(2) 门窗加工制作安装在建筑物上的框材材质有些是不合格的产品，不可能满足密封和隔热、隔声效果。安装的环节十分重要，但是对门窗的安装质量往往引不起重视，随意性大，不按程序进行操作，在框的垂直平整度及90°角是关键的，但事实是只要硬性装进洞内即可，方正及垂直、平整却很少检查。这是施工和监理工作不严肃及责任不到位的现实，达不到标准安装及使用中易出现问题可以理解。

(3) 为了达到节能65%的目标，许多地区都制定了对窗玻璃的质量要求，如单框双层玻璃。以北京地区为例，规定建筑外门外窗用玻璃必须是中空玻璃，其空气中隔层厚度大于 9mm，严禁使用单层玻璃及简易的双层玻璃。

在上述的浅要分析中可以看出，塑钢门窗在工程应用中产生的质量问题，主要还是在加工制作及安装的两个关键环节中的控制问题。针对这些实际问题，在工程应用中预防和控制是最重要的。

4. 塑钢门窗质量预防控制措施

4.1 选择产品质量合格守信的厂家

对生产厂家进行调研并货比多家不可缺少。通过质量认证并经过产品备案的门窗厂家，从正规市场进原材料是确保质量的重要措施。门窗加工制成品后的堆放、装卸、运输过程中采取认真负责的精神，轻装轻放，不乱扔挤压，码放平整，搬动扛子不插入扇框内，产品初期不受到损坏影响。

4.2 严把门窗进场验收关

当采购符合设计要求规格及型号的门窗运进施工场地，必须把好进场验收这一重要环节。按检查要求在建设单位、监理人员及施工技术人员都到场的情况下，对外观及规格全检后，按抽样比例抽查见证送检，各项指标必须按规范要求进行。在检查合格后，保存在干燥的大棚中，做到防晒、防雨，最好立放斜度 70°左右，靠地面要垫木板，不允许直接同地面接触。安装前，对门窗预留洞口检查丈量，不方正的提前修补方正，并经过验收合格再行安装框体。

4.3 门窗安装必须按工艺标准进行

安装最好是先装框再安装扇分两次进行。现在门窗制作多数框扇一体，重量大，操作不便，需要在定做时提出分开的要求。当框扇分离开，则可先把框安装在符合要求的洞口中，待固定抹灰完成后再装扇，这样更容易达到合格的要求。在门窗安装前，由技术人员详细交底，提出注意要求必不可少。门窗安装重要的工序过程和方法步骤是：

(1) 检查洞口尺寸及方正，另外检查所安装的窗框是否符合要求，偏差控制在允许范围内。

(2) 选择固定方式及材料，固定点每侧不少于3点，固定顺序是先固定顶框，再固定边框。

(3) 框体垂直平整且框与墙洞之间周围空隙均匀，使其缝内用闭孔泡沫塑料塞填，发泡聚苯乙烯弹性材料紧密分层进行。窗框与内侧洞口之间的处理，如果缝宽需要抹灰时，要用片材将抹灰层与框体隔开，抹灰面应超出窗框，其厚度以不影响扇的开启为宜。

(4) 窗扇安装固定合格后再装玻璃，扇玻璃安装时要在装玻璃位置的框内四周垫上不同厚度的垫块，并用胶固定。目前，广大地区使用的塑钢窗基本上是单框双玻，即安中空玻璃，一般不允许用单层玻璃或简易双层玻璃。安装玻璃的密封材料应选择橡胶系列密封条及硅酮建筑密封胶；框扇间也用橡胶系列密封条或者经处理后，密封毛条。

4.4 重视对安装后门窗成品的保护

门窗安装合格后，成品的保护极其关键，损伤及污染很难恢复。不允许在门窗扇开启洞口运送材料，更不能在窗框或扇上临时当作脚手架使用，悬挂物品或人员上高踩踏、碰撞及油污涂料的污染，使得变色及擦拭，损伤表面成膜光泽。

当所有门窗安装到位，密封合格，主体自检合格，则进行交工前的准备工作。请有资质的检测单位对外窗进行三项指标检验，尤其是气密性和水密性试验，这是确保使用功能必须做到的要求。

综上所述，由于节能是国家的长远战略需要，建筑外门窗是整个建筑围护体的重要组成部分。要顺利实现节能65%的目标，建筑外门窗的质量性能对保温节能关系重大。只有在建设过程中层层把关，在门窗的原材选择上，加工制作过程严格下料，认真组合，在运输保管和安装过程中，使用成品保护环节中切实加强检查验收，消除质量通病，确保门窗的保温隔热性能达到规范要求，使节能落到实处。

4　塑料型材截面结构与门窗质量

塑料异形材的质量是影响门窗框扇严密性的主要因素，型材质量分内在性能和外观质量，内在性能是由设备、工艺及配置所支配，即型材截面结构是由模具设计所决定。除了与型材外观质量、内在性能有关联，还与门窗类型、档次、外观及适用范围等相关。

塑料型材大企业均具有设计制造的能力，大多数中小企业自身不具有设计能力，许多是仿照大企业型材截面或通过模具厂设计型材截面。现行《塑料门窗及型材功能结构尺寸》JG/T 176—2005 中对型材截面结构进行严格要求，如果按标准设计，则质量有可靠保证。问题是一些中小型企业对型材在门窗中工作原理及功能不甚了解，为片面追求出材率，在仿制时将型材规格、壁厚任意减少，如平开窗框材高度小于 60mm，推拉窗框材高度小于 52mm，高度小于 58mm、轨道槽深度小于 23mm 的推拉窗扇及其壁厚只有 1.6～1.8mm 的型材等。用此种型材制作的门窗使用中容易变形、焊缝开裂及窗扇玻璃下坠等缺陷及问题。以下重点分析探讨型材截面同门窗的关系，促使型材企业健康、有序地发展。

1. 平开窗使用型材截面及结构

传统的平开窗是阶梯式端向开启组合结构形式。截面高度由上、中、下三个部分组成，框型材上部是用于安装玻璃、压条及框扇搭接的密封槽。中部是主腔室，分别由内筋分割为三腔或四腔。为提高门窗保温性能，北方寒冷地区有 5～6 腔型材。而下部是与拼接件或洞体连接的沟槽。

平开窗型材截面主要尺寸除决定型材系列和规格的框宽度外，还有壁厚度、框高度、扇的宽度与高度；主腔室高度、各功能腔宽度；排水腔距型材底面高度；扇欧式槽；型材外观边角过渡模式；密封及披水设施；框扇压条槽及定位槽等。

1.1 内外框型材规定及实际型材要求

（1）同推拉窗型材质量一样，平开窗型材壁厚度、框扇型材宽度与高度及型材惯性矩相关。由于平开窗属于承受悬臂梁受力结构，扇承受外力能力较差，如现行《未增塑聚氯乙烯（PVC-U）塑料窗》JG/T 140—2005及《建筑门窗用未增塑聚氯乙烯彩色型材》JG/T 263—2010等标准规定的主型材，可视面壁厚与焊接角小，破坏力指标均大于或等于推拉门窗。其中，平开门主型材壁厚2.8mm，平开窗主型材壁厚2.5mm。平开门框焊接角最小破坏力计算值不应小于3000N；门扇焊接角最小破坏力计算值不应小于6000N；平开窗框焊接角最小破坏力计算值不应小于2000N；平开窗扇焊接角最小破坏力计算值不应小于2500N。

（2）据计算，型材壁厚小于2.8mm或2.5mm，腔体高度低于50mm的窗框，低于64 mm的门框，低于57mm的内外开门扇，低于23mm的内开门扇和低于31mm的外开门扇，计算焊接角最小破坏力均会低于标准值。为了从原材料保证平开门的制作质量，设计型材规格时必须严格执行现行的《塑料门窗及型材功能结构尺寸》JG/T 176—2005的相关规定。

1.2 异形型材自身质量的保证

平开门窗主型材主腔室高度、宽度、排水腔距型材底面高度等功能同推拉门窗，对于腔室多少，在北方广大寒冷地区由于有保温节能的要求，平开框有4～6腔的型材；而平开扇有4～5腔的型材。

1.3 扇欧式槽

平开扇型材设计都有欧式槽，主要是供安装多点锁紧器使用。多点锁紧使扇竖向或横向承受外力荷载长度缩短，减少了其受力挠度变形，提高了门窗抗风压能力；同时，安装带有翻转功能的多点锁紧器，可以改变通风方向，使室内空气容易导出，改变了单面窗通风换气不良的缺陷，形成低进高出、循环流动合理的换气模式。

1.4 型材外边角过渡模式

现在型材外边角过渡模式大体上是单斜面、双斜面及圆弧斜面等模式。国内大部分型材企业多数采用单斜面过渡模式，也有采用双斜面过渡模式；一些外资企业设计的主材及压条，则采取圆弧过渡模式。对于单斜面过渡模式大家习惯了，双斜面及圆弧过渡模式给人以新鲜感觉，从视觉上凸显了型材特色，也提升了产品档次。

1.5 结构密封处理

一般平开窗框扇密封槽仅设置前后两道密封处理，进入框扇密封空间水汽存在相互影响、不易分离的现象。一些企业设计型材时，在框扇密封空间内另外设置一道密封处理，把密封空间分割成气腔和水腔，可使渗漏进入框内的水汽自动分离，排水更顺畅。现在，广大三北寒冷地区型材采取三密封结构形式为主。

1.6 披水构造处理

由于平开窗框扇的构造属于阶梯形式，框扇结合部位存在搭接抬肩，当结合部位密封胶条有缝隙时，抬肩处积存的雨水很容易通过空腔进入框扇密封处，降低了框扇密封性能。一些企业在设计型材时适当放宽了框宽度，把框与扇搭接密封部位遮盖住，使雨水通过扇斜边直接溢出窗外，避免雨水在扇密封槽搭接抬肩处留存。

1.7 框扇压条处理

窗框压条槽有装配玻璃压条密封和框扇搭接密封两项功能。扇压条槽的两个功能是分开的，扇一侧压条槽的起到安装玻璃压条密封功能；另一侧是起到框扇搭接密封功能。压条槽高度一般为3mm。制作外平开窗时，可以同时满足两项功能要求。制作内平开窗时，当出现框扇搭接或框扇与玻璃密封失效，雨水便会通过框、扇与玻璃密封胶条渗漏，进入其密封空间，很容易通过这个遮挡进入室内，出现密封渗漏，污染室内。对此，一些企业对平开型压条槽由原来的3mm提高至5mm，用挡水高度阻挡通过框、扇与玻璃密封胶条渗漏，进入其密封空间的作用。

另外，平开窗压条槽还有装配多点锁紧器快定位槽功能；压条脚作用等同于推拉门窗。

2. 推拉窗型材截面结构

推拉窗的框扇型材接缝属于拼接形式，截面高度由上、中、下三部分组成。框上部是供扇轨道槽内滑轮运行的轨道；中部是主腔室，内部由内筋分割有不同功能腔；下部设置有同墙体及拼接件连接的沟槽；扇的上部是镶嵌玻璃的密封槽，中部是主腔室，下部是镶嵌滑轮与框搭接轨道槽。现在，塑料门窗有二轨、三轨和四轨之分。二轨槽主要是供两个扇推拉用，室内推拉门多数是二轨；三轨除供两个扇推拉用外，另一个轨道是安装纱窗或两面带密封槽轨道，供扇与框侧面密封专用；四轨除供两个扇与纱窗使用外，两个扇之间设计成带密封槽轨道，供扇与框上、下与侧面密封用。

推拉窗型材截面尺寸十分关键，除决定型材系列和规格的框宽度外，还包括壁厚、框扇高度；主腔室高度与各功能腔宽度；框轨道高度和扇轨道槽深度；排水腔距型材底面高度；披水构件；毛条槽；扇压条槽及压条脚等。

2.1 型材质量规格要求

框扇用型材高宽度及壁厚度决定着型材惯性矩、抗风压性能和焊接最小影响力。由于轴向惯性矩是计算门窗风荷载的重要参数，径向惯性矩和中性轴至危险边沿距离是计算型材焊接最小影响力的重要参数。现行《未增塑聚氯乙烯（PVC-U）塑料窗》JG/T 140—2005 及《建筑门窗用未增塑聚氯乙烯彩色型材》JG/T 263—2010 等标准中对推拉门窗型材壁厚有明确要求：推拉门主型材壁厚不小于 2.5mm；推拉窗主型材壁厚不小于 2.2mm。除了对壁厚有规定外，还规定了焊接角影响力指标：推拉门框焊接角最小破坏力计算值不应小于 3000N；门扇焊接角最小破坏力计算值不应小于 4000N；推拉窗框焊接角最小破坏力计算值不应小于 2500N；窗扇焊接角最小破坏力计算值不应小于

1400N。企业必须严格执行。

在生产加工检验过程中，实测值指标应大于或等于设计值。如果设计值小于指标值，表明型材规格尺寸及壁厚不够，会在使用中出现问题。尤其是推拉扇型材，焊接角最小，破坏力计算值不应小于1400N，在型材中值最小。除了承担本身和玻璃重量外，还承受开启动态和环境温度、外力及风荷载作用，受力因素比较多。为了节能，现在窗玻璃都采用中空或真空的重量相对大，如果使用的扇型材厚度小于规定的2.2mm，仅有1.6mm或更小；高度低于58mm时，不仅焊接角小且聚集很大拉伸应力，工程中出现焊缝开裂和型材变形的机率较高。因此，对于大型建设工程门窗必须选择推拉型材时，尤其是扇的型材要确保焊接角最小破坏力设计值规定，实测值是否达标，壁厚度不容忽视。

2.2 型材外观尺寸要求

(1) 推拉窗的框扇主腔室横向是由内筋分割为两腔或三腔室，分别为排水腔、型钢腔和保温腔的功能腔，腔越多则保温效果越好。其中，主腔室高度和型钢腔宽度决定了装配型钢规格，型钢规格和厚度决定了型钢惯性矩。塑料门窗抗风压与承受自身重量荷载由其抗弯刚度所决定，而抗弯刚度是由型材和型钢两类材料的惯性矩和弹性模量乘积之和组成。塑料型材弹性模量低，决定了本身抗弯刚度不高。如型材主腔室高度和型钢腔宽度偏小，装配型钢规格不够大，型钢宽度和抗弯刚度呈3次方关系，对材料抗弯刚度影响很大，型钢惯性矩值过小，影响门窗抗弯刚度。对此，现在企业采用推拉窗一般为三腔室型材，扇型材一般为两腔室或三腔室型材。在寒冷地区为了节能保温，推拉窗框用四腔室或五腔室型材，扇用四腔室型材。

(2) 型材排水腔宽度决定了排水是否畅通。排水是否畅通主要与排水腔距型材底面高度位置有关。如果位置能够满足排水需要，排水腔内不积存雨水，其宽度小一些也无影响。由于提高了门窗抗弯刚度，在不影响排水、保温、加工制作和装配前提下，可适当加大型钢腔的宽度。

（3）型材是否设置了保温腔及其宽度，对于使用过程中的保温隔热十分关键。推拉窗的型材模具设计，要根据当地保温节能要求及风压、建筑物高度综合考虑。若是兼顾不了，应选择较大规格的型材，以确保抗风压、排水及保温节能的需要。

2.3　型材对轨道的要求

框扇对型材对轨道也有一定要求，框轨道高度和扇轨道槽深度决定了门窗滑轮高和搭接量。推拉窗使用的滑轮一般有两种结构形式：一是平滑轮，另一种是槽形滑轮。槽形滑轮与平滑轮比较，滑轮直径大，承载量也大，运行平稳耐久性好。滑轮装配有效高度一般为13mm。按照滑轮结构，其扇轨道槽也有两种形式：一种是平底轨道槽，只能采用普通锁紧装置；另一种是“欧式槽”轨道槽，供装配槽形滑轮使用，可以安装多点锁紧的防盗效果。

框扇搭接量是影响门窗强度和密封性的重要手段，在型材设定时，首先选定扇型材轨道槽深度，其次是框型材轨道高度。虽然框下轨道高度与上轨道高度要求相同，但两者除了共同规范与门窗扇开启功能外，还有不同的功能。

框与扇实际搭接量是由扇型材轨道槽深度与滑轮导轨净高度决定；如果框与扇实际搭接量不均，会影响到抗风压和密封性；如果搭接量过大，会造成型材浪费。

2.4　排水腔及披水型材要求

主腔室排水腔除宽度外距型材底面高度很重要，以前的型材排水腔距底面高度只有10mm，排水位低，不顺畅。遇到大雨通过框轨道槽进入室内，污染内部墙体保温及气密性降低。现在加工的型材排水腔距底面高度达15mm，可以较好地实现排水功能。推拉窗框扇组合后，上部有个台肩，雨水会通过上部窗框进入横扇轨道槽，顺两侧下流入下框轨道槽或室内，影响推拉窗的水密、气、密性。对此，有必要在扇轨道上方横框上另行加安披水型材，解决披水。

2.5　密封压条要求

扇型材压条槽决定了与玻璃压条安装的结合紧密程度，而压条脚是为压条顺利安装所使用。若框与玻璃过松，在环境气候变化时收缩，使压条脱出，玻璃松动，下坠破碎；反之，过紧也易造成玻璃损坏，对此要选择合适的型材。框导轨槽是为安装滑轨所使用，装配尺寸和配合使用很重要，可保护框扇的正常使用，减少磨损，延长寿命。现行规范 JG/T 176—2005 中对型材压条槽及压条脚、框导轨槽规格尺寸有严格规定，必须在应用中认真执行。

3. 平开与推拉门窗性能比较

(1) 平开门窗是用铰链滑撑将窗扇与框连接到位，另一侧是把手实施水平内外开启或轴向倾斜内外开启的窗。平开窗在关闭状态，框扇密封压紧，产生弹性变形，使之成为一个密封体系，保温隔热较好；将扇完全打开，则通风换气。由于扇与框的连接形成悬臂受力状态，要考虑玻璃重量及风荷载的影响。在大雨天气要及时关闭，防止损伤配件，应该是目前最好的形式。

(2) 推拉窗是用轨道与滑轮，使扇在框轨道中运动，水平开启门窗或垂直提拉窗。由于扇是受力中心无悬臂构件，受力均匀，可用较小型材，节省费用。同时，开启灵活，不占地方，维护方便等。但由于框与扇间隙固定不变，仅靠扇轨道内的毛条与框密封，时间长易磨损，使得密封效果差，节能性最差。推拉窗使用于要求不高的建筑。

(3) 鉴于平开与推拉门窗有各自的优势和不足，需要对其自身缺陷进行改造，如内平开窗框密封槽小，高度可由 3mm 提高至 5mm，达到挡水功能。外平开窗严禁使用两腔框型材，虽然两腔框型材具有较宽型钢腔，可以使用大规格型钢，提高抗风压强度。两腔框型材制作外平开窗存在框与框，中梃与 Z 梃翻转焊接，型材排水腔和型钢腔出现错位、相互贯通弊端。雨水进入腔中，造成型材腐蚀，甚至渗入墙体，污染室内。为此，制作外平开窗时，可以采用厚壁型钢或者大规格三腔型材，既不影响使用性能，又可提高抗风压能力。

（4）推拉窗密封性差，应采取技术措施，提高其密封质量。密封性差主要是框扇之间横向与竖向密封，扇与扇中间竖向密封，两扇与框上、下结合部密封等处。其中，框扇之间横向与竖向密封可以用插片硅化毛条、橡胶条及弹性密封或框设置专用密封轨道；扇与扇中间竖向密封使用封盖和两扇与框上、下结合部密封的措施；推拉窗纱窗轨道设计应高于扇型材轨道5mm左右。当雨水在轨道内来不及排出时，无法越过轨道槽进入室内。推拉窗扇型材设计欧式槽，安装传动器，达到多点紧锁，减少扇承受外力长度，提高抗变形能力。设计推拉窗型材时，重视材料轨道槽深度是否合适，避免框扇搭接不匀，影响密封性能。另外，推拉门作为室内分割，也可以发挥不占用空间、开启方便的优势。

综上浅述，塑料型材企业在设计制造门窗时，要充分考虑门窗使用环境、建筑高度及使用条件，严格按照现行的《塑料门窗及型材功能结构尺寸》（JG/T 176—2005）中各项技术指标，控制材料及加工制作质量。严禁使用小规格、薄壁及非标型材。切实按照塑料门窗相关标准制作及安装，提高塑料门窗质量，确保生产企业的健康发展。

5 节能建筑门窗的玻璃选择及应用

玻璃技术的提高同人们生活息息相关，建筑工程一般多数采用的是浮法生产的普通平板玻璃，这种玻璃热阻小且传热系数高(是普通黏土砖的3倍)，保温性能差，遮阳效率低，其材料质量远远不能满足节能保温的需要。为保证建筑的绿色可持续发展，大力推进建筑节能型材料的应用，新型节能型玻璃有了大力的发展，除了现在已经使用的吸热玻璃、热反射镀膜玻璃、低辐射镀膜玻璃外，还研制出真空玻璃、调光玻璃、光电玻璃等节省能源型玻璃新产品。这些玻璃产品性能不同，可以满足不同的节能需要。

1. 着色吸热玻璃

着色玻璃也即吸热玻璃，其构造特点是通过在玻璃中掺入着色的氧化物质，使玻璃在太阳照射时具有较高的吸热效果，高吸收率在一定程度上降低了透过率，从而达到进入室内热量减少，最大限度地起到遮阳的作用。但由于被吸收的能量有很大一部分是以对流和辐射的形式散发在室内，而且吸收后的玻璃表面温度升高，会对人体产生一定的表面热辐射效应，加剧人体的不舒服感觉。另外，吸热玻璃在阻挡太阳光照射得热的同时，也阻挡了可见光进入室内，降低了室内正常的采光需要。

根据掺用着色剂类型的不同，着色玻璃呈现出不同的色泽，如绿色、茶色、蓝色及灰色等，色彩不同，其光学性能也有一定的区别。相对而言，绿色着色玻璃的遮阳效果比较好；同时，可见光的透过率也较高。

2. 热反射镀膜玻璃

热反射镀膜玻璃通过在玻璃表面涂以金属或金属氧化物薄

膜，使玻璃表面对太阳光照射具有一定的反射性能。可以看出：提高反射率比提高吸收率更有利于将太阳辐射热挡于室外。因此，与吸热玻璃相比，热反射玻璃对太阳辐射热有更强的遮挡能力，其遮阳效果在夏季更加明显。同着色玻璃相比，热反射玻璃的可见光透过率很低。因此，太阳高照的晴朗天气，室内仍然不亮堂，这会严重影响居住室内的自然采光，加大室内的照明耗电，更不利于建筑物的节能。

热反射镀膜玻璃早在20世纪70年代大量地用在玻璃幕墙上，玻璃表面映照出树木、天空房屋的环境图形，使幕墙玻璃表面产生动感图案，给建筑物带来无穷幻影。进入21世纪，因为大面积玻璃幕墙的光反射污染突出，居民多提出疑义，建筑师开始慎重反思，在建筑墙体上大面积使用热反射镀膜玻璃可行性的利弊。热反射镀膜玻璃和吸热玻璃一样，由于对红外线辐射的吸收率与普通玻璃相差很小，并不能有效改善其保温隔热性能。不同类型玻璃的性能参数见表1。

不同类型玻璃的性能参数表 **表1**

玻璃名称	玻璃类别、厚度	遮阳系数 S_c	传热系数 K [W/(m^2·K)]
单片透明玻璃	6mm	0.99	5.59
单片着绿色玻璃	6F-Green	0.65	5.57
单片着灰色玻璃	6Grey	0.69	5.58
单片热反射玻璃	6CTS140	0.55	5.06

3. 低辐射(Low-E)镀膜玻璃

生产工艺不同，低辐射(Low-E)玻璃分为在线Low-E玻璃和离线Low-E玻璃两个品种。在线Low-E玻璃采用化学气相沉积工艺和专用材料，在浮法生产线上的玻璃表面形成一层具有低辐射性能的功能性膜(金属化合物 SnO_2)；离线Low-E玻璃使用真空磁控溅射设备在原片玻璃表面镀上5～9层贵重金属(现在是金银粉)及其氧化物膜。镀膜使玻璃表面具有一定的低辐射性能。例如：普通玻璃的表面发射率为 0.84，而 Low-E 玻璃的表面发射率可以达到 0.15～0.05 甚至更低，从而大幅度降低了玻璃长波辐射热的损失，使其具有更优秀的保温性能。

在隔热性能上，以前生产的在线 Low-E 玻璃，由于太阳辐射的短波红外波段也具有较强的透过率(短波红外射线集中太阳辐射约 2/3 的热量)，而不适用于夏季有隔热要求高的建筑物。在现在的技术条件下，离线 Low-E 玻璃可以通过控制金属膜层的厚度、均匀性来调整膜层结构，有选择性地控制其对太阳辐射可见光及短波红外射线波段的透射性能。不同类型 Low-E 玻璃的太阳辐射透过率见图 1。

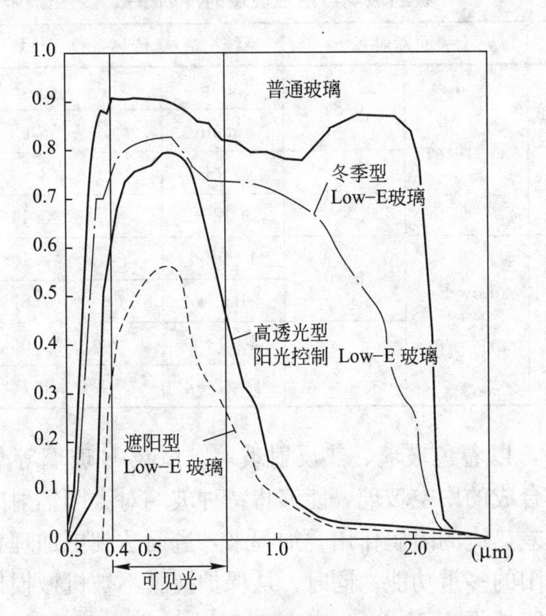

图 1　不同类型 Low-E 玻璃的太阳辐射透过率

从图 1 可以看出，高透光型、遮阳型 Low-E 玻璃在确保一定量可见光透过的同时，增强了对短波红外的反射能力，也即是将太阳光过滤成为冷光源，阻隔了大量的短波红外热能，从而达到玻璃的遮阳效果。从另外一个角度分析，遮阳型及冬季 Low-E 玻璃的遮阳系数分别为 0.85 和 0.47，遮阳效果提高了 40%以上。

4. 中空玻璃

中空玻璃是由两片或多片玻璃原片，以内隔条隔出一定厚度的空间，间层内部填充空气或其他气体，周边再用结构密封胶粘合而成的玻璃组配件。其保温隔热性能与填充空气的类型、厚度、间隔条性能、密封水平有直接的关系。目前，建筑市场常见的中空玻璃多数是采取空气隔层，厚度在 6～12mm 之间，其传热系数如表 2 所示。

普通玻璃与中空玻璃的传热系数　　表 2

玻璃类型	表面发射率		系统构造	传热系数 K [W/(m^2·K)]
普通玻璃	普通玻璃	0.84	3mm	6.16
			6mm	6.03
		0.84	3+9+3	3.29
			3+12+3	3.14
中空玻璃	Low-E 玻璃（单面镀层）	0.10	4+9+4	2.19
			4+12+4	1.87
		0.05	4+9+4	2.06
			4+12+4	1.74

另外，以着色玻璃、热反射玻璃、Low-E 玻璃等节能玻璃为原片材合成的中空玻璃，能够将特种玻璃对太阳辐射的控制作用和对温差热流的阻碍作用叠加起来，进而达到更加理想的保温隔热、遮阳的多重功能。同时，从保护镀膜不被机械损伤以及可能影响节能效果方面考虑，镀膜玻璃应该组合成为中空玻璃使用，耐久性要好。

5. 节能建筑玻璃的选用

由于各种类玻璃同时存在长波红外辐射、太阳光辐射两种传热过程，而且只要存在室内外有温差的绝对值，太阳光辐射强度成正比关系。在不同的气候环境和季节，从建筑节能以及维持室内适宜热环境的角度来考虑，需要对上述两种传热过程采取不同的控制措施。按照我国典型建筑气候区域不同，分不同情况如何在既定气候条件下选择最佳节能效果的玻璃至关重要。

5.1 严寒及寒冷地区玻璃的选择

严寒及寒冷地区室外冬季气温很低（严寒地区冬季最冷月平均气温在－10℃以下，寒冷地区最冷月平均气温在－10～0℃之间），在采暖期室内计算温度一般按 18℃设计，相差比较大。因此，温差传热是室内热损失的主要途径，并构成了冬季采暖能耗的主要部分。其中，玻璃占的比例较大。由此可见，选择性能良好的玻璃产品，是提高建筑外窗及玻璃幕墙，乃至整个建筑节能的重要措施。

Low-E 玻璃的传热系数低，能够有效地隔断室内热量向外部的传递。同时，普通中空玻璃、Low-E 玻璃作为单片合成的中空玻璃，是更加合适的选择。值得重视的是，Low-E 玻璃尤其是离线 Low-E 玻璃，如果其镀层表面因结露或其他原因造成的水分存留，水分的高发射性会降低镀层的低辐射特性。因此，离线 Low-E 玻璃宜制作成中空玻璃较好，因镀膜层面朝向里面的隔气层，在线生产的 Low-E 玻璃较宜作为单片玻璃使用。此外，在严寒及寒冷地区，Low-E 玻璃应尽量选择用冬季型，这是由于在寒冷季节，利用日照获取太阳能可以改善室内的舒适度，在一定程度上降低冬季采暖用能耗。

5.2 夏热冬冷地区玻璃的选择

夏热冬冷地区的夏季十分干燥、炎热且风多，热湿相伴，“蒸笼”效应明显，人体的热舒适状况极差。冬季常伴随北方寒流降温，气候变化大、寒冷。表现在其冬冷夏热的季节特点。

夏热冬冷地区建筑热工的最基本要求，除了必须满足夏季的隔热要求外，还要兼顾冬季防寒保温的需求，因此，选择建筑玻璃时，应同时考虑保温及遮阳两个方面的性能需要。由以上分析可知，Low-E玻璃、单镀膜Low-E中空玻璃无疑是比较适宜的选择。在选用Low-E玻璃的问题上，由于夏热冬冷地区人们希望在炎热、干燥的夏季尽量减少太阳光辐射进入室内，在冬季多有太阳光照射，以提高室温的上升，对此尽量选择冬季型Low-E玻璃使用，同时设置活动板遮阳，如可控制的遮阳百叶窗帘、遮阳板等，能够较好地处理冬季、夏季不同气候环境的需求问题。

5.3 夏热冬暖地区玻璃的选择

夏热冬暖地区的气候特点是夏季特别漫长，冬季低温时间很短，甚至几乎不出现寒冷现象。太阳照射很强烈，雨量也多，全年气温很高而且湿度大，气候的年差和日差都很小，该区域的建筑热工要求以满足夏季隔热为主要目标。

由于日照时间过长，太阳光辐射也强烈，夏热冬暖地区建筑物的太阳辐射得热是影响居住环境的关键因素，构成了空调制冷负荷的主要部分。在夏季，虽然存在因室内外温差促使成温度传热，但是由于室内外温差与冬季相比小很多，而温差传热的传热量与室内外温差成正比，由温差传热引起的空调制冷负荷在总负荷中所占比重极小。所以，夏热冬暖地区应该选择能够有效隔断太阳光辐射得热、遮阳性能好的玻璃产品，而很少考虑保温性这个方面。

吸热玻璃和热反射镀膜玻璃都具备良好的遮阳效果，在夏热冬暖地区，得到了广泛应用。吸热玻璃的遮阳机理是：通过吸收太阳辐射热，可降低其透过率。由于玻璃大量吸热，造成自身温度很高，对人体产生的壁面热辐射降低了人体因升温而出现的不舒适度。热反射玻璃的反射率一般是30%～50%，反射率高虽然提高了玻璃的遮阳效率，但是采光损失相对比较严重；如果造成室内白天也要照明工作，那么采光能耗的增加反而不利于建筑总体能耗的节省，可能加大能耗量。因此，选择热反射玻璃要考虑采光、热工及节能方面的需求，同时还要慎重对待光热反射后产生的光污染现象，减少对周围人员及用户正常生产环境的干扰。遮阳型 Low-E 玻璃可以有效地阻隔太阳短波红外射线的热量，将进入室内的太阳光过滤成为冷光源，遮阳效果明显。另外，由于其具有良好的保温性能，更可以降低温差传热这个部分的制冷负荷，因此，节能效果比较明显。

当今社会，玻璃在建筑外窗及幕墙起着无法替代的关键作用，玻璃用量占外窗面积的 80%左右，而占幕墙面积的比例更大。可以说，玻璃的性能在很大程度上决定着外窗及幕墙的节能效果，在建筑物离不开玻璃产品的现代社会，选择合适的玻璃产品是建筑节能最重要的因素。

6　玻璃的物理特性与建筑节能措施

玻璃在现代建筑及装饰材料中占有重要的位置，也是最常见的材料之一，其最大特点是可透光且可以作为围护结构材料。随着建筑技术的快速发展，玻璃在建筑中的用途更加广泛，与建筑环保之间的关系也更加密切，不可分割。

1. 玻璃的种类及特点

玻璃属于节能产品的范畴，如中空玻璃、热反射玻璃、Low-E玻璃等产品。它可以根据具体建筑物的设计要求而定，如按导热系数来确定。按照节能要求和性能特点，节能玻璃是通过对其性能参数进行调整、搭配，节能玻璃就可以应用在不同地区和不同需要的建筑物上，产生需要的效果。现在玻璃可以分为以下几个类型，即吸热玻璃、热反射玻璃、低辐射玻璃、中空玻璃、真空玻璃及普通玻璃等。

(1) 吸热玻璃。此种玻璃是一种能够吸收太阳能的平板玻璃，是利用玻璃中的金属离子对太阳能进行选择性的吸收，同时呈现出不同的颜色。有些夹层玻璃胶片中也掺入特殊的金属离子，用这种胶片可以生产出吸热的夹层玻璃。吸热玻璃一般可以减少进入室内太阳热能的30%左右，降低了空调负荷。吸热玻璃的特点是遮蔽系数比较低，太阳能总透射比、太阳光直接透射比和太阳光直接反射比都比较低，可见光透射比和玻璃的颜色可以根据玻璃中金属离子的成分和浓度变化。可见光反射比、传热系数、辐射率，则与普通玻璃差别不大。

(2) 热反射玻璃。此种玻璃是一种对太阳光有反射作用的镀膜玻璃，其反射率可达20%～40%以上。它的表面镀有金属、非金属及其氧化物等材质薄膜，这些薄层可以对太阳光产生一定的反射作用，从而达到阻挡太阳光进入室内的目的。在低纬度地区进入炎热季节，具有良好的遮阳效果，使房屋内光线柔和、舒适，从而可节省室内空调用电量。另外，热反射玻璃反射层的镜面效果和色泽，对建筑物的外观装饰效果都较好。而且其遮蔽系数、太阳光总透射比、太阳光直接反射比、可见光反射比较高，而传热系数、辐射率则与普通玻璃差别不大。

(3) 低辐射玻璃。低辐射玻璃又被称作 Low-E 玻璃，是一种对波长在 4.5～25μm 范围的远红外线有较高反射比的镀膜玻璃，它具有较低的辐射率。在冬季，它可以反射室内暖气辐射的红外热能，辐射率一般小于 0.25，使热量停滞在室内。在夏季，公路、水泥场地和大量硬化地面、建筑物墙体在太阳长时间的辐射下，吸收了大量的热能并以远红外线的形式向周围散发。低辐射玻璃的遮蔽系数、太阳光总透射比、太阳光直接反射比、可见光透射比和可见光反射比都同普通玻璃差别不大，其辐射率、传热系数比较低。

(4) 中空玻璃。中空玻璃是把两片或多片玻璃以有效支撑、均匀隔离并对周边粘结密封，使玻璃层之间形成有干燥气体的空腔，其玻璃之间形成有一定厚度的被限制了流动的气体层。由于这些气体的导热系数远小于玻璃材料的导热系数，因而具有很好的隔热性能。中空玻璃的特点是传热系数较低，与普通玻璃相比，其传热系数至少可以降低 40%，是现在应用前景好的隔热玻璃。可以将多种玻璃组合起来，产生更好的节能效果。

(5) 真空玻璃。真空玻璃的结构形式类似于中空玻璃，所不同的是真空玻璃空腔内的气体非常稀薄，接近真空。其隔热原理就是利用真空构造隔断了热传导，传热系数很低。根据一些资料介绍，同种材料真空玻璃的传热系数至少比中空玻璃低 15% 左右。

(6) 普通玻璃。普通玻璃也就是最常见的平白玻璃，可以通过贴膜产生吸热、热反射或低辐射等效果。由于节能的原理基本相似，贴膜玻璃的节能效果与同功能的镀膜玻璃区别不大。伴随着玻璃产品深加工技术的创新，特别是薄膜技术的不断发展，一些创新的镀膜玻璃产品，已不再是单一功能的节能玻璃。它可以是一种复合了多种功能的节能玻璃，如阳光控制型低辐射玻璃，结合了热反射、低辐射和吸热等多种特性。

2. 选择适合的节能玻璃

现在建筑用能耗占全国总能耗的1/3左右，提高玻璃的节能效果已经成为实现建筑节能的重要环节。房屋外窗是外围护结构的主要构件，不但能满足室内通风和采光、散热和观赏外景的作用，还应具备良好的保温、隔热和隔声性能。但是，外窗的耗能比较大，约占到建筑总能耗的40%。又因为玻璃占整个窗户面积比较大，成为房屋外围护结构中隔热、保温最薄弱的部位。

随着玻璃品种的增多，玻璃节能已成为降低建筑外窗能耗量的首要目标。具体而言，要考虑玻璃的遮阳系数 S_c，传热系数 U(U 值分冬季、夏季，越低越好)越低，玻璃阻隔热传导的性能就越好。因此，要选择 U 值较低的玻璃产品，如Low-E中空玻璃。如果对玻璃的隔热性能有更严格要求时，可以选择充有氩气的Low-E中空玻璃。不同气候环境地区应当选择不同 S_c 值玻璃或中空组装方式。

在不同地区玻璃的选择不同，如寒冷地区，太阳辐射对保持室内温度是有利，对此不要采用折射率低、遮阳系数小且不能有效利用太阳能取暖的玻璃，如单片热反射玻璃、Low-E玻璃及Solar-E玻璃等。可以选择使用保温性能好的透明中空玻璃。在夏热冬暖区域，建筑物耗能主要是室内外温差传热用能和太阳辐射耗能，尤其是太阳辐射耗能占建筑能耗的比例很高，是夏季得热的最主要因素，直接影响室内的热环境。因此，对夏热冬暖地区要尽量控制进入室内的太阳辐射，选择窗玻璃主要是玻璃的反射系数，尽可能选择 S_c 小的玻璃。在夏热冬冷地区，夏季干燥、炎热，冬季寒冷、潮湿，选择窗玻璃时应充分考虑冬夏季节的需要，但夏季太热遮阳还应重点考虑。该地区玻璃的选择与夏热冬暖地区相似，采用单片热反射玻璃、Low-E玻璃及Solar-E玻璃，中空玻璃外片是吸热玻璃、热反射玻璃、吸热 Low-E 玻璃、Solar-E 玻璃，内片用透明玻璃或 Low-E 玻璃等。

3. 节能玻璃的应用

被动式采暖建筑房屋通过对建筑朝向和周围环境的合理布置，对建筑内外空间的周到处理和材料的合理利用，使得建筑房屋冬季保温采暖，夏季遮阳，散热环境舒适。被动式太阳能采暖按照系统供暖方式，可分为直接受益式、集热蓄热墙式、附加阳光间式和组合式几种。

(1) 直接受益式供暖。它利用南向窗直接接受太阳光照射采暖，是被动式太阳能采暖方式中最简单的一种。其特点是太阳光直接加热住宅房间，把房屋本身作为一个有太阳能集热、蓄热和分散的集合点，供热效率高，但进入夜晚降温速度快，室内温度波动大，适用于仅在白天工作的场所。

(2) 集热蓄热墙式供暖。在南向玻璃窗里面的蓄热墙外表面涂上黑色涂层，上、下留置风口。白天太阳光入射到(特朗勃墙)蓄热墙上，被墙面吸收转变为热量，加热墙与玻璃之间的空气，热空气上升由上风口进入室内，室内低温空气由下风口进入墙与玻璃之间的空气通道，形成自然的热循环。夜间热量通过墙体辐射传导进入室内，要关闭上、下风口，防止倒流降温。

(3) 附加阳光间式供暖。阳光间附加在房屋的南侧面，中间用一隔壁把房间与阳光间隔开，阳光间的南墙或屋面用玻璃及其他透光材料，在房屋之间的公共墙上开设门窗或通行洞。阳光间得到太阳光照射很快升温，其温度总是高于室外的环境温度。这样既可在白天通过对流经门窗或通行洞给房屋供热，又可在夜晚作为过渡区，减少房屋的热损失。

(4) 组合式供暖，组合式太阳房是由上述两种或更多类型经组合而成的被动式太阳采暖房。不同的采暖方式结合使用，可以形成互相补充、更加有效的被动的太阳采暖房系统，现在建成的太阳房大多数为组合形式。

4. 玻璃在建筑采光应用

建筑住宅中，人们还是喜欢自然采光，于是就采用各种建筑造型，以适应采光的需要。玻璃采光顶按照组合方式可分为单体、群体和联体几种。单体即单个玻璃采光顶，群体是由多个单体玻璃采光顶在钢结构或混凝土结构支撑体系上组合成一个玻璃采光顶群；联体由几种玻璃采光顶和玻璃幕墙以共用杆件连成一个整体的玻璃顶和墙面体系。玻璃采光顶按照支架杆件用料分为：钢玻璃采光顶、铝合金玻璃采光顶和玻璃框架玻璃采光顶。玻璃采光顶按照设置方式分为敞开式和封闭式；敞开式是指通廊或雨篷上的采光顶，封闭式是位于封闭空间的顶盖或屋盖上的采光顶。玻璃采光顶按功能也可以分为密闭型和非密闭型两种，密闭型是用于封闭空间的玻璃采光顶，非密闭型是用于敞开空间的玻璃采光顶。

玻璃采光顶最大的问题是保温隔热性能较差，如果室内外温差较大，容易产生冷凝水。解决冷凝水有几种方法；(1)采用双层玻璃，改善保温隔热性能；(2)将玻璃顶设计成坡度或弧度，组织好上面排水处理，玻璃采光顶坡面与水平夹角在20～40°为宜；(3)在玻璃顶下面墙体上，留出通风洞或孔，让外面冷空气进入室内，使玻璃顶的内外侧温差减小。玻璃顶下面不再有冷凝水，而且可以改善室内空气质量，但会有一些热量损失。

5. 玻璃在其他方面的应用

(1) 景观玻璃窗台的使用。玻璃窗台分为平面式、外凸式及凹陷式。其中，外凸式窗台对于景观的可视角度最大化，并且最有利。玻璃窗台增加了室内外的交流，扩大了室内的空间感，可营造出室内外空间的过渡联系。由于玻璃是常用的透光材料，被作为装饰使用，在家具透光的应用方面，要强调的是玻璃的质感和色泽，营造出和谐的室内环境。

(2) 玻璃幕墙。平板玻璃的玻璃幕墙是最普通的幕墙应用形式，使竖向更简洁、现代，室内有更好的采光。在建筑照明中，配合内部各种灯光，建筑显得更加亮丽。为了处理好隔热问题，使室内空调用电尽量减少，可以采用 Low-E 玻璃或者双层中空玻璃及隔热玻璃，但是成本会上升。

(3) 玻璃砖。玻璃砖是用透明或带色玻璃制作的块状、空心的玻璃制品或块状表面施釉的制品。其品种主要有玻璃空心砖、玻璃饰面砖和玻璃锦砖(马赛克)等。玻璃砖是一种非承重砖，但是具有砖的使用特点，同时具备幕墙的透光特点，砌筑时可以根据龙骨框架或辅助框架来达到形成任意造型的表面，使用不同品种的玻璃，如磨砂玻璃、压花玻璃和彩色玻璃，可以造就室内空间的多姿多彩。

(4) U 形玻璃。U 形玻璃又称槽形玻璃，是一种新型建筑节能墙体型材玻璃，它由碎玻璃和石英砂等原料制成，造型为条幅型，具有挺拔清秀和线条流畅的时代感，有独特的装饰效果。而且施工安装方便，综合费用也较低，同普通平板玻璃结构相比，降低费用 30％左右，减少湿作业 40％左右，节省玻璃与金属材料用量。

通过浅要分析探讨可知，在建筑工程中合理、科学地使用玻璃产品，有利于营造健康、环保的住宅建筑及室内环境。但是，在建筑表面透光材料的应用中形式多种多样，需要不断探索和创新，结合地区和工程特点，使建筑空间能节省能源，使玻璃材料在建筑中持续、健康、有序地充分利用，创造良好的应用和社会价值。

7　低辐射夹层玻璃的特点及构造功能

建筑工程的节能及环保要求越来越高，对窗玻璃的性能也要达到相适应的配合协调，低辐射(Low-E)玻璃及其组成产品更加具有降低辐射性能，使之满足各类建筑工程的应用要求。在许多建筑设计中，对窗的玻璃选择时，多数只考虑安全性而忽视了Low-W 夹层玻璃传热系数的变化影响。对此有必要针对 Low-W 夹层玻璃的自身特点的构造功能分析探讨，以防止在选择应用时出现失误。

1. 低辐射玻璃的工作特点

我们知道，物体表面及液体对辐射的吸收及反射只产生在物体的表面，基本不进入其内部，因而表面的状态对辐射的影响非常重要。只要改变玻璃的表面状态，就可以改变其辐射性能。针对玻璃而言，目前采取的镀膜是一个最直接可以改变玻璃表面状态的方法。

对于建筑工程中广泛使用的玻璃，并不要求重视其全波段的辐射率需要，而在现行的《建筑玻璃可见光透射比、太阳光直射透射比、太阳能总透射比、紫外线透射比及有关窗玻璃参数的测定》GB/T 2680 中的相关规定，对玻璃辐射率的波长范围限定在 4.5～25μm 这一近红外光谱波段之间，对应的就是相对波段辐射率，也就是玻璃材料在此光谱范围内的半球辐射率与黑体在此波段的半球辐射率之比，我们常称为玻璃辐射率。根据国家标准《镀膜玻璃　第 2 部分：低辐射镀膜玻璃》GB 18915.2—2002 中第 5.9 条规定，在线低辐射镀膜玻璃的辐射率应低于 0.25。离线低辐射镀膜玻璃辐射率低于 0.15 的镀膜玻璃，才能认定为是低辐射(Low-E)玻璃。而一般玻璃的辐射率是 0.84，但耀皮玻璃的在线低辐射镀膜玻璃的辐射率最低可达到 0.157 左右。

在现阶段的制作工艺水平，低辐射 Low-E 玻璃的生产可分为真空工艺和化学工艺两种。真空工艺即是常见的物理气相沉积(PVD)，以真空磁控溅射为主，也被称做离线镀膜；化学工艺则是以化学沉积(CD)，也叫做热解技术，包括气相沉积(PVD)、热喷涂法等，通常以在线镀膜技术为主。

1.1 离线镀膜的方式

离线镀膜的膜系结构是由金属、金属氧化物和非金属等物质所组成。底层膜起增加膜层附着力和阻止碱离子迁移、保护银色膜的作用，通常是 BiOX、SoO_2、TiO_2、ZnO、Si_3N_4 等；界面膜的介质由不完全氧化物所构成，一般是 NiCr、Al、Ti、Zn、Pb 等，其厚度 2～3nm，起到促进银色膜稳定和生长作用；功能层(银膜)一般为 20nm 厚，要求极其光洁的高结晶度；顶膜即覆盖层起保护银膜不受氧化和抗划伤的作用，一般是 BiOX、SoO_2、TiO_2、ZnO、Si_3N_4 等物质。

1.2 在线镀膜的方式

在线镀膜的膜系结构是由金属化合物所组成。底层膜起到增加膜层与玻璃附着力的作用，主要是 $SnxSiyO_2$ 或是 SicxOy；顶层膜起到功能层的作用，主要是 SnO_2/F。若是 Low-E 玻璃表面放大到 2 万倍观察，膜层面如同沙滩形态。正是由于其表面形状和材料本身的特性，才能对太阳辐射产生阻隔效果。如果将玻璃表面放得更大，膜层表面会是起伏不平的丘陵状。

2. 低辐射玻璃的性能

低辐射 Low-E 镀膜玻璃的效果是低辐射，通过玻璃表面的镀层材料和表面形状达到低辐射的目的。根据热辐射的基本要求，热辐射只发生在物体的表面，与物体内部的形状无关。所以说，如果低辐射 Low-E 镀膜层与 PVB 结合，是相当于在低辐射膜层上又覆盖了一层高辐射率的物质，其低辐射性能自然就丧失了，取而代之的是玻璃的高辐射率(0.84)。对此虽无法具有远红外反射功能，但是具备一定的遮阳效果。也就是说，如果 Low-

E 玻璃的镀膜层与 PVB 胶片直接接触，此时的 Low-E 玻璃只是具有夹层玻璃的特性和整体玻璃幕墙颜色的相似性，而不具备低辐射功能。夹层玻璃见图 1。

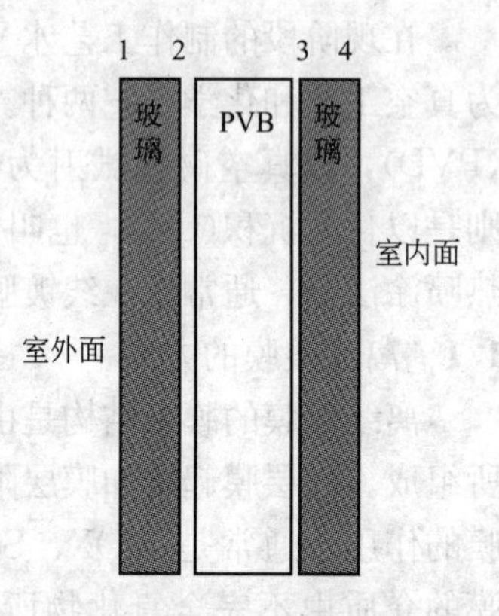

图 1　夹层玻璃的结构

在加工制作夹层玻璃时，离线 Low-E 玻璃必须放在图 1 中的第 2 面或第 3 表面，与 PVB 胶片相结合，不然会出现 Low-E 玻璃膜层氧化的质量问题。如果放在第 4 面，在热压过程中会造成 Low-E 膜层受损，严重地影响低辐射的效果。而耀皮玻璃的在线 Low-E 玻璃，由于其特有的加工工艺和材料特性，是可以在第 4 面进行夹层工艺的生产。耀皮玻璃的 Low-E 夹层玻璃同样具有低辐射使用功能。通过分析可知，如果将 Low-E 玻璃的膜层放在第 1 面，其膜层直接接触雨水和环境中的尘埃，从而改变了膜层的表面状态。这样，在使用了以后的时间内表面肯定会覆盖其他物质，如灰尘、冷凝水等，Low-E 膜层的低辐射功能就会失去作用，取而代之的是水平辐射率或者玻璃的辐射率，而水平辐射率接近 1，几乎不反射红外线；相反，则会全部吸收红外线，所以，可以提高远红外线能量，通过玻璃向低温室外放(辐)射的可能性。伴随着时间的延续，使 Low-E 玻璃的低辐射效率大幅度降低，影响到使用效果。

据资料介绍，按照劳伦斯伯克利试验室的 WIN5 软件计算，Low-E 玻璃放在第 2 或第 3 表面，与 PVB 胶片结合加工制成的为 Low-E 夹芯玻璃时，其 U 值为 5.3W/(m^2・K)，与玻璃的 U 值基本相同(按 EN673 确定的建筑玻璃热传导 U 值的计算方法)，波长范围是 4.5～50μm 之间。而耀皮玻璃的在线 Low-E 玻璃放在第 4 表面，加工制成的为 Low-E 夹层玻璃时，其 U 值为 3.5W/(m^2・K)。也可以这样理解，Low-E 膜层如果放在第 2

或第 3 表面，加工制成低辐射 Low-E 玻璃后，不再具有低辐射的功能，而耀皮玻璃的在线 Low-E 玻璃，放在第 4 表面加工制成的为 Low-E 夹芯玻璃后，仍然具有低辐射的功能。

通过以上探讨，Low-E 玻璃加工制成的为 Low-E 层芯玻璃时，如果 Low-E 膜层放在第 2 或第 3 表面，与 PVB 胶片直接接触，则 Low-E 夹芯玻璃不具有低辐射的功能，只能称为镀膜夹层玻璃。若是离线 Low-E 膜层放第 4 表面进行热加工时，压辊会损伤离线 Low-E 膜层，同样也会降低至丧失低辐射的功能。同理，如果将 Low-E 膜层放第 1 表面，在膜层表面状态因外界环境的影响如雨水的作用，Low-E 夹层玻璃的低辐射的功能也会降低。但耀皮玻璃的在线 Low-E 玻璃以其特有的生产工艺和材料的特性，膜层表面的耐腐蚀性及抗氧化能力比较优异，所以可以放在夹层玻璃的第 4 表面，加工成在线 Low-E 夹层玻璃后，仍然具备 Low-E 玻璃的功能。

3. 夹层玻璃的质量控制

夹层玻璃使用的 PVB 胶片具有吸收水分的特性，为此夹层玻璃在加工及使用过程中易产生气泡和脱胶现象，只有找到夹层用 PVB 胶片在制作中容易产生质量问题的原因，才能有针对性地进行预防控制。

3.1 加工易产生的问题

在一般情况下夹层玻璃会出现如“鸡爪花纹”的现状，这是在加工生产过程中产生形成的。离线 Low-E 玻璃能起到低辐射功能的是金属银，而银极容易在大气中氧化，所以，离线 Low-E 玻璃也同样容易在大气中氧化反应，因此，离线 Low-E 夹层玻璃会出现氧化的质量问题。

3.2 安装易产生的问题

夹层玻璃出现泛白的现象绝对是安装和使用过程中保护不到位产生的。夹层玻璃出现边缘均匀脱胶和气泡的情况是由于安装时未进行与耐候胶做相容性试验造成的。夹层玻璃出现彩虹现象与安装时采用的耐候胶中含有矿物油挤压出有关。而夹层玻璃PVB胶片与酸性胶相容产生的现象，使玻璃边缘有发白条状物。

3.3 环境及其他因素影响问题

夹层玻璃边缘直接暴露在自然环境，造成PVB胶片吸收空气中的水分而产生的脱胶，是属于设计、施工及使用过程中存在的问题。而夹层玻璃PVB胶片产生泛黄，是属于PVB胶片自身存在的问题。

现阶段夹层玻璃的加工制作工艺不可能损坏耀皮玻璃的在线Low-E玻璃膜层。值得重视的是，在进入高压釜前，要首先进行修边处理，除掉玻璃边缘多余的PVB胶片，由于多余胶片在夹层玻璃出高压釜后，很难从镀膜面清理干净。而且在清理过程中，不要用刀片或钢丝擦拭镀层表面，防止将膜层划伤。

4. 夹层玻璃的应用状况

夹层玻璃的应用从20世纪90年代开始至今已经有20年历史，国内使用的夹层玻璃都是采取湿法夹层玻璃(也称灌浆法夹层玻璃)，其产品特性无法达到技术标准的要求，而且在使用过程中极容易出现气泡和脱胶问题。进入21世纪即采用干法夹层玻璃生产，并在玻璃中使用PVB胶片夹层，使夹层玻璃的生产进入一个新的发展阶段，在建筑及汽车行业应用广泛。

在建筑业中，夹层玻璃以其优异性能的安全性及对光线的穿透性，同时具有对紫外线的阻隔功能，避免室内装饰物品受到太阳光照射而加重老化及损毁，被广泛应用在各类窗户采光中，使大量自然光线进入室内，满足人们的居住需求。夹层中空玻璃由于具有重量较轻、传热系数适中的优点，在玻璃幕墙中的应用更加广泛，尤其是多层和高层建筑物，夹层玻璃是不可代替的外墙体材料。夹层玻璃可以使用不同色泽的玻璃原片和不同颜色的PVB胶片，达到丰富使用效果的目的。如为了降低光线进入室内，可以采用热反射玻璃，也可用彩釉玻璃来加工夹层玻璃。为达到保温隔热需要，可以生产夹层中空玻璃，还可以生产最先进的低辐射夹层中空玻璃等产品。

近年来，夹层玻璃在国内的许多建筑中得到应用，如上海东方艺术中心使用了 Low-E 夹铝板夹层中空玻璃，世博中心使用了金属丝夹层中空玻璃，广州电视塔使用了 Low-ESGP 夹夹层中空玻璃，上海环球金融中心使用了热反射夹层中空玻璃等。

8 建筑中庭玻璃的选用及热工性能

建筑工程设置中庭院对改善室内环境有重要作用，在公共建筑中设置中庭成为一种趋势。由于中庭的体量较大，且具有大面积的玻璃围护结构。如何减少中庭的热工能耗，最关键的是处理好玻璃幕墙同玻璃上部的热工问题。

1. 玻璃能耗的特点

玻璃的能耗主要是因室内及室外温差传递的耗能和太阳光照射的能耗。由于玻璃可以透过太阳光，太阳光照在玻璃上一部分反射出去，一部分透过玻璃而进入室内，还有极小部分被玻璃吸收，而被玻璃吸收的部分热量使玻璃表面温度升高，然后通过对流和辐射方式传到室内。因此，影响玻璃热性能的指标主要有两个因素，即传热系数 K 值和遮蔽系数。

对于太阳光的远红外热辐射问题，玻璃是不能直接透过，只能反射或吸收它，被吸收的热量最终将以对流传导的方式穿透玻璃，因此，远红外热辐射透过玻璃的传热通过对流和传导实现。

2. 各种不同玻璃的性能

现在用于门窗及幕墙的玻璃品种繁多，已有的按照热工性能可以分为：普通平白透明玻璃、吸热玻璃、热反射镀膜玻璃、低辐射 Low-E 玻璃及 Solar-E 玻璃等。还有一些用这些玻璃组成的中空玻璃和夹层玻璃等。这些玻璃的热工性能各异，差别也比较大。

2.1 普通平白透明玻璃，

普通平白透明玻璃的透射性能比较高，玻璃对太阳光中最集中的 0.4～2.5μm 波长范围有较强的透射率，其中在可见光和近红外波段能透过照射在玻璃上太阳光的 80%以上，在中红外波段能透过照射在玻璃上太阳光的近 10%。这个透过范围正好和太阳辐射光谱区域重合，因此，在透过可见光的同时，太阳光的红外线热能也大量地透过玻璃，而0.4～2.5μm波长中的红外波段热能被大量的吸收，这导致了它不能有效地阻挡太阳辐射热。对波长2.5μm以上远红外热辐射，普通平白透明玻璃不能直接透过，而是在尽量吸收，其总的吸收率高达85%左右，即红外辐射的辐射率为85%，不同厚度玻璃的吸收率是有所不同，因此，透射率也是有相应的变化。平白透明玻璃的热阻值较小，但传热系数却大，3mm厚的平白透明玻璃传热系数在6.0W/(m^2·K)以上，冬季采暖和夏季制冷会消耗大量的能源。

为了阻挡太阳光的辐射，降低热传导系数，必须对透明玻璃进行一些技术处理，如在透明玻璃原片中添补一些元素可以制成吸热玻璃，在玻璃的一个面镀膜制成热反射玻璃、Low-E玻璃及Solar等玻璃。

2.2 吸热玻璃特性

吸热玻璃在玻璃原片中添补一些元素后，使颜色改变成为所需要的如茶色、蓝色、绿色或灰色等，不同颜色的玻璃有着不同的透光率和吸收率。

而吸热玻璃的隔热原理是：吸热玻璃因具有吸热能力而将一部分太阳光吸收，并转化成热能；然后，再通过长波辐射传热分别传到室内外。由于室外的空气流动比室内快，因此产生对流换热的传递加快，所以传至室外的热空气要多一些。通过这种方式的热交换传递，太阳光的少部分辐射未能进入室内，从而达到隔热的效果。因此，可以看出，吸热玻璃吸收的热量越多，隔热的效果也就越好。同时，吸热玻璃的传热系数也会有点下降，大约降至5.0W/(m^2·K)以下，从而降低传热能耗。

2.3 热反射镀膜玻璃

在玻璃表面镀金属或金属化合物膜，使玻璃呈现出不同的色泽，同时还具有对太阳能的反射作用，可以反射太阳红外光，降低玻璃的遮阳系数，限制太阳辐射的直接透过率。这样能够节省夏季空调制冷的能耗。

热反射镀膜层对远红外线没有反射能力，因此，对改善 K 值没有实质意义，只是略微有点降低，一般传热系数还在 5.0W/(m^2 · K)以上。

2.4 低辐射 Low-E 及 Solar-E 玻璃

低辐射 Low-E 玻璃是在玻璃表面镀上低辐射材料银及金属氧化物薄膜，使玻璃无色透明或呈现出茶色、蓝色、绿色或灰色等色泽，其主要作用是降低玻璃的 K 值；同时，也是有选择性地降低透射系数，其反射的主要是远红外线，也降低玻璃的热辐射透过量。Low-E 玻璃无论是对传热能耗，还是对太阳辐射能耗都有比较大的降低幅度，是理想的节能型玻璃材料。

Solar-E 玻璃是一种特殊的低辐射玻璃，它比 Low-E 玻璃有更好的对太阳光辐射能力的隔绝效果，这种玻璃除具有低辐射性能外，还具有对阳光的控制能力。

2.5 中空及夹层玻璃

中空玻璃由两片以上玻璃组成，中间层厚度各不相同但均是充空气或惰性气体，从而降低传热系数 K 值。K 值与间层厚度气体种类有关。透明的白平普通玻璃遮阳系数很小，因此，为了降低玻璃的遮蔽系数，与镀膜玻璃一同构成镀膜中空玻璃。

夹层玻璃是在两层玻璃中间镀金属膜或金属化合物膜，从而具有热反射玻璃的特性，并且降低了 K 值，降低温差，减少传热耗能。

3. 中庭玻璃的选择应用

对建有中庭的一些建筑物使用材料的了解调研，中庭采用的大部分是 6mm 以上的玻璃和一些 PC 板，正确选择中庭玻璃幕墙的材料极其重要。在上述已介绍了几种玻璃的性能，总体是不同玻璃的性能也不同，不可能适应所有气候环境朝向的建筑。因此，要根据具体的气候特征和中庭形式，选择适宜的节能玻璃。

3.1 夏热冬暖地区选择

夏热冬暖地区如海南、广东及福建省一些地方，该区域冬季不用采暖，夏季却需要制冷，而中庭的耗能主要是为室内外温差传热耗能和太阳辐射耗能，但太阳辐射耗能却占了中庭的大部分。所以，夏热冬暖地区中庭的玻璃材料主要是考虑玻璃的透射系数，尽可能选择低透射率的玻璃材料。如单片热反射玻璃、低辐射 Low-E 及 Solar-E 玻璃的透射率比较低，遮阳系数较小应是最好的选择。单片热反射玻比 Low-E 及 Solar-E 玻璃透射系数要高，却比普通白玻璃透射系数要小，相比较后还可以用于该地区。因普通白玻璃传热系数太高，不能用于夏热冬暖地区。这几种玻璃材料虽然可以达到一定的节能效果，但效果却极其有限，因为玻璃传热系数太高，无法降低温差传热耗能。为此，最好还是采用中空玻璃。而透明的中空玻璃因为有良好的透射率，也不适用于该地区。宜选择吸热玻璃，热反射玻璃，吸热 Low-E、Solar-E 玻璃作外片，内片采用透明玻璃、低辐射 Low-E 等材料组成的中空玻璃。这样，外片玻璃吸收绝对多的太阳热辐射，而空气间层将外片的热辐射阻挡在外面，而对室内只产生一次辐射和热传。中空玻璃的热传系数很小，传热系数也低，是夏热冬暖地区中庭玻璃材料的最优选择。

对于冬季气温稍微低的一些地方，可以在中庭的南向采用透明白玻璃或透明中空玻璃，冬季可以利用太阳能供一些暖，而在夏季由于太阳高度角较高，南向的辐射强度软弱，日照耗能相对少。

3.2 夏热冬冷地区玻璃选择

夏热冬冷地区范围比较广阔，气候差异性也比较大，所以，应该按实际情况来选择中庭玻璃的材料。例如：长江中下游地区，夏季炎热，增加了空调的制冷能耗，而进入冬季日照减少，却减少冬季的采暖耗能。但是，经过计算分析可知，夏季的日照耗能多于冬季因日照得热而节省的能量，因此，从总体来看，应该是夏季遮阳为主。玻璃材料的选择与夏热冬暖地区相似，即选取单片热反射玻璃、Low-E 玻璃、Solar-E 玻璃、单片吸热玻璃、中空玻璃用吸热玻璃、热反射玻璃、吸热 Low-E 玻璃、Solar-E 玻璃做外片，而内片采用透明玻璃、低辐射 Low-E 玻璃等制成的中空玻璃。

长江中下游过渡地区冬季也需要采暖，面向南面的全年能得到太阳照射，得热最好，即节省了能源。所以，中庭的南向选择用透明白玻璃和透明中空玻璃最好。如果该区域夏季的日照小于冬季，因日照得热而节省的能量，应以冬季保温为主，同时尽量利用冬季的日照采暖，玻璃材质的选择与寒冷地区类似。除了根据气候条件和朝向来选择中庭的玻璃材质外，还要采取遮阳措施，以减少夏季的日照降温能耗。

3.3 严寒地区玻璃选择

严寒及寒冷地区的能耗主要是冬季采暖保温的耗能，夏季制冷天数很少或不需制冷，耗能的形式主要是室内外温差的耗能，冬季的太阳辐射对得热有利，也是利用玻璃的温室效应为中庭提供热量保温。单片热反射玻璃、Low-E 玻璃、Solar-E 玻璃的透射率较低，遮阳系数也小，不能利用太阳能取暖，所以不适合在严寒地区使用，而单片吸热玻璃可以凑合使用，单片透明玻璃的传热系数又太大，得到的日照热能比温差传热损失的要多，也不适合使用。从根本上说，单片玻璃根本不可能满足该地需求。

由于保温节能是这个地区要解决的主要矛盾，所以，必须采用保温性能好的中空玻璃用于中庭，同时又要保证太阳辐射得热取暖，只有透明的中空玻璃较为合适。对于其他色泽的中空玻璃，外片要采用透明玻璃或 Low-E 玻璃，内片应当用吸热玻璃、热反射玻璃、吸热 Low-E 玻璃、Solar-E 玻璃。这样，内片玻璃吸收室内热量而室温升高，而空气层将内片的热辐射阻拦在单面而不对室外产生一次辐射和传热；同时，外片玻璃可以透过和吸收太阳辐射热，进一步提高玻璃空腔的温度并传递到室内。对于严寒及寒冷地区的北向，由于冬季太阳辐射极少且弱，完全不用太阳能采暖，只要求保温即可，这样选择用热阻较大的中空玻璃适宜。

通过上述浅要分析可知，不同气候环境下建筑物中庭玻璃的选择，在不同季节和不同方向都不同，要综合考虑中庭及其旁边房间的自然采光要求，防止炎热及寒冷时采暖及降温能耗的增加，同时照明的增加也要考虑。总之，要按照当地气候条件和中庭的不同朝向，合理选择玻璃材质和窗框、幕墙连接材料，采取其他一些构造措施，充分利用或减弱太阳辐射，加大热阻，达到综合节能效果。

9 中空玻璃窗的遮阳影响因素

太阳光辐射对于建筑物的室内热环境及能耗的影响极大，太阳光辐射所造成的建筑负荷占很大比例。在现代建筑中，应使室内更加透明、美观，使建筑物外墙体上玻璃的用量比例更多。而太阳辐射主要是通过外窗及门、幕墙而进入室内，因此，为保温节能选择使用中空玻璃，但是应该了解中空玻璃对遮阳系数的影响因素。现在中空玻璃对遮阳的影响是通过采集光谱数据经过计算得出的，而采用的中空玻璃遮阳系数是根据现行的《建筑玻璃可见光透射比、太阳光直射透射比、太阳能总透射比、紫外线透射比及有关窗玻璃参数的测定》GB/T 2680—1994 和《建筑玻璃应用技术规程》JGJ 113—2009 的规定方法求得的。同时，也利用美国瓦里安 Cary 的分光光度计采集玻璃的太阳光直接投射比和反射比，利用红外色谱仪采集玻璃的垂直辐射率光谱，计算玻璃在室内第二次传热的系数。

1. 遮阳系数的确定

按照规范 GB/T 2680—1994 中相关要求，遮阳系数又称为遮蔽系数简写为(S_e)，国际上称为遮阳系数简称为(*SC*)，是反映太阳光以辐射方式透过中空玻璃变成的能量。遮阳系数相对于 3mm 厚无色透明玻璃而定义，其中，3mm 厚普通平板透明玻璃的太阳能总透射比为定值，按照规范 GB/T 2680—1994 的规定取值为 0.889，其他玻璃及其形成的相对比值，即中空玻璃的太阳能辐射总透过率应除以 0.889。

2. 中空玻璃遮阳系数的影响

2.1 使用玻璃的类型

制作中空玻璃的原始玻璃一般是白玻、吸热玻璃、控制阳光的镀膜玻璃、Low-E 等玻璃，以及由这些玻璃所加工制成的产品。玻璃在加工制作过程中的热弯、钢化后的热工特性会产生微弱变化，但却不会对中空玻璃组合产生较明显的影响，因而该处仅是未进行深加工的玻璃原始用片。不同类型的玻璃在单片使用时，其节能特性已有一些大的差别。当制作成为中空玻璃后，各种不同形式的组合也会反映出不同的特性。根据规范 GB/T 2680—1994 的要求，计算求得几种不同类型玻璃组成的中空玻璃的遮阳系数，见表 1。

不同类型的中空玻璃遮阳系数 **表 1**

中空玻璃组合(室内＋12A＋室内)	可见光透射比(%)	太阳光总透射比(%)	遮阳系数 *SC*
6mm 普平白玻＋12A＋6mm 普平白玻	80.88	76.15	0.856
6mm 绿吸热玻＋12A＋6mm 普平白玻	67.69	49.53	0.558
6mm 控光镀膜＋12A＋6mm 普平白玻	15.56	27.17	0.305
6mmLow-E 镀膜＋12A＋6mm 普平白玻	61.04	36.95	0.414

上表中几种中空玻璃原使用片玻的透射光图谱和发射光图谱分别见图 1、图 2。

从表 1 中可以看出，在几种中空玻璃组合中，普通平板白玻璃的遮阳系数最高，可见光的透过率也较高。由图 2 可知，普通平板白玻璃的可见光和近红外波段具有较高的投射

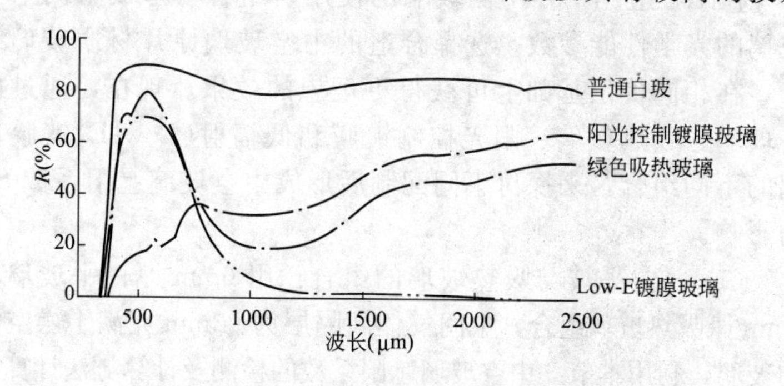

图 1　几种不同原片玻璃的透射光谱

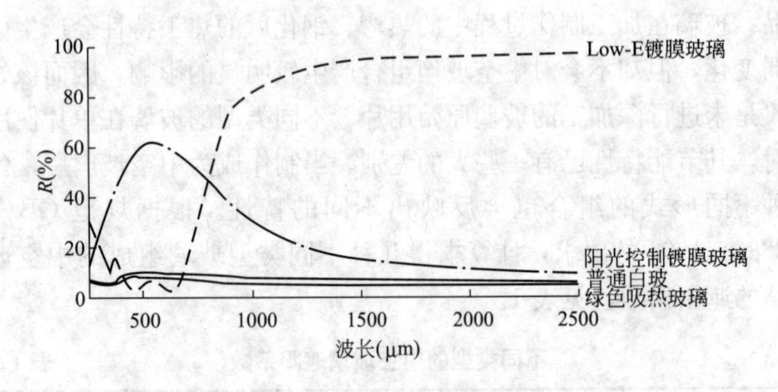

图 2 几种不同原片玻璃的发射光谱

性。由于普通平板白玻璃的反射率较低，使得多数辐射热能可以穿过中空玻璃进入室内，遮阳效果较差；而绿色吸热中空玻璃的遮阳系数较普通中空玻璃好，这是因玻璃本身的着色降低了太阳光热量的透射率；阳光控制镀膜玻璃却具有很优良的遮阳效果，但是可见光的透射率比其他玻璃低，增加了室内的照明负荷；低辐射 Low-E 玻璃在可见光波段具有很强的透过率、很低的反射率，在近红外波段具有很低的透射率、很强的反射率，因此，低辐射(Low-E)中空玻璃具有很好的节能环保效果。

2.2 不同玻璃配制的中空玻璃

在工程应用中，不同玻璃的使用所组合可形成不同中空玻璃的光学性能参数。选择合适的中空玻璃原片材质玻璃组合，在相同价位基础上可获得更理想的效果。现在，通过白平玻璃、吸热玻璃、阳光控制镀膜和低辐射(Low-E)镀膜玻璃的不同组合，来探讨不同配制后形成中空玻璃遮阳系数 *SC* 的影响。

(1) 普白平玻与吸热玻璃的组合：用 6mm 厚白平玻璃与 6mm 厚吸热玻璃组合，中间气体间隔层为 12mm 充满干燥空气的玻璃，利用本节 3 中空玻璃遮阳系数的检测及计算方法计算得出普白平玻与吸热玻璃组合后的光学性能参数，见表 2。

普白平玻与吸热玻璃组合后的光学性能参数 表2

中空玻璃组合(室外+12A+室内)	可见光透射比(%)	太阳光总透射比(%)	遮阳系数SC
6mm 白平玻+12A+6mm 绿色吸热玻璃	67.67	49.26	0.728
6mm 绿色吸热玻璃+12A+6mm 白平玻	67.68	64.78	0.556

由表2可以看出，组成中空玻璃的吸热玻璃，在室外比室内侧的遮阳系数 SC 值减少了 20%以上，而可见光的透射比基本不变。

(2) 普白平玻与阳光控制镀膜玻璃的组合：用 5mm 厚度阳光控制镀膜玻璃与 5mm 厚普白平玻组合中，中间气体间隔层为 12mm 充满干燥空气的玻璃，仍然参照本节 3 中空玻璃遮阳系数的检测及计算方法计算得出白平玻与阳光控制镀膜玻璃的组合的光学性能参数，见表3。

普白平玻与阳光控制镀膜玻璃组合后的光学性能参数 表3

中空玻璃组合(室外+12A+室内)	可见光透射比(%)	太阳光总透射比(%)	遮阳系数SC
5mm 白平玻璃+12A+5mm 阳光控制镀膜玻璃	19.14	40.43	0.455
5mm 阳光控制镀膜玻璃+12A+5mm 白平玻璃	19.14	32.77	0.369

由表3可知，组成中空玻璃的镀膜玻璃放在室外比放在室内侧时，遮阳系数减少了近 20%，可见光的透射比基本不变，太阳光控制镀膜玻璃根据镀膜材质的不同，各项性能参数都会有差异。

(3) 普白平玻与 Low-E 镀膜玻璃的组合：用 5mm 厚的 Low-E 镀膜玻璃与 5mm 厚普白平玻的组合，中间气体间隔层为 12mm 充满干燥空气的玻璃，仍然参照本节 3 中空玻璃遮阳系数的检测及计算方法计算得出普白平玻与 Low-E 镀膜玻璃的组合的光学性能参数，见表4。

普白平玻与 Low-E 镀膜玻璃组合后的光学性能参数　　表 4

中空玻璃组合(室外＋12A＋室内)	可见光透射比(%)	太阳光总透射比(%)	遮阳系数 *SC*
5mm 白平玻璃＋12A＋5mmLow-E	59.92	60.61	0.682
5mmLow-E ＋12A＋5mm 白平玻璃	59.92	47.46	0.534

从表 4 可以看出，组成中空玻璃的 Low-E 镀膜玻璃放在室外比放在室的内侧，遮阳系数减少了约 22%，而可见光的透射比基本保持不变。

2.3 间隔层干燥空气的类型

在大多数情况下，充进玻璃间隔层的干燥气体包括干燥空气、惰性气体(氩气、氪气)及氟化硫(SF_6)等气体。由于气体的导热系数很低，如空气的导热系数只有 0.024W/(m·K)，氩气的导热系数仅有 0.016W/(m·K)，因此，在很大程度上提高了中空玻璃的热阻，进而影响到中空玻璃的二次传热系数，造成遮阳系数存在较大差别。用 5mm＋12mm＋5mm 的普白平玻中空组合分析，不同气体充入此间隔层后得到的可见光透射比及遮阳系数见表 5。

普白平玻中空组合不同气体间隔层的性能参数　　表 5

充入气体类型	可见光透射比(%)	太阳光总透射比(%)	遮阳系数 *SC*
普通空气	77.28	73.73	0.829
氩 气	77.28	73.83	0.831
氪 气	77.28	73.94	0.832
氟化硫(SF_6)	77.28	73.89	0.830

从表 5 可以看出，无论间隔层中充入何种气体，在相同原片玻璃且厚度相同的情况下，中空玻璃的可见光透射率相差极其小基本不变。太阳能总透射比及遮阳系数 *SC* 有小的变化。如充入干燥空气和氩气的变动为 0.1%左右，因此，可以看做遮阳系数基本保持不变的范围。

2.4 充气间隔层的厚度问题

常应用的中空玻璃间隔层厚度一般为6mm、9mm、12mm不等。气体间隔层的厚度与传热阻的大小有直接的关系。在玻璃材质和构造密闭的情况下，气体间隔层越厚，传热阻则越大。但是，当气体厚度达到一定程度后，气体在玻璃之间的温差会产生一定的对流现象，从而减少了气体间隔层增厚的作用。在组成的中空玻璃材质相同的条件下，气体增厚层对遮阳系数的影响并不明显。当气体间隔增厚层从6mm增至12mm时，普白平玻遮阳系数增加只有0.3%左右，而Low-E镀膜玻璃降低为2%。因此，可以认为，由于原片玻璃类型的不同，间隔层厚度的变化对遮阳系数的影响不大。

2.5 Low-E镀膜玻璃面处位置的影响

从低辐射Low-E镀膜中空玻璃检测资料介绍中可以看出，Low-E镀膜玻璃所具备的独特、低辐射特点，膜面所处位置不同，会使中空玻璃产生不同的效果，从而影响中空玻璃的遮阳系数。以6mmLow-E＋12A＋6mm的组合为例，将镀膜面放置在4个不同的位置上，如从室内到室内依次为1号、2号、3号、4号，室外为1号位置、室内为4号位置，按图3放置位置所示，遮阳系数的变化见表6。

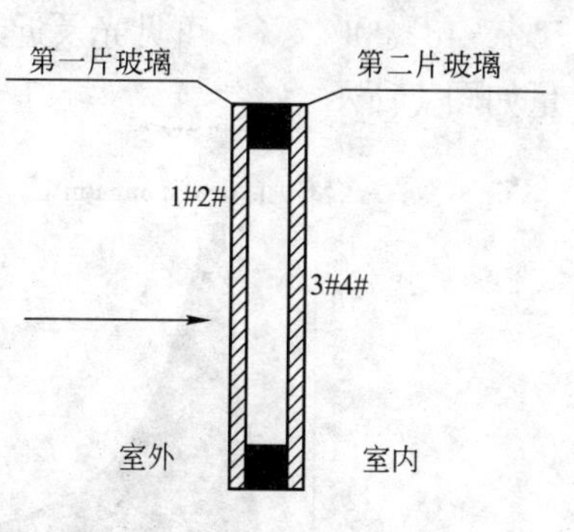

图3 低辐射中空玻璃安装

Low-E镀膜玻璃面处位置对遮阳系数的影响 **表6**

镀膜玻璃＋普平白玻璃	镀膜玻璃面	第1面镀膜	第2面镀膜	第3面镀膜	第4面镀膜
	遮阳系数(SC)	0.491	0.487	0.596	0.532

由表6可以看出，Low-E镀膜层在2号位置上的遮阳系数最低，在3号位置上的遮阳系数最高。在夏热冬冷地区住宅的室

内，夏季希望进入室内的太阳辐射热越少越好，此时，镀膜面应位于 2 号位置较好，遮阳系数低，以便减少太阳光透射玻璃进入到室内的热量，达到节省空调降温的费用。寒冷地区冬季，为了使太阳热尽可能多地进入室内，镀膜面选在 3 号位置时的遮阳效果最好，可以降低取暖消耗，节省能源。因此，选择了 Low-E 镀膜中空玻璃后，为了在相同造价的基础上使节能效果最佳，要根据不同的气候使用条件，把 Low-E 镀膜层放置在不同的侧面位置。

3. 中空玻璃遮阳系数的检测要求

在太阳光充足的条件时，光线达到地面的谱线范围主要包括紫外线、可见光及近红外线。其中约 99％的能量集中在 280～2500μm 波长的范围内，最大辐射能量位于 475μm 处。分散在紫外波段可见光波段和红外线波段的能量分别约占总辐射能量的 5％、48％和 47％，可见光及近红外线基本不变，太阳光辐射能量如图 4 所示。

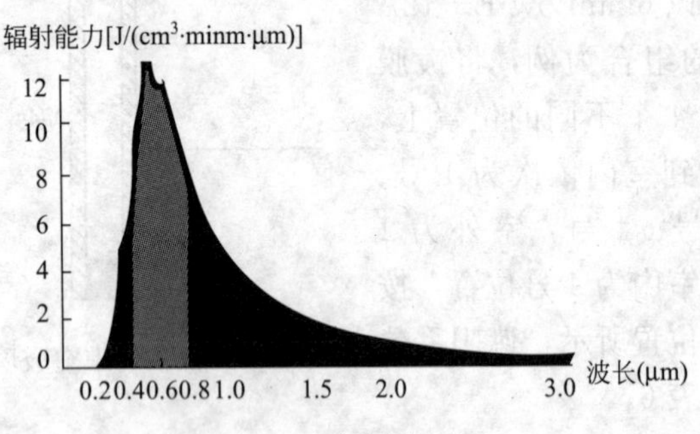

图 4　太阳辐射能量

在中空玻璃的试验资料介绍中(本节 2 均参照该试验资料)，采集光线的波长范围为 200～2500μm，包含图 4 中太阳辐射能量中的波长范围。检测是按照现行行业规范 GB/T 2680—1994 和《建筑玻璃应用技术规程》JGJ 113—2009 的规定方法求得的。用紫外可见分光光度计检测波长范围在 200～2500μm 之间的玻璃透射比、反射比等光学性能光谱图，用红紫外光谱仪测定仪检测 4.5～45μm 波长范围内的光谱反射比即远红外区域。采光的光谱数据依据 GB/T 2680—1994 规范中计算方法求出中空玻璃的遮阳系数。

通过上述对中空玻璃使用原片的类型，使用原片玻璃的组合，间隔层气体的类型及气体层厚度，Low-E 镀膜层面位置对遮阳系数影响的因素数据分析可知，中空玻璃使用原片的类型．原片玻璃的组合及 Low-E 镀膜层面位置对遮阳系数影响的因素比较大。为此，在中空玻璃采用过程中，为确保有良好的节能效果，要根据影响中空玻璃遮阳系数的影响因素，正确选择经济、合理的组合中空玻璃。

10 建筑外窗外置百叶窗的正确选用

各种建筑物的外围护结构件中，窗户是绝热性最差、保温最薄弱的部位。常用的窗户材料是普通透明的平白玻璃，厚度多数为4mm左右，可以透过88%以上的可见光，因此，可以透过约77%～86%的太阳辐射热。由于普通透明玻璃的热阻较低［R=0.16W/(m^2·K)］，通过窗户以导流和对流辐射形式在室内外之间传递的热量，远比建筑物墙体部位要快很多。实践表明：有效的控制和预防窗户处的热传递，是建筑物保温节能的重要环节。尤其是夏季减少窗户辐射热进入室内的有效措施是遮阳，而冬季夜晚减少窗户散热的保证方法是加强保温，防止冷空气渗透。

外窗户外置百叶窗是具有遮阳和保温的双重功能构件，并具备技术含量低但效果很显著的特点，这种做法在国外应用得比较多。但在国内，外置百叶窗的使用并不广泛，一般常见的做法是安放在室内的遮阳百叶窗帘。这种设置在内窗的百叶窗帘仅起到遮拦阳光的作用，对减少辐射热却效率极低。由于热辐射会直接到达玻璃的表面，使遮阳构件也一并升温，穿透玻璃进入室内，以长波辐射和对流的形式使室内温度升高。

1. 外置百叶窗设置

进入夏季，窗户外部的遮阳设施可以有效减少到达玻璃的辐射热，尤其是能够减少太阳直射，因当太阳直射到遮阳构件上，其一部分光线会被反射掉；另一部分则被反射到玻璃上，余下部分由遮阳设备本身吸收而温度升高。其设施本身再以对流和辐射的形式向外散失一些热能，因而造成太阳辐射对室内的影响有些减少。尤其是寒冷地区当进入冬季，如果百叶窗帘再配备保温窗板配合使用，可以起到良好的保温效果。当冬季白天有太阳照射可进入室内时，打开百叶窗帘及保温窗板，增加室内的热辐射量。太阳下去再拉上百叶窗帘，关闭保温窗板，则有效地减少热量流失而降低室温，使室内环境舒适。

2. 百叶窗的类型

现在常见的百叶窗类型比较多，总体可分为百叶窗帘、活动式百叶窗、固定式百叶窗、组合式活动百叶窗、窗板和特殊用百叶窗等。

(1) 百叶窗帘：百叶窗帘的使用特点是可以根据太阳的高度角来调节叶片的角度，可以随意方便地控制拉启的角度，不仅起到遮阳的作用，还能根据实际需要调节气流的大小及方向。当不需要时，可全部拉起在窗框上部，不影响采光和开窗通风。当窗帘全部放下关闭后，具有一定的遮阳及保温作用。如果与配置的窗板配合使用，就可起到更有效的遮阳保温作用。

(2) 活动式百叶窗：活动式百叶窗分别为垂直推拉式、水平推拉式、平开式、上悬式及水平折叠式几种。垂直推拉式百叶窗是在窗扇的两侧有轨道，使用时上推或向下拉，很少占用空间，可以根据需要调整遮光，适于在窗口不大的条件下使用。水平推拉式的轨道在框的上下，根据窗口的大小安装在墙洞内或者外墙框边安装。若窗口不大时，轨道可安装在墙内，使用时拉出，当不用时要推进，不占用外部空间。当窗口过大甚至是落地窗时，则轨道沿外墙安装。平开式的开关方式和平开窗相似，既可以水平遮阳，也可以根据需要调节窗扇的位置，满足一定角度的垂直遮阳。上悬式的开启方式和上悬窗类似，遮阳构件或为百叶、挡板，可有效遮蔽上部及夕阳光照晒。水平折叠式的构造特点是占用的空间小，可以方便、灵活地控制水平方向的位置，适用于各种窗口的遮阳系统。根据需要能地效的遮蔽来自上部、上午及下午的太阳光照射。

3. 固定和组合式活动百叶窗

固定百叶窗有两种：(1)将叶片固定的百叶窗，此种百叶窗遮挡阳光固定，叶片不可调节，常用于建筑物顶端的通风窗口；

(2)叶片位置固定但叶片本身可以转动，用来调节固定的遮阳方式。根据叶片方向的不同，有垂直和水平两种系统。

组合式活动百叶窗是在活动式百叶窗的基础上，设计成更加方便的活动叶扇，这样不仅能遮阳且更加方便、灵活，还可以根据需要自由地调节通风，控制气流的大小。如推拉窗与上悬窗的组合，是在推拉窗的窗扇内设置上悬窗，也是在平开窗与上悬窗的组合，在平开窗的窗扇内设置上悬窗。固定百叶窗和其他类型活动百叶窗的组合。如固定百叶窗和平开百叶窗、推拉百叶窗、上悬百叶窗的组合等。

窗板(可活动)的使用特点是当开启时可以进入阳光得热，关闭时完全隔绝阳光，同时也具有一定的遮风、保温功能。窗板也有平开、水平折叠及水平推拉折叠式几种。平开式是窗口不大时可以部分或全部打开，而水平折叠式适用于窗口较大时和高层建筑物；水平推拉折叠式是窗口特别大时，可以在水平折叠式叶片上安装轨道，形成水平推拉折叠形式。

4. 特殊功能百叶窗

除上述介绍的具有遮阳兼保温、隔热及调节通风功能的百叶窗外，还有功能特殊的百叶窗。

(1) 防雨百叶窗。主要功能是具有防止雨水溅入和调节通风换气功能。现在一般有单层和双层两种形式，双层除具有防雨功能外还具有保温隔热的功能，防雨百叶窗适用于常年有通风要求的机电房、厂房和其他有此需要的影剧院、体育馆等大型公共建筑物。

(2) 防风沙百叶窗。这种百叶窗除了具有防雨型百叶窗的功能特点外，还具有刮风时能遮蔽尘土、收集尘土的能力，为风沙多且大地区的居住建筑提供通风、换气的有效保证。

(3) 防火及防腐蚀百叶窗。这是采用玻璃纤维丝与玻璃纤维棉在树脂材料中浸渍而渗透到其组织，固定而形成的基材，其表面罩有一层覆盖膜。这样，百叶窗的叶片材质具备质轻、不易燃烧、防腐蚀性好的特点，也就具备了防火及防腐蚀功能。适用于生产易燃品和腐蚀性极强的车间或厂房。

(4) 净化环境空气百叶窗。这种百叶窗是将材料本身的表面的由光触媒形成的保护层，此保护层受到紫外光的照射激发出自由基，对空气中有机物质进行分解、吸收，使空气中有害的化学物质消失，提升环境空气的质量，因此，具有洁净空气的功能，适用于疗养院、各种医院及医疗机构的建筑物。

5. 不同气候条件用百叶窗

现行《民用建筑热工设计规范》GB 50176—1993 是从建筑热工设计的角度出发，把全国各地气候划分为 5 个类型。不同气候区域可根据实际的气候条件，选择适合地区特点的外置百叶窗形式。

5.1 严寒地区百叶窗及材质

累计年最冷月平均温度≤－10℃，日平均温度≤－5℃的天数多于 145d 的地区为严寒地区。这一地区的建筑应尽量满足冬季保温节能的需要。加强建筑物的防寒保温功能，很少考虑夏季防热设计构造要求。设计人员必须根据这一地区的气候及建筑物使用特点，重点是冬季保温。选择具有良好保温功能的可活动窗板比较合适，可以用最普通的竹木，内部用岩棉、玻璃棉等材料加工成窗板，可以达到较好的保温效果。另外，这一地区的冬季寒冷且时间也较长，但夏季的夕阳也十分厉害，如果建筑物外墙西部设置了窗户，则要选择窗板与百叶窗帘的组合形式，在夏季的午后既可为室内提供遮阳，又可以避免眩光，使光线变得柔和、适宜。

由于这一地区以冬季获得热量为主要目的，所以窗板与百叶的表面可以刷上深的色泽，表面纹理应平坦但不光滑，这样能保证冬季白天获得最多的日光照射取热。

5.2 寒冷地区百叶窗及材质

累计年最冷月平均温度－10～0℃，日平均温度≤5℃的天数为 90～145d 的地区为寒冷地区。这一地区的建筑应尽量满足以冬季保温节能需要为主，部分地区还要兼顾夏季的防热问题。根据这一地区的气候特点，除了东向和北向外，其他朝向的窗口选择活动窗板与百叶窗帘或者是窗板与活动式百叶窗组合的形式最好，东向和北向则只设置活动窗板，尤其是由保温材料组成的活动窗板，可以有效地阻挡冬季来自偏北方向的寒风袭击。

在寒冷地区条件下，百叶窗所用的材料表面色泽应深一些，平坦且光滑。这样可确保在冬季较好地吸收太阳光辐射，而在夏季有优秀的反射能力。活动窗板的表面处理则和严寒地区类似，宜平坦但不光滑。

5.3 夏热冬冷地区百叶窗及材质

累计年最冷月平均温度－10～0℃，最热月平均温度 25～30℃，日平均温度低于或等于 5℃的天数为 0～90d，日平均温度高于 25℃的天数为 40～110d 的地区为夏热冬冷地区。这一气候地区的建筑物必须满足夏季防热要求，适当考虑冬季的节能保温需要。

根据这一地区的气候特点和设计构造功能上的要求，设置百叶窗帘、活动式百叶窗或是组合式活动式百叶窗都比较适用。这样，夏季根据使用需求，可以很方便地调节百叶窗的开启程度和叶片的遮阳角度，而冬季太阳落山后关窗并闭合页片，则具有一定的保温性能。在北向窗口设置活动窗板，会增加冬季的保温效果。

在夏热冬冷地区环境下，百叶窗所用的材料表面颜色宜淡并纹理粗糙，这样的表面材料具有更强的反射、遮阳和再辐射能力。如果达不到粗糙的纹理，则采用光滑的表面即可。

5.4 夏热冬暖地区百叶窗及材质

当累计年最冷月平均温度＞10℃，最热月平均温度 25～29℃，日平均温度大于 25℃的天数为 100～200d 的地区为夏热冬暖地区。这一气候地区的建筑物必须切实满足夏季防热要求，一般不考虑冬季的保温问题。

可以看出，这一气候地区的建筑物应以防热遮阳为主，上述介绍的一些遮阳方法均可适应，但也应根据不同建筑物的使用功能选择。另外，在南向建筑物的顶层设置可转动的水平遮阳设施，可以在炎热季节为建筑提供稳定而可靠的遮阳。而在此气候环境下，百叶窗的使用材料颜色宜浅淡而纹理应粗糙一些较好。如果未能采用粗糙纹理，应使表面平整、光滑。

5.5 温和地区百叶窗及材质

累计年最冷月平均温度 0～13℃，最热月平均温度 18～25℃，日平均温度低于 5℃的天数为 0～90d 的地区为温和地区。这一气候地区的建筑物可不考虑夏季防热要求，一些地区还要考虑冬季保温问题。

这一气候地区如云南昆明，夏季虽然不是太热，但紫外线却很强烈。因此，采取镀膜的透明材料做成百叶窗帘是非常适用的方法，这样做既不影响照明又可遮挡紫外线。在部分需要保温地方的建筑物，在北向窗口设置活动保温窗板，以便冬季减少热量流失。

综上浅述，建筑物外置百叶窗是一种极其有效的遮阳保温措施，但是在国内的应用还不是十分普及和广泛。在建筑保温节能65％的大环境下，低能耗的设计理念在一些示范工程中得到应用，采取了遮阳系统，形式单一但效果不错，如北京的万国城国际公寓，采取铝合金百叶窗帘遮阳设施。许多传统建筑物的通风窗，多年前则安装了平开或固定百叶窗来调节通风及遮阳。

建筑物外置百叶窗虽然技术和经济上投入很少，但降低能源消耗、改善室内环境的效果还不容忽视，在节能节约型社会的发展中积极推广和普及意义重大。

11 玻璃幕墙用玻璃的节能选择

现代建筑中玻璃幕墙成为一种外围护结构，是融现代建筑技术与艺术的结合体，它具有现代感强、施工简便、自重较小、维护方便、新建及既有建筑物立面更新的特点。然而，玻璃幕墙的热传导、热辐射热流造成的能耗占建筑物总能耗的比例达70%以上。其中，玻璃面积与框材相比是传热的主要部件，也是玻璃幕墙节能的核心部位。对此，如何应用科技手段正确选择和使用玻璃，使得通过玻璃损失的能耗降得更低，满足建筑节能设计标准的规定，是玻璃幕墙在建筑节能中必须处理好的大问题。本文就北方寒冷地区玻璃幕墙在建筑节能中的正确应用与选择进行分析。

1. 玻璃幕墙的应用和发展

玻璃幕墙的引进阶段是从20世纪1983～1990年，主要是以日本技术为主，其特点是从里往外装。1984年从欧洲引进的产品，其特点是幕墙材料新颖，从墙体向里安装，给建筑物外墙以一种美感。发展阶段是从1990～2000年。从欧洲的德国、法国反射幕墙玻璃技术为主，其特点是外墙可以看到蓝色和绿色，但看不到室内，使用的是单层玻璃，中空玻璃应用极少。在进入2005年前的节能阶段，当时国家出台了公共建筑节能标准，对幕墙也是一个重要的转折点，此时已较多地使用中空玻璃和低辐射(Low-E)镀膜玻璃。自2005年至今，是对幕墙提升改进阶段，这也是幕墙今后的发展趋势。现在的特点是低碳和光伏电池发电及太阳能的应用。要求幕墙玻璃有安全的系统和节能改造，这就需要首选的玻璃是超白玻璃。

2. 寒冷地区玻璃幕墙用玻璃的热工性能要求

玻璃幕墙的主要热工性能指标有传热系数和遮阳系数两个方面。传热系数是指在稳定条件下，玻璃幕墙两侧空气温度差为

1℃、1h内通过1m²面积传递的热量。遮阳系数是指玻璃的太阳能总透过率与3mm厚普通无色透明平板玻璃的太阳能总透过率的比值。传热系数是玻璃幕墙材料的通用参数，玻璃的传热系数越低，通过玻璃传导的环境热量越少。由此可知，对北方广大地区来说，玻璃的传导系数越低，越有利于幕墙保温节能。遮阳系数是玻璃材料的一个特殊参量，遮阳系数越低，通过玻璃传导的太阳光能量越少。

由于北方广大地区冬季时间较长，居住者希望通过玻璃能更多地获得太阳光，使得室内温度上升而达到降低采暖的能耗。对此，玻璃幕墙的遮阳系数越高，通过玻璃传递的太阳辐射热越多，利于寒冷地区冬季的采暖节能。对于寒冷地区，不但要重视冬季的采暖，而且还要考虑夏季的太阳辐射热问题。寒冷地区夏季一般干燥、炎热，夏季室内制冷能耗也不少，玻璃的遮阳系数越低，通过玻璃传导的太阳光能量越少，越有利于建筑物制冷的节能。同时，玻璃的遮阳系数也不能过低，否则无法达到建筑物白天自然采光的要求。因此，对寒冷地区玻璃的遮阳系数需要一个合理的限值，过大和过小都不利于房屋的综合节能。科学、合理地选择玻璃的传热系数、遮阳系数，是玻璃幕墙节能重要的环节。

3. 寒冷地区玻璃幕墙玻璃选择的要求

现在，用于玻璃幕墙的玻璃种类比较多，但是适用于寒冷地区玻璃幕墙的节能玻璃并不很多。从使用效果及玻璃特点分析，幕墙节能应用的玻璃是超白玻璃、低辐射(Low-E)玻璃和太阳能玻璃三种。

3.1 超白玻璃在幕墙中应用

超白玻璃是一种透明的低铁玻璃，也称为高透明玻璃，学名称为低铁玻璃。即其铁杂质含量极少。在玻璃的提炼过程中，将铁原子除去的同时也把造成钢化玻璃自爆的祸首——硫化镍也最大限度地除掉。为此，超白玻璃在幕墙中具有“低碳节能”和

"性能安全"的两个优势。

超白玻璃的低碳节能优势显示在广泛应用的光电幕墙上。超白玻璃制作的光电幕墙，不但能节能而且可以产能。财政部和建设部［2009］128及129号文《关于加快推进太阳能光电建筑应用实施意见》办法中，向全国提出了全新的建筑概念——太阳能光电建筑，其含有两层意思，即"太阳能屋顶"和"光电幕墙"。光电幕墙实质上是建筑物外围护结构，属于幕墙系统。也就是在普通幕墙外围护结构所有功能的基础上，再加上光伏发电系统。光伏发电系统作为建筑物上外围护结构的一个部分，与建筑物同时设计和施工安装。光伏发电系统既有发电功能，又有建筑构件的材料功能，与建筑物成为一个整体。

光电幕墙发电是低碳和光伏电池的发电，是太阳能的应用，超白玻璃对太阳能有较高的吸收率。普通玻璃透光率约在70%～75%，而超白玻璃在90%以上。利用超白玻璃的高透光率，提高太阳能电池的光电转化效率。其原理是通过阳光照射到电池板上内部产生电子的流动而形成电流，用户将转化成的电能储存起来备用。现在，光伏电池用的封装玻璃是在超白玻璃表面压制成金字塔形花纹，厚3.2mm，在太阳能光谱响应的波长(320～1100μm)范围内，透光率在90%以上，对大于1200μm的红外光有较高的反射率。

超白玻璃的安全性能优势显示在自爆率为零。国家主管部门早在2002年就发文要求，玻璃幕墙必须使用安全玻璃，并提出钢化玻璃为安全玻璃。但钢化玻璃有一个致命的缺陷——自爆，如6mm厚钢化玻璃有3%的自爆率，8mm厚钢化玻璃有6%的自爆率，10mm厚钢化玻璃有12%的自爆率。其原因是玻璃材质不纯引起的，杂质中的硫化镍在受热或受压力不均时，体积快速增大膨胀，产生自爆。而超白玻璃含铁量极少，磁化率在0.1%以下，安全系数较高，也是最好的结构用玻璃。

超白玻璃在满足光伏组件基本性能的同时，也能满足幕墙的三项性能要求，如尺寸在1200mm×530mm的普通光伏组件，一般使用3.2mm厚度钢化超白玻璃加上铝合金边框就是较好的保温节能玻璃。如果同样规格的玻璃用在光伏方阵与建筑的集成上，需经计算才能应用。超白玻璃使用在幕墙上的优势还显示在预防风险上，采用超白玻璃可以减少更换玻璃的费用，节省材料用量，有效降低建筑费用。用于改造工程，其市场也看好。

3.2 低辐射(Low-E)玻璃在幕墙的应用

Low-E玻璃实际上就是隔离热辐射能的玻璃，是在玻璃表面镀上多层金属或其他化合物组成的复合膜。根据太阳光谱能量分布可知，太阳辐射能量的97%集中在波长0.3～2.5μm的范围以内，而在常温下物体的辐射能量集中在2.5μm以上的长波红外波段。为了能达到节能采取在浮法玻璃基片上溅射特殊的膜层，使玻璃在不同波段的光辐射产生选择性的透过和反射效果。Low-E玻璃的主要特点是高可见光透射率的高红外波段反射率。

Low-E玻璃用于北方寒冷地区时，主要考虑的是能最大限度地接受到太阳辐射能量，同时也尽量减少室内的热损失。Low-E玻璃对0.3～2.5μm的太阳能辐射具有60%以上的透过率，白天来自室外的辐射能量可以大部分透过，而阴雨天和夜晚时间来自室内物体的红外热辐射能量有50%以上被反射回室内，仅有很少的不足15%的热辐射被吸收后通过再辐射和对流交换散失，因而可有效地阻止室内热量向外散失，满足寒冷地区幕墙节能的要求。假若只用单层的Low-E玻璃也是可以起到一些节能作用，但是效果并不明显。用Low-E玻璃制作成中空玻璃后，对于辐射、传导和对流这三种形式的传热均有一定的阻隔作用，节能效果较好。在这用传热系数U值来说明：普通6mm厚白玻璃的U值为6.5W/(m^2·K)，普通建筑物的外墙U值为2.3W/(m^2·K)，普通6mm/12A/6mm厚中空玻璃的U值为2.7W/(m^2·K)，而Low-E中空玻璃的U值为1.6～1.8W/(m^2·K)，其保温效果大大超过普通建筑物外墙的性能。

相同的 Low-E 玻璃制作的同样中空玻璃，当 Low-E 膜面位于第 2 和第 3 表面时，其 U 值是相同的，但是遮阳系数却不同。当 Low-E 膜面位于第 2 表面时，遮阳系数较小，其效果较好，可以降低夏季室内降温的费用。这样配片适用于夏季炎热和冬季寒冷的北方广大地区，也适合于南方长年炎热地区。当 Low-E 膜面位于第 3 表面时，遮阳系数较大，也就是有更多的太阳辐射进入室内，可以较好地节省冬季采暖费用，这样的配片方式主要适宜于北方寒冷地区需要，Low-E 玻璃构造见图 1。

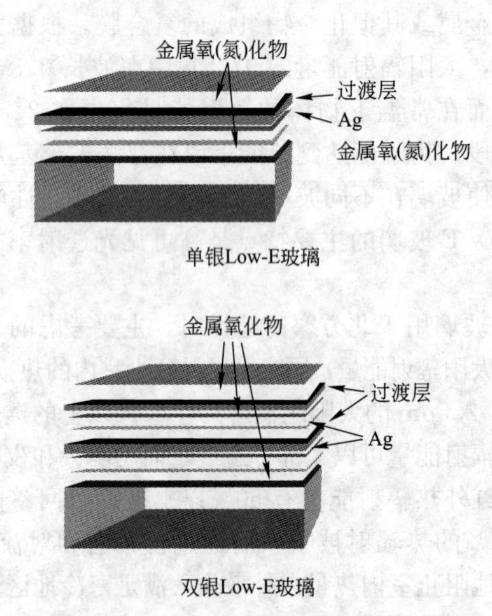

图 1　Low-E 玻璃分层构造

对于不同品种的 Low-E 玻璃而言，低透光率即＜60％可见光的 Low-E 玻璃，也具阳光控制膜的功能，适用于南方和北方广大区域，配片时膜层应置于中空玻璃第 2 表面，这样能充分发挥其夏季遮阳和冬季保温的需要；而高透光率即＞60％可见光的 Low-E 玻璃，更加适合北方地区，配片时膜面位于中空玻璃第 3 表面时，可以充分接受太阳辐射热，同时也减少室内热量不向室外散失，最大限度地节省采暖费用。Low-E 玻璃膜面不同位置传输示意见图 2。

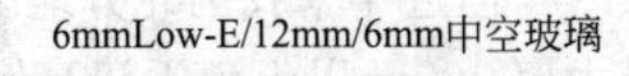

Low-E膜位于第二表面

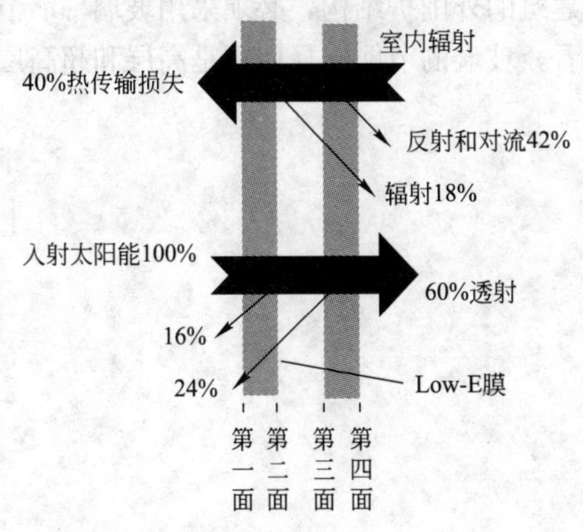

6mmLow-E/12mm/6mm中空玻璃

Low-E膜位于第三表面

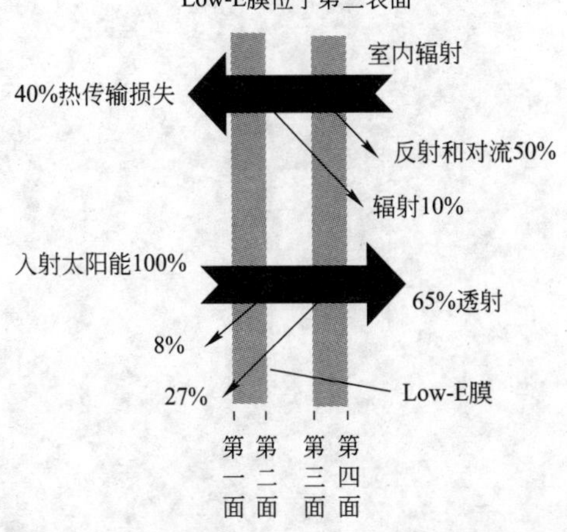

图 2　Low-E 膜面位于不同位置的能量传输示意图

综上浅述，为实现国家节能目标，满足建筑节能标准要求，从现在来看，具有节能、安全和环保的超白玻璃、低辐射(Low-E)玻璃，将成为北方广大地区建筑玻璃幕墙的首选玻璃材料。世界虽然经济不景气，但近年来我国北方地区已兴建了多栋高层建筑，如沈阳御景大厦400m以上、天津高银117层等建筑。这样的超高层建筑的外围护结构，必须采用玻璃幕墙节能构造。用发展的角度看，玻璃的节能选择使用是高层和超高层幕墙切实重视的问题。

12　呼吸式玻璃幕墙的物理特性及节能

双层通风玻璃幕墙是由内外层玻璃、热通道空腔间层及相关配件等技术共同组成的一个可动态适应和积极应变的系统，对气候要素的应用是建立在建筑外围护结构技术措施不同层次运用的基础之上。双层通风玻璃幕墙的气候适应性设计，大致可以分为材料选择、设计构造和控制方法三个技术层面。

对于双层通风玻璃幕墙的结构，可以用材料手段降低内外层玻璃表皮的传热系数及合适的遮阳系数，利用遮阳系统来控制室内和热通道内太阳辐射得热量，运用通风系统控制室内外与空腔的温差热流，并且整合各种技术手段以适应气候的变化，达到节能目的。

1. 材料选用技术

材料是建筑外围护结构的物质组成基础。而各种外围护结构材料中能遮蔽又可透光、阻挡风雨进入而同时阳光可以进入室内的，目前只有玻璃才能达到。玻璃可选择性透过作用对于双层通风玻璃幕墙建筑的室内环境产生重大影响。

1.1　普通玻璃与温室效应

玻璃的优点在于其有对光波辐射的可选择性透射性，如图 1、图 2 所示。大部分波长在 0.4～2.5μm 范围内的辐射可以透过玻璃，而波长 10μm 左右的辐射完全不可以透过。因此，玻璃是有选择地透过辐射，一方面允许太阳透射进入室内，另一方

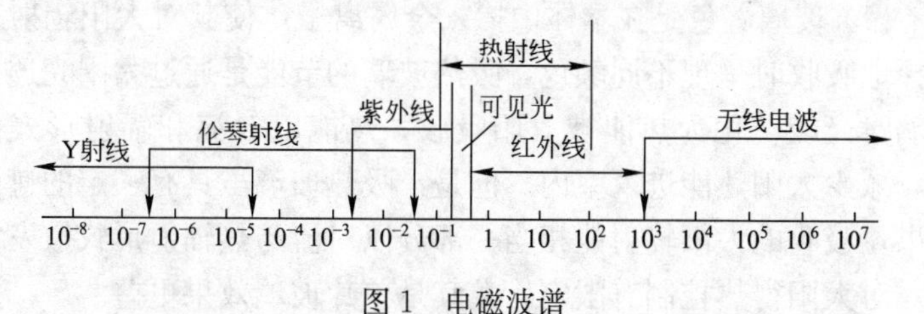

图 1　电磁波谱

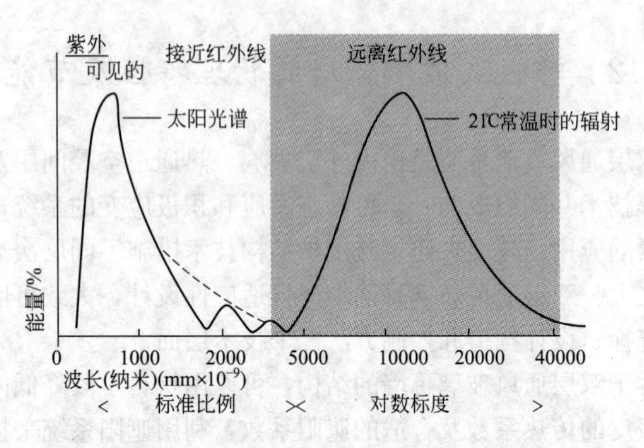

图 2　太阳辐射曲线和室内辐射曲线

面加热房屋内部，放射出波长较长辐射，不能透过玻璃射向室外，即形成温室效应。

玻璃的温室效应在冬季完全为被动方式利用太阳能，提高室温创造条件。但是，大面积玻璃幕墙的运用，也会由于玻璃的温室效应和高传热性带来负面效应。我国玻璃的温室效应有冬季好的方面，但玻璃的强导热无论冬夏都有不利的方面。对双层通风玻璃幕墙的内外层玻璃，应通过新型构造和复合镀膜降低整体导热系数，配备通风百叶、遮阳设施等调节构件结合，适时调节导热和温室效应。

1.2　玻璃技术与有选择透过性

普通玻璃只能在有限范围内作出简单气候调节。最新的复合材料玻璃适应气候应变的积极性，即是通过着色、多层装配、表层镀膜等手段，变被动为主动的利用，以满足不同的性能要求。

（1）玻璃着色是在本体中掺入金属离子，使其对太阳辐射有选择地吸收时呈现不同颜色，吸热玻璃的节能是通过太阳光透过玻璃时光能转化为热能被太阳吸收，热能以对流和辐射形式散发，减少太阳热能进入室内。但是，吸热玻璃虽具有一定的遮阳效果，吸收的太阳辐射能相当一部分以对流与热辐射形式散发室内，对太阳得热控制有限定，尤其是单片玻璃效果更差。

(2) 多层装配玻璃是由两片以上玻璃组成，间层内充入干燥空气、惰性气体或真空，填入气凝胶，具有较低的 K 值及良好的隔热功能，常用的有中空隔热玻璃。

1) 中空玻璃(如图 3 所示)。是把两片玻璃通过有效材料密封和间隔分开，在两片玻璃之间装有吸收水分的干燥剂，保持中空内部长期的干燥空气层，干净、无尘；由于两片玻璃之间形成一定厚度并限制空气流动，减少了热传导，因此，隔热效果比较好。用镀膜玻璃和其他节能玻璃的特点集中在中空玻璃上，如用一层 5mm 厚表面辐射率 0.2 的低辐射玻璃和一层厚度 5mm 的普通玻璃组成中间空气层为 9mm 的中空玻璃，其 K 值约为 2.1W/(m^2 · K)。如果使用辐射率为 0.08 低辐射玻璃，中间空气用氩气置换层厚度为 12mm，其 K 值可达到 1.4W/(m^2 · K)。如果中空玻璃外片用热反射玻璃，具有控制太阳能的作用。

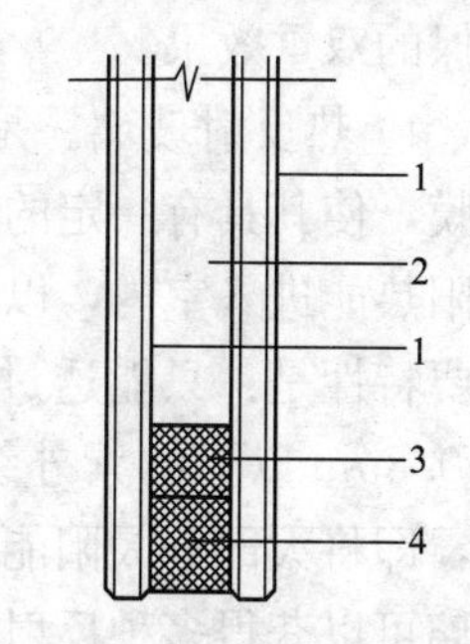

图 3　6+12+6 中空玻璃
1—6mm 钢化玻璃；2—12mm 中空干燥空气层；3—间隔(内含干燥剂)；4—塑性密封胶

2) 真空玻璃。是将两片平板玻璃四周密闭起来，将中间抽成真空并密封排气孔，两片玻璃的间隙为 0.1～0.2mm。真空玻璃的两片中，至少有一片是低辐射玻璃，这样通过真空玻璃的热传导及对流几乎为零，其工作原理与玻璃保温瓶的原理相同。由于真空玻璃中间是真空层，消除了对流传热和传导传热，组成玻璃的原片用低辐射镀膜玻璃(Low-E 玻璃)，能大幅度降低辐射传热。

真空玻璃有良好的保温隔热性，其单片玻璃的传热系数是 6W/(m^2 · K)，中空玻璃是 3.4W/(m^2 · K)，而真空玻璃的热传导系数是 1.2W/(m^2 · K)。一片只有 6mm 厚的真空玻璃，隔热性能相当于 370mm 厚实心黏土砖，因隔热性能好，真空玻璃在建筑上使用效果达到节能、环保的双重作用。

3) 气凝胶隔热玻璃。气凝胶是一种多孔性的硅酸盐凝胶，

95%(体积比)为空气。由于其内部气泡十分细小，所以，具有较好的隔热性，同时又不会阻挡折射光线(颗粒小于可见光波长)，具有均匀、透光的外观。把这种气凝胶注入中空玻璃的空腔，可以获得传热系数小于0.7W/(m^2·K)的隔热玻璃组件。

(3) 表面镀膜即是在玻璃表面附加一层膜，通过改变玻璃光学特性，实现对太阳辐射的选择性屏蔽，或者利用来达到节能、环保的双重效果。

1) 热反射玻璃。是在玻璃表面镀上金属、非金属及氧化物薄膜，使其具有一定的反射效果，可把太阳能反射大气中而阻挡太阳热能进入室内，以不转化为热量为目的。热反射镀膜玻璃的主要特性是：只能透过可见光和部分0.8～2.5μm的近红外光，对0.3μm以下的紫外线和3μm以上的中、远红外线光不能透过，即将大部分太阳能吸收反射棹，降低室温节能。热反射镀膜玻璃可以获得多种反射色，也可以减轻眩光作用，使工作居住环境更加舒适。

2) 低辐射玻璃(Low-E玻璃)。普通平板玻璃的辐射率较高，一般为0.84。低辐射玻璃是通过在玻璃表面涂敷低辐射涂层，使表面辐射率低于普通玻璃，减少热量损失，达到降低采暖费用、实现节能的目的。衡量低辐射玻璃节能效果的指标是辐射率。辐射率越低，通过玻璃表面产生的辐射损失越少，玻璃的节能效果会越好。

3) 光谱选择透过性玻璃。光谱选择透过性玻璃是热反射玻璃和Low-E玻璃技术的发展。可以使太阳辐射中的可见光成分最大量地通过并阻挡具有较高热量的紫红外线，达到最大限度利用太阳光照在室内，又将辐射热量阻挡在室外或室内，从采光和制冷(取暖)方面同时起节能效果。

4) 隔热断桥铝型材。现在玻璃幕墙主要用铝合金型材作为承重构件，具有重量轻、刚度大、表面美观，不易腐蚀、生锈的优点。然而，铝合金型材也具有一般金属材料导热效率高的特性，其传热系数高达210W/(m^2·K)。虽然同玻璃比对外接触面很小，但在节能玻璃广泛应用的现今，较节能玻璃传热系数较低的现状，通过铝合金框传出的热量较多也不允许。隔热断桥铝型材的使用，可以解决这一问题。

隔热断桥铝型材的隔热原理是基于产生一个连续的隔热区域，利用隔热条将铝合金型材分隔为两个部分，使铝合金型材的传热系数降低到 3.5W/(m^2・K)以下，有效提高铝合金型材的保温隔热性能。

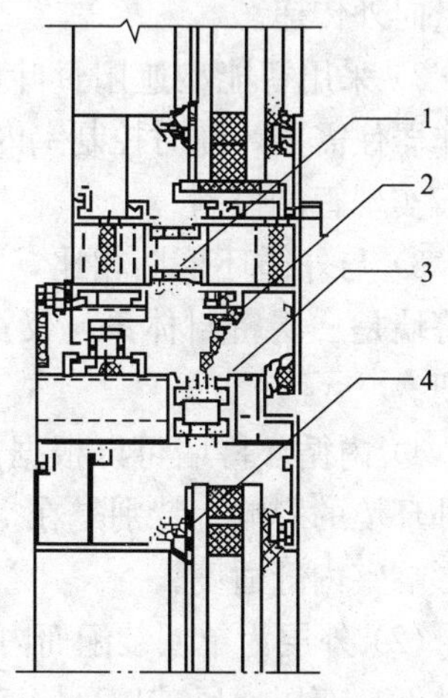

图 4　穿条式隔热铝合金明框幕墙节点

1—聚酰胺 66+25 玻璃纤维；2—三元乙丙橡胶密封条；3—聚酰胺 66+25 玻璃纤维；4—三元乙丙橡胶密封条

1.3　材料的选择

材料应用中的选择是为了提高幕墙的整体热工性能。其中，采光部位使用合适的光谱选择玻璃，非采光部位尽量选择用热阻值大的面材，龙骨以断热型材为最好。穿条式隔热铝合金明框幕墙节点见图 4。

2. 构造技术应用

构造技术是材料的整合技术，对于双层通风玻璃幕墙，其构造技术比单纯技术更具设计可能性。

2.1　双层通风玻璃幕墙玻璃的关系

双层通风玻璃幕墙双层和单层玻璃组合，是应关键考虑的因素。

（1）外层为双层装配而内层为单层装配做法：此种装配方式即内循环双层通风玻璃幕墙，这种装配限制了空腔调节效应对双层中空玻璃内表皮的渗透作用，以减少外部低气温对建筑的冲击，侧重于冬季保温地区比较合适，其优点是：

1）利用建筑的正常排风在热通道内形成缓冲，降低幕墙的传热系数，在夏季降低遮阳系数，最小达0.2左右。在冬季，可以降低幕墙的K值，最小可达0.8W/(m^2·K)左右，降低室内热量向外传递。

2）采用智能型遮阳百叶，利用太阳能减少不利因素。根据工作居住需要，随时控制室内光线强弱和进入量，与感应装置连接，实现智能控制。

3）与外循环幕墙相比，内循环幕墙的维护更方便。外层玻璃幕墙是一层密封体系，仅在内层幕墙上开检测口，维修比较方便。

4）内循环幕墙可以根据需要进行全年、全天候工作，不受室外环境的影响，特别是在空气污染地区和风沙大的恶劣环境，不影响室内舒适度。

（2）外层为单层装配而内层为双层装配做法：此种装配方式即外循环双层通风玻璃幕墙，这种装配方式一般出于结合缓冲带和能量流动系统的综合考虑，兼顾冬季保温和夏季防热，此种装配方式的优点在于：

1）外循环双层通风玻璃幕墙通过烟囱效应和温室效应降低建筑能耗，而不需要其他辅助设施。夏季通过烟囱效应带走通道内热空气，降低内侧幕墙表面温度，减少空调负荷；冬季通过温室效应提高内侧幕墙外面温度，减少室内热量损失，减少采暖费用，节省能源。

2）不受环境影响，根据需要改善室内空气质量。通过调整进出风口开启角度，开内层幕墙开启扇进入新鲜空气，改善质量。

3）通过在进风口设防虫网过滤空气，使室内空气不受外界污染影响；通过调节热通道内铝合金百叶高度角，改善室内光热环境。

4）外循环双层通风幕墙相对于内循环双层通风幕墙，热通道的维护、清洁不便，适合空气质量好的地区。

2.2 双层通风幕墙太阳辐射系统控制

（1）遮阳系统。选择的遮阳类型和安装位置对建筑室内热环境及能耗起决定作用。当采用间层遮阳时，对室内热环境的影响比未采用遮阳构件的双层通风幕墙要大得多，而采用内遮阳则差别不大。遮阳帘靠近外侧玻璃，隔热效果最好；使用铝合金百叶遮阳帘、木质百叶遮阳帘或织物遮阳帘比较好。

(2) 日光利用系数。依靠日光的人工照明系统可节能和改善使用者的舒适度。日光利用措施与遮阳系数结合，使可见光利用尽量多，同时使短波与长波辐射尽量小。

被动的遮阳系统不能依靠太阳所处位置移动遮阳构件，对日光利用及遮阳有不利影响。可移动的遮阳系统可以按照太阳高度角在每天及不同季节变化作出调节，分区域调节遮阳构件可获得合适遮阳及充分地利用日照。

2.3 双层通风幕墙的自然通风控制

双层通风玻璃幕墙要将空腔设计为缓冲带或成为暖通空调的一部分，从根本上不向内部空气输送，还是将自然通风系统与空气流动结合。空腔通风系统的类型及其空腔间距，对建筑室内的隔热保温作用十分明显。

(1) 空气循环系统：

夏季白天充分运用外循环方式进行空腔内的温差对流散热，夏季夜晚开启换气窗，达到室内自然通风降温；冬季白天充分运用内循环方式，实现室内的温差对流升温；冬季夜间关闭换气窗，达到空腔内的保温。夏季空腔通风间距≥300mm，利于双层通风玻璃幕墙空腔与室外进行换热；冬季设计较大的空腔通风间距，以获得最多的太阳辐射热，但是空腔间距要小于500mm。

(2) 立面风口通风模式：

考虑夏季白天外循环方式，需要室外自然风压和空腔热压的综合作用。在室外有合适自然风压情况下，使风口全开的模式；在室外无风情况下，使用风口上、下全开的模式。此外，可调节间距的空腔和手动相结合、主动的通风百叶，有利于根据需要对空腔闭合，则散热、保温、蓄热的选用依靠开窗的方式和可移动构件位置选择，使得空气交换量满足室内需要。

3. 控制技术的应用

控制技术包括两个层面，即人工操作模式及人工智能模式。前者有被动和手动模式之分，而后者又叫做主动模式。

（1）人工操作模式。双层通风幕墙是属于有动态调节的复合系统，空腔与相关配件和内外层玻璃共同组成一个可动态调节的系统。系统内单个子系统如操作不当，便会影响整个系统对气候的适应能力。事实上，双层通风玻璃幕墙的太阳辐射控制系统、自然通风控制系统的运作是人工操作控制。如果辅助机械通风设施在极端气候条件下使用，则需要更多的运作模式，保证幕墙对气候的适应。

（2）人工智能模式。人工智能模式对气候的适应性由机械技术向人工智能技术转化，智能玻璃幕墙是在双层通风幕墙的基础上，通过计算机系统控制下的建筑外围护结构。它涉及人工智能技术、自动控制技术及双层通风玻璃幕墙构造技术、高隔热材料技术的综合应用。通过计算机中心控制，与太阳辐射控制系统、自然通风控制系统、采暖制冷控制系统协同工作，可获得能源的高效利用。

4. 可呼吸式玻璃幕墙

由于传统幕墙的应用带来严重的光污染，消耗大量能源及室内卫生环境差等问题，新型的幕墙玻璃——呼吸式玻璃幕墙引进国内，例如：上海越洋广场项目得以应用，采用了呼吸式幕墙系统、光感应智能遮阳百叶装置。

呼吸式玻璃幕墙核心技术是有别于传统幕墙，主要由一个单层玻璃幕墙和一个双层玻璃幕墙组成。在两道幕墙之间设有一个缓冲通道，在缓冲区的上、下两端有进风和排风设施。呼吸式玻璃幕墙的工作原理在于，冬季内外两层幕墙中间的热通道由于太阳的照射温度升高如同温室，这样就提高了幕墙内侧外表面温度，减少了房屋采暖的费用；夏季内外两层幕墙中间的热通道内温度很高，这时打开通道上下端的进排风口，在热通道内由于烟囱效应产生气流，在通道内运动的气流热量带走，这样可以降低幕墙内侧的外表面温度，减少空调降温负荷。通过把外侧幕墙设计构造成封闭状，内侧幕墙设计构造成开启式，使通道内上、下两端进风和排风口的调节在通道内形成负压，利用室内压差和开启扇可以在建筑物内形成气流，达到通风的目的。

呼吸式玻璃幕墙是一项需要各专业协调配合的多功能系统，它与传统玻璃幕墙有极大的差异，不仅有玻璃支撑结构，还包括建筑内环境控制和服务系统。通过这些系统，可以实现控制通风，添加光感应。遮阳百叶装置还可以控制室内光线。由于呼吸式玻璃为内外三层玻璃，外侧为全封闭式，可以大幅度降低噪声对建筑内部的影响。

四、建筑给水排水防渗漏控制

1 建筑工程防水质量的控制

防水施工的质量优劣，对于一个建筑工程正常安全使用起到至关重要的作用。在施工过程中，如果未能进行全面质量控制，可能给工程留下质量隐患。建筑防水工程质量因受多种因素的影响，防水施工质量达不到使用需求，屋面出现渗漏水，给住户生活带来诸多不便，不但造成经济上的损失，更是直接影响正常的生活秩序。如何才能有效地提高房屋的防水质量、消除质量通病、使房屋无渗漏，是建筑防水专业面对的迫切任务。

1. 现在建筑工程防水存在的问题

住宅房屋的渗漏是多年来带有普遍性的质量通病，其渗漏早已引起建设主管部门的重视。《建设工程质量管理条例》中，对屋面工程防水、卫生间及房屋外墙的防水保修期为 5 年。造成房屋防水渗漏的原因有设计、材料质量及使用、施工方面的因素等。

(1) 设计单位，在构造设计上未引起足够重视。由于设计人员经验不足，不熟悉防水材料的适用性及特点，套用施工图集。也存在建设单位干涉防水设计，设计人员放弃自己的职责，将建筑防水材料的选择由建设单位决定，建设单位或者开发商为了自身利益，很多情况下使用质量低劣产品，并压低价格购置达不到要求的防水材料，设计人员听之任之的现象仍然存在。

(2) 建筑防水材料质量不符合标准要求。现在建筑防水材料市场的基本状况有所好转，但仍存在良莠不齐、假冒伪劣产品屡禁不止的局面，制止不严还会有蔓延之势。尤其是使用多年得到广泛认可的主导产品 SBS 改性沥青防水卷材受到一定冲击，伪劣卷材比合格产品的价格低 50%或更多，其用在建筑防水工程的质量及耐久性可想而知，需要主管部门加大整治力度统筹全面解决，在建筑防水工程中不要有短期行为，而应有长效机制。

(3) 施工防水队伍的质量意识淡漠。对于工程的防水施工企业的资质要求比较严，未经过专门培训人员不准上岗作业。但是，由于假冒伪劣产品价格上的优势，因此，正规的防水专业队伍不可能中标。防水工程便被无资质，有挂靠关系的低素质包工队揽入手中，以转包非法分包的形式承接了防水施工。这些小包工也有齐全的资质证件，通过大力攻关，屡屡中标拿上工程。然后，大肆偷减工料，以次充好，进行粗放性防水作业。一旦出现渗漏便修修补补，应付 5 年了事。获取的利益大于损失，对提高建筑物的防水质量还是停留在开始阶段。

(4) 建设单位的行为仍然严重不规范。经大量工程应用分析，建筑防水工程出现的质量问题及存在的恶性循环，行业危急的根源在于建设单位和房地产开发企业主导建筑市场，建设单位的行为不规范，成为影响建筑市场秩序的一个原因。导致假冒伪劣防水产品过问很少，冒牌无资质的防水人员得以进入防水工程中。无论是地下还是屋面的防水工程，保证质量的关键是要求防水工程具有需要的防水耐久性年限，避免在很短时间内出现渗漏的问题。工程实践表明：一旦建筑物某一部位出现渗漏，治理极其困难且难以找到渗漏点，因此，使用合格产品及专业施工队伍刻不容缓。

2. 提高防水设计质量

防水设计必须要满足的要求是：应形成连续、完全封闭、防水层；防水层不会因基层开裂和接缝移动而造成防水层损伤、破裂；防水层可以承受因气候条件的外部因素，如热、光、水气、紫外线等有害物质作用引起的老化，可以长期地保持防水功能。要将屋面防水层作为一项系统工程，从设计、材料、施工及维护等方面采取综合处理措施。

（1）设计指导思想要明确。防水层的设计应确保在一定使用年限内不得渗漏，方案选择应充分考虑材料及施工的可靠性及使用中容易出现的问题，要满足使用功能要求。设计中认真执行行业的强制性标准，根据不同防水等级要求，选择不同防水等级材料的可靠性指标进行设防。同时，应有合理的使用年限，造价也可以接受。除此之外，还要考虑到地区环境条件，材料资源及工程使用实际，找平层、保温层及保护层共同作用的效果。

（2）设计防水层时应充分考虑到基础、结构、地下及屋面的基层。结构的变形会造成防水层的开裂。当地基沉降在允许范围内时，防水层的整体性受变形与温差变形叠加的控制，总变形量超过防水层的延伸极限就会造成开裂而渗漏水。因此，不同的地基、基础形式，要采取不同的设防；结构刚度的强弱对防水层的影响也比较大，如装配式结构的单层工业厂房，如果板缝处理不当及板面配筋很少，则表面会产生明显的开裂缝，对此，应增强结构的整体性强度。在材料的选择上，特别要用合格产品，施工上注重基层找平层的质量尤其重要。若强度不高、平整度差，又未认真养护，在这样的表面铺贴防水层，再加上温度的影响，拉裂及产生渗漏难以避免。因此，防水基层的质量对防水效果十分关键。

3. 确保防水质量的施工控制措施

（1）现场的准备工作。彻底清理需要清除防水场地垃圾、杂物，防水基层的坡度、平整度、含水率必须符合规范要求。基层的强度必须满足无蜂窝、麻面，无气孔且平整，无起砂及裂缝现象，干净、干燥，适合防水材料的起码要求。阴阳角处需抹成圆弧状，控制好这些细部节点的基层质量，会大大提升防水的整体质量。对这些细部节点的卷材防水要加设附加层，并且每铺一层卷材，对表面清理一次，防止人员脚上带的杂物影响粘结效果。

（2）分格缝的设置及做法。分格缝应当设置在板的支承部位、转折处及防水层与凸出建筑物的交接部位，并且与板缝对齐，使防水层因为温差的影响、混凝土干燥及温度变形的原因造成的防水层裂缝集中到分割缝处，以减轻板缝的开裂。分格缝留设的间距不要过大，一般在4～6m；当超过6m时，应在中间设一V形分格缝，分格缝的深度宜贯穿整个防水层厚度。当分格缝兼作排气道使用时，缝隙适当加宽并设排气孔出气；如果采用石油沥青及油毡卷材做防水层时，分格缝处应加设250mm宽的附加层，用沥青点粘单边，分格缝内嵌填满沥青膏。

如果要做隔离层，其作用还很重要。特别是处于雷雨较多、湿度大、腐蚀性强的区域，施工时要在找平层上刷冷底子油，作为隔断下部湿气上升的屏障。

(3) 如果屋面板作为刚性防水，增加的钢筋网片及细石混凝土的做法。在混凝土防水层中应配双向ϕ5@200×200的冷拔钢丝网片，并在分格缝处断开，以增强防水层刚度和板块的整体性。钢丝网片在防水层中的布置应尽量在混凝土上表面，因为防水层表面受温度变化影响较大，易出现裂缝；同时，由于表面碳化对钢筋的影响，因此钢丝网片的保护层厚度不要小于10mm，细石混凝土防水层的强度不低于C25级，集中搅拌的商品混凝土坍落度为100mm；混凝土厚度40～60mm。如果混凝土浇筑过薄，水分散失过快，水泥不能充分水化，将造成混凝土抗渗性能降低。

防水层的表面处理要认真对待，面层厚薄大致均匀，排水坡度要符合规范的最小要求。混凝土表面收水后，要及时进行二次收压光，以切断和封闭已有裂缝及内部的毛细管，提高抗渗透能力。抹面时严禁在上面洒水，加水泥浆或撒干水泥，防止脱皮、龟裂、起壳，降低防水性。刚性防水混凝土浇筑后立即覆盖保护，当表面开始发白时要立刻浇水养护。混凝土的养护是细石混凝土防水层前期的一个重要工序，养护不到位会使早期失水，不但降低了强度，而且因为干缩引起内部裂缝表面起砂，失去抗渗性能，且养护时间要白天、夜晚连续进行，不少于14d。

4. 防水检查验收

建筑物的防水完成后的质量验收，要体现出“验评分离，强化验收，完善手段，过程控制”的方针。由于防水工程属于隐蔽项目，施工过程中及隐蔽前必须做好一切记录及所有验收手续，未经验收不允许隐蔽。具体内容包括每一分项验收批应蓄水或淋水试验，防水层无渗漏和积水，排水系统畅通。防水工程完工后，施工单位会同建设及监理单位共同检查验收，合格后正式交工。同时，要查看防水工程所有使用材料的合格出厂证、检测报告及复检报告，统一交付存档备案。

综上浅述，建筑工程防水是一项技术性强、认真、严肃的工作，是所有建筑工程的一个重要分项工程。防水质量的好坏，与设计要求、材料选用、施工质量息息相关，防水工程中材料是基础，设计是前提，施工是关键，监督是保证。少了那一个环节都会造成质量隐患，为此，要确保防水工程质量，严把材料关，精心设计，精心施工，合理的结构措施，严格的工艺组织作业，防水质量通病可以得到彻底根治，使建筑工程正常、安全地达到设计使用寿命周期。

2 地下建筑结构细部的防水措施

地下水位较高水压较大的条件下，其防水处理关系整个工程的施工质量及结构的安全和耐久。防水材料的选择、结构细部的正确处理，都会影响到防水的效果，是防水施工重点控制的部位。

1. 结构基层的防水处理

对于地下桩头基面存在的起皮、空鼓及分层、疏松等质量缺陷，必须彻底铲除至坚硬部位并冲洗干净，再用防水砂浆或防水细石混凝土填补振实。若桩顶端混凝土比较光滑时，用斧子或打磨机处理成粗糙表面，对存在的油污一并凿除并用水冲洗干净。对基层的阴阳角部位清理干净，充分湿润后用水泥砂浆抹成圆弧形；对穿墙孔洞、裂纹处、施工缝结合处，要沿缝凿成U形槽，宽20mm、深30mm，用水冲洗干净并晾至无明水时，用专门填缝胶泥或砂浆分层填捣密实并养护好。

2. 桩顶端部位防水施工

（1）用防水涂料施工。水泥基渗透结晶型防水材料与传统的防水材料相比，具有阻断混凝土内水的流动，深入至混凝土内层，使小裂纹不漏水，表面受到磨损或被刮掉其防水效果不受影响，浸透处理过的混凝土能承受较大静水压的特点。防水涂料的施工采用喷涂和涂刷方法施工，而喷涂作业用的是专用喷枪，喷嘴与基面的距离要适宜，确保能喷射进入基层的裂缝中。最好是垂直喷射，效果更好。如果作业时受到环境的影响，如有风不易喷涂或是喷枪位置无法调整时，可以采取刷涂作业，涂刷工具可使用半硬性尼龙刷，涂刷顺序要沿着一个方向刷完一块地方，再继续向四周扩大涂刷面积。涂刷必须进行两遍，一次纵向刷完停顿2h表干以后再横向刷一遍，表面均匀，厚度基本一致。防水涂料用量控制在1.2～1.5kg/m^2范围。涂刷表面呈半干状态，应立即用雾状水喷洒养护，水必须干净，不能过多，否则会破坏刷好的涂层。每天喷水不少于6次，连续养护不少于3天。在炎热季节施工要避开中午高温时间，利用早晚时间涂刷，防止涂层过快干燥而产生起皮、龟裂，造成失效渗漏水。水泥基渗透结晶型防水材料不得在雨天施工。

（2）遇水膨胀橡胶条的施工。当有水在施工缝处渗透到预埋的膨胀橡胶止水带时，止水带在比较短的时间内出现膨胀，充满该处空间则阻止了水流通道，从而达到阻挡渗漏的目的。橡胶条防水很简单、方便，比较可靠地解决了薄壁混凝土工程使用钢板带用作止水的不便及费用高的问题。在桩基头根部采用环形遇水膨胀橡胶条，在钢筋底部剔凿凹槽，凹槽内放置遇水膨胀橡胶条，但必须干净、干燥、无杂物。桩侧及钢筋底部橡胶条要分别沿桩头及钢筋底部连续、完整地敷设，缓慢遇水膨胀橡胶条的接头闭合处切成45°斜槎，挤压紧，使两端头粘结牢固，桩头处防水构造如图1所示。

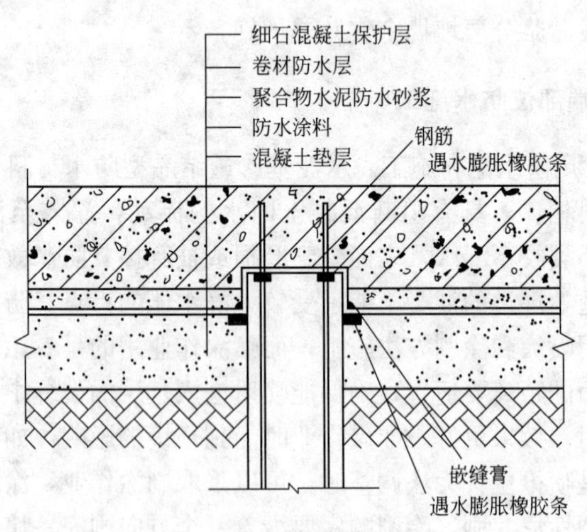

图1　桩头部位防水构造

（3）防水砂浆的施工。现在配制的聚合物水泥防水砂浆，具有优良的性能，主要是粘结牢固、不易脱落；对环境无严格要求，可以在潮湿环境及低温下施工；耐腐蚀性、耐久性、耐高低温及耐候性好；无毒、无味，不变质，对环境无污染等。防水砂浆施工前，要对基层彻底清理，要求基本无严重缺陷、表面干净、无浮尘杂物，对不平整处用水泥砂浆找平，表面坚硬、平整。在抹浆时，基层混凝土的强度必须达到设计强度的 80%以上，而且要充分湿润，抹时不得有明水存在。

聚合物水泥防水砂浆的拌合要在现场进行，用专门砂浆机拌合，搅拌时间要比普通砂浆延长 2min，最好是拌合 2min 停顿 2min、再搅拌 2min，使得充分、均匀。搅拌的浆一次不要过多，根据使用面积及气候条件备料，拌好的料在 1h 内用完；否则，会操作困难，也造成浪费。对于建筑物的细部，如穿管道根部、地漏口、砌体阴角等处，要比正常部位多抹一道加强层，抹压要连续进行，接槎处要严格留置斜槎，利于再次搭接，但抹灰留槎位置距阴角大于 200mm，宽度不小于 100mm。抹灰层厚度根据设计要求控制，但总厚度不应小于 6mm。由于聚合物防水砂浆属于高分子材料，一般抹灰两次成活，每次厚度 2～3mm，表面一层压实抹平，自然凝结后可以洒水养护，对养护湿度不作要求。

(4) 嵌缝材料及其施工。对基层预留的各种缝隙，嵌缝前必须对基层处理，对嵌缝部位的聚合物防水砂浆表面及卷材防水表面彻底清扫干净，并保证表面干燥。提前将嵌缝膏压入防水卷材表面的聚乙烯膜用喷灯烤化，使嵌缝膏和卷材粘结牢固。施工中重视对防水卷材表面的保护，同时要防止已完成的密封材料附着灰尘杂、物及损伤。

3. 地下结构细部的防水处理

(1) 地下结构阴阳角处的防水处理。在地下结构的阴阳角比较多，结构的这些部位习惯性要求是抹成半径超过 50mm 的圆弧形，并且比原设计多做一道附加层防水。做法是：第一层含附加层，剪裁的卷材按实际长度计，底板与墙体立面的阴阳角附加层，粘贴在水平与垂直的角部；第二层正式防水层，将平面交接处的卷材向上翻，泛高至少 250mm 以上；第三层外附加层，另外裁剪一块正方形卷材，从任一边的中点剪一条直线至中心，剪口朝上粘贴在阳角处。第四层为外附加层，另裁剪一块大小基本相似的卷材，剪口朝下，粘贴在阳角处。

(2) 后浇带处的防水处理。设置的地下结构后浇带处是防水的薄弱部位，多数采取在后浇带处埋设橡胶止水带，目的是延长渗透的距离，增加止水的可靠性，但预埋止水带不利于接槎处混凝土的振捣密实，考虑到实践应用中易产生的质量问题，现改变为：后浇带下增设卷材防水层，预设位置选择在受力和变形较小的位置，更要防止杂物掉入钢筋内。后浇带构造如图 2所示。

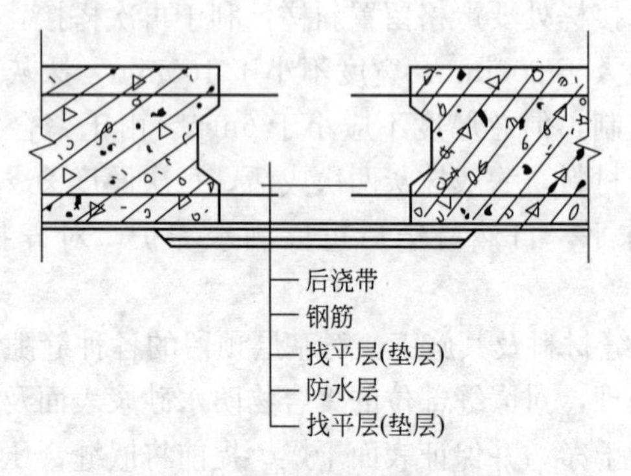

图 2　地下结构后浇带处理

但是在施工中必须清除杂物及表面松散的混凝土，凿除凸出的不牢固颗粒，并对光滑表面凿毛，冲洗干净后湿润 24h 以上；调整钢筋，检查绑扎及补绑，焊接加强筋；浇筑前应在槎表面洒素水泥浆一道；接着铺 1∶2 水泥砂浆 30mm 厚度，立即浇筑混凝土。对后浇带只有宽度 1m 且两侧都是槎的部位，振捣密实很关键，振捣到位后停顿 1h 左右再次认真拍、打压抹平整。立即覆盖保湿保温，养护时间不得少于 14 昼夜。

(3) 施工缝处的防水处理。对于施工缝的留置在结构设计、施工及质量验收规范、技术资料及科技文献中都有要求，地下室施工缝留置的位置因直接影响结构的防水效果，施工质量非常重要。整体底板必须一次浇筑完而不允许留施工缝，墙体上最低水平施工缝距离地板面要不小于200mm，离穿墙孔洞边缘不小于300mm，要避免留设在墙板承受弯矩或剪力最大的部位，同时墙体上也不得留垂直施工缝。施工缝的断面要做成企口型和钢板止水形式，也可以埋置BW遇水膨胀橡胶止水条，橡胶止水条要埋在墙体的中间位置。上部防水混凝土应在下部已浇筑混凝土强度达到1.2MPa以后再进行，浇筑前对缝表面进行彻底凿毛，清除浮粒，并压力水冲净，保持湿润12h以上，在无明水时再铺上30mm厚度水泥砂浆，其材料配合比与混凝土相同，浇筑混凝土的振捣、压抹、覆盖及养护与上述相同。

（4）变形缝的防水施工处理。变形缝处的防水可以采取在中间埋置止水带，外贴止水带及卷材加强层等措施进行多道设防。要确定变形缝的间距，在地下结构混凝土的防水施工时，对控制裂缝的开展有严格的要求，合理选定变形缝的间距，可保证结构在施工过程和使用中避免或减少出现允许宽度的裂缝。按建筑物的使用温度确定伸缩缝的间距，计算公式为：

$$L=\Delta L/(\alpha.\Delta t)$$

式中 L——伸缩缝留设距离(m)；

ΔL——允许的侧向变形(一般取0.01m)；

α——混凝土的线膨胀系数(1/℃)；

Δt——混凝土的浇筑温度与使用期间所遇到的最大温度差(℃)。

另外，变形缝的施工必须满足使用要求，地下结构一般处在高水位高水压环境中，如果温度经常处于40℃以下不受氧化作用时，结构的变形缝宜采用橡胶或塑料止水带；当有油质侵蚀时，要选用耐油橡胶或塑料止水带。止水带要选择整条的，如需搭接，应用胶结。在受高温和水压的地下建筑中，结构变形缝要用2mm厚紫铜板或者不锈钢板做成的止水带。金属止水带的长度焊接应严密，满焊平整，安装及固定必须严格检查。如果采用埋入式橡胶或塑料止水带的变形缝施工时，止水带的位置要准确，圆圈中心应在变形缝的中心线上。止水带要固定牢固、不移动，浇筑混凝土前冲洗干净，防止同混凝土粘结不牢固。止水带的接头要尽量留在变形缝的水平部位，不要设置在变形缝的转角处，转角处的金属止水带应做成圆弧形状。

4. 工程应用示例

某建筑工程基坑深 10m，面积 1.1 万 m^2，水位高，压力大，设计打桩基 160 根抗拔桩，桩头钢筋均需穿越防水层进入基础底板锚固，桩头处防水难度较大。底板每隔 35m 设一道后浇带。由于桩基柱头处防水采用多种材料多重设防、材料品种多，平面后浇带及剪力墙后浇带的防水作为重点控制。

4.1 桩头处防水处理

将桩头凿除至设计标高，桩侧面凿至密实处及四周 300mm 范围内，垫层凿成麻面，且向下剔毛 15mm，桩侧面凿开 30mm×20mm 的凹槽，用以安放遇水膨胀橡胶止水条，凹槽外用刀片切整齐，冲洗干净并湿润，施工工艺流程为：

桩头处剔凿→垫层施工→桩头基层处理→刷防水涂料→遇水膨胀橡胶止水条安置→抹聚合物防水砂浆→基层清理→基层含水率测试→基层检查→弹线→涂抹处理剂→SBS 防水卷材辅贴→桩根部嵌缝膏→防水层检验→做保护层。桩基头节点构造如图 3 所示。

(1) 水泥基渗透结晶型防水涂料的施工。按比例调合浓缩涂料与净水调成至稠糊状，一次不要配置过多，要掌握在 1h 内用完，混合料变稠时要不停搅拌，施工中不得加水。涂刷至少要进行两遍，用力均匀，纵横进行，凸凹处要均匀涂抹，最终厚度要在 1mm 左右，用量控制在 1.5kg/m^2。

(2) 遇水膨胀橡胶止水条的施工。桩基头根部采用 30mm×

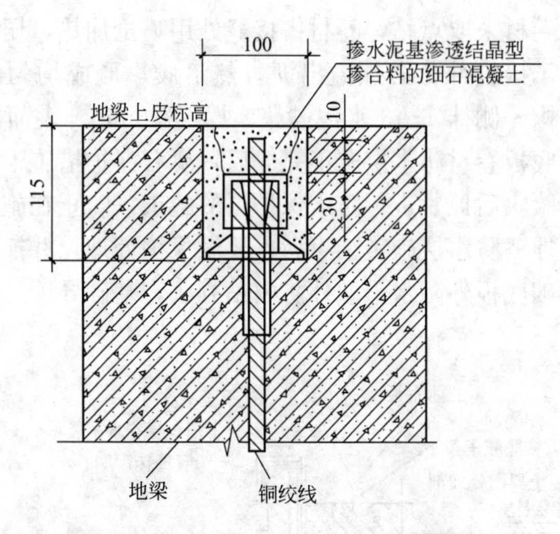

图 3 桩头节点防水构造示意

20mm 的凹槽，是在水泥基渗透结晶型防水涂料施工前完成，用于安放遇水膨胀橡胶止水条。剔凿凹槽前要弹出凹槽外边线，并用刀片切割整齐。

(3) 聚合物防水砂浆施工。聚合物水泥防水砂浆抹刷前，先彻底处理基面，达到干净、坚硬及湿润。EC 聚合物胶和聚合物粉料按重量比 1∶4 拌合，最好用砂浆搅拌机拌合，人工拌合必须均匀。拌合好的聚合物水泥防水砂浆用抹子或刮板至少进行两次抹压，每层必须压实抹平，第二遍要收压光，拌合的料在 1h 内用完，总厚度在 10mm 左右。

(4) 嵌缝膏的施工。在防水卷材完成后经过检查无问题，再进行聚硫嵌缝膏的施工，按重量比 100∶(8～10)，A 组分的灰白色膏状物和 B 组分黑色膏状物混合，用电动搅拌器搅拌至无色差、均匀为止，搅拌的材料应在 4h 用完。嵌缝要求密实、饱满，表面光滑，固化前要防止损伤及污染，表面干燥前不可触碰，自然环境下 48h 后，可进行下道工序施工。

4.2 底板基础导墙防水施工

卷材甩槎完成后在保护墙上干压一皮砖作压顶。永久性保护墙范围内卷材采取点粘，卷材搭接缝处用喷枪加热，压紧至边缘挤出沥青。接缝部位必须溢出沥青热溶胶，形成均匀的沥青条状。靠结构一侧抹 1～3 水泥砂浆，厚度 20mm，表面不压光拉毛处理。底板卷材防水层施工完成后，要有保护措施不要有人进入。检查验收后抓紧进行防水保护层的施工，防止在施工中损伤防水层。外墙防水层施工结束后也要做保护处理，并抓紧回填土施工。基础底板外防水采取外防内贴方法，基础导墙防水构造如图 4 所示。

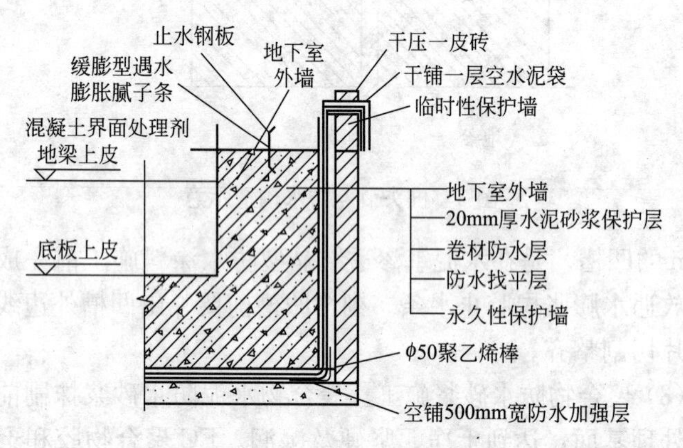

图 4　基础导墙防水构造示意

4.3　后浇带处防水施工

基础底板及剪力墙留设的温度及结构后浇带，因地下水位较高，对后浇带采取超前止水施工。地下室外墙后浇带在做防水处理前，用 1.2m×1.2m×60mm 预制混凝土板封闭，后浇带两侧竖向施工缝用止水钢板进行防水处理。

综上浅述，对于高水位的地下结构防水，施工过程中需要认真对待。现在的防水材料越来越多，性能更好，新的工艺方法也在实践中得到总结提高。在地下建筑防水施工中，设计构造及材料选择、施工过程的控制，是防水的核心所在。地下水压力大时，对防水的要求更高，尤其结构细部的做法，要结合施工环境条件，符合规范才能确保防水质量。

3 地下混凝土结构渗漏与防水质量控制

混凝土结构的渗漏主要是由于其裂缝开始的，尤其是一些地下工程裂缝产生的渗漏已影响到正常使用。

地下工程的应用范围十分广泛，如商场，车库，医院，指挥所，住宅建筑地下室及消防水池等项目。了解到此类工程的抗渗防裂性能对正常使用及运行至关重要，地下工程的结构设计应把控制裂缝作为重中之重。以下结合工程应用实践，探索对地下结构设计中如何有针对性地减少和避免裂缝的形成，并提出可行的构造措施。

1. 地下混凝土结构裂缝产生原因

钢筋混凝土结构在受力状态下出现裂缝是一种普遍的现象，当结构在荷载作用下的拉应力，或温度收缩引起的拉应力超过混凝土抗拉强度，就会出现裂缝。一般情况下，在普通的钢筋混凝土结构中要求完全不出现裂缝，不现实也没有必要。事实上，钢筋混凝土结构出现裂缝难以避免，在确保结构安全和耐久性的前提下，裂缝的存在是可以接受的材料特性反映。

钢筋混凝土结构在受力时，只有产生一定量的变形状态，钢筋才能发挥作用。混凝土的受拉变形是在伴随着裂缝的产生，当裂缝的宽度控制在不影响结构件的正常受力、使用性能和耐久性时，产生的这些裂缝属于正常的结构开裂，裂缝是无害的，不需要进行处理；而当裂缝宽度超过规范要求的0.2mm以上时，就会影响结构的安全、适用及耐久性，给人心理上造成不安全感。这种裂缝有发展的可能，是必须处理的有危险性裂缝。当这种裂缝一旦出现，要查明原因及早处理。针对地下建筑结构的防渗漏功能要求，现行的地下钢筋混凝土结构设计规范、规程对结构混凝土工程的裂缝有明确的限制规定。

结构混凝土工程产生裂缝的原因多种多样，根据一些资料介绍，引起裂缝的主要原因有两类：即由外部荷载（包括静、动荷载）的直接应力和次应力引起的裂缝，机率约占20%；由环境温度引起的温差、收缩、膨胀、不均匀沉降和徐变等因素引起的裂缝，其机率达80%。裂缝的产生与发展与设计构造、材料使用及施工使用相关，为了在地下建筑构造设计中控制结构裂缝的产生，特别有必要对地下空间结构易产生不允许宽度裂缝的情况进行分析探讨。

1.1 外部荷载应力造成的裂缝

地下空间结构混凝土荷载产生的裂缝是由于结构件受到外力，如活荷载、土压力、水、地基反力等作用力，导致混凝土内部产生的拉应力超过其抗拉强度，使薄弱部位出现开裂。此种缝形状为楔形开裂，可分为弯曲开裂、剪切开裂及扭转开裂。由于混凝土材料是典型的脆性材料，抗压但抗拉强度极低，因此，设计中荷载裂缝主要通过加设受拉力筋防裂。

对于地下结构体设计时，各种地下水位变化，地质构造，气候及水温各节点参数影响，基础资料及处理有误；结构建模有误，使内力计算值与实际受力状况有较大偏差；设计中对一些内力和变形点、应力集中点把握不准，或忽略了次要构件对内力分配的影响；计算不详细，有漏算；构造措施不当等原因是设计原因造成裂缝的方面。同时，除了设计应考虑的施工状况外，由于施工措施不当、周边环境的变化因素、擅自改变使用条件等因素也存在。

1.2 混凝土温度变化引起的裂缝

（1）温差收缩裂缝。水泥的水化是一个放热过程，其水化热为165～250J/g，伴随水泥用量的增加，其绝热温升可达55～80℃。试验表明：当混凝土内外温差为10℃时，产生的冷缩值为0.02%～0.03%。当冷缩值大于混凝土的极限拉伸值时，则引起结构开裂。混凝土在水化硬化过程中释放的大量水化热，使混凝土内部温度不断上升，内部温度高，表面温度低而引起拉应力；在后期的逐渐降温过程中产生收缩，受到支座及周围混凝土的约束而使结构体产生拉应力。因此，地下结构混凝土早期的裂缝主要出现在裸露表面，混凝土硬化后的收缩裂缝出现在结构的中部附近比较多。

由于外部环境温度变化会使结构混凝土产生胀缩变化，这种由于气候因素形成的温度差，在地下结构设计中称为中面季节温差。而混凝土结构的温度分布不匀，会在结构内产生温度应力。影响混凝土结构温度分布的外部因素，包括接触体的温度、风速和结构朝向；内部因素主要有混凝土的导热性能，水化热，结构形状，同基层结合处理及色泽等。

中面季节温差产生的温度应力一般是通过设置伸缩变形缝，或者在混凝土中掺加微膨胀剂，以及采取设加强带及留置后浇带的技术措施处理，这些措施还可同时消减水化热的影响。墙壁面温(湿)差一般由于剪力墙两侧接触的介质不同，即温(湿)度差异而形成的壁面温(湿)度差，使得温(湿)差较低一侧的结构受拉而产生开裂。这种壁面温(湿)度差应视为一种荷载力，在结构设计时要有针对性的结构验算，增加抗裂缝筋。

(2) 塑性收缩裂缝。混凝土在初凝前产生泌水和表面水分的快速蒸发，引起表面失水收缩，此时骨料与水泥之间也产生不均匀的沉缩变形，它出现在混凝土在终凝之前的塑性阶段，俗称为塑性收缩裂缝。其收缩量会达到体积的1%。在混凝土表面的收压特别是抹压不及时和养护不到位处则快速产生龟裂，宽度有时会超过1mm以上，仍然属于表裂现象。水灰比过大且水泥用量多，外加剂保水性差，粗骨料少，若是振捣漏振，环境气温高，表面失水过快等都会造成混凝土塑性收缩而形成表面开裂的普遍现象。

(3) 自生收缩裂缝。密实的混凝土内部相对湿度伴随水泥水化的进程而降低，称为自干燥。自干燥形成毛细孔中的水分不饱和而出现负压，进而加重混凝土的自生收缩。大水灰比的普通混凝土由于毛细孔隙中贮存大量游离水，自干燥引起的收缩压力降低，因而自生收缩值较低，一般不引起重视。但是，低水灰比的高性能混凝土则不同，由于早期强度增长快，会造成游离水消耗很快，以致使孔体系中的相对湿度低于80%左右。而高性能混凝土结构致密，外部水分很难渗入补充，这时会开始产生自干收缩。试验资料表明：龄期2个月水胶比为0.4的高性能混凝土，自干收缩率达到0.01%。水胶比为0.3的高性能混凝土，自干收缩率达到0.02%。高性能混凝土的总收缩率中干缩和自收缩几乎相等。水胶比越小，自收缩所占比例越大。由此可见，高性能混凝土的收缩性与普通混凝土完全不同，普通混凝土是以干缩为主，而高性能混凝土则以自干收缩为主。问题的关键是高性能混凝土以自干收缩过程开始，于水化速率处于高潮阶段的前几天，湿度梯度首先引诱表面裂缝，随之引发至内部的微裂缝。如果变形受到约束，则进一步产生收缩裂缝。这也是高强度混凝土容易开裂的重要原因。

1.3 材料质量和构造措施造成的裂缝

混凝土是由水泥、粗细骨料、拌合用水及外加剂共同组合而成。要避免和减少地下结构产生破坏性裂缝，混凝土组成原材料质量要保证达到匹配，因用料不当及材料质量缺陷而产生的裂缝，即使经过修复可以当时满足需要，但往往留下隐患，因此一定要做好事前控制。有关研究资料介绍，水泥见水后逐渐变成硬化体，其绝对体积略缩小。每100kg水泥水化后的化学减缩值为7～9mL。如果混凝土水泥用量350kg/m^3，则形成空隙体积约25～30L/m^{3}之量，这也是造成混凝土抗拉强度低和极限拉伸变形量小的根本原因。另据介绍，每100kg水泥浆体可蒸发水约6mL，若混凝土水泥用量350kg/m^3，当混凝土在干燥条件下则蒸发水量达21L/m^3。毛细孔隙中水逸出产生毛细压力，混凝土则产生毛细收缩。由此引起的水泥砂浆干缩值为0.1%～0.2%；而混凝土的干缩值为0.04%～0.06%。但混凝土的极限拉伸值只有0.01%～0.02%，因而会引起干缩裂缝出现。

1.4 减水剂使用造成的裂缝

自从使用集中搅拌商品混凝土泵送技术以来，混凝土结构体的裂缝普遍增多，这是除了混凝土中水泥用量及砂率的提高有关外，一般却忽略了减水剂引起的不良作用。如传统自拌干硬性及预制混凝土的收缩变形约为$(4\sim6)\times10^{-4}$，而现在的泵送混凝土的收缩变形约为$(6\sim8)\times10^{-4}$，使混凝土裂缝控制的难度更大。通常是在混凝土配合比相同时，掺入减水剂的坍落度可增加100～150mm，但是与基准混凝土的收缩值相比，却增加了120%以上。所以，《混凝土外加剂》GB 8076—2008中要求，掺减水剂的混凝土与基准混凝土的收缩值比≤135%。试验表明：掺入不同类型减水剂的混凝土，其收缩值比不相同，一般是：木钙减水剂>奈磺酸盐减水剂>三聚氰胺减水剂>氨基磺酸减水剂>聚丙烯酸减水剂。这表明：商品混凝土开裂的机率与减水剂可能产生的负面作用有关，其机理并不明白。

上述是从水泥的物理化学特性分析探讨各种收缩开裂现象，早期塑性收缩会导致结构产生表面开裂。当混凝土进入硬化阶段后，混凝土水化热使结构产生温差收缩和干燥开裂。这是诱发裂缝的主要原因。现在几乎全部应用商品混凝土，开裂量大增，除了单方混凝土水泥用量和外掺合料用量增加外，应当说减水剂的使用加大了收缩变形的影响。

对于地下结构的节点细部构造要求，在现行的规范标准中都有明确要求，设计中应重视使地下结构的节点细部除满足选型及布置构造的合理要求外，同时还要保证结构计算模型与实际受力状态相符，需要用构造措施作保证。如果设计采取的构造措施不当或存在不足，会造成实际受力与模型不符，很容易在结构中形成薄弱部位，在此产生破坏性裂缝。

2. 地下建筑结构裂缝控制措施

著名裂缝控制专家王铁梦教授把设计构造措施归纳为两大类：即“抗”与“放”的原则。“抗”的原则是通过提高混凝土结构的抗拉强度及极限拉伸，来抵抗混凝土干燥收缩和温度变形；而“放”的原则是通过混凝土结构的可自由变形不受约束条件，来释放因混凝土干燥收缩和温度变形，其实经过多年的应用及实践并不矛盾，可以从提高强度和释放应力兼顾使用。

在构造设计上，“抗”的原则通常是体现在对混凝土构件进行适当的配筋量，其关键措施是采用细筋密布构造处理。也就是采取在同样配筋率的情况下，尽量用细直径筋达到钢筋间距尽量密集，增加混凝土结构的极限拉伸，从而抵抗因混凝土干燥收缩和温度变形。“放”的原则是体现在留置结构的缝措施，如伸缩缝、沉降缝、抗振缝及后浇带缝、水平方向设滑动层等。

现行《给水排水工程构筑物结构设计规范》GB 50069—2002 条文中明确规定，裂缝控制通过抗裂验算、裂缝宽度验算和构造措施来实现。对轴心受拉或小偏心受拉构件，应按不出现裂缝控制进行抗裂度验算。此时，构件的抗裂性能主要是由混凝土抗裂强度和构件受拉截面大小来决定。对受弯或大偏心受拉构件，应按限制裂缝宽度控制，在蓄水池设计中此类工程最多。

设计时，首先要根据强度计算结果初步确定配筋，然后进行裂缝宽度验算。在地下部分与水接触的结构中，最大裂缝宽度必须控制在 0.2mm 以内。利用公式进行验算时，可归纳出一些在相同配筋率下有利于裂缝控制的措施，如采用直径较细钢筋、较高强度混凝土等。同时，根据分析裂缝成因，探讨如何在设计中采取技术措施，合理地控制裂缝的产生与发展。

2.1 荷载应力产生裂缝的控制

对于荷载作用产生裂缝的控制，就是要求在设计时对结构各部位可能产生最大拉应力的截面进行计算分析，使其满足裂缝的有效控制。因而应在结构设计的基础资料收集，使用中尽可能准确、完整。这是由于地下水位和土层情况的不同，会使地下室外墙的设计水土压力产生很大变化；基础持力层的不同可能直接影响基础形式和沉降变形情况；气象资料预测会影响温(湿)度应力计算的可靠性。当全面分析掌握可靠的荷载应力作用于基础的作用后，就需要对结构建立正确的计算模型和采取正确的荷载组合，以确保应力及变形的计算值与工程的实际工况相一致。对于荷载应力产生裂缝的控制，在设计阶段主要重视以下几点：

(1) 对基础梁板计算考虑地基形式是否合理，现阶段计算地基反力的三种假定：地基反力直线分布假定、文克尔假定和半无限弹性体假定的计算结果误差较大，所以，应根据各个假定的适用条件，采用与实际情况最为接近的理论进行计算。

(2) 支座假定是否合理，地下室顶板、壁板和底板连接部位的支承条件决定了各构件的支座假定。采用合理的支座假定，才能据此来计算出正确的内力分布。

(3) 荷载的最不利组合是否选择正确，一般比较容易遗漏、忽视的是施工方面及检修阶段的荷载组合，极端温(湿)度差出现的部位及取值的合理性。

在设计时，一般会首先根据结构方案进行初步的荷载和内力计算。通过对计算结构的分析进一步调整结构受力体系，尽可能使地下结构的各部位都达到结构合理、受力明确、安全经济。对整体结构的所有结构件进行力学计算，得到对各构件的控制作用，并对其截面的内力计算进行有效控制。在截面配筋构造设计中，应区分各构件是否需要对裂缝的控制处理。如果需要对裂缝的设计控制，则必须根据裂缝性质分别进行抗裂缝验算，也可以对裂缝宽度进行验算。通过调整配筋率、钢筋直径、混凝土强度等级及构件截面尺寸，达到对裂缝的有效控制。

2.2 混凝土体积收缩变形的设计控制

由于混凝土干燥收缩和温度产生的效应比较复杂，无论用什么方法计算分析，与结构的实际都会有一些误差，其结果只能作参考用。还要结合以前的工作经验，在构造上采取一些措施，对控制混凝土的收缩和温度裂缝效果才比较理想。对于因干缩和温度裂缝的控制，首先还是遵循设计规范的规定，严格按照混凝土配合比及其用料品种、规格和级配。同时，对于混凝土浇筑和养护设计提出原则要求。并且对于较长基础要采取设置伸缩沉降缝、掺微膨胀剂、设加强带或后浇带的技术措施防范。

(1) 对于基础长度超过设计规范要求的设计裂缝控制，根据现行《混凝土结构设计规范》GB 50010—2010 要求，现浇钢筋混凝土的下部为土基时，应每隔 20m(地面式)或 30m(地下式或有保温层)设一道伸缩缝；当为岩基时，减为 15m 或 20m；如果为装配整体式时，可增长 5～10m。按此构造一般会缓解中面季节温差产生的温度应力。

伸缩缝的设置会将结构完全断开，但在具体设计时有时会由于功能使用而难以实现，因而采取完全或不完全收缩缝来代替。这样处理实现了伸缩缝的部分功能，在具体应用中一般也有效，但是对于混凝土在温度作用下的伸缩问题并未解决，而这有可能造成混凝土局缩部压缩损坏。因为采用伸缩缝除了在构造上应把表面开槽嵌缝密封胶封闭外，更重要的是设缝的位置应尽量避开构件的应力集中及受压区域。由于变形缝的设置需要采取严谨的构造措施来控制，对节点的处理、施工及使用材料都应有严格的要求，如果任何一个环节稍有不慎，都会产生意想不到的后果。规范要求当有一定经验时，可以在混凝土中掺加外加剂。也可设后浇带以减少其收缩变形，从而放宽伸缩缝最大间距的限制。在一些超长大体积混凝土结构设计中，已开始越来越多的采取掺加外加剂，增设加强带及后浇带等措施，达到减少或取消伸缩缝的目的。

(2) 掺加外加剂主要是为了增强混凝土的均匀性和密实性，并减弱混凝土自身在凝结硬化过程中的收缩变形。当混凝土的均匀性和密实性有较大提高后，一旦混凝土由于受力变形而开裂时，产生的裂缝比较细微，由此起到控制裂缝宽度的作用。由于建筑市场各种品牌的外加剂性能和实际效果差异较大，同时规范中也明确了应以可靠经验作为采用依据，为此在设计中应根据生产厂家提供的产品使用说明及参数，结合实际应用成功经验，针对具体项目，协同生产厂通过试验检测，确定使用品种及用量。采用外加剂后，伸缩缝的设置间距可有效放大，但并不可无限增大。在超过现有外加剂产品的效率范围以后，如果需要进一步放大伸缩缝的设置间距或者不设缝，设计应结合其他措施的应用，以满足其可能性。

（3）抗裂防水剂类外加剂一般用在加强带部位，在混凝土干燥收缩和温度应力最大处增设加强带，是应对超长地下结构混凝土进行分割。加强带部位一般要通过提高混凝土强度和抗裂防水剂类外加剂的用量，同时在加强带内增加抗裂及温度筋，来提高该部位混凝土的微膨胀率和抗拉强度，削弱混凝土的内聚应力。在现在许多工程中设计采用了后浇带形式，施工规范也允许设置后浇带，加大其设置缝的长度间距。事实上，如果只是从后浇带的意义上理解，作用极其有限，因为后浇带只能解决混凝土的初期收缩应力和变形问题，无法解决混凝土后期收缩应力和中面季节温差产生的应力变形。但是后浇带两侧为贯通的施工缝，缝中并没有设止水，实际上也可看做是设置了两条构造不完整的收缩缝。因此，即便经验表明了后浇带可以取代收缩缝，也不能证明是后浇带起的作用，而是由于后浇带的设置形成了收缩缝。

2.3 材质差及构造不良裂缝的控制

现行规范对结构使用材料作了相应要求，设计时应严格遵守并针对具体工程提出相应要求。

（1）混凝土的主要材料水泥必须合格并不受潮、结块，否则不完全水化而降低混凝土的抗渗透和强度。

（2）水灰比越大，则混凝土中多余水分蒸发后形成的毛细孔隙也越多，这些毛细孔隙是造成混凝土渗漏、开裂的主要原因。

（3）粗、细骨料粒径不连续，级配不良，粒径过大或过小不匀，含杂质泥量高，都会降低混凝土的和易性及密实度，易使裂缝发生及发展。

（4）在混凝土中使用的外加剂也必须同水泥有良好的适应性，以免产生不利化学反应。

在确保使用原材料质量可靠的同时，结构各部位的构造措施是否合理、可靠，对控制裂缝至关重要。设计过程中最主要的是通过合理的构造措施来保证结构实际受力状态与整个计算模型的一致性，然后针对各个杆件和节点，都要按各自在体系中的作用，分别采用相应的构造做法。合理、恰当的细部构造设计，可起到控制裂缝的作用。对于影响到整个结构体系的问题，一定首先从确定结构方案做起，考虑好相应的构造措施。合理的计算模型必须有可靠且易行的构造技术来保证，而当不易实现相应的构造措施时要调整计算模型，使其符合实际受力状态。

综上浅述，对于地下建筑物的结构防水设计构造，完整、准确地收集相关的基础资料，采用合理的结构受力体系，细致、认真地分析计算，全面、可靠地结构截面设计与构造处理，直至施工图纸的设计阶段，每一个环节节点对裂缝的控制都非常重要。同时，设计中也要重视对材料的选择和混凝土浇筑后的养护，在图上提出明确要求。在结构措施上，尽量多地考虑产生裂缝的成因，通过多种预防措施控制，最大限度地减少和避免破坏性裂缝的产生。

4 建筑给水排水工程施工质量控制的重点

建筑给水排水工程是建筑安装工程的一个分部工程，是使用频率较高的部分，与人们的正常生活关系极其密切。为了确保安装的施工质量，在给水排水工程施工检查及监理过程中，需要按工序程序控制，使其符合质量验收规范的要求。

1. 施工图纸的审查

施工图会审是施工管理工作中准备阶段的一项重要工作内容，在工程管理中占有重要的位置。其作用是尽量减少施工图中出现的差错或问题，确保施工能顺利进行。在工作中一般是由专业监理人员认真查看图纸，熟悉设计意图和结构特点，掌握整个布局并了解细部构造，在审核图纸时尽可能发现纸上的所有问题，以便设计人员作补充修改。

（1）对图纸的审查原则：设计是否符合现行国家相关标准及规范；是否符合工程建设标准强制性条文的要求；设计资料是否齐全，能否满足施工使用要求；设计是否合理，有无遗漏、缺项；图中标注有无错误；设备型号、管道编号是否正确、完整；其走向及标高、坐标、坡度是否正确；材料选择、名称及型号、数量是否正确。

设计说明及设计图中的技术要求是否明确，能否满足该项目的正常使用及维护；管道设备及流程、工艺条件是否明确，如使用压力、温度、介质是否合理安全。对管道组件、设备固定、防振、防腐保温，隔热部位及采取方法、材料及施工条件要求是否清楚，有无特殊材料要求，当满足不了设计要求时可否代换材料及配件等。

（2）管道安装与建筑结构间的协调关系：预留洞、预埋件位置与安装的尺寸同实际是否相符合；设备基础位置、标高及尺寸是否满足使用设备及数量、规格要求；管沟位置、尺寸及标高能否满足管道敷设的需求；建筑标高基准点和施工放线控制标准是否一致。

给水排水及消防管道标高与主体结构标高、位置尺寸是否存在矛盾；建筑物设计如主体结构、门窗洞口位置、吊顶及地面、墙面装饰材料等安装时有无相互影响的情况。

(3) 各专业设计之间的协调问题：各种用电设备的位置与供水及控制位置、容量是否相匹配，配件及控制设备可否满足需要；电气线路、管道、通风及空调的敷设位置、走向是否干扰影响，埋地管道或地下管沟与电缆之间是否可以通过满足规范距离要求；连接设备的电气线路、控制线路、管道线路与设备的进线连接管位是否相符合。

水、电、气及风管或线路在安装施工中的衔接位置和施工程序是否可行；管道井的内部布置是否安全、合理，进出管线有无互相干扰；各不同工种安装、调试、试车及试压的配合协调及工作界面分工是否明确，有无影响进度问题。

2. 施工企业资质及施工方案的审查

(1) 现在建筑给水排水工程的施工多数由专业施工队伍来承建，队伍技术素质的高低将直接影响工程质量的优劣。作为现场监理工程师，把好施工单位资质的审查关刻不容缓，对信誉不好、达不到技术资质等级的专业施工单位坚决予以否定，在审查过程中应注意以下问题：

1) 审核施工企业资质及技术人员技术资格证书，并考察该单位技术管理水平和工程质量管理制度建立情况，考察该施工企业以前的建设业绩，听取使用单位的意见。

2) 要求该企业操作人员进行现场操作示范，考验其真实技术水平。通过这些简单、直观的考核，做到大体上对管理及人员水平的了解；若是由其承担，则在施工过程中更具针对性。

(2) 施工组织措施即施工技术方案，也就是用以指导施工过程中的关键性文件。它制定的方法措施基本上是决定了施工能否正常安全进行的依据。监理工程师审查要从组织方式、机构设置、人员安排、设备配置、关键工序及施工重点的措施，与其他工序之间的配合，验收程序及产生质量问题的应急处理等方面认真审查，要分析方案的可行性和合理性。同时，还要审查施工企业的进度计是否符合工程实际，是否能满足施工合同对工期的要求。在工程正常开展过程中，要随时掌握旬及月进度与计划之间的差距，督促施工进度符合工期的安排。

3. 对进场材料的质量控制

建筑工程所用给水排水材料数以百计，其各种材料、半成品及成品的质量优劣严重影响所建工程的质量，监理过程中对材料质量的控制内容主要是：

(1) 各类材料、半成品及成品进场时必须附有正式的出厂合格证及检验报告。

(2) 检查外观、规格、型号、尺寸、性能是否同报告相符，达不到要求的坚决退场，不准进入现场。

(3) 按照规范要求，对阀门、开关、散热器、铸铁管件、排水硬质聚乙烯管材、冷热水用聚丙烯管材及管件要进行复试。

现在的施工监理要求主要是设备订货前，施工单位要向监理提出申请，由监理工程师会同业主审查所订设备是否符合设计及使用要求；同时，对于主要配件要提供样品和厂家情况，采取货比三家择优选择的方法订货。虽然进场材料检验合格，但可能存在个别质量有问题的情况，在施工过程中进行抽样检查，对不符合质量要求的坚决更换，决不允许不合格材料用于工程上。

4. 对重要细部工序严格控制

关键部位及工序多属于隐蔽项目，如出现失误，返工极其困难，因此，重点旁站监督很有必要。隐蔽项目必须在隐蔽前检查验收合格后，才能进行下道工序，并且记录清楚，签证齐全。给水排水工程隐蔽项目主要有：直埋地下或结构中，暗敷于管沟中，管井，吊顶及不进入设备层有保温要求的管道。检查内容包括：各种不同管道的水平、垂直间距；管件位置、标高、坡度；管道布置和套管尺寸；接头做法及质量；管道的变径处理；附件材质、支架(墩)固定、基底防腐及防水的处理；防腐层及保温层的做法等。现在，大多数建筑物都将排水立管设在管道井内，但部分卫生间的渗漏仍然存在，主要原因有以下几个方面。

(1) 灌水试验不认真，走过场。排水管道安装后的灌水试验环节不容忽视。如果不进行认真检查，不能及时发现细部问题，及早处理，很可能给用户留下隐患。

(2) 管道预留洞口堵塞不当。管道安装后的堵洞，现在多数由水暖安装人员进行。由于土建不愿意恢复，水暖安装人员又不熟悉土建施工工艺要求，材料使用不当及处理过程不规范，尤其是较大洞口周围混凝土不密实，更谈不上养护，成为地面有水即渗漏的通道。

(3) 防水处理质量不符合要求。现在厨房、卫生间的防水材料普遍采用聚氨酯防水涂层。楼地面砂浆找平时，对找坡控制不严，再加上阴阳角部位尤其是阴角圆弧做的不符合，管根部圆弧抹的也不合格，找坡基底不干净分层或强度过低，给后期防水的整体质量留下大的隐患。同时，还存在防水队伍操作不当，使用劣质材料或涂层厚度不足而造成渗漏水现象。另外，当防水层做完后保护层不及时施工，其他工种施工中也会造成防水层的损伤。有些用户在住进前又重新采取精装修，改变卫生间布局，砸掉隔墙，导致底部相连接的防水层遭到损坏。

为防止厨房卫生间出现渗漏，对防水的施工过程进行控制及检查，主要从灌水试验、预留洞口堵塞及防水处理质量几个方面抓紧、抓细。

1）认真做好灌水试验检查，管道在隐蔽前要逐一灌水检查，监理人员要逐一仔细检查，验收时要借助手电照明。主要是看水面是否下降，对每一个接口用手摸是否潮湿。越是不易操作的部位，越要认真、仔细。对预留洞口的堵塞，是在管道安装检查合格后进行。最好由土建人员配合水暖堵塞，这样既保证立管的垂直及平面管的坡度准确，关键是提高堵塞质量，防止产生渗漏隐患。

2）切实做好防水层质量检查。防水层施工加强过程的控制，对于基层的干燥及平整，涂料的稀释稠度，涂刷遍数及厚度，高度要达到设计及材料的使用说明。当防水涂刷完成后，要进行蓄水试验。这道工序不能省略，而且在底层向上查看有无渗漏点。当出现渗漏点时，要查明原因及时修补，将渗漏消灭在早期阶段。重新做好保护处理，再进行二次蓄水试验，真正做到无渗漏的放心工程。

5. 做好现场签证及资料收集工作

建筑给水排水工程在实施过程中不可避免地会产生一些工程变更。监理人员在现场的监督实施中尽可能减少工程变更，对于确实产生的更改要实事求是地要求施工单位及时上报签证，以便及时核对工程量；同时，要做好签证记录，避免出现误差或重复。

工程的资料档案是保证施工质量的真实记录，必须与工程进度同步，不允许在后期重新补做假资料存档。监理资料签字后，由经过培训并取得专业证书人员保管，确保档案资料规范、清楚，符合程序，做到及时、准确、真实、完整，发挥其制约施工单位和保存的效应。

综上浅述可知，建筑给水排水工程在建筑工程中占有重要的作用，在人们生活水平不断提高的今天，对建筑给水排水工程的设计、材料选择及施工质量提出了更高要求。因此，要努力学习现行国家给水排水施工及质量验收规范，提高管理水平及监督能力，为满足工程安全耐久性使用发挥作用。

5 建筑给水排水应用中的节能措施

建筑给水排水的节能主要是设备利用率及节省电力两个方面，即给水加压和热力制备两大部分，应用形式又分为系统的选择及优化节能和设备器具节能两类。

1. 给水加压的节能措施

（1）变频供水技术应用。供水采用变频技术是近几年来成为建筑给水的主要节能技术。其主要工作原理是在水泵投入运行前，首先要设定水泵工作压力等运行参数。水泵运行时，由压力传感器连续采集供水管网中的水压信息，并将信息转换为电信号传送至变频控制系统。控制系统将反馈回来的信号与设定压力比较后加以运算。如果实际压力比设定压力低，则会发出指令控制水泵加速运转；如果实际压力比设定压力高，水泵会维持在现在运行的频率上。如果变频水泵达到了额定转速，在经过一定时间的判断后，若管网压力仍然低于设定压力，控制系统会把该水泵切换至工频运行，并变频启动下一台水泵，直至管网压力达到设定压力；反之，若系统用水量减少，则系统会指令水泵减速运行，当降低到水泵的有效转速后，正在运行的水泵中最先启动的水泵停止运行，即减少了水泵的开启数量，直至管网压力恒定在设定的压力范围内。

这种给水变频技术的实现，是根据管网用水量来调节控制水泵的转速，使水泵始终处于高效率的工作状态下运行，应用在高峰时段和非高峰时段用水量负荷变化较大的情况时，系统的节能尤为明显，现在是公认的最有效的供水节能技术措施。

（2）供水管网高低压负荷不同时的技术措施。城市化进程的加快，给水压力也在增加，促进市政给水管网的更加完善。经过改造提升的给水系统水压也趋于基本稳定，在节能减排的大环境下，管网采用的叠加供水技术也在发展完善中。目前，在建筑供水领域里成为一项比较成熟的应用技术，其特点就是把“管网叠加”供水机组从市政管网直接吸水叠压供水。泵房内不设水箱，又不会产生二次污染，减少或不占用土地，是一种实用性极强的应用技术。

管网叠压的供水设备主要是由稳流罐、可选择的气压水罐、水泵机组、压力传感器及自动控制柜等设施共同组成。工作原理是自来水管网的水首先进入稳流罐，供水泵的进水口与稳流罐出水端相连接。当市政供水压力（P_1）低于用户所需要的压力（P_2）时，压力传感器反馈压力信息给控制器，供水泵开始运行。如果市政供水量大于水泵流量，系统形成叠压供水。进入用水高峰时，如果市政管网供水量小于水泵流量，稳流水罐内的水还可以作为补充水量。此时，稳流水罐上的负压消除装置打开，空气可以进去，罐内的真空状态得以打破，确保市政管网不会出现负压。当用水高峰期过后，负压消除装置关闭，稳流罐内水得到补充，系统又恢复到叠压状态供水。可见稳流罐是管网叠压供水技术的核心所在，其作用是缓解供水压力的波动，还可以根据需要储存一些水量，也是为了防止负压产生带来的不利影响。管网叠压供水技术的最大优势在于可以利用供水管网，剩余水压和减少来自外部的二次污染。同时，在此基础上再增加变频控制器和气压水罐，节能的效果会发挥得更完美。

(3) 给水系统优化措施。要选择加压设备必须是节能型的，再配置合适的系统设备，要使节能效率最大化。现在常用的给水方式比较多，不同的供水方式适用条件也不同，对于使用能量的耗费也有大的差异。应当在综合考虑各种因素的前提下，重视对能量的节约利用。不要脱离现实情况去研究水箱安置在屋面或地下室，其在哪儿放置都缺乏严谨考虑。要根据实际情况具体分析，才更有合理性。同时，还要更好地确定高层建筑给水系统的竖向分区，主要是为了避免出现超压现象，使管道和卫生洁具免遭破坏；另外，也减少能量的浪费。大量的支管减压既不节能也不合理。

2. 热水系统节能措施

能源根据可利用于不同领域的效率大小分为不同的等级，也叫做能源的品位。在建筑能耗中，热水及供暖占据很大的比例，如果能利用其他可利用的低品位的能源，用以替代高品位的传统电能，将会产生巨大的社会经济效益，为人类造福。现代研究表明：在土壤、阳光、空气、水和工业废热中蕴藏着十分巨大的低品位热能，如果有效利用这些低品位的热能，会是一次能源结构的大调整，其意义十分深远。

2.1 太阳能热水利用

太阳能是取之不尽的清洁能源，更具有方便利用、热转换效率高的特点。为此，世界各国都重视太阳能的利用，也越来越多地受到人们的认可，使用范围和领域更广泛、全面。

现在国内在太阳能的利用方面，使用最广泛、技术最成熟、可靠的就是太阳能热水利用技术。其中，太阳能热水器技术的发展最为成熟，已经形成较为完整的产业体系。2007年，国家发改委就发布了“推进全国太阳能热利用工作实施方案”的文件。其中把强制性推广太阳能热水器写入方案。从发改委的研究报告中得知，到2008年底，我国太阳能热水器使用量和年产量占据世界总量的一半以上，成为世界上太阳能集热水器最大的生产和使用国。现在的太阳能热水技术正在向大型化、集中式发展，集热器、水箱、循环设备全部集中设置，热水由统一管道配给，进一步提高了供水的可靠性，安全使用，节省投资。

以上浅述可见，太阳能用于水加热在建筑节能中已经是常用的技术，关键问题是如何更合理、有效地利用该种技术，才能发挥更大效益。如选择采取辅助加热、辅助加热的开停控制、适合使用太阳能热水区域、热水器与建筑一体化设计等，还需要时间来完善，从而使节能效率最优。

2.2 热泵热水系统利用

我们知道，在土壤、阳光、空气、水中蕴藏着低品位热能的温度与环境温度相似，很难直接利用，需要利用相应的设备把这些低品位的热能提升到建筑物可以利用的温度，这种设备统称为热泵技术。按照低品位热能来源地的不同，又可称为地源热泵、水源热泵和空气源热泵技术。建筑物中能耗最大的两项用途就是暖通与生活热水系统。热泵技术的成功使得暖通与生活热水能耗的节省取得较大的实质作用。简单而言，热泵就是可以把低温物体的热量传送给高温物体的装置，其核心是利用逆卡诺原理，即借助一小部分高品位电能，推动压缩机对称为“制冷剂”的工质做功，即在常温常压下让工质能通过热交换器，吸收低品位的热能中的热量，然后再通过另一个热交换器将工质得到的热量传送给待加热的介质，在这个过程中电力驱动的压缩机对工质做功，并使工质形态、温度和压力等特征发生变化。通常，热泵机组主要由蒸发器、压缩机、冷凝器、膨胀阀等部件组成，用来制备热水时，还包括循环水泵和热水箱末端设备。

热泵在制备热水过程中，热水得到的热量包含了从环境中吸取的热及压缩机输入做功的大部分。由压缩机消耗的功转化成的热，仅是热泵输出热量中的少部分，而大部分是自然界提供的低品位自然能，这种低品位自然能是取之不尽的。所以，热泵与直接使用电能相比是一种很成功的高节能机械设备。这种热泵热水技术现在已广泛应用在建筑节能工程中，如宾馆及酒店建筑物中热水最主要用于客房及配套服务上，对热水的使用时间、温度有较高需求，用集中锅炉或者电加热供水方式，日常的运行费用很高，热泵热水技术用于此类建筑的空间特别大；热泵热水技术也很适合学校、企业生活车间、集中淋浴室的工程中。这类建筑的用水需求量也很大，用水点及时间比较集中，便于实行谷电模式，使节能效果更加明显。

2.3 多热源组合泵技术

建筑热水制备中最常见的组合形式，属于太阳能加热辅助或热泵电辅助技术。这样的组合在很大程度上减少了电能的用量，当太阳能或者热泵由于客观因素制约而满足不了要求时，电能的消耗还是很大。如果将这两种技术结合起来应用，扬长避短、互为补充，不但会把用电量降下来，同时也增加了热水系统的可靠性，这也是目前集中热水系统热源设备发展的新方向。

对于太阳能与热泵相结合的方案必须按实际情况而定，结合水、电、气价格因素综合进行论证后再确定；同时，由于不同能源热泵之间也有结合利用的可能，利用热泵系统的技术，而把多个热源通过适用的换热器与热泵系统连接，形成一个多热源组成的热泵系统，多种热源互相协调和备用。

2.4 废水的热回收利用

废热不论是在现行《建筑给水排水设计规范》GB 50015 中还是《公共建筑节能设计标准》GB 50189 中，都被作为热水系统的首选热源之一，废水的热回收就是废热利用的一种。根据所利用废水温度的不同，采取的利用方式也不同。当废水水温远高于热水系统设计水温时，可以采取换热器直接换热的方式利用其热；当废水水温接近热水系统设计水温时，就需要采用热泵的方式利用其热。

废水热回收的经济性要结合具体情况综合分析，要优先选用废热量高且量大的回收利用。若是生产过程中产生大量高温工业废水的企业，完全可以在废水循环再利用的过程中，进行废热的回收再利用，用于附近的浴室或厂区宿舍的生活热水，既有效降低了废水的温度，又降低了生活用热水的加热费用。如果回收的废水主要来自淋浴和盥洗后的废水，回收的热用于生活热水系统的预加热，再用普通换热器换热，这样下来可回收的热量仅占日制备热水耗能量的5%左右，经济性极差，没有回收价值。

3. 建筑给水排水节能措施

(1) 减少各类废水提升的能耗，在节能减排中尽量减少对各种污废水和雨水的提升费用。在无法依靠重力直接排至室外市政管网的污、废水和雨水，只能依靠加压提升排出。提升水量的多少，直接关系到提升设备的耗电量。在正常情况满足使用功能的前提下，尽量减少布置于地下室或底层可能排水的设施，用挑檐、幕墙封顶做法减少落入采光井，进入排风井和下沉庭院的雨水量，因为重力流排放不但安全、可靠，而且更节能。

（2）节水型节能措施。对生活用水而言，节水实际上就是节能。针对某一房屋来说，节水可以减少加压设备的提升水量，从而降低加压设备的耗电；针对于整个城市的节能，每一栋建筑物都采取节水，整个城市供水场的运行费用和能耗会大幅度降低，经济效益很明显。节省用水的措施比较多，选择节水型水龙头，最大一次冲水量为6L的节水型两档冲洗水箱坐便器，脚踏式自闭冲洗阀蹲便器，感应自闭式冲洗阀小便器等节水型器具；水池、水箱溢流水位均有报警装置，是防止进水管阀门出现故障时，水池、水箱长时间溢流排水；供水系统分类别设多级计量，便于寻找事故漏水点；选择环保节水部门推广使用的节水型冷却塔，冷却水循环利用率达到98%以上；洗车房采用汽车清洗循环水处理系统；游泳池设循环水处理系统，大幅度降低新水的补充量等节水措施。

（3）其他节能措施。生活中不仅节水、节电是节能，而且管径的减小及管道布置的优化、阀门的节省、设备机房占地面积的减少等所有涉及投资费用的做法，都在广义上属于节能的范畴。减少建设费用，对建筑工程中的各个环节严格控制，才能使节能效率最大化。

经过多年的发展建设，国家加大对建筑工程节能的力度，无论从建筑材料还是综合应用技术上，对节能减排都提出了更高要求。早在2005年，国内首条整体式空气源热泵热水器总装生产线在上海建成；2007年，国家发改委下发了《推进全国太阳能热利用工作实施方案》文件；2010年，北京住宅小区变频供水系统改造试点开始，表明建筑给排水行业的节能引起各有关方的高度重视，必将逐步得到广泛应用。

总之，节能是在大背景下必须认真实施的，对于节能减排的关键是要实用、安全、经济多种因素综合考虑，达到设计完善、技术先进、造福社会，才是我们的根本目的所在。

6 高层建筑给水排水系统的正确应用

高层建筑层数多，总体高度大，对于建筑物的给水排水工程的技术要求也很高，必须采取新的合理、有效的技术措施，才能确保给水排水系统有良好的运行，满足各类不同高层建筑物的安全和正常使用。

1. 高层建筑给水排水的系统特点

由于高层建筑具有层数多、高度大、振动源多、高层用水压力大及需用水量多、排水量大的特点。对于给水排水工程的设计、材料选择、施工及管理提出了较高要求，并具有以下特点：

（1）高层建筑层数多，若是采取一般建筑物的给水排水方式，则管道系统中静压力大，使管道配件承受的水压小于其工作压力，给水管网必须竖向划分几个区域布置，使下层管道系统的静水压力降低；高层建筑给水系统室外给水管网水压一般只能供到下面几层，而不可能供到上层，基本上要考虑二次供水，在供水时产生振动，发出噪声，因此，在设备和管道上要安装隔声装置。

（2）高层建筑的排水量也大，竖向管道长，在水下流中振动大，压力也大。为了提高排水系统的排水量、稳定管道压力、保护水封不被破坏，高层建筑的排水系统应设置通排气管或者采取新型单立管系统。且因高度大，设计标准要求高，给水排水系统设备及管理人员也多，瞬时给水和排水量也大。一旦停水或管道堵塞，造成的影响损失大。因此，高层建筑必须要保证供水系统的安全和排水的畅通。

（3）高层建筑引起火灾的因素比较多，蔓延速度快，危害程度大。室内消防系统一般发挥作用极小，而外部消防车喷射水量及高度往往满足不了要求，扑救难度大且破坏严重，国内近几次高楼大火证明了这一点，因此，对高层建筑的灭火自救非常关键。

2. 高层建筑给水系统特点

(1) 采取竖向分区的必要性。由于高层建筑的总高度大，如果仅仅依靠室外给水管网供水，压力根本不可能满足高层用户的用水要求，多数采取二次加压提升来供水。若是不采取竖向分区，将会带来一系列的问题：1)底层水压力过大，不仅喷射易损坏阀门管件，而且造成浪费，影响正常使用；2)上层水压小会产生负压抽吸，造成回流，污染给水管网的水质；3)下层管网由于承受巨大压力，关闭时易出现水锤，轻则产生噪声和振动，重则使管网遭受到破坏；4)下层阀门易磨损，造成渗漏，加大维护工作量。假若使用压力超过设备的额定工作压力，还会使设备报废。实践表明：对于高层建筑的供水实行分区供水方式，是解决存在这些问题的最好方法。

(2) 分区供水的具体实施。下区(低层)层数确定，根据室外给水管网的压力初估下区层数；上区(高层)层数确定，根据静水压力确定。

计算依据必须是现行《建筑给水排水设计规范》GB 50015 中对于高层建筑生活给水系统竖向分区：对建筑旅馆及医院，应当是 300～350kPa；高层办公楼给水系统竖向分区根据管道及设备所承受的静水压力，为 350～400kPa。计算举例：某室外给水管网压力为 210kPa，层高为 3m 的 20 层宾馆建筑进行分区，公式 $H_{\mathrm{m}}=12+(n-2)\times4$ 得出 $n=4$，即 4 层以下为下区；上面 16 层静水压力$=10\times3\times16=480$kPa，超过 350kPa 的限制压力，宜分为两个区，每区为 8 层。

(3) 高层建筑给水系统的给水形式。

1) 串联给水形式：各区水泵均设在技术层内，各自从下一区的水箱吸水，所以各区水箱容积除按本区用水量考虑设计外，应考虑附加传输到上区的水量，以满足上区水泵工作时所需的水流量。

串联给水的优缺点：①优点：各区水泵的扬程和流量按本区所需配置，工作效率高，耗能少；管道总需求量少，节省早期大量投资；②缺点：在技术上要求较高，需要防振、防噪声、防渗漏水；水泵分散布置，维护和管理不便；下区的水箱体积较大，增加结构的负荷及费用；使用可靠性低，下区任一部位出现故障，上区供水受到影响，虽然有备用水泵，但投资会大大增加。

2）并联给水的方式。并联给水方式的优缺点：①优点：各区水泵集中设置在底层或地下室内，便于管理及维修；与串联式相比较，各区都是独立系统，互不干扰因而供水比较安全；②缺点及不足：上面几区的水泵扬程较大，压力水管线长。

3）减压水箱给水方式。整个高层建筑的用水由设置在底层的水泵提升至高位水箱，再由高位水箱依次向上区供应并通过各区水箱减压。①优点：水泵系统管理简单，水泵及管道投资量小；②缺点：最高位水箱体积大，加大结构荷载，管道管径也相应增大；正常的供水不可能保证，若任一区设备出现异常，会影响供水。

4）无减压水箱的减压给水方式：用减压阀代替减压水箱，特点是价格低、安装简单、使用可靠、无水箱占地，提高了建筑物使用面积。

5）建筑内部给水管网的布置方式：高层建筑每区内的给水管网布置，根据供水安全要求程度，可以设计成为竖向环网或水平向环网形式。在供水范围较大时，水箱上可设置两条出水管接到环网；同时，在环网的分水节点处还应适当设置闸阀，用以减轻管段损坏及维修停水的影响范围。

总之，高层建筑的供水方式应该根据工程实际，结合当地特点及具体要求选择适宜的供水方式，也可以采取几种方式的组合，使用效果更佳。

3. 高层建筑的消防供水系统

消防给水系统的构成与使用功能一般是由室内消火栓给水系统和自动喷水灭火系统、室外消火栓给水系统组成。自动喷水灭火系统又可分为闭式自动喷水灭火系统及开启式自动喷水灭火系统、自动喷水-泡沫联用灭火系统。

3.1 室内消火栓给水系统

(1) 不进行分区的室内消火栓系统。在高层建筑密度较大区域，多幢高层建筑室内仅设独立消防管网，共用消防泵来保持消防管网所需的水压或火灾报警临时加压，确保消防的用水量，优点是便于管理每区消防给水管网。

(2) 分区的消火栓系统。当建筑物高度超过 50m 或消火栓静水压力超过 1000kPa 时，宜采取分区供水的室内消火栓系统。分区以消火栓处静水压力不应大于 1000kPa 划分为准，这是考虑到消火栓的水带和普通钢管工作压力的允许值。由此分为并联分区供水、单联分区供水和串联分区供水、无水箱供水三种方式。

给水管网应布置成独立的环状管网系统，要保证给水干管和每条消防竖向管都能双向供水；环状管网的进水管不应少于 2 根，并从建筑物的不同方向引入；消防竖向管不应少于 2 根，其布置应能保证同层相邻两个消火栓水枪的用水量到使用范围的压力需要；消防给水管道要采用阀门分为若干个独立段；当建筑物内同时设有室内消火栓给水系统与自动喷水灭火系统时，室内消火栓给水系统与自动喷水灭火系统管网要分开设置。

3.2 室外消火栓给水系统

(1) 室外消火栓给水管网的设置要求是：为保证消防用水的充足及安全，室外消防管网的进水管线不得少于 2 条，要从两条不同市政供水管网引入。如果其中一条供水管网出现问题时，另一条供水管网可以保证用水需求；管网的布置应当符合：布置形式为环状；环状管网的进水管线不得少于 2 条；环状管网应采用阀门控制且分成多个独立段，每段内消火栓数量不要超过 5 个，并应在节点处设置阀门；室外消火栓给水管道的直径不得小于 100mm；按照现行室外给水设计规范要求，室外消火栓给水管管顶，在冬季应在冻土层以下不少于 100mm 的深度埋设。

(2) 消防水池的要求：一般情况下，将室内消防水池与室外消防水池合并设计。当市政给水管道和进水管道为支状或只有一条进水管时，高层建筑要设置消防水池。

4. 高层建筑热水给水系统

热水给水系统同冷水系统一样，要做竖向分区布置，两种水的分区数量和范围应当相同，使用两个系统中任何一用水点的热、冷水压力均衡。由于高层建筑使用热水的要求比较高，管线也长，应设置循环系统较好，可以是自然循环或机械循环方式。

（1）热水系统的分区供应方式：集中及分散两种。集中热水的供应方式：各区热水循环管网自成为独立系统，其容积式或快速式水加热器，集中设置在房屋的底层或是地下室，加热器凉水来自各层的技术层中水箱内，这样可确保各区的冷热水压平衡。管网多数是上行下给式，此种方式的优点是设备集中，便于操作管理，使用也比较安全、可靠；缺点是高区的水加热器因需承受高压而要求使用的材质质量高，加工制作难度大，因此，应在3个分区以下的高层建筑中采用。而分散供应热水方式：加热设备和循环水泵分别设在各区的技术层内，此种方式在大于3个分区的高层建筑中采用效果较好。高层建筑中底层的用量大热冷水设备，要设单独的热水系统供热水，便于管理和控制。

（2）热水循环管网重视的问题：当热水系统的使用范围较大，立管超过5根时，供水干管和回水干管必须形成环状；为便于分层分段控制送水和调节热水循环的均衡，必须在立管上、下部及水平管的适当位置，设置必要的调节闸阀。为便于检修时不被过多地关闭管段，也需在管段节点和横支管上设置关闭用的闸阀。

热水管网的循环要提供双向供水条件，因此，应把回水干管和回水立管的管径设计成与热水配水管同径或者接近，以便配水管有问题时作配水用。

5. 高层建筑的排水系统

生活污水在排水立管中的流动，与一般的重力流和压力流有所不同，应当是一种极不稳定的气水混合流。在高层建筑中，由于排水立管很长、水量大、流速快，往往引起管道内的气压产生极大波动，并可能形成水塞，造成卫生洁具溢水或水封破坏。从而使下水道中的臭味侵入室内，污染室内空气。应用表明：高层建筑排水系统功能的好坏，很大程度上取决于排水管道通气系统的处理是否合理。因此，对于高层建筑中排气系统的设置在排水系统中占有重要的地位。一个健全的排水系统，应当满足以下要求：

(1) 所有高出地面的卫生洁具和排水设备的排水，应重力直接排出室外下水道中。

(2) 所有低于地面的卫生洁具和排水设备的排水，应重力直接排入集水坑，然后提升排至排水系统中。

(3) 高度超过 10 层的房屋，底层的卫生洁具宜单独设置排出管或者提升排至排水系统中。

(4) 高度超过 20 层的房屋，可以将地面以上的 2～3 层卫生洁具设立管单独排出。

(5) 对于建筑物的上部和下部房间布置略有不同，要求排水立管数量也不相同，可将排水系统分为两个区域。一个区为上部房间使用，并在本区的下一层顶棚内设排水管，再下部单独排出室外；另一区为下部房间使用，并在顶棚内连接通气管，通气管可连通至附近屋顶或与上部排水系统通气管连接。

同时，高层建筑的雨水系统和生活污水系统应分流排出；地下室或车库应设有带格栅的地沟和连接地沟的排水管，方便冲洗地面污水、洗车及其他水的排出，并安排泵房及泵坑，排水泵的排水能力要大于 10L/s。车库的排水在接入排水干管前，应先接至油水分离器或隔油池、沉淀池的单独系统中。

综上浅述可知，建筑物的给水排水与人们的生活密切关联，精心的设计和专业队伍的安装施工，科学的维护管理是保证管网系统安全运行的重要条件。为了确保高层建筑给水、热水供应及消防用水的可靠性，划分竖向分区的供应是必需的。由于层高排水噪声一般比较大，要采取从材质到合适位置的布置，使建筑房屋的给水排水满足人们日常生活水平提高的需要。

7 屋面用卷材防水控制渗漏的措施

在各种建筑房屋工程中，屋面渗漏是属于较为严重的质量问题，不仅影响房屋的整体使用功能，给用户带来意想不到的损失，并且对建筑物的使用年限和耐久性有一定的降低。尤其是卷材防水屋面的渗漏更加普遍，房屋的渗漏至今仍然是工程质量通病防治的重点。为了提高层面防水无渗漏工程，应引起人们的关注和重视。

1. 防水卷材在屋面的设计构造

现在最常见的屋面是大面积整体现浇钢筋混凝土平（坡）屋面，防水结构构造形式一般自下而上为：结构层、找平层、保温层、防水层、隔离保护层、刚性防水层等，各不同构造层质量的好坏都与屋面渗漏密切相关。

(1) 结构层。结构层几乎都是钢筋混凝土的结构体，对现浇混凝土整体屋面或预制屋面板屋面，是屋面的主体结构且承受作用在屋顶上的所有荷载。基层使用钢筋混凝土板时，板的安放需要平稳，板端头缝要密封处理，板与板之间的缝要用高等级的细石混凝土灌注密实，混凝土强度不低于C30。屋面卷材防水的关键就在于结构层能否也有防水的作用，涉及混凝土的浇筑质量、振捣是否密实，是否存在裂缝及钢筋在混凝土中的位置是否准确，这些不确定因素都会影响屋面的防水效果。

(2) 找平层。找平层多数采用20～30mm厚度1∶3的水泥砂浆找平，也有用1∶6的沥青砂处理，使其形成坚硬、平整的表面，以确保卷材铺贴的平整及牢固。找平层必须干净、干燥，强度达到设计的70%以上才允许进行下道工序施工。找平层还要留置分格缝，缝宽20mm，用柔性防水材料灌注，找平层施工质量的优劣也会影响防水卷材及隔热层的质量。

(3) 保温层。保温层过去常用轻质松散材料，如炉渣、膨胀珍珠岩、矿物棉；板块状材料如保温板、泡沫混凝土板、加气混凝土板、蛭石混凝土板及聚苯乙烯板做保温层。这些保温材料具有密度小、导热系数低、保温耐腐蚀及难以燃烧的特点。在屋面保温隔热的同时，还有隔声及保护结构层的作用，并节省能源。

(4) 防水层。防水层即防水卷材，是屋面防水工程的核心所在，对建筑物的正常使用关系重要。现在防水材料的主要品种有：石油沥青玻璃布油毡，石油沥青玻璃纤维胎油毡，铝箔面油毡及改性沥青卷材等。其中，改性沥青与传统的氧化沥青比较，在使用温度区间有大的扩展，制作的卷材光洁、柔软，制作成3～5mm的厚度，可以单层及双层使用，具有20年左右的耐久防水效果，在现阶段建筑屋面及地下防水中得到了广泛应用。而改性沥青又分为弹性体改性沥青防水卷材(称为SBS卷材)、塑性体改性沥青防水卷材(俗称为APP卷材)、自粘聚合物改性沥青防水卷材(称为APF卷材)及合成高分子防水卷材。各种防水卷材质量的优劣、施工过程及细部质量处理的好坏，直接影响屋面防渗漏水的效果。

(5) 隔离保护层。隔离保护层是防水卷材与刚性保护层间铺设，避免防水层受刚性保护层产生变形影响而设置的隔离层。现在隔离层用材基本使用低强度砂浆、蛭石、云母粉、塑料薄膜、滑石粉、细砂或干铺卷材等。在防水卷材或防水涂料上设置刚性保护层或细石混凝土防水层时，两者之间必须要有隔离层，作用是在刚性保护或防水层受温度、自身干燥变形时不至于对下部的卷材产生拉伸作用而损坏，影响防水效果。尤其是在干燥高温季节，刚性保护层与防水层在太阳光辐射下升温很高，当暴雨突然降临，气温骤降，刚性保护层剧烈收缩，但是下面防水层和基层满足不了降温变形，如果两者粘结牢固，防水层则产生拉伸，挠曲变形甚至拉断。因此，设置了隔离层作为缓冲，隔离层的材料有多种，如玻璃纤维布、无纺布及油毡卷材等，需要耐穿刺、耐腐蚀的纤维织物，或是加抹一道低强度等级的水泥砂浆。

（6）刚性防水层。刚性防水层系指在混凝土中掺入微膨胀剂、减水剂及防水剂等混凝土外加剂，使浇筑的混凝土孔隙致密且封闭，水无孔隙可通过渗漏，达到防止混凝土的渗漏而称作刚性防水，是建筑地下工程最需要的防水混凝土技术。刚性防水混凝土的原材料选择及施工过程质量控制最关键，如掺入了微膨胀剂的早期养护很重要，如不及时补充水分，则会失去防水功能。刚性防水混凝土的抗结构变形能力较低，适用于防水等级为Ⅲ级的防水屋面。当屋面防水采用多道防水材料设防，刚性防水层也可作为Ⅰ、Ⅱ级的防水屋面中的一道防水层。现在比较理想的防水构造是采取刚柔结合的复合设防技术，互补达到可靠的防水效果。

2. 防水渗漏的原因

（1）构造措施不当方面。如追求立面效果及形式，女儿墙设计很高，达3m以上，而泛水却很低，使屋面连接处、屋面与女儿墙的泛水不够高，大雨积水多，使该部位渗漏；同时，檐沟无坡度且截面过小，雨水口数量少也会造成渗漏水。设防原则与具体工程存在差异，对屋面板配筋只是考虑板的承重，而不考虑屋面温度的变形，对混凝土产生的温度应力估计不足。防水材料品种繁多，性能存在差异，建筑物类型及使用目的不同，南北温度相差及对防水的要求也不同。经济方面，业主用低档防水材料，满足不了屋面防水要求。

（2）材料选择应用方面原因。因屋面结构层混凝土使用水泥品种，粗、细骨料质量，配合比及水灰比控制存在问题，养护不及时，保护措施不到位，造成屋面板干燥收缩、产生较多裂缝，甚至是贯穿性的，因而渗漏；从理论上讲，混凝土的膨胀系数是黏土砖的2倍。当环境温差过大时，屋面板同女儿墙材质的收缩量不同，屋面板对砌体产生一定推力，易在女儿墙泛水处开裂而渗漏；保温层含水量大，造成防水卷材的空鼓，不停循环，使之开裂而进水渗漏。一些荷载比较大的屋面，由于使用了密度小的保温材料，使屋面找平层下沉及开裂，也会引起大的渗漏水。

(3) 施工原因造成的渗漏。屋面板混凝土坍落度不恰当，坍落度过小，混凝土干燥施工不易操作，振捣不实会造成渗漏；而坍落度过大，混凝土内部游离水过多，蒸发中留下大量毛细孔，使雨水大量渗透而漏水；细部处理不当的原因，由于屋面结构一般较复杂，交接节点多，这些局部处钢筋绑扎及混凝土振捣都不易到位，往往这些部位是应力集中区域，施工的缺陷使渗漏不可避免。同时，屋面上都会有一些管道及通风孔洞口存在，这些细部处理是防水的关键；施工方法不妥，也是一个因素。有些坡屋面坡度达 30°左右，这样的坡度模板不好支设，会造成质量问题隐患，局部板厚控制不严可能较薄，也会产生裂缝渗漏；钢筋配筋存在不足，负筋位移无法与混凝土一同受力，抵抗弯矩而造成板的开裂。

3. 预防渗漏的一些措施

3.1 优化构造措施方面

(1) 总结屋面防水成功及失败经验，切实理解屋面工程技术规范及质量验收规范要求，遵循“合理设防，防排结合，因地制宜，综合治理”的防水原则，学习了解防水材料的性能及设计构造原则，细部构造特点及特殊要求，适应结构工程特点及需要，保证屋面结构的整体刚度和强度。确定房屋性质及使用功能要求，掌握防水层合理使用年限，确定防水等级设防要求，根据工程特点和自然环境进行防水构造设计。

(2) 防水层下基层的处理，基层在长期荷载作用下容易出现变形，混凝土也在环境影响下干燥收缩变形，引起防水层下基层的开裂，进而拉裂防水层，使之渗漏。为了减少此种现象发生，设计时采取大划小的措施，即把大面积屋面按一定比例分割为小块，之间设置分格缝，用柔性防水材料密封防水，将应力集中在分格缝处。采用分格缝的办法化减应力，防止产生裂缝，是提高刚性屋面防水的较好方法。分格缝的位置多数在支承屋面板的部位，防水层与凸出屋面结构交接处，并与板缝处重叠。

（3）防水注重防排结合原则，坡屋面以排为主、以防为辅，排防结合的渗漏机率最小；而平屋顶坡度较小，积水深，以防为主，但排水也应及时，不积存停留时间长，减轻屋面重量，因此，平屋顶的排水坡度应大于3%。檐沟坡度不应小于1%，加大屋面的排水坡度是预防渗漏的一个重要措施。

屋顶的排水系统设计要首先确定排水走向和坡度，并根据当地几十年一遇的最大汇水面积，确定天沟位置、坡度、水落口数量及沟底标高。而排水系统又分为有组织排水和无组织排水两类。有组织排水是把屋面雨水沿排水坡度经落水口、雨水管排至地面或外排管网中；无组织排水是将屋面的雨水沿排水坡度在檐口滴落至散水上又流入地面。两类排水方式中，有组织排水有利于雨水的再回收利用，设计时尽量采取有组织排水的方式，达到节省资源。

3.2　材料选择的控制措施

防水材料的选择并不是价格高就好，而是选择防水耐久性好的即可。设计根据房屋的使用性质及设防等级、环境条件及结构特点，认真制定防水方案，选择在当地使用效果良好的卷材及工艺。在构造设计上特别重视应力集中、基层变形大的部位细部处理的具体要求。

选择防水材料的整体质量，按照现行国家标准、行业规范和当地具体要求，对所有防水材料进场后按要求抽取样品复检，不合格的一律清除出场。严格按操作工艺进行检查并控制检验过程。

3.3　卷材防水施工的提高及改进措施

（1）设置倒置式屋面，倒置式屋面是指在屋面的结构层上先做防水层，再做憎水性好的保温及隔热层，然后铺一层无纺布并浇筑一层保护层。倒置式与传统屋面的做法顺序颠倒，故称“倒置”。传统屋面的防水是在屋面结构层上，先做保温层，如加气混凝土、膨胀珍珠岩、聚苯乙烯板保温层，再在其上做卷材防水层。这是由于传统的保温材料容易吸收水分，而吸收水分后导热系数剧增，保温隔热性能会大大降低，通常保温层只能做在防水层之下，在保温层下往往要做隔气层，增加了一道隔气层工序。同时，由于防水层暴露在最上面，加速其老化，降低了使用年限，所以，倒置式屋面与传统屋面相比，仍具有一定的优越性。

（2）屋面倒反梁出水口节点细部方法的改进。在梁混凝土浇筑前，要预埋好钢管出水口，同时排水管在迎水口处要焊止水环，必须满焊严密。如果梁模板拆除后检查钢管出水口埋设低时，则要在钢管内低于屋面部分填充防水油膏，以防止钢管内积水，引起渗漏。

（3）砌筑女儿墙防水施工的改进。女儿墙节点细部的施工在交接的阴角处必须抹成圆弧面，防水层多增加两层作为附加层，卷材上口要压在预留槽内。对设计的现浇混凝土刚性屋面，为预防防水层在山墙与屋面板转角处产生裂缝，要在转角混凝土内加设一道钢丝网片，宽度不小于300mm。

（4）水落口防水细部施工方法的改进。落水口应采用焊止水环的落水头，在檐口浇筑混凝土时就预埋好，铺设卷材时收头要进入落水头内，使该处无任何渗漏水的机会存在。

（5）屋面保温层内排气孔防水施工改进。屋面排气孔安装布置时使用的钢管要防腐，并与找平层连接周围用油膏封严，施工中要防止杂物进入排气孔，造成堵塞，无法起到排气作用。

通过上述浅要介绍分析可知，屋面防水层的渗漏现象比较普遍，影响到房屋的正常使用功能，也给用户带来不必要的损失。如何做好建筑物的防渗漏工作，要从设计构造措施、防水材料选择、专业防水队伍施工质量的控制、技术监督人员跟踪检查着手，任何环节的不足均会出现渗漏问题。因此，房屋的渗漏问题是一个系统工程，需要各方努力、共同协作，才能从根本上得到解决。

8　建筑工程中新型给水管材的应用选择

近年来建筑用新型管材的应用更加广泛，国内各种新型给水排水管材，管配件的制作技术和施工方法有了很大发展和提高，相应的材料种类也由镀锌钢管、铸铁管改变为UPVC、PP-R、PE-X、PP-C、PB、ABS及铝塑复合管(PAP)等。虽然新型管材在国内的生产和使用时间不长，但是生产厂数量多，互相竞争，使得产品品种更多、更齐全，基本满足大规模建设的需要。现在使用的冷镀锌钢管材料在供水过程中存在一些不足之处，为此国家鼓励大力发展新型供水管材。现在，建筑材料市场各种新型供水管材品种繁多，尤其是镀锌管的限制使用，给新型管材的发展及应用带来极好的发展前景。

1. 建筑用管材适应发展的需求

建筑工程中的供水管道具有使用周期长、改造及检修难度大、在地下埋深(冻土层以下)大、出现质量问题不易发现及处理困难等特点，这就要求供水管材具备更好的安全可靠性，其含意是：一方面管道要不间断连续供水，尽量避免管道破裂、渗漏及损坏；另一方面是管道内输送的水质不要因为管道自身材质的生锈而影响供水质量。在管网输配水运行中其水质和水量不要有大的变化，以满足广大用户需要。

镀锌钢管在建筑工程中的使用已有近百年的时间，其本身具有很好的强度、刚度和抗冲击能力，并且耐温、耐压、价格适宜、材料供应充足、加工方便，因而作为一种供水用的主要建材，广泛使用在房屋内部的各供水管道。但是，由于镀锌钢管材自身存在缺陷，在运送中容易生锈腐蚀、结垢、泄漏及堵塞等不足，从而对水质造成严重的二次污染，水质恶化；另外，由于锈蚀破坏用户居住环境，影响生活质量也造成水资源的浪费。随着人们居住环境及生活质量的提高，对生活用水质量也提出更高的要求，需要有一种新型绿色环保替代产品出现，同时镀锌钢管要使用大量钢材，浪费资源，不利于以塑代钢国策，为此，国家推广塑料及复合材料管材，传统的镀锌钢管将逐渐退出建筑给水市场，给水管材的更新换代开始实现。在全国范围内推广使用的新型给水管材中，给水塑料管以其特有的优点，很快成为镀锌钢管的首选替代管材。

在大批新型给水塑料管材及复合管材中，塑料给水管材主要是：硬聚氯乙烯管(UPVC)、高密度聚乙烯管(HDPE)、交联聚乙烯管(PEX)、聚丙烯管(PP-R、PP-C)、聚丁烯管(PB)、丙烯腈丁二烯-苯乙烯管(ABS)和氯化聚氯乙烯管(CPVC)等。复合管材有：铝塑复合管、涂塑钢管、孔网钢带塑料复合管等。这些可以用于建筑供水的新型材料，还有传统使用的铜管、薄壁不锈管，为给水提供更多的选择，设计时可根据建筑物的使用功能、性质、档次进行适当的选用。这些新型给水塑料管材与镀锌钢管比较，具有耐蚀、防锈、干净、无毒、光滑、无阻力、耐久性好、流量大，比同径金属管大约30%，保温节能且导热系数低，质量仅是金属管1/6～1/10，密度小、重量轻，运输及施工安装轻的优势，现在应用比较普遍。

但是，现在建筑市场新型给水塑料管材花样繁多，市场不规范，如何选择适合的管材，不仅普通用户难以确认，就是专业设计及施工技术人员也难全面掌握、了解清楚。现通过对铝塑复合管、交联聚乙烯管(PE-X)、三型无规共聚聚丙烯管(PP-R)三种新型管材的应用分析探讨，使建筑设计及施工人员有更多的了解，促进新型给水塑料管材更加合理的应用。

2. 新型给水塑料管材的性能特点

现在使用比较多的是PE管，主要有PE80(中密度聚乙烯)和PE100(高密度聚乙烯)两种。由于该管材耐腐蚀、无毒性、内壁光滑、阻力小、使用寿命长、抗老化、重量轻、安装劳动强度低、抗振性好、材质柔韧等，受到供水企业及市政建设的广泛使用。用于供水管道必须安全、卫生，因此，检验一种管材性能优劣，主要考虑四点：①卫生：要求管道及配件必须对人体健康无任何损害；②安全：要有足够的强度和优异的力学、抗老化及耐热性能；③节能：内壁光洁，液体流动无阻力，耐腐蚀且保温性好；④方便：施工安装方便，具有推广使用价值。如果达不到上述这四点基本需求，就会损害人体健康和安全，不可能用于建设供水工程中。最常用的几种供水塑料管材性能要求是：

(1) 复合管。包括衬铅管、衬胶管、玻璃钢管等。复合管多数是由工作层(即耐水腐蚀)、支承层和保护层组成。复合管一般是由金属作支撑材料，内衬以环氧树脂和水泥为主。其特点是重量轻、内壁光滑、无阻力、耐腐蚀性好；也有用高强软金属作支撑，而非金属管在内外两层，如铝塑复合管的特点是管道内壁不会腐蚀、结垢，水质不受影响；也有金属管在内壁的，而非金属管在外层的，如塑复铜管，利用了塑料的导热性差起绝热保温及保护作用。

(2) 塑复铜管是用纯铜作管件，覆PE塑料，从综合性上看，塑复铜管略优于铝塑复合管。则强度更好，寿命更长，耐热性更优，但保温性略差。纯铜管有极好的耐腐蚀性，使用一段时间后内表面会产生一层绿色氧气物。但对管材的使用寿命、流量及其水质不产生影响。铜绿对人体健康无影响，还具有灭菌类作用。塑复铜管的安装方法有卡套式和焊接两种方式，常用的是焊接形式较多。铜管，不锈钢管除了保温性较差外，其他如强度、寿命和对液体阻力等都很好。如用于热水管，要加保温层。

还有内搪塑镀锌铸铁管，是在普通的镀锌管内壁搪一层塑料，使得具有耐腐蚀、阻力小、保温好，同时具有镀锌管本身强度高的特点，这种管大多采用螺纹连接。

(3) 铝塑复合管。铝塑复合管是最早代替铸铁管的供水管，其管材的构造分为5层，由内向外依次为：塑料、热熔胶、铝合金、热熔胶、塑料。铝塑复合管有良好的保温性能，内外壁不易腐蚀，因管壁十分光滑且液体流动无阻力，又可以弯曲安装使用，施工方便、快捷。用于供水管道，铝塑复合管有足够的强度，但是在横向受力较大时，也会影响强度，所以一般用于明管施工或者直接埋入墙内，但不适合埋入地下。铝塑复合管的安装连接是用卡套式方法，因此，施工检查中一定要进行试压，检验接头处质量；同时，也要防止经常振动，使卡套松动、脱开；长度方向留足够余量，防止拉脱开。

（4）塑料管。塑料管是由合成树脂加添加剂经熔融成型制成。添加剂有增塑剂、稳定剂、填充剂、着色剂、润滑剂、改性剂及紫外线吸收剂等。塑料管的原材料组成决定了塑料管的特性。塑料管的主要优点是：①不受环境因素和管道内介质的影响，化学稳定性好，耐腐蚀、热传导率低，绝热保温节能效率高；②管道内壁十分光滑，无阻力，不结垢，管道流通面积不随时间发生变化；密度小，相对于金属管道材质轻，安装、运输、维修均方便；③可采用盘管供货，可自然弯曲或冷弯，减少接头量。

塑料管的主要缺点：①抗冲击性差，力学性能也差；②刚度及平直度差，因而需要管卡及吊支架多；③多数塑料产品易燃，阻燃性差，燃烧时分解且释放大量有害气体和烟雾。

由于塑料管的热膨胀系数较大，因此，对伸缩弯的处理要考虑。塑料管采取热熔焊接，只要施工符合规定要求，经过试压，接头不会渗漏，其安全、可靠性及保温性都可以保证。随着建筑业的发展，住宅室内绝大多数会用塑料管，城市供水的大部分也会采用塑料管，作为供水管道的替代管材，塑料管用于环保前景看好，用于建筑排水埋地管商机巨大。

3. 常用供水管材比较

（1）铸铁管：铸铁管是使用时间最长也是人们最熟悉的一种管材。铸铁是铁和碳的合金，碳在铸铁中的质量分数要高于2.11％，含碳量低于这个值就是碳钢。采用低碳钢制作的钢管，加工和安装比较方便。各项力学性能优于其他钢管，但是钢材表面的防腐处理麻烦一些，采用量相对少一些。现在铸铁管的使用仍然占有重要位置，其性能也有大幅度提高。为了提高抗腐蚀和保证管网水质，铸铁管内部和外部的衬涂和防腐材料，都在改进和完善。现在，离心球墨铸铁管已经成为最主要的铸铁管材制作工艺。国内使用的灰口铸铁管逐渐向离心球墨铸铁管靠近，由于球墨铸铁管不仅具有较高的强度，同时具有良好的延伸性，按照国际标准 ISO 2531 的要求，球墨铸铁管的抗拉强度≥420MPa，*DN*40～1000 的管道，延伸率≥10%，*DN*1200～2600 的管道，延伸率≥7%。灰口铸铁管没有提出延伸率的要求，对铸造原材料有害成分控制比较宽松。

(2) 塑料管材：开发成绩巨大，现在可以生产出各种主要给水管材 UPVC 管、PE 管、PEX 管、PPR 管等。总体来看，塑料管材的价格比较低，卫生、耐腐蚀、导热系数低、不结垢、输送性能好。目前，用于供水管材有两种：聚烯烃材料及氯乙烯材料。聚烯烃材料有聚乙烯(PE)、高密聚乙烯(HDPE)、聚丙烯(PP)、聚丁烯(PB)等，这类管材适合热熔合连接；氯乙烯材料有聚氯乙烯(PVC)、硬质聚氯乙烯(U-PVC)、过氯化聚氯乙烯(C-PVC)等，适合于胶水粘结连接。但是，塑料管材也有不可克服的缺点：表面硬度低，强度差，施工过程容易损伤；线性膨胀系数大，耐候性差，低温易发脆；耐紫外线差，长期光照易老化，稳定性差，无法保证与建筑物同寿命。

(3) 复合管材：现在建筑市场上有代表性的复合管材包括铝塑复合管、铜塑复合管、碳钢与塑料复合管、不锈钢与塑料复合管等。现在，铝塑复合管的应用范围更广，从生活、工业及农业都有使用。发达国家在 20 世纪 80 年代就用铝塑管作为家庭燃气配管，有的国家非金属燃气管达 90%。由于塑铝管里是交联聚乙烯，外表面是铝皮，不论是铝塑复合管还是塑铝管，都存在着两种材料膨胀系数不一样的问题；同时，结合方式也决定了如果管道弯曲半径小，会造成两种材料结合层开裂现象，影响使用效果。

4. 供水管材的设计应用

新型供水管材多数是热塑性塑料材质，因此，在设计选择时要重视以下几个方面：耐温、耐压能力；线性膨胀系数；热传导系数及保温；壁厚、重量、水力条件，安装连接方式，卫生指标，耐腐蚀性及施工难度，耐久年限等。

(1) 热塑性塑料给水管系统的设计工作压力，一般是指输送介质温度在20℃时的塑料管材承受压能力。选择冷水管材以比值作为选择标准，但随着传输介质温度的升高和塑料水管使用年限的延长，其承压能力也逐渐降低。因此，选择塑料管时应考虑其在热水温度下的长期受压作为选用标准。复合性管材主要是以热塑性塑料为基础，金属材料能提高其刚度和抗拉抗冲击力，复合性管应针对输送冷、热水选择。

(2) 塑料管的线膨胀系数比金属管大得多，线性变形主要出现在轴向的延长和水平方向的弯曲，膨胀量与温度成正比。当直线距离为20m时，要有伸缩节或折角自然补偿处理，这是塑料管与金属管的一个重要差异，在设计与施工时要引起重视。如果在室内暗埋敷设支管，因受阻力大，线膨胀受到约束而蠕动，不至于使外部水泥崩裂，配水支管可用传统方式埋设或适当留一定管槽空间；复合管由于材料膨胀受金属制约，线膨胀系数大大降低。若两者结合不紧密，会产生分层剥落现象，影响到整个性能和承受压力，这也需要考虑。

(3) 从材质分析，塑料管的导热率约是钢的1/100，是铜的1/1000，即塑料管本身具有好的隔热保温性能，在条件受限制时可以不做保温处理。但是，现在的塑料热水管规程对保温作出要求，如对主配水干管及回水管、屋面及室外可能冻结的管道仍然要保温，而对于埋墙及地板内的配水支管不需保温。对塑料管的保温一般采取PVC/NBR闭孔型橡塑保温管、高发泡聚乙烯(PE)闭孔型保温管、硬聚氨酯泡沫塑料管，现场喷涂聚氨酯泡沫塑料发泡剂等。

(4) 供水管材的设计选择、原则。1)安全、可靠。这是建筑工程给水的最主要原则，因为给水是压力管，一旦破裂、漏水，会造成很大损失；2)卫生条件好。塑料管是改性的，其中含多种添加剂，而金属管溶于水的金属离子，对人体器官引起致变；3)节能。总体上塑料管比金属管节能，因在加工制作及使用过程中的耗能；4)经济性。在满足安全使用前提下，用较少钱采购管材，采取货价比较、施工费用比较。

由于各种管道材质不同，在满足压力和强度条件下，壁厚差异会引起抗水锤能力，内径及水力条件不同；一般情况壁薄、省材、内径大，重量轻、施工便利。选用合适的管材，也利于控制水在输送中不二次污染。在新型管材普及应用的情况下，使居民生活用水达到国家标准规定的要求，使建筑工程供水更加安全、可靠，保障人们身体健康和社会经济的持续发展。

9 刚性防水材料在地下室工程中的应用

现在的多层及高层建筑都是设有地下室，最少的地下结构也有一层作为车库或者其他用途。作为地下工程，防止地下水向室内的渗漏是极其重要的环节。为此，选择性能良好的防水材料、采取切实有效的技术措施、确保防水工程质量，是施工成功的需要。某地下建筑物采用刚性复合防水技术，除了外墙内掺入FS102防水剂外，外抹灰砂浆中掺FS101防水剂拌合的抹灰层。

1. 施工前的准备工作

(1) 由工程技术人员编写施工组织方案，制定技术质量标准，熟透图纸要求及结构细部防水做法，了解掌握FS101和FS102防水剂材料的技术性能和操作工艺方法，并准备使用机具及手持工具。

(2) 对于FS101防水砂浆的材料要求，该防水砂浆配制用的水泥，宜采用强度等级为P.O.42.5的普通硅酸盐水泥、干净中砂，对使用外加剂的品种和用量需要通过试验确定，并不得掺加其他任何外加剂或膨胀剂，外加剂必须符合国家质量标准。

(3) 对FS102防水混凝土的配置，FS102防水剂可直接掺入混凝土中，其掺量要经过试验确定。外加剂质量必须符合规范要求，并不得掺入其他防水外加剂。但是，外掺合料是可以掺入使用，经过试配，在FS102防水混凝土中掺入不超过水泥质量20%的粉煤灰或者细矿粉。

现在的施工现场使用的混凝土或者砂浆，几乎全部属于集中搅拌站的商品混凝土，因此，根据工程防水重要性，要求搅拌站用专门FS101和FS102防水剂贮罐，贮罐必须干净，无任何污染物质，防止产生混合材料反应，造成防水失效。

2. 施工工艺流程

(1) 混凝土底板防水工艺：混凝土垫层上支模或砌保护墙→

抹2mm厚度FS101防水素浆→抹20mm厚度FS101防水砂浆→砂浆层养护→绑扎钢筋→安装止水带→支设模板→基层清理→浇筑FS102防水混凝土底板→底板混凝土养护→清理检查→自检报验。

（2）地下剪力墙外防水工艺：浇筑FS102防水混凝土剪力墙→养护→拆模→清理及缺陷修补→抹2mm厚度FS101防水素浆→抹20mm厚度FS101防水砂浆→砂浆层养护→检查验收→回填土。

（3）地下室顶板施工工艺：浇筑顶板FS102防水混凝土→顶板混凝土养护→清理表面→抹2mm厚度FS101防水素浆→抹20mm厚度FS101防水砂浆→混凝土养护→自检→验收。

3. 地下混凝土施工过程控制

3.1 FS102防水混凝土施工

混凝土刚性防水最重要的是防水混凝土的自身质量，最容易出质量问题的是施工缝处、后浇带和地下室顶板。为了确保防水施工质量，在施工过程中要采取以下控制措施。

（1）对于防水混凝土的振捣要用高频振动棒振动，采取分层铺浆、分层振捣的方法，一个振点的时间为15s左右，主要是以混凝土表面不再向上冒泡及泛浆为好，不允许漏振和过振现象存在。浇筑到表面层振后及时收压覆盖，防止过早产生干燥裂纹。

（2）所有预留的施工缝二次重新续浇时，在原槎处埋设30mm×10mm遇水膨胀止水条或者止水钢板，止水条3d膨胀率不得大于最终膨胀率的75%，在21d后即达到最终膨胀率。对于竖向垂直施工缝，要避开地下水压力大的地段，最好与变形缝相结合设置。浇筑施工缝前，必须由专人清理原槎部位浮浆及杂物，并补绑钢筋及除锈，冲洗干净。在无明水情况下刷水泥素浆或界面胶粘剂，刷后立刻浇筑。

在预留的沉降后浇带处，要增加一道4mm厚度SBS卷材附加层，长度从钢板止水带外延长250mm。在现行标准图集中，有使用遇水膨胀止水条的做法，考虑到该部位是高低不同楼房交接处，充分考虑两侧不同高度沉降的影响，增加一道4mm厚度SBS卷材附加层，安全性更好。

（3）后浇带的混凝土强度等级要比两侧原浇混凝土强度高一个等级，其FS102防水剂掺量也应提高0.25%左右，缝处混凝土的养护时间24h连续进行，并不少于28d。

不同部位止水带安装处理是不同的，侧面水平施工缝止水带安放见图1，基础底板后浇止水带设置见图2，侧墙竖向后浇带处理见图3，地下室顶板止水处理见图4。

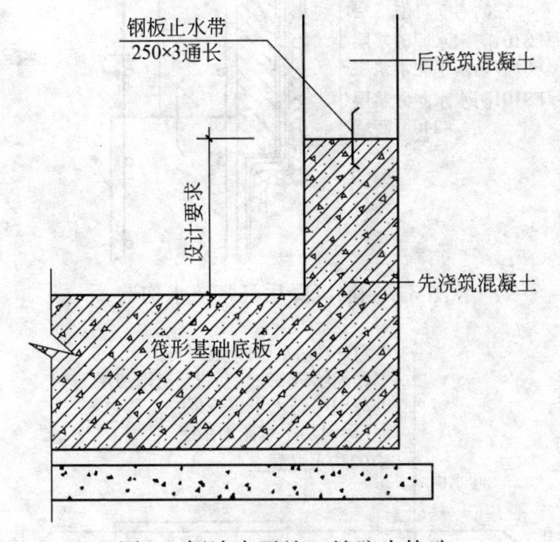

图1 侧墙水平施工缝防水构造

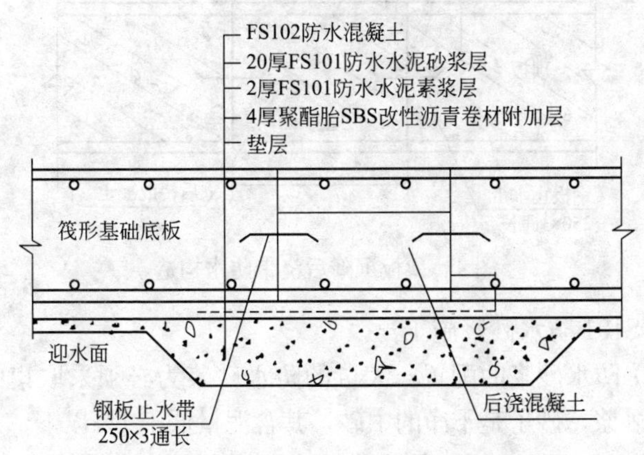

图2 底板沉降后浇带防水构造

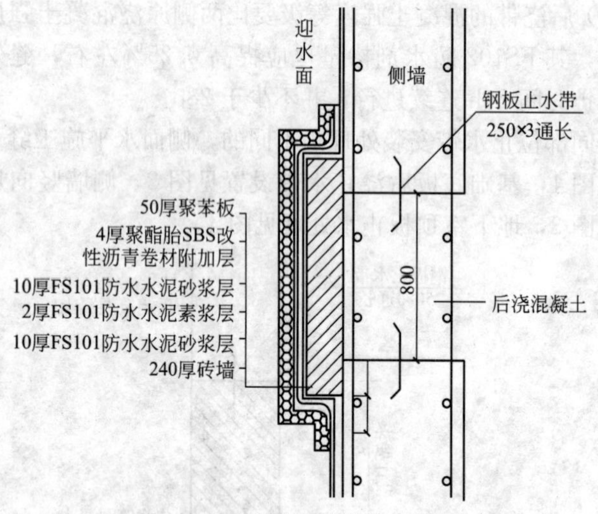

图 3 侧墙沉降后浇带防水构造

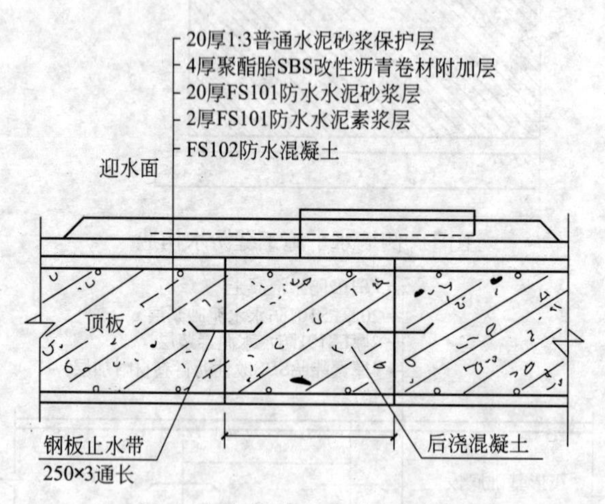

图 4 顶板沉降后浇带防水构造

3.2 FS101 防水砂浆施工

（1）防水砂浆的配置：大量的防水砂浆为必须采取集中搅拌的商品砂浆，砂子是干净的中砂，其含泥量低于1%以下，细度模数2.3～2.8之间。施工单位应该有人在搅拌站监督配合比状况，条件允许时也可在现场拌制，但原材料称量要准确，拌合时间大于90s，随拌随用，要求搅拌均匀，砂浆放置时间不超过1.5h。重视FS101防水剂掺量的控制，一般为水泥重量的0.22%～0.25%之间。

(2) 对于基层的处治：基层的处理和防水卷材粘贴前的做法相同，若是砌防水保护墙，要抹20mm厚度防水砂浆，在保护墙及集水井、电梯井边缘阴阳角用FS101防水砂浆抹成圆弧形，是在剔除残留的废弃浆及杂物，彻底干净，坚硬的表面进行，其做法如图5所示。

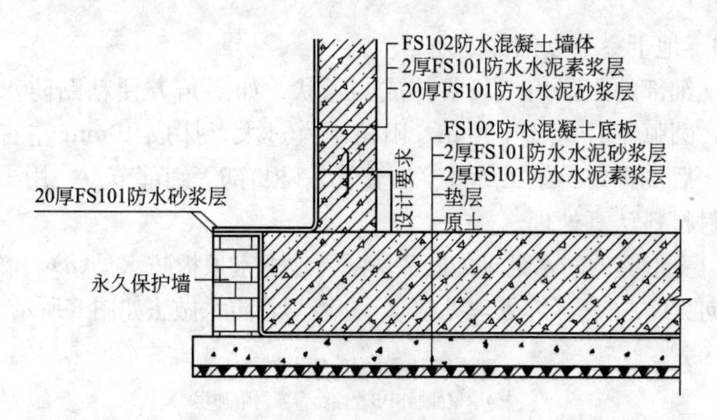

图5 地下室防水构造

如果表面留有孔洞、凹坑或是出现裂缝，要用FS101防水砂浆修补处理；有预埋件或穿墙管部位，嵌填密封材料或采取防水措施，最后再在表面抹防水砂浆。

(3) 底部及外墙防水砂浆层施工。基层清理干净充分湿润，涂抹2mm厚度FS101防水素浆，素浆抹后即刻抹FS101防水砂浆，终凝后洒水养护。

防水的各个处理抹灰必须连续进行，对抹灰砂浆用力压紧，表面平整、密实，使防水层真正达到抗渗防水能力。抹灰要分两层进行，每层厚度5～7mm为宜，第一层大致平整；初凝前紧接着抹第二层，要用力压出浆使表面平整，终凝后必须养护，防止干裂。在抹灰中一般不要留槎，一个面一次抹完。

如果必须留槎时要做成坡形阶梯槎，各层接槎错开大于150mm，且应离开阴阳角200mm以上，墙面的槎要留成横向接缝为宜，接槎做法见图6。

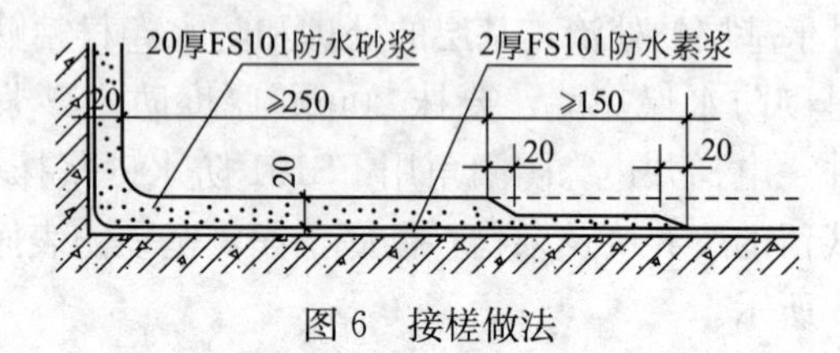

图6 接槎做法

3.3 地下室节点细部处理

细部的阴阳角一般要抹成圆弧状，如阴角方便粘贴防水材料，圆弧半径大于50mm，阳角不宜过大，抹成10mm左右即可。后浇带处、施工缝及穿墙套管底(根)部等细部节点，用柔性密封材料认真处理。

变形缝的防水处理如图7所示［地下室顶板防水见(*a*)，墙体竖向见(*b*)，底板缝处理见(*c*)］。穿墙套管防水做法如图8所示。

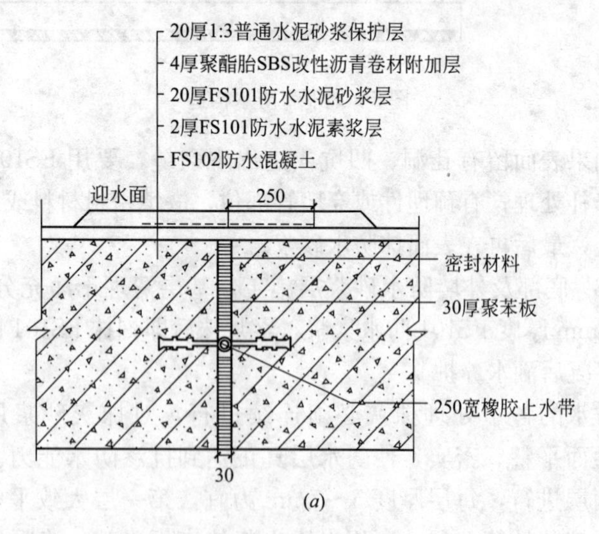

图7 变形缝防水构造(一)

(*a*)顶板变形缝

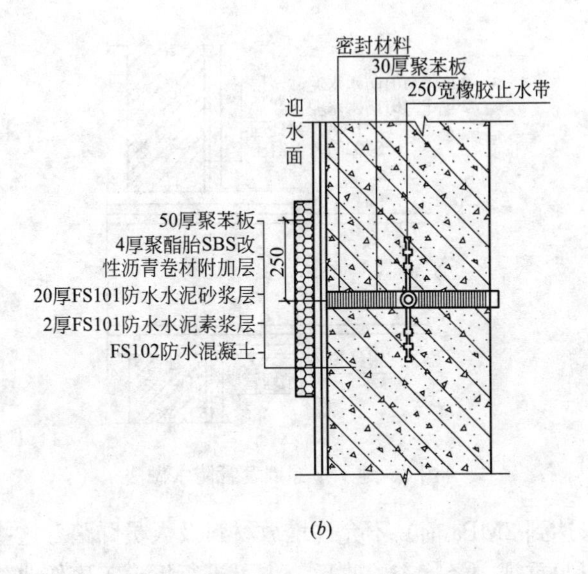

(*b*)

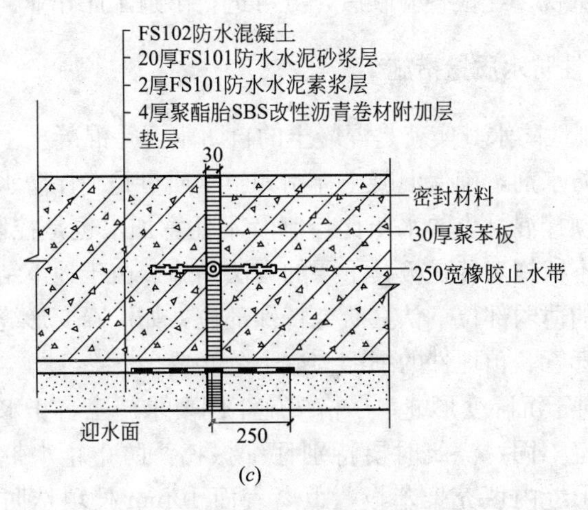

(*c*)

图7 变形缝防水构造(二)

(*b*)墙体变形缝；(*c*)底板变形缝

对刚性材料FS101和FS102防水剂配置的混凝土及砂浆系列，施工完成后的表面及时覆盖保湿养护。24h浇水后养护且养护不少于14d。在未达到强度前（如地下室顶板混凝土、抹防水

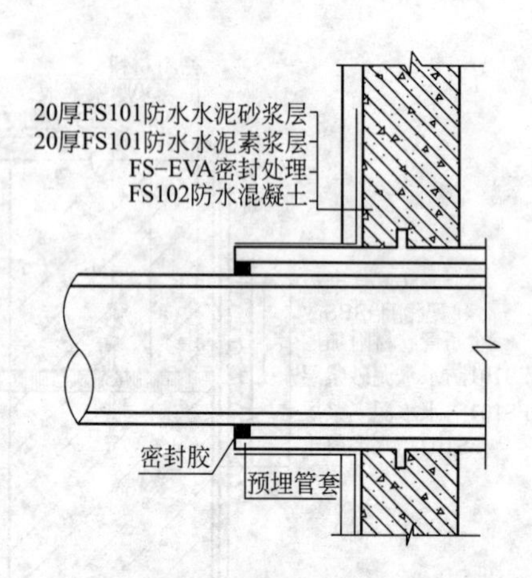

图8 地下室穿墙套管防水做法

砂浆未达到2MPa前）不允许堆放材料及人员踩踏，这些环节往往不引起重视。经检查验收后，方可进行下道工序作业。

4. 确保刚性防水质量措施

（1）刚性防水其实就是混凝土的自防水，是混凝土中掺入一定比例的防水剂，确保混凝土拌制和施工质量是确保防水成败的关键，而预拌混凝土的水灰比控制及不任意加水也是控制环节。振捣密实不留施工缝是极其重要的方法措施。由于地下结构的节点是防水的薄弱部位，认真研究特殊部位，如沉降变形缝、施工缝和穿墙套管、预埋件的细部构造十分必要。

（2）对于沉降变形缝，严格按施工图要求施工，止水带位置准确，固定牢固，浇筑时要特别仔细振捣，防止止水带变形移动，在变形缝内填充聚苯板，距离表面10mm处填抹防水密封膏及厚20mm防水砂浆；在穿墙套管外必须预埋带有止水环的套管，要在浇筑混凝土前固定安装并检查合格。浇筑该处混凝土时，要特别注意防止套管下部振捣不实；套管内穿入的主管间隙，应用柔性密闭材料封严，防止渗漏。

（3）在抹外表面及顶板防水砂浆时，对基层的处理一定要认真，彻底干净，用水冲洗湿润，以便灰浆能渗入到微小孔隙中，加强同基层的粘结牢固，防止产生空鼓、开裂。防水砂浆抹的高度应距室外地面高出500mm左右，勒脚处的外墙外保温要覆盖防水砂浆层，这是地下室防水的收头高度。

地下室外墙的防水砂浆抹完后，应及早检查验收并回填，尤其是在夏季，防止失水过快而产生开裂及空鼓。由于回填时土内洒水有一定的湿度，能继续养护抹灰层，使得强度有良好的增长环境。

地下室混凝土采用FS101和FS102防水剂配置的混凝土及砂浆，因防水剂的使用达到密实混凝土的作用，减少混凝土收缩量，加长后浇带距离。若产生渗漏也容易发现，对混凝土耐久性有利。保证了防水质量的可靠性，因防水砂浆不需要表面干燥和外做保护层，可以完成后经检查即可回填，加快进度工期。

10 地下建筑结构防水应加强其耐久性

地下建筑工程结构的功能是提供一个安全、实用的地下空间，并把作用在上部的各种静、动荷载，自然环境变化及干燥、湿润、水土压力、地震作用等，能均匀地传递给其外的岩土。在进行地下建筑工程结构防水设计施工时，必须按照现行《地下工程防水技术规范》GB 50108—2008 和相关规定，同时还要遵守现行国家《混凝土结构耐久性设计规范》GB/T 50476—2008 规定，如环境作用等级、使用耐久年限、混凝土强度等级、最大水灰比及钢筋保护层最小厚度等必须作出明确规定。设计计算时适当提高其安全系数，确保对于耐久性指标要求得到提高。

在现实中地下建筑空间不产生渗漏水不可能，为此，对于地下结构整体耐久性，应在结构材料中加入梯级微胀剂使其密实；附设防水层同主体共同承担荷载；用超细梯级微膨胀剂注浆处理缝隙；在设计、施工中，切实保证变形止水材料始终处于柔韧性工作状态。

1. 混凝土中掺入梯级微膨胀剂

混凝土由于是一种非均质材料，易产生微裂、空隙，影响其耐久性。施工振捣认真，可以减少孔隙及裂纹，但是其自己不可能消除微裂及空隙，只能把其大小控制在无害状态。试验表明，当空隙率＜20％时混凝土一般不产生渗漏，当空隙率＞25％时渗漏力随着空隙率的增加而迅速提高。对于组成混凝土的原材料，在凝结过程中会产生微观收缩裂缝，其微裂可以分为砂浆裂缝、粘结裂缝和骨料裂缝多种形式，这些裂缝的存在加大了混凝土的空隙率，加重了混凝土结构的渗漏性。

（1）影响混凝土结构耐久性的原因：通过地下建筑结构分析，影响混凝土结构耐久性的最主要原因是腐蚀，而腐蚀归根结底是钢筋锈(腐)蚀，造成对结构的破坏。由于钢筋混凝土结构是工程的主体，按照国外的统计，在所有结构破坏中，钢筋锈(腐)蚀造成对结构的破坏占55%左右。影响混凝土结构耐久性的原因是复杂的，混凝土易碎、易裂、钢筋易锈(腐)蚀也是混凝土结构遭受破坏突出的因素之一。钢筋锈(腐)蚀无论是混凝土中性化，还是氯盐进入混凝土内部，或者周围环境的氧化、二氧化碳、微生物及水体因素造成，即腐蚀介质进入到达钢筋表面，达到造成腐蚀的浓度则开始锈蚀，形成氧气铁，氧气铁的膨胀使混凝土保护层破碎，加重混凝土的破坏。所以，防止混凝土破坏的主要措施是提高混凝土的密实性，混凝土越密实则抗渗透性越好，外界的气体、水分无法进入只能在表面作用，从而延长其耐久性。

(2) 混凝土的特性：在同一环境温度下混凝土中的水泥浆收缩量大，而骨料不产生收缩，在其内部和周围会出现一些微孔隙，连接起来就形成裂缝。严重的则是贯穿性开裂，降低了混凝土的整体性和抗渗耐久性。作为地下工程主体结构的混凝土材料，本身存在收缩量大、粘结强度低的先天性不足，使主体结构的基底及支护之间形成大于水分子直径的细微裂隙。这些细微裂隙会伴随着时间的延伸形成渗水通道，使钢筋置于各种腐蚀介质中。而现在的技术措施是在结构外附着有机防渗层，将结构与基础之间形成隔离状态，尤其是经过扰动的基底也有裂缝及孔隙，这样就使结构外附着有机防渗层处于不利的状态下工作。这是造成大多数地下建筑空间渗水的直接因素，结构耐久性处于无保证状态。

(3) 外加剂：由于传统混凝土材质耐水性差，收缩性大，粘结强度低，和易性差且泌水多；水泥用量偏高及凝结速度快，耐候性和抗腐蚀能力低的缺陷更加突出，严重影响到工程的正常应用。因此，只有提高混凝土的密实度才能达到高性能的目的。现今，最常用的方法是在混凝土中掺加微膨胀剂。建筑市场上外加剂品种数以百计，为获得高性能混凝土，一般要同时掺入多种功能外加剂。从工程实践看，外加剂的使用并未起到需要的效果，反而适得其反。究其原因，是外加剂的自身缺陷及使用不当造成的。

实践表明：在设计、施工中所使用的外加剂，特别是地下混凝土结构，其强度在C20～C35之间，考虑的内容主要包括：1)对工作性的影响：混凝土中掺入外加剂应有较大比表面积及微粉效应，这样可使混凝土粘结性和保水性得到改善，遇水有自然修复能力，尤其是结构临空面的微裂缝，自然修复可能恢复到损伤时的刚度，长期保持设计时的安全承载力；2)对混凝土力学性能的影响：混凝土中掺入外加剂要能保证水泥充分梯级水化，有效分散和降低水化热峰值，提高结构体抗压及抗弯曲、抗渗透能力；3)对混凝土自身收缩的影响：混凝土中掺入外加剂应当补充、填满固化所形成的微细孔隙，最大限度减小混凝土收缩、徐变，使得更加密实；4)对耐久性及抗腐蚀影响：混凝土可抑制碱-集料反应，外加剂形成辅助水化物促进水泥和各种骨料中无机物的化学反应，降低pH值；同时，外加剂能降低其微孔隙孔径和$Ca(OH)_2$含量，有效提高耐久性并阻挡污垢对混凝土的扩散侵蚀；5)对混凝土性价比的影响：混凝土中掺入外加剂，组成主要原材料及辅助料应尽量采用天然矿物材质，经过加工后质量稳定、可靠，性能好，价格低。

到目前为止，可以满足上述要求的外加剂是BTN系列，这种超细梯级微膨胀外加剂BTN产品，会得到广泛应用。在加强带或后浇带处用这种超细梯级微膨胀外加剂，完全满足设计及质量要求。

2. 防水层与主体牢固结合使其共同工作

工程表明，影响结构主体与基底共同作用的关键因素有：混凝土结构主体的各种收缩和承载重力，活荷载作用，防水层的分离及基底损坏带来的维护加固，漏水点的封堵不到位及环境侵蚀等，由于地下水压力大有无孔不入的特点，设计和施工或者使用过程中的有害扰动造成防水系统的缺陷或产生渗漏水，影响结构整体耐久性的主要因素。其中，辅助防水层的分离也是另一主要原因，尤其是不能与结构主体同寿命的有机防水层。

(1) 防水材料：我们知道，无机防水材料耐久、节能、环保，施工对基层要求高，同时费工、费时。涂层较薄也容易刺穿、刺破，即使刺破针尖小孔，在地下压力下也会被撕破成大洞，会到处乱蹿水，找寻、修复困难。因此，把有机防水材料作为发展方向，虽然有机防水材料耐久性差，也存在一定污染，但有机防水材料定型，施工不可能减薄，质量会有一定保证；而人工抹，喷涂的减薄也不易发现，不可能查得太细，这也是有机防水材料现在仍然占有较大市场的主要原因。从地下建筑空间安全稳定及耐久性、节能环保考虑，必须优先采用无机防水材料，因为所有有机防水材料粘结不可靠，影响到与基底共同工作的可能。而无机防水材料的最大优点是：能持久与基底共同工作，不分离。

(2) 天然纳基膨润土：现在国内外公认的能使主体结构和基底形成共同作用的地下防水卷材是天然纳基膨润土防水毯。其防水功能最优的天然纳基膨润土，形成时间久于地下 100m 或更深，性能稳定，可与混凝土很好结合，共同承受各种外力。因为天然纳基膨润土遇水膨胀可形成不透水的凝胶层，能长期追逐混凝土和岩土的细微孔隙及裂纹。同时，天然纳基膨润土是天然的纳米级无机防水材料，直径 10nm 以下的占 60%；10～50nm 的占 35%；50～100nm 的只占 5%，因此，具有独特的特性及稳定性：

1)自保水性：膨润土因独有的膨胀力，具有渗透到防水施工结束后所必须产生的<0.2mm 的裂缝，同其他防水材料对施工以后产生的缺陷无能为力相比，天然纳基膨润土可持久发挥其防水性能；2)持久发挥其防水性能：由于天然纳基膨润土是天然无机矿物，时间变化及环境影响对其自身无影响，更不会发生老化和腐蚀问题，可以永久保持防水效率；3)施工方便、快捷，工期短，只是在防水部位用钉子和垫圈施工即可。且对人身体无害，因施工简便也不需要加热或粘贴，大幅提高速度并减少事故发生；4)检查验收直观、方便，施工完成后检查确认比较容易，可以直接看到不合格或不规范部位，材料缺陷也容易看出，可以减少施工中可能存在的隐患。

特别需要引起重视的是，在地下工程采用天然纳基膨润土防水毯时，必须遵守以下几点才能真正发挥其自身的防水性能。

1)膨润土只有在密闭的空间(有压力)才能防水。当密实度在85%以上，才能使其凝胶发挥密实及防水效应，一般用填土或覆盖保护层来保证。要求的压力一般为1.4～2.0kPa，在膨润土与结构物之间不应有降低防水性能的其他材料。2)天然纳基膨润土只有与水接触后才能发挥持久防水性能。有了水，膨润土才会膨胀并形成胶体，也可以提前让其与纯水接触，提前形成细密的无机凝胶体，以阻止大量的水分进入，而天然纳基膨润土的完全水化约为100d。3)膨润土应与混凝土紧密结合，最能发挥膨润土永久防水作用的是使膨润土防水层直接同混凝土结构层与回填土层或初期支护之间。当膨润土遇水膨胀后，微粒进入混凝土的微孔隙或孔洞裂缝中，使结构和地层达到共同作用，使主体与防水同样耐久，也使整个建筑结构的使用安全正常，减少维护费用，降低管理成本。

3. 填充超细微膨胀剂的应用

地下工程一般较深，上部重量大，使得如拱顶、顶板和侧墙等处于基层脱离或超挖、塌落及回填，更使基底与主体结构之间存在许多孔隙，难以达到共同整体作用，必须采取填充型注浆处理。地下注浆处理已有200多年的历史，而注浆材料中水泥的使用最普遍。在使用水泥浆或者砂浆注浆时，还要掺入超细梯级膨胀外加剂BTN，会使注浆料到达需要部位，产生永久性整体效应。

同样，边坡支护的喷射混凝土中掺入超细梯级膨胀外加剂BTN，也能发挥优良的支护效果。

4. 止水带使用期间有极好性能

地下建筑物的变形缝是为防渗和结构使用安全设置，主要有四种作用：沉降缝是为适应建筑物的不同部位产生不均匀沉降而设的垂直缝；伸缩缝是为适应建筑物由于温度、湿度及混凝土收缩、徐变的影响而产生的水平变位；防震缝是防止地震或突发荷载作用使建筑物的变形影响，可以吸收水平及垂直两个方位的变位；引发缝一般是根据建筑物需要留置的收缩缝。前三种缝的构造基本相同，在实际工程中尽量三缝合一留置，即一个缝可起到多种功能。还有一种最常见也最难处理的变形缝，如地下管涵接口，穿墙管预埋件，桩柱底部及地下通道口、通风口、窗井等处构造缝。

这些变形缝渗漏的原因，除了个别接缝材质不合格外，最重要的原因还是设计、施工及使用中未能始终保持所用材料处于柔性状态。接缝材料超过柔性工作状态后，便失去密封性，起不到止水作用。为了使止水条和止水带长久保持柔性状态，就必须在变形缝两侧设置一定量的支点，如不设这些刚支点，地下结构的变形缝肯定会渗漏水，更换和修补也不能彻底解决。现在开始使用的钢边注浆止水带，比传统止水带效果好。过去管道接口采用的是油麻填打外抹水泥保护，效果好，使用寿命长久。

假若在地下工程主体结构采取无收缩并附加防水层，同基底形成牢固整体，变形缝的间距可增加至 100m 以上，或者在地下差的水文地质状况下设防。在优先选用钢边注浆止水带的同时，在从设计到使用的全过程中增加能保证止水橡胶部位设置刚性支撑，使得始终在柔性状态下工作。在所有可能产生渗漏的缝隙处，使用掺入比例较大 BTN 的混凝土砂浆处置，可预防因橡胶止水带失去柔性而导致渗漏的发生。

综上浅述，对于地下建筑主体结构防水的可靠技术措施是：主动性地在主体结构混凝土中掺入能使混凝土密实并可梯级持续微膨胀的外加剂 BTN；预防性地在主体结构外加与同寿命、能与其结构和基底土层产生共同作用的无机防水层。目前，最佳设计是采用天然钠基膨润土防水毯；在设计及运行的整个过程中，应用后注浆达到封闭孔隙的措施；要始终保持变形缝止水材料的柔韧性和密封性。只要在这几个方面下工夫，并在设计施工上精益求精，才能使地下建筑工程的防水达到与结构寿命相同，达到安全运行并减少维护费用。

11 膨润土防水毯垫在地下防水工程中的应用

天然纳基膨润土是目前国内外公认的能使主体结构和基底形成共同作用的地下防水卷材，是天然纳基膨润土防水毯(防水垫)。其防水功能最优的天然纳基膨润土。其形成时间久于地下100m或更深，性能稳定，可与混凝土很好结合，共同承受各种外力。因为天然纳基膨润土遇水膨胀，可形成不透水的凝胶层，能长期追逐混凝土和岩土的细微孔隙及裂纹。同时，天然纳基膨润土是天然的纳米级无机防水材料，直径10nm以下的占60%；10～50nm的占35%；50～100nm的只占5%，因此，具有独特的特性及稳定性：膨润土因独有的膨胀力，具有渗透到防水施工结束后所必须产生的<0.2mm的裂缝，同其他防水材料对施工以后产生的缺陷无能为力相比，天然纳基膨润土持久发挥其防水性，更加耐久、优异。

膨润土防水毯(垫)是一种新型高科学的防水产品，具有很高的防水、抗渗透性能，耐化学侵蚀力强，物理力学性稳定，抗腐蚀及耐久性极高，施工操作方便、简单，对环境无任何污染，从研制开发仅仅只有几年的时间，已被广泛地应用在地下各类建筑工程中。

1. 施工前期阶段准备

(1) 基层处理：

基层表面应坚硬、密实、平整、洁净，阴阳角做成圆弧状；土质基层的密实度应达到0.90以上，混凝土基层表面应平整，无起砂、掉皮及松散现象。对不符合要求部分认真处理，达到坚硬、密实、平整、洁净的基本要求；表面干燥，无积水；竖向基础施工时，在高于地坪200mm处预留50mm深V形收边口，将防水毯立面铺后压入。基层经过正式验收合格，才能进行膨润土防水毯的防水施工。

(2) 使用的材料：

1) 表面附膜的膨润土防水毯，是由两层土工织物包裹的天然纳基膨润土颗粒经针刺而成的毯状防水卷材，在防水毯无纺布一侧又粘附了一层聚乙烯薄膜而成。

2) 水泥钉。长度在 30mm 左右的钢钉或射钉枪专用水泥钢钉，用于固定立面的防水毯。

3) 垫片。用厚度为 2mm 的塑料板或者 1mm 厚镀锌薄钢板，垫片规格形状不受限制，最好 ϕ20～ϕ30mm 之间为宜，主要功能是防止水泥钉砸入用力过大而穿越防水毯，失去固定效果。

4) 塑料膜。厚度不小于 0.1mm，用于防止意外来水或水泥保护层中水分进入防水毯，造成水泥强度降低而采取的临时预防措施。

5) 收边条。用 50mm 宽的塑料或者镀锌薄钢板，上口与防水毯平齐，接头采用平头对接。

(3) 施工用机械：

材料运送需要车辆，如铲车或叉车，手持工具包括：射钉枪、卷尺、裁纸刀、直尺、锤子、钳子及抹刀等。

2. 施工过程工艺控制

膨润土防水毯的施工工艺流程是：原材料进场检验→基层处理→检查整改验收→卷材铺设→细部处理→初步验收→保护层施工→回填或下道工序。

2.1 防水毯的铺设过程控制

(1) 基层铺设控制：

1) 地下所有基层的阴角部位都要用 5cm 大小的膨润土颗粒或者用膨润土做成 5cm 的倒角，而阳角部位应在支模时抹成圆弧形或凿成钝角，并用水泥砂浆抹圆滑、平顺。

2) 防水毯先铺设底板阴阳角处的附加防水毯层，附加层防水毯的宽度一般为 500mm，转角处的两侧各不少于 250mm。

3) 附加层防水毯固定用水泥钉钉在基层上，钉子间距以

300mm 为宜。为了减少膨润土颗粒的流失，尽量减少现场裁剪的数量。

4）施工缝和变形缝部位需要增设防水毯的层数，加强层的宽度一般为 500mm，缝两侧宽度相等，其边缘要用水泥钉固定。

（2）保护墙铺设控制：

1）底板基础垫层施工完成后，砌筑 240mm 厚的保护墙，其高度与底板相同。

2）施工底板膨润土防水毯至保护墙并甩出一定长度日后搭接用，甩出外露部分用塑料膜包裹并砌临时墙压顶。

3）砌临时保护墙时，注意尽量减少保护墙外面渗水，防止防水毯提前遇水，产生膨胀。

4）侧墙防水毯的铺设应连续进行，一次性铺至顶板外表面以上 500mm 处，再进行临时封口处理。

5）如果在铺设防水毯时遇到下雨，要采取在已铺设的防水毯表面用塑料薄膜临时覆盖保护，上部施工时再揭去薄膜，预留搭接防水毯的边缘应采取临时封口处理，外露部分的防水层也应用塑料薄膜临时覆盖保护，作用是防止提前浸泡，过早发生膨胀。

2.2 膨润土防水毯的固定处理

在竖向或立面不易与基层粘贴密实部位的防水毯，必须采用水泥钉加垫片固定，使之在原位不脱开；用于固定用的水泥钉长度，应视立面高度和基层的材质而异，水泥钉的布置应呈梅花状，钉之间距离在立斜面接缝处不应大于 300mm，平面应控制在 500mm 左右为宜。

当水泥钉穿透防水毯处，必须用膨润土防水膏认真处理；水泥钉的间距必须满足实际需要，垫片应无破损，防水膏的涂抹要均匀，饱满，检查方法是用肉眼观察和尺量。

2.3 膨润土防水毯的大面积施工控制

（1）大面积平面铺设施工：

1）包装大捆且宽幅的防水毯铺贴，宜采用小型机械配合施工，条件不具备时则用人工铺设。

2）铺设时，要注意将无纺织布一侧对着迎水面，即朝下，顺序按现场情况安排布置，分区、分块进行铺贴施工。

3）铺贴顺序应为品字形走向，避免有互相重叠的铺设走向。

4）铺设防水毯应自然松弛地与基层接触，不要折褶或悬空放置。

5）底板平面的防水毯铺设完成后，与竖向结合处要预留不少于500mm长搭接毯，并用PE膜包裹卷好用重物压住，确保预留的部分不损坏，尤其是不能浸水，以便同竖向整体搭接。

6）膨润土防水毯的搭接宽度宜在200mm左右，在搭接底层毯的边缘100mm处撒上密封粉，其宽度50mm即可，重量约0.5kg/m。

7）遇风力5级时，施工用密封膏按40mm宽、12mm厚的要求在同一位置均匀、连续地涂抹一道于防水毯上，见图1。

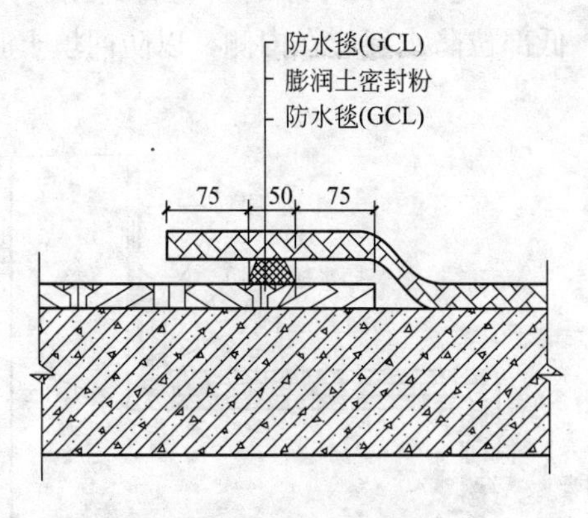

图1 防水毯平面搭接示意

（2）墙体竖向铺贴施工：防水毯在立面铺贴时，应将无纺织布一面朝下靠墙，使无纺布一侧朝向回填土一侧。底板平面预留的防水毯拉直铺贴时，要同墙面紧密贴实，并用水泥钉固定牢固，见图2。

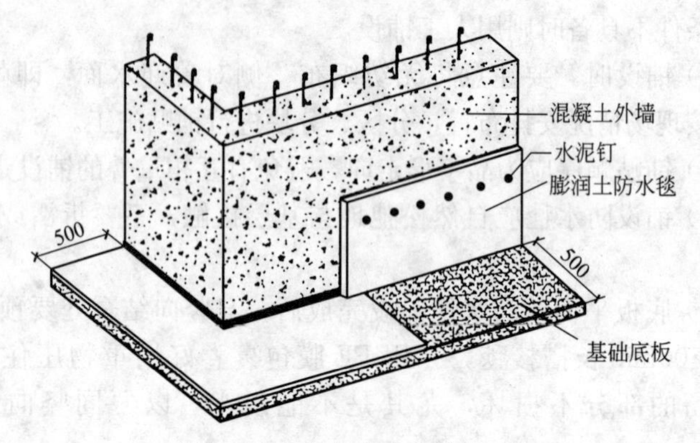

图 2　底板预留防水毯铺设示意

遇到阴阳角部位，要先裁剪宽 500mm 的防水毯做加强层处理，然后再进行大面积铺贴施工，见图 3。铺贴顺序采取自下而上进行外立面防水毯施工，铺贴方向应转圈闭合，而尽量不交叉、不重叠铺贴，边缘搭接按 200mm 宽度缘搭；搭接缝边缘 100mm 处用 40mm 宽、12mm 厚的密封膏封闭。同时，还要注意在搭接处，低部位防水毯应在内侧，以防回填土时垃圾进入缝中，见图 4。

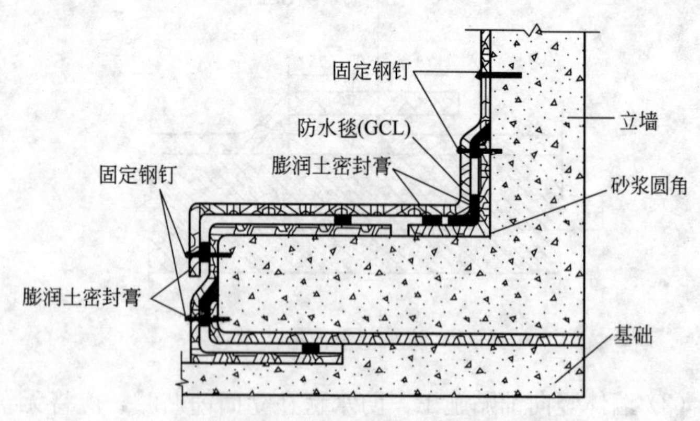

图 3　外立面与基层阴角部位加强处理示意

对竖立面及大坡度表面铺贴防水毯时，为避免其滑掉落，在搭接处用水泥钉加垫片固定，或用射钉枪专门固定，但钉距应在

300mm 左右。除了在搭接和边缘部位固定外，立面中间也应每隔 500mm 位置用水泥钉加固。在竖立面高于室外地坪时，可将防水毯在预留的搭接收口处用收边条和水泥钉加垫片固定，然后再涂 40mm 宽、12mm 厚的密封膏封闭，外部抹砂浆找平，见图 5。

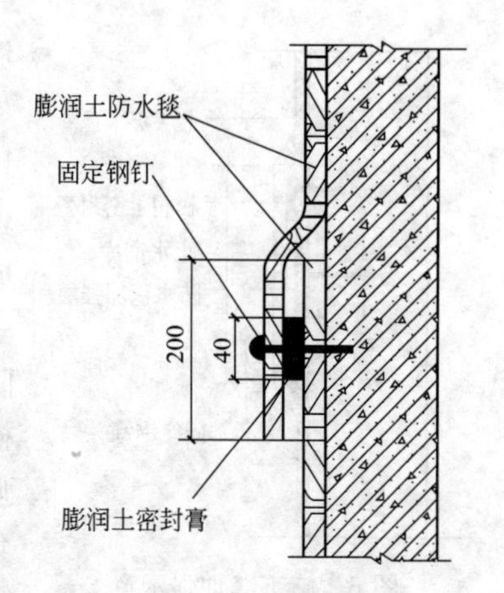

图 4　防水毯立面搭接示意

2.4　结构细部施工处理

（1）施工缝处铺设：混凝土浇筑后的施工缝处应设置 500mm 宽的防水毯加强层，缝隙处及附加层边缘内 100mm 处用采用 40mm 宽、12mm 厚的密封膏密封，并在密封膏部位用水泥钉固定，其他部位的施工同大面积铺贴工艺。施工缝及加强层施工见图 6。

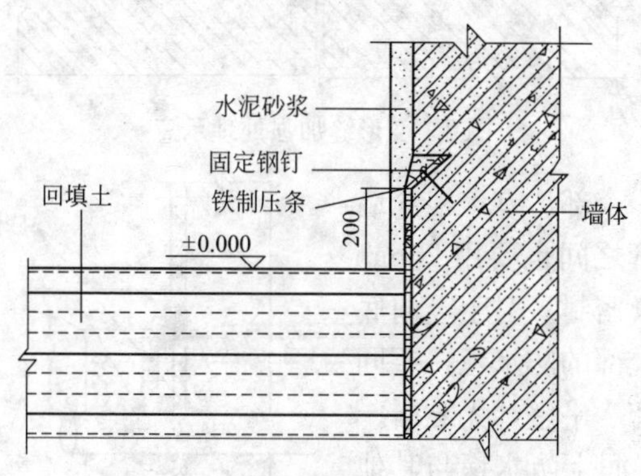

图 5　防水毯地坪收口处理示意

（2）变形缝处铺设：变形缝处要加设 500mm 宽的防水毯加强层，附加加强层应铺贴在大面积防水毯下面，缝两侧宽度均匀，各不少于 250mm。缝隙处及防水毯加强层的边缘内 100mm 处，用 40mm 宽、12mm 厚的密封膏密封，并在密封膏部位用水

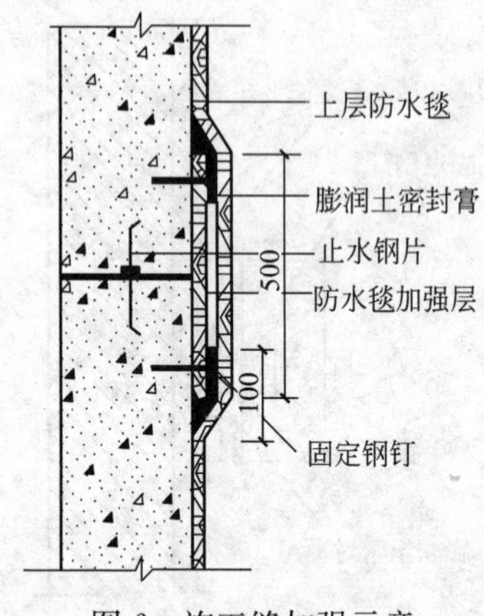

图 6　施工缝加强示意

泥钉固定，见图 7。

（3）穿墙套管处的加强处理：要将穿墙套管部位的杂物清理干净，用密封膏在套管根部做成 10mm×30mm 的倒角。裁剪一块比套管直径大 400mm 的方块防水毯，作为洞口的加强层，严格按穿墙套管的大小在防水毯加强层上开洞，把挖好洞的防水毯套在穿墙套管上，与穿墙套管接触的部分用密封膏密封，见图 8。

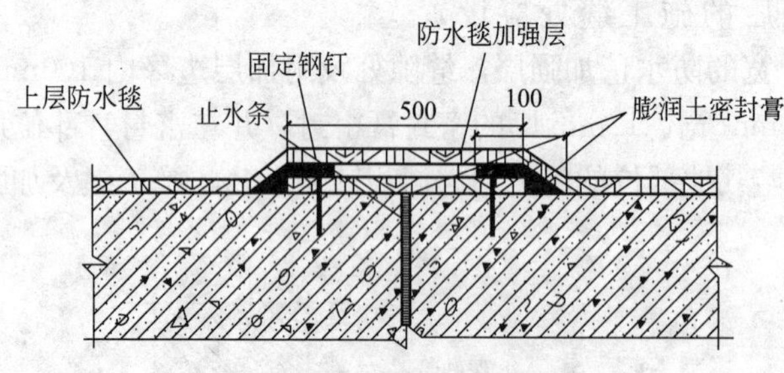

图 7　变形缝加强处理示意

当在一个部位有多根穿墙套管时，管之间也要用 20mm 厚的密封膏密封；对于竖向底板穿越管上部的防水毯，要同基面贴紧密、平整，无皱褶。

（4）膨润土防水毯与其他防水材料结合处做法：1)防水毯与塑胶类防水板材不需要粘贴在基层上的搭接时，搭接宽度不应小于 300mm，塑胶类防水板材应放在防水毯的上面

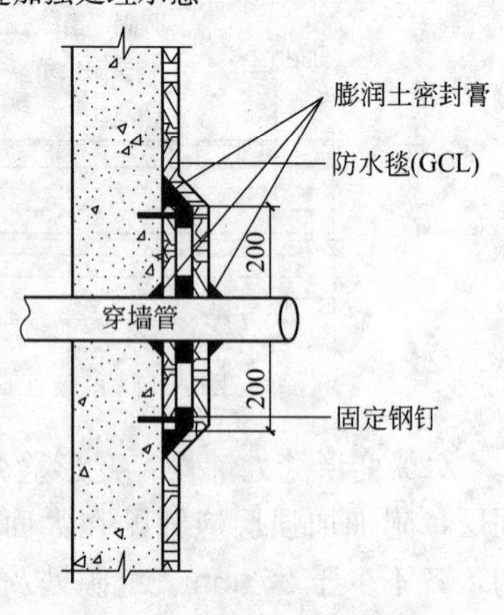

图 8　穿墙管加强处理示意

较可靠，见图9。

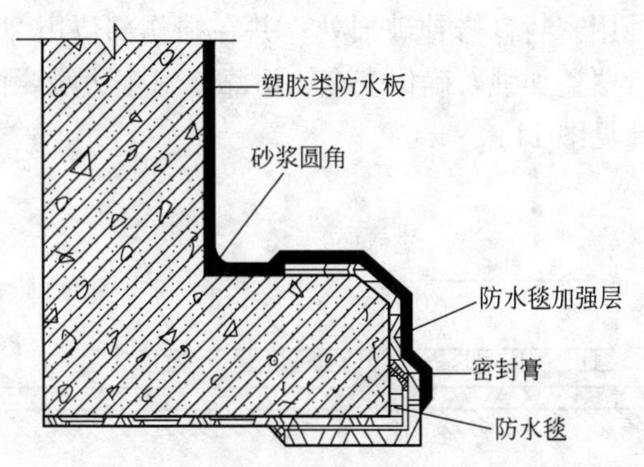

图9　与塑胶类防水板的结合部位加强处理示意

（5）防水毯与传统的SBS防水卷材、聚氨酯等防水涂料需要粘贴在基层上的防水材料搭接时，搭接宽度不应小于300mm，防水毯应压在SBS防水卷材、聚氨酯等防水涂料的上面，见图10。

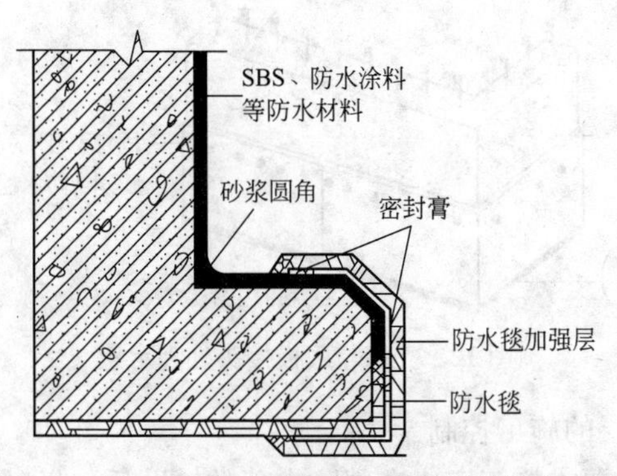

图10　与SBS、防水涂料等防水材料的结合示意

不论何种材料搭接部位尽量在平面位置，搭接部位距防水毯的边缘至少100mm处，用40mm宽、12mm厚的密封膏密封并压实。

2.5　对破损防水毯的修复处理

膨润土防水毯在施工过程中，会因多种原因造成损伤、破裂的不完整缺陷，发现在平面有孔洞时，要及时用膨润土粉填补。在立面时，用密封膏修补破损处；并在损伤部位用 200mm 大的防水毯进行覆盖加强，确保安全、可靠，对于边缘要按搭接要求进行处理，见图 11。

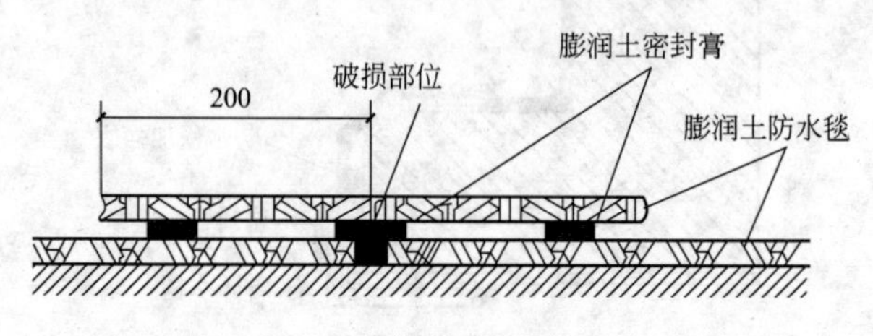

图 11　防水毯破损修补示意

如在板底铺设中预留的防水毯被水浸泡或者损伤，需要在底板接触部位用密封膏抹大于 40mm 的倒角，用以搭接竖立面的防水毯，再进行立面的大面积铺贴。平立阴角接头见图 12。

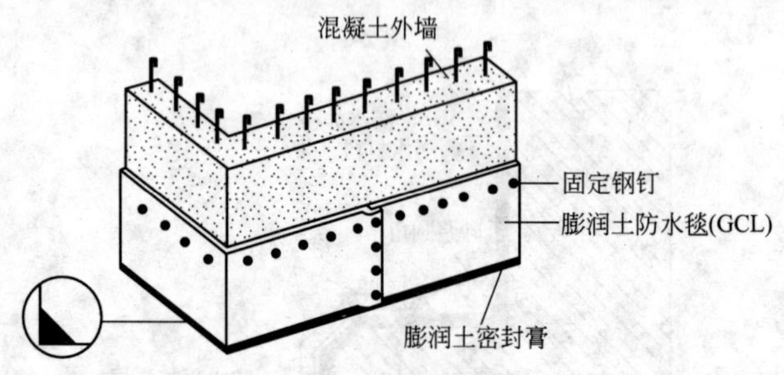

图 12　立墙与底板接头处理示意

2.6　保护层的施工控制

按设计要求施工完成全部防水毯的铺贴后，经过检查达到合格规定后，要立即进行保护层的施工，并保证施工中不被水浸渍，保护层厚度控制在 50mm 左右。在保护层有一定强度后，再进行下道工序。基槽回填时要砌侧墙做保护，砌筑时先铺砂浆，确保砖块与防水毯之间无任何缝隙，全部被砂浆填充，检查合格后再进行外围土方的回填。

直接用天然土回填时，接触防水毯 200mm 范围内的土必须用筛过一道，也可用细砂回填；绝不允许有石块及硬物同防水毯接触挤压伤。回填土必须按要求进行，分层回填、分层夯实，每层厚度控制在 300mm 左右，并且要有一定的含水率，才能夯压密实，密实度最好达到 0.90 以上。地下室顶板外也要铺贴包裹防水毯，板上回填工艺同周围相同。

2.7 膨润土防水毯材料的保护

防水毯的储存及运输，要有防水及防晒保护措施，储存不要直接接触地面而要垫起，竖向悬空；在进行铺贴时要轻搬轻放，进行下道工序或相邻施工时，要对已完成的铺贴毯做好保护；还要防止因膨润土颗粒掉失而降低防水功能，避免硬物砸压已铺好的防水毯，尤其是车辆更不能直接碾压毯面，铺贴好的表面不要在上堆放材料及人员任意踏踩。膨润土防水毯仍然属于柔性材料，而同它接触的表面都是刚性材料，混凝土保护层可能会出现局部开裂，主要是为下道工序提供工作条件，裂缝并不影响防水效果，做好保护，尽量减少保护层开裂。

通过上述浅要介绍可知，膨润土防水毯的防水施工工艺基本同传统的 SBS 防水卷材，目前尚无专业规范，只要按照设计要求及参照现有的防水卷材施工，一定可以满足地下防水的要求。现在，防水毯的应用在一些国家重点项目得到应用，效果极其理想，必将得到更广泛的推广应用，为地下建筑防水作出更大的贡献。

参 考 文 献

1. 邓晓梅，等. 施工技术规范和放样图在设计施工协作中的作用. 建筑技术，2010.42(5).

2. 李德全，等. 我国建筑业设计施工一体化发展研究 [J]. 建筑，2009(7).

3.《补偿收缩混凝土应用技术规程》JGJ/T 178—2009 [S].

4. 王宗昌. 建筑施工细部操作质量控制 [M]. 北京：中国建筑工业出版社，2007.

5. 王宗昌. 建筑设计与施工常见问题及对策 [M]. 北京：中国建筑工业出版社，2010.

6. 王宗昌. 建筑工程施工质量控制与实例分析 [M]. 北京：中国电力出版社，2011.

7. 张进，等. 室内空间设计 [M]. 武汉：湖北美术出版社，2001.

8. 王宗昌. 建筑工程质量通病预防控制实用技术 [M]. 北京：中国建材工业出版社，2007.

9. 施楚贤. 砌体结构理论与设计 [M]. 北京：中国建筑工业出版社 2005.

10.《建筑抗震设计规范》GB 50011—2010 [S].

11. 于跃海. 钢筋混凝土预应力空心楼板应用浅谈 [J]. 油气田地面工程，2008(6).

12. 尚守平，等. 钢筋网高性能复合砂浆加固钢筋混凝土方柱抗震性能研究 [J]. 建筑结构学报，2007(4).

13. 李绍山. 钢筋网水泥砂浆对砖砌体的抗震加固及施工 [J]. 中外建筑，2007(7).

14.《地下工程防水技术规程》GB 50108—2008 [S].

15.《混凝土结构设计规范》GB 50010—2010 [S].

16.《建筑地基基础设计规范》GB 50007—2002 [S].

17. 李兆坚，等. 住宅空调方式的夏季能耗调查与思考 [J]. 暖通空调，2008(38).

18. 张海文. 既有建筑节能改造模式探讨 [J]. 建筑节能，2006(7).

19.《建筑物防雷设计规范》GB 50057—2010 [S].

20. 梅卫群，等. 建筑防雷工程与设计 [M]. 北京：气象出版社，2005.

21. 闫万民. 浅析防火门、防火卷帘的设置及控制方法 [J]. 中国新技术新产品，2008(8).

22. 汤国华. 岭南湿热气候与传统建筑 [M]. 北京：中国建筑工业出版社，2005.

23. 陈湛，等. 中国传统民居中的被动节能技术 [J]. 华中科技，2008(12).

24. 张瑜. 关于建筑电气节能设计的几点思考 [J]. 工程管理，2010(22).

25. 宋鸿涛. 石化工业建筑设计创新研究与实践 [J]. 工业建筑，2009(6).

26.《施工现场临时用电安全技术规范》JGJ 46—2005

27. 工程造价计价与控制 [M]. 北京：中国计划出版社，2006.

28. 潘和平. 适应新形势的我国工程建筑标准化研究 [J]. 基建优化，2006(1).

29. 杨谨峰. 工程建筑标准化管理和体系 [J]. 工程标准化，2007(4).

30.《建筑结构荷载规范》GB 50009—2001(2006 年版) [S].

31.《钢结构设计规范》GB 50017—2003 [S].

32. 陈炯，等. 钢结构单层厂房横向刚架抗震设计的若干问题及其分析和建议 [J]. 钢结构，2008(2).

33.《建筑装饰装修工程质量验收规范》GB 50210—2001

34. 蒋正武，等. 上海混凝土小空心砌块行业发展现状调查 [J]. 新型墙材，2004(4).

35. 周运灿，等. 黑龙江省建筑砌块的现状与展望 [J]. 建筑砌块与砌块建筑，2004(6).

36. 刘立新，等. 混凝土多孔砖干燥收缩性研究 [J]. 新型建筑材料，2008.(9).

37. 郝彤，等. 混凝土多孔砖砌体受压性能试验研究 [J]. 新型建筑材料，2007(7).

38.《蒸压加气混凝土砌块应用技术规程》DBJ 13—29—2006 [S].

39. 王宗昌. 建筑保温节能施工常见问题及对策 [M] 北京：中国建筑工业出版社，2009.

40.《用于水泥和混凝土中的粉煤灰》GB/T 1596—2005.

41.《建筑砂浆基本性能试验方法标准》JGJ/T 70—2009.

42. 张裕民，等. 试谈建筑砂浆抗压强度试验方法 [J]. 工程建设标准化，2009(3).

43. 张昌叙，等. 浅议砌筑砂浆抗压强度试验方法 [J]. 工程建设标准化，2010(2).

44.《砌体结构工程施工质量验收规范》GB 50203—2011

45. 刘泽，等. 建筑物墙体泛碱成因及防治方法 [J]. 辽宁建材，2005(1).

46. 杨红玉，等. 多层住宅现浇混凝土楼板裂缝控制技术 [J]. 施工技术，2008(2).

47. 孙宏民，等. 浅谈大体积混凝土的裂缝控制措施 [J]. 山西建筑，2008(27).

48. 刘数华. 新老混凝土的修补方法及粘结机理讲究 [J]. 施工技术，2006(8).

49. 李丽娟，等. 高层混凝土结构超长无缝设计与应力分析 [J]. 建筑结构学报，2004(1).

50. 郭剑飞. 超长混凝土结构的裂缝控制与对应技术措施 [J]. 建筑科学，2008(11).

51. 黄志峰，等. 超长混凝土结构裂缝控制的施工技术探讨 [J]. 科技信息，2008(22).

52. 李空军，等. 高强钢筋在混凝土结构中的应用 [J]. 广东土木与建筑，2008(5).

53. 姚仲贤. 当前混凝土结构中使用的主钢筋—HRB400 级钢筋 [J]. 建筑技术，2004(11).

54. 沈婷婷. 家用纺织品造型与结构设计 [M]. 北京：中国纺织出版社，2004.

55. 孙正军，等. 竹质工程材料的制造方法与性能 [J]. 复合材料，2008(1).

56.《木结构设计规范》GB 50005—2003 [S].

57. 魏洋，等. 新型竹梁抗弯性能试验研究 [J]. 建筑结构，2010(1).

58. 周丽红，等. 夹芯保温复合墙体研究与探讨 [J]. 墙体革新与建筑节能，2008(7).

59.《建筑物抗震构造详图(单层砌体房屋)》04G320—2 [S].

60.《蒸压加气混凝土应用技术规程》JGJ/T 17—2008.

61. 屈志中. 外墙外保温技术发展方向的若干问题 [J]. 建筑技术，2009(4).

62. 裘亦诚，等. 聚氨酯界面粘结胶料及其界面连接层结构 [J]. 化学建材，2008(1).

63. 林武生，等. 从三洋厂房到南海意库 [J]. 住宅，2009(35).

64. 席宇鹏，等. 外墙外保温技术应用与发展 [J]. 建筑技术，2007(10).

65. 张群力，等. 相变材料蓄能式低温热水采暖地板热性能模拟 [J]. 工程热物理学报，2006(4).

66. 刘星，等. 一种封装相变材料用于地板辐射采暖的应用研究 [D]. 北京建筑工程学报，2008.(7).

67.《采暖通风及空气调节设计规范》GB 50019—2003.

68.《通风与空调工程施工及验收规范》GB 50243—2002.

69.《高层民用建筑设计防火规范》GB 50045—95(2005 年版).

70. 陈昊. 热缓冲技术在建筑节能方面的应用 [J]. 建筑技术，2010(7).

71. 沈艳，等. “双层皮”外围护结构通风效果的模拟分析 [J]. 建筑科学，2008(6).

72. 龙惟定，等. 低碳城市的城市形态和能源愿景 [J]. 建筑科学，2010(2).

73.《建筑节能工程施工质量验收规范》GB/T 50411—2007.

74.《建筑门窗洞口尺寸》GB/T 5824—2008.

75. 赵西安. 高楼大厦为什么需要建筑幕墙 [J]. 建筑科学，2005(20).

76. 董子忠，等. Low-E 镀膜玻璃的热工性能 [J]. 保温材料与建筑节能，2003(3).

77. 许武毅. 建筑玻璃的节能特性及其选择 [J]. 节能窗技术，2003.

78. 方瑞. 真空玻璃的性能与节能效果 [J]. 门窗，2009(3).

79.《镀膜玻璃　第 2 部分　低辐射镀膜玻璃》GB 18915.2—2002.

80. 牛晓. 低辐射 Low-E 夹层玻璃特性及质量问题 [S]. 墙体革新与建筑节能，2010(9).

81. 彭小云. 玻璃热工性能与中庭节能 [J]. 工业建筑，2004(5).

82. 杨什超. 南方炎热地区玻璃幕墙与门窗的节能问题 [J]. 建筑节能，2002(36).

83.《建筑玻璃可见光透射比、太阳光直射透射比、太阳能总透射比、紫外线透射比及有关窗玻璃参数的测定》GB/T 2680—1994.

84.《建筑玻璃应用技术规程》JGJ 113—2009.

85.《中空玻璃》GB/T 11944—2002.

86. 杨学东. 不同配制中空玻璃对 *Se* 的影响 [J]. 门窗，2009(6).

87. 黄金美，等. 中空玻璃遮阳系数的影响因素分析 [J]. 墙体革新与建筑节能，2010(9)：40-42.

88. 张祖刚，等. 建筑技术新论 [M]. 北京：中国建筑工业出版社，2008.

89. 席时葭. 超白玻璃在超高层建筑幕墙中的应用 [J]. 城市环境设计，2010(7).

90. 冯美宇. 北方寒冷地区玻璃幕墙玻璃选用的节能研究 [J]. 建筑节能，2010(12).

91.《玻璃幕墙工程技术规范》JGJ 102—2003 [S].

92.《公共建筑节能设计标准》GB 50189—2005 [S].

93. 吴铮. 论玻璃幕墙的物理特性及节能措施 [J]. 工程建设与设计，2010(4).

94. 宋盛国，等. 地下防水工程综合施工技术 [J]. 建筑技术，2007(4)：287-289.

95. 张勇. 地下工程设计使用止水带的一些注意点 [J]. 中国建筑防水，2005(11)：21-23.

96.《给水排水工程构筑物结构设计规范》GB 50069—2002 [S].

97.《给水排水工程钢筋混凝土水池结构设计规程》CECS 138—2002 [S].

98. 林康利. 太阳能与空气源热泵结合的热水工程设计及技术经济比较 [J]. 制冷技术，2009(1).

99. 邓力中. 建筑物层面防水设计与施工技术分析探讨 [J]. 四川建筑，2009(6).

100. 金宏彬. 钢筋混凝土坡屋面的渗漏原因及预防措施 [J]. 新型建筑材料，2007(9).

101. 朱莉宏，等. 平屋面防水设计与施工 [J]. 建筑施工，2005(5).

102. 刘大海，等. 高楼钢结构设计 [M]. 北京：中国建筑工业出版社. 2003.

103. 刘其祥. 多高层房屋钢结构梁柱刚性连接节点的设计建议 [J]. 建筑结构，2003(9).

104. 李艳茹，等. 地下洞库防潮工程试验及效果评估. 施工技术，2001(3).

105.《混凝土结构耐久性设计规范》GB 50478—2008.